生物资源系列丛书

生物资源汇论

陈集双　欧江涛　主编

科学出版社

北京

内 容 简 介

《生物资源汇论》为“生物资源系列丛书”之一，是《生物资源学导论》的姊妹篇。本书在《生物资源学导论》的基础上对生物资源这一新学科做进一步系统论述，遵循理论与实践相结合的指导原则，除总论外，每章皆以概述与分论形式布局撰写。全书共分 6 章，包括总论、生物遗传资源、生物质资源、生物信息资源、生物资源保护和生物资源工程等内容。本书汇集国内重要生物资源实验室研究者的百家之言，具有启发性，乃馆藏必备。

本书可作为高等院校生物学、资源科学、医药卫生、环境科学、材料科学等专业科研人员和师生的参考书，也可供相关交叉学科师生、技术人员和管理人员参考使用。

图书在版编目（CIP）数据

生物资源汇论 / 陈集双，欧江涛主编. —北京：科学出版社，2022.6

（生物资源系列丛书）

ISBN 978-7-03-062442-0

Ⅰ. ①生… Ⅱ. ①陈… ②欧… Ⅲ. ①生物资源-研究 Ⅳ. ①Q-9

中国版本图书馆 CIP 数据核字（2019）第 215341 号

责任编辑：周 丹 黄 海 沈 旭 / 责任校对：杨聪敏

责任印制：师艳茹 / 封面设计：孙玉萍 许 瑞

科 学 出 版 社 出版

北京东黄城根北街 16 号

邮政编码：100717

http://www.sciencep.com

天津市新科印刷有限公司印刷

科学出版社发行 各地新华书店经销

*

2022 年 6 月第 一 版 开本：787×1092 1/16

2022 年 6 月第一次印刷 印张：28 1/4

字数：664 000

定价：169.00 元

（如有印装质量问题，我社负责调换）

主 编 简 介

陈集双博士，中国生物工程学会生物资源专业委员会主任，南京工业大学教授，博士生导师，江苏省劳动模范。毕业于浙江大学生态学专业，曾任浙江大学教授（博导）、浙江理工大学学科带头人、浙江省生物物种资源保护专家组组长。现任南京工业大学生物资源协同创新中心主任、生物资源工程研究所所长，中国柿子产业协同创新共同体理事长，遵义医科大学、中国农业科学院等高校和科研院所客座（特聘）教授。先后主讲“Introduction to Virology”、“Gene Genetics”、“Advanced Microbiology”、“Mycology”、“Molecular Biology”、“Biotechnology”、“生命科学导论”、“分子生物学”、“植物病毒学”、“生物资源技术”和“生物资源学导论”等课程。主持完成国家“863”计划重点项目、国家重点研发计划“政府间国际科技创新合作”项目、国家自然科学基金和省部级重点（重大）科研项目等20余项；主编出版《生物资源学导论》、*Experimental Plant Virology*、《半夏生物资源与细胞工程》和《外来入侵生物控制》，参编*Advanced Microbiology*和*Experimental Microbiology*等专著和教材10余部。

欧江涛博士，中国生物工程学会生物资源专业委员会副主任，盐城工学院海洋生物与工程学院副教授，硕士生导师。毕业于中国农业大学动物遗传育种与繁殖专业，南京师范大学生物学博士后，主要从事水产动物及其病原微生物组学和生物信息资源挖掘。近年来，主讲“基础生物学”、“细胞工程”、“解码生命的奥秘”、“环境生物技术”和“环境与可持续发展”，合作讲授“生物资源学导论”和“生物质工程”等课程；主持国家自然科学基金2项，海南省自然科学基金、海南省重点科技项目和江苏博士后基金等各1项，参与“973”、“863”、国家自然科学基金、省部级重点研发计划和省部级自然科学基金项目多项。获2013年高等学校科学研究优秀成果奖（自然科学奖）二等奖与江苏省海洋与渔业科技创新奖一等奖，以及海南省科学技术进步奖一等奖（2006年/第二完成人）、二等奖（2004年/第五完成人）、三等奖（2005年/第五完成人）等各1项。在国内外发表文章20多篇，主编和参编《生物资源学导论》、《简明生物化学》和《外来动物疫病》等专著与教材多部。

《生物资源汇论》编者名单

主　编　陈集双　　欧江涛

主　审　欧阳平凯　韦　萍

编　者（按姓氏拼音排序）

柴立红	浙江大学
陈功锡	吉首大学
陈以峰	江苏省农业科学院
成莉凤	中国农业科学院麻类研究所
董娟娥	西北农林科技大学
高其康	浙江大学
杭　飞	华南理工大学
何春霞	南京农业大学
何农跃	东南大学
洪　键	盐城师范学院
侯进慧	徐州工程学院
胡秀芳	浙江理工大学
黄衡宇	云南中医药大学
贾　启	遵义医科大学
贾慧珏	深圳华大生命科学研究院
贾明良	九江学院
江会锋	中国科学院天津工业生物技术研究所
蒋继宏	江苏师范大学
金磊磊	南京工业大学

李　丁　　湖南工业大学
李　展　　云南省农业科学院
李军德　　中国中医科学院中药资源中心
李俊生　　中国环境科学研究院
李明福　　中国检验检疫科学研究院
李明军　　河南师范大学
李小龙　　湖南工业大学
刘　波　　福建省农业科学院
刘建宁　　山东开源基因科技有限公司
刘文洪　　浙江中医药大学
刘宇峰　　黑龙江省科学院大庆分院
陆祥安　　扬州大学广陵学院
马红武　　中国科学院天津工业生物技术研究所
毛建卫　　浙江工业职业技术学院
宁　康　　华中科技大学
欧阳平凯　南京工业大学
仇伟传　　象山县农业机械化管理站
邵　屯　　清远海关
施　伟　　台州学院
孙玉萍　　南京工业大学
谭钟扬　　湖南大学生物学院
唐伯平　　盐城师范学院
童贻刚　　军事医学科学院微生物流行病研究所
王路明　　盐城工学院
王资生　　盐城工学院
吴芳芳　　南京信息工程大学

吴正奇	湖北工业大学
徐德林	遵义医科大学
薛达元	中央民族大学
杨　华	江苏省生产力促进中心
杨　健	中国中医科学院中药研究所
叶　健	中国科学院微生物研究所
袁　琳	浙江水利水电学院
张　杨	南京农业大学
张邦跃	湖南工业大学
张凤琴	湖南工业大学
张建光	北京贝瑞和康生物技术有限公司
张齐生	南京林业大学
张永康	吉首大学
赵　俊	香港浸会大学
周　峰	南京晓庄学院
周　俊	南京工业大学
朱士强	南京工业大学
Greg J. Duns	AirChem Consulting and Research，London，Ontario，Canada
S. Sarsaiya	遵义医科大学，Sri Satya Sai University of Technology & Medical Sciences，Sehore，India

前　　言

资源是人类生存和发展的物质基础，是自然界和人类社会中可以创造物质财富和精神财富的客观存在。其中，生物资源作为人类赖以生存与发展的基础有其自身的特点，具有明显的周期性和有限性，故对生物资源的合理利用，应遵循“适时取之，而不夭其生；适量取之，而不绝其长”的原则。生物资源学的基本目标是科学合理地开发利用生物资源，保护生物资源，提高生物资源的利用率和生产效率，实现资源永续利用。

生物资源学是研究生物遗传资源、生物质资源和生物信息资源的特征及其发掘和利用规律的新学科，是由生命科学、资源科学、信息科学和工程科学等相关领域交叉衍生而来的综合性学科。生物资源学的理论和方法学来自人类对生物资源利用的长期实践，尤其是农林牧渔业生产实践，也源自农业服务于工业发展的新需求和新实践。生物资源产业技术顺应了21世纪生产力水平的大发展，将有力促进与推动人类社会最终实现可持续发展。

《生物资源汇论》作为科学出版社“生物资源系列丛书”的一部分，是在中国生物工程学会生物资源专业委员会的倡议下，由南京工业大学陈集双教授和盐城工学院欧江涛副教授主编，本领域60多位同行专家共同参与，经过七年多的汇集和优化，最终完成的一部系统的资源科学专著。本书是在《生物资源学导论》一书基础上的进一步系统论述，遵循理论与实践相结合的原则，除总论外，每章皆以概述与分论形式布局撰写，其中专家各论凝聚同行学者对生物资源学科的最新论述和个人观点，结合主编点评，呈现生物资源学科的思想交融与学术碰撞，使本书及后续专著成为真正的“生物资源学术沙龙”。

本书共分为六章。第1章为总论，由陈集双撰写；第2章由何农跃和张凤琴组织编写；第3章由陈集双组织编写；第4章由欧江涛和马红武组织编写；第5章由李明福组织编写；第6章由蒋继宏和陈集双组织编写。全书由陈集双教授和欧江涛副教授统稿，由欧阳平凯院士和韦萍教授主审。金磊磊、陆祥安博士承担了本书插图的绘制和校验工作。在本书的形成和文稿完成过程中承蒙中国科学院天津工业生物技术研究所马延和研究员、科技部中国科学技术发展战略研究院周永春、国家自然科学基金委员会杨惠民、中国生物工程学会张宏祥、遵义医科大学李晓飞、南京农业大学黎星辉、天津科技大学刘浩、北京市计算中心陈禹保、正大集团吕小江、贵州恒德绿色产业有限公司杨祖文等诸位先生提出宝贵意见与建议，甚为感激。本书是集体劳动的成果，特别是参与编写工作的各位专家畅所欲言，为发展学科、完善思想做出了时代贡献，对此谨表衷心的感谢。

生物资源学作为一门新兴学科，学科体系还有待完善，还不能涵盖生物资源科学的所有方面。不完善的部分，仍有待今后充实和不断提高。编者将继续秉承“从实践中来，到实践中去”的宗旨，进一步检验和补充。敬请读者不吝赐教，以便再版时改进和提高，在此表示感谢为先。

目　录

第1章 总　　论

1.1　生物资源与生物资源学

人类对资源的认识受制于对资源的需求和实际掌控能力。在相当长的时间内，人们关心的是资源的自然性和现实性，也就是可以掌控的自然资源，如物质资源、土地资源和能源等。因此，对资源的追求方式主要体现为占有、竞争、掠夺甚至破坏（竞争对手的资源）。人类进入信息化社会和大数据时代后，开始提升了有效地开发资源、快速地建设资源和有效地保护资源的意识，尤其是具备了通过新技术获取更多资源的能力，也就是加强了对社会资源的追求。在新的历史条件下，人们追求资源的方式开始体现为重视资源的良性利用、主动提高资源发掘能力和保护资源。因此，信息资源、潜在资源和战略资源受到更高层次的重视。生物资源是一种可再生资源，既包括自然资源如生物遗传资源，也包括社会资源如生物质和生物信息资源，还包括各民族、国家和地区人民通过劳动创造的动植物品种等传统资源。

生物资源学的形成与发展，首先是与生态学、农学、医学和环境科学的发展阶段关系密切，尤其是农业科学已经从生活需求，更多地转变为发展需求，从个体和小社会现实需求转变为人类命运的共同需求和长远需求。同时，也与科技和产业技术水平的发展阶段密切相关。在农业社会，人类主要关注种质资源和农林牧渔业所产生的生物质及其必需的土壤和气候条件；而在工业社会，生物信息发掘和大宗生物质的工业化利用得到更多关注，其中，生物信息资源成为优生、健康、安全和新资源创制的基础，潜力无限。

1.1.1　生物资源属性与相互边界

生物资源（bioresources 或 biological resources）包括生物遗传资源、生物质资源和生物信息资源。狭义的生物资源指的是“对人类具有实际或潜在用途及价值的生物遗传资源、生物体或其部分、生物种群或生态系统中任何其他生物组成部分”。这是 1992 年联合国环境与发展大会上《生物多样性公约》中形成的概念。实际上，生物资源泛指生物圈中一切具有生命现象或由生命过程所派生的资源。因此，生物资源既包括自然资源，如生物遗传资源，也包括社会资源，如生物质和生物信息资源。即便是遗传资源，也有一部分是社会资源，如农作物品种就是一种社会财富，是人类通过长期生产实践选择和培育的，或通过研究创新所获得的生产资料。生物资源有两方面要素，一是生物的，也就是生物体的生命活动及其衍生的物质；二是有用的，无论是直接有用的还是具备潜在价值的。一个国家和地区的生物多样性是重要的生物资源，就是其潜在利用价值的体现。为了明确生物资源的范畴，表 1-1 显示了生物资源的内涵及其相互边界。

表 1-1　生物资源内涵及其相互边界

内涵	生物资源类型		
	生物遗传资源	生物质资源	生物信息资源
感知形态	物化的、肉眼可见；或借助仪器可观察（如细菌、真菌和病毒）	物化的、肉眼可见；部分需要借助仪器表征（如生物活性物质）	数字化的、肉眼不可见；主要借助计算机和网络
存活状态	完整个体、细胞或亚细胞状态，具有细胞活性	有机质，没有细胞活性，但有生物活性	既没有细胞状态，也没有细胞活性
资源特征	主要是自然资源；其中，品种是社会资源	主要是社会资源；野生条件下的生物质是自然资源	社会资源
产权特征	直接或间接财产，有部分所有权	直接财产，有全部所有权	非财产，是公开的人类共同财富；但可派生知识产权
实用性	需要繁殖（增殖）再使用	可以直接使用	需要转换或挖掘后使用
资源来源	属地所有，人工培育或保护	生产产生	挖掘和保护产生
使用周期	能同时使用，但重复使用时需要繁殖	不能同时重复使用，具有独占性	能同时使用，重复使用时无须繁殖
保有条件	土地、温室、培养（含组织培养、细胞培养）	设备、运输、炼制	计算机、文档
获取方式	保护、繁育	收集、保存	建设、分析
保护方式	种植、养殖、培养，体现为品种、野生资源库（圃）、菌种等	仓储为主	数据库
维护成本	中	相对高	相对低
服务领域	农牧渔业、林业、环境、文化	工业、医药、食品、农业、文化	医药、生态和大健康、预测预报
存在状态	种子、种苗、菌株	谷物、蔬菜、肉蛋奶、木材、秸秆	基因序列、蛋白质序列、组学信息、验方、诊断数据包、数据库
典型产品	食物、药物、衣物	纸张、包装材料、可再生能源、可降解塑料	软件包、序列报告、检测报告、配方、流行病预测报告

根据各自的特点，生物遗传资源、生物质资源和生物信息资源这三种资源具有明显的边界和属性。值得强调的是：生物信息资源是人类通过劳动从遗传资源和应用关系中发掘出来的信息化成果，不仅包括基因序列等生物信息，还包括物种间相互作用及生物与环境相互作用关系的信息。例如，流行病预测预报所依据的历年资料，是生物信息资源。

对于生物资源学的核心内容，西方国家与国内学术界有较大的认知差别。西方学术界、媒体和企业往往将生物质（biomass）认定为典型的生物资源，而忽略了其遗传资源。它们普遍认为：生物资源可以通过工业化转化获得生物质能和生物基材料，具备典型的可再生特点，是最值得重视的社会资源。我国学术界和管理者往往更重视种质（germplasm）资源，也就是生物遗传资源，通常将生物遗传资源等同于生物资源。因此，国内在种质资源和保护生物多样性方面给予了更多重视，甚至在生物资源体系中不提及生物质资源。所以，对生物资源属性认识的差别，影响了生物资源学的理论发展和交流合作。迄今为止，对生物信息作为资源的关注还普遍不够，更缺乏对其作为核心生物资源的认同。但是，从 20 世纪中期开始，随着分子生物学的发展，尤其是基因测序、蛋白质序列解读等组学方面数据的不断积累，生物信息库的建设和衍生价值的发掘，已经形成海量的生物信息；几乎与此同时，分子诊断、精准医疗、合成生物学和治未病实践等领域的产业应用对信息资源的依赖越来越显著。生物信息资源作为生物资源的重要组成部分，甚至具备了更重要的内涵。生物信息资源，既包括生物体本身包含的内部信息，也包括物种之间相互作用的信息，特别是通过提炼挖掘之后，对人类直接有用的那部分信息。生物信息资源具有重要的理论研究和产业应用价值。

值得强调的是，生物资源是广义上的可再生资源（renewable resources），但不是无限资源（unlimited resources）。后者如太阳能和风能，而生物资源往往会因为使用而减少，一旦丧失就不可重新获得。例如，农作物品种存在时，理论上可以通过繁殖无限扩大，形成批量，但一旦消失就不能再生。生物资源的价值在于其无限的生产能力，由生物体生产出大量的生物质，后者通过加工后衍生出各式各样的生产生活必需品。人类根据生物信息资源可以设计改造甚至创造出新的遗传资源，形成效率更高的生物质生产能力。

1.1.2 生物资源学诠释

1.1.2.1 生物资源学内涵

生物资源学是研究生物遗传资源、生物质资源和生物信息资源的特征及其发掘、保护和利用规律的综合性科学；是生命科学、资源科学、信息科学和工程科学等相关领域交叉衍生而来的综合性学科。其研究对象包括各种动物、植物、微生物及其衍生物，并包括人为采集、解读和建设的生物信息。生物资源学的内涵包括生物资源基本属性、生物资源保护和生物资源工程。其中，生物资源基本属性包括生物遗传资源、生物质资源和生物信息资源；生物资源保护强调保护野生资源和品种资源，还强调对生物信息资源的挖掘和保护，也关注有害生物防治、外来生物入侵控制和生物防护策略；生物资源工程重点强调生物种质资源培育、生物质生产与炼制及生物信息的挖掘与利用相关的原理和方法。

生物资源学的理论是参照资源学的视野，围绕生物产业的物资支撑，对生物质衍生规律系统分析，并借鉴信息科学载体和处理方案研究生物资源的改造利用和信息挖掘，以实现生物资源永续利用的知识体系。科学认识生物资源，服务于生物产业发展是生物资源科学的终极目标和发展动力。图 1-1 显示了生物资源学的内涵及关系。

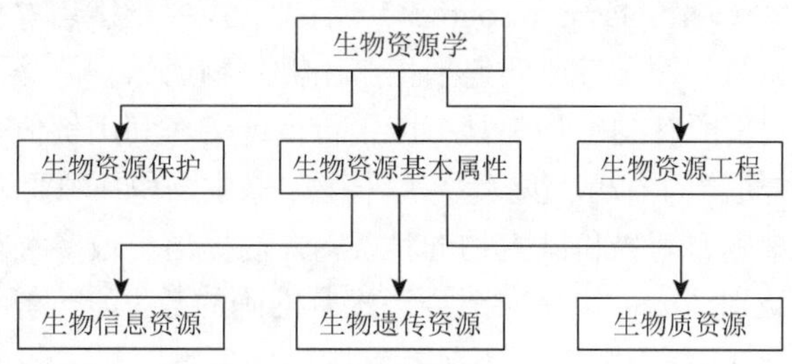

图 1-1 生物资源学的内涵及关系

1.1.2.2 生物资源学边界

作为一门新的综合性学科，生物资源学继承和发扬了相关传统学科的知识体系。参照现有学科属性，生物资源学是理学、工学、农学、医学和经济学的交叉学科。其理论体系发展于生物学、材料科学与工程、化学工程与技术、农业工程、林业工程、环境科学与工程、食品科学与工程、作物学、园艺学、农业资源利用、植物保护、畜牧学、水产、轻工技术与工程及药学和中药学等相关学科，是与上述学科对应的一级学科。其发展在一定程度上继承和关联植物学、动物学、微生物学、水生生物学、遗传学、细胞生物学、作物遗传育种、果树学、蔬菜学、茶学、植物病理学、农业昆虫与害虫防治、动物遗传育种与繁殖、动物营养与饲料科学、特种经济动物饲养、林木遗传育种、森林培育、森林保护学、野生动植物保护与利用、渔业资源、农业生物环境与能源工程、林产化学加工工程、粮食油脂及植物蛋白工程、农产品加工及贮藏工程和发酵工程等二级学科。生物资源学的理论发展和技术进步还将继续借助于包括中医基础理论、环境科学、食品科学、作物栽培学与耕作学、基础兽医学、水产养殖、生物化学与分子生物学、药物化学、病原生物学、生物物理学、生态学、通信与信息系统、农业经济管理、林业经济管理、生物化工等学科的知识体系，并将对上述学科起到积极推动作用，尤其是将直接推动生物医学信息工程、合成生物学、生物质能、生物安全、精准医疗等新的分支学科和产业的发展。

1.1.3 生物遗传资源挖掘与管理

1.1.3.1 生物遗传资源内涵

遗传资源（genetic resources）是指有实际或潜在价值的、具有生物遗传功能的种质材料，如活的生物体、繁殖器官和细胞。因此，狭义的生物遗传资源并不包含从生物中提取的内在生物遗传信息及其相互作用信息，因为后者没有生物遗传功能。广义的生物遗传资源，包括具有实际经济价值和战略价值的动植物、微生物物种及种以下的单元（亚种、变种、变型、品种品系、类型），也包括其遗传材料［胚胎、器官、组织、细胞、染色体、基因和脱氧核糖核酸（DNA）片段等］等所有具备生物遗传功能的材料。狭义的生物遗传资源基本上就是种质资源（germplasm resources），后者又主要指栽培农作物和林材的品种、家养畜禽和养殖鱼虾贝的品种，甚至还包括生产用微生物菌株。但是，种质资源理论上还必须包括野生资源。几乎所有的生物都具有应用价值或潜在利用价值，因此广义的生物遗传资源概念更符合生物资源的内涵，包括动物、植物、微生物和各种亚细胞生物的遗传材料。

对地球上现存的植物、动物和微生物的种类，人们提出了很多种估算方法。但是由于物种定义的不明确和认识能力的限制，至今还没有准确的数据。一般认为，植物、动物和微生物可能有 600 万至 1400 万种，还不包括细胞内寄生物，如某些内源细菌、病毒和亚病毒等非典型的生物。另据推测，生物圈中的昆虫可能就有 500 万种左右，约占地球所有生物物种的一半，但是，人类已经认知的却不多，利用的就更少。这些都是丰富多彩的生物资源。遗传资源最早的用途是支持与保障人类的生存和日常生活，是与土地、阳光、水和空气一样的基本要素。毫无疑问，人类本身的遗传信息也是重要的生物遗传资源，是人类实现优生优育、健康生活和疾病诊治的基础。

1.1.3.2 引种和育种

人类对遗传资源的主要利用方式为引种和育种。不同文明发展模式所依赖的地区资源不一样，定向选择和培育有价值品种的结果也不一样，而物种存在地区性的自然分布，人们基于对地区文明认识的能力和自身需求的增加，往往都能发现更好的物种资源，这就使得引种应运而生。狭义的引种是指生产性的即引即用，即以栽培、养殖或培养为目的，引入能供生产上推广利用的优良品种。新引进的优良品种往往在生物质生产等特征方面显著优于本地品种，或者是当地没有的，包括农作物品种、林木类型、动物品种和微生物株系等。广义的引种是指将境外的新作物、新品种、新品系及研究用的遗传材料引入当地，引种的目的更宽泛。我国目前种植的小麦、棉花、葡萄、番茄、辣椒等重要农作物都是历史上从境外引进的；同时，桑叶、茶叶、水稻、大豆甚至猕猴桃等作物也被引种和传播到国外，其中，有些是被掠夺过去的，更多的是出于生产交换和善意馈赠。无论是何种方式引进（或输入）都可能对被引入地的经济社会和文化的发展产生巨大影响，引种对象基本上都是输出地人们培育出来的品种资源，是当地的社会财富。

动植物的品种改良是一种具有历史意义的人类实践活动。在人类进入农耕文明之前，自然界已形成绚丽多彩的物种资源，人类对于这些生物资源的利用方式主要是甄别和选择，典型如“神农尝百草”。在以种植和养殖为特点的农耕文明的发展过程中，为了提高食物供应和群体保障，必然伴随动植物品种的改良和驯化。以水稻为例，从旱稻或野生水稻开始，到“吨粮田”的实现，这一过程水稻的单位面积产量至少提高了100倍；同时，适口性品质、抗病虫能力也不断提高。可以说，没有育种实践，就没有现代农业。一个主要农作物新品种的推广，甚至会带来社会人口规模的显著增长。现代生物技术的发展及其与传统育种技术的结合使得人类改良和开发品种的能力有了质的提升。转基因技术显著提高了新性状发生的概率，加快了人类改造生物遗传资源的进程。一方面，新技术手段更容易获取更理想的生物学性状、新变异甚至新物种；另一方面，也存在管控风险，造成基因逃逸或对环境产生不可预期的影响。自然界本身也会发生物种之间基因漂移和类似“转基因”的事件，造成物种变异和新遗传性状的出现，只是发生的概率极低。辐照育种也是加快动植物变异的有效手段之一，曾经是我国大多数农作物品种变异的重要来源，对于粮食生产水平提高做出过不可磨灭的贡献。

相对于栽培植物和养殖动物的品种培育，微生物菌种选育起步较晚，却发展迅速。微生物育种的方法与动植物不尽相同，其效果往往也更显著，也是决定发酵工程效率和产品价值的关键。单细胞藻类和环境微生物进入产业利用之前一般都必须经过育种环节，以形成稳定的生产资源。现代生物技术中，基因敲除、远缘杂交、染色体倍性育种和细胞融合都是培育新品种的有效方法；基因编辑、人工染色体及合成生物学技术则催生生物资源创制利用，可能带来生物资源特征质的改变。这虽然能更好地服务经济社会发展和满足人类需求，但也可能存在生物安全隐患。例如，通过构建病毒侵染性克隆形成的弱毒株，有助于疫苗开发和病理学模型研究，但也可能造成病毒扩散，危害动植物或人类健康。同时，不适当的引种或新品种推广，还可能造成外来物种无序繁衍，抢夺其他生物的生存空间，进而导致生态失衡和原有种质资源的丧失。

1.1.3.3　人类遗传资源挖掘与管理

人类遗传资源不完整的定义是指含有人体基因组、基因等遗传物质的器官、组织、细胞等材料，以及通过解读这些材料所产生的信息。因此，人类遗传资源也包括生物信息资源。其中，遗传病信息（还包括难治愈疾病和罕见疾病）是目前最基本的遗传资源。人类遗传资源是生物资源内涵中无法回避的核心内容。开展人类遗传资源研究和国际合作，还存在诸如资源保护与共享、个人隐私保护、责任共担和伦理约束等许多需要解决的问题。目前，美国是世界上开展人类遗传资源管理较严格和体制较完善的国家，由卫生与公众服务部下设的人类研究保护办公室（Office for Human Research Protections，OHRP）进行有关法律法规的解释、监督、认证和指导；美国食品药品监督管理局（FDA）作为监管机构，对使用人类遗传资源开展的研究活动进行全方位监管；而美国国立卫生研究院（NIH）则负责数据的收存管理。我国 1998 年就成立了中国人类遗传资源管理办公室，发布了《人类遗传资源管理暂行办法》，从 2004 年开始采用行政审批项目制度对开展人类遗传资源研究与国际合作进行管理，2015 年之前人类遗传资源项目增长缓慢，2016～2019 年间开始出现井喷式增长，仅 2016 年就较前一年增长了 15 倍，主要是美国、德国和瑞士等发达国家大医药公司的参与推动。其中，既有基础研究类项目，也有临床试验类项目。目前，国际合作已经从基础研究为主向临床试验为主倾斜，中方合作机构既包括官方实验室，也包括商业公司，还有科技人员的个人行为。

人类遗传学又称医学遗传学，主要涉及人类起源与进化、人类基因组与精准医疗、人类遗传的多样性、人类染色体与染色体疾病、单基因遗传与分子病、多基因遗传与线粒体病、表观遗传学、肿瘤与遗传、遗传病的诊断与防治、生殖与健康等方面。由此可见，目前对人类遗传的关注更多还是与遗传病相关。但是，作为生物资源的核心部分，人类遗传资源还应该多关注优生优育、医疗伦理、防御和适应的遗传基础及生物安全信息等方面。以典型疾病遗传资源为例，目前全世界已经发现超过 6500 种人类遗传疾病，且以平均每年 100 种的发现速度增加；当然，也有同等数量级的有价值基因和特殊性状关联的遗传资源被挖掘出来。中国是人类遗传资源最丰富的国家，不仅有世界上最大的人口基数，还具有丰富的民族遗传资源和家系遗传资源，同时具备相对完整的家族史文献和民族迁移记录，是人类社会特有的财富。因此，也就引起了国外不法科研机构和企业对中国人类遗传资源的非法收集和攫取的行为，有计划和有预谋的盗取活动屡禁不止。有鉴于此，为有效保护和合理利用我国人类遗传资源，国务院制定了《中华人民共和国人类遗传资源管理条例》，并于 2019 年 7 月 1 日起施行；同时，建立由国家统一管理和国际认同的国家级生物资源库平台，以便有效保护人类遗传资源，科学促进资源共享和平等合作，为人类攻克疑难杂症、提升健康水平发挥应有的潜力，并保护人民健康安全。

1.1.4 生物质的生产与炼制

1.1.4.1 生物质资源的内涵

生物质资源（biomass resources）是典型的可再生资源，是人类生存、生产、生活所依赖的最基本的物质条件。人类社会发展的早期阶段几乎全部的生产和生活资料都是生物质。生物质就是有机质，包括所有的动物、植物、微生物生命活动所形成的有机质体，以及以植物、动物和微生物为食物的动物/微生物的转化产物和有机排泄物，也包括人类的生活活动所产生的有机质。生物质资源就是具有利用价值的生物质，而几乎所有的生物质都具备利用价值或利用潜力。部分生物质因为不能及时处理或存量太大，成为环境负担。这部分生物质具备反资源特征。即便是这一部分生物质，在条件成熟时，仍然可能作为资源重新被利用。无论是鲜活农产品还是其他生物质，在收集处理之前其本身都存在呼吸作用消耗及被环境微生物降解的风险。因而，生物质只有按照一定标准被收集和处理后才是资源。

生物活体中的生物质的存在形式是：①结构物质，②储存物质，③能量物质，④生物活性物质，⑤排泄物质。可利用生物质的主要存在形式为多糖（包括淀粉、几丁质、纤维素、木质素和糖原等）、蛋白质（多肽、氨基酸）和脂肪等生物大分子，以及单糖（寡糖）、有机酸（氨基酸）和其他有机小分子物质。其中，生物活性物质尽管含量低，却具有相对高效的生物学功能。生命活动过程中，有机化的矿物质往往是以骨骼（内骨骼、外骨骼）等生物态矿物质形式存在。生物质和生物量在英文文献中都用 biomass 来表述，尽管在概念外延上有区别，但是它们在植物水平上，都代表了植物通过光合作用形成的产物减去植物本身的呼吸作用消耗后剩余的那部分有机质。自然界存量最大和最常见的生物质是来源于植物的木质纤维素和主要来自海洋动物、昆虫及微生物的几丁质。对生物质的生产、收集、储存和转化利用的过程是开发资源和创造财富的过程。按照人类对生物质利用的层级，生物质可区分为初级生物质产品、生物质副产物和生物废弃物。其中，初级生物质产品指农作物、林业生物质、养殖动物和微生物培育物等；生物质副产物是指初级生物质收集后剩余的那部分生物质或由加工产生的，最典型的如农田秸秆、食品加工后的尾料等，其特征还是纯的生物质；生物废弃物是人类对生物质进行生产、加工、制造、处理和转化等过程中产生的废料，其特征是添加了水分等其他成分。以绿茶为例，为了饮用加工而采集的茶叶是初级产品，修剪形成的老茶、茶秆和茶果是副产物，泡茶后的废茶水就是废弃物。

生物质是典型的生物资源，但对其的认知至今还没有形成确定的共识。极端认知之一，欧美工业发达国家公认的“可再生资源”就是生物质，如生物质能和生物基材料，实际上把生物质等同于生物资源；这类观点导致其对品种资源等视而不见。极端认知之二，生物质就是农林废弃物，甚至专指木质纤维素，持这一认知的往往是国内外从事生物质能研究的学者专家；这类观点导致其对生物质在大健康和工业方面的广泛用途熟视无睹。极端认知之三，生物质不是生物资源，种质资源才是；持这种观点的往往是我国和其他发展中国家的农业专家，这类观点导致其在学术交流中自说自话。按照生物资源学的范畴，生物质是典型的生物资源，是生物资源最典型的物化形态。

1.1.4.2 生物质的生产

自然界每天都不断产生海量的生物质，主要是植物利用太阳能、空气和水分以及少量矿物质进行生物合成的。陆地上，植物产生最大量的生物质。其中，森林所产生的生物质远远大于农业生产过程。海藻利用光合作用、部分细菌利用化学能/热能也形成有机质。同时，由于化学化工技术的发展，越来越多的有机质可以通过化学制造过程生产出来。这部分有机质因为具有生物学功能，也是生物质。因此，生物质的来源将出现多样化趋势。目前人类直接利用的生物质主要还是来自种植、养殖和采伐捕捞，是人类劳动所获得的社会资源。前者基本上属于农业生产中种植业范畴，后者主要属于畜牧业和渔业生产中养殖业的范畴。但是，以发酵为代表的生物反应器模式也将成为生物质生产越来越重要的内容。其不仅包括传统的微生物发酵，还包括新型植物生物反应器和动物反应器生产方式。以生物浸矿方式得到的含矿生物质也是微生物生产的一种方式。一方面，非种植/养殖形成的生物质生产模式，更容易做到过程可控，并显示出更高的生产效益。同时，农林和动物养殖的生物质生产目标，也越来越衔接生物质转化过程，服务于工业制造。另一方面，生物质生产已经从主要的食材、农业用途，更多地向能源、材料和新医药用途发展。这一转变将扩大农业生产的应用潜力，降低农业风险，更进一步推动生物制造，有利于保护环境。

进入 21 世纪，生物质的生产越来越具备集约化特点。其中，大规模的粮棉油和工业用生物质的生产体现为“大而专”的特点，如规模化养鸡、养猪和养殖水产动物等。这种专业生产模式具备以下特点：①无论是养殖动物还是栽培农作物，往往都体现高密度和大规模的方式；②产业分工越来越专业，如种苗、植保（疫病防控）、采收、加工保鲜均由不同的产业实体来实现，充分发挥了资源利用效率。但是，这种大规模、高密度的生产模式往往带来敌害生物威胁上升和生物质（废弃物）处理压力增加。因此，为生物质生产、利用和处置带来新的需求。

作为大宗生物质资源，无论是陆地植物光合作用的产物木质纤维素，还是水生生物的产物几丁质，都不是理想的直接资源。其中，木质纤维素中的半纤维素和木质素不仅利用价值相对低，而且其复杂结构影响纤维素从木质纤维素中分离出来。同样，几丁质不溶于水，也不溶于稀酸和碱及乙醇或其他有机溶剂，其高处理成本也限制了这一海量资源的开发利用。但是，它们的前体都是葡萄糖及其衍生物（氨基葡萄糖），后者具备无限的转化利用潜力。因此，作为资源的生物质生产，势必需要在生物资源改造的基础上，形成目标产物的定向生产，以便对接生物质的资源化利用。

1.1.4.3 生物质的转化利用

生物质资源的利用主要表现为三个层次，其一是收集、保鲜、储藏和直接利用。直接从自然界（包括林地和水体中）采集/收集生物质也是生物质资源化利用的形式。对于水果、蔬菜、肉类、水产等鲜食品和大部分加工品及时进行保鲜处理是保持生物质品质的关键。在此基础上的加工和储藏是生物质利用的必要环节。有一部分生物质在此阶段或经过物理处理后直接形成生物质材料或复合材料，如将蚕茧处理后制成衣物。其二是生物质转化过程，包括：①生物炼制，即将生物质拆分成小分子化合物，通过精炼形成生物质能、生物化工或生物医药用途的单体分子；②生物转化，利用微生物等体系将初级生物质转化成新的生物质和将生物小分子聚合转化成大分子材料。例如，利用秸秆、豆粕和矿物质生产食用菌等，其产物可进一步作为食材、药品、饲料和其他工业原料。其三是提取制备，这一过程不存在生物质的化学变化，而是将生物活性物质或其他有价值的化合物从生物质组分中分离、纯化出来的过程，如从茶叶中提取茶多酚。

生物质转化利用的对象不仅包括初级生物质，还包括生物质副产物甚至废弃物。生物质的处理处置也是资源利用的必然要求，而且越来越迫切。一方面，海量生物质往往以季节性爆发方式集中出现；另一方面，新的集约化生产方式产生更多富余生物质和废弃物。我国在历史上在秸秆生物质和植物源药材的利用方面均取得了国际领先的成就，形成了精耕细作和农业生物质综合利用的良性发展模式。社会进入工业化发展阶段后，生物质的用途更为广泛，其转化利用的手段也更丰富。例如，人类对昆虫资源的认识和利用还处于初级阶段，其多样性、适应性和对生物质的高效转化效率的发现和利用，将带来生物制造和生物转化的新局面。

1.1.4.4 生物炼制

生物炼制就是将收集的生物质加工成高附加值的产品（和工业原料）或能源的过程。前者包括化学品、材料、大健康产品、食品和饲料等；后者包括燃料、热能和电。其中，由生物质衍生的化学品主要包括药物分子和平台化合物，后者进一步通过生物或化学手段转化成丰富多样的产品，如木质纤维素生物质发酵得到乙醇，乙醇再转化成乙烯，而后衍生出聚乙烯塑料或聚氯乙烯塑料等；含蛋白质的生物质可拆分成氨基酸，氨基酸再转化为己内酰胺，进一步聚合形成尼龙等材料。对生物质资源的科学利用，有利于用可再生资源替代化石资源，并产生深远的社会经济影响。例如，利用现代生物技术转化陈化粮，发挥富余生物质的资源价值，有利于健全粮食安全保障体系。生物质的工业化利用过程包含农林生物质从满足衣食用途向生物医药、生物质能和生物基化学品领域拓展的过程。在粗放式生产模式发展为全产业链炼制模式的转型过程中，生物活性物质和生物基材料具有更加广阔的产业价值。相关领域的诸多科学问题和关键技术的发现和解决，将显著推动生物质利用价值的发挥。生物质能源化炼制的主要原料是木质纤维素类农林副产物和地沟油等低品生物质，其产物既包括液体燃料如生物乙醇和生物柴油，也包括气体燃料如沼气及生物质气化产品，还包括固体燃料如生物质成型燃料。尽管受到原料来源和加工成本的限制，生物质能源还难以与化石燃料竞争，但是生物质能源为人类生产生活提供了多样化的能源保障，促进了污染减排和可持续发展。

目前生物炼制利用了大量的生物质副产物，但又不限于副产物，还包括各种初级生物质，如淀粉和微生物发酵产物等，更包括直接从自然界收集的生物质，如林业生物质、海洋生物质和淡水藻类。收集和利用上述生物质资源，有助于促进森林和水体的新陈代谢，发展良性生态环境。无论是生物炼制还是生物转化，都将提升生物质的价值，推动相关产业的深度发展。

1.1.4.5　生物产物的分离制备

生物产物的分离制备是生物加工过程的重要环节，甚至占某些产物生产成本的70%～90%。分离制备是生物活性物质利用的关键所在。其目标产物主要是蛋白质药物、非蛋白生物活性物质和单体化合物等生物质，包括分子药物、疫苗、标品和病毒样品、试剂以及部分精细化学品等。分离制备主要包括提取、浓缩、纯化和成品化等环节，其具体分离方法包括：①初级分离（破碎、沉淀等物理处理方法）；②膜分离（反渗透、超滤）；③萃取（有机溶剂萃取、水相超临界/临界萃取等）；④吸附分离（离子交换树脂、活性炭等）；⑤色谱技术（液相色谱、亲和色谱、气相色谱等）；⑥电泳和电色谱（毛细管电泳、等电聚焦电泳等）；⑦结晶和干燥等。分离制备方案和效率由目标分子的大小、亲/疏水性、电荷特性、溶解度和稳定性等特点决定，其核心是设备系统的效率和分离制备方法的选择。长期以来，我国在方法学方面研究较多，而对仪器设备开发方面关注较少，以至于高附加值的分离制备产业基本上依赖国外大设备公司。但是，方法学创新的效果最终跟设备能力密切相关。因此，分离制备设备的中国制造和创新是目前生物资源产业的典型瓶颈，也是重大机遇。同时，生物分离制备过程也会产生一定比例的废弃物和有机污染源，甚至对人类健康有一定影响。溶剂、副产物的回收和综合利用以及与智能控制技术结合，是生物分离制备技术能力显著提升的潜力所在。

1.1.5　生物信息资源及其挖掘利用

1.1.5.1　生物信息资源的内涵

信息、能源和材料是当今世界公认的三大主要资源，也是人类社会生存和发展的物质基础。信息资源（information resources）是指人类社会活动中积累起来的以信息为核心的各类信息活动要素（信息技术、设备、设施、信息生产者和信息库等）的集合。根据目前的信息来源，信息资源可分为5种类型，分别为自然信息资源、社会信息资源、经济信息资源、科技信息资源、控制信息资源等。

狭义的生物信息资源（bio-information resources）是生物体所携带的信息以及它们之间相互作用信息经过解读之后形成的有用的信息内容。具体是指通过运用计算机技术、信息学理论、生物数学、生物物理学、生物化学、化学生物学和物理化学等多学科方法，对生命活动过程中的生物分子如基因、蛋白质、脂类、糖类、生物基矿物质及其化合物的序列、结构、功能和相互关系进行研究，并对所产生的海量数据进行系统的获取、储存、解析、模拟与预测，形成相应的生物信息数据库，成为可利用或具有潜在利用价值的非实物化的信息资源。生物信息资源的主要存在形式是数字化的序列、数据库和作用模型，如核酸序列数据库和人类基因组数据库等。广义的生物信息资源还包括人工构建和推演的有功能的序列和结构，也包括已经发掘的生物与生物之间、生物与环境之间相互作用的信息。历史上，仅我国医学工作者和科学家总结出的药用植物传统疗效的数据就超过5万条，各种药材组合的方剂超过10万个，这些都是重要的生物信息资源。物种之间的相互作用规律，包括疾病害发生与流行规律，都是生物信息资源。因此，生物信息资源既是分子生物学和计算机技术应用引发的新事物，也是传统形式的资源。生物信息并不是实体存在的有形的资源，而是无形的资源。该类资源可以同时和反复利用，不会像其他生物资源一样因使用而减少。因此，生物信息资源是更有直接价值的新资源。而今，生命科学领域的研究和开发都离不开生物信息资源，生态学研究、遗传资源改造、合成生物学和基因诊断在不断增加生物信息的同时，也离不开对已有生物信息资源的利用。

生物信息资源是人类通过主观劳动，解析、设计、建设和保存的资源，也就是人类创造出来的资源形式。一方面，生物信息资源依据的是生物遗传资源以及遗传个体和群体之间的相互作用，另一方面，其重要特征就是人类的劳动贡献，不经过劳动就没有这类资源；而生物遗传资源往往是自然界本来就有的，其存在与人类劳动并不绝对相关。生物信息资源之所以有别于生物遗传资源，主要体现在以下方面：①生物信息资源能够同时重复使用，其价值在使用中得到体现，数量和质量都不会减少，而遗传资源随着使用不断繁殖，不繁殖数量就会减少，甚至灭绝。②生物信息资源的利用具有很强的目标导向，相同的生物信息在不同的条件下体现不同的价值，而遗传资源往往体现“种瓜得瓜，种豆得豆”。③生物信息资源具有整合性，人们对其检索和利用，不受时间、空间、语言、地域和行业的制约，而遗传资源的甄别往往通过实验观察和检验，需要获取实物。④生物信息资源是社会财富，任何人都无权全部或永久占用信息的使用权。按照目前的国际惯例，生物信息资源不是商品，不可以被销售，但遗传资源可以作为商品，可以被销售。⑤生物信息资源具有很强的流动性，可以以数据形式通过网络传播，而遗传资源需要通过物流传播。⑥生物信息资源的保护和保存形式是数字化的库或文献记录，而遗传资源的保护和保存形式是保护区、品种资源圃或细胞库等。

由于历史原因，美欧日等传统发达国家或地区对生物信息资源已经形成实际垄断，具备对该类资源的主导流向和管理的优先地位。作为主要信息库平台的管理者，它们与原始资源贡献者、信息开发者、使用者之间并无基本的合理约定。因此，尽管生物信息资源是社会财富，是全人类对生物信息研究成果的汇集，但通过对信息资源的二次发掘，可以形成具有知识产权的新成果。事实上，一部分信息资源已经成为商品，而生物信息资源本身，尤其是生物医学信息资源实际已成为生产要素。

1.1.5.2 生物信息资源的应用

生物信息资源已经成为最具有产业价值和最容易转化的生产力资源。目前，其典型应用主要体现在育种、合成生物学和医学诊治等领域。其中，合成生物学是生物资源创制利用的前沿手段，使用的主要材料就是基因序列信息。但是，合成生物学产物最后需要组装成活体细胞或在功能持续的体系中才能发挥作用。医学诊断和疾病治疗也越来越依赖生物信息资源，这部分生物医学信息资源的应用为诸多难测和难治疾病的处理提供了更有效和精准的方法，因而具有巨大商业价值和大健康意义。生物信息资源大数据的发掘利用，一方面促进了基因测序服务的产业化应用，另一方面为个性化医疗和精准医疗创造了实施条件。依据生物医学信息资源实现治未病和人类的优生优育已经成为现实的可能。与此同时，生物医学信息资源也可能被别有用心的组织或个人利用，给人类正常生活和社会活动带来难以预判的困扰。

在产业应用层面，目前提供主要生物质的农业生产已逐步向数字化农业和精准农业过渡，因此也就需要更加符合工程化管理新要求的种质资源。在育种环节，通过对多维的生物大数据进行挖掘与分析，可实现对生物农业中的重要动植物和微生物进行设计育种。在工业生物技术领域，利用合成生物学策略与手段，通过菌种设计改造，可以更高效地筛选到生化通路中的重要节点和代谢酶类，结合代谢工程改造，获得理想的目标菌种或构建细胞工厂。高效率生产的平台化合物或生物活性物质与生物炼制的有效结合，将创造生物制造新业态。

因此，生物信息资源不仅在医疗和大健康领域，同时也在工农业领域逐步显现出巨大潜力。基于物种间相互作用、物种与环境相互作用的生态信息资源对矿山修复、河道景观优化、油田生态治理甚至人工鱼礁建设等方面具有不可限量的作用。

1.1.6 生物资源保护及其责任

1.1.6.1 生物资源保护的范畴

生物资源保护（protection of bioresources）是人类追求生物资源永续利用的主动行为。狭义的生物资源保护就是保护生物多样性，重视对野生种质资源的保护，涉及对有直接或间接利用价值的生物遗传资源的可持续开发策略。其首要任务是保持物种数量和维持种群规模，强调解决掠夺性开发导致物种失去自我繁殖能力以及由此引发的濒危或灭绝问题。生物多样性是生物资源保护的基础。生物多样性本身就是一种资源，即生物多样性资源（biodiversity resources），是生物遗传资源的基础。生物多样性资源除了有生产用途，还有生态维护和环境保护的价值。广义的生物资源保护在保护野生资源的同时，还强调加强对人类培育的品种资源的保护，也强调对生物信息资源的挖掘和有效管理。因此，广义的生物资源保护对人类社会的发展和安全具有更直接的意义。随着生物资源改造新技术的发展和应用，农作物和养殖动物品种更新速度越来越快，单一品种推广规模越来越大，其所造成的原有品种资源丧失的威胁也随之增加。生物资源保护还强调对生物入侵的预防和管控。在生物资源学视野下，其涉及的范畴和责任如图 1-2 所示。

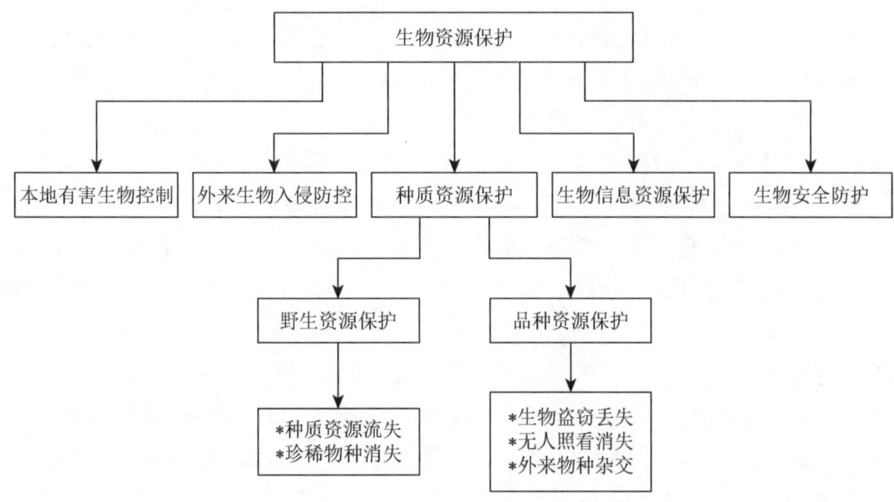

图 1-2 生物资源保护的范围

由此可见，生物资源保护的核心是种质资源保护，涉及野生资源保护和品种资源保护。前者主要涵盖：①预防种质资源流失，主要是针对生物盗窃行为；②珍稀濒危物种保护，主要是指防止生态环境改变或过度开发造成的物种消失。后者与经济利益和生产关系更密切，包括：①具有重要经济价值的品种资源被窃取和转移；②引进外来新品种造成原有品种资源无人看管，繁育权受挤压，或被杂交稀释，纯度丧失；③来自外来物种的威胁。随着大数据时代基因信息挖掘能力的快速提升，生物信息资源保护也成为生物资源保护的迫切任务，且与国家和全社会层面的生物安全防护密切相关。本地有害生物控制是生物资源保护必须坚持的一贯措施。动物、植物、微生物和人类一样，也不断受到敌害生物的威胁，有些危害甚至带来种群或品种消失等灾难性后果。这些本地的有害生物主要包括：①农作物和经济作物（含森林）病虫草害；②畜禽、水产等养殖动物疫病；③人类流行病病原微生物、害虫和螨类等。有害生物的危害是绝对的，但是其有害性是相对的。无论人类还是动植物资源都在与有害生物的斗争中，不断适应、发展和进步。

1.1.6.2 外来生物入侵是生物资源保护的直接挑战

生物多样性破坏或丧失，主要有三方面原因：外来生物入侵、生态环境破坏和生物资源滥用。其中，生物入侵是指某种生物从外地自然传入或人为引种后成为野生状态，并对本地生态系统造成一定危害的现象。这类入侵物种被称为外来入侵物种（invasive alien species，IAS）。一方面，IAS 因为其强大的生存能力，严重破坏了生物多样性，并加速本地物种的灭绝。另一方面，IAS 带来当地重大经济损失和治理成本增加，甚至严重破坏生态平衡，或者直接威胁人类健康。目前我国已知的外来入侵物种包括 300 多种入侵植物、40 种入侵动物和昆虫、11 种入侵微生物及其他有害生物。其中，危害显著的有紫茎泽兰和水葫芦等 8 种入侵植物、美国白蛾和松材线虫等 14 种害虫。原发于美洲的草地贪夜蛾（*Spodoptera frugiperda*）自 2016 年起，从美国东部扩散至非洲和我国台湾省，所到之处玉米（和水稻等）平均损失 5%～30%。该入侵害虫迁飞扩散和暴发取食能力很强，可取食 350 多种植物。2019 年 1 月入侵我国之后不到一年的时间内，就扩散到了黄河流域及其以南的大部分地区，严重威胁我国玉米生产和相关产业，而且这种损失将持续存在。

外来生物入侵既是一个古老的话题又是新的挑战，既是自然现象又是人为的后果。首先，人类社会不断从引种中获得好处。其中，有些人为引进的物种因为竞争优势成了优势野生种，对生态平衡造成破坏。其次，人类活动大大增加了物种扩散的机会，古代战争在一定意义上是导致外来物种扩散的最重要因素。进入工业社会后，科技、贸易和旅游业加快了生物入侵的发生。例如，货船压舱水携带的外来生物不仅严重影响海洋生态，还频繁引起全球性的生物入侵事件。当某一 IAS 刚入侵新的地域或生态环境时，如果发现及时且措施得当有可能全面根除其影响，但大多数情况下追求赶尽杀绝则徒劳无益。根除无效是已经入侵 IAS 的基本特征，人类只能延缓其扩散和尽可能降低其影响，其危害也是持续的和永久的，这是人类必须面对的事实和挑战。外来生物入侵控制的任务就是要在引种和货物贸易等环节，预估风险，管控有害生物人为故意或无意输入。

1.1.6.3　濒危物种资源的保护

濒危物种资源的保护一直是生物资源保护的紧要任务之一。目前，一些种类的生物资源由于人类的过度开采和栖息环境的改变而日趋减少，有的濒于灭绝。为了永续利用，造福后代，各国政府、机构和有责任心的民众正在采取有效措施保护生物资源可持续发展。根据物种数目下降速度、物种总数、地理分布、群族分散程度等准则，物种保护级别分为 9 类，分别是灭绝（EX）、野外灭绝（EW）、极危（CR）、濒危（EN）、易危（VU）、近危（NT）、无危（LC）、数据缺乏（DD）和未评估（NE）。我国的大熊猫目前属于易危物种，而华南虎则已经是极危状态，只在个别动物园存活。涉及这些珍稀濒危物种的长效保护工程主要包括：①建设保护区；②设立资源圃，进行易地保护；③加强检验检疫，避免外来物种对生物多样性的破坏；④特色生物的物种与遗传多样性研究，如探索开发极地和未污染地区的生物资源，以形成特色生物资源保护的策略；⑤生物多样性的生态功能与修复等。值得注意的是，全球每年甚至每天都可能发生现有物种消失，也有新的变异群体不断产生。但是，搞清楚物种更迭的条件和基本规律，是人类科学应对生物多样性变化的前提条件。

现代生物技术和相关领域的科学发展为濒危物种资源的保护提供了新的条件。种子冷冻保存和细胞培养，已经成为珍稀濒危物种保存的实际应用方式之一，能够显著降低保存成本和扩大保存力度。对珍稀濒危物种进行基因测序和遗传信息挖掘，有利于未来开发和资源创制利用。利用大数据技术管控野生动植物的采集（捕）和非法贸易也是保护珍稀物种的主要手段之一。

1.1.6.4　品种资源保护

1. 品种资源的概念

品种（variety 或 breed、cultivar）是指人工选育或保存的、具有共同来源和特性的、遗传性状稳定的、符合人类需求的、具有较高经济价值的生物群体。品种是农牧业生产的优良群体，是重要的基因库，也是人类社会积累的重要财富和生物资源。广义的品种概念是指一定地区人们习惯种植、养殖和培育的特定植物、动物和微生物种群，这些特定的生物种群具备明确的种植、养殖和培养性状，在一定的气候等条件下，按照一定季节或程序进行适当的种植、养殖和培养，就能获得预期的生产效果，包括质量和产量。因此，品种也是农牧渔业（和发酵工业等）的基本生产要素。在生产实践中，品种通常要被政府或品种协会所承认，被授予新品种权；没有经过认定或登记的、新开发的具有特定基因型的动植物或微生物群体只能称为品系或菌株（strain）。生物品种是人类的重要资源，解决了大部分生物产品的产量、品质、适应性等问题。例如，矮化和阔叶型水稻品种的育成，使得水稻的耐（化）肥性和产量成倍增加。按照其来源，品种可分为：①原始品种（initial variety），又称地方品种、土种或农家品种，是经自然变异，在长期生产实践中选育的，这些原始品种往往对当地的生态条件高度适应，是现代品种培育的基础。例如，藏香猪就是原始品种。②育成品种，又称培育品种，是指通过一定技术路线和育种措施培育而成的品种。这些品种往往在某些方面特点突出，是现代种植业和养殖业的支柱。③派生品种，是以授权品种或其派生品种为亲本，经过自然突变或诱变选择得到的新品种。

2. 品种审定和品种权

申请审定的品种必须是在生产实践中进行过区域试验并评价良好的群体。一般情况下，新品种未经审定，不容许大面积推广使用。我国主要的农作物品种在推广时需强制审定，以防止盲目引进和推广不适宜的品种，给农民造成重大损失。审定只对品种本身进行确认，而对其作为财产（无形资产）属性的所有权或归属没有确认，有的审定品种可以是引进使用别人的，因此经过审定的品种并不完全拥有自主知识产权。新品种保护是指由立法机构制定法令规章，由审批机关按照规定程序审查新品种的新颖性、特异性、一致性和稳定性后授予新品种权，品种权人排他性地拥有新品种的名称。与其他的知识产权如专利权、商标权、著作权一样，品种权是无形的智力财产，具备专有性，且其法律效力只在一定的时间和地域范围内有效。

《国际植物新品种保护公约》（International Union for the Protection of New Varieties of Plants，UPOV）旨在确认各成员国保护育种者的权利，核心内容是授予育种者对其育成的品种的独占权，育种者享有为商业目的生产、销售其品种的繁殖材料的专有权。加入《国际植物新品种保护公约》的成员国可以选择对申请人提供特殊保护或给予专利保护，但两者不能兼得，多数成员国选择给予植物专利保护。新品种的制种方法、生产技术及杂交种和转基因种的生产方法也可以申请专利保护。目前，UPOV 的实施对具备技术领先的发达国家有利，而对拥有原始资源但技术不够发达的发展中国家不利。

3. 品种多样性保护

品种本身既存在新陈代谢的过程，又会因生产制度和条件、气候变化的改变等人为和非人为控制的原因，面临丧失的威胁。以家鸡为例，中国的家鸡驯养史已有 7000 年左右，起源于我国西南地区的红原鸡逐渐向北演化，形成了众多的品种类群，成为我国人民日常生活中最重要的食用家禽。我国农业部门认定的家鸡品种就达 80 多个，重要的品种如主产于浙江仙居县的仙居鸡、《本草纲目》所记述的乌骨鸡、原产北京郊区的北京油鸡、产于福建长汀的河田鸡等。但是，自改革开放以来，生长快、产蛋率高的“洋鸡”对我国原有的生长速度慢、饲养周期长、产蛋率低，但肉质很好、鸡蛋品质优良的土鸡（笨鸡）品种已经形成严重威胁，表现为：①土鸡养殖比例快速下降；②近现代引进的国外鸡品种与地方品种形成新的杂交种，如新狼山鸡、成都白鸡等。无序引种和杂交更进一步形成对原始品种或地方品种的威胁，造成品种多样性丧失。其危害表现在以下方面：①品种单一化不利于植物病虫害控制和畜禽流行病防控；②不利于满足人们的不同需求，尤其是对多样性生物资源挖掘的要求。

品种多样性丧失的途径因农作物品种、养殖畜禽品种和微生物菌种的生产条件和繁殖方式而不同，主要途径有：①新培育的品种在某一方面或多个方面相对于现有主流品种具备显著优势，如因禽流感发生推出的抗禽流感品种。②栽培制度或工艺的改变，让能更好地适应目前生产环境的新品种应运而生，而“老品种”惨遭淘汰。③引入生存繁殖能力和产量因素等特别突出的外来品种，后者与原始品种的杂交无法控制。④人为创造的种、养条件的改变，使得原有品种不适应新的生产条件。例如，大量使用除草剂和需要具备抗除草剂特性的品种。⑤生产目标的改变，使得原有品种不适应新的生产目标，如大豆从以提供蛋白质为主向以产油为目标的转变。⑥战争、气候变化和洪灾水患等突发灾害引起地区稀有品种的生存条件丧失和品种消失。

品种是数千年人类社会发展和文明进步的成果。作为“现成”的生物资源，也是全人类的共同财富和劳动成果，不少国家都有不同的品种保护措施。现行的品种资源保护措施包括：①明确品种多样性是生产安全的重要保障，今天没有利用价值的品种，将来未必没有。②培育和推广新品种时，首先分析其对老品种的影响，并对老品种进行针对性保护，避免品种单一化。③建立国家和地方的品种资源保存库，利用现代生物技术进行多种措施的品种资源保护，如种子的超低温保存。④引进外来“优良品种”之前，先充分评估其对现有主流品种和原始品种的影响。⑤品种保护与文化保护有机结合，维护多元的生产目标和产业模式。⑥在突发气候灾难和生产环境改变时，对植物、动物和微生物品种进行抢救性保护。⑦预防和打击“生物海盗”，发挥国家能力，保护品种资源。总体上，利用经济杠杆，对传统地方品种进行积极主动的开发利用，是最好的保护措施。这部分品种尽管在某一方面（如产量）不是最突出的，但在当时有相对较好的生产效益，且适应当地的生产条件。对部分品种的保护性利用还能发挥多方面的价值。例如，高产水稻与传统的抗病品种间作，往往能降低病虫害流行程度，减少农药使用量，从而取得显著经济效益和生态效益。

1.1.6.5　生物信息资源的有效保护

生物信息资源的挖掘和有效保护是生物资源保护的新任务和新挑战。一方面，人类借助新技术手段和存储能力，正在快速发现更多的生物信息和规律，有及时规范保存的迫切需要。简单地将基因序列等数据信息交给数据库是一种不负责任的方式。另一方面，不少涉及人类疾病和重要遗传性状的信息资源，不仅可能成为人类社会的共同财产，也同时具备非常高的商业和战略价值，甚至可能会被生物恐怖主义利用。随着高通量基因测序、基因克隆、基因合成、基因编辑手段日趋成熟，以及与染色体工程、侵染性克隆构建和合成生物学手段的结合，生物信息越来越具备直接利用价值，成为生物资源中的一种高价值形式。生物信息资源建设与物种资源保护具有相似性，但不尽相同。其相似之处在于都需要建设才能拥有资源，不建设就不能实际上拥有资源；差别之处在于后者是物化的，维护成本高，而前者是数字化的，获取传输和保存成本都比较低，甚至相对隐蔽。进入21世纪后，借助现代手段，“生物海盗”窃取种质资源的手段更丰富、代价更低，国际社会对此广有抗议，却少见措施。导致重要遗传资源流失的行径，从19～20世纪的以国家行为为主，转变为现在的以企业集团利益为主，因而更加具有隐秘性和及时性。有些流失甚至是持有者的主动行为。例如，发展中国家的科技工作者或企业专家，往往将涉及生物质转化的微生物菌种开发研究和产业应用混为一谈，盲目追求论文的发表。在期刊要求下，基本上都要先“上传”基因序列，再发表相关生物学性状，直接导致企业或行业微生物资源出现“裸奔”现象。工业微生物研究者要么主动成为发达国家免费的“矿工”，要么得到境外企业集团的经费资助，以国际合作名义，廉价为发达国家企业集团挖掘和提供资源信息。后者拿到这些信息后进行进一步挖掘，就能用知识产权手段制约资源持有者，形成新的产业垄断。因此，生物资源流失，伴随生物信息资源开发的深入已经发生显著变化，甚至从被动流失变成主动流失。

生物信息资源保护首先是国家行为，保护产业资源，同时也是国家生物安全的需要。个人行为则往往体现保护能否得到执行，是防微杜渐的最末端。其他生物资源保护活动还包括对生物工程实验室的管理、杜绝转基因生物逃逸、在生态和地质灾难时对重要物种资源进行保护，等等。培养资源保护意识，首先要从认识生物信息资源的重要性开始，既能坚持合作，又能有效保护资源，才是理想的境界。

现今，人类所面临的生物资源保护新挑战也来自多方面。首先是气候变化和生态灾难，导致部分动植物和微生物栖息地被快速破坏。这些生物种群需要寻找和适应新的生境，并向人类聚集地扩散。例如，2019～2020年澳大利亚持续火灾，造成蝙蝠等向城市进军，它们所携带的病毒等潜在威胁也伴随而来。城镇化进程也将造成类似后果。地球气候周期性变化，也可能出现史前微生物伴随动物残体复活的情形，而人类对此基本上不设防。新挑战还将来自容易获得的生物信息资源及合成生物学技术等手段的运用，由此催生重组病毒和超级细菌等。同时，从第一次成功合成有活性的胚胎细胞和生殖干预开始，人类绕过“上帝之手”而随心所欲创造智能生物或新人类甚至“超人”就进入倒计时了。同时，基于大数据分析和生物资源技术而设计出来的“新生物”往往更加难以驾驭，“造物主”角色的异位带来的不仅是伦理问题。由此可见，进入21世纪，人类社会面临的生物资源安全威胁愈加普遍和严重。

1.1.7 生物资源工程及其价值

1.1.7.1 生物资源工程诠释

生物资源工程（bioresource engineering）是指人类根据当时的生物资源状况，为满足社会经济发展和生活需求，进行生物资源改造或创制，实现生物制造和生物转化，并且合理管控和利用资源量所采用的方法、手段和技术。其主要目的是利用生物资源改善人类生存与发展的物质条件和生态环境，发展生物经济。当然，开展生物资源保护和挖掘的人类活动也是生物资源工程的范畴，如生态工程、保护区、种质资源圃和生物信息库的建设等。当今，生物资源工程所追求的目标主要是经济价值，同时也有科学价值。生物资源工程技术和理论的发展，即使产业经济效益和产业模式发生改变，也给社会文化和生态环境带来影响。生物资源工程涵盖的范围广，涉及的安全和生产利益巨大，如图 1-3 所示。

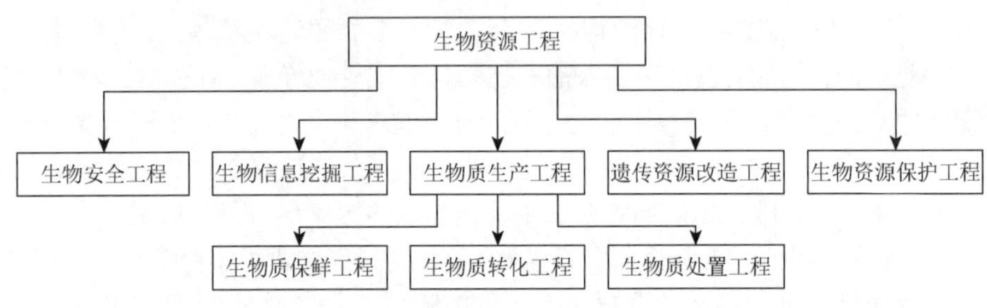

图 1-3　生物资源工程范畴

生物资源工程涉及的产业，不仅包括生物质的生产和生物质初级产品的炼制，还包括遗传资源的收集改造和利用新技术进行种质资源创制，同时包括各种有价值的生物信息资源挖掘、管理和服务。人类干预生物资源以达到发掘、利用和保护目的的手段多种多样，且与当时的科学技术发展水平和人类需求直接相关。按照生物资源工程的实施对象来划分，主要包括遗传资源改造工程、生物质生产工程、生物信息挖掘工程、生物资源保护工程和生物安全工程等。其中，生物质生产工程衔接生物质保鲜工程、生物质转化工程和生物质处置工程等方面。生物质保鲜工程是鲜活农产品等生物质资源管理的第一阶段，涵盖收集、保鲜和储藏等技术；生物质转化工程是工业化利用生物质的核心所在，涵盖物理处理与直接利用和生物质复合材料、生物精炼和提取制备等技术应用，生物精炼获得工业用化学品，提取制备获得医药用途的生物活性物质；生物质处置工程服务于生物副产物资源化和废弃物的减量化，涵盖生物质分拣、生物质能源化转化和有机废水的生物消化等方面。而今，生物资源工程的首要任务是对遗传资源进行改造提升，以适应现代生产水平和生物质生产方式的要求。

遗传资源改造工程涵盖：基因工程、染色体工程、细胞工程、胚胎工程、组织（培养）工程和工程化设计育种等方面。其中，工程化设计育种借助生物信息资源进行生物资源改造或创制。生物质生产工程涵盖：种植，包括工厂化培育生产；养殖，包括畜禽、水生动物和昆虫；生物制造，包括微生物发酵，单细胞藻类、植物和动物生物反应器生产方式等。生物信息挖掘工程涵盖：测序和信息保存、功能分析、转化应用等方面。其中，测序和信息保存只是最初级的工作，功能分析便于形成产业价值和知识产权，转化应用则是生物信息资源的具体应用，是资源价值的转化和体现。例如，医药生物信息资源的专业化应用就涉及基因诊断、基因治疗、药物作用机制和临床数据整合及精准医疗过程。生物资源保护工程涵盖：植物保护、动物疫病防治和微生物菌种保存及复壮。其中，植物保护涉及害虫、病原微生物、线虫、螨类、杂草和寄生种子植物发生的预测预报及农药的应用和管理措施等。生物安全工程涵盖：信息监控、生物消防和应急管控等方面。其中，应急管控涉及国家层面对重大流行病和生物武器等生物安全威胁的响应等。

1.1.7.2 生物资源工程技术应用的影响

工程的本质就是以最短的时间和最少的人力、物力做出高效、可靠且对人类有用的产品。生物资源工程是现代生物技术到生物经济应用的桥梁。其技术积累到一定阶段就会推动产业快速发展，提升生物经济效率，因而对生物产业产生多方面的影响。首先，是生产效率方面，无论是种质资源培育和创制效率，还是生物质生产效率和转化效率，都将在工程化模式下更加集约化，目标更明确，时间更可控，产品更有用。其次，是对产业模式的改变。不仅过去靠天吃饭的种/养模式部分甚至大部分被生物反应器等设施生产所取代，现有的大农业模式也越来越考虑副产物利用和全产业链炼制，实现综合利用。在生物资源保护和生物信息资源挖掘方面，也将更多地借助大数据和信息工程技术对生物资源进行管理。不再追求垂直管理和单纯“刨根问底”，而是强调网格化管理模式和综合价值。高通量模式往往需要高集约化水平来保障，通过集约化程度的提高，追求绿色环保、循环和永续的资源利用与产品生产。除生产方式的改变外，生物资源工程技术的应用还将影响人类对资源的认知，并推动生活习惯的改变。最后，那些被工程技术所挤兑甚至面临淘汰的传统产业和生产关系，可能被赋予更多文化和艺术的价值。例如，小而美的农业生产模式和农村社会关系，不仅按照最传统的方式续存和发展，还将成为生态、健康和文化的乐土，继续发挥非工程化模式的标本作用。

人类社会在生存发展过程中，对遗传资源的改造愿望一直都很强烈，从未停息。从选择相对优良的变种开始，通过长期定向选育，获得了不同的植物品种，带动了生活习惯的形成和文明的发展。同时，强调动物资源的利用，则促进和丰富了游牧文明。许多动物因为某方面的特征能够为人类所用，实现了从野生变家养的过程，保全了种群数量，并得以延续；另一些物种因为对人类而言利用价值不高，或养殖成本过高，或不能适应环境改变，而没有与人类同步发展，甚至走向种群灭绝。生物信息资源的挖掘是目前生物资源工程的一个重要方面。理论上，生物信息资源是全人类共同的财富，其建设工程往往需要国家层面、国家间、实体间共同参与、共同建设、共同维护。人类开发生物资源的最终目的是实现生物质的利用。无论是食品还是药品，都是生物质或者源于生物质。因此，以生物质的生产和利用为核心的生物资源工程是发展生物资源的终极目标。以生物反应器为标志的生物制造有别于传统的种植、养殖手段，所涉及的主要是工业或医药目的的生物质生产，包括微生物发酵工程，植物、动物和昆虫的生物反应器。其主要应用效果不是靠天吃饭，而是在可控的生产系统中进行。相对于化学制造的高污染、高能耗和高环境成本，生物制造往往带动环境美化，是无污染（或低污染）、相对低能耗和环境友好的生物质生产过程。

1.1.8　21 世纪面临的生物资源挑战

进入 21 世纪，国际社会正面临流行病频发等复杂的生物资源挑战。这种挑战既是重要遗传资源的丧失和生物多样性持续减弱的具体表现，也直接来源于生物质生产过剩带来的有机污染不断加剧的大生态变化，更繁乱的是人们不断解析出来的生物信息资源，就如一把双刃剑成为难控的隐患。对大多数国家而言，生物资源的挑战和威胁既来自外部，又来自其内部；既存在传统品种资源丧失的压力，又要面对入侵有害生物的威胁；既要应对动植物疫病流行及对当地社会的影响，又要防范人为的生物恐怖行为。政府的举措失当或个人的失误，都可能带来不可控局面或长期影响。因此，正确应对生物资源挑战，不仅是个人和商业界的责任，更是国家安全保障的要求。

1.1.8.1　重组生物与生物安全威胁

对于人类本身而言，任何时候生命安全和生态安全都是最基本的保障需要。反言之，缺少安全保障，一切社会进步和生活质量提高都没有意义。现代生物技术的发展，尤其是高通量基因测序、功能分析、基因合成和重组技术的不断发展，使得基因编辑和重组克隆等实验室技术很容易被少数人掌握，重要病原微生物信息也能不受限制地在线获得，重组病毒和侵染性克隆甚至可以委托第三方完成。可见，制造超级病毒和超级细菌的门槛不高，因此预防扩散的难度很大。国际社会至今没有建立起相应的预防和危机处理机制，致使人类社会处于莫测的危机之中。形成威胁人类社会的新病毒造成大规模流行病既可能是自然进化的结果，也可能是部分流氓国家的主动行为（生物武器），还可能是缺少管理的 P 级实验室或个人的失误所为（生物逃逸），更可能是极端组织的有目标的袭击行为（恐怖活动）。近 20 年来，全球范围内已经遭遇多次重大疫情，其源头和流向并非都清楚。这些有致命威胁的病毒等病原体，一方面发生频率有自然增加的趋势，另一方面也有可能被国际恐怖组织利用，对全人类的健康造成直接威胁。毋庸置疑，生物信息资源是研究新型生物武器的基础。与核武器和化学武器相比，生物武器不易检测与防控，又容易传染与扩散。防御生物战争威胁和保障本国生物安全已经成为未来国家安全的重要组成部分，甚至是关键所在。“9·11”恐怖袭击事件之后，美国以国家安全为由，提出了“生物盾牌计划”，规划在 10 年内投入 56 亿美元研究生物战剂及疫苗。这一计划使美国不仅在掌控生物信息资源方面具备最大优势，又在生物武器开发方面取得了先机。而今，美国在全球其他国家建立了数百个生物实验室，且至今仍在极力阻挠《禁止生物武器公约》的实施和核查，导致国际上一直缺乏相关组织和机制以确保该公约的实施和对生物武器研究的有效管控。国际上现有关于实验室水平重组生物管理的共识或倡议都是 20 世纪 70～80 年代形成的。例如，著名的阿西洛马会议（Asilomar Conference）就是 1971 年在美国召开的。这次会议的重点是讨论生物实验中使用病毒可能产生的潜在风险，只是附带地对重组 DNA 实验进行了一些讨论。其他如欧洲、日本、澳大利亚等地区和国家从 20 世纪 80 年代开始，制定了相对高标准的本国法律和指南，对其国内的实验室安全进行了有效管控。我国自2003年SARS暴发后，才开始相继建设不同安全等级的生物安全实验室，并制定相应管理规范，以约束内源安全隐患。但是，整体上还缺少对生物安全实验室科学管理的实践经验和实战检验，更需要通过教育提高生物安全意识，并通过实际行动来强化对外在生物安全危险的防御。

除直接威胁人类健康以外，生物安全威胁还可能针对人类生产生活必需的重要生物资源，包括农作物（病虫害）和养殖动物（流行病和人畜共患病），后者已经发生的如恶性禽流感、疯牛病和口蹄疫等。这类生物安全威胁的预防和管控，需要全球所有国家和地区的真诚合作和共同监督，以及对重要生物信息资源的有效管控。但是，目前，这一领域几乎处于完全缺失状态，个别国家和地区对于其他地区出现的生物安全危机麻木不仁，甚至幸灾乐祸。殊不知，危机也正向包括自己在内的全人类逼近。高密度的种群（动植物和人群）和密集的流动，都可能成为生物恐怖袭击的薄弱环节。同时，开发新的动植物品种资源时，如果没有经过充分的科学评估和试验，容易造成新的生物入侵和敌害生物危害加剧。国际社会对转基因生物有比较普遍的关注，已经形成一系列试验释放规范和管控文件，重点强调了对人类健康的影响，并对人本身的基因编辑尝试，尤其是与生殖研究相关的伦理问题高度敏感，却忽略了实验室环节对危害更广的重组病原微生物的研究，对转基因植物品种影响整个生态环境的关注也严重不足。重组微生物、基因改造昆虫和动物逃逸对生态环境的影响可能更大，重组质粒等实验材料泄漏造成的环境危害甚至难以估计。例如，携带抗生素降解基因（质粒）的重组细菌，可能已经在江河湖泊中大肆繁殖，直接影响饮用水和食物链，却没有受到应有的关注。人为造成的重组生物失控带来的身心健康影响、社会安全威胁和生态稳定问题，即将在不知不觉中成为全人类要面临的挑战。

1.1.8.2 敌害生物与生态安全威胁

人类社会面对的有害生物主要有两个来源。一是本土有害生物，如对畜禽和农作物有直接危害的老鼠、杂草、昆虫、螨类、支原体、真菌、细菌、病毒、线虫及软体动物等。这些有害生物有的危害农林生产系统，有的危害畜禽水产和经济昆虫等养殖对象，有的甚至直接危害人类健康，或者通过破坏人居环境和生态系统影响人类的生活质量。二是外来入侵生物。前者在大自然中普遍存在，或是很久以前的入侵生物，它们往往是在特定条件下才成为生产体系和个人健康的破坏者。后者是指由原生存地经自然的或人为的途径侵入新的环境，对入侵地的生物多样性、农林牧渔业生产和人类健康造成显著经济损失或生态灾难的生物种类。这些对当地造成危害的入侵有害生物蔓延的原因大致分为几种情况。第一，“引狼入室”。人类社会对于引入外来物种尝到过不少甜头，致使这一过程一直都在继续，比如玉米、马铃薯在我国和欧洲都是外来物种，而通过引种丰富树种资源更是全球各地的热衷行为。然而，盲目引进外来物种也可能会带来长期麻烦，在我国最典型的有喜旱莲子草和滩涂互花米草等。第二，国际贸易膨胀加剧生物入侵。随着国际贸易规模的扩大，海运、航空物流和人员流动造成的有害生物入侵屡见不鲜，如近年来入侵美国的亚洲鲤鱼、斑马贻贝等。又如，20世纪80年代初随着电器包装从日本疫区进入我国的松材线虫，已经毁灭了我国数千万亩[①]松树林，可能永久不能恢复。第三，生态环境改变使得一部分外来物种成为新优势群体。水葫芦作为花卉引入我国已经超过 100 年，20 世纪 60～70 年代还被当成饲料进行培养。随着江河湖泊普遍富营养化，水体氮磷污染富集，目前该物种已经成为我国水体最突出的灾害之一，造成水体环境和生物多样性严重破坏。近年来，澳大利亚野兔、野马甚至袋鼠都成为新的生态环境下突出的地区尴尬。列入最具危险性的入侵生物多数造成当地生物多样性破坏或环境影响，也有一部分对人类健康产生直接威胁。例如，红火蚁在 20 世纪 30 年代入侵美国并扩散，2000 年后跨越太平洋到达我国台湾省，近年来开始随着货物贸易出现在我国大陆各省份。人受到红火蚁伤害后或出现红肿等不良反应或伴随细菌感染，部分体质的人群还会出现肾衰竭甚至死亡。

农林系统有害生物的暴发和流行，往往与栽培生产制度直接相关。大规模高密度种植模式，势必导致害虫集中发生。新的生产模式下，植物、动物和人类本身都面临同样的集约化种群问题。任何生物的大规模高密度培育（种植、养殖、繁殖）都会导致有害生物暴发等灾难性的后果。以传统药材为例，近代制药企业规模化发展之前，主要靠采集野生资源，未见或少见有病虫害发生。从野生变家种开始，已经形成动辄千、万亩的种植规模，病虫害时常发生。畜禽和水产养殖动物也都存在高密度养殖带来敌害生物暴发的情况，近年来频繁发生的恶性禽流感和间歇性暴发的猪瘟等，都预示现代生产模式和养殖规模增加了生物资源安全风险。人类生产生活的经验表明：分散养殖、轮作间作和尽可能保持生物多样性能有效缓解有害生物的危害，而遗传背景单一的大规模高密度种群则是有害生物暴发和流行的巨大隐患。随着局部地区人口膨胀和城镇化进程的推进，这种正在强化的趋势无论对人类社会本身，还是对生产和生态系统都是一种挑战。值得重视的是，新的产业模式也可能带来新的有害生物问题，甚至是灾难。比如，大棚设施栽培反季节蔬菜，虽然提高了蔬菜产量，且能在不同季节保障良好的蔬菜供应，但是，这一模式直接导致温室成为病虫害冬季越冬的理想场所，大大提高了春季病虫基数，造成来年大棚和周边地区病虫害发生概率倍增；其结果是大棚蔬菜的农药使用量增加，产生新的食品安全和环境问题。

一种生物在一定时间和一定条件下的有害性，既具有内因的基础，如生命力强大；也有环境条件原因，如“外来和尚好念经”。因为没有天敌等因素限制，所以某一物种可以无节制地扩散和繁衍，从而造成对其他物种的损害和生态环境的破坏。同时，也几乎没有一种成功入侵的物种，能够在人类干预下从某一区域彻底消失，这些外来生物经过长时间适应，往往会找到其“合理”的生存方式。这一适应过程是长期的，人为干预往往收效甚微，甚至徒劳无功。对于入侵植物采取容忍、跟踪、利用的方式通常更为恰当。化敌为友、变害为利，对这些入侵植物形成的海量生物质进行收集和资源化利用，是科学的生物资源观。

大多数情况下，流行病和有害生物灾害都是人为造成的，是人类与有害生物博弈的结果。“道高一尺，魔高一丈”，这种博弈还将继续下去。如杀虫剂的发现使人类控制有害昆虫的能力显著提升，但是长期使用某类杀虫剂也会令害虫逐渐产生抗药性，反过来迫使用药量不断增加，形成恶性循环。实践证明，越是立竿见影的手段，越容易带来新的复杂局面。以棉花害虫为例，Bt 毒蛋白转基因抗虫棉品种的培育和规模化种植，不仅显著提

① 1 亩≈666.67m^2。

高了棉花产量，而且减少和降低了农药使用和管理成本；但是 Bt 转基因棉连续种植 10 年后，不仅逐渐失去对二代及后代棉铃虫的抗性，还导致棉盲蝽等次要害虫猖獗且灾情逐年加重。对于有害生物，大部分都可以控制在可容忍水平以下，只有万不得已的情况，才采取零容忍措施。生物都有种群繁衍的源动力，当人类活动范围不断拓展，压缩其他动植物和微生物的自然生存空间时，这些被驱赶的生物种群，也会产生适应性变异或者寻找新的宿主成为环境中的新客，从而导致新的生态危机。倡导生态控制有利于在相对和谐的条件下实现生物资源的科学管理。

1.1.8.3 种质资源丧失与新品种挤兑威胁

现今国际环境下，与人类休戚相关的种质资源丧失的威胁主要体现在以下方面：一是自然界生物多样性的破坏和珍稀濒危物种的快速消失，造成人类发掘潜在资源价值的机会持续减少，如麋鹿和蓝鲸种质资源的状况。二是具有重要社会经济价值的特有资源被他国盗取，造成产业竞争力丧失，如我国历史上茶叶和蚕桑资源流失和近代大豆资源的流失。三是现有生产体系中重要动植物品种资源的丧失，直接导致生产系统中资源的破坏。四是当集诸多优良性状于一身的作物新品种动辄推广几十万亩、几百万亩时，必然导致原有的地方品种无人繁育，“香火不续”。这些本来的优良品种，是人类经过数十年甚至数百年选育出来的，往往具备多方面的重要性状，传统作物可能对当地生活习惯和民俗文化具有重要价值，甚至与本地民族的体质健康密切相关，却因为“不合时宜”只能退出历史舞台。相对而言，当今社会主流思想，对生物多样性和珍稀濒危物种更加关注，却甚少理会品种多样性对生产的直接影响。生物资源中的品种多样性既包含种植目标的农林园艺作物，如我国传统的五谷及其衍生品种；也包括畜禽和水产养殖动物，甚至昆虫，如家蚕的当家品种；还包括微生物菌种，如绍兴黄酒的酒曲。对于地区经济生态而言，无论品种资源的外流还是挤兑消失，主要都是人为造成的。国家或行业的举措不当，就会丧失品种资源的特点。以养殖畜禽为例，我国是世界上最早养殖家畜家禽的国家之一，也是相关资源最丰富的地区，但数十年来单纯追求畜牧业发展规模和经济效益，盲目引进外来专门化品种，并一直缺乏对本土种质资源的认识和保护，致使地方畜禽品种数量骤减，相当一部分已经完全消失。比如，作为世界上养猪规模最大也是养殖历史最长的国家，我国曾经拥有世界上40%左右的猪地方品种。但是，目前就连最有名的三大主流良种——荣昌猪、太湖猪和金华猪占比都已经很小，本土品种的繁育情势岌岌可危；规模化养殖的基本上都是来自美国的杜洛克猪和来自英国的巴克夏猪及其杂交后代。我国的地方鸡种的命运也非常相似，很多优良地方品种纯种难寻。羊和牛也面临同样的命运。林木品种多样性的威胁甚至来自引种野生资源。例如，我国南方地区优先发展毛竹这一可再生资源，使得其在浙江、安徽、江苏等地无节制扩散，毛竹所到之处气势磅礴，其他灌木荡然无存，土壤酸化越来越明显，生态极其脆弱。部分保护区已经受到明显威胁，但至今没有引起基本关注，视野被郁郁葱葱的竹林遮挡，境况堪忧！

大面积种植单一作物品种，还容易催生病虫害的暴发流行，造成地区灾难。例如，马铃薯成为欧洲人的主食后不久，18 世纪 40 年代北爱尔兰马铃薯晚疫病流行，直接造成欧洲超过百万人饿死或逃亡，其中一部分人逃到美国，成为当今美国的主流民族。1970 年美国大面积推广一种高产的杂交玉米新品种，造成玉米小斑病这一次要病害流行，经济损失超过 1 亿美元，成为经典案例。这种情况在畜禽和水生动物养殖中同样普遍存在。我国传统的四大家鱼因为长期近亲繁殖和品质均一化，抗病力极弱。又如，我国 1988 年开始在沿海地区引进推广的南美白对虾，就可能发生近 20 种病害。其中，1993 年对虾白斑综合征这一种病害暴发流行，就造成当年全国养殖对虾减产到之前的 1/3 以下，该病害至今还是沿海地区对虾的主要威胁。禽流感和猪瘟的发生越来越频繁，根本原因主要有引进国外“良种”和进行单一品种规模化养殖。转基因和其他新技术的应用，形成绝对优势的品种独霸市场的局面，也容易造成品种资源丧失及其关联风险。值得注意的是，我国大田作物长期新品种泛滥，尽管满足了科研人员“创新”的愿望，却让农民和农业公司无所适从。但是，设施栽培和工厂化农业及生物反应器生产模式，需要更多适应新业态的品种，这方面却还没有得到足够重视。在培育出新品种的同时，若不能保护好现有品种，也容易造成现有资源和品种权丧失，不仅影响农户的种子生产权，也可能影响国家粮食生产安全。无论是引进良种还是推广单一新品种，都容易使种子（种苗）生产权掌握在个别公司，尤其是少数实力超群的国际大公司手中。比如，最早服务于美国军方的孟山都（Monsanto）公司不仅开发除草剂，也培育抗除草剂的转基因玉米等农作物品种。应该说该公司在一定时期控制了世界上多种主要农作物的优良品种繁育权和市场供应，也主导了玉米、棉花等作物的栽培制度，包括对除草剂的依赖。类似情形至今基本没有改观，由此造成的生物资源安全威胁依然存在。

1.1.8.4　集约化生产模式和生物质过剩的威胁

为顺应人口日益增长和快速向城镇集中的趋势，人们需要更多的生物质作为生活和生产资料。生物质生产的主要应用包括：以谷物、薯类、豆类为典型的粮食产品；以蛋奶为代表的蛋白质类产品；以猪、牛、羊和鱼为代表的肉类产品；以水果和蔬菜为特征的膳食纤维和矿物质类产品；以药材、抗生素、抗肿瘤药物和各种生物活性物质为特征的大健康类产品；以珍珠、茶、咖啡、酒、糖和烟草等为特征符号的文化产品或嗜好品等。在这些产品的生产过程中，除一小部分收获为初级生物质产品外，无一例外地都有剩余部分，成为生物质污染源。例如，我国的淡水珍珠产量占世界 95%以上，但珍珠只占帆蚌生物量的 5%左右，这部分珍珠中也只有 5%左右才有加工价值，其余的都是废弃物。这一特征，随着追求超高产目标的实现而愈甚。以种植业为例，追求目标产物高产，同时也带来成比例的副产物或废弃物，如秸秆、藤蔓、种皮等。小农经济时代，我国广大农村有精耕细作和种养结合的传统，秸秆等副产物往往能够作为饲料、燃料和肥料被利用。但是，在现今高度集约化专业化的模式中，利用副产物的比例明显减少。过剩而又集中的生物质成为有机废弃物和污染源。农业的集约化发展，必然影响生态，无论是大而专还是小而美的生产模式，农业自身都难以实现清洁生产和循环利用。生物质过剩呼唤全产业链炼制的农工结合模式，更期待新的生产/消费管理模式。对比种植业生产，畜牧业养殖的集约化带来更多的和更大的生物质污染和生态挑战。一般情况下，一头猪的排污量与 10 个人相当，一头奶牛则与100个人相当。在分散养殖模式下，粪肥是宝贵的资源，便于就近消化。当养殖水平动辄达到上万头规模时，往往会超过当地的环境容量和农业消化能力。这些集中且多出来的生物有机质就成为环境负担。以标准化养殖300万只蛋鸡为例，在年生产5万t左右鸡蛋的同时，也产生鸡粪7万t、废水11万t、蛋壳1500t左右，还可能有超万只死鸡需要处理。为了靠近市场和保障供给，这些养殖场基本上建在中心城市附近，没有考虑土地对污染物的消化承载能力。这些生物质和废水是集中的有机污染源。类似情况也广泛存在于规模化水产养殖中，并随着养殖技术发展和养殖密度提高而日甚。尽管水生动物对饲料的利用转化率显著高于家禽家畜，但是富余饲料和排泄物直接进入水体，其影响更难计量和控制，养殖水体中氮磷等过度增加，引起藻类暴发，成为更复杂的环境威胁。

放眼全社会，生物质过剩和有机污染加剧有以下几类原因，且都与集约化生产和城镇生活直接相关。第一类，初级生产副产物。主要包括秸秆、林业“三剩”物、养殖废物和污水等，这类生物质存量巨大，尽管长期受到各方关注，却仍然是主要矛盾。第二类，加工副产物。主要包括米糠、果壳、玉米芯、甘蔗渣、药渣、咖啡渣、薯渣、蛋壳、屠宰废物和皮革污泥等。这类生物质相对集中，便于收集和再利用，但是未形成工业化处理能力时，更容易造成集中污染。第三类，生物质处理产生的二次污染物。最典型如消化养殖废物和秸秆制沼气时伴随产生的沼渣沼液、利用树枝秸秆制生物炭时产生的木醋液、利用低品质水果制醋时产生的醋渣等。生物质再利用过程中，以废生废的现象很普遍。第四类，突发性或非常态生物质废物。典型的如禽流感和猪瘟集中扑杀的牲畜、风暴中倒伏的城市绿化树木等。这些生物质废物“来势汹汹”，不妥善处理会造成现时甚至长期的安全威胁。第五类，城镇人口生活垃圾。这类生物有机质常年持续产生，至今缺少有效处理之策。生物质过剩也是生活模式改变和农村城镇化过程中面临的新问题。一方面，绝对地禁烧秸秆和盲目改变农村生活习惯，已经造成秸秆、尾菜和农村生活垃圾的集中污染。同时，人类生产生活方式的改变也带来生物质产品需求增加和有机废物处理的压力。比如，过分追求高营养、易吸收的精加工食品，纵获一时口舌之欢，却对健康无益，还对环境不利。因此，枉顾国情而盲目追逐欧美生活方式必将造成生活污染加剧。另一方面，人口向城镇集中，也增加了厨余垃圾等生活污染物的处理压力。这些有机物在相当长时间内与其他垃圾一起填埋在离城市不远的填埋场，而没有进行妥善处理。随着大城市的高速扩张，这些历史填埋场越来越接近城市区域，成为不定时暴发的生物安全威胁。在加快推进城镇化和国际化的过程中处理不好上述问题，可能会引发重大疾病流行等生态问题。因此，倡导无废城市建设不仅是未来生活的崇高目标，也是人类对自身提出的迫切要求。

1.1.8.5 生物信息资源过度集中与不可控

生物信息是隐形和衍生性价值极高的生物资源。现阶段生物信息资源还具备以下特点：一是积累快。随着高通量组学技术的发展，生物信息资源的发掘深度和广度在不断深入，是信息爆炸的典型。二是具备重要的经济社会价值和军事安全价值，是事关国家主权的战略资源。三是拥有关系不确定，理论上无论谁解析出来的基因信息都是全人类共同的财富，但难以形成保障机制。四是可在线存储和传输，且基本上是免费的。目前大数据建设方、信息提供方和信息使用者之间，还远远没有形成有效的共享规范。基因组信息基本上集中在少数国家平台中，存在过度集中的现象。自 20 世纪 80 年代开始，美国、欧盟和日本分别调动国家力量建设了美国国家生物技术信息中心（NCBI）、欧洲生物信息研究所（EBI）和日本 DNA 数据库（DDBJ）三大平台，支撑了后来发展起来的以基因组、蛋白质组和生物医学信息库为主的所有新解析的生物信息资源。其中，NCBI 一直处于绝对霸主地位。一开始，美国政府就出台相关政策，强制要求利用美国政府经费完成的课题获得的详细数据都必须“上传”到 NCBI。这一要求被美国一些有影响力的期刊采用，发展为先将数据上传至 NCBI 再发表论文的惯例。而今这一惯例成为理所当然，全球的研究人员都是 NCBI 的免费信息提供者和被剥削者。当然，理论上也可以免费下载其信息资源。生物信息资源过度集中的危害在于：个别国家或组织能够利用自身优势，主导和控制信息资源流动，甚至毫无顾忌地优先使用这些资源，实现对其商业或国安价值的利用，并监控甚至屏蔽其他人的使用。这在事实上已经滋长了基因霸权。因此，生物信息资源过度集中还助生新的“生物海盗”行为。毫无疑问，信息资源本身已经成为重要产业要素，对于企业和个人也存在商业利益和隐私权丧失的风险。生物医学大数据是目前信息资源博弈的焦点，由于没有形成公开透明和有约束力的规则，尤其是还没有强有力的监管机构，医院、研究机构、高等院校、高科技企业、政府、资源建设方、资源提供者与信息需求方之间无准则的争斗，常常需要付诸法律。理论上，资源最初拥有者、信息提供方、版权方和需求方都有权对平台管理进行监督，或通过第三方进行监管。事实上没有参与建设也就难以介入管理。至少，目前还没有看到向良性方向发展的曙光。众所周知，部分国家长期利用技术优势监控其他国家的网络通信，这种无所不在的非法监控还波及本国平民、盟友甚至涉及其他国家领导人。同时，政府和企业网络也经常受到黑客攻击。同样是网络信息，又怎么能指望类似的监控或黑客行为不会针对和误导世界上的生物公司和研究者呢？

目前，中国是全球最大的生物资源信息提供方，拥有最大的基因测序公司和最强大的测序能力。但是，至今还没有建成具备国际影响力和保证国家生物资源安全或对产业起到重大支撑作用的生物信息资源平台。因此，也就还缺少共享相应权利的实力。经过多年的酝酿，深圳国家基因库（https://www.cngb.org）规划建设生物样本资源库、生物信息数据库和动植物资源活体库等平台，倡导通过合作提高生物遗传资源保护和利用的合理性、合法性及资源效益最大转化性，对提升我国基因信息资源话语权有支撑价值。其生命大数据平台已具备多维检索和下载服务功能。但是，这个交由私营企业建设和运行管理的资源库在资源归属、隐私保护等诸多方面还存在隐患。平台建设现状是强化了中文检索功能，也强调了对论文发表的支持；却存在测序能力很强而资源挖掘弱、合作研究意图很强而资源保护愿望不足等特点，在资源的广泛性保障和国际合作等方面还缺少规范和协调能力。面对在国际生物信息资源建设分享、管理和监督中的不利态势，国家整体上对有关生物信息安全的教育和资源保护意识的培养都还远远不够。国内生物学研究者还主要满足于测序和相当初级的解释，对序列中所隐含的价值缺少关心；更热衷于解读农业和珍稀资源的序列，缺少对资源二次挖掘和开发能力建设的重视；基因公司对测序诊断和咨询服务的兴趣更大，而对生物资源创新和产业培育兴趣不足。这些都是形成我国生物信息资源保护和利用战略被动局面的原因。

全基因组测序和基因检测的平民化利用也可能带来不可预期的社会问题。基因测序和遗传病基因检测对优生优育的价值是显而易见的。但是，正如早期婴儿性别鉴定一样，人们为了择偶和生育而采用的测序和基因检测手段将会造成一部分人处于婚育和择偶的不利地位。基因并无好坏，但是一个时期人类评判的偏好可能会导致一些基因和群体多样性的丧失。在相关的伦理和法律问题没有解决之前，测序技术无限平民化应用可能会带来人类自身的根本性问题。一旦个人或者群体能够根据生物遗传信息资源选择和规划后代、配偶甚至领导人，后果将不堪设想。将人类本身遗传和谱系分析技术用于特殊条件下的种族关系研究，有利于发现和补全历史，但也有可能被别有用心的组织恶意利用，从而带来新的族群关系问题，并对现有社会平衡与和谐共存形成挑战。再如，在人类社会没有充分做好准备前，对人种起源提出苍白的事实证据，可能挑战"人人生而平等"的哲学思想。类似的不确定和威胁俯拾即是，人类不应该继续熟视无睹。

1.1.8.6 对生物资源认识的舛错和决策风险

目前，学界、媒体和社会各方面对生物资源的内涵尚没有达成统一认识，尤其是对生物信息的资源和战略价值未有觉悟。相关认识的舛错包括：第一，将生物资源等同于遗传资源，在遗传资源中又偏重植物资源或者偏爱野生濒危物种，导致仅从农业甚至种植业的范畴考量生物资源产业。第二，认为生物资源保护就是保护珍稀濒危物种，对与生产生活利益关系更直接的传统农艺品种的保护需要视而不见、任其消亡，或者被外来引进优势种挤压繁育权。尽管这些农艺品种是前人千辛万苦培育的，甚至是当今人群赖以生存的依托。第三，极度重视基因编辑手段在人体实验中的伦理约束，忽略了更容易实施的重组微生物实验及抗生素标记基因逃逸对环境生态的影响，尤其是忽略了可能引发重大疾病流行的重组病毒的危害，任由个别人和实验室"胆大妄为"。理论上，只要掌握了病毒的侵染性克隆，就能制造出具备不同毒力的新毒株，后者进入实验动物或人体后可能进一步变异、适应和逃逸。其"自由"发挥有可能带来前所未有的灾祸。第四，对生物质资源和生物信息资源的轻视。西方发达国家基于多种原因只认同生物质是资源，是人类劳动的成果，是产权明晰的社会资源，而将遗传资源等同于"上帝的馈赠"，将生物信息资源渲染为全人类的"共同财富"，作为其优先和无偿占有这些资源的道义上的根据；西方学界习惯于将研讨兴趣放在生物质能和生物转化等方面，却不关心农林种质资源，很少公开谈及生物信息的资源价值。其中，有一部分原因是欧洲原本缺少农业文明积累，当地培育的动植物品种资源本来就少，现代也主要靠引进和掠夺现成的种质资源。比如，"没有中国的花卉，就没有欧洲的园艺"。但是，中国、印度、非洲等农业国家和地区的学界又特别强调遗传资源，甚至将其等同于生物资源的内涵。国内很大一部分研究者不认可生物质是资源，在其著作和论文中简单地把生物质等同于含木质纤维素的废弃物，等同于秸秆加"林业三剩物"。看淡生物质会导致遗传资源和人类需求之间的"桥梁"缺失，也容易造成东西方之间"各说各话"。第五，其他关于生物资源内涵的错误认识，如认为秸秆是废弃物，忽略了其作为副产物的潜在用途；认为中药材就是药用植物，忽略了内生真菌和环境等因素对药材品质的贡献，导致发现有效新化合物的效率低下；认为生物信息就是测序解读出来的基因序列，忽略了物种间相互作用的价值；等等。

对于生物资源的片面和错误的认知，必然造成宏观决策和规划的失当。首先，在进入共产主义之前，国家（地区）之间既要合作也必然存在竞争，资源竞争是实力消长的关键。源于茶叶贸易的鸦片战争，以中国丧失茶种质资源和茶叶贸易主导权为结局，直接带来中华民族的百年屈辱，也加强了英国的经济霸权；源于美洲的马铃薯、玉米和番茄等农作物资源，不仅丰富了现今欧洲人的餐桌文化，使欧洲人口剧增、文明昌盛，同时，也间接造成南美洲衰落，而今原住民踪迹难寻。南美洲贡献给世界的还有红薯、花生、南瓜、烟草、西洋参等许多重要动植物资源。试想如果南美洲人民自己充分掌握和利用好这些生物资源，当今世界又该是怎样的格局？而今，中国的大豆资源在本国科研人员协助下无偿输入美国，成为中美有偿贸易的筹码，类似情形不胜枚举。同时，源于对生物信息资源的认识不足，我国至今没有真正建立起生物信息资源的有效保护措施和战略开发愿景。毫不夸张地说，19～20 世纪的生物资源竞争是种质资源的竞争，21 世纪的竞争基本上就是生物信息资源的竞争。

资源，从来都是一个国家在一定时期发展的物质基础。生物资源不能被简单地归结为可再生资源，也并非取之不尽。目前学术层面解读出来的许多初级资源，没有受到必要重视，就如同流失的矿产，还有更多有待系统挖掘的价值。但是，无论自然资源（如遗传资源）、社会资源（如生物质资源），还是由此派生出来的新资源（如生物信息资源）都不是无限资源。只有科学认识和对待生物信息等潜在资源，才能使社会发展的后半程和后代不至于继续被动。对研究者而言，需要将个人探索资源的兴趣和推动产业提升的责任有效结合；在国家层面，更需要形成正确的生物资源安全战略，并建立行之有效的监督规范。

1.1.9 生物资源机遇

人类挖掘、培育、保护和利用生物资源的根本目的是为生产生活服务。迄今为止，食物、衣料、药物、花卉、香料、饮料基本上都是生物质或以生物质为主。家具、能源也离不开生物质。应该说，没有对生物质的认识和利用，就没有人类的生存和社会的发展。“有机、纯天然”等纯生物质方式，仍然是人们生活追求的最高标准。不容否认，非生物质元素也在不断影响社会生活形式，并显示出强大优势，尤其是随着化工产品的普及，非生物制品的使用率越来越高，对人类生活质量的提高产生了不可忽视的作用。由此，生物资源利用的策略也随之改变，并造就新的生物产业机遇。遗传资源开发、生物质生产加工和生物信息资源利用支撑了生物产业。尽管目前在国际整体水平上，生物经济只占 GDP 的 19%左右，但 2006～2014 年全球发表的生物和医学论文数量占所有自然科学论文总量的 45.4%，其中 2013 年荷兰、丹麦和美国的生物与医药论文占比超过 60%，申报专利也超过 40%。由此可见，整个国际社会对生物资源产业具有极高的预期，发达国家更是看好生物经济。我国职能部门曾预测生物经济作为朝阳产业，其市场潜力将是信息产业的 10 倍左右（显然是有偏颇的），足显生物资源产业巨大的发展预期。与传统农林牧渔产业相比，生物资源产业至少将在以下方面出现明显改变。

1.1.9.1　生物资源生产目标和利用策略的改变

农牧业生产已经开始追求更多的工业应用目标，并发展全产业链炼制利用策略。人类的生存和发展曾经完全离不开生物资源。曾几何时，生物质不仅解决了衣、食、药的全部需求，就连生火做饭、居住睡眠，无一例外都靠生物质来保障。而今，生物质的生产目的从以衣食目标为主向工业生产和新医药转变。尽管农业、养殖业、林草业还是生物资源利用和生物质生产的主流模式，但其经济效益和规模开始让位于工业品（包括医药产品）生产。生物资源利用模式的显著改变主要体现在以下方面：第一，传统以种养为特征的大农业生产模式依然存在，但强调全产业链炼制，也就是在追求初级农产品的同时，充分利用副产物，避免废弃物的产生，甚至副产物"逆袭"为主要目标的情形成为常态。比如，在水稻生产过程中，在关注稻米产量和质量以解决粮食需求的同时，将秸秆、谷壳等副产物收集起来作为生产建筑装饰材料、工业包装和新能源等的工业原料，或用于生产木质纤维素源精细化学品。这一模式的实现得益于生物质处理的工业化技术的发展和工业对生物质原料的巨大需求。生物资源产业规划和来自相关领域的技术支持是全产业链炼制的基础。第二，通过生产技术优化，规划新的生物质生产策略，实现全生物质利用。这一模式强调将生物产业的目标产物，如淀粉、蛋白质、脂类、糖类、生物活性物质、生物基平台化合物、生物塑料、纤维素、木质素、几丁质等进行综合考虑，在生产过程中，不以某一种产物为绝对目标，而是分段制备相应目标产物，尽可能做到100%利用产生的所有生物质。比如，在小麦生长过程中不再追求麦粒产量，而是在麦苗生长季，即其生物量积累最大时，进行收获以分别制备生物活性物质、植物蛋白、高纤维食品，并对木质纤维素残渣进行能源化转化。这一模式的目标工业品主要包括：①工业酒精、甲醇和沼气等生物质能；②抗生素、植物（微生物）源药物、多肽产物等大健康产品；③聚乳酸、聚氨酯、工业木质素和纤维素等新材料；④活性炭、益生菌等环境治理产品；等等。生物资源利用产业的目标产品主要包括：食品与营养、生物制药与健康品、生物炼制原料、生物质能、生物酶、生物基化学品、生物质材料、环保生物治理与生态服务。

为有效实现上述生物质生产目标，应采用以下策略。第一，生物资源利用策略创新，农工结合模式为主，充分发挥现有生物资源生产潜力，生产更有社会需求价值的产品。同时，有效解决农业生产品过剩危机。比如，在宜林丘陵地区规模化种植果实高含糖柿子品种，通过柿子发酵获得工业酒精，后者可以炼制为具备广泛工业用途的平台化合物和燃油。这一模式将绿色化工厂建到了山坡上，为工业提供大宗原材料的同时，还为农产品找到了无限出路，能够有效避免"果贱伤农"的局面。第二，利用现有生物资源，开发生产更多非粮食材。"将饭碗端在自己手上"一直是我国这个人口大国的追求与担当。但是，这不是单纯追求粮食产量，而是进一步满足人民对健康生活的要求，"将餐盘端在自己手上"更符合现代消费习惯。餐盘中主粮比例越来越小，是生活水平提高的标志，也是生物质生产的新任务。因此，多样化的生物质生产，甚至更快捷有效的产品生产策略，是社会发展对生物资源产业的新需求。第三，生产和消费习惯更趋合理和科学化。当人们在品尝美味咖啡时，消费的咖啡豆内溶物不到 10%，更多的生物质以粗蛋白、脂肪和木质纤维素形式成为咖啡渣而被丢弃；口香糖从玉米芯中提取，废弃物与口香糖比例却高达 95∶5 以上，大量的木质纤维素生物质被丢弃，成为污染源；炸鸡块等食用部分也只占活鸡的 40%以下，剩余部分按照标准都作为废弃物被丢弃。与陆地中木质纤维素等量齐观的甲壳素作为大宗生物质至今缺少工业化利用的根本出路。解决这些问题，不仅需要生物资源利用策略的创新和完善，更需要从消费习惯和标准方面进行优化。有朝一日，每品尝 2 杯咖啡，就能附带产出 1 只散发出芳香的咖啡杯；嚼完 10 包口香糖，体育馆就能多配备 1 把生物质座椅；啃完 1 只鸡腿，同时能生产出鱼虾 1 周的营养口粮。诸如此类，是生物资源利用策略调整的机遇和责任。因此，生物资源利用策略也将随着相关领域的技术进步和消费习惯的改变而发挥出极大潜力。

1.1.9.2 生物资源利用方式和生产条件的改变

创新利用和创制利用生物资源将成为常态，生物质设施生产逐步成为基本产能保障。随着现代生物技术的发展，生物资源的改造利用已经十分普遍，无论是杂交育种、物理诱变还是转基因育种，其目标不外乎是提高植物的光合作用效率、提高蛋（奶）/饲料比等。比如，通过提高植物的抗盐耐旱性，使得原来不能在盐碱地生长的作物能在滩涂荒漠中生长；通过提高蔬菜水果中维生素的含量，提升其营养价值。这些都是生物资源改造利用的典型案例。再如，通过基因组改造方式干预生物合成途径，培育出低木质素和高纤维素与糖基的新“林草”，在植物纤维利用过程中显著降低去除木质素的成本；培育植物细胞获得高含量的生物态矿物质和培养昆虫细胞获得抗肿瘤药物等都是生物资源创制利用的新方式。创制利用的典型方式还有人工染色体、非细胞系统、细胞工厂等技术。传统农业以稻麦类等典型农作物为主要目标，秸秆等生物质作为副产物被闲置或丢弃，不仅生产周期长，而且高度依赖土地、气候等资源，化肥农药使用量的不断增加带来品质控制难度的增大。利用生物资源科学原理指导生产，有望在更宽阔的视野下进行科学设计，实现生物质产物的高效率生产。这不仅是资源节约和环境友好的发展方向，更是生物资源产业有别于传统农业模式的标志。生产模式的创新能够在最小资源成本下产出更多的生物质，并进一步将其转化成高价值或应用面更广的新材料和新产品。例如，通过设计将产生甘蔗秆的骨架分子停留在转化单糖、蔗糖和寡糖的阶段，在甘蔗生长过程中按照后者积累程度确定收获时节，而不需要在收获甘蔗后，对甘蔗秆进行水解来制备寡糖。甘蔗渣不再作为废弃物出现。又如，同样是生产天然药物，可以不只专注于植物生产，而是首先从药用植物中获得其内生真菌，经过育种改造后实现高水平稳定表达目标产物的目的。通过改造菌株与植物组织共培养，在智能控制的生物反应器中发酵，快速高通量制备原本由药用植物产生的植物源抗肿瘤药物等生物活性物质。这一模式不仅将天然药物的生产时间从几个月甚至数年缩短到 10 天左右，而且培养产物中有效组分含量是植物的数百倍，大大降低了制备纯化成本。工业生产方式与药农种植方式的区别在于更加集约化、更好的质量控制和对制备系统的更高要求。

为与创新利用生物资源的生产方式相适应，生物质生产条件也应随之改变和升级。智能支持下的工厂化生物制造成为大势所趋，与之匹配的是更规范的条件控制和更高的生产效率，而传统的土地、气候等先天资源条件在生物质生产过程的重要性相对降低。其中，一个典型标志是生物反应器生产模式的普及。成型的生物反应器模式如利用谷物、蛋白粉、矿物质、维生素和水通过笼养鸡这个生物反应器生产鸡蛋，通过奶牛这个生物反应器来实现牛奶的持续生产；母鸡和奶牛就是典型的生物反应器。同时，产出什么样的鸡蛋和牛奶均可以通过饲料配方的改变来定制。新一代细胞水平和器官水平的生物反应器比生物体水平更适合规范化控制。这类生物反应器既可以是动物的，也可以是植物的，更多的是微生物细胞。目前，单细胞和多细胞的微生物转化系统相对成熟，分子药物、酶制剂、氨基酸和诸多单体化合物都已经实现微生物反应器生产，而不需要从动植物生物质中提取。藻类（单细胞和多细胞，淡水藻类和海藻）同时具备光合作用能力和生物转化能力，将可能在生物质生产中发挥更重要的作用。利用酵母和细菌细胞作为生物反应器，高效转化有机废物制备单细胞蛋白已经成功应用于产业实践。生物反应器生产模式完全可以不再需要养殖动物或栽种植物就能产生人造肉、人造糖和更多的人造生物质。微生物在生物制造中开始部分替代植物的光合作用这一基本功能，也就是从无机物形成复杂多变的生物有机质。与生物质制造相比，转化是目前生物资源利用的关键环节，表现为利用更多动物（如昆虫）、微生物资源和（或）细胞系统将生物质转化为人类生活生产所需的千差万别的目标产物。这一过程既包括生物质大分子转化为功能性小分子的炼制过程，也包括小分子原料向大分子生物质转化的聚合过程。生物质的高效转化是生物产业的重要创新需求所在，也是生物资源广阔的产业机遇所在。无论是生物制造还是生物转化，都因为细胞模式的应用而显著改变，效率显著提高。这种转变将为缺少传统农林牧业资源的国家和地区提供新的生物产业机遇。

1.1.9.3 生物资源的获取和保存方式的改变

生物资源，尤其是生物质资源是人类社会生活的基本物质条件。古人以直接利用生物质为主，慢慢发展为培育和获取相应生物质产品为社会所用。其中，水稻/小麦、茶/咖啡等生物质的生产和消费模式直接带来文化和习俗的多样性差异，甚至影响不同地区人群的健康。对特定地区的国家和民族而言，遗传资源是赖以生存的生产资料，更是国家和民族存亡的战略资源。就像19世纪英国为了经济利益大肆从中国掠夺茶种质资源和欧洲列强从南美洲获取马铃薯和玉米等粮种资源一样，以种质资源为主要目标的“生物海盗”行为至今屡禁不止，种质资源基本上都是从经济或军事不发达的国家和地区流向发达国家。至今，欧美人每日离不开的世界三大饮品，茶资源出自中国，咖啡资源最早出自非洲埃塞俄比亚，可可则出自南美洲。生物资源理论和相关领域技术的发展，尤其是包括生物信息在内的资源获取和保存方式的根本变化，也为传统“资源缺乏”地区生物产业发展和资源创制提供了新的机遇。首先是生物资源复制方式的改变。重组质粒、人工染色体、组织培养、细胞培养和克隆技术的不断完善，使得遗传资源的转移不再需要像转运茶籽、移栽咖啡苗或者牵一头牛这样大张旗鼓地进行。一个试管甚至一小片滤纸就可能带动一个新产业，一个质粒或者一条人工染色体足以改变一组生物学性状。其次是生物信息资源和合成生物学技术带来的冲击。通过基因序列信息传递甚至网络平台下载，在计算机辅助设计和高通量合成技术支持下，能够制造出全新功能的细胞，或者实现从无到有快速组装。在不远的将来，预防细菌或治疗病毒所需要的抗体可能不再需要哺乳动物来帮助制造，而是根据抗原信息直接合成，以缩短对传染病的控疗时间。显而易见，生物信息资源已经成为实在的产业要素，不仅具有巨大生产潜力，而且已经发挥多方面的价值。生物产业的资源需求从完全依靠植物、动物、微生物资源部分转移到从人本身、昆虫、寄生物、内生菌，甚至病原菌及海洋和极端环境的生物资源中获取，或者从考古中复活。生物资源保存和保护的方式也趋于多元化。相对于种质资源圃等传统方式，生物资源信息大数据平台对资源的管理不仅成本更低，使用和传输也更便捷。生物信息资源的多元化存储还涉及大数据传输和云存储等技术手段。在国家层面对生物资源信息的保障能力和应用管控能力是一个国家综合实力的体现，更是大国综合能力的标志。国家级生物资源信息库不仅包括生物医学信息资源，还包括植物、动物和微生物遗传信息及物种间相互作用的规律和历史数据。动物疫病、农作物病虫害和外来入侵生物信息的掌握也是国家层面的刚性需求。

基于此，对生物资源的拥有、存储和开发运用能力，成为国家或企业竞争实力的一部分。值得一提的是，物种之间的相互作用关系、传统的配方配伍、产品生产过程的工艺等也都是重要的生物信息资源，是需要挖掘和保护的内容。现有的自然保护区、种质资源圃和菌种保存中心在相当长的时间内依然存在，但已不是唯一的和最重要的形式。基因序列和互作关系模型存储、DNA 片段和细胞冷藏、试管苗等无性繁殖体都是遗传资源的有效保存方式，且可以降低流失风险。随着生物质生产要素从种子、肥料、土壤、气候等自然条件转变成电力设施、细胞培养、组织培养、培养基质量、反应罐运行、辅助光源保障和温度控制以及相关智能监控等人力要素，粮食生产安全的定义也将被赋予新内涵。对有机食品也需要重新定义，因人而异的生物订制品和越来越多的新鲜菜肴、液态水果将成为市场时尚，甚至是更科学的消费品。在一定意义上，支持“农产品”生产保障的是工业生产能力。国家层面粮食安全是上述工业生产要素的保障。除基本农田外，国家层面应更加重视生物资源信息库、活体细胞库、种子罐和各种生物反应器的技术水平及其运转保障能力，以保证按时保质保量制造出生产生活、医疗保健所需的生物质，包括食品、药品和原材料。

1.1.9.4　生物资源新业态和产业机遇

生物资源产业就是严格意义上的生物产业，从人类最早认识自然和利用生物质时就已经开始。可以说生物资源产业既是最古老的产业，也是最现代的产业。进入 21 世纪，生物资源产业与以大数据、物联网、人工智能、工业制造和新能源为代表的信息、制造、材料、医药、能源等产业结合，催生了生物资源产业创新，迸发出新的产业机遇和经济形态。首先，在生命健康和生物医疗领域，生物资源科技与生物医学信息、云计算、互联网、大数据、物联网等信息技术的深度交叉极大地推动了精准医疗、智慧医疗、智能药物等标志性业态的发展，让人目不暇接。与个人健康相关的生物资源银行，包括细胞银行、干细胞库等在内的人源医疗资源发掘成为新需求。生物医学信息的应用从诊疗延伸到疾病预测与治未病，许多诊疗手段不是来自冷冰冰的仪器和外来药物，而是来自患者本人。例如，医用止血海绵、整容材料、骨伤重建材料，甚至脏器修复材料都将来源于受体自身的细胞或基因，这些材料可以由基因实验室或细胞工厂快速制造。与此同时，基于优生优育和健康预测的高通量测序、个人生物医学信息分析等新型生命健康和医疗服务已经给很多人带来财富，既包括投资人，也包括从业者。其次，满足人们生活消费的生物质生产业态不断出现，专业分工也更加明晰，生产过程更加高效可靠。信息技术和新加工技术的介入，将使生物质资源从生产到利用的整个过程更加可控和智能化。在此格局中，为家庭或机构服务的生物资源设计公司处于产业链顶端，就如同装修公司首先需要设计师一般。生物资源设计公司和设计师的价值在于可根据产业需要甚至个人需求，制订食材或工业原料等生物质生产方案，以便实现按需生产或全价综合利用。生物资源设计师的工作，还包括提出产业技术方案等社会服务功能，如图1-4是针对淡水湖泊污染微藻利用的规划方案。现有过程技术已经足以保证这一变害为利方案的产业化实施。生物资源新业态必将促生全新的农业生产模式。其中，种子公司不仅需要提供传统的种子、苗木，更需要提供重组质粒、细胞株、微生物菌种、植物组培苗、具有典型特征的动物幼体、鱼虾苗甚至养殖昆虫。这些新“种苗”不仅可以及时供应而且不受季节限制，同时品质均一又不携带无特定病原体（SPF），极大地降低了农业生产风险，更能够保障食品安全。生物安全保障公司将包揽植保和动物疫病防控；统一规划和大范围预测预报不仅能够降低种养风险，还将显著减少农/兽药的使用。新的农产品生产模式可以在自动化车间中完成，或者利用生物反应器来实现，生产过程不再“靠天吃饭”。类似的生产模式还可以设计成同时生产食品和工业原料，这需要集约化投入和更专业的管理，体现“大而专”的特点。再次，生物炼制公司将依靠大数据和物联网技术，及时收集处理生物质初级产品，根据其用途进行保鲜、加工和炼制，形成目标产品和下游工业原料。这一过程，因为经过系统规划而充分利用了所有生物质，最大限度地减少了副产物的产生。最后，生物质处置公司要对所有废弃物进行实时处理，开发

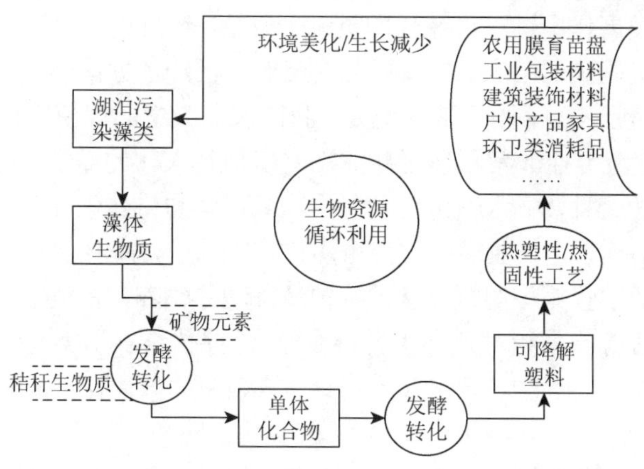

图1-4 湖泊微藻收集利用的产业规划方案

出生物质能和生物肥。肥料公司利用养殖废物和厨余垃圾等有机质，依靠昆虫和细菌转化为新的培养基，同时培植生产出名贵花木，送达千家万户。基于新业态的现代生物质生产将成为一个集生产和文化服务于一体的多层次体系。同时，生物制造和生物质处理也将派生出更多的生物转化供求关系，生物塑料和生物冶金产品将成就城市矿山开发中的生物制作模式。

生物资源保护和生态安全也将产生新需求。植保公司不再只售卖农药，而是要承担预测预报和防病虫支持的责任；动物防疫公司不再简单地提供疫苗，还需承担疫病预测和检疫任务，甚至共同参与社会管理；人类流行病监控和应急器材储备也需要专业化企业参与，以便提升保障和形成严格的追责制度。因此，在宏观管理层面，国家生物安全体系必将强化，以便适应对内实施有害生物的预防管理，对外形成主动保障和有效防御。民生层面，安全预警和生物安全执法成为新的岗位需求，"生物消防队"一方面要对医院、流行病防控机构、有害生物研究室进行有效管理，同时也要对发酵车间、菌种生产企业、细胞工厂和动物种苗企业进行常态化保护，并利用大数据等手段跟踪生物废弃物处理过程。在预防生物逃逸和泄漏事件发生的同时，还需对生态环境安全进行跟踪管控，以有效应对突发生物安全事件。在创新理论和高标准国际合作支持下，种质资源的保护与分享将变得更透明和更公平，以便于实现资源统筹的国际化和相互支持。

1.1.9.5 生物资源产业对宽口径人才的需求

学科本身是有生命的。新学科的建设一方面要为理论发展和研究提供平台支持，同时也要为产业需求提供人才保障。目前，生物资源理论支持及创新人才来源主要是传统学科，尤其是农学、工学、医学、理学和经济学学科。生物经济和生物资源产业对涉及农（林、牧、渔、草）产品的生产、生物炼制、生物制药、生物环境治理等传统专业提出了更宽口径的人才需求；特别是生物资源挖掘、生物安全管理、生物信息资源建设与平台管理方面的高素质人才需求迫切。同一时期，窄口径的传统农林学科又存在人才培养的尴尬。以农业大学为例，我国曾经是典型的农业国家，在改革开放之初，众多的农科院校对当时急需的人才培养和社会发展作出过不可替代的贡献。但是，经过近半个世纪的快速发展，中国已经成为工业能力最强大的国家。中国制造的工业品已经占据国际市场的大半江山，农业在国民经济中的分量已不可同日而语。但是，我国农业大学的规模不仅没有缩小反而还在不断发展，传统的细分专业非常不适合新业态对宽口径人才的需求。例如，与生物质生产相关的就有作物遗传育种，林木遗传育种，作物栽培学与耕作学，森林培育，果树学，蔬菜学，茶学，植物病理学，农业昆虫与害虫防治，农药学，森林保护学，草业科学，动物遗传育种与繁殖，动物营养与饲料科学，特种经济动物饲养，畜牧学，粮食、油脂及植物蛋白工程和发酵工程等诸多相对独立的学科专业。这些传统农学类专业已经很难找到对口的职业岗位，迫使农业大学往多元化人才培育方向发展。据估计，我国现存有世界上 90%以上独立存在的农业大学；农业大学中至少 50%的学院和 60%以上的专业跟农业没有直接关系，如医学院、艺术学院、经济管理学院和会计学、国际贸易及房地产专业等。即便是涉农专业，培育的人才也有至少 60%不直接从事农业相关行业。这一情况，造成了严重的教育资源浪费。窄口径的涉农专业知识背景已经满足不了生物制造等新型产业的需求。因此，生物资源工程产业的发展，为农林院校和农林专业提供了转型良机和人才培育动力。该领域不仅需要懂得植物学、动物学和微生物学等生物资源的基本属性，又能够进行生物资源设计和智能管理的宽口径人才；更期待既具有生物学背景，又具备生物安全意识和工程学创新能力的复合型人才。

在保证基本农田的前提下，未来食品生产将采用更高效的生产方式，设施条件下的生物制造是解决粮食安全的未来之路。未来生物质生产将是集约化的专业生产与综合性农庄的分工。前者以“大而专”为特征，主要解决专业产品生产，如粮食、药用植物、蛋奶肉等大宗需求；后者以“小而美”为特色，具有更多服务型产业特征，集种植、娱乐、休闲和科普等多重功能于一体。工厂化生物质生产和工程化炼制的经济效益显著高于传统农业过程。大量的生物质生产工程师完全可以由职业技术学校培养，而大学和科研机构则完成生物资源设计师和管理专业人才的培养任务。更加细分专业的开拓型人才应该由综合性大学的农学院或生物系来分类培育，由前者提供多维度的知识资源支撑。新业态呼唤的高水平人才还包括：①具备资源共享视野和生物安全意识的生物信息资源平台的建设者、管理者和使用者，尤其是涉及生物医学资源挖掘和转化利用的专门人才；②具备大生态视野的生物经济规划者和产业设计人才，尤其是生物质工业化利用的创新型人才；③具有生态安全意识的管理者和协调人才，尤其是善于发现资源并将其与产业利益结合的开拓型人才。生物资源人才在价值实现和职业发挥的过程中，不应该成为生物多样性和环境的破坏者，而应该成为维护人类与自然和谐关系的践行者。目前，从我国广大农村的实际情况考虑，加快推动城镇化还存在诸多不确定影响，农村多种生产模式和生物资源本身就可能面临人为破坏，甚至丧失作为学习标本的条件，因此，未来农村还应该继续作为多种生产模式的博物馆，作为生物资源多样性存留的庇护所及生态人类学的保护地，更应该成为多元化生物资源人才培养的大课堂。

1.1.9.6 生物资源学科发展的哲学启迪

从学科发展角度来看，生物资源学科的诞生和发展与本领域的产业实践和技术创新密切相关，与全社会对生物经济活动的重视密切相关。同时，社会的发展和文明的进步也推动了生物资源理论的形成，生物资源科学理论和技术体系反过来也对社会文化和产业产生深远影响。有史以来，生物资源构成了人类繁衍和人类社会发展的物质基础，生物资源学科思想的完善不仅指引生物学发展的大方向，还对人类认识包括自身在内的客观世界及这个世界中的各种关系产生认知推动。西方生物学早期是面向宏观的，主要研究生态系统和生物演化规律。近两个世纪以来，得益于物理和化学知识的应用，尤其是解剖学和显微技术等实证技术的应用，西方生物学主要发展出了以化学生物学为基础的多个研究领域。例如，面向多细胞的生理学、组织学；面向细胞和亚细胞的细胞生物学、微生物学、病毒学等；面向分子和原子的分子生物学、结构生物学等。可以说，西方的现代生物学就像一把刀和一个放大镜的组合，从生物群落分割出个体，再从个体进一步分割出器官、组织、细胞、亚细胞直至蛋白质、DNA 及其组成成分氨基酸、核苷酸等分子。生命体最终被拆分为20种左右的大量元素和微量元素，这些元素被拆分为质子和电子等不超过5种基本粒子，生命体就这样被拆分到了尽头。有机和无机、生物和化学到了殊途同归的质朴境界。然而，这种化繁为简的拆分体系，尽管解决了不少认知简化和系统归类问题，却无法覆盖生物学本身丰富多彩的本质，更无法理清生物学中的各种复杂关系。现代生物学的发展依赖于观察和实验，然而，仅靠观察和实验是远远无法满足生物学的发展需求和揭示生命体奥秘的需要的。例如，生物体老化、生物体性别自适应、生物态矿物质和无机矿物质的本质区别等问题依然无法用传统的西方生物学理论解释。因此，正如在生物学发展过程中依靠分析化学的知识和技术手段推动了分子生物学的快速发展一样，当前生物学有必要结合其他科学来建立一套系统的能够涵盖复杂多变的生物关系的研究方法，以推动学科发展。生物资源学以应用为大方向，以永续利用为崇高理想，以责任共担和共享利用为最高追求，其理性发展将集多种学科思想之大成，为人类认识自然和协调自身关系提供哲学启迪。

进入21世纪之后，世界各国都面临一系列的资源和能源挑战以及市场竞争，以生物学和资源学理论及技术为基础的生物资源保护、挖掘和利用将成为各国经济发展及人民生活水平提高的新引擎。加快生物资源学科发展，更加科学高效地利用生物资源，以服务人民生产生活，尤其是生物信息资源平台的建设和保障将成为国家的重要战略支撑。这样的出发点将为生物资源学及其产业发展提供源源不断的动力。生物资源学及生物资源利用产业的发展也将更好地服务于人类社会的可持续发展和人与自然和谐关系的构建。在这一过程中，把握生物自身的基本规律进行有效探索和科学研究是学科发展、产业创新及经济升级的关键所在。东方文化中“道生一，一生二，二生三，三生万物”的宇宙生成观，更符合生物资源的发展规律。生物资源学首先应该是“生生不息”的科学。也就是说，从基本的元素滋生出千奇百怪的生物世界，而不是相反。科学的生物资源观不仅认同生物大分子、生物体和生态系统均源于自然界最简单的存在，是从简单到复杂的哲学路线；更认可生物界、生态系统甚至生物个体都具有无限的生命力，具备自我繁衍、自我成长和自我修复的动力；更追求从有限的生物资源生产出无限的生物产品，服务于人类社会的多样化需求；更加强调在认识生物系统和生命体内在规律和相互作用关系的基础上，实现保护、分享和公平利用的理想，从而开创更加平等共享和永续利用的命运共同体，进一步开发符合伦理与安全的产业服务规范。如今，人类所认识到的和能够利用的只是生物资源中的极少部分，那些未知的大量的生物资源蕴藏着人类社会和文明进步深远的无限潜力。如何利用我们已经认知的生物资源和不断认知更多未知资源，服务于更加美好的生活需求，是生物资源工程的使命和挑战，也是生物资源科学发展的长期动力。

1.2　国外视角的生物资源观

1.2.1　生物资源的界定与发展[①]

The field of Bioresources has developed rather rapidly over the past couple of decades. It

① 该部分作者为Gregory J. Duns（邓归阁）。

has grown to become an important multi-disciplinary field of study. It brings together researchers, academicians and personnel from universities, government research institutes and industries, from various areas, including chemistry and chemical engineering, biochemistry, biology, genetic engineering, resource management, agriculture and environmental science, economics and supply chain management, and others. It means that Bioresources Science has only really come into being as a distinct field in the past 15 years or so, and is still being recognized as an evolving field.

There are questions as to both the origin and the meaning of the term "bioresources". These questions are difficult to answer specifically, as the word is simply a shortened combination of the English words "biological" and "resources" and is used to designate those natural resources that are biological in nature, or based on living systems. Academically, in terms of publications, it is apparent that the word came into more common usage around the year 1991 with the establishment of the journal—*Bioresource Technology*, which is the first of two major international publications with "bioresource" in their title. *Bioresource Technology* was launched as a merger of two journals（*Biological Wastes* and *Biomass*）that had similar and often overlapping content. The re-named journal's aim or scope is to "advance and disseminate knowledge in all the related areas of biomass, biological waste treatment, bioenergy, biotransformations and bioresource systems analysis, and technologies associated with conversion or production". The second of these publications, the online journal *BioResources*, started publication in 2006, and lists its scope as "science and engineering of biomass from lignocellulosic sources for new end uses and new capabilities". This particular journal published only 20 articles（excluding editorials）in its first year of publication, but has since grown to a publication rate of approximately 700 articles per year, serving to illustrate the rapid growth of the field. Recent years have also seen an increasing number of journals, books and related publications dedicated to various aspects of bioresources.

There are specific definitions of the word "bioresources". According to an online dictionary definition, it is simply defined as "any resource that is biological in origin". Other similar meanings can be found, giving definitions in terms of resources based on living systems or biomass. Just as common perhaps is the term "renewable resources", which is a broad term that encompasses all those resources which are considered natural and renewable, including water（hydropower）, wind, geothermal, solar-based（photo-voltaic）and peat resources, in addition to biological-based resources, while the term "bioresources" specifically implies those resources based on biomass. Thus, bioresources can be termed as one of the types of renewable resources, or a subgroup of the latter, and one should be careful when attempting to use the two terms interchangeably.

"Bioresources" has thus become a more commonly used word and has also been used in the titles of an increasing number of articles in journals and books. While plant bioresources based on lignocellulosic biomass are generally thought of as the main type of bioresources, there are other types of bioresources, including agricultural and forestry waste and microbial biomass. Undoubtedly though, plant bioresources based on lignocellulosic biomass are the largest type of bioresources.

It should be known that the word "bioresources" is sometimes used in the medical/health science fields where it has a different meaning, being used to define biological or medical samples together with associated data（medical/epidemiological, social）, and databases independent of physical samples, and other biomolecular and bioinformatics research tools. It is essentially a separate and different area from the conventional bioresources associated with biomass natural resources, and as such, the two should not be confused.

Whatever the exact meaning of the term "bioresources", Bioresource Science is becoming an increasingly important field, both in terms of basic research and practical applications. The increasing concern for safe, reliable alternatives to petroleum resources for the production of energy and a wide variety of products that can help protect the environment and mitigate the harmful greenhouse effect have focused attention on renewable bioresources as a major solution to these problems. The ability to maintain sustainable and renewable resources that are environmentally safe both to use and to process for energy and as raw materials for a variety of end products, together with advances in biotechnology, must be considered to be of the utmost importance for the future.

1.2.2 生物资源研究现状①

Since becoming actively involved in the general field of bioresources and bioresources-related research approximately ten years ago, I have noticed a rapid increase in the field in what has become a worldwide trend. This has undoubtedly been stimulated by the increasing popularity of the "green" movement toward the use of clean, environmentally friendly sources of energy and raw materials for manufacturing a variety of products, as well as the use of "green" manufacturing and production processes. Increasing awareness of the general population to global climate change, the depletion of non-renewable and environmentally harmful petroleum-based fuel supplies, and the need to preserve the integrity of the environment have all contributed to the heightened use of bioresources.

The burgeoning field of bioresources involves both the identification and the evaluation of potential new bioresources, and their subsequent applications, and increasing the knowledge and understanding of those established bioresources. Increasing numbers of academic publications of researchers becoming involved in the field, and involvement by industry have both been observed. New academic and trade journals, professional societies,

① 该部分作者为 Gregory J. Duns（邓归阁）。

and websites devoted to some aspect of bioresources are being introduced, in addition to new dedicated conferences and meetings all around the world. Universities are increasingly implementing courses or even departments dedicated to the study of various aspects of bioresources and many industries are actively attempting to utilize energy and raw materials from renewable resources.

There are several prominent areas of activity in the general field of bioresources, including:

（1）**Bioenergy**: replacing non-renewable petroleum with less harmful renewable resources, including those based on biomass, and in particular, agricultural crop and forestry residues that would otherwise need to be disposed of, presenting in themselves an environmental problem.

（2）**Fiber resources**: finding alternatives to traditional tree/wood-based fibers for the production of paper and fiber-based products.

（3）**Platform chemicals**: determining natural sources to use as the raw materials for the production of basic industrial chemicals as an alternative to those derived from petroleum sources.

（4）**Biological properties of bioresources**: understanding the underlying molecular/genetic properties of bioresources so that their production and utilization can be maximized, including by possible genetic modification.

（5）**Algae**: algae or microalgae（both native and invasive species）are increasingly being studied and utilized as a source of bioenergy and various chemicals, and for CO_2 sequestration.

（6）**Biorefineries**: these self-contained facilities are being examined as parallel alternatives to traditional petroleum refineries, utilizing biomass from bioresources as raw materials for a combination of several processes to produce energy and a variety of chemical products.

（7）**Composite materials**: composites consisting of both traditional materials such as polymers, and fibers from biomass, are increasingly used in many applications including automotive parts. They may also introduce a degree of biodegradability into materials that have previously been problematic in terms of environmental persistence.

（8）**Building materials**: the use of biomass-based fibers and other components for the production of environmentally-safe building materials and for construction applications such as bedding for roadways and drainage systems are providing an economical and safe alternative to traditional methods.

Conclusion and prognosis: Doubtlessly, there will be further new bioresources discovered and their potential fully realized in many applications as the quest to use safe and renewable resources of energy and raw materials continues. However, it appears that further progress in the field of bioresources still requires increased awareness of the general population as to their existence and full value potential advantages. To achieve this, further education in bioresources is also needed, at both elementary and advanced levels.

1.2.3　日本大学生物资源学科建设概况[①]

据日本文部科学省发布，日本目前拥有国立大学 86 所，公立大学 86 所，私立大学 603 所，共计 775 所。学生数量方面，国公立大学由于整体数量少，而且招生严格、学费低廉，所以学生数仅占全体的 5%左右。日本较好的农业和环境类大学有东京大学、北海道大学、名古屋大学、神户大学、东京农工大学、筑波大学、九州大学、三重大学和宇都宫大学等。由于世界大学排名主要依据学术研究，所以担负着研究机构的国公立大学有较好的世界排名与知名度，世界大学排名中日本大学学术排名前十均为国公立大学。本小节着重介绍东京大学、京都大学等 9 所设立生物资源学科的著名国公立大学及筑波大学、九州大学、三重大学 3 所设立有生物资源学部和生物资源学研究科的国立大学。

1.2.3.1　东京大学（The University of Tokyo）

东京大学有 10 个学部[②]、15 个研究科、11 个研究所、11 个全学中心，其中就包括亚细亚生物资源环境研究中心。研究中心包括 4 个研究部门，分别是生物环境评价研究部门、生物资源开发研究部门、资源环境管理协同部门和木材利用系统学捐赠合作部门。著名的华人女教授练春兰就在生物资源开发研究部门任职。东京大学生物・环境工学专攻学科见表 1-2。

表 1-2　东京大学生物・环境工学专攻学科

<table>
<tr><td rowspan="5">大学院农学生命研究科・农学部生物・环境工学专攻</td><td>地域环境工学讲座</td><td>农地环境工学实验室、
水利环境工学实验室、
环境水文实验室</td></tr>
<tr><td>生物系统工学讲座</td><td>生物环境工学实验室、
生物机械工学实验室、
生物过程工学实验室</td></tr>
<tr><td>生物环境情报工学讲座</td><td rowspan="2">生物环境情报工学实验室、
生态调和工学实验室、
放射线环境工学实验室</td></tr>
<tr><td>企业合作讲座</td></tr>
<tr><td>协同讲座</td><td>生态学・安全学实验室</td></tr>
</table>

1.2.3.2　京都大学（Kyoto University）

京都大学有 10 个学部，大学院有 14 个研究科、13 个研究所。其中资源生物学科，设置在农学研究科・农学部下面（表 1-3）。研究科设置有 4 个专攻，涉及 31 个专业。

① 该部分作者为杨华。

② 学部相当于学院，授予学士学位；大学院相当于研究生院，授予硕士和博士学位；博士前期课程（修士课程）为硕士研究生，博士后期课程为博士研究生。

表 1-3 京都大学资源生物学科

大学院农学研究科・农学部资源生物学科	资源生物	作物学、育种学、蔬菜花卉园艺学、果树园艺学、系统栽培学、植物生产管理学、植物遗传育种学、植物生理学、栽培植物起源学、品质评价学、品质设计开发学
	资源动物	动物遗传育种学、生殖生物学、动物营养科学、生体机构学、畜产资源学、生物资源情报科学
	海洋生物	海洋生物环境学、海洋生物增殖学、海洋分子微生物学、海洋环境微生物学、海洋生物生产利用学、海洋生物机能学
	生产环境	杂草学、热带农业生态学、土壤学、植物病理学、昆虫生态学、昆虫生理学、土壤微生物生态学、生态情报开发学

1.2.3.3 大阪大学（Osaka University）

大阪大学拥有文学部、理学部、工学部在内的 11 个学部，大学院拥有包括文学研究科、人间科学研究科、法学研究科在内的 16 个研究科。其中环境・能源工学科设置在工学部・工学研究科里。

1.2.3.4 东北大学（Tohoku University）

东北大学设置了文学部、工学部、农学部等 10 个学部及工学研究科、医学系研究科、农学研究科等在内的 15 个研究科。其中，大学院农学研究科・农学部设置了资源生物科学专攻，专攻包括植物生产科学讲座、动物生产科学讲座、水圈生物生产科学讲座和资源环境经济学讲座（表 1-4）。

表 1-4 东北大学资源生物科学专攻学科

大学院农学研究科・农学部资源生物科学专攻	植物生产科学讲座	生物共生科学、作物学、园艺学、土壤立地学
	动物生产科学讲座	动物环境系统学、动物遗传育种学、动物生理科学
	水圈生物生产科学讲座	水圈动物生理学、水产资源生态学、水圈植物生态学、水产资源化学
	资源环境经济学讲座	环境经济学、社会技术学、国际开发学、农业经营经济学

1.2.3.5 名古屋大学（Nagoya University）

名古屋大学拥有理学部/理学研究科、农学部/生命农学研究科在内的 13 个学部/研究科，以及数十个附属研究中心。农学部拥有生物环境科学科、资源生物科学科（表 1-5）及应用生命科学科。大学院生命农学研究科拥有森林・环境资源科学专攻、植物生产科学专攻、动物科学专攻和应用生命科学专攻。环境资源科学专攻以生态学、土壤学、水文学等学科领域，以及环境相关的社会科学作为基础，主要研究方向为：①分析森林等陆地环境的构造与机能；②研究关于森林等陆地环境的保护、改善、循环及相关生物资源的管理和生产理论、方法、技术；③木材资源等特性与机能的研究，以及以其为基础的新利用技术的开发等。

表 1-5　名古屋大学资源生物学科

大学院生命农学科・农学部资源生物科学科	森林・环境资源科学专攻	土壤圈物质循环学、森林环境资源学、森林水文・水土保持学、森林生态学、森林保护学、森林社会共生学、植物土壤系统、森林化学、循环资源利用学、木材物理学、木材工学、生物系统工学

1.2.3.6　北海道大学（Hokkaido University）

北海道大学农学部・大学院农学院有 7 个学科，其中就有生物资源科学科（表 1-6）。

表 1-6　北海道大学农学部生物资源科学科

农学部 生物资源科学科	作物学、作物生理学、植物病理学、园艺学、花卉・绿地计划学、动物生态学、昆虫体系学、植物遗传资源学、细胞工学、植物病原学、植物基因组科学

北海道大学大学院农学院设置有三个讲座，生产前沿课程（production frontier course）、生命前沿课程（life frontier course）、环境前沿课程（environment frontier course），如表 1-7 所示。

表 1-7　北海道大学大学院农学院课程

大学院农学院	生产前沿课程	农业植物科学、作物生产生物学、农业经济学、生物生产工学
	生命前沿课程	畜产科学、应用分子生物学、应用生物化学
	环境前沿课程	生态・体系学、地域环境学、森林资源利用学、森林・绿地管理学

1.2.3.7　神户大学（Kobe University）

神户大学有 13 个学部和 15 个大学院研究科，农学部有食料环境系统学科、资源生命科学科和生命机能科学科。神户大学将资源生命科学科分为两大类：应用动物学和应用植物学，如表 1-8 所示。

表 1-8　神户大学农学部学科

农学部	食料环境系统学科	生产环境工学	水环境学、土地环境学、设施环境学、地域共生计划学、农产品处理流程工学、生物医学工程学、生物生产机械工学、生物生产情报工学
		食料环境经济学	食料经济・政策学、农业农村经营学、国际食料情报学
	资源生命科学科	应用动物学	动物遗传育种学、动物多样性利用科学、生殖生物学、发生工学、营养代谢学、动物分子形态学、组织生理学、感染症控制学、动物遗传资源开发学、细胞情报学
		应用植物学	资源植物生产学、植物育种学、森林资源学、园艺植物繁殖学、园艺生产开发学、园艺生理生化学、热带有用植物学、植物遗传资源开发学
	生命机能科学科	应用生命化学	生物化学、食品・营养化学、天然有机分子化学、有机机能分子化学、植物机能化学、动物资源利用化学、微生物机能化学、微生物资源化学、生物机能开发化学
		环境生物学	土壤学、植物营养学、植物遗传学、栽培植物进化学、细胞机能构造学、环境物质科学、细胞机能控制学、植物病理学、昆虫分子机能科学、昆虫多样性生态学

1.2.3.8 东京农工大学（Tokyo University of Agriculture and Technology）

东京农工大学是日本最著名的农业类大学之一，有农学部、工学部及大学院3个学部院。农学部有环境资源物质科学科、生物生产学科等5个学科，其中农学部环境资源物质科学科是日本最早研究环境的学科（表1-9）。

表1-9 东京农工大学大学院农学府·农学部环境资源物质科学科

大学院农学府·农学部 环境资源物质科学科	环境修复领域 植物环境领域 环境污染解析领域 环境物质科学领域 生物圈变动解析领域 生活环境领域 生物质回收领域	水循环保全学研究室、有机地球化学研究室、环境化学研究室、有机地球化学研究室、松田和秀研究室、水圈科学研究室、环境微生物学研究室、植物资源形成学研究室、环境植物学研究室、木质资源特性科学研究室、植物材料物性学研究室、生物分解防控学研究室、再生资源科学研究室、分子动力学研究室、分子物理化学研究室、生物资源构造机能学研究室、机能材料研究室

1.2.3.9 筑波大学（University of Tsukuba）

筑波大学设有生命环境学群、理工学群等10个学群·学类（学士课程）和教育研究科、生命环境科学研究科等8个研究科（大学院课程）。生命环境学群有生物学类、生物资源学类和地球学类3个学类（表1-10）。

表1-10 筑波大学生物资源学类生物资源科学科

生物资源学类 生物资源 科学科	农林生物学 领域	植物育种学、作物生产学、蔬菜·花卉学、果树生产利用学、动物资源生产学、作物生产系统学、植物寄生菌学、应用动物昆虫学、森林生态环境学、地域资源保全学、植物遗传情报解析学、代谢网络科学、媒介动物防治学、表观遗传学、森林微生物机能解析学、植物环境应答学、生产昆虫机能利用学、国际食料生产开发学、植被·气候变动影响学
	生物环境 工学领域	食用资源工学、环境胶体界面工学、生物资源变换工学、流域保全学、水利环境工学、生物生产机械学、保护地域管理学、农产食品过程加工学、生物材料化学、生物材料工学、农产环境改善学、生物圈信息计量与控制学、食品品质评价工学、国际生物资源循环学、地域森林资源开发学
	应用生命 化学领域	生体成分化学、基因组情报生物学、构造生物化学、微生物育种工学、生物反应工学、微生物机能利用学、细胞机能开发工学、仿生化学、分子系统发生学、有机体信息控制学、负荷适应微生物学、食品机能化学、系状菌相互应答学、食机能探查科学、土壤环境化学、植物环境生化学、动物资源工学、植物环境基因组学、时间细胞生物学、共生进化生物学、技能性神经素子工学、复合生物系利用工学、食品分子识别工学
	农林社会 经济学领域	生物资源经济学、国际资源开发经济学、农业经营及关联产业经营学、农村社会·农史学、森林资源经济学、森林资源社会学、国际农林业开发学、地域森林资源开发学
	生物系统学 课程	遗传资源产业科学、生物产业科学、生态系统工学、资源开发技术学、资源共生科学、生物产业科学

1.2.3.10 九州大学（Kyushu University）

九州大学设有工学部、农学部等12个学部，大学院设有生物资源环境科学府·农学研究院等22个学府·研究院（表1-11）。

表 1-11 九州大学农学部・大学院生物资源环境科学府生物资源环境科学科

<table>
<tr><td rowspan="5">农学部
大学农学研究院
大学院生物资源环境科学府
生物资源环境科学科</td><td>资源生物科学专攻</td><td>农业生物资源学、动物・海洋生物资源学</td></tr>
<tr><td>环境农学专攻</td><td>森林环境科学、生产环境科学、农业环境科学、可持续发展资源科学</td></tr>
<tr><td>农业资源经济学专攻</td><td>农业资源经济学</td></tr>
<tr><td>生物机能科学专攻</td><td>生物机能分子化学、系统生物学、分子生物学・生物资源化学、食料化学工业</td></tr>
<tr><td>生物产业创成专攻（博士后期课程）</td><td>系统设计、机能设计</td></tr>
</table>

1.2.3.11 三重大学（Mie University）

三重大学设有 1 个教养教育院和工学部、生物资源学部等 5 个学部，大学院设有生物资源研究科等 6 个研究科。三重大学生物资源学部和生物资源学研究科几乎涵盖了农、林、牧、渔、生态、生物、环境、气象、土壤、水土保持、食品、生产控制等专业（表 1-12）。三重大学是日本国立大学里最早独立设置生物资源学部・生物资源学研究科的大学之一，可以授予生物资源学学士、硕士和博士学位。生物资源学部设有 4 个学科，分别是资源循环学科、共生环境学科、生物圈生命化学科和海洋生物资源学科。图 1-5 显示了三重大学生物资源学部颁发的生物资源学硕士学位证书。

表 1-12 三重大学生物资源学部・生物资源学研究科学科

<table>
<tr><td rowspan="9">生物资源学部
生物资源学
研究科</td><td rowspan="3">资源循环学科</td><td>农业生物学讲座</td><td>分子遗传育种学、资源作物学、园艺植物机能学、动物生产学、草地・饲料生产学、植物医科学、昆虫生态学</td></tr>
<tr><td>森林资源环境学讲座</td><td>森林保全生态学、森林微生物学、土壤圈生物机能学、森林环境水土保持学、森林利用学、木质资源工学、木质素材料学</td></tr>
<tr><td>国际・地域资源学讲座</td><td>生物资源经济学、循环经营社会学、资源经济系统学、国际资源植物学、国际资源利用学</td></tr>
<tr><td rowspan="3">共生环境学科</td><td>地球环境学讲座</td><td>气象・气候动力学、气象解析预测学、海洋气候学、未来海洋预测学、地球系统进化学、土壤圈系统学、水环境・自然灾害科学、森林植被环境学、环境解析学、土壤圈循环学、未来地球科学、自然共生学</td></tr>
<tr><td>环境情报系统工学讲座</td><td>应用环境情报工学、生产环境系统学、环境控制生物学、能源利用工学、食品系统学</td></tr>
<tr><td>农业土木学讲座</td><td>应用地形学、土资源工学、水资源工学、环境设施工学、国际环境保全学</td></tr>
<tr><td rowspan="2">生物圈生命化学科</td><td>生命机能化学讲座</td><td>分子细胞生物学、分子生物情报学、生理活性化学、创药化学、生物机能化学、生物控制与生物化学、食品生物情报工学、食品化学、应用微生物学、微生物遗传学、营养化学、食品发酵学</td></tr>
<tr><td>海洋生命分子化学讲座</td><td>海洋生物化学、水圈生物利用学、水圈材料分子化学、生物物性学、生物高分子化学、海洋微生物学、水产物品质学、海洋食品化学</td></tr>
<tr><td>海洋生物资源学科</td><td>海洋生物学讲座</td><td>生物海洋学、水族生理学、先端养殖管理学、藻类学、浅海增殖学、鱼类增殖学、海洋生态学、水圈资源生物学、水圈分子生态学、海洋个体群动态学、应用行动学、发生・代谢机能解析学</td></tr>
</table>

Mie University
hereby confers upon
YANG HUA
(Date of Birth: July 25, 1993)
the degree of
Master of Science in Bioresources Science
The Master's Program in the
Environmental Science and Technology
having been successfully completed
in the Graduate School of Bioresources.
President of the University
Dean of the Graduate School
Certificate No.: 2598
Date of Conferment: March 25, 2019

三重大学
生修第2598号
学位記
楊 華
1993年7月25日生
本学大学院生物資源学研究科共生環境学専攻の博士前期課程を修了したので修士（生物資源学）の学位を授与する
平成31年3月25日
三重大学大学院生物資源学研究科長
三重大学長

图1-5 三重大学生物资源学硕士学位证书（英文和日文）

1.2.3.12 宇都宫大学（Utsunomiya University）

宇都宫大学设有地域设计科学部、农学部等5个学部，大学院设有地域创生科学研究科、农学研究科等5个研究科。农学部设有生物资源科学科（表1-13）、应用生命化学科、农业环境工学科、农业经济学科和森林科学科。宇都宫大学是本小节所调查的国公立大学里唯一一所在学部里开设生物资源科学科，而在大学院里不开设此学科的大学。

表1-13 宇都宫大学农学部生物资源科学科

农学部 生物资源科学科	作物栽培学、土壤学研究室、比较农学研究室、植物营养学研究室、植物分子生理学研究室、园艺学研究室、地质学研究室、营养控制学、动物育种繁殖学、动物机能形态学、家畜繁殖生理学、植物育种学研究室、植物病理学研究室、应用昆虫学研究室、昆虫机能利用学研究室

根据对日本著名大学学科设置的对比分析，我们发现大多数学校如东京大学、京都大学、东北大学等将生物资源学科设置在农学部，并且在大学院单独设置生物资源研究科。也有诸如九州大学、筑波大学和三重大学等大学，组建了生物资源学部和生物资源学研究科。

与我国大学学科设置不同的是，日本的大学将生物资源学作为一个大类，生物资源学科包含了环境、生物学、生物化学、食品、分子遗传、林木遗传育种、细胞学、昆虫学、农林经济、资源循环等学科，真正地将“bio-”的学科都纳入了生物资源学的学科范围中。

点评（点评人：陈集双）

日本是国际上第一个在高等教育中系统建成生物资源本科专业的国家，许多学校不仅设置了生物资源学（或资源生物科学）专业，还设置了生物资源学硕士学位和生物资源学博士学位。一部分高校在农学部设立了生物资源科学科，更多的高校则是设立生物资源学部，将涉农涉林学科和生物学科放在了生物资源学部下面；后一种情况似乎更加科学。但是，这也有不合理的地方，如京都大学把资源生物、资源动物和海洋生物并列，也就是把动物和海洋生物从资源生物中独立出来，其资源生物主要是陆生植物，并不是科学的资源生物概念。还有神户大学使用的是资源生命科学这个门类术语，下辖应用动物学和应用植物学，其实也就是资源生物，但是缺少了微生物。这种混乱说明学术界对生物资源（及资源生物）的定义和边界还不清楚、不统一。

生物资源的科学范畴应包括遗传资源、生物质资源和生物信息资源，资源生物应该包括动物、植物和微生物。

1.2.4 微生物资源的发展与应用[①]

1.2.4.1 Introduction

Life on earth is contingent on microbial bioresources and their sustainable application is vital for the upliftment of human refinement. Microbial bioresources may be the prime not yet efficiently developed and employed natural resource on earth, by gigantic trade value. The investigation and application of microbial bioresources by recent technologies（Biotechnology and Bioinformatics）have developed a strategic emphasis on comprehensive biological resource race. Subsequently, at the start of the 21st century, the major advanced countries have resolute their policies and goals for microbial technological development concluded the succeeding several years. Since starting China's microbial bioresources protection strategy, innovative technology for advancement and application of microbial bioresources will be of planned effects. China mainly has outburst bionetworks and deep-sea ecosystems. On one hand, upwelling bionetworks possess advanced biological resources than other ecology as a result of rich nutrients; in contrast, some faunae and microorganisms with definite structures mostly exist in the subterranean-sea ecosystem. Generally, China has countless possiblities for drug expansion because of its ironic and exceptional microbial bioresources, apart from plant resources.

This part is to focus on the different key microbial bioresources, national and global status, and its applications that are useful for the building of industrial collections centers to confirm the discovery of possible new products and high worth microbial bioresource products resultant from microbial resources, and the existing value-added of these collections in the novel public-private investigation paradigm.

① 该部分作者为 Surendra Sarsaiya。

1.2.4.2 Microbial Bioresources

Microbes are enormously diverse and contain archaea, bacteria, fungi, algae, virus and nearly the entire protozoans. The exploration of beneficial, plant-associated microbial bioresources is a sustainable method to cultivating crop production. Microbial bioresources are the enormous mysterious world of vital bioresources for mankind life sustainability and are of dynamic position for biotechnology revolution. Life sciences, protective medicine, ecological science, engineering biotechnology are completely built on the basis of microbial bioresources.

Though, existing exploitation and application of microbial bioresources are still in its beginning stage notwithstanding rich microbial bioresources that can be cultivated under laboratory conditions only takes up 0.1%—1%. Development of new technologies and methods is therefore urgently needed. At present, many countries around the world have increasingly recognized the importance of developing and utilizing microbial resources, and developed strategic plans. As one of the countries richest in abundant microbial resources, China should implement a thorough investigation and research towards microbial bioresources' discovery and utilization and develop a long vision strategy to protect and utilize microbial resources. An in-depth systematic survey and evaluation of Chinese native microbial resources should be one of the important components in our national road map of S&T development of bio-hylic and biomass resources. Recent rapid advances have been achieved in new techniques and methods, such as high-throughput screening（HTS）, metagenomics, directed evolution technology, metabolic engineering, synthetic biology, etc., but these technologies still need to be improved for further accelerating large-scale development and application of microbial resources.

The technology development of microbial resource conservation and sustainable use should be forward-vision strategic deployment in China, including cellulosic ethanol production, alcohol fuels production by *Cyanobacteria*, bio-photolytic hydrogen production, environmental rehabilitation, carbon cycling and sequestration, high efficient physio/biochemical transformation of agricultural wastes, technology and process for biomass-based raw materials to replace chemical raw materials, screening and industrial manufacturing of microbial natural products, omics analyses of function microorganisms and metabolic network models, synthetic biology and systems biology, etc.

1.2.4.3 National and International Microbial Bioresource Center

The importance of microbial culture banks has been recognized by industrial countries, which is the reason why the majority of free collections are existing in the Northern Hemisphere. America and Europe hold 56% of assemblages and 71% of the recognized microorganisms. Around the 1890s, a microbial resource collection, which assembles, preserves, and allots microbes, was primarily established in Prague（Czech Republic）by doctor Frantisek Kral（Period: 1846–1911）. Subsequently then, microbial resource collections have been recognized in the world, for example Centraalbureau voor Schimmelcultures（CBS）in the Netherlands in 1904, American Type Culture Collection（ATCC）in the United States of America in 1925, and Institute for Fermentation, Osaka（IFO, now NBRC）in Japan in 1944. In contrast, the quantity of microbial culture assemblies of China accomplished significant growth in exploration on microbial bioresources from 2001 to 2015. Internationally, China positions first in patent culture assemblage and is subsequent only to the United States in the capacity of papers in the arena of microorganisms. China has 33 microbial collection centers, with 182 235 bacteria. Culture collection centers internationally preserve 96 907 patented microbes, while 11 977 are in China General Microbiological Culture Collection Center（Figure 1-6）.

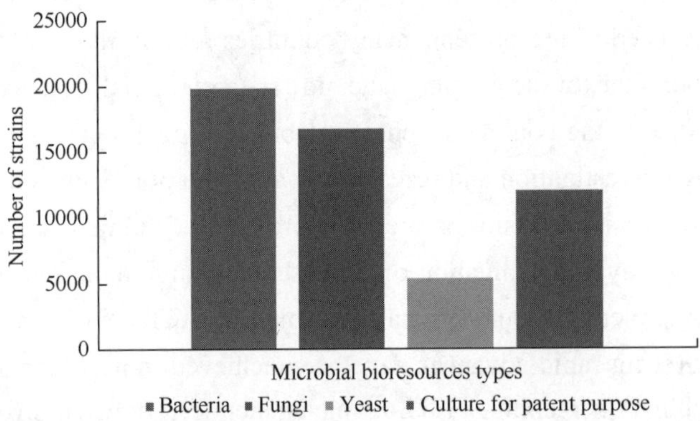

Figure 1-6　Microbial bioresources data of China General Microbiological Culture Collection Center（Source: http://www.wfcc.info/ccinfo/collection/by_id/550）

1.2.4.4　Rules and Regulations for Microbial Bioresources

The Convention on Biological Diversity（CBD）has been signed in 1992 and it describes the autonomous right of the nation on the microbial resource which is initiated from the nation. This convention marks seriously the international allocation of biological resources inside the scientific communal in addition to the bio-industry. The direction for transportation of infectious matters is issued by the World Health Organization（WHO）in accord to the United Nations（UN）approval. Culture collections must usage the packing for distribution and deposit of microbial strains quantified in the direction particularly when air consignment is used. The Convention on Biological Diversity（CBD）has been effectived in 1993. Later, in October 2014, Nagoya protocol（NP）on admittance to genetic sources and the reasonable and equitable distribution of benefits arising from their operation to the Convention on Biological Diversity（CBD）was initiated. NP requires previous informed consent（PIC）and mutually arranged terms（MAT）for admittance to the biological substance of the nation.

Operational management norms of culture collections must carry out safely compliant with the several regulations and legislations discussed above that manage the microbial cultures. Moreover, some time the management regulation is subject to deviations, and not directly transferred to the concerned persons. In the procedure of microbial cultures isolations, handlings, storages and distributions, there are numerous phases where submission with the management regulations or law agreements is essential. A strains collection should conform with:

- Safety and health necessities;
- Microbial classification（hazard basis）;
- Quarantine protocols;
- Intellectual property right ownership;
- Convention on Biological Diversity;
- Safety data provided to the receiver of microbes;
- Regulations leading cultures shipping;
- Control of dispersal of risky organisms;
- Budapest contract.

Some other important microbial culture management norms are as follows:

- Strains which are toxic or pathogenic to animals, plants or man regularly are subject to norms from agriculture and/or health authorities;
- Where strains are being provided to institution or a person not recognized to the collection, agreements should be attained on the permits of the individual concerned and other services of the organization before shipping the cultures;
- Collections should keep detailed accounts of cultures recipients showing the material referred（with batch numbers and strains where suitable）, date of shipment, methods and name and mail address of the individual to whom directed;
- The collections comply with the MTAs（material transfer agreements）to confirm the receiver is aware of all terms and access conditions;
- In dispatching strains, attention needs to be given to delivery regulations regarding labelling and packaging.

1.2.4.5 Applications and Advancements of Microbial Bioresources

Over many years, transformation could be projected for the use of microbes bioresources in the arena of industrial, environment, agriculture, medical and pharmacology. Though, the existing accelerated step of new products making is due to the speedy combination of biotechnological and bioinformatics practices that permit the speedy identification of novel molecules and microbes or even the genomic improvement of recognized species for the profits of human life. Consequently, we have realized a current enhancement in basic microbiology over the discovery of novel strain, selection and development of known species until the outline of the non-native genetic factor for the gaining of expressed products or novel functional qualities. We have definite to call this multipart and applied microbiology: Microbial Technology or Technological Microbiology for bioresources, and although many of its fields overlap, to facilitate our discussion, we chose to divide it into six areas: Food Technological Microbial Bioresources, Agricultural Technological Microbial Bioresources, Chemical and Fuel Technological Microbial Bioresources, Environmental Technological Microbial Bioresources, and Medical Technological Microbial Bioresources, as follows:

1. Food Technological Microbial Bioresources

It is extensively used in food and agroindustry. Genomic engineering has been employed to change the possessions of natural yeast, refining their concert in the different fermentation conditions. Furthermore, microbial enzymes have been widely used to acquire many natural flavorings and scents for foods for example *Pycnoporus cinnabarinus* and *Aspergillus niger*. Protein removed from refined microbial cells（single-cell protein, SCP）can also be used for the protein source. Many bacterial species of *Bacillus*, *Methanomonas*, *Hydrogenomonas*, *Pseudomonas*, and *Methylomonas* have been used as materials for the generation of sulphur（S）on a commercial scale.

2. Agricultural Technological Microbial Bioresources

It is primarily focused on active compounds by means of pesticidal action, mainly insecticidal, herbicidal and nematicidal. The first commercially recorded mycoherbicide contained a mixture of *Phytophthora palmivora*（chlamydospores）to control *Morrenia odorata*. *Colletotrichum gloeosporioides*（Penz）Sacc. f. sp. *aeschynomene* can encourage signs of anthracnose in *Aeschynomene virginica*, thus governing this legume, which is a soybean and rice weed. In the future, biotechnological developments will probably reverse this condition and improve the concert of bioherbicides. The endotoxin proteins Cyt and Cry are presently best known as pesticides. These endotoxins are made by the earth bacterium *Bacillus thuringiensis*（Bt）and have an entomopathogenic response, regulatory the pests existing in cabbage, grains, and potato. *Streptomyces avermitilis*, which is metabolites recognized as avermectins. These are advanced pesticides, as it is non-poisonous to mammals and active in contradiction of nematodes. *Trichoderma* spp. is parasitized and positively control phytopathogenic species for example *Sclerotinia*（fungal strain）, *Fusarium*, *Verticillium*, and *Macrophomina*, among others, and have a nematicidal effect on the gall-forming *Meloidogyne*.

3. Chemical and Fuel Technological Microbial Bioresources

Obtaining compounds such as organic acids by microbial action is very hopeful. Maximum organic acids are natural intermediates or products of the microbial metabolism existing in vital metabolic paths. These acids, for example acetic, citric, succinic acid, and lactic are tremendously valuable as raw resources for the chemical or food business. Furthermore, lactic acid fermentation action has newly received extra attention because of the rising demand for novel biomaterials, for example biodegradable and biocompatible polylactic products. The microbial formation of butanol and acetone, competently performed by the strain *Clostridium*, was one of the primary industrial-scale fermentation actions to gain worldwide importance. Similarly, the making of 1, 3-propanediol（1, 3-PDO）, that occurs over the fermentation of glycerol through bacterium Enterobacteriaceae or *Clostridium*. Presently, a potentially feasible substitute for the combination of 1, 3-PDO is the useful genetically altered microbes. In recent biorefineries, renewable possessions such as biowaste products or diverse biomass are transformed into substrates vulnerable to microbial deed, and thus, attention in biochemicals has newly been transformed. The formation of second-generation ethanol, e.g., obtained from cellulosic biomass（including lignin）, already occurs in many countries, although enhancements are still required to brand the technology economically inexpensive. Recent progresses such as the finding of efficient xylose isomerases lead to the formation of novel yeasts accomplished of fermenting carbon（C5）sugars, in addition to 6-carbon（C6）sugars. Co-fermentation of five-carbon sugars with cane juice can yield up to 37% additional ethanol in 1st generation fermenters. Furthermore, the bioethanol, supplementary energy molecules for example biogas can be got from the microbial alteration of biowaste. Methanogenic archaea, for example *Methanosarcina barkeri*, *Methanobacterium formicicum*, and *M. frisius* were also recognized in anaerobic breakdowns.

4. Environmental Technological Microbial Bioresources

A large variation of microbes, including autotrophic or heterotrophic aerobic bacteria, actinomycetes, coliforms, and thermophiles, in addition to fungi, have been described in solid biowaste composting. Alternatively, the straight use of bio-enzymes in the management of effluents, particularly industrial sewages, has been stimulated because the enzymatic act is quicker, dispensing with the circumstances essential for the fermentative course. Lipases, e.g., are employed in the management of wastewater comprising primarily triglycerides. Peroxidases, dioxygenases, phenoloxidases, and phenoloxidase-like subtabces have also been widely used for the elimination of contaminants existing in wastewater. Polyphenol oxidases, peroxidases, and tyrosinases got from microbes such as *Arthromyces ramosus*, *Pseudomonas syringae*, and *Agaricus bisporus* may be functional to the elimination of biphenols, phenols, and chlorophenols. Laccases of *P. cinnabarinus* were originated to be well-organized for the deprivation of benzopyrene. Research exertions have also been focused on refining the purification of intake water. A current biotechnological approach called BAC（biologically active carbon）has been initiated to be very effective in eliminating water impurities. The period of biodegradable biopolymers of chief attention is the polyhydroxyalkanoates（PHAs）, and the greatest known amongst these are poly（beta-hydroxybutyrate, PHB）, poly（hydroxybutyrate-co-valerate, PHB-V）, and poly（beta-hydroxyvalerate, PHV）, the latter being commercially recognized as

Biopol. Biopolymers are given a possible resolution for eliminating the problematic residuals associated with petroleum plastic. An alternative aspect of ecological technological microbial resources is advances in the information to use the symbiotic relationship between mycorrhizal fungi and plants as an approach to upsurge plant biomass or upsurge the yields of products of pharmacological and agricultural interest. AMFs are recognized as biofertilizers. In the plant-microbes association, the mineral chemicals（mainly nitrogen, phosphorus, and water）are removed from the soil over the extensive system of hyphae and removed to the plant, and organic carbon compounds are transported from the herbal to the AMF.

5. Medical Technological Microbial Bioresources

The contribution of microbial bioresources in the formation of medical products or service areas includes four distinct parts: ①diseases biocontrol, ②vaccines production, ③antibiotics production, and ④biotherapeutics production（biomaterials, hormones, and others）. The occurrence of the bacteria decreases the mosquito life length, thus declining the prospect of dengue virus communication, since only mature females are able to communicate. Mosquitoes comprising the Wolbachia wMelPop-CLA strain exhibited an about 50% decrease of the existence of females associated with mosquitoes lacking the strain. Another alternative, the act of this insecticide is depending on the initiation of endotoxins（Cry and Cyt）formed indeed by the bacteria *B. thuringiensis* serotype israelensis（Bti）. Newly, the original dengue vaccine, live, attenuated, the recombinant yellow fever-17D dengue virus, and tetravalent（which encourages antibodies in contradiction of four DENV virus, serotypes; CYD-TDV; Dengvaxia®, Sanofi Pasteur, Singapore）, was approved. The HPV（human papilloma virus）vaccine is one more example of a recently developed vaccine and is widely used in numerous nations. In attenuated vaccines, the microbial pathogens（virus or bacteria）are animated and encourage immune reactions comparable to those resultants from an actual infection. Attenuated vaccines have been competently developed for a variety of diseases: polio（Sabin）, mumps, rubella, measles, chickenpox, smallpox, tuberculosis, dengue, and yellow fever. Recent investigations have exposed plans for the growth of attenuated species of the influenza virus that activate robust immune responses. Recent reports have revealed approaches for the expansion of attenuated species of the influenza virus that activate robust immune actions. The use of recombinant bioresource cells has permitted industrial-scale production of a bulky number of pharmaceutical products, such as anticoagulants, hormones, high-value proteins, antigens or antibodies, and others. Improved strains of *Corynebacterium glutamicum*, *S. carnosus*, *B. subtilis*, and *Lactococcus lactis*, e.g., have been employed in the measured biological combination of amino acids, calcitonin, （lysine and glutamate）, proinsulin, and nano-protein particles. Currently, the word "biobetter" has been worked to state to next-generation therapeutic macromolecules, which have a supplementary active drug delivery organization. These macromolecules are altered by chemical or/and engineering approaches using molecular techniques to exhibition better pharmacological possessions, such as advanced activity, better stability, fewer side effects, and lesser immunogenicity.

1.2.4.6 Future Perspectives and Conclusion

The scientific communal needs microbial bioresources to share globally to confirm the rationality of the outcomes available in the scientific credentials. Alternatively, CBD has made it hard to transfer microbial bioresources among the community. Though, CBD is intended to improve the use of microbial bioresources to develop fully utilization of life science and microbial biotechnology in addition to the bioinformatics to produce advantage to spread. Microbial bioresources benefits are not only financial benefits and it is vital to grow the capacity building through worldwide cooperation. Elevation of the status of the microbial bioresources is a dynamic role of the microbial bioresource centers, providing diverse microorganisms, rich information, and documents. Strengthening the worldwide network of microbial bioresource center will improve the use of foreign samples. The roles of microbial bioresource centers are becoming imperative more than earlier from equally scientific and social lookouts. On the other hand, the renovated attention in microbial product research as sources for novel drug discovery will impression as well in the advance of culture center. In this sense, as more microbial bioresource products are industrialized relying on a microbes-based development, microbial collections will signify unique bioresources and will endure to play an important role in the emergent new arena of bioeconomy and the human health sector for national development.

点评（点评人：陈集双）

中国是最早开发利用微生物资源的国家，具备农耕文明的微生物利用特色。从酿酒、制醋到制作霉豆腐，从采集和栽培蘑菇到沤肥，无不体现古人对微生物资源开发利用的智慧。但是，近代的中华民族在自然科学的诸多领域落后了，甚至有不少微生物资源流失或被掠夺。我国自改革开放以来，通过一两代人的勤奋追赶，科学和技术快速发展，在微生物资源挖掘、保护和利用方面，又开始全面前进甚至取得领先。目前，我国在农业微生物挖掘利用、肠道菌群甚至能源微生物研究方面取得了突出成绩，也可能很快取得领先优势。

数十年来，我国科技界和政府相对重视植物资源，其次关心动物生产，对微生物资源关注相对较少。微生物资源的认识和发掘相对落后于动植物。但是，微生物资源是相对能够“快速”获得、改造和创制利用的资源，在这一领域，自然资源、基础理论、知识产权和应用技术的竞争会越来越激烈，越来越精彩。

第 2 章　生物遗传资源

2.1　生物遗传资源概述

生物遗传资源具有多重性特点。首先，野生植物、动物和微生物是典型的自然资源，也是生物多样性的基本构成部分；同时，人类培育的养殖动物和栽培的植物品种、筛选和改造的菌株，又是社会资源，是人类的劳动成果。在另一个视野下，由遗传资源产生生物质，形成人类可直接利用的财富；对遗传资源的解读和挖掘，形成了生物信息资源，后者又反过来支持遗传资源的挖掘和改造。因此，遗传资源是生物资源的基础。人类最早重视遗传资源是因为其与食物、生产等基本生存条件相关，也就是农业资源。因此，发展中国家更重视也更依赖遗传资源和农业资源。工业化国家利用生物资源时更强调利用遗传资源生产出来的生物质，通过对后者的加工和炼制可形成具有更高附加值的工业品。也可以说，遗传资源在不同发展程度的国家或地区其产业价值可能很不一样。而今，以栽培植物和养殖动物为主要对象的遗传资源在人类生产生活中的价值也呈现多样化发展，在大健康和生态环境美化中发挥更突出的作用，也正在对人类社会可持续发展做出多维贡献。

2.1.1　生物遗传资源的诠释

在生命的发生和繁衍过程中代代相传的遗传物质称为种质，携带各种种质的材料称为种质资源，又称为生物遗传资源。生物遗传资源既包括自然界的生物体及其所携带的遗传潜力，也包括人工改造过的携带部分或全部遗传物质的生物载体。生物遗传资源是生物资源保护和应用的基础，在其演化过程中形成的各种基因等功能单元，是生物资源育种的物质基础，也是研究生物起源、演化、遗传、分类的基本单元，还是生物质资源生产和生物信息资源挖掘的基础。

生物遗传资源（biogenetic resources）是指具有实用或潜在实用价值的任何含有遗传功能的材料，包括动物、植物、微生物的 DNA、基因、基因组、细胞、组织、器官等遗传材料。生物体每一个性状背后都有其物质基础——遗传物质及其承载的信息，所以基因实质是生物信息资源的基础。

学术界通常将遗传资源、基因资源、种质资源、品种资源理解成同义，实际上它们的侧重点有所不同。种质（germplasm）是指决定遗传性状并能将性状信息传递给子代的遗传物质；遗传物质的载体即为种质资源，遗传物质的载体就是生物体；品种资源则是人类通过筛选、发掘、培育等育种手段，通过实践证明在特定地区或气候条件下，适宜当地人工生产的植物或动物群体；生产用微生物菌种是广义意义上的品种资源。

生物遗传资源的本质是可遗传性。生物个体、组织、细胞、染色体和基因片段都是遗传资源，它们所携带的遗传信息和群落及其相互关系，因为不具备可遗传的生物活性，则不是遗传资源，而是生物信息资源。生物信息资源是以生物遗传资源为基础，由人类实践发掘出的新资源。

目前人类应用的大多数遗传资源材料都是自然界本来就有的，人类从自身的利益出发改变物种演变方向或加快了变异演化的进程。但是以基因操作为代表的分子生物学技术使得人类开始主动干预基因编辑，在很多遗传资源中出现了人为的因素，甚至出现全合成基因组，其典型案例如在人类生殖过程中，开始出现人为参与“编辑”的情况。技术的进步既是我们发掘更多遗传资源的机遇，又带给人类巨大的未知。

2.1.2　生物遗传资源的类型

按照传统生物分类学框架，生物遗传资源主要分为植物资源、动物资源和微生物资源；根据人类开发利用的情况，又可分为野生资源、作物资源、养殖动物和微生物菌种，后三种是人类世世代代劳动积累的资源成果，是人类开发利用或现阶段生活必不可少的，其与人类的日常生活密切相关，导致人类往往忽略了野生资源的重要性。实际上，无论植物还是动物的资源种类都比较多，但栽培种（养殖品种）只占少数，其余的为野生资源。

2.1.2.1　植物资源

尽管国际上对生物种群甄别还存在方法学和标准的不确定性，但全球范围内对植物种质资源的认识往往较为确定。我国现已发现的植物资源约有 34 000 余种，其中苔藓植物 106 科 2500 余种；蕨类植物 52 科 2600 余种；裸子植物 10 科 34 属 236 种，被子植物 257 科 3083 属 28 993 种；其中特有属约 275 属，特有种 17 300 种。我国历史上形成的主要栽培植物（包括引进的外来物种）：粮食作物（谷类、豆类、薯类）40 种，经济作物（纤维、油料、糖类、饮料、染料、香料、特用类作物）约 70 种，果树约 80 种，蔬菜（叶菜类、茄果类、根菜类、葱蒜类）280 种，饲草与绿肥约 100 种，花卉 130 余种，药用 150 余种，林木 100 余种。上述栽培植物中，起源于中国或在中国种植历史超过 2000 年的有 350 种左右。

基于栽培植物长期以来选育和培育的品种资源，是更为直接有效利用的植物资源，是人类劳动的成果。以水稻为例，我国培育了香米、黑米、紫米、软米、药用米等具有遗传特质的水稻品种，丰富了水稻种质资源。水稻还可酿造、制淀粉，其秸秆和米糠可作为饲料和工业原料。我国科学家不仅在全球率先培育了矮秆稻和杂交稻，使得水稻产量和质量显著提高，还推出了海水稻、巨人稻等新的水稻类型，为人类食品安全做出了巨大贡献。我国麦类品种有小麦、大麦、燕麦、黑麦等，其中小麦、大麦分布最广。我国玉米种植面积和总产量仅次于水稻和小麦，玉米粒除食用外，在工业上的应用非常广泛，可制淀粉、酒精、塑料等；秆、叶、穗可作为青饲料；花柱、根和叶均可供药用。我国高粱有 16 个品种，可分为粒用高粱、糖用高粱、帚用高粱和食用高粱。历史上薯类作为杂粮，薯类作物是以块根、块茎来食用的一类作物，甘薯、马铃薯、木薯是世界上三大薯类作物，其块根、块茎中都含有丰富的淀粉。近 20 年来，马铃薯在我国的种植面积、用途和开发深度都在持续增加，已经超过了甘薯等传统薯类作物，我国马铃薯的种植面积和产量已经居于世界首位。

尽管社会需求往往是多样化和变化的，如对油料作物等工业原料作物的开发需求上升，但人类集中改造和挖掘的现有物种或近似种仍比较有限，往往集中在少数科属等分类单元中。另外，社会需求的改变影响了作物品种（甚至栽培植物种类）的更替。同样，以柿子为例，柿子起源于中国，是我国劳动人民最先驯化培育的传统水果之一，在我国至少有 3000 年的栽培历史。据《食经》记载，柿子与枣子、栗子、榛子及瓜类一起被列为我国五大水果，其重要性排在桃、李、梅、杏和柑橘之前，这说明直到隋朝，柿子还是中国人的主要水果。当苹果、葡萄等更适合工业化生产模式的水果品种被大量引进之后，柿子作为主要水果的市场地位相形见绌，在一定程度上影响了柿子原有资源价值的发挥和产业模式。但是，这一现象不等于柿子不再在国人的生产生活中发挥作用，新需求和新技术有可能让这些遗传资源发挥独特的新价值。

随着生物资源利用产业的发展，对植物遗传资源发掘的要求正在发生根本性变化。绿色植物作为生物质的主要生产者的角色不会改变，但其应用方向已经逐步改变。一方面，绿色植物提供谷物等淀粉产品的价值在下降，提供动物饲料的比例在上升，因此对大田作物的要求也就随之而变。另一方面，农林初级产品作为大宗工业原料应用于材料化工等领域的价值正在提升。为了配合生活品质的提升和大健康用途，观赏植物和药用植物资源，正在悄然改变其在种植业中的权重。总之，对植物资源的开发，因人类生产和生活需求、生物资源学理论与技术的发展，必将有更多需求和更多机遇。

2.1.2.2 *动物资源*

动物是生态系统中的纯粹消费者，参与着生态系统中的物质和能量分配、循环与再分配，转化出新的生物质，是自然生态系统的重要组成部分之一。我国是世界上野生动物资源较为丰富的国家之一，其中哺乳类 673 种，约占世界哺乳类总数的 12%，特有哺乳类 150 种；鸟类 1372 种，约占世界鸟类总数的 13%，特有鸟类 77 种；爬行类 461 种，占世界爬行类总数的 4.5%，特有爬行类 143 种；两栖类 408 种，占世界两栖类总数的 4%，特有两栖类 272 种；鱼类约有 3400 种，占世界鱼类总数的 12.1%。此外，我国还拥有特有珍稀濒（近）危野生动物如大熊猫、金丝猴、朱鹮、华南虎、藏羚羊、黄腹角雉、扬子鳄和白鳍豚等 100 多种。

家养动物指在人类的控制干预下，能够进行正常繁殖，有相当大的群体规模，具有有利于人类的经济性状，且该性状能够稳定遗传到下一代的驯化动物。家养动物经过人类数千年甚至上万年的饲养、选择和育种，体型发生巨大变化，有的甚至完全失去野性，对人类有很大依赖性，具有肉用、蛋用、毛用、役用等较高经济性能，成为人类的生活必需品和生产资料，如牛、马、猪、羊、鸡等。在人类已知的禽类和哺乳类物种中，大约有 40 种被驯化，主要有猪、黄牛、水牛、牦牛、大额牛、绵羊、山羊、鸡、鸭、鹅、马、驴、骆驼、兔、梅花鹿、马鹿、水貂、貉等。其中，14 个畜禽物种，大约包括 5000 个品种是当今世界大部分畜牧生产的来源。据统计，我国畜禽遗传资源约20个物种，共计576个品种（类群），其中地方品种（类群）426个；培育品种73个，占品种资源总数的12.7%；引进品种77个，占品种资源总数的13.4%。

水产经济动物对人类的贡献功不可没，在人类系统发育和人类文明的早期，鱼类等水产动物非常关键。但是，农作物种植和陆地动物饲养，在一定意义上减少了人类对水生生物的依赖。随着陆地环境持续变化和资源发掘受限，水产动物的相对价值可能越来越大。水产经济动物一般指栖息于水环境中生长、发育、繁殖并能为人类所控制和利用的具有经济、社会或美学价值的动物资源。水产经济动物数量和品种众多，分布广泛，具有丰富的生物多样性，是自然生态系统的重要组成部分。水产经济动物是人类非常重要的膳食和营养物质来源，其提供的蛋白质在全球人口动物蛋白质摄入量中占比约17%，在所有蛋白质总摄入量中占比约6.7%。水产经济动物来源主要包括捕捞和养殖两个途径。国际上从水产经济动物产业化开始，就一直主要依赖野生捕捞，而2014年是水产经济动物具有里程碑式意义的一年，这一年水产养殖业对人类水产品消费的贡献首次超过水产品捕捞业，标志着人类在水产经济动物的利用上越来越注重可持续发展。但是，水产经济动物的资源挖掘、资源保护和研究均落后于陆地动物，这一领域是未来生物资源研究的重要舞台和机遇所在。比如，我国和其他国家开始关注对蛋白质含量极高的海洋生物——磷虾的研究，以期科学开发“世界未来的食品库”。但是，对南极磷虾资源的开发利用需要优先考虑资源的可持续性及对环境的影响，还需要在准确资源探估的基础上，开展生态捕捞，并通过精深加工实现资源的充分利用。

2.1.2.3　昆虫资源

昆虫是地球上种类最多的生物类群，由于其繁殖量巨大、对生物质的转化效率高，是极其丰富和重要的生物资源，其中的许多种类已经成为造福于人类的资源。对昆虫资源的利用方式也多种多样：①本体利用，是指对虫体或体细胞的直接或间接利用，包括饲用、食用、药用、观赏等；②行为利用，是指昆虫的取食、飞翔等对人类直接或间接有益的行为活动，典型的如利用昆虫传粉、防治害虫、监测环境等；③产物利用，是指昆虫在生活过程中产生的分泌物及代谢产物，包括家蚕丝、蜂蜜和抗菌肽等。在生物资源领域，对于昆虫的利用绝大部分还有待探讨，与现代技术和科学理论的结合将产生意想不到的价值。比如，利用仿生学原理对昆虫行为进行模仿学习，结合人工智能手段进行设备制造；利用昆虫群体超强的生物转化能力，规模化养殖昆虫，以实现对生物质的转化和富集等。绢丝昆虫资源是中华民族祖先发现和产业利用最成功的案例。自然界中有约400种昆虫能够吐丝作茧，但只有少部分昆虫（如家蚕、柞蚕等）的丝可作为纺织原料。人类为生产蚕茧取丝而饲养蚕类，逐渐形成养蚕业，在我国有5000多年的悠久历史，对世界文明做出过重大贡献。授粉昆虫是指在访花采蜜过程中对异花授粉植物起到传媒作用和帮助其受精的一类昆虫，在农业增产增收方面具有显著的经济效益。授粉昆虫种类繁多，以蜜蜂科的种类为主，如蜜蜂等为农作物授粉增产的隐形经济效益远超其蜂产品的价值。药用昆虫是指虫体或其产物对人有滋补和治疗等功效的昆虫。目前已经发现可利用的药用昆虫至少有 200 多种，如冬虫夏草、斑蝥和虻虫等。资源昆虫的其他方面还包括营养源昆虫资源如竹虫和黄粉虫等、鉴赏昆虫资源如蝴蝶和萤火虫等、生防昆虫资源如寄生蜂和螳螂等。昆虫生物反应器利用昆虫高效的转化效率获取人类生产生活尤其是大健康领域所需的新的生物质产品。其中，家蚕生物反应器利用杆状病毒作为载体，方便地携带目标基因在蚕蛹或其他阶段高水平表达生物活性物质。昆虫的动物属性，使得其比微生物和植物生物反应及其表达的产物对于人体具有更高的生物活性。随着生物质废弃物处理需求的快速增加，昆虫资源参与环境治理的价值越来越凸显出来。例如，利用难处理的养殖粪肥和厨余垃圾养殖黑水虻，不仅能快速消化转化生物质，而且能提供优质的动物饲料蛋白。但是，昆虫育种研究和技术还远远不及动植物品种的培育深度。因此，在昆虫资源改造和生产方面，还有巨大的发展空间。

无论是动物还是植物物种资源，往往对人类有直接用途的物种被繁育甚至通过引种保存了下来，并形成了丰富多彩的品种和一定的种群规模，而那些没有直接用途或难以养殖的物种则被忽视或灭绝了。因此，对生物遗传资源开发利用的同时，发现更多有潜力的资源，是人类的长期责任。发掘其价值，也是保护的一项有效措施。

2.1.2.4　微生物资源

微生物存在于不同的生态环境中，不仅是消费者也是生产者，在自然界的物质与能量循环中发挥着重要作用。但是，由于科学发展水平和技术等原因，人类对微生物的认识一直落后于动植物。分离、培养、鉴定及菌种保存技术是微生物资源研究利用的重要技术环节。传统产业模式中，微生物在食品加工（发酵和保鲜等）、农业生产（菌肥和病害控制）等方面发挥了重要作用。直到近代，随着工业微生物和现代医学的发展，微生物资源才被提高到与动植物同等甚至更高的位置。同时，对微生物的研究和产业利用还催生了发酵工程、基因工程等新的资源发掘能力。

目前，微生物在抗生素（和其他药物）生产、疾病分子治疗、生物炼制、生物质能源转化、食品加工、农业生产、饲料加工和环境修复等诸多领域都发挥着不可替代的作用。人类对微生物的认识还将继续，国内外不断有新的菌种及其功能的发现，甚至国内每年都有成千上万的研究者从土壤、水体、大气甚至极端环境中分离获得新菌种的报道。

微生物资源的利用与育种过程结合紧密，只有通过改造，菌株才具有理想的效率。自然界中的微生物自然种群复杂程度高，微生物自身的自然变异频率也远远高于动植物。为了满足生产利用的需要，往往还要依照微生物变异的规律，对微生物进行有目的的改造和育种。涉及菌株改造的方法主要包括以下方面。

基因突变育种：基因突变是遗传变异的一种，突变过程自发或由诱导产生。从自然界获得的菌株统称为野生型菌株，突变后具有了新性状的菌株称为突变株。定向培育是利用微生物的自发突变，采用特定的培养条件和选择压，对微生物群体不断移植，最终富集出较优良的菌株。如新生儿接种的卡介苗最初就是用结核分枝杆菌的活菌疫苗，前后历时 13 年之久，连续转接 230 多代最终成功获得的低毒疫苗。利用物理、化学等诱变因素提高突变率，然后通过快速、高效的筛选方法获得生产用菌株。常用的诱变因素有离子束、

γ 射线等物理方法和烷化剂、亚硝酸盐、碱基类似物等化学方法。诱变育种较成功的例子是产黄青霉（*Penicillium chrysogenum*），从最初的每毫升 120 单位到现在的每毫升 10 万单位，效率提高了近 1000 倍，青霉素产量则提高了近 100 万倍。

基因重组育种：原核生物和真核微生物略有差别，前者主要通过质粒转染或重组 DNA 插入来实现，后者主要通过有性杂交、准性杂交、原生质体融合和遗传转化来实现。现代的基因工程育种手段还包括全合成的基因片段或全合成的微生物基因组等手段。总之，微生物菌种的创制育种，在技术上越来越成熟，应用面也越来越广。通过改造获得的生产菌种，不仅是发酵与酿造类企业的“生命线”，也是人类劳动的成果和新的生物资源。

细胞内寄生物病毒也是微生物的类型之一。它们本身就是细胞内寄生物，或是其他细胞生物在与动物、植物或微生物发生侵染或共生关系的过程中，丧失了细胞功能，变成了细胞内的遗传物质。这些细胞内寄生物或遗传物质的反复侵染、复制和传播，对宿主的“自然”变异和适应性变化功不可没，是遗传多样性的来源之一。尽管在历史发展过程中，病毒作为纯病原物的认识一直占主导地位，但随着基因操作技术的发展，病毒作为病害靶向治疗载体和基因改造工具，也发挥着越来越重要的作用。

值得强调的是植物、动物和微生物资源，不仅是分类学意义上的单元，从生物资源角度考量，它们一方面自身就是资源，另一方面也是生物质资源和生物信息资源产生的基础。在此意义上，生物资源学远远不等同于生物分类学。

与动植物资源的价值体现不同，大多数微生物资源的生物质生产或转化价值都需要与其他生物共同作用时才能发挥出来。这也就决定了在历史长河中，植物和动物的资源价值优先被认识和发现。随着人类认知水平的提高和对生物资源利用需求的延伸，微生物资源的价值逐渐被认识和发掘出来。不仅是自养微生物、腐生菌等环境微生物，共生菌、内生菌和细胞内寄生物的价值也逐渐被认识和挖掘。对比植物和动物，21 世纪将有更多微生物资源被发现、改造和利用于人类生产生活及环境保护等领域。随着种质资源创制手段更加先进、快捷和有效，人们将利用生物资源技术培育出更多符合能源、环保、工业制品和医药用途的微生物品种。

2.1.3　遗传资源发掘与利用的策略

在一定程度上，人类的确能够影响地球上其他物种和所有生物资源。我们不仅能够掌控大多数身边有价值物种的种群数量，甚至能够选择其变异和遗传的方向。事实上，对人类有直接用途的遗传资源，其种群数量得到保持或发扬光大，而对人类没有直接用途的物种在人类干预的竞争中处于下风或种群消失了。这一方面体现了人类干预和主宰其他物种的能力，另一方面反映出不公平性和非持久性。生物资源学的基本目标是实现生物资源的永续利用，当前有用和潜在有用的都是生物遗传资源。因此，生物资源观的形成在一定意义上弥补了传统学科的局限。值得强调的是，维护环境稳定性和生物多样性也是“有用”的一种方式。在这个意义上，所有生物都应该是资源。

对于生物遗传资源，我们重点关注和了解了身边的和有用的资源。比如，我们对陆地和地面上的生物资源关注较多，对水体、土壤和海洋中的生物了解较少；我们对小麦、水稻和甘蔗等产淀粉和糖的植物关注更多，对森林、草原中不能果腹的其他物种关注较少；我们对病原微生物和害虫关注更多，对环境中的有益微生物和原生动物关注少。在自然界千千万万种生物中，人类生活离不开的其他物种的占比其实远远不到1%！水稻、牛羊和酵母这些典型资源，是千百年来人类认识检验获得的经验感知结果。人类利用好这些资源，仿佛就足够了。这一局面，在传统农业文明中并没有错。但是，为了追求更高的生活品质，为了开发更多的资源，就需要对整个生物遗传资源有更好的了解，甚至以敬畏之心学习其他生物的资源变化规律，继续择其善者而用之。

因此，这就涉及一个严肃的问题，即我们对生物资源创制利用的态度和方法学。首先，探索创造是人类的天性，本身无可厚非。其次，全基因组合成和生殖干预等技术已经成熟，“杜绝”和“绝对限制”是不可能的，正确引导和设置目标就成为必然选择。本着正确方向的创制探索应该受到鼓励和支持。比如，能够将工业有机废水转化成油脂或单细胞蛋白的超级微生物、能够大量消耗秸秆并将其转化为更高价值生物质的养殖动物或昆虫新品种、高产糖和淀粉且少转化纤维素和半纤维素的C4植物新品种，都是更有效地利用地球资源的创新模式，对降低人类生活生产的环境成本，均有价值。

研究者对人类本身的遗传特性已经研究得非常多，但是从资源角度出发的研究和开发还处于不成熟阶段。人类本身的遗传资源是否应该开发？亲子鉴定、优生优育、生殖干预对于大多数“正常人”来说已经招致不少争议甚至非议。就像器官移植不再招致普遍责难一样，这些技术本身并不存在伦理问题，恰如我们不能因为交通事故频发就停止开发及生产汽车。但是，对这些问题的讨论应该是有益的和必要的，自然科学不应该设置禁区。至少在目前社会的认知条件下，获取和选择“优良的”肠道菌群、利用人体自身编码信息制造生物止血海绵、根据个体遗传背景制备靶向治疗抗体和基因引物都已经成为新方向。对于人类本身的认识，还有利于开发人工智能，创造更好的生活场景。

人类在工程化利用遗传资源时，还必须遵循自然规律，尤其是在开发新物种类型时，应更多地考量环境责任。任何大规模、高密度的种植养殖都必然导致敌害生物的爆发，具体体现为病害流行和种植/养殖环境的破坏。现阶段，我国地方政府主导的特色经济发展模式就存在这种隐患，比如动辄数万亩、数十万亩的单一作物，或数万头乃至数百万头养殖动物等，都是值得商榷的。在生物遗传资源利用中避免同质化才是可持续发展的理想模式。

2.1.4 现代遗传资源发掘技术的应用举例

遗传资源应用首先在农林牧业方面发挥重要作用。过去数十年，现代生物技术的快速发展使得人类利用遗传资源的方式从根本上发生了改变，在一定程度上改变了人类与自然界生物资源的关系。同时，也加速了遗传资源开发和新产品的产业实践。

2.1.4.1 遗传资源发掘在制药中的应用

现代生物制药技术通过遗传物质的改变、重组及转移等手段开发新的药物或实现药物的高效生产。从 1982 年重组人胰岛素作为第一个生物技术药物上市以来，已有数百个生物技术药物产品获得上市资格，主要包括重组蛋白和多肽类药物及核酸类药物。目前上市的重组蛋白和多肽类药物主要有细胞因子药物（白细胞介素、集落刺激因子、干扰素、肿瘤坏死因子和生长因子等）、蛋白质激素药物（人胰岛素、胰高血糖素、降钙素、生长激素等）及溶血栓药物（重组葡激酶、抗血栓多肽、重组水蛭素、组织血栓溶酶活化蛋白、凝血因子等药物），这些药物在治疗癌症、心血管疾病及抗病毒等方面发挥了重要作用。核酸类药物是利用核酸序列的互补作用，通过对生物遗传物质复制、转录及表达的调控来达到治疗疾病的目的，主要包括核苷酸疫苗、反义核糖核酸（RNA）和干扰 RNA。由于其具有特异性强、作用效率高、免疫原性低及应用范围广等特点，因而有潜在临床应用前景，目前有多个用于治疗癌症等疾病的核酸类药物进入临床试验阶段。天然产物在药物开发研究中发挥着重要作用。例如，美国国家癌症研究所和制药公司合作，通过基因手段开发了一种叫 Calanolides 的天然物质，其来自马来西亚热带雨林的树木，有可能用于治疗I型艾滋病。我国是自然资源最为丰富的国家之一，我国传统的中医也是利用自然界丰富的天然生物质资源进行医疗。利用现代生物技术开发中药材资源，实现有效成分的现代化生产可以有效发挥中药材资源的开发潜力。但是，中药的研究不能完全按照西方科学的分析方法来实现，而应该从生物学基本原理和相互作用中寻找科学发展的动力。例如，可以充分利用高通量免疫组测序技术，系统探索中药对免疫系统的调节作用。中药在应对 2020 年初新型冠状病毒肺炎疫情的过程中已经显示出完全不同于西医的巨大威力，诠释了中医药资源的伟大生命力和科学价值。人们可以进一步通过高通量免疫组测序技术和其他组学技术，从生命的最高层次探索中医药对疾病的防控与治疗机制，实现中医药现代化。

2.1.4.2　遗传资源发掘在工业上的应用

工业生物技术主要是利用生化反应进行具有良好生物相容性的产品生产，并用这些产品替代化学制品用于工业生产。由于生物技术产品具有反应条件温和、耗能低、效率高、可降解等优势，工业生物技术已经成为世界各国的强国策略和战略重点。传统西方工业发达国家先后制定了用生物过程逐步取代传统化学过程的战略计划，以应对能源短缺、环境恶化、食品安全等一系列严峻挑战。生物酶等蛋白产品是随着生物技术进步而发展起来的一种新型生物催化剂，相比传统的催化剂具有效率高、能耗低、环境友好等优点。纺织、洗涤剂、食品、饲料等行业均可以利用生物酶改善产品的生产过程，提高生产效率及产品质量。例如，纤维素酶是一种水解纤维素 β-1, 4-糖苷键的酶，广泛应用于各个行业，包括食品、酿酒、农业、纺织、洗涤剂、饲料和造纸等，尤其是在纺织行业的应用已经十分普遍。实验表明，纤维素酶对棉、麻及竹纤维等织物进行处理后，可去掉织物表面的分支纤维素，使织物更加光亮艳丽和柔软，并减少起球现象。纤维素酶的另一个优势是可以代替化学整理剂的使用，既能减少污染、节约能源，又能降低织物对皮肤的伤害。目前工业用酶最主要的来源是微生物。据统计，迄今已发现的酶有 5000 余种，其中已经达到工业利用水平的有 100 余种。另外，利用生物信息学对现有的微生物遗传物质进行结构分析，并结合定点突变、定向进化、融合表达等技术，进行主动设计改造，可以提高其产物的产量和品质，以达到更有效、更广泛利用的目的。为了开发更多的生物技术产品，拓展其应用范围，物种多样性高的地区及极端或独特环境（如高原、盐湖、沙漠、洞穴和火山口）的遗传资源引起了许多科学家和生物技术公司的注意。特殊的微生物遗传资源可能意味着生物酶应用新的发展，极端微生物资源的开发及应用是发展的热点之一。此外，深入研究酶的作用机制，还有助于人工合成“类酶”或“模拟酶”，实现向自然学习的飞跃。例如，无机“纳米酶”就是一个新的研究热点。

2.1.4.3 遗传资源发掘在农业上的应用

以生物遗传资源为靶标、生物分子相关操作技术为平台的现代生物技术在农业上被广泛应用，尤其是在动植物农业产品的现代育种上发挥了不可替代的作用。在农作物育种方面，可以改善主要农作物品质和提高生产效率的遗传资源是育种专家和种子公司重点关注的领域，因为作物育种、农作物保护和植物生物技术产业都严重依赖遗传资源。目前在传统的育种基础上发展了多种分子育种手段。分子标记辅助选择育种是一种非常有潜力的育种新技术，它利用分子标记辅助选择，能加速品种遗传改良，极大地提高育种效率。近年来，分子标记辅助选择育种已在许多作物的育种中成功应用。转基因技术通过分子操作手段将从植物、微生物及动物等生物体内获得的外源基因转入农作物体内，从而培育出优质、高产、抗病、抗虫、抗逆的农作物新品种。全球率先上市的 20 多种转基因作物以转基因大豆、玉米、棉花及阿根廷油菜为主。尽管转基因作物的安全性引起了全球范围内的激烈争论，但是转基因作物的栽培面积日益增加确是不争的事实。此外，深度发掘生物遗传资源，筛选出耐旱耐寒的植物，无疑是未来我国缓解沙漠化或修复沙化土地的重要途径。近年来，我国科研人员先后育成了能够在高盐环境中生长的“海水稻”和生长高度达 2m 的“巨型稻”。在动物育种方面，由于技术复杂、成本高、成功率低及道德伦理等因素，转基因动物品种相对较少。运用细胞工程和有性杂交等技术的育种方式仍是主流，但这些技术也是利用生物遗传资源的整合发展新的品种。我国科学家培育的工程鲫是以四倍体的新型鱼类种群与二倍体的日本白鲫进行杂交产生的三倍体新物种，与普通鲫的生长性能相比，其具有性腺不发育、抗病力强、耐低氧、耐低温、食性广、易起捕等优点，特别是生长速度快，成鱼后体重是普通鲫鱼的 4 倍以上。生物遗传资源在观赏农业方面的应用也是未来的发展方向。目前市场上大约有 200 种植物作为商业园艺的遗传资源，约有 500 个以上的品种作为家庭园艺的资源。最初，这个领域使用的物种均是野生植物，而现在大部分的物种资源多来自物种资源圃及植物园。目前，人们可以通过生物技术手段将优良品种的遗传基因转入花卉，改变花的颜色、形状及花期的长短等，从而获得优质的新品种，这些基因工程花卉已在世界许多地方种植和销售。即使生物遗传资源在农作物及动物生产上还有很多的不确定性，但大力发展转基因作物有可能成为应对粮食短缺的主要途径之一。同时，转基因作物的使用还将大大减少农作物稳产增产对农药、化肥的依赖，有益于环境保护。

2.1.4.4　遗传资源发掘在物种甄别与保护中的应用

传统的分类方法依据生物的形态学特征、生活习性并通过比较生物学等方法进行分类，这对那些形态学差别比较大的生物分类比较准确，但是对一些形态差异较小的生物很难准确辨别和分类。生物遗传资源是物种分类的一个关键信息来源，可以应用于物种科学的分类和命名。近几十年，随着分子生物学技术的飞速发展，通过实验手段可以区分不同物种甚至不同个体之间的生物遗传信息，使得通过遗传信息来快速精确实现分类的应用日益重要。DNA 指纹图谱是英国科学家 Jeffreys 于 1985 年提出来的生物个体与种属鉴别的技术，它基于生物物种和个体的 DNA 序列特异性，利用分子生物学手段将这些特异性通过 DNA 图谱的方式呈现出来，以便进行分类。该方法已经应用在中药品种和品质鉴定、水果品种分类等领域。DNA 条形码是利用生物体内遗传信息差异发展而来的新的生物识别系统，其应用足够变异的标准化短基因片段对物种进行快速、准确的鉴定。DNA 条形码分类高效简便，能够可靠地评估物种多样性和遗传多样性，开展生态学及生物地理学研究，且能够区分近缘种，使生物多样性分析更加全面。它既可以作为物种分类的新方法，也可以作为传统分类方法的有效补充。高通量测序技术的普遍使用，将大大提高鉴定和甄别物种及其变异的能力。

生物遗传资源是地球上生命的基石。对这些遗传资源的理解和保护，可以加强对濒危物种及它们所依赖的环境的保护。利用胚胎和生殖细胞的冷冻技术作为静态保种的技术之一，另外也可以利用分子生物技术建立 DNA 基因组文库。

2.1.5　几种重要遗传资源的应用

2.1.5.1　红树抗盐碱基因在作物改良中的应用

红树植物是一类生活在热带和亚热带海陆交汇处海洋潮间带的木本植物群落，是海滩上特有的森林类型。红树植物在涨潮时常被海水淹没，当潮水退去以后，红树植物露出海面，犹如一片片绿油油的“碧海绿洲”。根据树种的分布特征，红树植物可分为两大类：真红树植物和半红树植物。前者专一地生长在海洋潮间带，如秋茄树、角果木、海莲等；后者则既能在陆地生长又能在潮间带红树群落中优势生长，形成优势种，如黄槿等。红树植物经过漫长的进化已形成一套独特的耐盐系统，包括形态适应性、生理生化抗盐性和分子水平耐盐性三类。形态适应性是指红树进化出特有的耐盐形态，比如盐腺、叶片肉质化。其抗盐的生理生化机制包括离子平衡、渗透压平衡和去毒作用。在分子水平上，红树植物的耐盐能力来源于耐盐相关基因的表达或调控这些基因表达。现已发现很多耐盐基因，如木榄的 *OEE1* 基因在高盐溶度下表达增强；海莲 *Mangrin* 基因编码的红树素与烟草丙二烯加氧环化酶有同源的酶基，其生物合成可能是提高海莲耐盐性的有效手段；其他的还有蜡烛果的 *P5CS*、*PIP2* 基因，海榄雌的 *ASDH*、*Cat 1* 基因等。

土地盐碱化是一个全球性的资源和生态问题，正吞噬着人类赖以生存的有限土地资源。随着现代分子生物学技术的发展，寻找耐盐基因，并运用基因工程手段培育耐盐植物新品种已成为控制土地盐碱化的方法之一。国外将红树植物的 *Mangrin* 基因成功导入大肠杆菌和烟草中，使其显示出强烈的耐盐碱性。转染该基因的大肠杆菌在高盐分培养基中生长旺盛。转染该基因的烟草在浓度为 8%的盐水中也能正常生长，表现出良好的耐盐碱性。国内学者通过农杆菌介导将该基因转入粳稻中，转染后的粳稻在 200mmol/L NaCl 胁迫下，成活率保持在 83.3%以上，可见 *Mangrin* 基因提高了粳稻对盐的耐受性。从现有研究成果来看，对红树植物耐盐基因的研究取得了较好进展，而且还可以做得更好。首先，利用分子生物学技术可高通量和快速筛选更多的耐盐基因，丰富耐盐基因资源；其次，应该挖掘高效耐盐基因，提高基因转染效率。转染低效的耐盐基因很难培育出真正的耐盐碱植物，只有转染高效的耐盐基因同时保证转染的效果，才有可能获得理想的耐盐碱新品种。

2.1.5.2 抗虫基因在作物育种中的应用

植物抗虫基因工程已成为减少食品和环境中农药污染和生产成本的重要方向之一。目前，转基因成功的植物已达 60 多种，其中许多将抗虫作为目标。抗虫性转基因作物对目标害虫具有明显的致死作用和抑制生长发育的作用。利用基因工程手段培育抗虫植物，抗虫性状具有稳定性高、连续性和整体性好等优点，并且育种周期短。随着抗虫基因研究取得不断进步，目前已有好几种抗虫基因被应用到作物转基因育种中。其中，应用最广泛的是来自苏云金芽孢杆菌的 *Bt* 基因。苏云金芽孢杆菌是一种革兰氏阳性土壤芽孢菌，在形成芽孢时，可产生杀死昆虫幼虫的苏云金芽孢杆菌毒蛋白（Bt）等。目前，世界上许多实验室和公司已先后将不同 Bt 菌株的 *Bt* 基因转入烟草、番茄、玉米、棉花、苹果和核桃等多种作物，尤其是转基因的烟草、棉花已进入商品化生产。资料表明，抗虫棉种植面积达到我国棉花种植总面积的 80%以上，国产抗虫棉种植面积已占全国抗虫棉种植总面积的 95%以上。目前，从高等植物获得的抗虫物质主要有两大类：一类是动物消化酶的抑制剂，另一类是植物凝集素。蛋白酶抑制剂是自然界最丰富的蛋白种类之一，存在于许多植物的贮藏器官（如种子和块茎）中，与苏云金芽孢杆菌相比，更具有抗虫谱广、对人畜无副作用等优点。植物凝集素（lectin）基因是一种含有非催化结构域，并能可逆结合到特异单糖或寡糖上的植物保守性糖蛋白，主要存在于很多植物的种子和营养组织中。目前，成功应用于植物抗虫基因工程的凝集素基因有雪花莲凝集素（GNA）基因、豌豆凝集素（P-Lec）基因、麦胚凝集素（WGA）基因、半夏凝集素（PTA）基因等。从现有的转基因植物的抗虫性来看，禾本科中典型的植物凝集素 WGA 对欧洲玉米螟有良好的抗性；GNA 对蚜虫、叶蝉、稻褐飞虱等同翅目吸食性害虫有极强的毒性；P-Lec 能抑制豇豆象的生长，并且已应用到转基因烟草和马铃薯等作物中。

尽管近年来抗虫基因的研究取得了长足的进展，但仍然有许多亟待解决的问题。首先，关于转基因作物安全性和环境伦理的争论依然存在，短期内矛盾无法解决，需要科学家们提供更多的试验数据和结果来证明。但是，作为研究者，继续进行转基因作物的相关研究，研发更加成熟、有效的育种技术，储备更多的转基因作物品种是有价值的。其次，发现抗虫作用更强、毒性更小的抗虫基因是研究者们应该更加关注的研究点。最后，转基因过程的实验室安全和环境影响，也是需要给予关注的问题。

2.2　生物遗传资源各论

2.2.1　蕨类植物资源利用的理论与技术[①]

蕨类植物是一类特殊的植物资源，在系统发育上介于苔藓植物与种子植物之间，是整个植物界真正登上陆地的“先锋队”。蕨类植物分布广泛，既在一定程度上依附于种子植物特别是森林生态系统，又有自己的分布区。大量古老蕨类植物的残体构成了现今人们所依赖的重要能源（煤炭和部分石油）的来源。蕨类植物在现代用途非常广泛，除了生态作用以外，绝大多数都具有重要价值，特别是药用和观赏价值。

蕨类植物资源的开发利用是涉及多学科、多技术、多层次、多领域的系统工程，一方面要从众多的蕨类植物资源和信息中找到和开发出更多高效的产品（如药品），为人类的健康服务；另一方面又要大力开发形成产业，促进社会经济可持续发展。在这项任务和工作过程中，经典和现代生物科学技术的作用至关重要。

2.2.1.1　蕨类植物分类与系统发育

在蕨类植物开发利用过程中，分类学是基础。植物分类学（plant taxonomy）是一门历史悠久的学科，是研究植物的分门别类、探讨植物间亲缘关系、综合阐明植物界自然分类系统的科学，其目的在于解释植物界系统与进化规律，科学认识植物的种类，更好地开发利用植物资源。按照前人研究的观点，该学科应包括植物系统学（plant systematics）、植物区系学（floristics 或 florology）和植物物种生物学（plant biosystematics），过去又叫“实验分类学（experimental taxonomy）”或“遗传分类学（genonomu）”。植物分类学的主要内容有二：一是区分和鉴别植物种类，二是阐明植物类群之间的亲缘关系，其中建立自然的分类系统是分类学家所追求的目标。一个好的分类系统不仅是关于植物种类信息的存取系统，也是一个信息的查询系统，具有预知邻近未知单位某些性状的功能。因此，它不仅有理论价值，也有重要的应用价值。

蕨类植物的分类系统在历史上曾出现很多个，但自 19 世纪以来经过了数次巨大的变化。我国蕨类植物分类之父秦仁昌院士发表的《水龙骨科的自然分类》奠定了现代分类系统的基础，1978 年发表的完整的中国蕨类植物分类系统被广泛使用，对蕨类植物资源开发利用产生了深远的影响。20 世纪 80 年代以来，随着分子生物学的发展及 PCR 和各种分子标记技术的建立和完善，蕨类植物分类系统有了新进展。国外学者发表的现代世界蕨类植物分类系统，从理论层面阐述了许多科学问题，在一定程度上得到了很高认同，但其在实践中的应用还有一个过程。

① 该部分作者为陈功锡。

按照秦仁昌的分类系统，现存蕨类植物分为松叶蕨亚门、石松亚门、水韭亚门、楔叶蕨亚门和真蕨亚门，前四个亚门统称为拟蕨类，真蕨亚门又分为厚囊蕨纲、原始薄囊蕨纲和薄囊蕨纲。与现今流行的分类系统不同的是，旧的水龙骨科被分为33个科，水韭作为石松类的一支（现今独立出来成为一个亚门）。

尽管化石资料是系统演化最直接、最可靠的证据，但蕨类植物自身的特殊性导致很多化石资料不全，以至于依靠化石资料追寻系统演化线索的可能性大大降低。所以按照传统的方法重建蕨类植物的系统演化关系也就十分困难，尤其是真蕨类的辐射演化等问题。分子系统学研究能够为此提供一些重要的补充，同时，也提出了与以往完全不同的新观点。

分子系统学的研究表明，通常所说的蕨类植物并不是一个自然类群。其中石松类是一个单独支系，是维管植物最早的分支，而其他植物，即真叶类（euphyllophytes）构成另外一个分支。真叶类又分为种子植物（spermatophytes）和蕨类（monilophytes，并非传统意义上的蕨类）两大分支，后者包括松叶蕨、剑蕨、莲座蕨、木贼和薄囊蕨。传统的蕨类植物不仅不是一个自然类群，而且真蕨类、拟蕨类、厚囊蕨类的范畴和分类位置也有一定变化。在这里，传统的蕨类植物实际上包括了蕨类（monilophytes）和石松类（lycophytes），真蕨类包括了薄囊蕨（leptosporangiate ferns）、莲座蕨（marattoid ferns）和剑蕨（ophioglossoid ferns），拟蕨类包括了石松类、松叶蕨（whisk ferns）和木贼类（horsetails），厚囊蕨包括了莲座蕨和剑蕨，而薄囊蕨仍旧是一个自然类群，其范畴不变。

随着对蕨类植物系统发育的不断认识，特别是对蕨类植物基部类群和真水龙骨类大群的研究，世界蕨类植物分类系统已基本定型，包括石松和蕨类在内共50科，约1万余种。但分布在我国的若干大科的概念还未完全确定，属种的数量仍在不断变化。为此，张宪春等还提出了一个新系统。可见，蕨类植物的起源与演化，仍有诸多问题需要探讨。

2.2.1.2　蕨类植物的地理分布

与系统发育研究相适应，以地理分布为核心内容的蕨类植物区系学也得到了发展。在各地蕨类植物研究者的努力下，我国蕨类植物地理分布的格局规律已逐步清晰。

据报道，我国共有蕨类植物63科，约2600种（也有资料报道约有3000种）。最大的科为鳞毛蕨科（13属约472种），其他大科依次为蹄盖蕨科（20属约450种）、金星蕨科（18属365种）、水龙骨科（25属272种）、铁角蕨科（8属131种）、叉蕨科（8属100种），这6科植物种数占我国蕨类植物总种数的2/3。最新统计表明，我国蕨类植物实为63科，221属，2452种。

我国气候的南北差异显著，地势也自西向东呈现三级巨大阶梯，因而蕨类植物的分布具有明显的南北向和东西向变化。大致以大兴安岭、阴山、贺兰山至青藏高原东部为一条分界线，其西北主要是亚洲内陆干旱荒漠和草原气候，青藏高原则为高寒的高原气候，这一广大地区的蕨类植物极为贫乏，仅有极少属种，主要是一些世界或温带广布成分和高山种类，大多为耐寒旱的中小型蕨类，如冷蕨属（*Cystopteris*）、珠蕨属（*Cryptogramma*）、鳞毛蕨属（*Dryopteris*）、卷柏属（*Selaginella*）、木贼属（*Equisetum*）、岩蕨属（*Woodsia*）、粉背蕨属（*Aleuritopteris*）、药蕨属（*Ceterach*）等。东昆仑山及毗邻地区72万km^2范围内（大约相当于21个海南省）只有48种蕨类植物，而其中东经95°以西的高原已无蕨类植物分布。大兴安岭至青藏高原东部一线的东南半部，尤其是西南地区及华南的蕨类植物则极为丰富。西南四省区有蕨类植物约2000种，其中仅云南省就有1400余种，超过我国蕨类植物总种数的一半。其是许多温带属的分布中心，如鳞毛蕨属、耳蕨属（*Polystichum*）、蹄盖蕨属（*Athyrium*）在高山地带得到充分发育，这里还集中了我国大部分特有属。西南地区经华中、华东向北，越过秦岭—淮河一线，种类迅速减少。有些属如对开蕨属（*Phyllitis*）、假鳞毛蕨属（*Lastrea*）、过山蕨属（*Camptosorus*）、球子蕨属（*Onoclea*）等在我国仅产于此区。华南（包括台湾、海南等）属于南亚热带及热带，我国蕨类228属中至少有50属仅产于此区南部，如荷包蕨属（*Calymmodon*）、莎草蕨属（*Schizaea*）、卤蕨属（*Acrostichum*），均为典型热带属，一些广布的热带大属如短肠蕨属（*Allantodia*）、鳞盖蕨属（*Microlepia*）在这里都有大量种类。

众多研究表明，我国蕨类植物的地理成分组成与种子植物区系基本一致，只是由于荒漠和草原植物区系中蕨类植物极少（这两种生态系统中缺少森林成分，而蕨类植物的分布又与森林密切相关），仅有的蕨类植物大部分也属于北温带成分或者亚热带成分，所以中国蕨类植物区系缺少这两个类型。14种分布区类型中热带和亚热带成分占绝对优势，其次是温带成分。这与我国种子植物区系中各类型的顺序是一致的。

尽管蕨类植物区系与种子植物区系的分布格局基本一致，但有时也有例外。我们在研究武陵山区蕨类植物区系时指出："在种子植物区系区划上，习惯上将武陵山地区和庐山分别划归在华中地区和华东地区，但就蕨类植物区系而言，本研究显示出位于华中地区的武陵山地区与位于华东地区的庐山关系十分密切，而与同属华中地区的神农架和化龙山关系却又比较疏远。显然，从蕨类植物的角度考虑，应将武陵山区系和庐山区系同归于'耳蕨—鳞毛蕨植物区系'比较合理。可见种子植物区系与蕨类植物区系是各自独立的研究单元。"实际上，蕨类植物区系与种子植物区系既有区别，也有联系。与种子植物相比，蕨类植物的起源更加古老，且有不同的古地质、古地理背景，区系上的差别自然是可以理解的。另外，作为现存蕨类主体的真蕨类，正是在以被子植物为主的生态系统中发展起来的，它们的发展演化在一定程度上依赖于被子植物营造的环境，这一点在区系上必然也有所反映，比如前面所说的区系中各类型顺序的一致性及荒漠、草原区系中缺乏蕨类分布等。

总体而言，我国蕨类植物调查还相当粗放，区系学理论体系尚未形成，蕨类植物区系研究受种子植物区系理论影响颇深。实际上，蕨类植物与种子植物是不同的体系，特别是蕨类植物分布广泛、资源古老、繁育和演化方式特殊，加上我国自然条件的复杂多样性，其区系学规律应该具有较大的差异。其中，蕨类植物区系学方法、关键地区和重要类群区系成分、特殊生境蕨类植物区系、蕨类植物区系生态功能研究等，都是亟待加强的重点研究领域。

2.2.1.3 植物化学与蕨类植物资源开发

植物资源化学（resources chemistry of plants）是植物资源学的分支学科，它是植物化学（phytochemistry）与植物资源学相互渗透、相互补充而形成的一门新兴边缘学科，它既包含植物化学的内容，论述植物化学成分的类型、性质、提取分离方法和结构分析鉴定，同时又遵循自然资源学的学科体系和基本观点，从资源的可用性和多用性出发，研究植物资源中化学成分的类型、质量、数量、时间、空间等基本属性及其变化规律。这些成分既包括直接组成资源总体的化学物质，也包括个体在新陈代谢过程中的一系列产物，甚至包括作用于生命活动的一些物质。植物资源化学立足于植物资源的开发利用，以使有限的植物资源得到最有效的利用并使之可持续发展。

弄清植物的化学成分及其性质是开发植物资源的基础。由于其本身的种种特殊性，蕨类植物的化学组成必然有别于种子植物。但目前关于蕨类植物化学的研究还很少，我们对蕨类植物成分、性质及功能的认识还十分肤浅。以药用蕨类植物为例，全国 396 种药用蕨类植物中的绝大多数只知其功效而不知其成分，有成分报道的仅 46 种。

零碎的资料表明，一些主要的化学成分在多种蕨类植物中普遍存在，如糖类、黄酮、生物碱、醇类、鞣质、酚类等。根据中国科学院昆明植物研究所课题组在第六届中国民族植物学学术研讨会暨第五届亚太民族植物学论坛中的报告，他们对若干类群化学成分的系统研究发现，所分离鉴定出的化合物中有近一半属于新化合物，可见蕨类植物化学研究属于薄弱领域。因此，对蕨类植物中的化学成分的全面深入研究，发现新的化学成分和新的活性，对于蕨类植物资源的深入开发具有十分重要的意义。

2.2.1.4 生物技术在蕨类植物资源利用中的应用

随着生命科学研究的不断深入，生物技术已成为当今发展最快、最有生命力的前沿高新技术体系，极大地促进了植物资源开发利用产业的发展。生物技术综合生物学（生化与分子生物学、遗传学、细胞生物学）、医学（胚胎学、免疫学）、化学（有机化学、无机化学、物理化学）、物理学、信息学及计算机科学等的原理，可用于研究生命活动的规律并提供为社会服务的产品等。以基因工程、细胞工程、酶工程、发酵工程为代表的现代生物技术的应用成为当今植物资源利用产业不可或缺的重要组成部分，尤其在植物种质资源保护、优良品质选育、活性成分生产方面有着广阔的应用前景。

生物技术已在农作物、林木、药用植物资源开发中获得广泛运用，并取得骄人的成效，但基本局限于种子植物，相对而言，在蕨类植物中的运用还较为罕见。究其原因，一方面可能是人们对蕨类植物资源价值重要性的认识还不够充分，另一方面可能是蕨类植物生命规律的特殊性，使蕨类植物生物技术操作更具有难度。实际上，大多数蕨类植物都可药用，蕨类药用植物的比例远高于种子植物，有的价值还很高，比如蛇足石杉（*Huperzia serrata*）有清热解毒、生肌止血、散瘀消肿的功效，可治跌打损伤、瘀血肿痛、内伤出血、痈疖肿毒、毒蛇咬伤、烧烫伤等。现代研究表明，该植物中所含的生物碱石杉碱甲在动物试验中有松弛横纹肌的作用，又是一种高效、低毒、可逆、高选择性的乙酰胆碱酯酶抑制剂，可用于改善记忆力、治疗重症肌无力和阿尔茨海默病（AD）等疾病，并对抑制有机磷酸中毒有一定功效。大多数蕨类植物都有较高的观赏价值，如鹿角蕨（*Platycerium wallichii*）、铁线蕨（*Adiantum capillus-veneris*）等；有的还有较高食用价值，如蕨（*Pteridium aquilinum* var. *latiusculum*）、菜蕨（*Diplazium esculentum*）、紫萁（*Osmunda japonica*）等，或者其他特殊价值，也有的属于极为珍贵的濒危类群。

对于蕨类植物资源，生物技术可以发挥对种子植物同样重要的作用：①蕨类植物多样性和种质资源评价，特别是将分子标记技术用于蕨类植物遗传多样性研究，目前已成功用在多孔蕨属（*Danaea*）、铁角蕨属（*Asplenium*）、舌叶蕨属（*Elaphoglossum*）、鳞毛蕨属（*Dryopteris*）、贯众属（*Cyrtomium*）、观音座莲属（*Angiopteris*）等的种间亲缘关系和分类研究，水蕨（*Ceratopteris thalictroides*）、桫椤（*Alsophila spinulosa*）、黑桫椤（*Alsophila podophylla*）、荷叶铁线蕨（*Adiantum reniforme* var. *sinense*）、水韭属（*Isoetes*）等珍稀濒危蕨类植物的遗传变异水平测定、繁育系统及系统发育地理学分析等方面；②蕨类植物组织培养和快速繁殖，可广泛应用于生产实践或者种质保存；③蕨类植物活性成分的诱导和大规模生产，可以解决诸如医药工业中急需的原料问题。当然由于蕨类植物生命的特殊性，这方面工作亟待开展，还有大量科学和技术问题有待解决。

有理由相信，随着科学研究的不断深入，为满足蕨类植物资源保护与利用的实践需要，生物技术必将大有作为。随着生物技术在蕨类植物资源利用中的运用，生物技术本身也将得到进一步充分的发展。

2.2.1.5　民族植物学与蕨类植物资源开发利用

民族植物学（ethnobotany）是研究人与植物之间直接相互作用的一门新的学科，它的研究内容是人类利用植物的传统知识和经验，包括对植物的经济利用、药物利用、生态利用和文化利用的历史、现状和特征。其研究的核心内容是各民族民间有关认识、利用和保护植物的传统知识及其现代价值。民族植物学 1896 年诞生于美国，1982 年被引入我国，经过近 40 年来的不断努力，中国民族植物学已经形成了自己的理论体系、内容和方法，在植物资源可持续利用、生物多样性保护、文化多样性保护和社区发展等领域，取得了一些研究进展和若干成果。实践证明，民族植物学已成为植物资源开发利用的重要方面和主要途径之一。

大量民族植物学研究都涉及蕨类植物资源。如高黎贡山怒族常用的食用植物有菜蕨（*Callipteris esculenta*）、饭蕨（*Pteridium revolutum*），药用植物有肾蕨（*Nephrolepis auriculata*）、石韦（*Pyrrosia lingua*）等；湘西土家族常用药物中有节节草（*Equisetum ramosissimum*）、海金沙（*Lygodium japonicum*）、福建观音座莲（*Angiopteris fokiensis*）、铁角蕨（*Asplenium trichomanes*）、石蕨（*Saxiglossum angustissimum*）等；广西靖西壮族端午节药市中出现的药用蕨类植物多达 44 种，其中根据江南卷柏（*Selaginella moellendorffii*）在民间用于治疗高血压的线索，经现代实验证实，其含具有较高降血压活性的胍丁胺类成分，完全可以利用其开发出有关产品，为人类健康服务。

经过数十年来的发展，当今的民族植物学，一方面继续挖掘、研究、完善和传承传统植物学知识体系，另一方面也不断现代化，进入现代民族植物学阶段，利用现代科学技术手段（计算机科学、信息科学、分子生物学、药物化学等）研究各地区人群与植物之间的相互作用关系。对于分布广泛、价值特殊而又研究甚少的蕨类植物资源而言，民族植物学必将展示出更加广阔的前景。

点评（点评人：陈集双）

尽管生物资源学不等同于生物分类学，前者更强调资源利用的视角，但是，生物系统分类也是生物资源学的重要部分。本节提供了一个非常翔实的蕨类植物分类案例，对于认识蕨类植物资源很有指导意义。蕨类植物作为最主要的先锋植物类群，尽管大多数已经灭绝了，但还有一部分留下来成为我们当代人的资源。蕨类植物在生物质生产特性、结构特性、化学组成特性和遗传信息资源等诸多方面具有独特性。目前学术界和产业界对蕨类植物资源的关注相对较少，所采用的方法也与其他科属植物相同，因此，取得的效果就不可能十分理想。挖掘蕨类植物的理论指导和技术方案，应该不一样。比如，国内许多实验室采用传统组培方法和工艺对蛇足石杉进行组培快繁均没有取得成功。时至今日，人类应该有勇气、有办法找到打开蕨类植物资源研究开发的钥匙，从而带来新的惊喜，探索更多未知，更好地造福社会。

2.2.2　沿海滩涂生物资源开发利用的现状与挑战①

用“沧海桑田”概括沿海滩涂的形成和变迁是再贴切不过的。近年来随着一系列国家级地域沿海战略的实施，海洋开发正迎来前所未有的高潮，其中的滩涂经济及其生物资源可持续利用，正得到越来越多的关注。海南国际旅游岛、广西北部湾、广东珠三角、海峡西岸经济区、上海国际金融和航运中心、江苏沿海、天津滨海、河北曹妃甸工业区、辽宁沿海经济带等沿海开发建设相继上升为国家战略，山东半岛蓝色经济区、浙江海洋经济发展带也正在蓬勃发展。在这些沿海大发展的过程中，有一点是无法避免的，那就是沿海滩涂生物资源的保护、开发和利用问题。这一问题处理妥当，将会使我国沿海开发如虎添翼。

滩涂湿地具有涵养水源、净化水质、护岸减灾和维持区域生态平衡等功能，是应对环境变化的缓冲区。其有广义和狭义之分：广义的滩涂是海滩、河滩和湖滩的总称，指沿海大潮高潮位与低潮位之间的潮浸地带，河流湖泊常水位至洪水位间的滩地，时令湖、河洪水位以下的滩地，水库、坑塘的正常蓄水位与最大洪水位间的滩地面积。其物质组成有淤泥质、泥砂质、砂泥质、砂质、砾石质和卵石质等不同成分。狭义的滩涂也称海涂，是指淤泥质海岸潮间浅滩，从属性来看，滩涂既属于土地，又是海域的组成部分。

2.2.2.1　我国滩涂生物资源的特点和主要利用形式

我国沿海滩涂资源十分丰富，作为海岸带的重要组成部分，滩涂地处动态变化中的海陆过渡地带，是我国重要的后备土地资源。我国海岸线总长为 3.2 万 km，其中大陆岸线 1.8 万 km，岛屿岸线 1.4 万 km，沿海滩涂分布十分广泛。据 2010 年中国统计年鉴报道，北起辽宁鸭绿江口，南至广西北仑河口，涵盖 4 大海域，沿海 11 个省市区（不包括台湾省），53 个沿海城市，237 个县市区，共有可养殖浅海滩涂 242 万 hm^2，并且沿海滩涂在泥沙来源丰富的海岸带仍在淤长。据估算全国沿海滩涂每年约淤长两万多公顷。

① 该部分作者为唐佰平。

丰富的滩涂蕴藏着丰硕的滩涂生物资源。滩涂生物资源是指生存于滩涂的对人类具有实际或潜在使用价值的生物个体及生物存在的生态系统。它包括植物资源、动物资源和微生物资源，是人类生存和发展的战略性资源。它可以为我们提供衣、食、建材和燃料等的材料及药品的原料，还可以提供良好的生态环境；为农作物和生物新品种的选育提供宝贵的基因来源；滩涂生物资源包含有丰富的信息，这对物种起源、滩涂保护、生物学研究等科学研究具有极其重要的科学价值；滩涂生物资源可以作为观光、旅游、绿化等资源，具有独特的美学价值。

我国沿海滩涂生物资源非常丰富，中国海区有记录的现生海洋生物共有 22 629 种，类属于 6 界 46 个门。其中原核生物中的细菌界 264 种，真核生物中的色藻界 1807 种、原生动物界 2897 种、真菌界 151 种、植物界 792 种及动物界 16 718 种。在如此丰富的生物资源中，海洋植物药有 204 味，动物药有 397 味。涉及药用生物及具有潜在开发价值的物种 1479 种。我国滩涂生物资源的主要利用形式有下列几种。

1. 滩涂养殖

2010 年我国沿海滩涂可进行海水养殖的面积为 79.7 万 hm^2。截至 2010 年的近 30 年来，中国海水养殖总产量增加了 29 倍，已经成为世界第一海水养殖大国。据《2020 中国渔业统计年鉴》统计数据显示：2019 年，全国水产品总产量 6480.36 万 t，比上年增长 0.35%。其中，养殖产量 5079.07 万 t，同比增长 1.76%，捕捞产量 1401.29 万 t，同比下降 4.45%，养殖产品与捕捞产品的产量比例为 78.4∶21.6；海水产品产量 3282.50 万 t，同比下降 0.57%，淡水产品产量 3197.87 万 t，同比增长 1.32%，海水产品与淡水产品的产量比例为 50.7∶49.3。中国的海水养殖产量为世界第一，占到世界产量的近 70%，是世界上唯一的一个海水养殖业超过海洋捕捞业产量的国家。

2. 滩涂种植

利用围垦滩涂资源开展农业活动，是我国劳动人民智慧的结晶。对于没有围垦的滩涂，主要进行芦苇、碱蓬、紫菜种养殖及其加工，还包括一些采集活动。新围垦的滩涂，重点开展盐生经济植物，如田菁、美国黑麦草、菊芋、枸杞、锦葵、油用向日葵、三角叶滨藜、碱蓬、海蓬子等的栽培和加工。对已经围垦多年的滩涂一般种植大麦、甜高粱、棉花、水稻、油菜等大田作物和经济作物。在生产实践中一些地区还发展出不同的种植模式，根据当地气候的特点规划利用资源。比如，大麦-西瓜-棉花种植模式，大麦-大蒜-棉花种植模式及水杉中套种蚕豆、西瓜模式。这些农业实践往往都能收到非常好的经济和生态效益。但是，引进和选育适宜滩涂盐土大地种植的品种资源是滩涂充分利用的关键。相对于其他常年栽培的农田，滩涂作物生长环境的病虫草害往往比较少，控制成本低，且更容易实现高质量绿色农产品的生产。

3. 滩涂生物资源的深加工

对于滩涂生物资源的深加工，除了传统的对养殖和种植产业链进行延伸外，目前具有较好开发前景的是对滩涂生物资源进行海洋医药产业的研发，以期形成创新药物、生物医用材料和功能食品等大的产业体系。我国已经有多烯康、角鲨烯、河鲀毒素等海洋药物获准上市，还有多个药物进入临床研究，除此之外，主要生产海参肽营养素胶囊、螺旋藻胶囊、甲壳素等产品，其产值逐年递增。到 2019 年已生产海洋医药产品共计 60 多种，产业增加值从 2010 年 67 亿元增长到 2020 年 451 亿元，年均增长幅度超过 8%。

4. 滩涂保护与生物资源观光价值

中国滩涂区域跨越热带、亚热带和温带，生物资源种类丰富，是一些热带物种分布的北缘，又是许多温带生物分布的南缘。由于中国滩涂生物多样性及其资源面临着高强度的人类活动和全球气候变暖的双重威胁，为了更好地保护沿海生物资源，我国政府制定了一系列的政策法规。到 2011 年已经建成了 33 个国家级自然保护区，保护面积近 186 万 hm^2（表 2-1），21 个国家级海洋特别保护区，保护面积达到 27.5 万 hm^2（表 2-2）；7 个国家级海洋公园，保护面积超过 9 万 hm^2（表 2-3）。到 2019 年已建成了 474 个国家级自然保护区，保护面积已达 9811.4 万 hm^2。

表 2-1　我国国家级海洋自然保护区名录（截至 2011 年）

序号	名称	面积/hm^2
1	丹东鸭绿江口滨海湿地国家级自然保护区	101 000.00
2	辽宁蛇岛老铁山国家级自然保护区	14 595.00
3	辽宁辽河口国家级自然保护区	128 000.00
4	大连斑海豹国家级自然保护区	672 275.00
5	大连城山头海滨地貌国家级自然保护区	1350.00
6	昌黎黄金海岸国家级自然保护区	30 000.00
7	天津古海岸与湿地国家级自然保护区	35 913.00
8	滨州贝壳堤岛与湿地国家级自然保护区	43 541.54
9	荣成大天鹅国家级自然保护区	10 500.00
10	山东长岛国家级自然保护区	5015.20
11	山东黄河三角洲国家级自然保护区	153 000.00
12	盐城湿地珍禽国家级自然保护区	284 179.00
13	江苏省大丰麋鹿国家级自然保护区	2667.00
14	上海崇明东滩鸟类国家级自然保护区	24 155.00
15	上海九段沙湿地国家级自然保护区	42 020.00
16	南麂列岛国家级海洋自然保护区	20 106.00
17	福建深沪湾海底古森林遗迹国家级自然保护区	3100.00
18	厦门海洋珍稀物种国家级自然保护区	39 000.00
19	漳江口红树林国家级自然保护区	2360.00
20	惠东港口海龟国家级自然保护区	1800.00
21	广东内伶仃岛–福田国家级自然保护区	921.64
22	湛江红树林国家级自然保护区	20 279.00

续表

序号	名称	面积/hm^2
23	广东珠江口中华白海豚国家级自然保护区	46 000.00
24	广东徐闻珊瑚礁国家级自然保护区	14 378.00
25	雷州珍稀海洋生物国家级自然保护区	46 865.00
26	广西山口红树林生态国家级自然保护区	8000.00
27	广西合浦儒艮国家级自然保护区	35 000.00
28	广西北仑河口红树林国家级自然保护区	3000.00
29	海南东寨港国家级自然保护区	3337.00
30	海南万宁大洲岛国家级海洋生态自然保护区	7000.00
31	海南三亚国家级珊瑚礁自然保护区	5568.00
32	海南铜鼓岭国家级自然保护区	4400.00
33	象山韭山列岛国家级自然保护区	48 478.00
总计		1 857 803.38

表 2-2　国家级海洋特别保护区名录（截至 2011 年）

序号	名称	面积/hm^2
1	江苏海门市蛎岈山牡蛎礁海洋特别保护区	1222.90
2	浙江乐清市西门岛海洋特别保护区	3080.00
3	浙江嵊泗马鞍列岛海洋特别保护区	54 900.00
4	浙江普陀中街山列岛海洋特别保护区	20 290.00
5	浙江渔山列岛国家级海洋生态特别保护区	5700.00
6	山东昌邑国家级海洋生态特别保护区	2929.28
7	山东东营黄河口国家级生态海洋特别保护区	92 600.00
8	山东东营利津国家级底栖鱼类生态海洋特别保护区	9404.00
9	山东东营河口浅海贝类生态国家级海洋特别保护区	39 623.00
10	山东东营莱州湾蛏类生态国家级海洋特别保护区	21 024.00
11	山东东营广饶沙蚕类生态国家级海洋特别保护区	8282.00
12	山东文登海洋生态国家级海洋特别保护区	518.77
13	山东龙口黄水河口海洋生态国家级海洋特别保护区	2168.89
14	山东烟台芝罘岛群国家级海洋特别保护区	769.72
15	山东威海刘公岛海洋生态国家级海洋特别保护区	1187.79
16	山东乳山市塔岛湾海洋生态国家级海洋特别保护区	1097.15
17	山东烟台牟平沙质海岸国家级海洋特别保护区	1465.20
18	山东莱阳五龙河口滨海湿地国家级海洋特别保护区	1219.10
19	山东海阳万米海滩海洋资源国家级海洋特别保护区	1513.47
20	山东威海小石岛国家级海洋生态特别保护区	3069.00
21	辽宁锦州大笔架山国家级海洋特别保护区	3240.00
总计		275 304.27

表 2-3 国家级海洋公园名录（截至 2011 年）

序号	名称	面积/hm^2
1	广东海陵岛国家级海洋公园	1927.26
2	广东特呈岛国家级海洋公园	1893.20
3	广西钦州茅尾海国家级海洋公园	3482.70
4	厦门国家级海洋公园	2487.00
5	江苏连云港海州湾国家级海洋公园	51 455.00
6	刘公岛国家级海洋公园	3828.00
7	日照国家级海洋公园	27 327.00
总计		92 400.16

除了国家级保护区、特别保护区和海洋公园之外，大陆还有省级保护区 26 个，台湾有 12 处沿海保护区，香港有 4 个海岸公园、1 个海岸保护区、1 个拉姆萨尔湿地，澳门设有路氹城生态保护区。这些国家级和地方沿海保护区，在开展保护和科学研究的同时，也可供观光旅游，使沿海生物资源得到了很好的开发利用。

5. 生物促淤

在中国广袤的滩涂上，常用的促淤方法有工程促淤和生物促淤。生物促淤主要就是利用生长在高潮滩的藨草、互花米草和芦苇等，进行消浪促淤，据观测，高程 3m 左右的芦苇滩，平均每天促淤 1.8mm。目前在低潮位不适宜芦苇等植物生长的地方，多长有互花米草（已经成为一个典型的外来入侵种），也对围垦造田、消浪护堤、促淤改土有着巨大的作用。

2.2.2.2 我国滩涂生物资源开发利用面临的问题

1. 环境污染的影响

主要入海污染源状况。江河携带污染物入海和陆源入海排污口排污是影响我国近岸海洋环境质量的主要原因。2010 年前，长江、珠江、钱塘江、闽江等主要河流携带入海的污染物总量年均达千万吨以上。排污口污水中 COD_{Cr}、氨氮、总磷等为主要超标排放物质。

我国近岸典型海洋生态系统的健康状况及变化趋势。对 18 个海洋生态监控区的河口、海湾、滩涂湿地、红树林、珊瑚礁和海草床生态系统开展监测，监控区总面积达 6.4 万 km^2。2011 年，处于健康、亚健康和不健康状态的海洋生态监控区分别占 6.4%、82.5%和 11.1%。从 2006～2011 年的监测数据看，总体上健康区域和不健康区域都呈现下降趋势，而亚健康区域呈上升趋势。具体情况如表 2-4 所示。

表 2-4　2006～2011 年我国海洋生态监控区健康状况　（单位：%）

年份	健康	亚健康	不健康
2006	22.2	55.6	22.2
2011	6.4	82.5	11.1

2006～2011 年间，在对劣于Ⅳ类水质海域面积监测中发现，2010 年是面积最大的一年，劣Ⅳ类水面达到 48 030km^2。2010 年，对全国 66 个海水增养殖区开展了监测。监测结果显示，海水增养殖区环境质量基本满足养殖活动要求，综合环境质量等级为优良、较好和及格的比例分别为 55%、30%和 15%。部分增养殖区海水中的无机氮、活性磷酸盐含量较高，水体富营养化程度较重；部分增养殖区沉积物中铬、铜和粪大肠菌群等的含量较高。

据 2011 年的统计监测，我国入海排污口邻近海域环境质量状况总体未见改善，部分排污口邻近海域环境质量较差。2011 年 5 月和 8 月，分别对全国 96 个和 95 个入海排污口邻近海域水质进行监测。5 月监测结果显示，76 个排污口邻近海域水质不能满足所在海洋功能区水质要求，占监测总数的 79%；8 月监测结果显示，71 个排污口邻近海域水质不能满足所在海洋功能区水质要求，占监测总数的 75%。5 月和 8 月劣于Ⅳ类海水水质标准的排污口邻近海域分别占监测总数的 71%和 65%。其中 6 个排污口邻近海域水体中无机氮、汞和铅等污染物含量升高，水质进一步恶化。

2006～2011 年间，苏北浅滩滩涂湿地生物群落总体状况较差，浮游动物和鱼卵仔鱼密度偏低。滩涂湿地潮间带底栖生物和浮游生物多样性指数连续五年无较大变化。在盐城湿地越冬的丹顶鹤数量逐年减少，2010 年度较 2006 年减少了 200 余只。如果不在源头对污染进行治理，由此而导致的生物资源的不可利用将进一步加剧。

2. 海平面上升的影响

据监测，中国沿海海平面变化总体呈波动上升趋势。1980～2011 年，中国沿海海平面平均上升速率为 2.7mm/a，高于全球平均水平。自 20 世纪 90 年代以来，中国沿海海平面上升明显，近几年海平面处于历史高位。中国沿海海平面变化具有明显的区域特征。1980～2011 年，中国沿海海平面总体上升了约 85mm。其中，渤海西南部、黄海南部和海南东部沿海海平面上升较快，均超过 100mm。监测与分析结果还表明：21 世纪初的 10 年（2001～2010 年）内，中国沿海的海平面处于历史高位，较 20 世纪 90 年代升高约 25mm。未来中国沿海海平面将继续上升，预计 2050 年海平面将比常年（此处将 1975～1993 年的平均海平面定为常年平均海面，以下简称常年）升高 145～200mm。

2011 年，中国沿海海平面比常年偏高 69mm；与 2010 年相比，总体偏高 2mm，海平面的变化呈现南北升、中间降的区域特征，渤海和南海沿海海平面上升 15mm，黄海和东海下降 10mm。预计 2012～2040 年中国海平面将上升 80～130mm。其中东海上升最多，可达到 86～138mm。如果海平面上升 0.5m，滩涂将损失 24%～34%；如果上升 1m，则滩涂损失达 44%～56%，使低潮滩转化为潮下带。

3. 海岸侵蚀及其影响

海岸侵蚀是海洋环境灾害的另一个重要形式，也是对我国沿海滩涂具有明显破坏作用的重要灾害。近年来，由于开发等因素，岸线损失逐年增加，2007 年我国海岸线的侵蚀长度为 3708km，其中山东省最为严重，为 1211km。全国有 6 个比较严重区域，它们是盖州至鲅鱼圈岸段、辽宁葫芦岛市绥中岸段、山东龙口至烟台岸段、江苏连云港至射阳河口岸段、上海崇明东滩岸段及海南海口镇海。2011 年，在自然岸段，海平面上升造成岸滩蚀退和低地淹没，破坏盐场和水产养殖等设施，影响了滩涂资源利用。江苏滨海县海岸受侵蚀严重，近百年来，岸线最大后退距离达 17km，400 多平方公里土地被淹没。随着沿岸土地的淹没，原来相对稳定的生物资源结构与数量也随之发生了改变。

4. 外来物种入侵

外来物种入侵可导致生物多样性降低。但并不是所有引进的外来物种都可能变成入侵物种。比如中国已引进滩涂和海洋的外来动物有 89 种，外来植物 93 种，这些外来物种中的海带、海湾扇贝、眼斑拟石首鱼都已成为主要养殖品种。植物中的木麻黄成了沿海防风林的主要品种，芝麻、马铃薯、棉花等也成为围垦后滩涂的适宜种植品种。在现有的滩涂引进物种中互花米草、沙筛贝等却成了对滩涂危害较大的外来入侵种。比如，互花米草除了在促淤造地方面有很大的作用外，在生物学方面，它的危害是非常大的，它在闽东就占据了约 8000hm^2 的滩涂，在苏东黄海湿地，该入侵物种也是滩涂发生最普遍、危害最严重的入侵植物物种，其导致滩涂生态环境的破坏，如毁坏红树林，在很多传统养殖地区，赶走了滩涂其他甲壳动物和软体动物。莱州湾滩涂历史上本来没有泥螺，2001 年引种泥螺后，其分布面积迅速扩大，栖息密度和生物量迅速增加，直接导致本土托氏蜎螺和四角蛤蜊的优势地位被泥螺取代，种群密度明显下降。20 世纪 90 年代初，沙筛贝作为鱼虾饵料被引入厦门马銮湾，其后大量繁殖，并对马銮湾的水产养殖造成严重的影响。截至 2011 年，浙江乐清湾和闽东沿岸互花米草入侵依然严重；广西山口红树林区互花米草面积达 4.9km^2，近十年来面积扩大约 2 倍，林区内无瓣海桑出现成片成林的趋势，威胁土著红树植物的生存；黄河口和莱州湾泥螺分布范围持续扩大，向北已扩展至滨州沿岸潮间带海域，局部区域最高密度达 160 个/m^2。

2.2.2.3 滩涂生物资源可持续利用的对策

1. 深化盐土农业研究

应充分利用好我国滩涂湿地的独特资源，深化盐土农业研究，跳出滩涂围垦、改良再利用的发展模式。首先，进行良种培育和升级换代，这是滩涂生物资源可持续利用的前提；然后，加强滩涂资源病害防治，这是盐土农业可持续发展的保障。目前，盐土农业的水平还远远落后于陆地农业。因此，可以借鉴和利用陆地农业已经取得的理论成果、技术方案和品种等现有成果，以缩小差距，提高盐土农业科技水平和效率。

2. 加强滩涂生物产品的开发

加强滩涂生物代谢产物研究，开展健康化、功能化、定向化、高质化和个性化的产品研究，达到绿色循环、可持续的目的。强化药物跟踪研究，提高精深加工技术，发展生物炼制体系，建立符合国际规范的生物代谢产物的筛选和应用技术体系。通过以上工作，改善滩涂产品主要围绕食品和农业范畴的现状，使其更多地向生物制药和工业用途转化，以扩大滩涂生物产业的发展空间，提高其社会经济效益。

3. 滩涂生态系统与滩涂资源综合开发

应深入了解滩涂生态系统的结构和功能，分析盐土农业种类在其中的地位和作用，构建科学合理、可持续发展的滩涂种养殖体系，揭示其生物产出量的物理、化学、地球生物化学和生物因子的网络关系。在有条件收集的地方，尽最大可能将滩涂入侵植物和其他生物质资源转化为大宗工业原材料，变害为利。

4. 加强滩涂生物基因资源的研究

尽管世界各地均系统开展了滩涂生物资源的甄别、管理、保存的研究，但是不同生态环境所形成的生物群落，尤其是微生物资源的情况不一样。随着开发程度的加深和污染加剧，生物资源内涵会发生显著改变，甚至很多物种会消失。采集、分析和保藏滩涂微生物功能基因，瞄准其次生代谢、酶制剂及其他活性物质的高效开发，有可能形成新的生物信息资源。

5. 发掘滩涂生物能源的开发潜力

滩涂种植和滩涂养殖耐盐植物与能源微藻的一大优势就是，这一方案能够避免占用大量良田，实现不与粮争地的产业理想，为解决能源危机做出重要贡献。

点评（点评人：陈集双）

滩涂开发与滩涂生物资源保护既互为矛盾又相得益彰，近海和滩涂环境的生物资源保护能够促进投资环境和生活质量的提高。尽管国家出台了一系列政策，建立了保护区，但我国前数十年中对沿海的大开发过程忽略了滩涂生物资源的保护价值，人工促淤等人为措施的影响一时难以消除。以苏东地区为例，一方面，盲目引进大化工等高污染产业，造成滩涂生态不可逆破坏；另一方面，粗放式滩涂养殖造成环境中化学品和生物污染严重。解决这些问题都需要因势利导，逐步控制和恢复，以重建滩涂生物的乐园。国家海洋局在江苏建立了海涂研究中心，盐城大丰还成为“国家可持续发展先进示范区”和“国家科技兴海产业示范基地”，这些平台都是当时科技工作者和政府共同努力的见证。期待这些机构能够真正发挥长远作用。

2.2.3 芽孢杆菌资源的开发与应用[①]

芽孢杆菌属（*Bacillus*）是一类产芽孢的革兰氏阳性细菌，好氧或兼性厌氧生活，可产生具有抗逆性球形或椭圆形芽孢。芽孢对高温、紫外线、干燥、电离辐射和很多有毒的化学物质都有很强的抗性，故能在极端条件下生存。因此，芽孢杆菌是一类与人类社会关系密切的资源微生物。芽孢杆菌可用于分解原油，防治植物病害，降解土壤中难溶的含磷、含钾化合物等。芽孢杆菌包含许多特殊功能菌系，在工业、农业、医学等领域有重要研究价值，同时也有十分广泛的应用价值。

2.2.3.1 芽孢杆菌资源收集与分类鉴定

芽孢杆菌有悠久的研究历史，早在 1835 年，Ehrenberg 就发现并命名了枯草芽孢杆菌（*Vibrio subtilis*）。1872 年，德国植物学家科恩（Cohn）建立了第一个细菌分类系统，他根据细菌的形态特征命名了芽孢杆菌属，并将枯草芽孢杆菌重命名为 *Bacillus subtilis*。随着分类研究方法的发展，越来越多的芽孢杆菌新种被发现，尤其是 20 世纪 70 年代的分子分类法和 80 年代的化学分类法的应用，使得种的鉴定数量日益增多。《国际系统与进化微生物学杂志》（IJSEM）是微生物分类学领域的奠基石，是国际微生物分类学界公认的一份权威性杂志，目前世界上研究发现的微生物种类均以在此刊物上发表的种名和被此刊物收录的种名为有效名称。

芽孢杆菌种类繁多，2010 年德国微生物菌种保藏中心（DSMZ）种名目录收集的芽孢杆菌种名有 258 个。在出版的《芽孢杆菌文献研究》中列出了 244 种芽孢杆菌。《伯杰氏系统细菌学手册（第二版）》中列述了芽孢杆菌属及 21 个相关属的 212 种芽孢杆菌。福建省农业科学院刘波实验室从德国微生物菌种保藏中心（DSMZ）引进了芽孢杆菌模式菌株 160 余种，完成 30 种芽孢杆菌模式菌株脂肪酸物质的提取，通过了 GC/MS 检测，建立了芽孢杆菌的脂肪酸鉴定方法，其准确度可以达到 98%以上。同时，从全世界各地采集了 5400 多份土壤样品，分离、鉴定和保藏了芽孢杆菌菌株 8000 多株，研究了芽孢杆菌生物学特性，包括分子学特性、生态学特性及脂肪酸特性等；分离鉴定了 1 个芽孢杆菌新种——兵马俑芽孢杆菌新种（*B. bingmayongensis* sp. nov.）；已完成 1 株芽孢杆菌（短短芽孢杆菌 FJAT-0809-GLX，*Brevibacillus brevis*）的全基因组测序，并对其功能进行了分析。

2.2.3.2 芽孢杆菌的研究与应用

1. 芽孢杆菌在生物农药中的应用

1）作物害虫的微生物防治

以具有相当研究基础并广泛应用的 Bt 杀虫蛋白和阿维菌素（AVM）为成分，研究生

① 该部分作者为刘波。

物杀虫毒素的生物偶合技术，开辟生物农药增效新途径。将 Bt 的杀虫毒素进行酶切改造，形成带末端氨基的原毒素，再将阿维菌素上的羟基进行激活、衍生化，形成带羧基的杀虫毒素衍生物，最后利用氨基-羧基偶联剂，如 1-乙基-3-（3-二甲基氨基丙基）碳二亚胺（EDC），进行接合（conjugation），实现两种生物毒素的结构改造和生化结合。两种杀虫毒素分子经生物偶合后由化学键连在一起，成为一个分子上的两个官能团，各官能团应保留各自的杀虫功能。通过改变 Bt 伴孢晶体的裂解程度、偶联剂种类及阿维菌素分子上的衍生化位点，可形成不同的生物偶合产物。对不同生物偶合产物进行杀虫活性测定，并观察偶合产物分别与 Bt 杀虫蛋白受体和阿维菌素受体的体外结合反应，从而研究 Bt 与阿维菌素的生物偶合技术，探索生物偶合增效机理。

2）芽孢杆菌物质库的建立

代谢组学是对限定条件下特定生物样品中所有代谢组分进行定性和定量分析的一门学科，是生物表型研究的主要手段之一，是系统生物学研究不可或缺的部分。代谢组学主要的研究平台包括气相色谱-质谱联用（GC-MS）、液相色谱-质谱联用（LC-MS）、毛细管电泳-质谱联用（CE-MS）和核磁共振（NMR）等。代谢组学在生物、农业、医学、环境等领域得到了或将会得到广泛的应用，有着非常重要的意义。

对于芽孢杆菌的代谢物研究有过许多报道，如芽孢杆菌挥发性物质的研究，包括枯草芽孢杆菌 E20、BL02、G8 和短短芽孢杆菌 FJAT-0809-GLX 挥发性物质的研究等；对芽孢杆菌发酵液成分的研究，包括多黏类芽孢杆菌 HY96-2、多黏类芽孢杆菌 BS04、枯草芽孢杆菌 B36、枯草芽孢杆菌 BY-2 和短短芽孢杆菌 FJAT-0809-GLX 等；芽孢杆菌脂肪酸成分的研究，包括需氧芽孢杆菌芽孢脂肪酸分析。

福建省农业科学院刘波实验室已完成 48 个芽孢杆菌菌株发酵液的气质、液质检测，共分离出脂溶性成分 4146 种，水溶性成分 2169 种。以 LC-MS 测定为评价标准，考察了 5 种代谢终止方式对胞内代谢物的保留程度，结果表明，冷甲醇/水（含 4-羟乙基哌嗪乙磺酸，HEPES）代谢终止方式能够保留的代谢物最多，效率最高且重现性好，在 LC-MS 正离子模式下，能够提取出 3000 多种胞内代谢物。

采用基于气相色谱-质谱联用（GC-MS）的代谢组学方法研究了芽孢杆菌 3 个属胞外代谢物，得到代谢物共 229 种，并对结果做了主成分分析（PCA）和分层聚类分析。结果表明，不同属的芽孢杆菌代谢物种类和含量有所不同，而同属的菌株代谢物相似，同属的菌株能聚成一类。其中类芽孢杆菌属和芽孢杆菌属又聚为一个亚类，而短芽孢杆菌属聚为另一个亚类，初步鉴定得到 3 个差异性代谢物。建立了基于 LC/Q-TOF MS 的代谢组学方法，对不同种的芽孢杆菌进行分析，获得了具有显著差异性的潜在代谢标记物，并采用分层聚类和 PCA 数据处理方法对各芽孢杆菌进行分类，建立 PLS-DA 预测模型。结果表明，不同的芽孢杆菌种间具有显著差异，该方法可从代谢水平上对芽孢杆菌种属进行分类，为芽孢杆菌的分类提供了一种新的技术手段。

3）作物病害微生物防治

随着我国茄果、豆类、瓜类、薯类等旱作面积不断增加，设施农业面积不断扩大，严重土传病害（青枯病、枯萎病、线虫病）连年发生。同时，由于这三种主要土传病害共存于作物根际土壤，复合侵染、交替发生，严重时田块减产可达 50%～90%，甚至绝产。严重土传病害的病原菌腐生性较强，存在许多不同的生理小种，迄今未见高抗病品种，目前也未见一种化学农药可以有效地控制主要土传病害的发生，且化学农药易造成环境污染。

近年来，严重土传病害的生物防治越来越引起国内外的重视，但大多数生物防治菌仍处于研究阶段，存在定植能力差、防治效果不稳定和机理不够清晰等多方面问题，不能适应生产需要，也未见商品化产品。因此，急需无毒、无残留的生物农药为作物生产区的绿色生产保驾护航，冲破“绿色壁垒”，在竞争激烈的国际市场占有一席之地。

福建省农业科学院从主要土传病害包括青枯病、枯萎病和线虫病等的发生规律入手，筛选生防菌，明确生防机理，优化生产工艺，联合生产企业，研制出生防制剂，防治主要土传病害，取得了良好的社会、生态、经济效益。建立了野外观测站和数据自动采集系统，进行了主要土传病害（枯萎病）流行规律的预测。首次分析了西瓜枯萎病原菌的田间空间分布格局，建立了病害调查取样序贯模型。建立了枯萎病和青枯病典型病原菌的生长动力学模型，结合自动采集生态参数，总结出土传病害发生规律；采用绿色荧光蛋白（GFP）基因标记了枯萎病和青枯病典型病原菌，系统地研究了枯萎病和青枯病病原菌在土壤、根际及植株体内的定植规律。利用脂肪酸生物标记建立了茄科青枯病原菌致病性分化判别模型，形成了枯萎病病原菌致病性早期诊断体系。筛选获得了具有自主知识产权的生防菌6株，建立了抑菌防病效果生物测定体系，实现远程监控和自动记录。发现了生防菌蜡状芽孢杆菌 ANTI-8098A 对青枯雷尔氏菌的致弱现象，建立了完整的致弱作用检测体系。分离、纯化并鉴定了短短芽孢杆菌 JK-2 活性物质羟苯乙酯（CAS120-47-8）。克隆了淡紫拟青霉 NH-PL-2003 几丁质酶基因（*PLChi1*），揭示了淡紫拟青霉对枯萎病的抑菌机理，解析了抑菌活性物质——胞外多糖的结构。优化了生防菌发酵条件，自行设计了生物反应器计算机控制软件和硬件、网络监控软件等，实现生防菌深层发酵网络远程自动监控。突破了生防真菌深层发酵的关键技术与工艺难点，研发了200亿孢子/g 淡紫拟青霉母药，建立了生产技术操作规程和质量标准。利用综合防控技术进行主要土传病害的生物防治，使生防制剂能在田间有效定植，对主要土传病害防治效率达75%～90%，与普通化学农药比较，所研发的生防制剂价格低、效果好、不造成药害、不污染环境，作物的农药残留不超标，有良好的经济、生态、社会效益。

2. 芽孢杆菌在生物降污中的应用

我国是农业大国，农业的发展特别是养殖业的迅猛发展使广大农民收入提高的同时，也对环境造成了很大的污染。为促进养猪业健康发展，从源头有效地控制养猪造成的环境污染，实现资源循环利用，研究者提出了“无害化养猪微生物发酵床工程化技术”。微生物发酵床养猪是一种新型环保型养猪技术，根据微生态理论，利用微生物发酵控制技术，将发酵微生物与木屑、谷壳或秸秆等按一定比例混合，高温发酵后作为有机物垫料，制成发酵床。将猪饲养在发酵床上，其排出的粪尿在垫料中经过微生物及时分解、消纳，最后无粪尿污水向外排放，形成无污染、无排放、无臭气的清洁生产，从源头上控制养猪造成的环境污染，达到环保养猪的目的。

从实验室已有菌种库中筛选到系列粪污降解菌株，分别是枯草芽孢杆菌（*B. subtilis* LPF-I-A）、凝结芽孢杆菌（*B. coagulans* LPF-I-B）、乳酸芽孢杆菌（*B. laevolacticus* LPF-I-C）和浸麻类芽孢杆菌（*Paenibacillus macerans* LPF-I-D），能够快速降解养猪排泄粪污。筛选获得饲用益生菌短短芽孢杆菌（*Brevibacillus brevis* LPF-2），对猪大肠杆菌具有显著抑制作用，且能降低料肉比，促进生猪健康生长。

生物降污体系包含 6 项关键技术：①高效粪污降解微生物-LPF-1 系列发酵制剂技术的研究与应用。包括粪污降解环境微生物的筛选、培养技术，降解微生物菌剂的生产技术，菌剂的使用技术，生物垫料的制作及管理技术等；实现粪尿原位分解，减少污染。②益生菌微生物 LPF-2 制剂技术的研究与应用。包括饲用益生菌的筛选、培养技术，益生菌剂的生产技术，益生菌剂的安全性评价技术等；提高猪只健康，减少用药。③微生物发酵猪舍的结构设计与应用，改善猪只生长环境，促进猪的健康，提高效益。④发酵床垫料发酵远程监控技术研究与应用，实现技术实时指导，便于规模化管理。⑤微生物发酵舍基质垫层原料替代及其配方研究与应用，因地取材，降低技术使用成本。⑥废弃物资源化利用技术。包括养殖垫料使用标准评价指标、生物有机肥生产技术、功能有机肥发酵技术、食用菌筛选栽培技术等，促进资源循环利用，实现可持续发展。

这种模式是一种慎重开发利用资源、废弃物资源化、清洁生产、遵循自然生态系统物质良性循环规律的经济发展模式，是一个“资源—产品—再生资源”的闭环反馈式循环过程，项目的实施能够有效解决畜禽养殖造成的环境污染，实现养殖粪污的资源化，具有良好的经济、社会和生态效益。

3. 芽孢杆菌在生物保鲜中的应用

据报道，每年世界各地热带特色水果的产量为 14 亿 t，品种有 3000 多个。热带水果的消费形式主要包括整粒、鲜切、榨汁、冷冻、果肉和果茶等。随着生活水平的不断提高，人们对水果的食用也提出了越来越高的要求，更加重视水果的新鲜度和营养价值，因此对水果保鲜技术的要求也就越来越高。延长水果的贮藏时间和保持其食用品质，成为当前水果生产单位、经销单位及消费者亟待解决和普遍关心的问题。据介绍，目前我国每年由于保鲜处理不当导致的果品腐烂损耗率在 20%～25%。较先进的水果保鲜技术主要包括物理保鲜、化学保鲜和生物保鲜等。保鲜功能微生物的发酵具有生产周期短、价格低廉和操作简单等特点，并且不受季节和地域条件的限制，因此采用微生物研制生物保鲜剂具有广阔的发展前景。

研究实验室从已有菌种库中筛选发现短短芽孢杆菌 FJAT-0809-GLX 对龙眼腐生细菌和真菌的抑菌效果最好，并研究了其生物学特性，获得了该菌株培养的最适条件；又对其进行了全基因组测序初步分析。建立了短短芽孢杆菌 FJAT-0809-GLX 活性物质大孔树脂提取方法，并进一步对大孔树脂提取方法各因素进行了优化。该活性物质对青枯雷尔氏菌、尖孢镰刀菌、串珠镰刀菌和茄形镰孢菌等 6 种植物病原真菌都具有较强的抑制作用，对大肠杆菌 K88 和沙门氏菌 ATCC14028 这两种动物病原菌也具有一定的抑制作用。通过 GC-MS 测定，结合抑菌圈试验分析，确认羟苯乙酯是其主要的抑菌功能成分。对其作用机理的研究表明，短短芽孢杆菌 FJAT-0809-GLX 活性物质对龙眼果皮 POD 酶活性具有一定的抑制作用，对二苯代苦味酰基自由基（DPPH·）和羟基自由基（·OH）也具有一定的清除作用。

为更好地进行保鲜功能微生物短短芽孢杆菌 FJAT-0809-GLX 的推广应用，优化了其生产条件，制备了微生物保鲜菌剂。该保鲜菌剂在常温条件下对龙眼和枇杷果实具有较好的保鲜作用，保鲜率在 80%～90%之间。此外，该保鲜菌剂还可以降低龙眼和枇杷果实的失重率，防止腐生菌侵染，维持可溶性固形物含量，保持果实风味。在高温高湿条件下，该保鲜菌剂对不同鲜切水果（西瓜、皇冠梨、苹果、草莓和台湾大青枣）也具有较好的保鲜效果，可防止腐生菌的滋生，保持果实色泽和口味。

点评（点评人：陈集双）

芽孢杆菌分布广，类型丰富，是与人类关系密切的微生物资源，在人体健康、食品加工、饲料、环境治理和农业领域都有成功应用。例如，产脲菌霉（*B. cereus*）能够高效转化生物矿化材料——生物水泥，是未来利用生物基矿物质的理论基础。芽孢杆菌菌株对环境的高抵抗力，是人们认识该类微生物的重要依据，部分菌株能够耐 280℃高温。因此，开发利用芽孢杆菌属资源具有先天优势。

福建省农业科学院刘波研究员组织的科研团队，曾经具备国内最丰富的芽孢杆菌资源，建立了较为完整的研究体系。若能实现资源开放，共享合作，将有利于我国在这一领域的研究和系统开发。同时，芽孢杆菌菌株因为其高抗逆性，更适合做诱变和外源基因共表达体系。2000 年左右，胡秀芳等就通过等离子诱变和质粒介导培育出了具有解磷、解钾和固氮三重功能的“超级生物工程菌”。这些研究和成功应用都说明芽孢杆菌属微生物资源还有巨大开发潜力。

2.2.4　药用石斛资源利用现状及开发策略①

石斛是兰科（Orchidaceae）植物石斛属（*Dendrobium*）的珍稀濒危植物，主要分布于广西、广东、贵州、云南、福建、浙江、江西、湖南、安徽等地的山区。成书于东汉时期的《神农本草经》就将石斛列为上品，其应用历史悠久。石斛具有除痹、下气、补五脏虚劳羸弱、强阴、久服厚肠胃及轻身等功效，被推崇为“中华九大仙草”之一。作为名贵中药材，药用石斛不仅具有较高药用价值、经济价值，还具有观赏价值。目前，过度采挖导致其生存与繁殖受到严重威胁，石斛资源的保护与开发利用关系到石斛资源开发的长期稳定和持续发展。

2.2.4.1　药用石斛来源考证

石斛属植物在我国有 81 种，2 个变种，18 个特有种，其中大都作为观赏花卉，约有 20～30 种作药用和保健用。历代本草典籍的相关记载中，石斛有林兰、禁生、杜兰、石

① 该部分作者为杨健。

蓬、麦斛、雀髀斛、木斛、金钗石斛、千年润、悬竹、千年行、霍山石斛等诸多名称。其中与优质石斛相关的主要有“霍山石斛”、“金钗石斛”与“铁皮石斛”三个概念。

“霍山石斛”记载首见于清代赵学敏所著《本草纲目拾遗》，其记载“出江南霍山，形较钗斛细小，色黄，而形曲不直，有成球者……霍石斛嚼之微有浆，黏齿，味甘微咸，形缩者真”，又引《百草镜》记载“石斛近时有一种形短只寸许，细如灯心，色青黄，咀之味甘，微有滑涎，系出六安州及州府霍山县，名霍山石斛，最佳”，“霍山属六安州，其地所产石斛，名米心石斛，以其形如累米，多节，类竹鞭，干之成团，他产者不能米心，亦不成团也。”以上记载中的细小、味甘、形如累米等特征与今霍山石斛（*Dendrobium huoshanense*）的鉴别特点是一致的。根据“出江南霍山”“系出六安州及州府霍山县”“霍山属六安州”等记载，清代“霍山”地区有“雍正二年（1724 年）设六安州为直隶州，领霍山县”的记载，也就是霍山石斛产地范围为今安徽霍山地区。

“金钗石斛”的概念存在两层含义，较易混淆。其一为植物学意义上的金钗石斛（*D. nobile*)，其二为传统中药理论中的“金钗石斛”。“金钗石斛”一词最早见于北宋《本草衍义》，此处“金钗石斛”指的是伪品石斛——木斛。而明代《本草蒙筌》中，“金钗石斛”开始成为优质石斛的代名词，自此“金钗”多作为优质石斛的代称出现。川东北、渝东、鄂西、鄂北等地流通的“金钗石斛”原植物应为曲茎石斛（*D. flexicaule*)，主产于恩施等地，金钗石斛（*D. nobile*）则被称为川石斛。而明代《雁山志》记载“金钗石斛，性寒，生麥（麦）地中，戚（岁）取入贡”，雁山即今浙江温州乐清雁荡山，当地一直为铁皮石斛的生产加工地区，现今乐清地区也有很大规模的铁皮石斛种植，因此推测明代时“金钗石斛”在长江中下游地区所指应是铁皮石斛，即本草记载中“金钗石斛”所指多为曲茎石斛、铁皮石斛等一类优质石斛，应与金钗石斛（*D. nobile*）加以区别。

民国张山雷编著的《本草正义》中首次出现“铁皮石斛”的概念，记载“必以皮色深绿，质地坚实，生嚼之脂膏黏舌，味厚微甘者为上品，名铁皮鲜斛，价亦较贵。其贱者皮作淡黄色，嚼之无脂，味亦淡薄，已不适用。”这里皮色深绿、质地坚实、黏舌等特点与铁皮石斛（*D. officinale*）是一致的。

2.2.4.2　优质药用石斛产地考证

历代本草中石斛优质产区的记载大约经历了三个阶段，最初《神农本草经》记载石斛来源于今安徽霍山地区。南北朝时期到宋代的本草记载中，石斛产区集中在长江中下游及华南地区，包括广东、广西、安徽、江苏、湖南、浙江等区域；南北朝至唐朝《本草经集注》《新修本草》记载“石斛生六安，今用石斛，出始兴”；宋代《图经本草》记载“今荆州、光州、寿州、庐州、江州、温州、台州亦有之，以广南者为佳”，此处“广南”指今广东大部分、广西全境及邻近云南地区；明末以来，本草多记载以浙江产石斛为佳，《本草乘雅半偈》（明）记载“石斛出六安山谷，及荆襄、汉中、江左、庐州、台州、温州诸处，近以温、台者为贵”，《本草从新》（清）记载“温州最上、广西略次、广东最下”，《本草述钩元》（清）记载“出六安，及荆襄汉中、江左庐州、浙中台，近以温台者为贵”。

2.2.4.3　药用石斛现代研究

化学成分是中药功效的物质基础。目前，国内外学者从 40 多种石斛属植物中分离鉴定出约 100 种化合物，包括生物碱、联苄、菲类、倍半萜类、香豆素、芴酮等；除此之外，石斛属植物的化学成分还包括多糖类、甾醇类、氨基酸类和微量元素等。

生物碱是石斛中最早被提取并进行化学结构鉴定的物质，也是石斛中最重要的活性成分之一。1964 年，石斛碱被证实为倍半萜类生物碱，其结构也被确定；此后，又从石斛属植物中分离得到不同结构类型的生物碱类成分，如从束花石斛中分离出两种吡咯烷类生物碱（石斛宁、石斛宁定）；从石斛植株中分离出了三种石斛碱型倍半萜类生物碱，分别为 *N*-含氧石斛碱、*N*-去甲基石斛碱和开环甲酯石斛碱。对采自云南、浙江、贵州的铁皮石斛与金钗石斛进行石斛碱含量测定，发现金钗石斛干茎中的石斛碱含量均高于 6mg/g，而铁皮石斛的石斛碱含量仅为金钗石斛的 12%～46%；不同产地铁皮石斛的石斛碱含量差异明显，说明石斛碱含量与产地环境因素、物种自身基因型相关，且基因型影响高于环境因素。

联苄类、菲类和芴酮等酚类化合物是石斛中存在种类最多的化合物，如毛兰素和石斛酚等。石斛中萜类成分则主要包括半萜、单萜、倍半萜、二萜、挥发油及其含氧衍生物等，其中对倍半萜类成分的研究最多。石斛中的黄酮类化合物主要包括芹菜素、花青素、黄芩素、柚皮素、异鼠李素等；黄酮对人体十分有益，具有抗氧化、抗肿瘤、抗炎、降血糖等生物活性。

多糖是石斛中另一种重要的活性成分，在抗炎和抗氧化方面有较好的疗效。一般情况下，石斛多糖质量分数在 8%～30%。石斛多糖含量受品种、产地、生长期、部位、栽培方式、采收年限等诸多因素影响。在人工栽培条件下，适宜的光照强度、湿度、温度等可以使人工栽培石斛的多糖含量与野生石斛相同甚至高于野生石斛。

石斛是我国传统滋补中药，为祛病保健之良品。药理学研究证明，石斛具有抗肿瘤、抗血管生成、增强免疫、抗氧化、缓解糖尿病、护眼、保护神经、护肝、抗炎、抗菌、抗血小板凝集、刺激水通道、维护结肠健康、缓解甲状腺功能亢进症状等功效。其中，石斛多糖的药理作用主要包括增强免疫力、抗氧化、生津止渴、厚肠胃、缓解疲劳等；酚类化合物则具有抑制肿瘤、降血糖、护肝、抗炎、抗血管生成等作用；萜类化合物可发挥抗血管生成、抗肿瘤和抗诱变的功效。同时，石斛结合其他治疗手段应用于临床疾病治疗具有疗效显著、副作用小等优点。因此，石斛作为保健食品和药品的应用价值研究日益受到重视，相关的研究报道也呈现快速增长的趋势。

2.2.4.4　药用石斛栽培产业现状

石斛在每年的 4～5 月份开花，种子细如粉尘且缺少胚乳，没有营养物质供发芽之用，生长发育完全依赖共生真菌提供营养；种子成熟后保持发芽力的时间又很短，所以在自然状态下自我繁殖能力较低。石斛曾广泛分布于我国的亚热带地区，但其特殊的生长环境和自身繁殖特点以及近几十年来的人为过度采挖，已使野生铁皮石斛资源急剧减少，面临资源匮乏的局面。

近年来，随着人工栽培石斛技术的突破和应用，石斛栽培产业迅速发展，在浙江、云南、贵州、广东、广西和安徽等产区均已形成较大规模的石斛栽培产业。其主要栽培品种为铁皮石斛（*D. officinale*）、金钗石斛（*D. nobile*）、流苏石斛（*D. fimbriatum*）、美花石斛（*D. loddigesii*）、束花石斛（*D. chrysanthum*）、鼓槌石斛（*D. chrysotoxum*）和霍山石斛（*D. huoshannense*）等，其中铁皮石斛生产占大多数。云南省的石斛栽培种植面积和产量均居各省首位，以铁皮石斛、金钗石斛和鼓槌石斛为主，栽培基地主要分布于云南南部地区；浙江省次之，主产铁皮石斛；贵州省主产美花石斛和金钗石斛；广西地区的主要栽培品种是铁皮石斛、流苏石斛和束花石斛；广东省以铁皮石斛、流苏石斛和金钗石斛为主；安徽省是霍山石斛的主要产地，产量较低，也有铁皮石斛、细茎石斛生产；四川省则有金钗石斛、叠鞘石斛生产。截至 2018 年 12 月，全国各地共有石斛类国家地理标志保护产品和农产品地理标志产品 18 个（表 2-5），其中龙陵紫皮石斛为“双标”保护产品。

表 2-5　石斛地理标志保护产品

产品名称	登记时间	产地	产品保护
赤水金钗石斛	2006	贵州省赤水市	PG
霍山石斛	2007	安徽省霍山县	PG
天目山铁皮石斛	2011	浙江省临安区	PG
武义铁皮石斛	2011	浙江省金华市	PPG
夹江叠鞘石斛	2013	四川省夹江县	PG
白石山铁皮石斛	2013	广西壮族自治区贵港市	PPG
龙陵紫皮石斛	2013	云南省保山市	PG，PPG
冠豸山铁皮石斛	2013	福建省龙岩市	PPG
雅长铁皮石斛	2014	广西壮族自治区乐业县	PG
都峤山铁皮石斛	2014	广西壮族自治区玉林市	PPG
合江金钗石斛	2015	四川省泸州市合江县	PG
芒市石斛	2015	云南省芒市	PG
始兴石斛	2015	广东省始兴县	PG
广南铁皮石斛	2015	云南省文山壮族苗族自治州广南县	PG
赤水金钗石斛	2015	贵州省遵义市	PPG
德兴铁皮石斛	2016	江西省上饶市	PPG
雁荡山铁皮石斛	2017	浙江省乐清市	PPG
兴义黄草坝石斛	2017	贵州省黔西南布依族苗族自治州	PPG

注：PG，中华人民共和国地理标志保护产品；PPG，农产品地理标志保护产品。

目前，全国石斛种植面积约 8 万余亩，其中铁皮石斛占绝大多数，以浙江和云南两地规模占据绝对优势，其中浙江省 2015 年全省种植基地面积达到约 2.4 万亩，云南省 2015 年全省铁皮石斛种植面积在 5 万亩左右。栽培方式则以大棚设施种植为主，此外还有林下原生态种植和岩壁仿野生种植等多种方式。随着栽培规模的不断扩大，也有多种石斛新良种得到认证，特别以广东和浙江两地在新品种培育方面占据优势（表 2-6）。

表 2-6　各地主要认定石斛品种

品种名称	批号	主要指标
中科 1 号铁皮石斛	粤审药 2011001	多糖含量约 30%
仙斛 2 号	浙审药 2011001	多糖含量 58%
双晖 1 号铁皮石斛	粤审药 2013001	多糖含量 32.69%，甘露糖含量 19.2%
中科从都铁皮石斛	粤审药 2013002	多糖含量 32.1%，甘露糖含量 23.7%
中科从都 2 号	粤审药 2015001	多糖含量 42.4%，甘露糖含量 29.4%，醇溶性浸出物 13.0%
雁吹雪 3 号铁皮石斛	粤审药 2015002	多糖含量 57.5%，甘露糖含量 32.6%
圣晖 1 号霍山石斛	粤审药 20160001	多糖含量 44.0%，醇溶性浸出物 13.9%
中科 3 号铁皮石斛	粤审药 20160002	多糖含量 39.4%，甘露糖含量 18.6%，醇溶性浸出物 6.6%
中科 4 号铁皮石斛	粤审药 20160003	多糖含量 39.0%，甘露糖含量 20.1%，醇溶性浸出物 6.6%
仙斛 1 号	浙认药 2008003	多糖含量 47.1%
森山 1 号	浙认药 2008007	多糖含量 24.45%
福斛 1 号	闽认药 2016001	多糖含量 51.8%，甘露糖 29.3%，总灰分 3.1%

2.2.4.5　药用石斛资源开发现状

目前，石斛已形成百亿左右的市场规模，其市场化的产品主要有三类：①鲜品，即鲜石斛茎（主要为铁皮石斛）直接食用或榨汁制成健康饮品，在餐饮环节比较普遍。②初加工产品，即将石斛剪去部分须根后，加工成石斛枫斗销售，然而目前存在加工标准不一、产品质量参差不齐的现象。③精深加工，药品与保健食品，即将初加工品作为原料通过精深加工成经批准的产品。截至 2018 年 12 月，全国共获批石斛相关药品 68 种，包括复方石斛片、石斛夜光丸、复方清咽宁和脉络宁注射液等；石斛相关保健食品已有 118 种，包括铁皮石斛胶囊、石斛西洋参片、铁皮石斛茶等。除药品外，保健食品相对鲜品和初加工品而言，产品质量和管理水平更高，服用方便，消费市场更大，是当前产业主要的发展方向。当前石斛相关保健食品产品剂型主要有颗粒/冲剂/晶、胶囊/软胶囊、片/含片/丸、茶/粉/膏、酒/饮料/口服液五大类（图 2-1），主要配伍使用药材有西洋参、黄芪、灵芝、葛根、杜仲、当归、枸杞、黄精、鹿茸等，功能集中在补益和清咽两个方面。

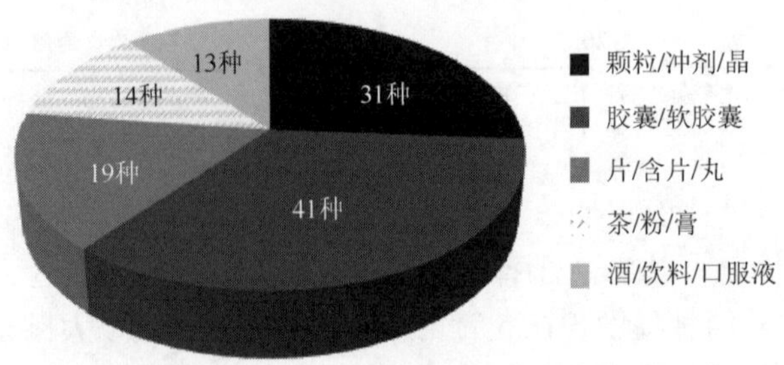

图 2-1　铁皮石斛保健食品剂型分布

浙江省作为全国率先发展石斛产业的省份，目前拥有种植基地 100 余个，产值约 60 亿元。国家林业和草原局首个铁皮石斛工程技术研究中心和全国唯一的国家铁皮石斛生物产业基地均落户浙江。国内石斛精深加工企业有 77 家，分布于全国 18 个省市，也以浙江省企业、产品种类最多；浙江、安徽、江苏和上海等长江中下游一带的石斛精深加工产业占到全国的 65%以上，而最大的石斛原料产区云南、四川等西南一带仅占到加工产业的 10%左右，表现出产业发展不平衡的现状。

近年来，随着人工栽培石斛产业发展，全国各地掀起铁皮石斛种植热潮，但由于一哄而上和无序竞争，产业发展持续陷入低谷。一是当前市场严重供大于求，种植业进入低谷期。由于市场热炒和盲目跟风，全国石斛种植规模疯狂扩张，鲜品石斛与初加工石斛产品的价格相比早间已大幅下跌。以铁皮石斛为例，2012 年其鲜条价格为 1000 元/kg，2013 年暴跌至 150 元/kg，其后仍基本保持在 200 元/kg 左右的低位。石斛从种苗培育到鲜条采摘的周期为 3～5 年，未来几年产量仍将居高不下。二是产业链上下游缺乏联动，精深加工和市场开发薄弱。全国 80%以上的铁皮石斛都是在浙江进行深加工，大部分产区主要销售鲜条和初加工品，产品附加值低，市场也处于品牌混杂、缺乏知名品牌的状态。三是行业缺乏统一标准，产品质量参差不齐。石斛从种苗组培、GAP（《中药材生产质量管理规范》）种植到精深加工缺乏具体的标准，导致消费者难以分辨产品的真假和品质，产品附加值难以提高。因此，延伸石斛产业链，推动三产融合，推动铁皮石斛由人工种植向精深加工、医疗养生和休闲旅游拓展；建立不同层级的产业标准，提高产品附加值是保证石斛产业进一步发展的关键。

2.2.4.6　药用石斛资源开发建议

石斛是我国珍稀濒危的兰科药材，其具有的特效是广泛应用的基础。由于森林砍伐、土地开发等导致的生态环境破坏，加上石斛对生长条件要求苛刻，自然繁殖率较低，以及长期无节制的掠夺性采挖，天然野生石斛已经濒临灭绝。而人工栽培石斛产业由于市场热炒和盲目跟风，疯狂扩种导致产业盲目发展；精深加工技术创新性缺乏，导致产业链短，产品附加值难以提高。因此，石斛资源的保护与创新型开发利用关系到广大药农的切身利益，是值得深入研究和探讨的课题。

药用石斛资源的开发利用，第一，要加强引导和科学规划，制定石斛资源保护和产业发展规划。加强引导，从产业发展的角度，结合传统的生产基础、资源区位和社会经济条件，按照因地制宜的原则，对石斛产业进行区域规划，实现产业集约化、专业化发展。第二，要加强对野生石斛资源的保护，建立石斛种质资源库，迁入在自然生境中生存和繁衍受到严重威胁的濒危石斛资源，保护野生石斛的生物多样性。在此基础上，加强石斛野生资源的引种及分子育种方面的研究，加强分子标记与优良农艺性状基因的连锁开发，为优质石斛品种的培育及石斛药材的快速鉴别提供理论基础及研究依据。石斛属植物功能基因的研究起步较晚，功能基因的相关报道也仅限于克隆和表达模式分析，基因功能验证方面的工作开展较少。因此，在利用新一代高通量测序技术结合生物信息学解析石斛属植物基因组和转录组信息，大规模发掘基因资源，全面揭示石斛属植物生长发育、代谢调控、菌根互作的分子机制的基础上，通过转基因或基因沉默等技术，对候选基因功能进行分析、验证，鉴定出一批在生产上能够提高植物活性成分含量、改善植物抗逆性或者调控植物生长周期等的关键调控基因将成为未来石斛属植物研究工作的重要发展方向，也将成为促进石斛属植物资源保护和可持续利用的新动力。第三，推广药用石斛的仿野生栽培。在石斛现存的野生分布区域进行人为保护，通过石斛自身繁育和人工辅助的方式进行野生种质资源保护；通过模拟石斛野生生态环境，进行石斛的仿野生栽培，这样不仅能解决过度采挖对野生资源带来的破坏，也可实现野生资源保护和提高药材质量的科学合理发展。第四，开展精深加工技术创新及标准制定，充分调动行业和社会资源进行技术创新，突破制约产业发展的关键技术；进一步完善石斛国内标准的制定，以突破国际标准。第五，拓展石斛资源的使用范围。由于石斛有较好的护肤作用，其也可以用于开发化妆品、护肤品等日用品，如面膜、洗面奶、沐浴露、防晒乳霜、保湿露、亮白眼部精华等产品。

点评 1（点评人：袁庆军）

兰科进化较为复杂，许多兰科植物的居群分布较为狭窄，在自然生境中生存和繁衍受到严重威胁。相应的，兰科植物资源也因此而具有较高的市场价格。目前，天然野生石斛已经濒临灭绝，有价无市；而人工栽培石斛由于盲目扩种，价格暴跌。从研究资料来看，浙江、广东和云南的野生石斛资源在遗传特性和化学成分方面均具有显著的差异，其功效也有区别；而作为现阶段人工栽培石斛面积最大的产区，云南栽培石斛的种苗基本都来源于浙江、广东，而不是自有的繁育种，其药材质量和临床应用如何保障？针对石斛资源的保护和利用，加强野生资源的保护和孵育以及人工栽培方式的转变，迫在眉睫。应建设石斛种质资源圃，开展药用石斛遗传育种研究，特别是良种选育研究工作。从现有变异类型中，筛选出优质高产品种，并建立优质品种的鉴别和质量评价指标体系，以确保药用石斛优质品种的稳定性和可靠性，解决目前国内药用石斛栽培基地存在的品种混乱、品质差异大及混种、混收等现象。石斛作为一种药食同源的植物资源，对其开发不能仅仅局限于一种用途，而应多方向、多用途地开发，从而充分实现其食药用的价值。

点评 2（点评人：陈集双）

本节对我国药用石斛资源利用和产业发展的实际情况进行了全面介绍，基本准确地反映了当前我国药用兰科植物资源利用的现状。

药用石斛是典型的"非典型药材"，20 世纪末期的种植（种苗生产）技术突破，带来产业的爆发式发展，人工栽培的普及也是对野生资源保护的有力支持。

但是，一窝蜂地发展呈现出不少问题，若不能有效解决，将会显著影响可持续发展。首先，表现在研究基础不牢，不同石斛种的化学成分及药理作用研究不深入，表现为有效部位多，适应症广，给资源利用和消费者带来困惑。其次，"人工栽培"已经向大田作物模式发展，避免不了化肥农药的使用，造成质量不稳定，全草入药（产品）具有一定的合理性，但质量标准控制仍是欠缺的环节，可能加快生产过剩造成的产业没落。同时，针对特定有效组分的开发可能是药用石斛资源发掘的新出路之一，利用石斛原球茎规模化制备石斛碱等特定组分也可能创新生物活性物质生产模式。兰菌共生是兰科植物的普遍现象，内生菌等微生物不仅保障了兰科植物健康生长，还可能对生物活性物质积累做出关键贡献。已经发现，药用兰科的一些内生真菌具备高水平产石斛多糖和石斛碱的能力，通过生物资源改造利用，结合内生真菌与植物（细胞）共培养，有可能在产业模式方面取得创新与突破。

2.2.5　植物内生菌的多样性及其功能①

微生物是联系其他生物和环境的纽带，作为分解者和初级生产者，微生物在有机物与无机物的相互转化过程中发挥着重要作用，调控地球碳、氮、磷、硫等生命活动重要物质的循环，影响地球的“生命”进程。微生物在数十亿年的进化过程中，形成了适应各种环境的分子机制。真核生物体内寄居着大量微生物，它们与宿主、环境之间相互制约、相互依赖，是宿主生长、发育、营养、免疫及抗性等功能的必需组成部分，对保证宿主健康有着重要意义。对植物而言，数亿年的共进化使微生物发展成为植物的“器官”而促进植物生长、发育、代谢及提高其对生物与非生物胁迫的适应能力，也导致宿主植物的适应性变异。这种“和谐共生”是生态发展的必然：一方面，植物为微生物提供了丰富的营养生态位，特定植物营造独特的小环境而衍生出特异的微生物群落；另一方面，内生菌通过产生特定代谢产物来促进植物生长、活性成分积累及快速适应多种胁迫。

植物微生态学主要研究植物体相关的微生物组成、功能、演替及彼此之间和与寄主之间的相互关系，包括微生态平衡、微生态失调及微生态调整的理论与实践。植物微生态系统包括植物内生菌和植物根际菌。多年来科学界对根际菌进行了相对系统的研究，而植物内生菌近 30 年才受重视。内生菌对植物生长发育、抗逆、抵御病虫害等的作用已成为植物学家和微生物学家的研究热点。

2.2.5.1　微生物共生的普遍性

作为地球上的先锋生物，微生物遍布地球的每一个角落，且广泛分布于真核生物体内。人类对微生物与高等生物相互关系的认识最早缘于悉生动物的研究。早在 1885 年，法国微生物学家 L. 巴斯德就提出动物的生存离不开肠道细菌，这一假说在生物学界引起了争论。此后，科学家开展了无菌动物研究（无菌豚鼠、鸡、猴、大鼠、家兔、小鼠、狗、猪、羊、牛和马等），为深入了解微生物与动物的互作奠定了基础。

人类对植物和微生物互作认识较早。如地衣是担子菌和子囊菌类真菌与单细胞蓝藻和绿藻形成的共生体。植物体是一个微生态系统，根、茎、叶均存在数量和种类丰富的微生物，这些微生物与植物相互作用，对植物的生长有重要贡献。植物内生菌（endophyte）一词最早在 1866 年被提出，指在生活史中某一段时期或全部时期生活于植物组织或器官中，但不引起宿主植物明显病害症状的微生物，包括内生真菌（endophytic fungus）、内生

① 该部分作者为胡秀芳。

细菌（endophytic bacteria）和内生放线菌（endophytic actinomycete）等。1993 年，Strobel 从红豆杉中分离到一株可产生紫杉醇的内生真菌，从此内生菌引起科学家的重视。

“内共生假说”是微生物共生的重要例证。20 世纪 70 年代，著名的“内共生假说”（endosymbiotic）指出真核生物的叶绿体是从光合自养的蓝细菌进化而来的，线粒体是从好氧性细菌 α-变形杆菌进化而来的。此后，这一假说得到了证明：第一，从大小看，细胞器的大小与细菌的大小接近；第二，从 DNA 水平上看，线粒体和叶绿体都含有自身的 DNA，这些 DNA 与细胞核 DNA 不同，却与细菌 DNA 有较高的同源性；第三，从核糖体类型看，细胞器的核糖体和细菌的核糖体接近，细菌和叶绿体的核糖体均是 70S，线粒体的核糖体是 55S；第四，从细胞膜看，叶绿体和线粒体都有两层膜，其中最里面一层与细胞中其他膜的组成成分都不同，更接近于原核生物的细胞膜。

除了动物、植物等高等真核生物普遍存在内生菌，真菌中也被证明存在丰富的内生菌。

2.2.5.2 内生菌的种群多样性

目前，植物内生菌的研究主要集中于农作物和经济作物，包括群落多样性分析、内生菌的分离与功能研究等。从马铃薯、玉米、小麦、水稻、油菜及柑橘等多种农作物或果树中，均发现了丰富的内生菌。目前，在各种农作物及果树中发现的内生菌已超过 129 种（隶属 54 个属），至少在 80 个属 290 多种禾本科植物中发现了内生菌。氮是植物生长的主要限制因子，固氮菌与植物共进化成为氮营养的库，对植株的生长及整个生态系统的氮循环起到关键作用。下面以固氮菌为例，阐述内生菌的种群多样性。

1. 固氮菌的种群多样性

自然界存在丰富的固氮菌。目前，已知的固氮菌有 50 多个属、200 多个种，均为原核生物，包括细菌、蓝细菌、放线菌和古生菌，主要隶属于变形菌门（Proteobacteria）、蓝菌门（Cyanobacteria）、放线菌门（Actinomycetota）、厚壁菌门（Firmicutes）、螺旋体门（Spirochaetes）、梭菌目（Clostridiales）及绿菌目（Chlorobiales）。

Proteobacteria 是最大的固氮菌类群，包括 α-、β-、γ-、δ-四个纲，每个纲都包含了多种典型固氮菌。多数 α-Proteobacteria 具有固氮能力，如 *Rhizobium*、*Azospirillum*、*Acetobacter diazotrophicus*、*Beijerinckia*、*Rhodospirillum*、*Rhodopseudomonas*、*Xanthobacter* 等；β-Proteobacteria 主要有 *Azoarcus* spp.、*Burkholderia*、*Alcaligenes*、*Derxia*、*Rhodocyclus purpureus*、*Thiobacillus*；γ-Proteobacteria 包括 *Azotobacter*、*Pseudomonas*、*Klebsiella*、*Erwinia* 等。

厚壁菌门（Firmicutes）是第二大类固氮菌，主要包括 *Bacillus*、*Paenibacillus*、*Clostridium* 及 *Desulfurization*。*Bacillu*s 包含的种群较大，其中具有固氮活性的种群包括模式种 *B. subtilis*、*B. megaterium*、*B. cereus*、*B. licheniformis*、*B. pumilus*、*B. firmus* 及 *B. macerans* 等。*Paenibacillus* 尽管发现较晚，但其种群数量增长迅速，至 2010 年已发现 110 多个种，其中大部分具有固氮活性，如 *P. sabinae*、*P. polymyxa*、*P. macerans*、*P. peoriae* 等。蓝细

菌是一种古老的原核生物（约出现于 23 亿年前），已知有 120 多种蓝细菌具有固氮能力，主要隶属于 *Anabaena*、*Nostoc*、*Synechococcus*、*Spirulina* 和 *Oscillatoria* 等，*Anabaena*、*Nostoc* 及 *Synechococcus* 分布较广，其中某些种属可与多种植物共生，如苏铁-蓝细菌共生体。

根据固氮菌与宿主的关系，固氮菌可分为共生固氮菌、自生固氮菌和联合固氮菌（图 2-2）。目前，研究较多的专性内生固氮菌主要有 *Azoarcus* spp.、*Acetobacter diazotrophicus*、*Burkholderia* spp.及 *Herbaspirillum* spp.等。兼性内生固氮菌可定植于土壤、根表和根内，主要包括 *Enterobacter agglomerans*、*Alcaligenes faecalis* 和 *Azospirillum* spp.等。

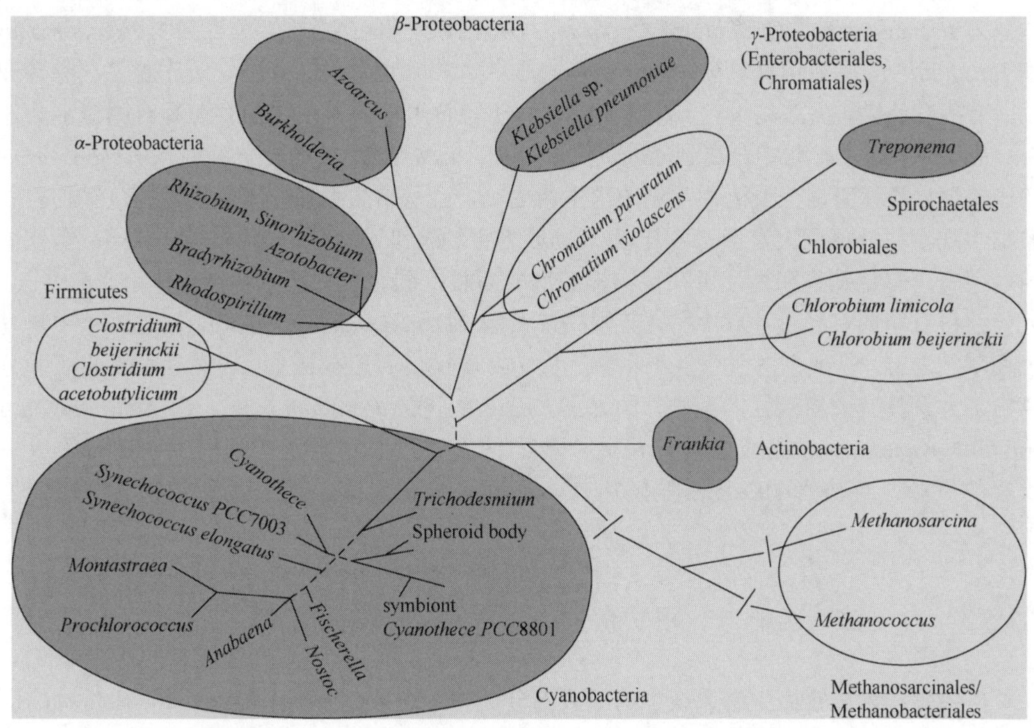

图 2-2　共生及非共生固氮微生物的主要类群的系统进化关系

2. 固氮菌宿主植物的多样性

固氮菌与植物共进化成为氮素供应库，对植株生长及生态调节起着重要作用，这类植物统称为固氮植物（nitrogen-fixing plants），包括豆科、禾本科、藻类、地衣、苔藓和蕨类植物等。豆科类固氮植物发现最早、分布最广、种类最多、固氮效率最高，全球每年约80%的生物固氮由豆科植物完成，其在地球氮素循环中发挥了关键作用。禾本科植物是非豆科类固氮植物的典型代表，水稻、小麦、玉米中均发现有大量内生固氮菌，其中醋酸固氮杆菌和草螺菌与甘蔗联合固氮是迄今非豆科共生系统及禾本科植物最有效的内生固氮系统，生物固氮为甘蔗提供了 60%的氮素。禾本科大多数种属为农业经济作物，固氮菌的应用对于提高国家粮食产量具有重要意义。

兰科（Orchidaceae）植物分布于所有陆地环境（极端环境除外），分为附生兰（长于植物上）、岩生兰（长于岩石上）及陆生兰。内生菌是兰科植物氮素营养的重要供给源，附生兰和岩生兰尤其离不开内生菌的作用。早在 1922 年，科学家将固氮细菌和根瘤杆菌混合接种到卡特兰种子上，显著促进了种子萌发。固氮菌广泛存在于兰科植物中，但氮素从细菌到兰科植物根部的转移及其机制尚为未知。迄今，从兰科植物中分离到的内生菌主要有 *Bacillus*、*Erwinia*、*Pseudomonas*、*Streptomyces*、*Flavobacterium*、*Rhodococcus*、*Xanthomonas*、*Alcaligenes*、*Gluconobacter*、*Burkholderia*、*Oscillatoria* 及 *Nostoc* 等，其中 *Gluconobacter*、*Burkholderia*、*Pseudomonas*、*Oscillatoria* 及 *Nostoc* 具有固氮活性。不同种属的兰科植物其内生固氮菌种属并不相同。从 *Calanthe vestita* 和附生石斛的根表分离到固氮菌 *Pseudomonas*、*Oscillatoria* 及 *Nostoc*。从不同季节的蕙兰根部分离到了 *Pseudomonas* 和 *Burkholderia* 固氮菌株。筒距兰、少花鹤顶兰、二叶匍茎兰、春兰、短序脆兰、卷萼兜兰、节茎石仙桃、尖唇鸟巢兰、广布小蝶兰、杓唇石斛等兰科植物都存在具有固氮能力的 *Bacillus*。从杓唇石斛根中分离到 *Rhizobium*、*Microbacterium*、*Sphingomonas*、*Mycobacterium* 等固氮菌。蓝细菌是兰科植物常见的内生菌之一，已从附生兰短序脆兰、蝴蝶兰和杓唇石斛根中观察并分离到大量形态各异以 *Nostoc* 为主的蓝细菌。*Oscillatoria* 和 *Nostoc* 等蓝细菌对根表具有特殊亲和力，可在植物根表形成菌膜，同时发挥固氮和光合作用。

兰科石斛属有超过 900 个种，其中铁皮石斛（*Dendrobium officinale*）被誉为“中华九大仙草”之首，是典型的气生兰科植物。我们发现铁皮石斛存在丰富的内生固氮菌，并分离出了大量具有固氮活性的菌株，如 *Burkholderia* spp.、*Pseudomonas* spp.、*Sphingomonas* spp.和 *Novosphingobium* spp.等。由此，我们认为铁皮石斛固氮菌为附生铁皮石斛提供重要的氮源，直接影响铁皮石斛的生长、活性成分积累等，是“兰菌共生”的重要表现形式之一。

2.2.5.3　内生菌的功能与作用机制

内生菌作为植物微生态系统中的组成部分，对植物具有多种作用。例如，微生物的固氮作用能够为植物提供氮素，且不污染环境，不降低土壤肥力；植物内生菌的促生作用，表现为分泌生长激素直接促进植物生长；此外，内生菌与植物病原菌竞争营养和空间，有些分泌拮抗物质而抑制病原菌的生长，为植物的生长提供有利条件。

1. 内生菌的促生作用

以兰科植物为例，内生真菌在兰科植物的生活史中扮演着重要的角色。

首先，促进种子萌发。兰科植物的种子往往都很小（0.05～6mm，质量 0.31～24mg），一个蒴果含成千上万粒种子，但其自然萌发率很低。当兰科植物种子与内生真菌共生时，通过内生真菌源源不断地汲取营养，可促进其萌发。其次，兰科植物通过真菌从外部获得更多营养物质而促进其生长发育。内生真菌能为宿主植物提供水分和 C、N、P 等多种营养物质。接种内生真菌后，铁皮石斛等兰科植物组培苗的鲜重、株高、新芽数、新根数等指标均有明显升高。再次，内生真菌还能产生植物激素，如赤霉素（GAs）、吲哚乙酸（IAA）、脱落酸（ABA）、玉米素（Z）、玉米素核苷（ZR）等激素或激素类似物。此外，内生菌还通过分泌抗生素、酶类，竞争营养和空间，重寄生等途径抑制病原菌繁殖，间接促进宿主植物生长。

相对而言，对兰科植物内生细菌的研究较少。目前，少数研究发现，内生细菌对兰科植物具有积极作用，主要通过固氮、产多种植物激素及促进矿质元素的吸收等来促进植物生长。同时，内生细菌还能分泌抗生素类物质，协助宿主植物抵御病原菌的侵害。目前，从兰科植物中分离得到的内生细菌多为 *Bacillus*、*Paenibacillus*、肠杆菌科（Enterobacteriaceae）及伯克氏菌科（Burkholderiaceae）等。其中，类芽孢杆菌属和菌根真菌有着一种微妙的联系，这种关系能够促使内生真菌侵入植物组织。杆菌属也对植株具有一定的促生作用。

2. 内生菌的生防作用

生物防治是指利用其他生物（天敌）或其代谢产物来防治害虫，各种拮抗菌是植物病原菌的天然生防菌。

根际生防菌：根际菌是一类生活在植物根际或根系周围，对植物保护、土壤环境保护等具有关键作用的菌群，如 *Pseudomonas*、*Bacillus*、*Azospirillum*、*Rhizobium*、*Serratia* 等菌种可防治植物病害。根际细菌在植物根际分布广泛、分离简单，因此对其进行的根际微生物生防研究和应用均较深入。利用细菌防治植物病害最成功的属土壤放线杆菌（*Agrobacterium radiobacter*）K-84，已开发成 Nogall 商品，广泛用于防治桃、樱桃、葡萄根癌病。真菌在植物病害的生物防治中具有拮抗广谱性、环境适应性等优点，是研究及应用较多的一类生防菌，如开发成功的有木霉菌（*Trichoderma*）和绿粘帚霉（*Gliocladium virens*）等。放线菌广泛存于土壤和植物根际中，由于能产生多种类型的抗生素而被广泛应用于生物防治和菌剂生产，如农用链霉素、氯霉素、春雷霉素、多效霉素、梧宁霉素等多种抗生素可防治白菜软腐病等多种病害。

目前，多数生产用生防菌最早来自土壤，对植物而言是外源性的，它们在植物根际的定植受到土壤微环境影响，因此其拮抗稳定性和差异性较大，应用时还存在一定局限性。

内生生防菌：1898 年，从黑麦草属毒麦（*Lolium temulentum*）种子中分离出第一株内生真菌；1992 年，“植物内生细菌”（endophytic bacteria）概念由 Klopper 首次提出。植物内生菌在植物体内的定植及种群数量与植物种类、生长环境密切相关，从种群密度来看，细菌高于真菌和放线菌。植物内生菌通过产生抗生素、酶类等次生代谢产物，直接抑制病原菌的生长代谢，或诱导植物产生生长激素、铁载体等直接促进植物生长，增强植物抗性。

内生生防菌广泛分布于各种植物。目前已从大田农作物、蔬菜、中药材、花卉等多种植物中分离到具有生防效果的内生菌。内生生防细菌主要为假单胞菌属（*Pseudomonas*）、芽孢杆菌属（*Bacillus*）、肠杆菌属（*Enterobacter*）及土壤杆菌属（*Agrobacterium*）。近年来，内生生防真菌研究日益受到重视，已在 80 多属禾本科植物中发现内生真菌，部分内生真菌显示较强的高温耐受性、较宽拮抗谱等生防特性，为生防菌剂的开发应用提供了有益资源。内生生防放线菌的生防作用主要通过产生抗生素、水解酶、生物碱等活性物质抑制病原菌，其中以农用抗生素的研究最为深入。我国农用抗生素研究始于 20 世纪 50 年代，目前正式登记的杀菌剂品种有井冈霉素、农抗 120 等，其他如中生霉素、宁南霉素、浏阳霉素、华光霉素等均在积极的研发和应用中，多种抗生素的开发为水稻三大病害之一的纹枯病和蔬菜软腐病等病害的防治提供了有效资源。

2.2.5.4 内生菌资源的开发前景

内生菌是植物微生态系统的重要成员，但人们对其多样性认识不够，而且由于很难再现其原有的生活环境，许多有效内生菌无法人工培养，限制了对此类微生物特征及功能的认识和研究；对于已分离的内生菌在植物体内的动态变化规律及其与微生态系统之间的相互作用还不清楚，从根本上限制了内生菌资源的开发。

然而，分子生物学技术尤其是组学技术的发展为内生菌种群多样性、功能及其与宿主互作研究提供了有效手段。宏基因组技术已广泛用于植物内生菌种群多样性研究，多种植物内生菌的种群、分布规律及其对环境的响应等陆续被揭示，如铁皮石斛内生菌种群多样性与分布规律、连作对三七内生菌种群结构的影响等。此外，宏转录组技术也逐渐被用于内生菌与宿主互作研究，这为深入了解内生菌的功能与作用机制提供了可能。

点评（点评人：陈集双）

内生菌是微生物资源的一种存在形式，也是微生物与宿主（植物、动物和微生物）共存的选择之一。以植物微生物为例，一部分发展为内生菌，不再脱离植物体而存活，另一些微生物则演化为根际或根围益生菌，往往能够脱离寄主传播和建立新的寄生关系，其他的成为病原菌，病原菌也有专性寄生和兼性寄生的程度区别。

植物内生菌的研究，从益生效果往代谢产物价值方向发展，是近来的一个趋势。至少一部分内生菌具备了产生寄主植物主要代谢产物（包括次生代谢产物）的能力，其特定培养条件下的产物量往往还高于寄主植物。但是这种高水平表达能力往往不能稳定持续。因此，如何维系这种高水平表达某种有特别生物活性的产物的能力，就成为一种挑战和巨大机遇，而解读植物和内生菌产生某种特定产物的产生机制，是进行产业水平利用的基础。

细菌的质粒是否也应该看作是内生共生的一种进化状态？答案应该是肯定的。病毒，尤其是缺少了移动蛋白甚至外壳蛋白的病毒，如很多双链 RNA（dsRNA）病毒也应该是内生共生的一种表现形式。除此之外，还有寄生于病毒的病毒，在 dsRNA 的分体病毒科（Partitiviridae）中更普遍，目前国际上发生最普遍的植物病毒之一黄瓜花叶病毒（*cucumber mosaic virus*）的卫星 RNA（CMV sat-RNA）就是其中一种。该卫星 RNA 只有 330～420nt，也不能排除为生命活动的一种形式，更可能作为分子生物学工具。

“病原菌”也不完全是一直有害的，其有害性是相对寄主和生产而言的。有些病原菌在一定的程度或条件下转化为内生菌或起到内生菌的作用，如诱导抗性甚至固氮；也有一些植物病原菌在适宜条件下，可高水平产生植物源生物活性物质，后者可能是抗肿瘤化合物等有价值的生物产物。

2.2.6 大气微生物及其资源特征①

大气微生物，即大气环境中的细菌、真菌孢子、放线菌和病毒等有生命的活体。自从

① 该部分作者为吴芳芳。

19 世纪初期 Schwann 发现无菌材料在空气中被微生物发酵和腐化，到巴斯德首次证实空气微生物的存在，再到科赫用固体法（平皿暴露）首次采集了空气微生物，迄今空气微生物成为区域空气质量的重要指标。大气微生物是城市生态系统重要的生物组成部分，具有重要的生态功能，还与人体健康及国防、国民经济密切相关。大气中的微生物以气溶胶的形式存在，微生物气溶胶具有来源的多相性、种类的多样性、活性的易变性、播散的三维性、沉积的再生性、感染的广泛性等特点。微生物气溶胶从它形成的瞬间开始就处于一直变化的状态，它既可以造福人类，也会造成人类疾病，加速许多工业设备的腐蚀、食品变质，影响农作物产量等。空气微生物的研究已成为微生物学、生态学及环境科学的重要课题之一。

2.2.6.1　大气微生物的来源及主要类型

大气是微生物的暂存空间，洁净的大气中没有可为微生物直接利用的营养物质和足够的水分，不适合微生物的生长繁殖，但由于微生物能产生各种休眠体以适应不良环境，有些微生物可以在大气中存在相当长的时间而不致死亡。进入大气的土壤尘粒、水面吹起的小水滴、污水处理厂曝气产生的气溶胶、人和动物体表的干燥脱落物、呼吸道呼出的气体，都是大气微生物的来源。大气微生物组成浓度不稳定，种类多样，已知存在于空气中的细菌及放线菌有约 1200 种，真菌有约 4 万种。空气中的微生物主要是非病原性腐生菌。各种球菌占 66%左右，芽孢菌占 25%左右，还有病毒、霉菌、放线菌和少量厌氧芽孢菌。在医院环境空气中的微生物还有各种病原菌，其中细菌有葡萄球菌、结核杆菌、白喉棒状杆菌、肺炎双球菌和绿脓杆菌等约 160 种；真菌有青霉、曲霉、球孢子菌和组织胞浆菌等 600 多种；病毒有鼻病毒、腺病毒等几百种，此外还有支原体、衣原体等。大气微生物中革兰氏阳性菌占优势（城市 84.8%，乡村 79.7%，森林 84.7%，海岸 72.3%）。

2.2.6.2　大气微生物的存在和生物气溶胶

大气中的微生物主要以气溶胶的形式存在。气溶胶（aerosol）是指固态或液态微粒悬浮在气体介质中的分散体系。20 世纪 80 年代末，科学家正式提出生物气溶胶（bioaerosol）的定义：具有生命的气溶胶粒子（包括细菌、真菌、病毒等微生物粒子）和活性粒子（花粉、孢子等）以及由有生命活性的机体所释放到空气中的各种质粒即带有微生物的尘埃、颗粒物或液体小滴，被统称为生物气溶胶，是大小范围在 0.1～100μm 之间的大分子和易变异的混合物。生物气溶胶是大气气溶胶的一个重要组成部分，以液态和固态粒子的形式存在。当前随着各种生物杀虫剂、城市污水微生物处理等微生物技术的推广应用，人为因素造成进入空气中的微生物成分、数量逐渐增多，很大程度上影响着生物气溶胶的形成。在适宜条件下，这些微生物可以直接在大气中繁殖，也可以在沉降基质上繁殖。由于微生物能产生各种休眠体，故可在空气中存活相当长的时间而不致死亡，并可以借助空气介质扩散和传播，引发人类的急慢性疾病及动植物疾病。大气生物气溶胶还可以作为冰核（ice nucleus，IN）和云凝结核（cloud condensation nuclei，CCN）导致冰晶和云滴的形成，从而间接影响全球气候变化，并且对大气化学和大气物理过程有着潜在的重要影响。生物气溶胶中的几类生物体（如真菌、细菌和藻类）都被鉴别出是有效的云凝结核（CCN），并以活性 CCN 的形式存在。当生物气溶胶与有机物（OC）碰撞接触时可以改变大气中 OC 的化学组成并改变其 CCN 特性，从而影响云量并间接影响全球气候变化。当前，生物气溶胶的研究已进入一个全新的阶段，从室内环境向室外环境、区域环境、全球环境发展，由原来的健康效应向环境效应、气候效应发展。

2.2.6.3　大气微生物的分布

1. 受生态环境的影响

近地层大气微生物的浓度、种类变化状况受气象、工农业生产、人类活动等多种复杂的环境因素影响。一般情况下，陆地上空多于海洋上空，近海多于远海，城市多于农村，工厂集中、车流量大、人员活动多、比较繁华的地区多于水库、海滨、游览区及人员活动少的地区。大气微生物浓度存在季节变化，夏季浓度最高，秋季次之，冬季最低。日变化为早、晚高，中午低。在不同高度的垂直分布上，随着离地面高度的增加，空气中微生物的数量减少。大气细菌的粒度分布为偏态分布，真菌为正态分布。大气微生物的种类分布主要以抵抗力较强的革兰氏阳性菌为主，包括球菌、杆菌和芽孢杆菌，革兰氏阴性菌较少。

2. 受粒度谱的影响

大气微生物分布与粒子浓度、粒度谱和菌谱有关。粒度谱是气溶胶（大气颗粒物）全部粒度中浓度分布状况记录。它反映了不同粒度中气溶胶浓度的变化状况。通常把全部粒度分为若干级（即粒级），再求出各粒级中气溶胶的浓度，这样就可得到全部粒径范围内气溶胶浓度变化的曲线图，这就是气溶胶的粒度谱。特定的空气微生物具有特定的动力学粒径：风媒传粉的植物花粉为 17～58μm，真菌孢子为 1～30μm，细菌为 0.25～8μm，病毒则小于 0.3μm。空气微生物的粒径主要在 0.3～15.0μm 间变化。由于空气流通较多，海岸边微生物气溶胶的粒径相对较小，而其他地方有 84%或更多的微生物粒子的粒径大于 2.1μm。乡村、城市停车场、城市街道约 50%空气微生物的粒径大于 8.0μm。空气中广泛分布的细菌、真菌、放线菌、病毒等生物粒子，主要附着于悬浮在空气中的颗粒物（如煤烟尘、建筑水泥尘、扬尘、土壤风沙尘、海盐粒子等）上。大气环境中微生物的含量与总悬浮颗粒物的浓度有关，微生物在大气中随气溶胶粒度谱分布，如颗粒物粒径小于 10μm 的飘尘最易携带微生物到处飘散。

3. 受气象因素的影响

大气微生物的分布还受近地层温度、风向、风速、太阳辐射、O_3 浓度等因素的影响。温度升高可以使近地面风速改变从而破坏空气的稳定程度，进一步使空气低层的带菌颗粒垂直上升而被稀释；日辐射强度增加，太阳所发出的紫外线能够对细菌起到杀灭作用，总悬浮颗粒物增多则能减少紫外线照射强度，从而降低紫外线的杀菌作用。受大气温度、湿度、风速、光辐射等气候因素变化的影响，大气微生物粒子浓度呈现出一定的日变化和年变化规律。因自然格局不同，浓度的高峰和低谷出现的时间、地点也不同。空气含菌量随温度升高、风速加大而增多，随日照时间、正午太阳高度角、相对湿度增大而增加。大气微生物总量与气温有显著正相关关系，风速大是造成细菌含量高的一个重要原因，因为风沙大细菌会附着在飘尘微粒上。风速较大（3 级以上）的季节大气中细菌含量较高；降水天气下，空气中飘尘浓度降低，大气中细菌总数明显减少。

2.2.6.4　大气微生物的应用

1. 大气微生物在环境监测中的应用

应用大气中的微生物控制和消除大气污染物，是治理大气污染的新兴研究方向，国外已有利用含活性微生物的干燥剂来吸附消除 H_2S 等恶臭气体的例子；苏联利用一氧化碳细菌消除 CO 并生产单细胞蛋白。此外，在利用多质粒菌株及构建多质粒菌株用于污染物的去除等方面也有不少研究报道。随着各项新技术和分子生物学的应用，大气有害生物的监测工作也从表型特征上升到遗传特征的鉴定、细胞化学组分的分析和数值分类研究等新的、更高的层次，使其从经典的常规分类提升到分子、亚分子的水平上。PCR 方法由于特异性强、操作简便、快速，尤其是最新发展的定量 PCR 方法不仅灵敏度高、检测快速，还可以实现对 DNA 或 RNA 的绝对定量分析，实时荧光定量 PCR（QPCR）就是通过对 PCR 扩增反应中每一个循环产物荧光信号的实时检测从而实现对起始模板的定量及定性分析。当前，快速自动化已成为大气生物气溶胶采样、分类、鉴定的理想途径，其中以美国国家航空航天局（NASA）研制的 Wolf 自动微生物检测器和红外生物气溶胶侦检仪为代表，已经被不断地推出并应用到实际观测研究中。应用实时荧光定量 PCR 检测大气微生物成为环境监测的新方向。

2. 在毒性评价中的应用

环境因子的变化会引起微生物生理上的反应和调节，因此国外很早就开展了用微生物检测化学致癌物的研究。目前，国内外已利用发光细菌的发光强度与污染物成比例的特性来监测大气污染。鼠伤寒沙门氏菌的变异株也常被用于致畸物的监测。污染环境中细菌携带的质粒污染有一定的指示作用：污染带细菌质粒的检出率比清洁带高，且污染区细菌质粒分子量大于 35MDa，而清洁区细菌质粒分子量小于 30MDa。根据微生物与化学污染相关性的研究，在监测大气化学污染方面，加入污染物的生物效应评价，以大气微生物群体总数或者单个细胞数量的变化（如生长量、突变率、衰亡率等）来反映化学污染程度，根据大气微生物携带的质粒数目、分子量大小等特性来确定污染等级，可以更全面深入地反映大气中微生物和化学污染物的污染状况，为环境质量的评价提供更详尽准确的标准。

点评（点评人：陈集双）

关于大气微生物的知识，填补了生物资源学空间知识的空白。人类无论是做研究还是应用，都是对与人体、水体、土壤中甚至火山口等极端环境下的微生物关心得比较多，对我们时时刻刻都离不开的空气中的微生物却知之甚少。本节内容显示了常态情况下大气微生物的特征，其丰富程度超乎大多数人的认知。但是，在高楼林立的城市地区，在战争、洪灾、旱灾、蝗虫泛滥和瘟疫流行的情况下大气微生物一定会出现差异性变化。比如，气溶胶中的微生物可能与空气传播的疾病有关，人类只有未雨绸缪，才能避免风险到来时一筹莫展。大气微生物是值得关注的领域，更是需要研判的危机因素。

2.2.7 植物根际促生菌资源概述①

2.2.7.1 植物根际促生菌的价值

植物根际促生菌（plant growth promoting rhizobacteria，PGPR）作为一类土壤有益微生物，在农业资源可持续方面具有重要价值。该类微生物不仅可以促进土壤中难以利用的养分有效化，还可以预防和抵御农作物病害及连作障碍，减少化肥和农药的使用。因此，PGPR 是一种经济的环境友好型、提高作物产量及品质的微生物资源。研究表明，约 2%～5%的根际细菌是对植物生长有促进作用的根际促生菌。

2.2.7.2 植物根际促生菌的主要类型

PGPR 引起了世界各国研究者的广泛关注，现已从不同植物材料的根际分离培养获得了大量不同属的 PGPR 菌株。其中主要包括芽孢杆菌属（*Bacillus*）和假单胞菌属（*Pseudomonas*）。假单胞菌属中的荧光假单胞菌（*Pseudomonas fluorescens*）在许多植物的根围都占有绝对优势，占比可达 60%～93%。此外，还包括固氮螺菌属（*Azospirillum*）、固氮菌属（*Azotobacter*）、克雷伯氏菌属（*Klebsiella*）、肠杆菌属（*Enterobacter*）、产碱杆菌属（*Alcaligenes*）、节杆菌属（*Arthrobacter*）、伯克霍尔德菌属（*Burkholderia*）、根瘤菌属（*Rhizobium*）和沙雷氏菌属（*Serratia*）等。

2.2.7.3 植物根际促生菌的促生机制

植物根际促生菌对植物生长的影响具有复杂的促生机制，既包括对根际微生物群落的平衡，也包括对植物生理功能的调节。其调控生长一般通过直接和间接两种方式。直接方式一般表现为植物根际促生菌直接产生对植物生长发育有促进作用的物质，如生长激素等，或使土壤中某些难以利用的营养元素通过微生物的作用转化为可被吸收利用的速效养分，如溶解磷酸盐等。间接方式一般指通过分泌抗生素类物质、拮抗作用及真菌的重寄生作用保护植物根际不被有害病原菌侵染，减少根际有害生物群，从而降低植物病害发病率，间接地促进植物生长。

① 该部分作者为张杨。

1. 产生促植物生长激素

调控植物激素水平是 PGPR 改善植物养分吸收的方法之一。PGPR 通过增加根分支、根质量、根长度或根毛量来改变根的生长和形状，增加了根表面积，有助于植物吸收更多的营养。生长素如吲哚乙酸、赤霉素和细胞分裂素等是可以促进植物生长的物质。吲哚乙酸是最早被发现的植物激素，可以有效刺激形成层的活动及新根的萌发；赤霉素主要调节植物节间的伸长，提高种子发芽率，并促进块茎和芽的萌发；细胞分裂素可促进细胞分裂细胞体扩大，刺激芽分化和侧芽的形成生长，可延缓叶片衰老及解除顶端优势。很多 PGPR 菌株可同时具有产生这些植物生长激素中的一类或几类能力，从而增加籽粒饱满度及提高叶绿素、镁、氮和蛋白质含量，达到增加作物产量的目的。

2. 促进植物营养吸收

PGPR 主要通过以下两种方式促进植物对根际营养的吸收。

其一，固氮作用。氮素是植物生长必需的大量元素，生物固氮即利用生物途径将大气中的氮转化成可被植物吸收利用的铵或氨，虽然土壤中有许多细菌可以从有机物质中“循环”氮，但只有一小群专门的固氮细菌可以固定土壤中的大气氮，一般分为共生固氮、联合固氮和自生固氮。具有固氮功能的根际促生菌株有根瘤菌属（*Rhizobium*）、固氮螺菌属（*Azospirillum*）和固氮菌属（*Azotobacter*）等。其中，根瘤菌属通过在豆科植物的根际定植，与豆科植物形成共生固氮体系，该体系是自然界最主要的固氮体系，固氮量占总生物固氮量的 60%；联合固氮是指具有固氮功能的微生物定植于植物根系等部位，与特定的植物形成固氮体系的固氮方式；自生固氮作用是指一类不依赖于宿主植物，仅靠自身独立完成的固氮作用，相比于前两种固氮方式，自生固氮效率较低。

其二，分解土壤中难以被植物直接利用的养分。土壤中存在大量难溶性或有机类营养成分，如硅酸盐、矿物硫、磷酸铁和磷酸三钙等，而这些养分很难被植物直接吸收利用。PGPR 菌株中有很多具有溶解磷酸盐、释钾功能的菌株。这些菌株通过分泌甲酸和丙酸等有机酸、溶解酶或其他方式，可将难溶性养分转化成可以被植物直接吸收利用的速效养分，提高土壤中营养成分含量。硫（S）是排在氮（N）、磷（P）、钾（K）后的第四种植物必需的主要营养元素。尽管单质硫、石膏或其他含硫矿物已被获批可用于有机生产，但是这些硫必须由微生物转化为硫酸盐，才可以被植物吸收利用。部分 PGPR 可以使硫转化为硫酸盐，促进植物对硫的吸收。除硫以外，部分 PGPR 还可以活化土壤中的铜（Cu）、铁（Fe）、锌（Zn）等微量元素，且活化过程可在大多数土壤中自然发生。

但是，无论是固氮作用，还是对土壤中难以被植物直接利用的养分的分解，PGPR 菌株产生的增加固氮效果往往根据不同的环境条件有差异，如 Dobbelaeres 等将固氮螺菌接种于冬小麦和玉米的实验研究结果表明，固氮螺菌在环境氮素过量时并不表现促生作用，而在氮素贫瘠的条件下才能表现出明显的促生优势。这一研究结果或对今后的控施“减肥”施肥计划起到理论性指导作用。

3. 营养空间位点竞争

土壤微生物之间对植物根际营养位点的竞争主要分为位点竞争和营养竞争两个方面。

植物根际土壤具有不同于土体土壤的丰富的营养成分，适合各类土壤微生物的生存和繁殖，其中也包括病原微生物。如果在病原微生物尚未到达有利的根际定位点之前，PGPR 菌株优先占据植物这一位点，并有效利用所需养分大量繁殖，便能够有效地抵抗病原菌对植物根际的入侵。所以，PGPR 作为功能性促生微生物，具有稳定的根际定植能力，是其功能得以发挥的关键所在。

营养竞争表现为根际有益微生物在根际生态环境中与其他土壤微生物（包括植物病原菌）在根际定植位点争夺可利用的营养物质。这些营养物质一般来源于植物根系分泌物，包括氨基酸、无机盐、维生素等，此外，还包括动植物残体和脱落物。在竞争过程中，有些 PGPR 菌种具有优先占据并获得营养的优势，其通过掠夺营养对病原菌起到抵制作用，进而实现对植物病害的防控。土壤中能够被有效利用的铁离子少之又少，在低铁环境下，有些 PGPR 可以摄取环境中的铁，进而合成铁载体化合物，形成螯合态铁，降低了周围环境的铁浓度，且形成的螯合态铁不能被其他微生物所利用。病原菌自身产生的铁载体不足，又无法获取足够的铁元素维持其正常的生长繁殖，最终将会死亡，进而降低对植物的侵害。

4. 产生抗生素类物质

植物促生菌产生一种或多种抗生物质以抵御植物病原菌侵害是最常见的抗生机制。自 Johnson 等首次分离出能够产生拮抗物质的枯草芽孢杆菌以来，人们相继从不同菌株中分离出不同的拮抗物质，如类似噬菌体颗粒、蛋白质类抗生素、大环内酯类、杆菌肽等。拮抗物质包括抗生素、细菌素类物质及一些次级代谢产物。

抗生素是微生物所产生的一类小分子有机化合物，主要由芽孢杆菌属、假单胞菌属及放线菌属合成与分泌。芽孢杆菌产生的抗生素类型主要包括非肽类和肽类抗生素。非肽类主要有聚酮化合物、氨基糖和磷脂。脂肽抗生素是肽类抗生素中较大的类群，其能够广泛抑制病原菌的生长，并具有良好的田间生防效果。

细菌素与传统的抗生素不同，几乎所有的细菌都可产生至少一种细菌素。细菌素主要是生物碱类、蛋白质类、多肽及核苷酸类物质。1954 年，根据青枯菌种属间彼此产生拮抗作用而发现这类拮抗物质的存在，经后来研究者证实，此类细菌素为蛋白质类物质。大肠杆菌产生的大肠杆菌素是革兰氏阴性菌最具代表性的细菌素。

5. 诱导植物系统抗性

植物本身具有有效的防御机制来应对病原菌的侵袭，通常有两种主要表现类型，即由病原微生物等诱导的系统获得抗性（systemic acquired resistance，SAR）和由非病原性根细菌（rhizobacteria）介导的诱导系统抗性（induced systemic resistance，ISR）。这种自然的抗性机制的活化在表型上与动物和人类的免疫反应相似。植物促生细菌和拮抗真菌等益生菌除具有直接的防病作用外，还可能具有诱发植物抗病性的功能，使植物对多种真菌、细菌、病毒病害，甚至是一些害虫和线虫产生抗性。这种诱导系统抗性通常具有广谱性、系统性和非特异性，为多途径利用植物诱导抗病性防治植物病害开辟了广阔前景。

2.2.7.4　植物根际促生菌的应用研究

植物根际促生菌因其功能的有效性及对生态环境的无污染性在农业和森林等领域得到广泛应用。常用的 PGPR 产品如下。

1. 生物基质

生物基质即将功能微生物保活地添加至普通育苗基质，作为培育优质植物种苗的生物促生固体培养基。随着设施园艺的发展，提高园艺生产效益和竞争力、资源利用率及劳动生产率既是当前农业农村经济发展新阶段的客观要求，也是克服资源和市场制约、应对国际竞争力的现实选择。

生物基质育苗技术是将功能性微生物菌剂保活添加至由草炭、蛭石、珍珠岩等组成的普通育苗基质中，采用穴盘育苗法人工创造作物根系环境（图 2-3），除满足作物对矿物质营养、水分和空气的需要外，通过功能性微生物的促生功能维系初始的健康植物根际，相比于直播或不接种菌株的普通育苗基质，可明显提高作物种苗的壮苗指数（图 2-4）。

图 2-3　现代农业工厂化育苗

图 2-4　生物育苗基质所育种苗与普通育苗基质所育种苗对比示意图

如今人们越来越关注利用微生物来实现低投入的可持续农业和林业的梦想，这使人们更加关注更有效的根际管理。植物根际微生物的生态环境越来越成为研究的热点，而苗期根际与作物后期的生长发育有着密不可分的关系，采用添加了具有根际促生功能微生物菌剂的生物育苗基质无疑是营造良好苗期根际环境的有效手段。

2. 生物有机肥

生物有机肥即以特定的功能性微生物（如固氮、溶磷、释钾、降解纤维素等）与主要以动植物残体废弃物（如畜禽粪便、农作物秸秆、酿酒残渣等）为来源并经过无害化处理、腐熟的有机物料复合而成的一类兼具微生物肥和有机肥效应的肥料。

功能性微生物和有机载体是生物有机肥的两个基本组成要素，生物有机肥综合了两种肥料的优点，相比于单纯的微生物菌剂，其货架期更长，功能微生物存活时间久；相比于单纯的有机肥，其中的功能菌株对植物生长促进作用更强（图 2-5）。

图 2-5　施用生物有机肥对作物的促生长效果

此外，生物有机肥的应用，不仅能够提升土壤肥力，促进作物生长，防控土传病害（图 2-6），且能在一定程度上保护土壤微生物区系的生态多样性，促进农业的可持续发展。

图 2-6　施用生物有机肥对作物病害的防控效果

3. 微生物制剂

微生物制剂即利用根际植物促生菌的代谢产物如抗生素、细菌素、溶菌酶、寡糖类、肽类及小分子蛋白等所研制的能够抑制或杀死植物病原菌的生物产品——PGPR 杀虫剂、PGPR 除草剂。

总之，农田土壤微生物是一个复合系统，PGPR 制剂作为一项人工干预的生物措施，在特定条件下，其作用往往是立竿见影的。但是，更多情况下还需要与其他土壤条件共同发挥作用。在生物资源系统设计思路下，用微生态措施对整个植物生长的根际土壤环境进行干预，才能获得持续理想的效果。

点评（点评人：陈集双）

植物根际促生菌是重要的土壤生物资源，在促进植物增产和减少农药使用及控制土壤连作障碍方面已经显示出重要价值。通过施用有机肥增加土壤有益微生物的方法，古已有之，但是方法不同，工程化程度也不一样。现代农林生产体系中，通过 PGPR 强化生物育苗基质和生物有机肥的实践，需要农业生物技术和工业手段的有机结合。比如，分离到的促生菌菌株往往需要筛选培育和进行生物资源改造，尤其是与目标植物进行适应性培育；对诱变的工程菌还需要开展生态安全性和稳定性评价，以获得安全和持久的效果。在促生菌菌株利用过程中还需要其他物理、化学和生物手段的配套保障。

对植物有促生长价值的微生物，还包括内生菌、根际和根围的有益真菌和放线菌等。这些都是值得挖掘的资源。

2.2.8　微藻——新型农作物[①]

因为化石燃油面临枯竭的威胁，人类为寻找替代燃油开展了持续不断的努力。被探索过的燃油生物资源包括：①非粮生物柴油能源植物，主要是多细胞陆生植物，如黄连木等；②单细胞水生植物，如产油微藻。随着大量新的油气田被发现，能源危机警报暂时解除，许多能源植物和微藻的基础研究转向生物资源开发的其他方面。微藻生物资源的开发将带来相关产业的创新和发展，尤其是微藻的高生物合成效率，将有效弥补陆生植物生产模式的不足。

2.2.8.1　现有农业技术的最大瓶颈——低效率

自从农耕制度确立以来，种植业一直采用多细胞生物体作为生产系统。经过数次技术变革，包括近代的两次工业革命，多细胞作物的遗传特性及相应的栽培措施得到显著改进，现有农作物的实际生物量和产量接近理论上限。现有作物系统的年平均产量（干重）约为 1t/亩。另一方面，基于大肠杆菌或酵母的发酵工业年平均产量（干重）约为 500t/亩。显而易见，从生物质生产的角度考量，直接利用光合作用的农作物生产率显著低于工业发酵系统。低效率仍然是现代农业的最大瓶颈。

2.2.8.2　多细胞作物模式的产量已接近上限，但生产率仍维持在低水平

与工业生物生产系统的构成相似，原初农业生产系统的要素也是生物体（农作物）

---

① 该部分作者为陈以峰。

及栽培条件（或装置）。近代工业革命以来，栽培条件或装置已经发生多种多样的深刻变化，包括从开放系统的农田到封闭的设施农业，设施农业中又包括了低端的塑料大棚和高端的植物工厂；甚至农作物的采收对象也从生殖体（如种子）泛化到营养体（如叶片），生长周期从数月缩短到数周。但是，农业的原初生物生产系统仍然基于多细胞生物系统，使最大生物量和产量难以突破一个数量级，与工业生物生产系统的生产率相差 1～2 个数量级的局面依旧难以改观。其深刻原因在于多细胞生物体本身的缺陷。

其一，现有农业体系，通过光合作用收集转化太阳能，形成原初生物质，构成人类活动和自然界其他生命活动的物质能量基础。然而，现有农作物的光合效率相对低下，平均理论上限约为 3%，实际情况常常在 0.1%。其二，大多数农作物生长在开放系统中，其生产要素（如光、温、水、肥、病虫害）通常经历复杂多变的日变化和季节变化，这种不稳定系统使得以终产物为采收对象的生产活动十分低效。再从多细胞生物体本身来看，其生产系统建成耗时长，在建成过程中对光温资源的利用率必然较低；此外，还存在系统维持成本较高，从系统中输出目标物复杂而有限（如较低的收获指数）等缺陷。

2.2.8.3　微藻作物新模式具备多方面优势

微藻作物模式不仅可以显著提高原初生产系统的效率，还容易整合进现有工业生产模式，并有可能用于生产健康食品、生物能源以及用于环境保护等诸多方面。

与多细胞农作物不同，微藻既具有高于多细胞农作物的光合效率，又具有单细胞微生物的快速生长能力，有可能成为未来农业显著增效的一个候选者。

微藻生长繁殖快、生长周期短，其繁殖生长速度与酵母相当，至少比高等植物快 40 倍；微藻具有自养、异养等多种代谢途径并且适应性强，能够适应诸如废水、海水等多种水环境，能够通过开放式跑道池、弥补光反应器及发酵罐等装置生产。除了优良的生长特性之外，微藻还具有光合作用效率高、固碳能力强等优势，其理论光能利用率可达 10%，实际值通常在 2%，明显高于一般大田农作物。随着全球工业化及石化资源利用的普及，空气中 CO_2 浓度越来越高、温室效应越来越明显。与此极不相称的是，目前通过物理、化学、生物等途径储存或固定的 CO_2 总量仅占排放量的 2%，因此全球碳减排的形势十分严峻、任务异常艰巨。地球上的生物每年通过光合作用可固定 8×10^{10}t 碳，生产 1.46×10^{11}t 生物质，其中由微藻光合作用固定的 CO_2 占全球 CO_2 固定量的 40%以上。另外，除了固定的碳总量巨大之外，微藻的碳固定效率也非常高，据报道，微藻个别藻种可以利用高达 20%的 CO_2，这一优异特性是目前绝大多数农作物达不到的。因此，利用微藻模式高效固定工业废气中高浓度的 CO_2，将其引入农业生产，将是一个有效的创新策略。

部分微藻油含量很高，其中性油脂［主要成分是甘油三酯（triacylglycerol，TAG）］含量可达细胞干重的 50%以上，是重要的生物油脂原料来源。此外，微藻是目前已知能够提供全价均衡营养与活性因子的食物之一，主要以保健食品或食品添加剂的形式高价出售。综上所述，微藻具有新型农作物的多方面潜力和多种优势。

点评 1（点评人：欧江涛）

微藻的收集目前还是一个问题。微藻的生物质产能高，或许微藻光合作用固定的 CO_2 甚至会超过陆地植物，但是微藻产业普遍面临一个收集成本的问题，越是单细胞的和体型微小的微藻，收集难度越大，成本越高。因此，通过技术开发和设备制造，解决微藻收集问题是生物资源工程的重大机遇所在。

点评 2（点评人：李明福）

微藻生物安全的确是一个需要事先注意到的环境和产业问题。建议相关部门和企业一定要在可控制的环境下养殖产业微藻，避免河道水葫芦、青岛浒苔那样的灾难或风险。

2.2.9　肠道菌群资源化利用前景分析①

近年来，国内外在肠道菌群的研究方面取得了显著进展，不管是从临床治疗的角度、日常调节肠道微生态的角度，还是与疾病的发生发展及其治疗后的转归角度，肠道菌群均体现出非常好的开发前景和很大的开发潜力。随着对肠道菌群研究的深入及对肠道菌群相关产品开发的深化，肠道菌群不仅在临床疾病治疗中发挥越来越大的作用，还将给人们带来很多益生菌类微生态制剂、日常免疫调节剂和保健产品，是一个潜在的巨大资源库。

2.2.9.1　肠道菌群的研究情况

人类的肠道中存在近 10 万亿个细菌，被称为人类的第二大脑。这些细菌定植于整个肠道，是与人体共生的一个复杂系统，对维护机体内环境稳定起到重要作用。在细菌界，已知有 53 个门，但在人体肠道中仅仅出现 5～7 个门，其中几个有代表性的细菌门表现出了相当可观的多样性，涉及多达 1000 种不同的细菌。拟杆菌门和厚壁菌门最为突出，占所有肠道微生物的 70%～75%。变形菌门、放线菌门、梭杆菌门、疣微菌门、蓝菌门也可检测出，但数量较少。人体肠道内栖息着的细菌大多数属于拟杆菌属、梭菌属、真杆菌属、瘤胃球菌属、消化球菌属、消化链球菌属、双歧杆菌属。其他属，如埃希氏菌属和乳杆菌属较少。拟杆菌属约占肠道中所有细菌的 30%。2011 年《自然》杂志发表的研究发现，人体的肠道菌群类似血型，可以分为三型：拟杆肠型（Bacteroides）、普雷沃氏肠型（Prevotella）和瘤胃球菌肠型（Ruminococcus）。肠道菌群的多样性和复杂性从近端消化道至远端消化道逐渐提高。肠道菌群并非与生俱来，胎儿肠道内是无菌的，在婴儿出生时暴露于母体阴道或皮肤的微生物环境里，肠道微生物开始定植，肠道菌群在出生后几个月迅速增多，多样性增加，长大成年后达到稳定状态，之后老年时期多样性开始渐渐减少。肠道菌群就像是人类形影不离的守护者，伴随着人的一生，对人体健康起着不可或缺的作用。

① 该部分作者为刘文洪。

肠道微生物群是一个动态的存在，受多种因素影响，包括遗传、饮食、新陈代谢、年龄、地理条件、抗生素和压力。肠道菌群在与机体经过漫长的进化后逐渐发展为一种相互适应、相互依存、互利共生的关系，它们的存在调节着人体内的生态系统，使人的机体保持适当的动态平衡并正常运转。肠道菌群与宿主的关系还可分为共生菌、条件致病菌和致病菌三大类，其中对人体有益的共生菌占绝大多数；条件致病菌数量稀少且只有在人体内环境紊乱时才有可能对人体造成危害；至于致病菌一般为外来菌，难以在肠道内定植，但当肠道优势菌群减少引起肠道菌群紊乱时，致病菌就会乘机大量繁殖导致宿主维持的肠道动态平衡失调，引发疾病。在过去的 20 年，对人体肠道菌群组成和功能的研究呈指数增长，以“肠道菌群”为关键词，在中国知网中进行检索，可见关于肠道菌群研究的报道呈急剧增加的趋势。越来越多的研究表明，肠道菌群确实可以干预和影响糖脂代谢疾病的发生，这为以后利用肠道菌群治疗糖脂代谢疾病提供了可能。研究结果显示，肠道菌群在调节炎症性肠病（IBD）炎症发作、影响帕金森病的发生发展、维持免疫稳态等方面均发挥了关键作用。肠道菌群失衡，可以引起一些免疫系统疾病，宿主免疫内稳态和肠道微生物之间的相互作用在疾病的免疫治疗中发挥作用。多项研究表明，肠道菌群紊乱可能在多种免疫疾病的形成过程中起着重要作用。此外，研究也表明，肠道菌群对糖尿病、心脑血管类疾病、慢性炎性疾病、精神类疾病、肥胖等疾病都有显著影响。可见，肠道菌群对人体健康和疾病发生过程起着非常重要的作用。肠道菌群可能成为相关疾病新的治疗靶点和方向，为相关疾病的临床治疗与预防提供新的思路和方法。

2.2.9.2　肠道菌群的应用

肠道菌群未来会如何应用于临床诊治尚不明确，目前也无成熟的应用方法。现在对肠道微生物的应用主要是利用现有的研究结果，通过给予外来益生菌等微生物制剂来改善肠道菌群，以达到调节肠道微生态的目的，进而影响疾病的治疗与转归。也有文献报道，通过中医调理或者改善饮食的方式来调节人体内的肠道菌群，进而缓解或治疗相应疾病，特别是针对不同的病人需要设计个性化的饮食方案。但是，在临床上也发现一些长期使用抗生素的患者，体内的肠道微生物平衡已经完全被打破，菌群结构已经无法通过中药或饮食调整恢复。这个时候，需要移植健康人体内的肠道菌群，再通过适当的饮食扶持体内有益菌的生长，改善宿主健康状态，因此，发展出粪菌移植技术。“粪菌移植”（fecal microbiota transplantation，FMT）是将健康人粪便中的功能菌群移植到患者胃肠道内，重建新的肠道菌群，实现肠道及肠道外疾病的治疗。该技术也称为“粪便移植”（fecal transplantation）、“粪菌治疗”（fecal bacteriotherapy）或“肠菌移植”（intestinal microbiota transplantation）。迄今，该技术已经获得很多科研成果的支持，也在一些国家临床上得到应用，已有几万例患者接受粪菌移植治疗，并取得较好的疗效。

除粪菌移植外，微生物制剂以其天然、毒副作用小、安全可靠等优点而受到社会各界及科学工作者的关注，具有“患病治病，未病防病，无病保健”的效果，已成为人们治疗和保健的重要工具。微生物制剂包括益生菌及其代谢产物和生长促进因子，可分为益生菌

（probiotics）、益生元（prebiotics）和合生元（synbiotics）三大类。微生物制剂主要靠其中含有的益生菌和（或）其代谢产物发挥作用。微生物制剂具有抑菌、抗肿瘤、降低血脂、提高机体免疫力等多方面的作用。使用微生物制剂，可以调节人体肠道微生态，使其菌群组成由失调状态恢复到平衡状态。现有临床证据认为，利用益生菌治疗儿童抗生素相关性腹泻（antibiotic-associated diarrhea，AAD）是有效的，使用的双歧杆菌、乳杆菌等微生物制剂可补充被抗生素杀灭的肠道正常菌群，调节肠道菌群，使其保持平衡。另有研究发现，健康人群在服用益生菌、益生元后，不仅血液中的炎症因子水平降低，而且肠道中的双歧杆菌和乳杆菌丰度均明显增加，大肠埃希氏菌的水平明显降低，表明微生物制剂在调节肠道微生态平衡方面发挥了重要的功效。总的来说，关于肠道菌群的应用，除了粪菌移植技术、微生物制剂应用，目前仍处于通过不同手段和方法调节肠道菌群结构，平衡肠道微生态，达到影响疾病发生发展及转归目的的阶段。

2.2.9.3　肠道菌群的应用展望

1. 肠道菌群研究在临床上的应用

肠道菌种已经被证明与疾病紧密相关，通过药物、食物或者微生物制剂等可以调节肠道菌群平衡。调节肠道菌群平衡是治疗肠源性疾病的关键，其中粪菌移植（FMT）已成功应用于溃疡性结肠炎（ulcerative colitis，UC）、克罗恩病（Crohn’s disease，CD）、肠易激综合征（irritable bowel syndrome，IBS）等疾病的治疗。但是，FMT 目前缺乏大量的循证医学证据，不良反应不明确，预后方案不完善，具体作用机制也不清楚；没有进行过相关的可控研究，移植进入人体的“正常菌群”可能传播难以发现的致病菌、寄生虫、病毒等，对受体产生意想不到的损害。因此，还需要更多的临床病例资料，以进一步规范 FMT 的标准。目前，菌群和疾病的关联尚处于一个范围，不是很精准，随着进一步的研究，肠道菌群可能在种甚至菌株水平上揭示肠道菌群与各种疾病的直接关系，这将为肠道菌群在临床疾病治疗方面提供更直观的理论支撑。未来可能出现直接调节肠道菌群里面的某一种菌或者某一菌株，就能达到恢复肠道微生态或者治疗相关疾病的目的。随着对肠道菌群研究的深入，其在临床上的应用和对疾病的治疗值得期待。

2. 肠道菌群的资源化利用

肠道菌群结构复杂，菌种多样，这为我们进行微生物多样性研究提供了菌种资源。同时，我们可以从肠道菌种中筛选出很多基因，这又给我们提供了基因的多样性。近年来研究发现，肠道菌群与人体的多种疾病相关联，深刻影响了疾病的治疗和临床研究，包括肠道疾病、代谢疾病、糖尿病、炎症、心脏病、免疫系统疾病、大脑神经系统疾病等，被认为是人体的“第二基因库”。随着宏基因组测序技术在疾病研究领域的发展，以肠道菌群为靶点的治疗方案越来越受到人们的重视，成为研究的热点。通过对病人肠道菌群进行大规模测序、生物信息学分析，挖掘患者生理、病理状态下肠道菌群结构功能等方面的特点，并将肠道菌群中发挥作用的菌株分析清楚，针对不同患者制定出适合的、独特的预防或者治疗方案，如利用大数据和信息分析探寻对人体健康有效的益生菌等制成微生物制剂，从而达到治疗疾病的目的。而随着大数据时代的到来，大量的生物信息数据、临床数据为肠道菌群的深入研究提供了重要基础。通过建立细菌、真菌、病毒的基因组数据库，利用完整的肠道菌群生物学信息，将患者的病原微生物基因组与数据库进行对比，根据已有的数据库信息，进行基因改造、重组，同时可对益生菌基因组加以改造，使其生长代谢朝着更有利于身体健康的方向发展。目前研究表明，菌种的多样性和疾病的发生相关联，那么随着对肠道菌群研究的进一步深入，是否能在多样的基因里找到和疾病直接相关的基因，给我们通过肠道菌群基因水平上的影响达到治疗疾病目的提供基因资源选择，也是需要加强研究的一个方向。

3. 肠道菌群相关产品开发展望

肠道菌群的研究为微生物研究提供了多样的菌种和实验数据资源。同时，肠道菌群与疾病的相关性研究为微生态制剂开发奠定了良好基础，根据文献报道的研究成果我们可以有针对性地开发出相应的微生物制剂。如开发一些针对某种疾病，富集了某类有益于治疗该疾病的菌群的肠道菌群胶囊或者类似微生物制剂。或者针对肠道菌群失衡开发益生菌等相关调节肠道微生态平衡的制剂。目前，已有一些微生物制剂在临床上得到较好的应用。例如，枯草杆菌二联活菌肠溶胶囊可用于治疗肠道菌群失调（抗生素、化疗药物等）引起的腹泻、便秘、肠炎、腹胀、消化不良、食欲不振等。因该胶囊含有两种活菌——屎肠球菌和枯草杆菌，它们是健康人肠道中的正常菌群成员，人服用后可直接补充正常生理活菌，抑制肠道内有害细菌过度繁殖，调整肠道菌群。而枯草杆菌肠球菌二联活菌多维颗粒（妈咪爱）中含有的枯草杆菌，对乳糖分解有很好的效果，能够帮助孩子对牛奶或奶粉的消化吸收，抑制肠道内致病菌，减少肠源性毒素的产生和吸收，治疗肠道感染，有效地保护肠道健康。此外，还有双歧杆菌三联活菌散、乳杆菌素片、复方嗜酸乳杆菌片等益生菌类微生物制剂的临床应用也得到较好的效果。在可以预见的将来，微生物制剂的适应证将不断扩大，使用范围将更加广泛。随着肠道菌群作为临床治疗靶向的干预或以肠道菌群为靶点的治疗成为一种全新的疾病干预策略或新的治疗策略，针对肠道菌群的产品开发具有非常大的潜力。

点评（点评人：陈集双）

肠道微生物菌群是人体最贴近的生物资源，因此，也是非常值得研究和敬畏的生物类型。但人类历史上对其了解相对少，在相当长阶段甚至少于对植物根际微生物的研究。生物大数据、高通量测序、合成生物学等技术方法的发展和应用，将很快弥补这一缺陷。相对于巨大应用潜力和强劲市场需求，目前已经商品化使用的肠道益生菌种类和产品还比较少，尤其是有效制剂手段欠缺。一方面这与人类对肠道微生物菌群的了解不够、菌群环境的不确定性和菌种本身的特点相关；另一方面还受到规范、伦理等非技术因素的限制。比如，缺乏在体外通过诱变和适应性改造获得的优良菌株。这些在农业上很容易得到使用。但是，对于病情严重的病人，通过个性化医疗设计，采用微生物资源改造，是应该鼓励的。

2.2.10　药用植物发展中的种质资源问题①

2.2.10.1　我国中药材资源现状

近 30 年来，中药材资源在食品、保健食品及其他卫生产品和出口贸易中的应用，导致其需求量、蕴藏量及主要分布等均发生了重大的变化。目前，我国中药材消耗量每年大约为 40 万 t，主要依靠野生中药材来满足市场需求，对中药材资源的过度开发及利用导致生态环境恶化、野生中药材资源枯竭、药用珍稀濒危物种急剧增加等问题。针对中药材资源可持续利用存在的问题，科技部等在《中药现代化发展纲要》中指出："在充分利用资源的同时，保护资源和环境，保护生物多样性和生态平衡。特别要注意对濒危和紧缺中药材资源的修复和再生，防止流失、退化和灭绝，保障中药资源的可持续利用和中药产业的可持续发展。"

随着中药材市场发展越来越壮大，单纯依靠野生资源供给已经不能满足市场需求，尤其是一些珍稀中药材日趋贫乏，导致整个中药材产业链源头——种质资源出现以下三个方面的问题。

1. 中药材来源和品种混乱

我国中药材资源丰富，仅《中药大辞典》中记载的药用植物就有 4773 种之多。在几千年的中医医疗实践过程中，各地医家使用习惯不一和地方用药名称及历代本草记载的不同，导致相当数量中药原植物品种的混用，且部分药物资源短缺时使用"代用品"代替"正品"使用，加剧了中药材生产和销售的混乱状况，严重影响到临床疗效和中药材产业的健康发展。如以"党参"之名入药者在全国计有党参属 20 种 7 变种 1 亚种、金钱豹属 1 种 1 亚种。中药材同名异物、同物异名的混杂现象也相当严重，如大青叶，《中华人民共和国药典》收载的是十字花科菘蓝的叶，在湖南是指马鞭草科植物大青叶，在四川是指爵床科植物马蓝的叶。这样来源不一、异物同名的药材对疗效及用药造成严重危害。

2. 道地药材不地道

古人把在某特定地区生产的某种经临床实践证明疗效优于其他产地的药材，称为"道地药材"。《神农本草经》记载：土地所出，真伪新陈，并各有法。强调了区分产地、讲究道地的重要性。古人早就认识到生态环境对中药材质量的影响，历代诸多医家认为药物疗效不好的原因之一就是"道地"问题。中药材在种植过程中会受到诸如产地经纬度、海拔、光照、气温、土壤性质、微量元素及肥料等的影响，从而导致有效成分含量的不同。比如，薄荷喜欢生长在平地，若在高山生长，其挥发油含量较低，常不能入药；优质黄芪

① 该部分作者为黄衡宇。

必须在含硒量高的土壤中才能长出。为追求经济效益，如今的人们往往忽视药材产地的“道地”性，多打着“道地”药材的幌子生产、销售，使药物疗效大打折扣。

3. 优良品种少及原有品种退化

2015 年前后，全国 637 种药材中有 86%的品种出现不同程度的涨价，许多药材原料价格已超过成药价格，导致药厂停产，市场供应紧张。因此中药材中很大一部分已经开始引种栽培。但目前中药材引种大多存在盲目性，品种混乱。目前中药材品种的混杂退化形势比较严峻。一方面，选育和培育的优良品种少。我国常年栽培的中药材有 200 多种，人工培育的良种不到 20 种，远不能满足中药现代化、国际化发展的需要。另一方面，不少品种退化、混杂，影响了中药材品质。具体表现在药农的用种自留自用和各地药材公司对处于野生或半野生状态的药材种子的原始自然采集或收购，缺乏对种质资源的优选整理和提纯复壮措施，使药材产量不高，抗逆能力低，生产的药材产品品质低。

2.2.10.2　中药材种质资源的特点

1. 中药材产量质量的双重性

在中药材的品种改良中不仅需考虑其产量，还需考虑其有效成分含量的高低。药效成分，是植物在特定生态环境条件下产生的代谢产物（含次生代谢产物）。因此，一个优良品种必须含有较多的药效成分并具有较高的成分含量，以达到有效、优质、高产的目的。

目前，中药的育种研究工作较为薄弱，仅少数几个中药有品种或品系的系统研究，如人参（大马牙、二马牙）、地黄（北京 1 号、北京 2 号、金状元、85-5 等）、杭菊花（大洋菊、早小洋菊、红心菊）、柴胡（中柴 1 号、中柴 2 号、中柴 3 号）等。

近年来，在农作物的育种中出现的以提高粮食作物的蛋白质和赖氨酸含量为主的“成分育种”的新趋势值得借鉴。植物的化学成分（包括药效成分）是受遗传因素制约和环境因素影响的。环境因素易被 GAP 工作者所重视，他们常常通过改进栽培技术（播期、密度、施肥、灌溉、采收时期等）来提高产量和药效成分含量。而遗传因素的作用往往被忽视。植物次生化学成分由基因控制，有效成分的遗传同样受分离规律、独立分配规律和连锁遗传规律的支配，也受到染色体数量的影响。例如，菖蒲（天南星科）是一个包含有二倍体、三倍体、四倍体和六倍体的复杂群体，其根茎的产量、精油的化学成分及体内草酸钙的含量与染色体数目有关。由此可见，植物化学成分遗传变异的客观存在是药用植物育种的一个重要基础，也为更优质品种的选择提供了可能。

2. 中药材收获部位的多样性

任何一个 GAP 基地的经营者都期望种植的药材高产。获得较高产量的途径有两个方面，一方面依靠改善栽培条件、栽培技术，另一方面依靠优良品种，前者是条件，后者是依据。当品种存在丰产潜力时，它的实现有赖于自然条件、栽培条件及其与品种的良好配合。不同药用植物产品收获部位的不同，导致影响药材产量的构成因素不同。如人参的产量构成因素是每亩株数、根（主根、支根、须根和不定根）重、根茎重；川红花则是每亩株数、花头数、每头单花数和花重。

3. 中药材生物学特性和生境地域的复杂性

中药材次生代谢产物的积累因环境因素的不同而发生变化。药材的质量因产地不同存在差异。临床用药上，历代医家习用道地药材。道地药材是指在特定自然条件、生态环境的地域所产的药材，因生产较为集中、栽培技术与采收加工有一定讲究，较其他地区所产同种药材品质佳、疗效好。药名前标有“川”“云”“广”等字样，说明药材的质量与地理分布有着密切的关系。同种异地产出的药材在质量上有明显差异，导致其药效差异很大。

4. 中药材成熟度的复杂性

确定中药材熟期必须把有效成分的积累动态与产品器官的生长动态结合起来考虑。一般有效成分含量有显著高峰期而产品器官变化不显著者，以含量高峰期为熟期；含量变化不显著而产量变化显著者，以产量高峰期为熟期，如蛔蒿；有效成分含量高峰期与产品器官高峰期不一致时，以有效成分含量最高时为熟期，如薄荷、灰毛糖芥等。

我国药用植物种类多，栽培面积大，如何保证药材的产量和质量，育种是一个关键措施。中药材规范化生产的前提和基础就是中药材种子种苗的标准化，而选育优良品种正是中药材种子种苗标准化的关键。因此，积极培育优良品种，将是药材质量稳定的基础，直接影响中药材系列产品的质量和疗效，是中药材规范化生产的保证，对于解决药源不足、推进中药现代化的进程有极其重要的意义。

点评（点评人：陈集双）

作者对资源发掘的分析符合我国药用植物发展特点，是当代我国药用植物开发现状的写照。针对我国中药材资源开发和产业发展现状，作者提出了加强品种资源开发和种苗生产标准化等合理建议，具有实用性和前瞻性。迄今为止，我国的药材资源利用的常态仍然是相当一部分原药材以“白菜价”卖到日本、美国和欧洲，然后再以“黄金价”购买其产品，他国实现的主要是提取和制备过程，而我国牺牲了宝贵的生物资源，甚至造成特有资源的濒危化，或造成种植区土地污染严重，甚至出现不可逆转的污染。欧美国家一方面不认同中医中药的理论和实际效果，甚至否定和诋毁中医中药，同时又利用中药材资源大赚特赚。

解决中药材资源保护和开发的矛盾，野生变家种是其中关键一环。但是，与大宗农作物相比，药用植物的品种选育、育苗基质和病虫害管理等措施都跟不上。这就导致农药滥用等严重问题。相当一部分地方政府热衷于发展“特色经济”，动辄以数万亩、数十万亩的水平发展某一药材品种，隐患很大。专业公司的服务，如专业的种苗公司、专门的植保公司和专业的销售平台，是解决上述产业问题的有效途径。针对中药材品种（品系）缺乏和种质资源混乱的情况，国家地理标志保护产品认定是目前比较好的解决方案。

2.2.11　光皮木瓜资源利用现状及开发策略①

木瓜［*Pseudocydonia sinensis*（Thouin.）Schneid.］为蔷薇科木瓜属植物，为落叶乔木或灌木，其野生于温带和亚热带山野川谷的向阳山坡、山谷、疏林或草丛中，喜欢阳光充足、土层深厚、疏松肥沃、湿润且排水良好的沙质土壤，在我国东至辽宁、山东、浙江，西至新疆、西藏，南至云南、贵州、广西，北至陕西、河北等地均有分布。木瓜具有显著区别于其他蔷薇科植物的生物学特性。木瓜属为亚洲特有属，共有5个种，其中除日本木瓜［（*Chaenomeles japonica*（Thunb.）Lindl. ex Spach.］原产于日本外，皱皮木瓜［*C. speciosa*（Sweet）Nakai］、光皮木瓜［*C. sinensis*（Thouin）Koehne］、毛叶木瓜［*C. cathayensis*（Hemsl.）Schneid.］和西藏木瓜（*C. thibetica* Yü）四个种原产于我国。木瓜果实呈长圆形、倒卵圆形或长纺锤形，先端有突起，长8～12cm，黄色有红晕，味芳香。枝有枝刺或无枝刺，棕褐色，皮孔明显。果实为梨果，近于无梗，种子多数，褐色。早熟品种8月上中旬成熟，晚熟品种9月上中旬成熟，成熟期果皮由翠绿转黄绿或金黄色。果皮较薄，有乳白色或红褐色斑点。果多具五棱和浅沟，果柄极短。小型果重200～250g，中型果重300～500g，大型果重1000～1500g。木瓜用途广泛并不断拓展，同时随着我国山地和山区农林种养结构的调整，其资源增长很快。木瓜是我国两千多年来历代药典中均详细记录的传统中草药，目前已从药材用途发展成为集现代药业、食品加工、工业原料、旅游观光及庭院观赏于一体的多用途林业经济作物。开发利用好现有的木瓜资源，具有重要的研究意义和市场价值。

2.2.11.1　木瓜的用途

木瓜是具有多种药用价值和营养成分的民族中药材和药食两用植物，被广泛应用于中医药、食品、烟草、化工、化妆品和园艺等行业。木瓜是历代药典中常用的中药，也是卫生部首批公布的药食兼用食品之一，以果实入药入食，其中主要含有三萜类化合物（如齐墩果酸、熊果酸等）、黄酮、多酚、多糖、酶类［如超氧化物歧化酶（SOD）］、有机酸、皂苷和氨基酸等化学成分。这些成分是木瓜药理作用和营养保健作用的物质基础，确定了木瓜在临床疾病治疗和食品开发利用的应用方向。近年，关于木瓜成分药理活性的相关研究报道逐年激增，药理活性主要集中在抗癌及抗肿瘤、调节免疫、保护肝脏、抑菌及促循环作用、抗氧化、降血脂和镇痛作用等方面。除了在医药领域的广泛应用之外，木瓜还作为饮片、药膳、酿酒制醋、高档香精、食品加工和保健食品等的工业原料。此外，由于木瓜树姿优美、花簇集中、花量大、花色美，常被作为观赏树种，还可做嫁接海棠的砧木，或作为盆景在庭院或园林中栽培，具有城市绿化和园林造景功能，是蔷薇科中既有药用价值、食用价值又有观赏价值的物种。因此，木瓜已从传统的中药材资源发展成为药、食、

① 该部分作者为吴正奇。

保健、园艺兼用的高附加值特种经济植物，市场前景十分广阔。图2-7显示了木瓜生物质应用的多个方面。

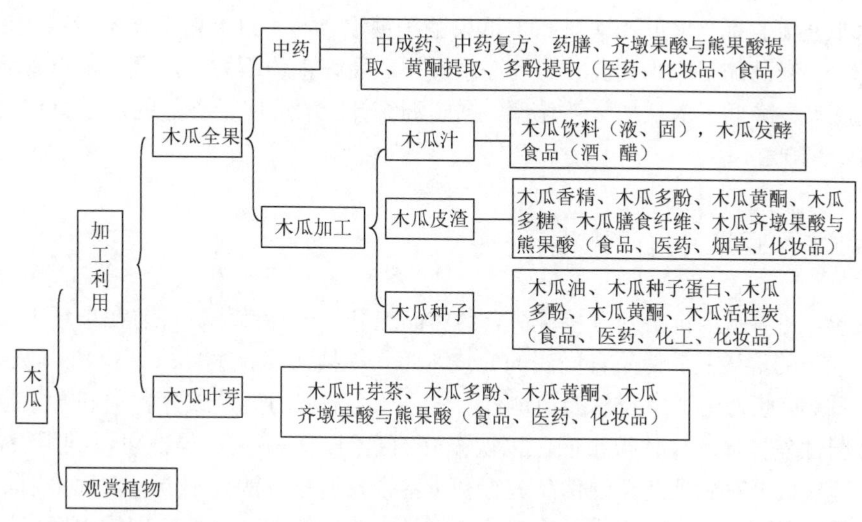

图2-7　木瓜生物质在医药等领域的用途

2.2.11.2　木瓜资源与加工利用现状

1. 木瓜资源

木瓜是药食兼用植物。由于自身的生物学特性和山区脱贫致富、特色林果经济的发展、乡村旅游及用途的不断拓展，其资源增长较快。中药材存在道地性，不同产地药材的药性差异显著，地域不同，其药效成分含量也显著不同，因此市场对不同产地出产的木瓜需求量呈现显著差异。由于缺乏普查统计，全国各地的确切产量尚难以精确估测。据统计，2017年仅陕西省白河县一地木瓜产量约为25万t；2017年湖北省十堰市的木瓜总产量约为50万t；2017年安徽省宣城市的木瓜总产量约为80万t。综合各地零散统计资料分析，2017年我国木瓜的总产量为500万～1000万t。木瓜虽是药食两用植物，但其果实中果胶物质与单宁物质含量高、果实硬度大、酸涩味强烈、纤维多、口感差，故不宜鲜食。除民间极少将木瓜切成条状用白糖腌制后食用和观赏把玩之外，大量木瓜资源亟须加工利用。

2. 木瓜加工利用现状

作为中药材，是木瓜加工利用的方式之一。木瓜经切片干制后的干木瓜片作为中药材销售，可用于虎骨木瓜片、木瓜丸（片）、木瓜壮骨丸等中成药的原料和其他中药方剂、药膳、保健食品的配料。综合文献报道和木瓜市场售价实时公开信息进行分析，中药材木瓜的整体市场需求状况是量大价低、供大于求和销售不畅。2015～2017年，木瓜的市场交易价格为 14～17 元/kg，年交易量为 8 万～15 万 t，约占木瓜年产量的 10%～15%。

食品加工，是木瓜利用转化的重要方式与方向。目前，木瓜用于食品加工的主要方式是生产木瓜发酵食品、木瓜汁饮料和木瓜果脯等糖渍食品。由于加工技术含量较低、综合利用不充分、产品加工成本过高、市场需求较小、品牌宣传不力等原因，木瓜食品的销售不畅，反过来又降低了木瓜加工转化率。据李洲统计，木瓜用于食品的加工量仅占木瓜总产量的 5%～10%。

2.2.11.3 木瓜市场混伪品现状

近几年，随着木瓜价格的逐步提高，伪劣品也开始充斥市场。目前在市场上检出的在木瓜片中掺杂的混淆品、伪品有同属的光皮木瓜（榠楂）、西藏木瓜、小木瓜（云南移[木衣]）和新疆木瓜等。此外由于中药材的道地性，不同产地木瓜的药效成分种类和含量也显著不同，导致药性差异显著，使得市面上以次充好的案例比较多见。虽然可以利用表观形态、组织学和理化成分对木瓜及其混伪品进行初步鉴别，但该方法并不能有效地鉴别不同环境出产的木瓜。以基因本身或其转录或表达产物作为鉴别依据的分子鉴别技术则能达到准确鉴别不同木瓜的目的，因而开发和利用木瓜分子标记在资源鉴别、遗传分析、功能基因定位与优良品种选育等方面均有着良好的应用前景。

2.2.11.4 木瓜资源开发展望与建议

1. 木瓜资源开发展望

充分开发利用和保护现有的木瓜资源，将资源优势转化成产业优势，并持续健康地发展，是值得深入研究和探讨的课题。目前主要有四个方面的问题制约了木瓜的种植开发与产业发展：一是优质品种的评价体系不健全、不兼容、不科学、不统一，使木瓜行业种植的品种乱。如湖南安化无核木瓜注重丰产、果大和无核，山东沂州木瓜侧重抗病虫害、适应性和观赏性，而安徽宣城木瓜则讲究果黄果香、树姿花型和耐旱耐瘠。那些具有优良药用品质的木瓜在业内受到了广泛好评和市场推崇，却屡屡遭受伪劣产品的冲击而缺乏确凿的科学依据进行保护。二是缺乏对木瓜生长发育和药用成分形成机制的了解，使得遗传改良研究很难取得实效，优良品系选育工作滞后。三是木瓜采收期短导致鲜果的贮藏期长，在重种重收的经济大背景下，轻视了木瓜采后贮藏方式与药效成分之间的采后生理研究。四是大规模种植的种苗奇缺和成活率低是生产上遇到的最大难题，如何保护和利用木瓜种质资源，在较短时间内获得大量种苗，降低成本，成为生产过程中亟待解决的现实问题。

通过组织培养技术，人工快速繁殖种苗是保护木瓜种质资源和解决产业化对种苗需求的有效途径。此外，当前迫切需要通过调整培养环境，研究和推广木瓜种子繁殖直接成苗和扦插、分株、压条等无性繁育的高效、简单实用技术方法，从而避开常规组培过程中高人工成本、高能耗、高物料的“三高”缺点。高通量植物生物反应器技术已成为当前植物种苗生产和利用植物细胞培养生产次生代谢物最常用的培养方式（如国内开发的 BioF 系列植物生物反应器），该方法已成功应用于百余种药用植物的植物细胞培养中，但目前极少有将该技术应用于木瓜的实例。

2. 木瓜资源开发建议

中药材是中医药事业传承和发展的物质基础，开展木瓜人工繁育是涉及人工培养生态体系的构建与维护、良种培育与规模化种植的多学科、多领域的综合工程。针对多年来木瓜繁育技术的研究情况，应结合不同繁育技术的特点，在木瓜繁育特性、遗传机制及良种优选等方面进行深入研究，并着重开展作物栽培、品种性状、采后生理等系统研究，加强对木瓜种植的科学引导，以实现木瓜的优质高产稳产。同时，应站在物种保护生物学的角度，广泛收集野生木瓜的种质资源，采用现代分子遗传学和分子生物学的技术和方法，对种质资源的遗传背景进行分析和评价，为木瓜的人工繁育提供支持。相信随着研究的深入，采用种子直播、共生萌发、组织培养、人工种子、生物反应器等技术，结合传统的种植模式，将有效解决木瓜资源问题，为发挥木瓜的资源优势奠定基础。

培育规范、可持续和扶持激励产业化环境。积极适时地将现代生物技术研发成果融入木瓜研究中，一方面为木瓜种质资源和知识产权的保护提供科学依据，另一方面为木瓜产业的现代化转型升级提供源动力。积极推动产学研联合攻关，规划木瓜规范化栽培技术与示范扶持性经费，为中药材生产实现高产、优质、高效提供技术储备，引进或聘请知名专家或科研团队作为技术支撑，推动木瓜 GAP 基地建设，引导企业与药农建立有效的产供销一体化的利益连接机制，以指导木瓜产业健康发展，最大限度地保护国家、企业和药农的利益，充分调动企业与药农的积极性。此外，还应全局地和科学地引导木瓜的种植规模和产业结构，避免炒作导致木瓜种植面积的盲目扩大，将木瓜药材的市场价格稳定在合理区间，促进木瓜产业的科学、健康与可持续发展。

2.2.11.5　木瓜资源加工利用方向

1. 重视木瓜品种培育，强化品质控制

木瓜种植地域广，品种杂多，野生与人工种植并存，果实采收期各异，导致木瓜的营养成分和药理成分如齐墩果酸、熊果酸和黄酮等含量差异大，品质参差不齐，直接妨碍了木瓜的利用与加工转化。所以重视木瓜种植技术研究、良种推广与管理、强化品质控制，为木瓜的药用和食品加工提供活性成分含量高且稳定和品质安全的原料，就显得尤为重要和迫切。为此，必须做好如下工作：①建立木瓜质量指标控制体系和药理成分的指纹图谱，强化品质的一致性管理；②加强木瓜药理成分含量与木瓜品种、种植地域、采收时间、储存保鲜方式及时间的研究，确保木瓜药用和食品加工品质的最佳化；③建立木瓜种质繁殖、立地条件和病虫害防治等种植规范，推广 GAP 基地建设，确保木瓜质量安全和品质稳定；④重视木瓜品种培育，淘汰老品种，培育和推广药理成分、营养成分高的木瓜品种，逐步消除局地木瓜品种多而杂的状态，突出品种优势，强化资源优势。

2. 加强基础研究，拓宽木瓜的中药用途

抓住全民关注大健康这一时代特点，结合流行病学调查统计的最新进展和现今中国人的体质特点，在深度发掘含木瓜的中医药验方、中医药膳与食疗方剂的基础上，加强木瓜有效成分的药理作用、药物代谢过程等基础研究，开发出新的含木瓜中成药、中药方剂、药膳配伍和养生膳食配方，努力拓宽木瓜作为中药的新用途、新配方和新领域，达到既促进木瓜利用转化，又提高人民健康水平的双重目的。

3. 高度重视木瓜系列食品的开发研究，做大做强木瓜食品加工业

目前，用于食品加工的木瓜转化量只占木瓜年产量的5%左右，而且产品比较单一、技术含量低，主要限于局地销售，整体经济效益差，所以，高度重视木瓜系列食品的开发研究、加大品牌宣传、拓宽产品销售市场，对于做大做强木瓜食品加工业，不仅是当务之急，而且具有重要的社会、经济和环境效益。在现有的以木瓜发酵食品为主、木瓜果脯与木瓜饮料为辅的木瓜食品基础上，强化校企合作，研究和开发木瓜系列制品的工艺技术，同时引入社会资本，强化品牌意识和品牌宣传，拓展全国市场，力争在一省或一市培育和壮大1～2个全国知名或著名的木瓜食品品牌，以切实促进木瓜种植—加工—销售—品牌的良性循环，真正做大做强木瓜食品加工业，促进山区农民增收和山区经济与新农村建设。

4. 强化木瓜的综合利用，开发高附加值产品

在木瓜食品和药品的加工过程中，会产生大量的木瓜皮渣、沉淀（如木瓜酒澄清产生）、碎片碎屑（如木瓜饮片产生）、种子外壳等加工“废弃物”，它们往往被直接废弃，既污染环境，又浪费资源。其实，这些废弃物中含有木瓜香精、木瓜多糖、木瓜黄酮、木瓜多酚、木瓜SOD、木瓜齐墩果酸与熊果酸等药理和活性成分，具有很高的综合利用价值。通过现代分离技术，根据各成分的性质特点，完全可以将木瓜加工废弃物进行综合分离提取，得到附加值高的单一活性成分的提取物和木瓜活性炭等综合利用产品，变废为宝，既减轻环境污染，又提高经济效益，同时降低木瓜食品的成本，增强其市场竞争力。

点评（点评人：陈集双）

木瓜不同于番木瓜（*Carica papaya* L.），后者原产于热带、亚热带，对我国来说是典型的外来物种。前者是我国传统作物，在古代不仅是食材和药材，同时也是观赏植物，蕴含着独特的文化价值。而今我国木瓜的产业境况与柿子有相似之处，后者一直到隋朝仍然是我国四大水果之一。但是，随着经济发展水平和消费多样性选择机会增加，现在这两种作物的主产区都出现了“摘不下来、运不出去、加工不了”的尴尬局面。挖掘木瓜和柿子

的药用价值，是科学推动市场消费的最有效手段。同时，将木瓜资源开发为大宗工业原料，如加工木瓜粉、炼制木瓜酒精等化学品，可能是推动产业规模化发展的最强动力。结合基因组变异的遗传育种甚至合成生物学技术，有可能显著改善木瓜的产量、品质和调整其生产方向；而专门的植保公司、种苗生产企业和加工销售企业的专业分工，是产业效益和质量品质的重要保证。

2.2.12　白及资源利用现状及开发策略①

白及［*Bletilla striata*（Thunb.）Rchb.］是药用兰科植物，也称“白芨”，与我国出产的白及属另外 3 个种，即华白及［*B. sinensis*（Rolf）Schltr.］、黄花白及（*B. ochracea* Schltr.）和小白及［*B. formosana*（Hayata）Schltr.］，在形态、分类和药理作用方面均有明显差别。由于白及种子萌发率低、生育周期长等生物学特性，以及生态环境遭受破坏、人类过度采挖等原因，野生的白及资源已日渐枯竭，具有优良中药性状的株系更是弥足珍贵。目前，白及已被我国列为珍稀濒危的中药物种，还被《濒危野生动植物物种国际贸易公约》（CITES）附录二录入，加以保护。白及资源短缺和产业发展迅速的根本原因有以下几个方面。

2.2.12.1　白及用途不断拓展

白及是具有广泛药用价值的传统中药材。其假鳞茎是一种常用的中药，《中华人民共和国药典》记载其具有抗菌、止血收敛、消肿生肌之功效，主治肺结核、咯血、肝癌、胃癌、十二指肠溃疡、尿血、便血等症。药理学研究也证实，白及能合成大量的超氧化物，并通过影响巨噬细胞来提高伤口的愈合能力，有抗菌镇痛和抗肿瘤活性，具有代血浆、骨髓造血、延缓衰老、增加机体免疫力等保健作用。白及制剂被广泛应用于外伤出血、口腔溃疡、前列腺增生症、烧烫伤、肝癌化疗、食管肿瘤支架植入、子宫肌瘤、手足皲裂、肛肠疾病等临床治疗中。除了做复方成分，白及还是医保目录中 30 个中成药的配方之一，如云南白药系列产品、快胃片、白及颗粒、白及冲剂、白及胶囊、复方白及膏、伤科灵喷雾剂、健胃消炎颗粒、胃康胶囊、致康胶囊、白百抗痨颗粒、百贝益肺胶囊、千山活血膏等。白及在这些药品中的疗效和作用无可替代。

除了在医药领域具有其他药物不可替代的作用之外，白及还被广泛应用于食品工业、烟草工业、化工（包括高档美容产品）、园艺等行业（图 2-8）。白及还被用作饮片、酿酒、药膳、高档卷烟烟蒂胶、工业糊料、浆丝绸、浆纱、涂料、化妆品等工业原料和基因递送的载体材料。利用白及护肤美容的历史悠久，其被誉为“美白仙子”，再加上它一般无不良反应，特别适合作为天然化妆品和常见皮肤疾病外治药物的功能组分。目前很多以白及为原料的化妆品及日用品已经走入市场，如白及花细胞美颜霜、白及手工香皂、白及花净白原液等。以中药白及制成的白及牙膏，可用于防治口腔溃疡、咽喉肿

① 该部分作者为徐德林。

痛、牙周炎、牙龈炎、龋齿、口腔异味等口腔和牙科疾病。在工业方面，白及胶还用作染布的黏合剂，是高级卷烟烟条黏合剂、野山参断须修复剂、裱字画黏合剂、胃镜检查的保护剂等。此外，白及花色艳丽，极具园艺观赏价值，是兰科中既有药用价值又有观赏价值的物种。

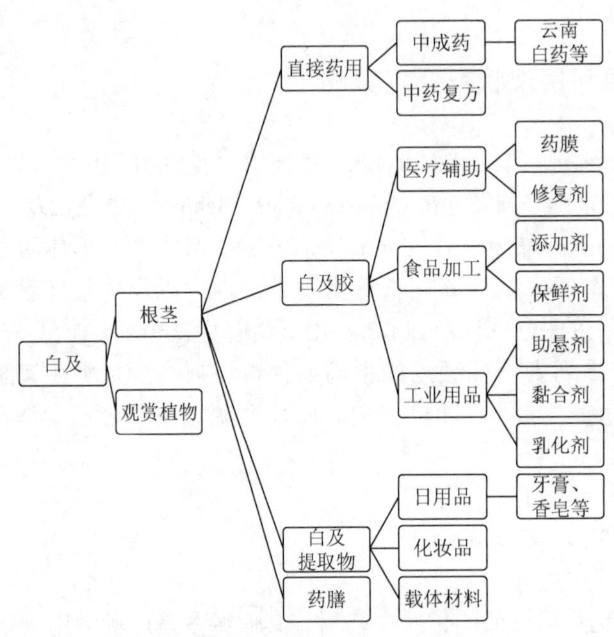

图 2-8 白及生物质在医药等领域的用途

因此，白及已从传统的中药材资源发展成为药、食、保健、园艺兼用的高附加值特种经济植物，市场前景不断扩大，也就造成白及资源发掘和保护的新问题。

2.2.12.2 市场需求量巨大，价格逐年上升

随着白及野生资源的逐年锐减和用途的不断拓宽，市场需求量急剧增加。对药材公司和药材收购商走访后估算，2006 年白及商品药材用量达到 1000t，2007 年市场总需求量突破 1500t，而 2015 年白及的市场需求量已达 4000t 左右。

从白及市场价格（图 2-9）来看，20 世纪 80 年代，市价基本为 4～6 元/kg，90 年代初期白及依然属于廉价的药材品种，价格不高于 10 元/kg。随着山区大力发展果林经济，大面积开垦荒山坡地，白及野生资源急剧减少，市场出现供不应求的局面，价格在 1996 年突破 10 元/kg 关口，1997～2001 年市价 12～15 元/kg，2003 年白及干品单价突破 20 元/kg，2004 年价格涨到 40 元/kg 左右，2005～2006 年市价维持在 35～42 元/kg，随后价格再次快速上涨，2007～2008 年达 80～95 元/kg，2010 年其价格涨幅超过 100%，达 180 元/kg。随后白及价格暂时停下上涨的步伐，2014 年后白及价格又开始上升，达到 400 元/kg，2015 年又猛涨到 600 元/kg 以上；2016 年突破 700/kg，目前价格居高不下。

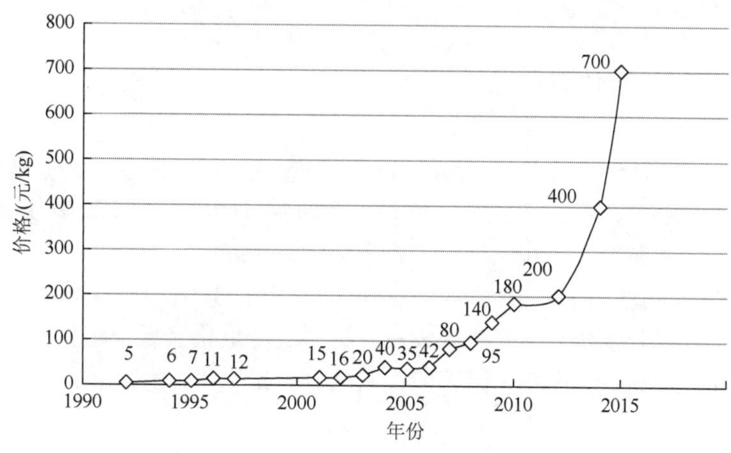

图 2-9　1990～2016 年白及市场价格变化

2.2.12.3　市场供不应求，产量长期徘徊不前

野生白及主要分布于我国长江流域及南方各省区海拔 1000m 以下的山沟、山谷中较潮湿的岩石、山坡草丛和林下。虽然分布广泛，但山区发展果林经济，开垦了大面积荒山坡地，导致白及生境遭到严重破坏，产量不断下降，外加产区药农长期掠夺式采挖野生白及，使其资源日趋减少，成批的货源不多，产区呈现从北向南灭绝的大势，从空间上清晰地呈现出问题的严重性。当前，白及种植面积较大的省区有贵州、四川、湖南、湖北、安徽、河南、浙江、陕西，其他种植省份有云南、江西、甘肃、江苏、广西等。然而，中药材存在道地性，如不同产地药材的药性差异显著，即地域不同，其药效成分含量也显著不同，导致市场对不同产地出产的白及需求量呈现显著差异。由于贵州省的正安县地处云贵高原向四川盆地过渡的斜坡地段，地形复杂，雨量充沛且雨热同季，生态环境良好，特殊的地理位置和气候条件使得该地白及种植历史悠久，种质资源丰富，驯化的白及假鳞茎个大，药用品质优良，较其他主产地质量更优、药用价值更大，因而贵州的白及正成为市场竞相追逐的紧俏品，白及也由此成为对贵州经济具有巨大贡献潜力的道地性名贵中药材。

目前，各地的白及产量尚不能确切估测。新中国成立以来，我国仅在 1986 年进行过一次全国大范围的中药资源普查，各地产量只能依据地方资料提供的一些相关数字进行分析和研究。如陕西省在 20 世纪 60～80 年代野生白及年产量有 30～40t，最高达 56t，而后开始下滑，2000 年已不足 2t，如今陕西省几乎无资源可采挖。同样，河南西部伏牛山区 20 世纪 90 年代以前每年可收购 10～20t，目前已难找到白及。广西天峨、大新两县在 70～80 年代每年可以收购 35t 左右，1997 年只能收 10t，在 2003 年收购已不足 1t。安徽、江苏、湖北、湖南同上述省区都是最先开发的老产区，目前的供货量也乏善可陈。周涛等对全国白及主产区的产能进行了调查，发现 2007 年主产区白及产量为云南约 500t、贵州约 300t、安徽约 100t、广西约 100t，总产量仅有约 1000t。2013 年开始全国掀起了种植白及的高潮，2014 年种植规模超过 6 万亩，但由于种源和种植环境不当，实际有效面积少于 1 万亩，预估的产量也仅有 1800t 左右，只能供应市场需求量的 45%。

2.2.12.4　白及市场混伪品现状

近年来，随着白及价格的升高，伪品开始充斥市场。目前在市场上检出的在白及片中掺杂的混淆品、伪品有同属的小白及、黄花白及，兰科的独蒜兰、云南独蒜兰、苞舌兰、筒瓣兰、杜鹃兰、紫花美冠兰和毛梗兰；百合科的滇黄精、土黄精、甜黄精、扁白及、玉竹、知母、羊角参、山慈姑等。造成白及供不应求和市场短缺的根本原因是缺少适宜反复无性繁殖的优质品种，连续无性繁殖造成白及种质资源退化严重、病害增加和产量品质不稳定。只有白及种质资源优化和种苗繁殖技术达到一定水平，才有可能解决目前白及市场短缺和混乱的局面。

2.2.12.5　白及资源产业开发进展

充分开发利用和保护现有的白及资源，将资源优势转化成产业优势，并持续健康地发展，是值得深入研究和探讨的课题。目前，白及的种植开发与产业发展主要遭遇四个方面的瓶颈：一是大规模种植的种苗奇缺是生产上遇到的最大难题，如何保护和利用濒危的白及种质资源，在较短时间内获得大量种苗，降低成本，成为生产过程中亟待解决的现实问题；二是缺乏对白及生长发育和药性形成机制的了解，使得遗传改良研究很难取得实效，优良品系选育工作滞后；三是优质白及的评价体系不健全，市场优劣难鉴别，尽管像贵州正安的白及在业内受到了广泛好评和市场推崇，却屡屡遭受伪劣产品的冲击，缺乏确凿的科学依据保护道地的贵州白及；四是白及的生育周期长、高新技术应用化程度低，药用部分的获取通常需要种植 2～4 年后才能采收。应用植物组织培养技术，尤其是高通量生物反应器扩繁等方式来转变白及药用成分的生产方式具有广阔前景。

通过组织培养技术，提高种子发芽率，人工快速繁殖种苗是保护白及种质资源和解决产业化对种苗需求的有效途径，也是细胞杂交、基因改良等技术体系的重要组成部分。白及苗生长缓慢、成苗周期长，种子无胚乳，在自然条件下发芽率极低，用假鳞茎进行营养繁殖成本昂贵且每茬种植均需重新投种，增加了生产成本而降低了经济效益。统计发现，目前没有一种适合多数品系种子萌发的相对统一的培养基，白及不同基因型的分化率之间存在显著差异。此外，当前迫切需要通过调整培养环境，开发出白及种子直接成苗的简单实用技术方法，从而避开常规组培过程中高人工成本、高能耗、高物料的“三高”缺点。

借助生物反应器，构建能满足植物细胞生长分化和次生代谢物合成积累的最佳条件，高效促进细胞增殖和定向诱导次生代谢物的合成积累，已成为当前利用植物细胞培养生产次生代谢物最常用的培养方式。该技术具有操作简单、易于扩大培养、氧气及养分的供应和传递方便、次生代谢物易分离、环保高效等优点，容易通过优化细胞培养条件、饲喂前体物、添加诱导子等方式，使得培养细胞有效成分的积累量达到（甚至超过）原植株，有效避免了传统获取白及方法中种植周期长、种植风险大的弊端。该方法已成功应用于百余种药用植物的植物细胞培养中，然而目前极少有将该技术应用于白及的实例。

2.2.12.6　白及资源开发建议

白及作为我国传统中药，药理作用广泛，同时也极具观赏价值，还被广泛用于食品及化工领域，白及资源的开发利用符合回归自然、崇尚绿色的时代需求与发展趋势。但是，目前我国白及的产量难以满足市场的需求，资源短缺的问题制约了白及产业的发展，再加上人们无限度的滥挖，使白及种质逐年退化，野生白及种质资源的有效保育已刻不容缓。因此，从繁殖生物学及引种驯化着手，系统开展白及的保护生物学研究，揭示抑制白及生长发育或败育原因，是解决白及繁殖、栽培的关键技术问题。促进白及种质资源的保存与拓展研究及优良品种的选育工作，做到白及资源的开发利用与保护的协调统一，实现白及野生资源的可持续利用。相信随着研究的深入，采用人工种子、组织培养等技术，结合传统的种植模式，将有效解决白及资源问题，实现白及产量和品质的极大提升，必将带来巨大经济效益，并有力地促进下游产业的健康稳步发展。

在其他方面还需配套开展引导性投入，激励中药材生产。如积极推动产学研联合攻关项目的落地，安排白及规范化栽培技术研发的研究经费，为中药材实现高产、优质、高效的生产提供技术储备，引进或聘请知名专家或科研团队作为技术支撑，推动白及 GAP 基地建设，引导企业与药农建立有效的产供销一体化的利益连接机制，以指导白及产业健康发展，最大限度地保护国家、企业和药农之间的利益，充分调动企业与药农的积极性。此外，还应科学地引导白及的种植规模和产业结构，避免炒作性的盲目扩大白及的种植面积，将白及原材料的市场价格稳定在合理区间，促进白及产业的健康持续发展。

点评 1（点评人：李明福）

白及资源的利用现状对特有生物资源很有参考价值。目前白及市场供不应求，但质量如何保障，国内人工规模化种植的白及与野生白及的关系如何处理，白及野生资源如何保护，会不会因为新品种的培育破坏野生资源的多态性，白及产业化如何健康发展，这些问题还需要深入探讨。

点评 2（点评人：陈集双）

利用现代生物技术手段，发掘珍稀植物资源，以满足经济社会发展过程中对特定生物资源的开发需求，白及可以作为典型案例。白及作为典型药用兰科植物，与铁皮石斛有相似的生长发育特点。我国已经在产业水平上，解决了铁皮石斛扩繁和人工栽培的系列技术问题。因此，种子萌发和组织培养水平上的规模化扩繁是目前技术条件下，快速解决白及种苗短缺和种质资源退化的主要手段，也是成熟的技术。同时，研究发现，组培白及种苗比铁皮石斛更容易栽培成活。因此，白及资源的开发，至少在种苗环节，已经具备比较好的产业技术基础。

同时，必须看到，由于资源短缺或产业发展特点限制——人工栽培白及需要 3～4 年生长周期，原药材价格疯涨了几十倍！这是涉农产业发展的一个普遍性问题。由于地方政府的热心推动，扶贫政策支持和盲目跟风发展，在解决种苗生产技术之后，全国各地的白及栽培基地如雨后春笋般发展起来。如不加以宏观引导和有效管理调控，势必造成产能过剩，价格大幅度回落，出现药贱伤农的结果。因此，建议行业企业和政府一起努力，一方面控制发展速度和规模，另一方面发展白及利用的新技术和新领域，以实现该资源的科学有序利用。

2.2.13 云南蓖麻资源现状及种植开发前景①

蓖麻（*Ricinus communis* L.）属大戟科（Euphorbiaceae）蓖麻属（*Ricinus*），一年生或多年生双子叶草本植物。蓖麻是世界十大油料作物之一，出油率高达 40%～60%。蓖麻油具黏度大、密度高、摩擦系数低、流动性好等特点，以及低温（≥–18℃）下不凝固、高温（500～600℃）下不变质、不燃烧等特性，是航空、航天用的优质润滑油。蓖麻油还是重要的化工原料。蓖麻油被公认为“油中之王”和“绿色石油”，其化学衍生物达 3000 多种，可广泛应用于汽车、船舶、机床、建筑、军工、医疗等行业。此外，蓖麻炼油后其副产物可做有机肥料，经高温脱毒处理还可用作畜牧业精饲料。蓖麻叶含丰富蛋白质、脂肪、糖类、氨基酸及矿物质，是饲养蓖麻蚕的专用饲料。蓖麻蚕丝是世界三大绢纺之一，是优质的轻纺材料。从蓖麻中提取的蓖麻毒素是生产生物农药的重要原料，可用于杀虫、灭菌等。蓖麻作为工业、能源、战略原料等多种用途的资源植物，其全身都是宝，综合利用率高、经济价值大，蓖麻产业有广阔的发展前景。

蓖麻起源于非洲东部，古代从非洲传入亚洲，而后由亚洲传到美洲再传至欧洲，现在在世界大部分地区都有种植。目前，全世界蓖麻种植面积约为 110 万 hm^2，主要分布在印度、中国、巴西等国家，其产量占全世界蓖麻总产量的 90%以上。我国蓖麻种植历史悠久，栽培蓖麻由印度传入，据康熙字典上解释“据玉篇（梁・顾野王撰），有蓖麻之名”，可见早在 1400 年前我国古代劳动人民就学会栽培和利用蓖麻。目前我国蓖麻栽培面积为 25 万～30 万 hm^2，单产约 1000kg/hm^2，总产约 25 万～30 万 t。蓖麻种植区域南起海南岛，北至黑龙江（北纬 49°以南），主要栽培区为内蒙古、吉林、山西、新疆、云南、江苏和湖南等地。

2.2.13.1 云南蓖麻资源现状

1. 云南蓖麻资源分布

云南种植蓖麻的历史久远，自古百姓就知道种植蓖麻用于养蚕、点灯照明、织布、制皂和润滑农具。云南处于低纬度地区，具有热带、南亚热带、中亚热带、北亚热带、温带等多种气候类型，海拔多处于 1800m 以下，80%以上的地区适宜蓖麻生长。云南省农业科学院经济作物研究所已从云南省内各地收集可发掘、创新和利用的蓖麻种质资源材料 300 多份。从中挑选了 46 份蓖麻种质资源进行了遗传距离分析，发现可聚为 4 类。

① 该部分作者为李展。

2. 云南蓖麻良种选育

尽管云南种植蓖麻的历史悠久，但以前多是自发零星种植，并未形成规模。云南省农业科学院经济作物研究所科技人员从20世纪80年代就开始从事蓖麻资源收集、整理的工作，进行引种栽培试验及新品种选育的研究。在90年代先后引进法国5个蓖麻杂交种（CS63-268、CS-R6.181、CS-R6.190、CS-R24.71、CS-R6.2），并且在湿热地区普洱、南亚热带干热区元谋、中亚热带文山及北亚热带昆明进行选点试种，发现法国蓖麻种最适宜在北亚热带气候区种植，但总体产量不高。后陆续引进泰国蓖麻品种和中国北方蓖麻栽培品种在云南进行试种。通过系列引种试种、引入种与本土种杂交选育，目前已选育出滇蓖麻1号、云蓖麻2号、云蓖麻3号、云蓖麻4号和云蓖麻5号等在云南栽培表现比较优良的品系。

3. 云南蓖麻种植情况

云南土地面积为39.4万km^2。主要土壤类型为铁铝土，分砖红壤、赤红壤、红壤等。砖红壤主要分布在海拔800m以下的河谷阶地、丘陵山区和东南部海拔400m以下的河口等地，面积为66.95万hm^2，土壤pH 4.8～5.6，呈酸性、强酸性。赤红壤主要分布在云南德宏及临沧地区西南部，面积为515.30万hm^2，土壤pH低于5.5。红壤广泛分布于北纬24°～26°之间的海拔为1500～2500m的高原湖盆边缘及中低山地，是云南分布面积最广的土壤类型，总面积达1136.96万hm^2，土壤pH在5.0～6.2之间。结合云南的土壤性质和特点，云南当前蓖麻主栽品种为滇蓖麻1号、云蓖麻2号、云蓖麻3号、云蓖麻4号、云蓖麻5号等。滇蓖麻1号及云蓖麻2、3、4和5号品种主要特征、田间栽培表现见表2-7。2004～2005年，淄博3号（山东淄博市农业科学研究院选育）和通蓖5号（内蒙古通辽市农业科学研究院选育）及云南省农业科学院经济作物研究所选育品种A131、A052、A133、D054、D056、2002LD58、6052和TCO-202，在云南省昆明、陆良、牟定、弥勒、宾川、江川和永胜等地进行多点试验，发现云南选育的6052品种平均亩产达到245.12kg，且适宜种植的面积最广，是一个非常具有发展前途的常规选育品种。

表2-7　云南主栽蓖麻品种主要特征及田间栽培表现

品种	主要特征						田间示范推广	累计推广面积/万亩
	株高/cm	主穗位高/cm	百粒重/g	含油量/%	蓖麻醇酸/%	平均亩产/kg		
滇蓖麻1号	230～240	73.9	45.7	56.76	88.27	150	文山、保山、楚雄、红河、曲靖、贵州、四川、广西	2.1
云蓖麻2号	152～247	34.7～42.0	42.2～50	54.42	84.00	120～336	曲靖、保山、红河、楚雄、贵州、四川、广西	27
云蓖麻3号	218～274	75.3～104.4	41.9	56.16	89.37	167.8～245.1	云南海拔2000m以下种植	
云蓖麻4号	190～260	53～74.4	40.4	57.53	86.52	133.8～229.4	云南海拔1800m以下种植	
云蓖麻5号	207.4～309.6	87.2～112	31.9～37.8	56.65	90.45	87.49～124.45	云南海拔1800m以下种植	

2.2.13.2　云南蓖麻种植业开发前景

1. 云南自然条件优越

云南省自然气候条件良好，大多数地区全生育期的日平均温度高于 10℃，年积温接近或大于 6500℃，年降水量为 800～1200mm，无霜期长，能满足蓖麻生长所需要的基本条件。云南全省 96%的地区为山区和半山区，拥有大量的荒坡山地、二荒地和退耕还林地。这些土地大多不适宜种植粮食作物（水稻、小麦、玉米等），或种后产量不高、品质不好，导致土地利用率低、农民收入少，因而不存在与粮争地的问题。尽管土壤主要为红壤，偏酸性，但适当增施石灰，就能适应蓖麻生长。良好的气候、地理条件与充足的土地资源，为蓖麻种植规模的发展与扩大提供了有利条件。

2. 适宜良种选育

云南省有着立体的地理生态气候和丰富的物种多样性，素有“动植物王国”的美誉，可收集用于优良性状发掘、创新和利用的蓖麻种质资源较多。通过本地种自选系不断选育，或与引入种杂交，或通过分子生物育种技术，有望获得一批在产量、出粒率、百粒重、出仁率、含油率等指标上综合表现出色的优良品种。

3. 宿生蓖麻

蓖麻在中国从北到南均能栽培，但北方地区冬季气候寒冷，蓖麻不能安全越冬，故为一年生；一年生蓖麻茎秆较细，植株矮小，营养生长较弱。云南蓖麻多为多年生蓖麻，一般宿生挂果，宿生蓖麻较一年生蓖麻能节省劳力与栽培成本。宿生蓖麻一般在 3 年左右产量达到最高，5 年后产量明显下降，需砍伐后重新栽培。由于收获时间较长，在产量上也有一定稳定的时间，可满足大型蓖麻籽加工企业对原料的需求。图 2-10 为昆明本地的宿生蓖麻生长情况。

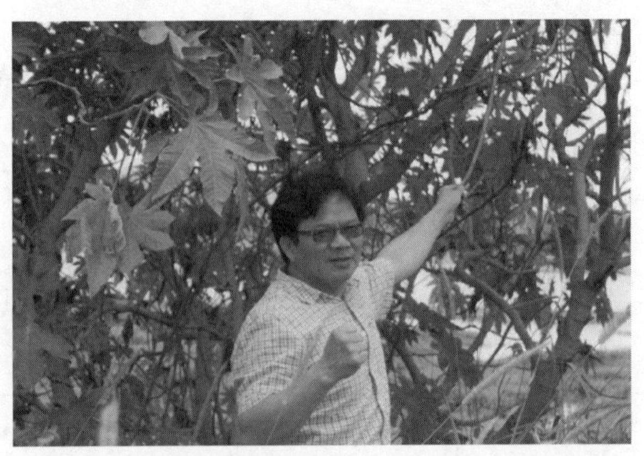

图 2-10　多年生蓖麻生长状况（孙玉萍 2010 年拍摄于昆明）

4. 云南“两强一堡”建设的巨大机遇

自 1995 年云南省确定生物资源开发工程为云南省四大支柱产业之一以来，很多州市地方政府积极规划种植蓖麻。2010 年云南省委八届八次会议提出“紧紧围绕建设绿色经济强省、民族文化强省和中国面向西南开放的桥头堡”，云南省在大通道建设方面，大力推进公路、铁路、民航及水运通道的建设，打通中国南下越南、老挝、泰国、缅甸等东南亚、南亚国家的国际通道，深化同东南亚、南亚、大湄公河次区域的商贸、经济、科技、文化等交流合作。在这一巨大机遇前，云南省委、省政府及时提出要大力发展高原特色农业。政府的高度重视为高原特色农业的发展提供了大量优惠政策及扶持鼓励，蓖麻种植业迎来一个崭新的发展机遇。目前，云南省的蓖麻种植面积节节攀升，从 2008 年到 2010 年就已经发展种植了 1.67 万 hm^2，蓖麻种植基地在 2010 年就达到 4 万 hm^2 左右。

5. 已有一定的深加工和综合利用能力

云南有较多的传统养蚕产丝大县（区），如陆良、沾益、大姚等，这些县具备比较成熟的养蚕制丝技术。因此可大力发展蓖麻蚕养殖业，提高蓖麻的利用价值与蚕农的经济收入。昆明上焦油脂化工有限公司已建成 1.2 万 t/a 精制蓖麻油生产装置，但由于蓖麻籽供应紧张，企业尚且难以正常运营，需大量采购蓖麻籽，因此亟须大力发展蓖麻种植业。

2.2.13.3　展望

云南蓖麻种植业开发前景光明，与此同时云南蓖麻产业依旧存在一些制约其产业发展的瓶颈。云南省具有复杂的气候环境与地质地形，单一或少数几种蓖麻品种难以适应全省范围内的推广种植，云南省的蓖麻种植面积与北方蓖麻栽培大省相比存在较大的差距。此外，蓖麻籽的亩产量总体较低，蓖麻叶、蓖麻秆等组织成分利用率低、农户收益少，导致农民种植蓖麻的积极性不高。

云南省缺乏实力雄厚、技术先进的蓖麻产品深加工企业，大部分企业对蓖麻的加工过程还比较粗放，企业利润率低，所以蓖麻籽在云南省内市场的价格也偏低。随着国际石油资源的日益减少、国际能源危机不断，生物质能源的发展越来越受到各个国家的重视。以蓖麻油等生物质能源为核心的新型能源产业将会面临新的发展机遇，并且随着蓖麻深加工技术的不断突破，其作为工业、医药、农业等多种行业的宝贵战略资源的地位日益凸显，蓖麻产业必将发展壮大。在政府大力扶持和鼓励的前提下，若能加快蓖麻良种选育进程、加大良法推广力度；同时引进蓖麻深加工技术能力强、对蓖麻综合利用率高的高新企业入驻云南，激活蓖麻产业链条，伴随着种植蓖麻的综合收益的切实提高，必将极大激发农民种植蓖麻的积极性，而且可以辐射带动大湄公河次区域的缅甸、老挝、越南等国家大量种植蓖麻。因此云南蓖麻种植与产业开发拥有巨大的发展机遇和发展空间，前景辉煌。

点评（点评人：陈集双）

品种资源是最典型的生物遗传资源，是人民生产实践过程中积累起来的社会财富。蓖麻是最典型的经济作物之一，随着我国社会发展和需求增加，蓖麻资源的改造利用以适应新的生产模式，需求更加迫切。蓖麻还是典型的外来物种，但其经济价值高，实践证明其不造成入侵危害，本身的病虫害少，栽培的管理成本和环境成本都比较低。相对于化学合成材料，蓖麻油是绿色生物制造的优选原料，在航天航空和保温材料等诸多方面具备工业化用途。因此，相对于目前我国西南地区政府所主导的动辄数万亩、数十万亩地发展元宝枫等外来植物，蓖麻是更加靠谱的经济植物品种。

“一方水土养一方植物”，云南宿生蓖麻有气候适应性等多方面优势，尤其适合相对贫困和大农业生产条件比较差的地区。在云南发展宿生蓖麻产业，也有不少值得注意的方面。其中，强化品种意识非常重要，有根据的品种才有确定的农艺性状和出油率、油脂稳定性等依据。同时，发展蓖麻生物质的全价利用和技术配套，将有助于产业价值提升和可持续发展。

第3章　生物质资源

3.1　生物质资源及其科学利用

生物质是生物资源利用最直接的形态和物质基础，因此，西方学术界经常片面地直接把生物质当作生物资源。在活的生物体内，生物质的主要存在形式有结构物质、活性物质、能源物质、储存物质和代谢产物（排泄物）等类型。这些生物质都可以发掘出相应的用途，包括生物质材料、食材、活性药物和生物质能等。植物光合作用形成的木质纤维素是自然界第一大生物质，糖原、多糖、木质纤维素及其衍生物是其他生物质形成的基础；动物源的几丁质是自然界第二大生物质，在医药、农业等领域有诸多衍生用途。生物态矿物质是另一类主要生物质，但迄今对其关注较少。

生物质的本质就是生命活动形成的有机质。其科学定义是：植物利用太阳能、水和CO_2经过光合作用所获得的植物体及其衍生物。其衍生过程包括动物利用、微生物转化和其他植物吸收转化，也包括人类的利用和转化。广义生物质是指地球生物圈内物质循环系统中生物体派生的有机物的总称。不仅包括植物、动物和微生物及其衍生物，还包括生活垃圾、农产品和生物质加工业废弃物。通过现代生物技术和化学化工等过程人为合成的具有生物学功能的有机质在广义上也是生物质。生物质如能合理利用就是资源，如不能及时处理就是废弃物或成为环境负担。初级农作物、畜禽产品和水产品是传统产业中最广泛利用的生物质资源。但是，在新的产业条件下，农林牧渔业加工副产物甚至是生物废弃物也具备广泛的资源化利用前景和工业品生产价值。

3.1.1　生物质资源诠释

3.1.1.1　生物质的来源和特点

科学的生物资源观认为生物质都是资源，有的是可以直接利用的资源，有的需要转化挖掘或预处理才能作为资源，还有的是未来的或潜在的资源。从来源角度考量，生物质既可能来源于植物，也可以来源于动物和微生物；既可能是宏观可见的，如木材，也可能是微观的，如生物活性物质。当然，大多数人类可利用的生物质原料和产品都来源于人类的培育和生产活动，是劳动成果，也是跟货币一样的社会资源。人类发展的历史与生物质的利用水平密切相关。一方面，随着工业技术的发展，越来越多非生物制品高比例地进入社会生活，以至于人类对纯生物质产品的依赖程度越来越低，尽管这部分生物质起初是必不可少的，如动物皮毛等；另一方面，人们越来越对生物制品产生返璞归真的本能追求，许多生物产品开始大行其道，不断获得广泛喜爱。这些生物产品均依赖于植物、动物、微生物及其衍生的生物质。

1. 植物源生物质

植物源生物质以木质纤维素为代表，是绿色植物光合作用的直接产物或（和）衍生物，也是目前陆地上最丰富的生物质。据荷兰学者报道，基于绿色植物的光合作用，2004 年全球生物质年产出潜力（按标准煤计）约为 1172.82 亿 t，是当年世界石油消费量（38.37 亿 t）的 30.57 倍。也就是说将地球上 7%的生物质暂时被储存起来，不烧掉或阻止其通过微生物降解，就能抵消当年人类燃烧煤炭和石油等化石燃料形成的 CO_2 总和。这些生物质基本上是以植物组织形成的木质纤维素形式而存在，一部分作为粮食或糖产品被收获。木质纤维素通过木质素、纤维素和半纤维素中的 C—H 键等化学储能方式把大部分光合作用获得的太阳能储存在长链分子中，并为微生物和动物提供基础代谢的能量来源。自然界丰富的木质纤维素生物质保障了丰富多彩的生命活动运转、衍生和功能发挥。

自然界中木质纤维素的碳循环模式如图 3-1 所示。

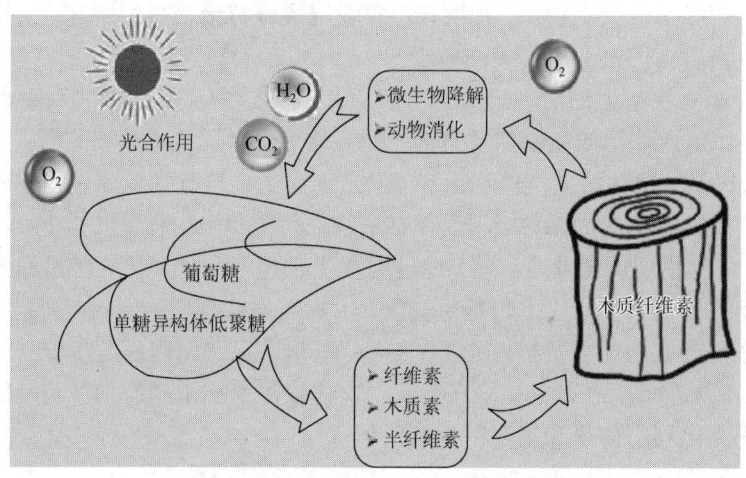

图 3-1　木质纤维素在自然界的碳循环模式

“野火烧不尽，春风吹又生”，是对自然界植物生物质的真实写照。植物不仅产生生物质的效率高，且对环境的适应能力很强。人类通过种植农作物、牧草和保护森林，实现对植物生物质的干预。因此，农林牧业活动是影响植物源生物质的主要社会活动。野生植物所产生的植物生物质及其衍生的煤炭和石油等是自然资源，通过种植植物和养植牧草形成的生物质是社会资源。每年由自然界的林草形成的生物质量，大大高于农业活动形成的生物质量，但是前者得到的关注往往不及农业生产物。海量植物生物质需要及时有效地进行收集，才能成为生物质资源，未能及时处理就可能快速降解回归大自然，甚至成为环境负担。

2. 动物和微生物源生物质

动物源生物质主要是以肉蛋奶和毛皮、骨骼、血液、脂肪、内脏、粪便等形式存在。这些都是通过转化其他生物（植物、动物和微生物）的生物质而来的，在转化过程中有大量生物质的消耗和生物量的减少。动物源生物质的传统利用主要是食用、作为衣料和工具；

即便是在工业发达的今天，因为伦理和成本等诸多因素，除作为食材外，动物源生物质的产业开发并不发达。随着动物细胞、组织培养及生物反应器技术的突破和培养通量的增加，动物源生物质的生产和应用潜力将进一步被发掘，或带给我们更多惊喜。都市生活已经每天都离不开肉蛋奶，这些动物源生物质基本上都是生产劳动的产品，是社会资源。昆虫是地球上数量最多的生物群体，其物种数量在所有生物种类中占比超 50%，自然界可能有 500 万种昆虫。同时，同种的个体数量也十分惊人。昆虫既是生物质的快速消耗者，也是生物质的制造者。大部分昆虫是植食性的，主要以鲜活植物为食，也有一部分以干枯的植物和种子为食；另一部分昆虫是肉食性的，以其他昆虫和动物为食。昆虫对生物量的影响，除了直接消耗生物质外，还会导致病害和降低生物质的品质，甚至造成生态破坏。例如，蝗虫的聚集和迁飞往往造成一个地区甚至多国农林生态系统崩坏，严重影响人类生活，甚至导致政权更迭。许多昆虫生物质也具有产业利用价值，一部分昆虫成为特色食材，一部分昆虫还能用于生产特效药，如斑蝥素和蛹虫草等。历史上最成功的动物源生物质利用是桑蚕丝，蚕丝的生产、加工、利用不仅解决了保暖和家居等生活需求，也带来经济、贸易和文化的多维度碰撞。在生物资源理论和产业技术快速发展的今天，昆虫资源可能成为新的开发热点，比如利用昆虫转化厨余垃圾，获得高品质饲料蛋白，这在未来可能会形成海量资源，解决人类社会的大难题。

微生物本身的生物量小，历史上由于收集和培养技术的局限，直接利用微生物源生物质的比例并不大，典型的如食用菌的采集和培养。但是，微生物是生物质的主要转化者和消耗者，无论动物还是植物，都有一大堆微生物对其进行快速降解。这些微生物在活体中往往以病原物或共生微生物的形式存在；当它们存在于非活体的动物、植物或其他微生物中时往往属于腐生微生物，后者对生物质的破坏和降解效率更高。因此，人类对生物质的利用其实是与微生物竞争的过程，生物质只有及时收集和处理，才能防止被微生物降解，从而成为生物质资源。

微生物一直与人类健康和疾病控制密切相关。一方面人类和动物消化食物离不开有益微生物，另一方面许多疾病都与微生物有关。许多控制疾病的特效药也来自微生物，相当大一部分原来由植物或动物生产的药物，也可以由微生物生产，甚至一部分植物源化合物其实是内生菌等微生物的实际贡献。因此，这方面有非常巨大的发展潜力。

值得注意的是，从水体环境考虑，微生物生物质的大量存在既是未知的机遇，也是现实的挑战。比如，人类对微藻的规模化培养，可能改变农业生产对象和生产格局。与其他植物相比，微藻在光合转化效率、生长速度等诸多方面具有优势，尤其是在利用工业废气和其他有机污染物方面具有其他绿色植物无可比拟的优势。但是，相关基础研究和开发技术还远远不能支撑产业需求，有待更多突破以赶上生物资源理论和技术原理提供的发展机遇。

3. 农林生物质资源

农林生物质同样包括植物、动物和微生物生物质，一直就是人类生物质利用的最主要来源。一方面，初级农产品，尤其是以种植作物为主的谷物、豆类、薯类和其他产淀粉的大宗农产品显然是生物质资源；另一方面，其副产物如秸秆、藤蔓和谷壳等也都是生物质资源。许多文献和文件中将秸秆等农业副产物等同于农业生物质是非常不准确的。同时，秸秆甚至修剪掉的枝条等也不是废弃物，它们是纯生物质，且具备明确的资源化利用价值。经济动物的规模化养殖，带来生物质及其废弃物处理的负担。这些生物质处理处置所涉及的环节，需要事先设计，诸如：①可资源化利用的比例和成本；②环境对有机质的容纳量；③当时当地能够开展循环利用的设备和技术条件等。

人们对林业生物质的利用和林木资源保护的认识存在不少误区。首先，林木资源本身存在活跃的生物质代谢过程，森林中每年都形成大量的枯枝落叶和死树枯草，这是森林发育的一个重要特点，如果采取积极间伐捡拾的方式，一方面能够主动获取生物质资源，另一方面还能促进林木生态的良性发育，预防森林火灾和森林病虫害等灾害。“绿水青山就是金山银山”，也强调科学养护和适度利用的价值。除自然保护区以外，片面地强调保护森林资源不得人为干预并不利于生物质资源开发和生态发育。因此，森林也是有生命活力的生物质生产场所，根据林木状态，定期间伐、适度采收、科学管护才能形成有活力的林业资源。适度产业利用，利用大数据和智能管理有望提升人类对森林资源的保护和开发能力。

广义的农业生物质还应包括养殖的水生动植物资源和产品，主要包括淡水产品、海水产品和滩涂养殖产品，甚至还包括水生和滩涂植物的生物质。近年来，海洋牧场逐渐为人们所推崇。近海、滩涂和盐碱地的种植养殖，是合理利用海洋环境资源和生物质生产的巨大机遇。

3.1.1.2　生物质资源的利用历史

生物质资源是人类最早使用和倚仗的生活物资，也是人类早期最主要的生产资料；应该说没有生物质资源，就没有人类的生存和发展。人类对生物质资源的利用主要包括采集收集、培育栽培、加工利用和创制利用等内容；结合其技术使用特点，可分为五个阶段。

（1）直接利用阶段：其特征是以采集为主要或全部手段，表现为即采即用。这一阶段生物质是人类最必不可少的食材、衣料、工具和建造居所的材料。作为工具优先和合理利用木质纤维素材料也是人类与其他动物的差别。这个阶段，燃烧取暖和烧烤食物也基本上依靠木材等易获取的野生资源。

（2）收集加工利用阶段：该阶段以人类有计划地识别、采集、采伐、捕猎等为主要手段，其特征是利用工具对生物质材料进行采集、加工和分类利用；储存成为这一阶段的标志。这个阶段出现了食物风干和发酵、木材加工等不同生产方式，生物质的利用呈现出产品性和用途的差别化。

（3）种植养殖利用阶段：该阶段以人类主动规划的选种、驯化、种植和养殖等生产方式为主，并配合原料采集和捕捞；其特征是种瓜得瓜，种豆得豆，先种（养）再用。主动种（养）就涉及遗传资源的选择，选种和育种成为解决种养问题的优先环节。这个阶段出现了利用木质纤维素造纸和成规模的皮革加工等高级利用模式，纺织文明也因此诞生，是典型的农业文明形态。

（4）改造利用阶段：其特征是所有的种植、养殖都经过育种阶段再组织生产，并将生产所得的动植物生物质，尤其是木质纤维素等材料进行工程化处理和改造，使之成为具备一定质量标准的工业原料，以便定向利用和多用途利用。这个阶段，在工业利用方面主要是生物质与其他物质的复合利用，如以木质纤维素为主料生产木塑复合材料等，或对生物质组分进行拆分提取，通过生物炼制过程形成新的小分子生物基化学品，如燃料乙醇等。这一阶段微生物利用得到加强，通过微生物对生物质进行转化。同时，细胞培养和组织培养也是获取目标生物质的重要手段。这个阶段中，动植物育种和微生物菌种改造是提升生物质产品和品质的重要条件，杂交育种、诱变育种等基因改造方法盛行。

（5）生物质创制利用阶段：这一阶段是后工业发展阶段，其特征是根据生物资源发生发展原理、生物信息资源和大数据进行主动的动植物和微生物遗传资源设计利用。其主要标志是转基因和合成生物学技术。这个阶段，目前正在全面到来，是人类超越“上帝之手”，在现有资源配置条件下主动创造出“最理想的”生物资源的尝试。例如，当今条件下，木质纤维素工业化利用的瓶颈是纤维素与木质素结合过于“紧密”导致不容易分离制备，以至于获得纯化的组分（如纤维素或木质素）成本过高。利用现代生物技术，尤其是通过基因敲除或基因合成技术，有望获得低分离成本的新品种材料。同时，通过基因改造，让光合作用产物更多地停留在某个阶段，集中产生某类产物（如提高纤维素含量、减少木质素和半纤维素含量），甚至开发出以单纯追求生物基化合物为主要目的农作物，也将成为重要的生产模式。在大健康领域，利用人体自身的生物信息资源进行治疗的创制方式是更迫切的挑战。

人类已经具备了改造生物资源和创制生物质的能力，如何运用和控制风险需要人类的集体智慧。对生物质资源特性和产业利用瓶颈的认识，已经足够让人类在生物质创制方面“跃跃欲试”，并取得了不少实际成果。但是，作为生物资源物质体现形式的生物质，目前的利用还主要依赖于植物源木质纤维素和动物源几丁质及糖原，对动物源和微生物源生物质的开发将显示更大潜力。生物态矿物质的开发将成为另一个无限未来。

3.1.2　木质纤维素类生物质资源

3.1.2.1　木质纤维素的特点

几乎所有的生物有机质基本上都来自绿色植物的光合作用，以糖原和木质纤维素为主要储存形式。动物和微生物在利用木质纤维素和其他有机质的同时，又产生千姿百态的新的生物质。因此，以糖原和木质纤维素为代表的植物生物质为初级生物质（primary biomass），动物和微生物产生的生物质为次级生物质（secondary biomass）。

木质纤维素（lignocellulose）是指植物细胞死亡后剩余的细胞壁成分。在广义上，植物体形成的生物质，通称为木质纤维素。木质纤维素不仅是自然界分布最广泛且存量丰富的生物质，也是其他生物质产生的物质基础。

木质纤维素由纤维素、半纤维素和木质素组成，从不同植物的不同器官甚至不同的发育阶段获得的木质纤维素，其组分往往不同。表 3-1 为几种常见植物的生物质中纤维组分对比。

表 3-1　常见植物纤维组分及比例　　（单位：%）

名称	半纤维素	纤维素	木质素
稻草	32.5	36.7	23.2
麦草	25.0	38.5	21.3
芦苇	21.4	27.6	19.1
硬木	32.0	45.0	21.0
毛竹	26.0	41.0	22.0
杨木	26.0	52.0	21.4

纤维素、半纤维素和木质素都是由单糖分子聚合而成，纤维素（cellulose）分子是由*β*-*D*-葡萄糖通过*β*-1, 4-糖苷键缩合而成的一系列不同长度的线形高分子聚合物（图 3-2），化学结构式为$(C_6H_{10}O_5)_n$，每个纤维素分子含有 2500 个以上这样的葡萄糖残基，分子质量可达 200～2000kDa。

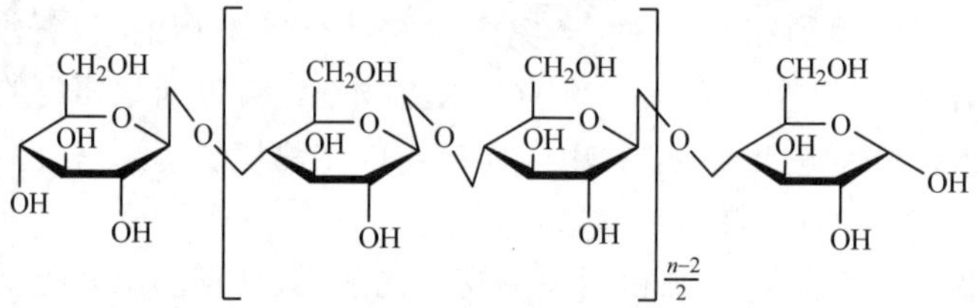

图 3-2　纤维素分子链结构式

半纤维素（hemicellulose）是由两种或两种以上单糖组成的不均一聚糖的总称，其化学结构各不相同，一般由较短（聚合度小于 200）、高度分支的杂多糖链组成，常见的糖基有 *D*-木糖基、*D*-葡糖糖基、*D*-甘露糖基、*L*-阿拉伯糖基等。半纤维素主要分为三类，即聚木糖类、聚葡萄甘露糖类和聚半乳糖葡萄甘露糖类。半纤维素的结构随植物种类而不同，不同的细胞壁层面半纤维素的组分也有差异，因而半纤维素的结构比纤维素复杂。

木质素（lignin）是由一系列的苯丙烷单元通过醚键和碳碳键连接的结构复杂的无定形高聚物。它和半纤维素、果胶一起作为细胞间质填充在细胞壁的纤维素之间，加固木化组织的细胞壁，并起着把相邻细胞黏结在一起的作用。

无论木质素还是纤维素，均具备—CH、—CO 和—OH 结构，其中 O 原子组成比例较高。这一特征决定了木质纤维素无论是作为纯燃料还是生物炼制原材料，都必须面对组分复杂和水分控制问题。例如，通过燃烧木质纤维素形成 CO_2 和 H_2O，其释放能量的潜力就远远不如煤炭和石油等碳氢化合物。

3.1.2.2　木质纤维素的价值

木质纤维素首先是光合作用产物的储存形式。通过木质素、纤维素和半纤维素中的 C—H

键等化学储能方式把大部分光合作用获得的太阳能储存在长链分子中，为微生物和动物的利用提供代谢的能量来源，从而保障丰富多彩的生命活动运转、衍生和功能发挥。木质纤维素的另一个储存价值是"食物"价值。现已发现，厌氧产甲烷气的微生物、导致木材腐朽的层孔菌，甚至植物病原菌等许多参与自然界物质与能量代谢的微生物，都是以降解环境中的木质纤维素或通过与植物进行共生、寄生或腐生等方式获得营养；畜禽粪便的厌氧发酵也需要木质纤维素的参与，用于发酵的固体基质中半纤维素和纤维素需要达到一定比例才能运转；大多数食草动物的食料其实就是木质纤维素，它们以（鲜嫩的或干枯的）木质纤维素为主要食物，而肉食动物则以前者为主要食物；人类在系统发育过程中形成的消化模式中，包含了以上两种来源的食物。因此，木质纤维素是动物、微生物生长发育的能量来源。

木质纤维素的结构功能首先体现在植物生长发育过程中骨架结构的形成上，它使植物本身能够形成根、茎、叶的分工，完成有序的发育代谢过程；木质纤维素的结构功能也体现出利他特点，即作为其他生物可见（动物）、可依托（微生物或微小动物，甚至鸟类）的空间结构状态。无法想象，如果没有挺拔且错落有致的绿色植物，地球生物圈将是怎样的一种空间形式？在工业社会之前，人类的居住环境也主要依赖于木质纤维素框架，如木梁和秸秆覆盖等。纤维编织物从必需品发展到奢侈品的过程产生编织文化，使木质纤维素这一最普遍的生物质具备了文化价值。

木质纤维素的运输功能首先体现在植物生长发育过程中的养分吸收和输送，其结构功能体现在其作为骨架结构在人类发展长河中用于制造主要交通工具，如车辆和船舶，更体现在将包含木质纤维素的生物质从一地传送到另一地的物化状态。正因为有了木质纤维素作为转运媒介，其他生物质、生物遗传资源才可以储存或转运。后者既可能是人为的，也可能是自然发生的。

进入工业化社会后，木质纤维素作为大宗工业原料的功能得到极大的发挥。除了造纸和包装等传统用途外，随着对木质纤维素组分的认识不断深入，其在生物基工业产品中发挥了越来越多的作用。木质纤维素产品主导了生物基化学品及其衍生产品。以木质纤维素为原料制作生物基化学品主要是通过水解、气化、热裂解和酶解等方式或以上方式的综合，制备纯化的单体（低聚）化合物，并进一步进入生物炼制的过程。来源于木质纤维素的生物基工业产品多种多样。除来源于纤维素的燃料乙醇、甲醇、丙酮、丁醇和沼气等燃料工业产品外，来源于木质素的酚类化合物和来源于半纤维素的甘露糖、半乳糖和糠醛等已经成为重要的生物化工产品。

总之，木质纤维素作为光合作用产物的一种最直接、最主要和最常见的储存方式，不仅在自然界的 $CO_2/H_2O/O_2/H_2$ 循环过程中起到重要的"枢纽"中转作用，还对自然界其他生物资源的生命过程具有不可替代的价值。尽管工业生物技术已经有了长足的发展和产业应用，但是铺天盖地的生物质资源，尤其是木质纤维素资源还没有得到充分利用，绝大部分都成为环境微生物的美餐而快速回归大自然。另外，由于人类的淡漠，2019～2020 年的澳大利亚山火能在人类关注下持续燃烧半年以上，既是对环境的严重破坏，也是木质纤维素资源的集中丧失。在现有工业化水平下，木质纤维素是否还需要拆分再利用？如此不仅效率低，使大量生物质来不及消化，还带来废弃物和环境污染。因此，全价利用和直接利用应成为这类生物质资源利用的优先选项。

3.1.3 几丁质

几丁质是自然界蕴藏量仅次于木质纤维素的生物质。在天然聚合物中，每年几丁质的生成量至少在 100 亿 t 以上，是具有巨大挖掘潜力的生物质资源。随着我国海洋牧场从理论向实践发展，几丁质无论作为主要生物质资源还是副产物，都将呈现较大的机遇和挑战。但是，目前的研究和产业开发还没有准备好迎接这一海量资源。

1. 几丁质的来源

几丁质是重要的海洋生物资源，广泛存在于甲壳类动物的外壳、昆虫的甲壳和真菌的胞壁中，一些藻类，如硅藻、绿藻中也含有大量的几丁质。其中，部分节肢动物如虾、蟹等的几丁质含量可达 85%；部分真菌中也有接近 50%的几丁质含量。目前，我国工业化利用的几丁质主要从虾、蟹等动物的甲壳中收集，部分从真菌和微藻中提取。在自然状况下，几丁质主要对生物体起支撑和保护作用。几丁质作为经动物、昆虫和微生物转化形成的大宗生物质，其生物量和存在形式均对资源化开发有利。同时，几丁质及其衍生物在现代医药、农业、工业和环境工程中的用途体现了其巨大的市场机遇。随着“蓝色牧场”建设和产业发展，几丁质及其衍生物必将成为生物质资源开发和产业利用的重要对象。

2. 几丁质及其衍生物的用途

几丁质不溶于水、稀酸、稀碱和一般的有机溶剂。几丁质经过浓碱处理后形成的壳聚糖，是几丁质脱去乙酰基团后生成的产物，为(1, 4)-2-氨基-2-脱氧-*β*-*D*-葡聚糖，是半透明固体。壳聚糖不溶于水和稀碱，但是可溶于大部分酸。几丁质、壳聚糖及其衍生物具备广泛的工业、医疗和农业用途。在现有条件下，几丁质可以经过酰化、酯化、醚化、氧化、螯合、交联、接枝共聚和水解反应，形成一系列新结构、新化合物、新特征和新用途。

（1）医药用途：几丁质在医学和工业领域往往称为甲壳素，被誉为继糖原、蛋白质、脂肪、纤维素和矿物质之外的第六大生命要素，具备多种生物学功能。甲壳素及其衍生物具有降血脂和降低胆固醇的功效，能阻止消化系统对胆固醇和甘油三酯的吸收；其具有抗凝血和透气吸水作用，可用于医用纤维、止血海绵、缝合线、医用膜、药物载体和人造皮肤等多方面。甲壳素衍生物作为母核通过定向结构修饰获得新化合物，在生物学活性和功效方面，可能发生显著改变，从而提高其应用效果或拓展其用途。

（2）农业用途：几丁质及其衍生物在农业方面用途也很广泛。如作为饲料添加剂时，能够抑制养殖动物胃肠对脂肪酸的吸收，虾、蟹壳中的钙质和微量元素还能提高动物抗性；同时，壳聚糖及其衍生物作为种子包衣能降低种子呼吸作用，提高种苗抗病性；壳聚糖对植物病原菌具有广谱的抑制作用，能够完全降解，常作为农药或肥料的缓释剂等，因而在农业方面也具有多方面用途。

（3）食品工业用途：大量研究表明，几丁质和壳聚糖对人体无毒无害，是安全健康的天然高分子化合物。因此，许多国家将其列入食品添加剂。例如，将壳聚糖悬浮于水中，经过剧烈搅拌能够形成均匀的凝胶状物质，添加到食品中能够起到增稠、稳定和抑菌保鲜的作用，同时还能改变食品的结构性状和风味，并有效避免现有添加剂的不良影响。

（4）其他工业用途：几丁质和壳聚糖及其衍生物还在多个工业领域发挥价值。比如，在造纸工业中作为纸张的增强剂、表面施胶剂等；在水处理工艺中用于除去水体中的悬浮物、残留物等有害物质；在纺织工业中用于增加纺织品的可染性、耐水及耐摩擦性能；在化妆品工业中作为增稠剂和抗菌剂等。

但是，与木质纤维素相比，其应用水平还远远不够。因此，几丁质及其衍生物必将成为生物质资源开发和产业利用的热点领域之一。

3.1.4 生物活性物质

生物体的生命活动主要存在四大类物质形态：①结构物质，构成细胞、器官及生物体的结构基础，主要是木质纤维素和糖原等；②能源物质，实现体内的能量贮存和直接使用，往往以高能化合物如三磷酸腺苷（ATP）形式短暂存在；③生物活性物质，担负各种代谢的催化、调节、信息传递等多方面功能，如激素类，这类物质不仅对生物体自身有用，往往还对其他生物体有用，甚至对其他生物体的效应更高；④分泌物或排泄物等生长期间没有必要的物质，如人和动物的排泄物粪便（或尿液等）、植物的排泄物 CO_2 等。

3.1.4.1 生物活性物质诠释

生物活性物质（bioactive substance 或 bioactivator），是指来自生物体内的对生命过程有调控作用的一类微量或少量物质，具备以下特点：一是含量少，二是生物活性高，三是代谢快。生物活性物质还特指从生物中提取获得的一类对人体、动物、植物或微生物具有显著调控作用的天然组分，对其他生物体的生命活动有显著影响，尤其是对改善人类健康有积极功效。这类生物活性物质往往是生物质利用的重要目标，其通过提取、改性、修饰、转化可成为具备高附加值的产品。

自然界的生物类群千差万别，每一种生物中都含有大量的生物活性物质以支持其生长发育。这些生物活性物质主要为生物体内的一次代谢产物与二次代谢产物。一次代谢指植物、昆虫或微生物的生物细胞通过光合作用、碳水化合物代谢和柠檬酸代谢，生成生物体生存繁殖所必需的化合物，如糖类、氨基酸、脂肪酸、核酸及其聚合衍生物（如多糖、蛋白质、酯类、RNA、DNA）等。表面上看似乎对生物体本身无用的二次代谢产物（又称次生代谢产物），是以某些一次代谢产物为起始原料，通过一系列特定生物化学反应生成的新的化合物，如萜类、甾体、生物碱、多酚类等。从生物体中分离提取的生物活性物质统称为天然产物（natural products）。一部分植物之所以称为天然药物，其根本原因是可产生较高水平的生物活性物质，每种药用植物产生的生物活性物质可能是一种或多种，但往往是一种植物产生一类，如人参皂苷类。至少有相当大一部分药用植物的生物活性物质是在内生真菌等微生物帮助下产生的，甚至只能由微生物产生。因此，对相关微生物资源的研究是生物资源挖掘的新机遇和有极大潜力的领域。

广义的生物活性物质还包括利用生物信息资源设计合成和改造的新的活性分子，可以来自细胞生物，也可能是化学合成的。化学合成的生物活性物质是目前产业开发的一个重要方面，尤其是在制药领域。利用生物反应器制备生物活性物质，是生物资源产业开发的新技术之一。

3.1.4.2　生物活性物质的种类

按照目前的研究和应用进展，生物活性物质主要包括以下种类：①氨基酸与多肽类，如生物活性多肽和非蛋白质氨基酸；蛋白质、多肽和氨基酸产业规模大，在 20 世纪从无到有，派生出千万亿级的大产业。②糖类活性物质，如由 2～6 个单糖缩合形成的低聚糖（oligosaccharide），而糖醇是由相应的醛基、酮基或半缩醛羟基被氢化还原为羟基从而形成的多元醇。最近英国癌症研究会的研究者发现，单糖甘露糖可以减缓肿瘤生长，有可能给人类带来对该类糖活性的新认识和新应用。③油脂，是油和脂的总称，主要是由甘油与脂肪酸结合而成的甘油酯。脂肪酸及脂质的营养及生理功能表现最为突出的有卵磷脂、ω-3 系和 ω-6 系多不饱和脂肪酸等。④其他主要的生物活性物质类型包括激素、维生素类、黄酮类化合物、生物碱、萜类化合物、甾体化合物、醌类化合物、单宁类、皂苷类、含硫活性物等。这些往往是重要的天然药物，大多数具备五元杂环或六元环。其中，生物碱是一类含负氧化态氮原子、具有环状或非环状结构的次生代谢产物，包括紫杉醇、石斛碱、长春新碱、喜树碱、麻黄碱、吗啡等。这些生物活性物质及其衍生物，一方面可以从生物体大量制备提取，另一方面在现有技术条件下也可以通过化学合成、半化学合成或修饰获得。后者往往能够获得生物学效应倍增的效果。

3.1.4.3　生物矿化和生物矿物

矿物元素是生命活动的基本要素。一般情况下，生物体中的矿物元素能达到鲜重的 1%～1.5%。离开了矿物元素，无论是结构型生物大分子还是活性小分子都不能正常发挥作用。同样，生物体中的矿物元素也不能离开生物分子而单独考量。现今人们对生物化学中的有机分子已经开展了多维度研究甚至进行了人工合成，但人类对生物体中的矿物元素却缺少基本的认识，往往把它们简单等同于无机盐或描述为灰分，对它们的存在方式、功能和产业应用价值等方面探究太少。理论上，各种生物资源中的矿物元素是不一样的，不仅存量不一样，其功能也是不一样的。首先，在活体中与灭活的生物质中，矿物质的存在状态和效能不一样；其次，不同动物、植物和微生物，其矿物元素的含量和集聚程度不一样；再次，不同器官或不同发展阶段再或同一物种在不同地域，生物体对矿物元素的需求、吸收和转运程度也不一样。现有化学生物学已经获得的一些数据有助于进一步探究生物体中矿物元素的特征。例如，水稻植株中硅（Si）的含量能够达到鲜重的 5%，根部累积量是氮（N）、磷（P）、钾（K）的数倍甚至数十倍，而叶菜中的 Si 含量则很低；矿物元素的含量和比例显著影响农产品质量，如不同地区产的百合鳞茎中的几种矿物质含量和比值甚至可以作为判断产区的标准；成人骨骼占人体质量的 20%左右，其中绝大部分为钙

（Ca）元素。但是，目前科学界还只按照无机或分析化学的手段，对已经形成稳定结构的生物矿化结构进行一定的分析，而对生物体中矿物元素的存在状态和功能缺少规律性的发现，甚至缺少认知方法。按照生物资源科学理论，对生物体中矿物元素的认识需要新的视野、新的方法论，甚至新的哲学角度。

1. 生物矿化（biomineralization，BioM）材料

生物矿化过程是指生物体内将离子转变为固相矿物的作用过程，也就是从有机物中产生无机物的过程。BioM 过程产生的惰性材料，称为生物矿化材料（biomineralization material，BioMM），其特点包括：第一，BioM 过程是在特殊反应介质中进行的，如细胞液、体液，且在生物特定的部位发生；第二，BioM 过程是在一定的物理化学条件下进行的，有生物大分子参与；第三，BioMM 与基质共同组装成具有特定高级结构的硬组织，不是单纯的无序的矿物质，并且具有特殊的理化性质和生物功能；第四，BioMM 的原料是成矿离子（如 Ca^{2+}）和少数几种其他金属与非金属离子，它们的最初来源是生物从环境中吸收的无机盐。BioM 所形成的矿物材料往往是惰性的，没有生物学活性，但是其产物结构体却具有生物学功能，如贝壳的保护功能、牙齿的咀嚼功能等。

BioM 过程可以看作是植物、微生物和动物等吸收转化无机盐的逆向过程，但却不是全部被生物体吸收的无机盐的必然结果。其中，动物可能主要靠从其他生物质中获取矿物质，然后富集转移。不能忽视的是生物体在生长发育过程中对无机盐的利用是必需的，无论动物还是植物和微生物，其生长发育都离不开矿物盐。尽管每种生物对无机盐的需求不一样，但大多数动物必需的矿物元素只有 20 多种，包括 11 种左右的常量元素和 15 种左右的微量元素；植物必需的矿物元素也只有 16 种左右，包括大量元素和微量元素。这些矿物元素往往是从环境或食物中吸收的。生物体吸收转化无机盐的过程非常活跃、高效和普遍，这些过程既发生在微生物、植物中，也发生在动物中。最典型的证据是动物饲料中需要添加一定量的无机盐。

非常有意思的是，尽管动物、植物和微生物都需要多种矿物元素，但只有一部分矿物元素进入 BioM 过程，主要包括 Ca、Fe、Mg 等金属元素和 C、H、O、P、Si 等非金属元素。其中 Ca 元素就占 50%以上；其典型产物结构体有骨骼（包括珊瑚）、贝壳、蛋壳、牙齿等 60 多种。如何结合化学研究的进展和新技术，利用生物资源学原理进一步探究 BioM 过程，实现受控矿化过程，具有非常重要的理论意义和实际应用价值。在创制利用生物资源的理论指导下，以下挑战性工作可能具有突出意义。如何干预 BioM 过程使之向着满足人类需求的方向发展，如按照仿生学原理设计新的生物矿化材料，人类已经可以开展有限的仿生矿化、硬组织的仿生修复，甚至制作人工合成珍珠质材料等。既然生物矿物以完美的分子设计得到材料最节省而性能最优异的有机/无机复合材料，人类通过学习生物矿化过程就可能进行仿生合成，即模仿生物矿化过程中无机物在有机物控制下形成新材料的合成方法。已经制备的仿生合成材料具有通过物理和化学等方法获得的传统材料无可比拟的优势，如低温生产和低成本，可制备结构复杂而形态均匀的材料，且微观结构可控。目前，生物矿化合成新型功能材料已经应用到机械工程、电气工程、环境工程及生物医学工程等诸多领域。例如，通过生物矿化作用对生物活性物质进行纳米修饰，形成用于药物

传递的活性矿物复合物；生物矿化诱导功能化纳米颗粒的合成，用于癌症的诊断和治疗；尤其是组织工程中生物矿化的应用可以促进成骨细胞的矿化和减少排异反应的发生。同时，对稀有和贵重金属进行定向矿化或富集，也依赖于生物矿化过程研究的突破。

2. 生物态矿物质（bio-conditional minerals，BioCM）

BioCM 是一个全新的生物资源概念，是指活的生物体中存在的各种活性状态的矿物元素，它们具备独特的生物活性。相对于惰性的 BioMM，BioCM 不仅是游离态，还是活性状态；也就是说生物体中所有的矿物质减去生物矿化材料，都是 BioCM。相对于无机矿物盐，按照现代生物化学理解，这类生物活体中存在的游离矿物元素的存在形式可能是离子态、螯合物、活性中心、转运载体或其他形式。中药中使用的一些动物器官甚至人源材料所取得的奇特效果，很可能与生物态矿物质的活性态有关。对 BioCM 的产业潜力和科学价值的发掘，是目前面临的新挑战，可能颠覆对矿物质状态的认识，形成新的科学热点。

必须承认：人类对生物体的认识远远不够，完全按照化学路线解释生命活动过程，是否误入歧途，自然界是否存在生生不息的机制，支配生物资源关系，这些问题可能是生命科学的核心问题，也可能是生物学不同于化学和物理学之处。例如，第一，至今国际上对经络是否存在都还难以达成一致的认识，如果存在，是否与离子通道和 BioCM 有关？第二，矿物元素（包括金属元素和非金属元素）到了生物体内，通过转化吸收，跟无机矿物质必然不一样，那么它们之间的差别到底是什么？第三，经典生物学主要是建立在形态学和生理学基础上的，现代生物学的认识达到了生物大分子水平，但是难以单独突破化学和物理学边界，遇到原子和量子的天花板，这就留下对 BioCM 的认知瓶颈。第四，重金属污染的生物“修复”机制还存在质疑，如果“转化修复”存在，生物学过程是否突破了化学的边界，也就是说生物学过程中是否实现了化学元素的衍变？第五，紫河车通过烧制成灰分后，已经不存在西医学中描述的活性多肽和激素等生物活性物质，但却具备典型矿物质所没有的生物学活性。这些都需要新的理论予以解释。对这些问题的一一破解，有助于理清生物态矿物质的科学价值，从而带来科学认知的突破。一旦对 BioCM 有了相对可靠的认识和表征手段，实现人类利用和开发生物态矿物质资源的目标就不远了。

3. 生物基矿物质（biobased minerals，BioBM）

BioBM 基本上是一个应用概念，是指生物质中矿物元素的总称，也就是说 BioBM 是 BioCM 和 BioMM 的总和。在生物质资源利用过程中，BioBM 能够有效区别于无机矿物盐。按照生物资源特征，其包括如下方面：第一，存在于生物的所有细胞中，既可能是结构物质，也可能是游离的活性物质或排泄物等；第二，BioBM 与普通无机盐有根本区别，经过生物体消化转化的矿物质已经不再是无机盐，也就是说其在利用过程中可能具备新的特征；第三，BioBM 的存在形式包括离子态等活性状态和生物矿化材料等惰性状态，但是，无论哪一种状态，矿物元素都与生物分子或其他矿物元素结合，而不是像无机盐那样以纯的化合物或化合物结晶体形式存在。总体上，生物矿化材料（BioMM）和生物态矿物质（BioCM）都是 BioBM。灰分（ash）元素是生物质燃烧后剩余的固态物质，即生物质中燃烧产气体和热能后的剩余物。但是，灰分不等于 BioBM，而是后者处理后的一种形态，因为灰分已经不存在矿物元素与生物分子或其他矿物元素的相互作用。即便如此，灰分也不同于无机矿物盐。

BioBM 是动植物和微生物吸收利用环境中矿物元素的结果，目前人类认知的可能还只是其非活性状态或存储形式，就如司空见惯的谷壳中的 Si 和蛋壳中的 Ca。它们的发育过程、转运方式和对整个生命过程的意义均不得而知，其定向控制和选择性反应更难以实现。但是这完全不会限制人们的想象力，也不影响人们从仿生立场去模仿或尝试应用。目前，市场上已经出现的富硒水稻、富锌茶等农产品是人类干预定向富集 BioBM 的典型尝试。在现有生物化学和物理学实践中，也已经发现 BioBM 与普通矿物质的区别。例如，在制备天然纤维/高分子复合材料（NFPC）时，添加生物基矿物质比添加无机盐的复合材料具有更优越的特征。

人类认识生物态矿物质（BioCM）和生物矿化材料（BioMM）的原理和价值，可能还需要经过持续努力甚至漫长等待，但是，BioBM 作为生物资源的一种存在形式，其利用必定会加快这一认识过程。历史长河中，许多真知往往来自生产实践。“从实践中来，到实践中去”，一直是生物资源科学发展的动力。以建筑业为例，利用社会生活体系中不断产生的海量蛋壳、珊瑚、贝壳，不仅能有效避免它们跟城市垃圾一起永久填埋，还能减少开挖矿山等不可再生资源，是值得大力提倡的生物资源实践。

3.1.5　生物质材料和生物基化学品

3.1.5.1　生物质材料诠释

生物质材料（biomass based materials）是指工业化水平上初级生物质或天然生物质原料的材料化应用，即通过物理和化学等手段，对生物质进行加工、改性、制备或聚合之后获得的新材料。其中，包括物理过程的直接利用，最重要的环节是通过生物质与其他材料的复合获得新的材料特性。生物质材料既不同于医学概念的生物合成材料，也不同于天然生物材料本身。天然生物材料（natural biomaterials）是指完全由生物过程形成的材料，这些材料主要包括秸秆、木材、竹子、棉花、贝壳、蚕丝、蜘蛛丝、羊毛、动物的角蹄等，甚至骨头、指甲也是天然生物材料。生物质材料则主要强调生物质通过工程化处理获得的使用价值，一个重要标志就是不对生物质进行化学拆分。生物质材料也不同于生物基材料，前者的组分是天然的或者复合的，后者是指通过生物炼制后获得的单体或它们的聚合物。

棉花、羊毛等毛纺材料是典型的天然生物材料。但是，与木质纤维素和纸张的故事一样，在现代工艺条件下，这些新材料无一例外地与高分子聚合物发生着千丝万缕的联系，也就是与塑料等高分子材料形成复合材料，而极少单一使用。以纺织面料为例，目前“纯棉”或“100%蚕丝”的衣料往往只是一种说法，天然纤维与合成纤维混纺而成的面料在质感、性能等诸多方面均具备显著优势。生物质材料涉及的原材料来源广，植物、动物、真菌等，甚至食品和制药等产业的副产物均可能作为生物质材料的原料。按照生物大分子的类型，生物质材料涉及的大宗原材料主要是淀粉、纤维素、木质素、油脂、蛋白质、核酸、几丁质、单宁等。由于历史原因，人类对陆生植物生物质的材料化开发远远优先于水生生物和陆生动物，其中，木质纤维素是迄今为止材料化研究最充分的天然生物材料之一。纸浆及其制作的包装、书写材料和木塑复合材料都是典型的生物质材料。天然纤维复合材料是指天然纤维或含天然纤维的生物质与其他物质复合形成的新材料。其他物质主要包括塑料和天然橡胶等高分子物质，也包括助剂和填充物等。天然纤维或含天然纤维的生物质可以作为主料、填充料或支撑材料，往往在复合材料中占有较高的比例。这些生物质与热塑性材料复合便成为热塑性材料（thermoplastic composites），如木塑复合材料（wood-plastic composites，WPC），它们与热固性材料复合便成为热固性材料（thermosetting material），如生物质密胺类制品。无论是做成热塑性材料还是热固性材料都是典型的生物质全价利用方式，已经是都市中最常见的生产生活用品，如户外家具、餐具和花盆等。

3.1.5.2 生物基化学品

传统的石油基化学品的生产模式是以化石资源（如煤、石油和天然气）为原料，生产各种中间体或化学品。生物基化学品（biobased chemicals）是指以生物质为原料，通过生物和化学手段获得的拆分产品，包括大宗化学品和高附加值的精细化学品。例如，通过水解纤维素和半纤维素可以获得各种单糖，包括葡萄糖、木糖、甘露糖、半乳糖和阿拉伯糖等。生物基化学品可广泛应用于材料、化工、食品和医药等领域，是典型的工业原料。狭义的生物基材料就是指生物基化学品，尤其是平台化合物材料化利用的产物；广义的生物基材料还包括生物基化学品与其他物质复合形成的新的材料及其他利用形态。生物基化学品已经广泛应用于人民生活的诸多领域，常见的有生物乙醇、生物柴油、生物聚乙烯、环氧乙烷、生物杀虫剂、氨基酸、维生素、聚乳酸等高分子聚合物产品。木质纤维素产物、淀粉、天然橡胶、动物油脂和几丁质等都已经广泛地用于制备生物基材料。

3.1.6 生物质能

生物质的能源化利用是生物质资源化利用的终极形态。一般而言，除去食材和衣料用途，其他大宗的和纯的生物质资源，往往大多用于制备高质量的生物质材料，或通过炼制后获得生物基化学品；新鲜的和附加值高的生物质也可用于制备药物和其他生物活性物质；附加值低的生物质则更适合生产生物质能。通过种植高含油植物或养植产油微藻获取生物柴油的研究和产业实践，对于缓解能源危机有理论价值，或可作为技术积累。但是，目前条件下还不具备价格优势。在光照等气候条件优越的地区，种植甘蔗等 C3 植物，获取高含糖生物质制备生物乙醇作为替代能源，已经有比较成功的应用。

3.1.6.1　生物质能诠释

生物质能（biomass energy）是指以生物质为载体的能量，也就是指蕴含在生物质中的化学能，其最初来源是叶绿素将太阳能转化为化学能形式而储存在绿色植物生物质中的能量。生物质能一方面在植物生长发育过程中被消耗掉一部分，另一部分被储存起来了，作为相关动物和微生物利用的生命活动能量，也被后者转化和储存在其生物质中。因此，生物质能直接或间接地来源于绿色植物的光合作用，是绿色能源。在工业利用过程中，生物质能可转化为固态、液态和气态燃料，是典型的可再生能源。煤、石油、天然气等化石能源最早也是由生物质能转变而来的，是经过了亿万年漫长的物理、化学和生物的演变过程而形成的。

在自然环境中，生物质主要是通过微生物的降解作用，由碳氢化合物转化成更为复杂的 C—N、C—O 和 H—O 化合物等形式，将化学能转换成生物能，用于在生命活动中形成新的生物质，或最后又分解成 CO_2 和 H_2O，回归大自然。生物质能源化利用的过程，是人类通过燃烧等方式加速完成自然环境下微生物降解，并获得能量集中释放的过程。

生物质能具有以下几个方面特点：①可再生性，只要有阳光照射，有空气，绿色植物的光合作用就不会停止，生物质能就不会枯竭。②储量大、存在区域广，几乎有生物活动的地方就有生物质和生物质能存在。③生物质能源中的有害物质含量很低，燃烧产生的 SO_2、Hg 和二噁英等污染物极少，属于清洁能源。④与太阳能、风能等其他可再生能源相比，生物质能突出的优点是可贮存性好。⑤具有季节性和分散性，生物质分布极为分散，而且往往还有季节性，收集和运输都需要一定的成本。⑥能量密度低，在工业化利用过程中往往需要经过制备，以提高其能量密度。

3.1.6.2　生物质能利用的原材料来源

我国一直把“不与民争粮，不与粮争地”作为发展生物质能的基本原则。因此，作为人均耕地面积偏少的国家，对生物质副产物和有机废物的能源化利用更为重视。曾几何时，国际油价持续攀升阶段，我国部分地区曾经尝试利用丘陵山地和盐碱地大力发展油料植物，如油桐、麻风树、乌桕、棕榈树和黄连木等作为补充资源，但距有产业效益的应用还有较大距离。相对于有限的耕地，合理利用我国数十亿亩宜林的丘陵和山坡，生产高含糖或高淀粉的树种，有可能带来新的产业格局。现有条件下，比较合理的生物质能原料来源主要有以下方面。

（1）农业源生物质。包括农林副产物和以获取能源为目的的栽培植物，如甘蔗、芒草、油料作物的生物质和副产物等。其中，作为农业副产物最突出的是农田秸秆，其直接作为生物质能是一种环保和有益的处理方式。秸秆生物质制备燃料乙醇或甲醇的技术一直未能取得合理的经济效益和环境效益。农产品加工产业越来越趋向集约化，及时处理加工副产物也是获取生物质能的途径。配合荒漠化治理，针对盐碱地和石漠化低丘陵地区绿化工程进行的能源植物生产，更是因地制宜的生物资源利用方案。

（2）林业生物质。也就是木质纤维生物质资源，包括初级林产品、林业“三剩”物、木材加工过程的副产物、废弃的木质建筑材料和家具尾料等，在一定范围内，废纸浆及纸制品废料作为林业生物质的延伸也被视为生物质能的原材料。在条件具备的地区，对林业资源进行有效管理，比如，进行间伐和梳理，不仅能够获得大量生物质，推动能源化利用，而且能够有效培育和保护森林资源，最大限度发挥生物资源优势。因此，绝对禁止人类活动的封山育林，并不是科学的生物资源管理方式。

（3）产油微藻。主要是利用人工培育的高产油藻种的生物质。产油微藻具备比陆地植物更高的光合作用效率，虽然因为收集成本等问题，迄今还处于试验和发展阶段，但微藻的生产效率和环境效益是不可低估的。对于自然环境中大量存在的藻类生物质，还缺少实际应用的技术。但是，不排除人类有一天进军微藻领域并开展规模化生产。利用生物资源改造技术，人工培育高产油的藻种进行高含油生物质生产，值得期待。例如，利用微藻的高生物合成效率转化富含 CO_2 和有机质的工业废气和污水，有望取得环境治理和生物质能的双丰收。微藻收集设备和炼制集成技术已经在我国江南淡水藻类处理中取得突破，产业延伸值得期待。

（4）畜禽粪便。是养殖业普遍存在的环境问题，其存在体现生物质的反资源特征。目前以生产沼气和生物有机肥为主的利用方式，同时具备明显的经济效益和环境效益。但是，目前社会生产力条件下，其环保价值高于能源价值。沼渣和沼液的出路和联产模式，是控制成本和提升效益的出路之一。沼气集中处理、纯化和压缩技术仍然是提高生物质能质量和扩大应用面的关键所在。

（5）城市生活垃圾。经过分拣和集中处理后进行燃烧发电和供热，也具备显著的经济效益和环境效益，但也受制于技术发展。智能机器人和大数据技术的应用，有可能显著提高生活垃圾能源化利用效益及其效率。对于富含有机质的垃圾的处理，是人类自身发展过程中必须解决的环节，因此，不能单纯从经济效益考量。生活垃圾能源化转化，是其终极解决方案。与资源昆虫养殖相结合，进行技术集成和规模集中是目前相对有效的能源化策略。

（6）污水和其他生物质。在特定条件下，对所有生物有机废水进行能源化利用实现最大限度的减量化，是人类社会追求的良方。目前阶段还不具备完全成熟的系统技术和理想的经济效益。比如，经济效益非常好的油田，因开采产生的大量油泥，都因还没有实现合理利用，而成为环境保护的挑战。但是，这些挑战既是业内人士的责任担当，也正是生物资源领域势必探索和发展的机遇所在。

3.1.6.3 生物质能的工业利用模式

生物质能的利用形态主要有生物质固体燃料、生物质液体燃料和生物质可燃气，不同的利用形态是由生物质的状态和加工方法决定的。

1. 生物质直接燃烧和固体燃料

生物质直接燃烧的主要对象是木质纤维素。无论是以供热还是发电为目的，生物质都需要在特定锅炉中燃烧以产生蒸汽，推动发电机发电，或作为其他驱动能或热源。用于直接燃烧供热和发电的生物质主要是林业生物质和农业副产物（秸秆、米糠等）。生物质固体成型燃料技术指在一定温度和压力作用下，将高木质纤维素含量的生物质，如秸秆和木屑等压缩成棒状、块状或颗粒状等成型燃料的过程。生物质固体成型燃料技术是目前国内外比较普遍、直接且效果显著的技术之一。生物质固体成型燃料的原料来源有其独特之处，与以粮食为原料的生物质醇基燃料和以油料作物为原料的生物柴油相比，不会产生“与人争粮”和“与粮争地”的问题。生物质固体成型燃料原料分布广泛、成本低。以秸秆为例，将其加工成生物质固体成型燃料，适合中国秸秆生物质分散、原料价值低、杂质含量高的特点，是现阶段的一种合理选择。尽管生物质固体成型燃料替代燃煤具有显著环保意义，但从热电厂本身的经济效益考虑，生物质燃料远远不如燃煤。我国目前生物质燃烧发电的比例占总体发电水平的5%以下，远低于风电和水电。但生物质固体成型燃料替代燃煤锅炉对于我国城市及周边中小企业，甚至产业园区整体供热供能发挥了重要作用。这一模式也是中国在清洁能源使用方面对世界的贡献，不应该一刀切。否则，还将带来生物质处理出路的新问题。生物质燃烧会产生一定的灰渣，主要是氧化的矿物质。对这部分副产物进行综合利用，是资源深度开发的新挑战。

2. 生物质转化为液体燃料

生物质液化（biomass liquidation）是指运用热化学方法将生物质转化成液体产品的过程，主要有直接液化和间接液化两种方式。生物质直接液化是指生物质在溶剂和催化剂、温度与压力的作用下，于反应釜中直接液化的过程；间接液化是先将生物质进行气化再通过化学方式合成液相产物。目前工艺所用的溶剂主要是醇类（如甘油、乙二醇）和酚类物质，催化剂主要是酸（如硫酸、磷酸等）或碱。溶剂（如超临界液体）的应用能够显著提高生物质直接液化的效率。生物质液化的主要原材料是木质纤维素，后者直接液化后的产物除作为液体燃料使用外，还用于制备生物质胶黏剂、聚氨酯发泡材料、碳纤维材料等。

生物质快速裂解为液体燃料是指在缺氧或完全无氧环境中，于 500～600℃反应温度下，采用高加热速率和极短的气体停留时间，将生物质中的大分子裂解为小分子碳氢化合物和含氧有机物的过程。快速热裂解产物根据分子量大小，分为气体、液体和固体 3 种形态。其中，液体部分称为生物油或热裂解油。生物质快速裂解利用的原材料也主要是木质纤维素，即林业生物质和秸秆等。

将甘蔗、玉米、薯类、小麦等含蔗糖、淀粉、纤维素的生物质经过发酵和蒸馏等工艺可制备乙醇；再对乙醇进一步脱水、添加适量变性剂即可制备出燃料乙醇（fuel ethanol）。燃料乙醇可以延伸制备出乙醇汽油、乙醇柴油、乙醇润滑剂等用途广泛的工业需求品。燃料乙醇经过燃烧所排放出的二氧化碳和含硫气体均低于汽油等矿石燃料所产生的相应排放物，还可作为增氧剂，使油品燃烧更加充分，燃烧效率高，在净化设备的同时还具有良好的抗爆性能。纤维素来源的甲醇作为燃料的技术工艺也比较成熟，其大规模产业化还需要突破经济效益等诸多条件。燃料乙醇和燃料甲醇还能够与柴油和汽油高比例混合使用，减少环境污染。利用高含糖的水果，如柿子生产燃料乙醇是石漠化地区治理和环境恢复的理想模式。

生物柴油（biodiesel）是以植物和动物油脂为原料，与低碳醇经酯化或酯交换反应所得的长链脂肪酸酯。生物柴油作为脂肪酸甲酯的混合物又称燃料甲酯、生物甲酯或脂化油脂。广义的生物柴油指所有生物质来源的可燃油，通过化学、物理以及生物方法使得动植物油脂具备柴油的相似性质。主要是通过不饱和脂肪酸与低碳醇酯化反应所得，与柴油分子碳原子数相近。其原料来源广泛，各种食用油、餐饮废油、动物脂肪以及油菜籽等，均含有丰富的脂肪酸甘油酯类。生物柴油燃烧所排放的二氧化碳远低于柴油燃烧所排放的量，因此，生物柴油是优良的柴油替代品，能广泛适用于各种内燃机车，也可以和普通柴油以任意比例混合使用。

3. 生物质转化为可燃气

生物质气化（biomass gasification）是以生物质为原料，以氧气、水蒸气或氢气等作为气化剂，在高温条件下通过热化学反应将半纤维素、纤维素及木质素转化成可燃气的过程。生物质可燃气中主要有 CO、H_2、CH_4 以及少量烷烃气体。生物质气化是一种为了增加可燃气产量而在高温状态下发生的热解过程，与传统的直接燃烧过程有一定的区别。气化过程只供给热化学反应所需的部分氧气，生物质碳与氧发生还原反应，碳与二氧化碳、水等发生还原反应，经过一系列反应后得到含氢、一氧化碳和低分子烃类的可燃气。现有技术水平下，生物质气化所用的原材料主要是富含木质纤维素的生物质，包括农田秸秆在内的生长期在 12 个月以下的植物生物质、林业生物质和再生原料。

沼气在自然界广泛存在，作为生物质能源沼气的生产是在无氧或缺氧条件下，由产甲烷微生物（群）将生物质（碳水化合物、脂肪、蛋白质等），经过水解、液化、气化为小分子物质的过程。沼气是一种混合气体，主要成分是甲烷，此外还有 CO_2、H_2S、CO 和其他烃类气体。与煤气和天然气相比，沼气的生产过程中其纯化、压缩等技术成本较高而经济效益较低，限制了其作为生物质燃气的应用范围。制作沼气的生物质原料，往往是多种生物质的综合利用，如秸秆、林业副产物、畜禽粪便、生活污水和垃圾等。现阶段，沼气在农村处理生活垃圾、养殖副产物和废弃物方面，具有实用性和优势。然而，小规模的沼气发生装置往往受到温度变化，尤其是冬季低温的影响；我国生物质比较集中的长江中下游地区，夏季与冬季温差大，产气不稳定。因此，在建设大的示范工程时，需要考虑保障条件。通过发酵制沼气，同时还能利用部分畜禽粪便，形成生物有机肥，适合目前我国分散的中小规模利用模式。需要强调的是，秸秆等生物质在自然发酵过程中也集中形成甲烷气和 CO_2 等温室气体，因此，资源化利用才是最环保的出路。在现有技术水平上，秸秆等生物质制沼气技术的规模化利用，还需要突破如何提高沼气产率，如何减少沼渣、沼液和废气排放，以及可燃气的纯化和压缩效率等挑战。

根据不同生物质的特点、区域需求和经济发展水平，设计和采用上述各种能源化利用模式，是建设环境友好社会的时代责任，也是生物质资源能源化利用的机遇。

3.1.7　生物质资源科学利用前瞻

生物质的工业化利用已经开始逐步成为主流发展方向，包括生物医药在内的工业化利用需求又反过来推动农业模式的良性发展。以生物质的材料化利用为例，已经涉及人们生活的方方面面，从工业品包装、新型建筑、家具、服装、医药卫生到新农业，无所不及。我国仅仅家具行业就有 1.5 万亿的产值，其主要原材料开始从纯生物质转向生物质与其他物质的复合材料。一部分人尽管仍然偏爱原木等生物质材料，但是又不能完全拒绝复合材料时尚、容易打理和变幻多姿的优势。同时，大量使用生物质作为大宗工业材料能够集中保留生物质，减少温室气体排放。大量使用生物质能，也不仅仅有利于实现能源多样化保障，还有利于充分消化和减少生物质废弃物。因此，生物质的工业化产业利用，不仅在于其产业价值，更在于更深远的生态环境价值，也就是可持续的生物资源利用价值，是阳光的事业。

3.1.7.1　生物质资源能源化和材料化利用

生物质能源化利用的本质是通过燃烧完成自然环境下微生物的降解过程，生物质从碳氢化合物变成 CO_2 和 H_2O，完成回归大自然的循环。全球每年都产生海量的生物质，理论上只要将当年产生的生物质的 1/30 储存起来，不进入大气循环，就能完全抵消当年人为排放的温室气体。将生物质储存起来的现实方式，就是材料化利用。因此，从大环境的角度，生物质能源化利用的生态本质是替代化石燃料，如石油和煤炭等；生物质材料化利用的生态本质是将这些生物质有效储存起来，阻止或延缓 CO_2 等温室气体的产生。当然，一些国家已经率先建立了碳排放标准，也形成了碳交易模式。但是，阻止生物质快速回归大自然的措施还不多。例如，德国发展的低温深井碳化技术，就是将生活垃圾等没有直接利用价值的低品生物质存放于矿井中，在一定温度控制下，使之缓慢碳化，以生物碳的形式把生物质保存起来，数十年数百年后可能成为人工煤。符合我国发展国情的措施可能大不一样。其中，措施之一就是规模化收集生物质，发展生物质材料或生物基化学品。

从经济成本和产业可持续考虑，在我国现有技术条件下，生物质的能源化利用就直接意味着政府补贴和公益资金支持。无论是秸秆压制生物质碳棒，还是直接燃烧发电，都还远远不能达到自负盈亏，也就是难以靠纯经济规律实现可持续产业模式。正因为如此，小规模的产业实践和持续的科学研究仍然是必需的，如千家万户的小型沼气。生物质的材料化利用，在医药、农业、包装材料、家具甚至汽车行业，都具有极大的市场潜力。值得庆幸的是，相当一部分材料化利用模式既具备经济价值又具有良好的环境效益，例如，秸秆制砖或建筑装饰材料等，这部分实践是值得倡导的科学利用的方向。

3.1.7.2　生物质科学利用实践要既放眼未来，又立足当下

生物质资源作为可再生资源，其开发利用和科学研究，都应该根据人类社会发展需要，

尤其是解决目前大量使用化石燃料、大量消耗不可再生资源，造成环境破坏和环境污染加剧的现状。强调紧迫感和时代责任，从实践中来，到实践中去。研究理论上有价值的课题，还能回来指导实践，是当代生物资源领域的从业人员、科技界、企业界和政府更应该把握的方向。目前，国际国内对生物质的研究，显然更重视植物生物资源，尤其是木质纤维素，而忽略了微生物和动物生物质的作用和价值。“如何阻止或延缓环境微生物对生物质的快速破坏”是具有挑战性的科学问题，这一问题更值得关注和探索。

长期以来，人类对生物质的开发更重陆地生物资源，对海洋和水体环境的生物资源及其利用研究关注程度低，陆海相差巨大。水是比空气更有效的转化介质，海洋和淡水水体中生物质发生和转化的效率，可能远远高于空气和土壤中。因此，海洋和淡水水体应该是更大的生物资源宝库，也是更丰富的生物质资源库，更值得去关注、研究和开发。可能再过 50 年，人们从海洋（水体）中获取生物质的量和程度，会接近甚至超过陆地资源。但是，如何避免人们在陆地上已经犯的错误在海洋中重演，着眼未来，规划海洋（水体）资源永续利用和保护，是现在就应该研究的课题。

人类过多关注和利用陆地生物质，而较少关注水生尤其是海洋生物质的根本原因，主要分两个方面。首先是对海洋生物资源属性和发生规律不甚了解，其次是生产和收集成本远高于陆地生物质。随着科技发展，尤其是应用技术的进步，后者的限制将越来越少。例如，目前，中国企业已经能够做到从湖水中连续收集单细胞藻类，对这类生物质的应用，无论在环保还是生物制造方面都具有重要意义。通过政府、企业和科技人员持之以恒的努力，在生物资源科学理论指导下，在产业方面有希望迎来越来越多的突破。因此，科学理论的不断发展，是这一代生物资源科技工作者的机遇和责任。

3.1.7.3 展望生物质资源产业发展，思路决定出路

1. 观念正确，负担能变财富

生物质究竟是资源还是环境负担？燃烧秸秆是人为制造的麻烦还是自然界应该有的现象？首先应该区分的是初级生物质、生物质副产物和废弃物。必须强调，不能再生利用和掺有杂质的生物质才能称为废弃物，而废弃物往往需要通过减量化或无害化处理，来降低其对社会和环境的负担。目前社会上普遍把废弃物的概念扩大化了，导致秸秆等许多有价值的海量生物质被视为废弃物，而没有资源化利用动力。更值得区分的是，在某一阶段作为副产物的生物质，在另外的条件下，有可能成为主要的目标生物质。比如，从玉米芯中提取木糖醇或糠醛时，剩余物往往占 80%以上。将木质纤维素剩余物开发成复合物材料时，木质纤维素却成了目标产物，玉米粒、木糖醇或糠醛又成为副产物了。因此，对生物质的利用，树立正确的资源观，采取多联产方案，方能实现多赢模式，得到科学利用和获取经济价值。同样的道理，烟叶作为非必需品的原料，制作香烟或雪茄，就可能是有害的生物质，烟秆也是有害的废弃物，当烟叶或烟秆生物质与其他材料复合，制作成高档家具，却往往具备驱虫、防霉和令人愉悦的效果。不难想象，当烟生物质作为家具行业原料大行其道时，烟秆是目标生物质（主产物），烟叶就是副产物，烟草从有害变成有大健康

价值的生物质资源。同样的情形，也将发生在茶叶生物质上。我国数千年以来一直把茶叶当作饮品，茶往往与生活品质紧密联系。但是，当茶叶的生产技术水平显著提高和在地方政府的支持下茶生物质生产剧增时，茶生物质的材料化利用也就成为一种必然选择。带有茶香味的建筑装饰材料、家具和饰品，往往会产生意想不到的效果。由此可见，生物质资源的神奇之处将随着生物资源利用实践的深入逐渐显现，并进一步影响人民生活。

2. 生物质的资源化处理是社会成本

初级生物质和生物质副产物本身的价值往往不高，需要资源化处理，并达到一定标准才能进入工业化利用，不处理就不是资源，甚至还是环境负担。依照生物资源观分析，不同特征的生物质其资源价值不一样。纯的、高价值的生物质往往造成的环境负担比较小；低品生物质，往往以污水和杂质形式出现，对环境的危害就比较大。收集和资源化处理生物质和保护环境是人类整个社会的义务，跟国防和医疗保障一样是全社会应该分担的成本。因此，生物质的资源化过程不应该计入生物质利用的产业成本，而应该由社会承担。此外，生物质的资源化目标还应该包括许多在其他领域没有界定的资源，如生活污水、富含有机质的污泥、炼油和大化工生产过程中形成的有机质等，这些生物质的处理本身就已经投入了相应的社会成本，资源化和后续利用将会产生更多价值。生物质资源化处理服务，可以通过服务外包的方式，交由专业机构和企业来完成，然后交给下游企业进行能源化或材料化炼制，由后者解决就业、盈利问题和作出税收贡献。

3. 探索新奥秘，解决老问题

不断探索自然界的奥秘是人类的天性。对于年轻一代的科学工作者和产业开拓者，探索新的未知领域和进行新的尝试往往具有无限的吸引力。生物质资源化过程中却面临诸多老问题，如面对来去匆匆的生物质，进行产业利用的根本环节是及时大规模收集和保存；同样，对于每天产生的海量城市生活垃圾，智能化分类处置是人类求之不得的目标。在大数据应用和人工智能技术日新月异的今天，通过多学科合作来解决这些瓶颈问题，是富有挑战性的事业。人类对于生命常有敬畏之心，但对于生命过程产生的生物质却缺少类似的情感。矿物元素通过微生物活化、植物吸收、动物转化后是否被赋予了新的势能？粪肥中是否有更多值得发掘的生物态矿物质，是否可以成为城市矿山的目标？通过解决人类社会发展过程中现实的老问题，最有可能发现新奥秘、孕育新价值。

3.2　生物质资源各论

3.2.1　低品生物质的工业化利用①

生物质作为可利用的资源时，其价值有高低之分，像大豆、玉米等都属于高品位生物质（high-value biomass），而农作物秸秆、禽畜粪便、生活污水和工业有机废水、城市固

① 该部分作者为欧阳平凯。

体废物等属于低品生物质（low-value biomass）。这些低品生物质的资源化处理和合理利用对缓解资源短缺、环境污染及能源危机具有重要的意义。

现代的生物质产业，主要是指利用可再生的有机物，如农作物、树木等植物及其残体、畜禽粪便等有机废弃物，通过工业加工转化，进行生物基产品、生物材料和生物能源生产的一种新兴产业。大自然每年产生 1600 多亿 t 的生物质，是人类取之不尽的资源。在各种可再生资源中，生物质资源是最稳定、最高效，同时也最环保的一种资源。因为生物质的生产过程是一个环境净化的过程，可以吸收空气中的二氧化碳。所以，世界科学界都把生物质资源作为重要的替代资源。美国、欧盟、日本、加拿大等都制定了各自的生物质产业发展计划，美国提出要摆脱对中东石油的依赖，瑞典提出要建无油国家。

3.2.1.1 生物化工取代石油化工

我国目前每年约产生 14 亿 t 的农林生物质、25 亿 t 畜禽粪便及大量有机废弃物，另外还有 1 亿 hm^2 以上不宜耕农田可用来种植能源植物。我国曾经提出至 2020 年农林生产的生物量要相当于 15 亿 t 标准煤，相当于每年再生多个“大庆”，这是我国发展生物质产业永不匮缺的资源，也是解决环境污染、实现可持续发展的必由之路。我国生物质产业的基础应定位于生物质工业和生物质化工。如果说能源的生产还有其他途径，但未来的物质资源生产（液体燃料、有机材料和各类化学品）必然来源于生物化工制造。当前来说可以将燃料乙醇、生物乙烯、生物柴油、生物塑料、沼气发电和成型燃料作为主导产品。生物质化工是近期极具市场竞争力的重要方向，美国科学院提出至 2020 年生物质化工对石油化工的取代率可以达到 50%。当然，在发展生物质工业的同时，还要发展能源作物与化工作物在农林产业中的应用，农林部门每增加 1000 万 hm^2 能源植物的种植与加工，就相当于增加 4500 万 t 石油的年生产能力。

3.2.1.2 生物质与绿色能源

迫于能源与环境的双重压力，世界各国都在谋求逐渐改变能源结构，减少对传统化石能源的依赖，加大生物质能源比重。2014 年生物质能约占全球总能源消费的 14%，是排在主要化石能源煤、油、气之后的第四位能源，预计到 2050 年将达到 50%。生物质能源发展迅速，生物质发电、生物质液体燃料、生物质燃气、生物质成型燃料等领域均已产业化。今后，车用生物燃料、生物质与煤混燃发电、低成本非粮生物液体燃料等方面仍有很大的发展潜力，生物质成型燃料作为供热燃料将继续保持较快发展势头。现代生物质能源利用是指借助化学、物理和生物学等手段，通过一系列先进的转换技术，生产出固、液、气、电力等高品位能源来代替化石燃料，为人类生产生活提供电力、交通燃料、热能、燃气等终端能源产品。生物质能源产业是延长现代种植、养殖等农业产业链，带动加工、制造等工业产业升级，提供后端能源产品服务的综合性产业，与促进农村和城镇经济发展、缓解生态环境压力、改善能源结构息息相关，是转变经济发展方式的主要战略性新兴产业的重要组成部分。

根据目前生物质资源状况和技术发展水平，生物质能及相关资源化利用的资源将继续增多，油脂类、淀粉类、糖类、纤维素类和微藻以及能源作物（植物）种植等各种生物质都是生物质能利用的潜在资源。大型沼气发电技术成熟，替代天然气和车用燃料成为新的利用方式。生物质热电联产，以及生物质与煤混燃发电仍是今后一段时期生物质能规模化利用的主要方式。低成本纤维素乙醇、生物柴油等先进非粮生物液体燃料的技术进步，为生物液体燃料更大规模发展创造了条件，以替代石油为目标的生物质能梯级综合利用将是主要发展方向，生物基材料和化学品在产业化进程中具有明显的比较经济效益。

3.2.1.3　生物质与生物基材料

新材料产业既是国民经济发展的重要增长点，也是衡量国家综合国力的重要标志。利用丰富的生物质，开发绿色、环境友好和可循环利用的生物基材料，是国际新材料产业发展的重要方向。主要包括生物塑料（淀粉基可降解塑料、生物聚酯等）、热固性树脂材料、木塑复合材料（热塑性复合材料）、生物基功能炭材料、生物基精细化学品、生物基平台化合物等产品。目前在生物质利用过程中，首先是高度重视了能源化利用，而对材料化利用重视不足；其次是对纤维素利用充分重视，而对木质素利用重视不足。这些都是以后科学研究和产业利用过程中的新机遇、新方向。

3.2.1.4　生物基材料产业发展有助于加快石油化工材料产业结构调整

石油化工材料是我国国民经济发展的支柱产业，塑料、合成纤维、合成橡胶等高分子材料影响着轻工、纺织、化工材料等重要产业的前途。人们的日常生活已经离不开化工和合成材料。然而，依赖于石油炼制的大宗化工原料短缺与高价，已经成为制约我国石油化工材料发展的重要因素，寻求可替代传统石油化工原料的新来源，减少对石油资源的依赖，是当今条件下，我国经济发展、环境改善和人民生活水平提高的迫切需求。

3.2.1.5　生物基材料产业发展将加快发展方式转变、促进经济绿色增长

转变发展方式，实现节能减排，已经成为我国社会经济发展和环境治理的迫切要求。生物基材料规模化发展将带来越来越多的切实可行的经济与环境协调发展的解决方案。生物基材料具有可循环、可降解等特性，不仅可解决塑料应用中的白色污染问题，而且与传统工业高分子材料的资源消耗量大和环境负面影响相比，生物基材料在促进经济增长的同时，可以降低水、能源和原材料的消耗，同时减少废物排放，甚至直接利用其他产业的副产物和废弃物。

3.2.1.6　生物基材料产业发展将有利于延伸农业产业链、推动城镇化建设

生物质资源是生物基化学品和材料发展的前提与基础。用于制备生物基材料的生物质

资源主要来源于植物，包括谷类、农作物残余物、油料作物种子、糖类作物、草料作物以及各种纤维素类木本作物等，包括大量的农林剩余物。生物基材料的发展可以将农业原料衔接工业原材料，将农业产业拓展到塑料、化纤、橡胶等聚合物材料，再到纺织、轻工、能源、材料等工业领域，是延伸农业产业链、提高工农业循环经济水平的重要途径，也是推动城镇化建设，建设资源节约、环境友好社会的科学之路。

3.2.2 农林生物质的资源化利用[①]

生物质就是指利用太阳、土地、水、空气等产生的可以持续再生长的含有碳元素、氢元素和氧元素的物质，包括动物、植物和微生物，其中农林生物质是最具代表性的生物质。农业生物质主要包括农作物秸秆（是指在农业生产过程中，收获了小麦、玉米、稻谷、大豆等农作物籽实后，残留的不能食用的根、茎、叶等残留物）和农产品加工副产物（是指农作物收获后进行加工时产生的废弃物，如稻壳、玉米芯、花生壳等）。我国是农业生产大国，农业生物质资源丰富，每年农业产生的废弃物超过 7 亿 t。林业生物质主要包括森林生长、林业生产过程中产生的生物质资源（如木材、薪炭林、森林抚育等过程中残留的树枝等）和林业副产物或废弃物（如果壳和果核等）。我国陆地林木生物质资源总量在 180 亿 t 以上，资源量远远高于农业生物质。农林生物质资源具有分布范围广，可再生，硫、氮和灰分含量少等优点，因此，是一类高品质的可持续获得的绿色资源。

目前，农林生物质资源利用的途径有多种，主要有直接燃烧、压缩成型、气化、液化、炭化等能源利用模式，或生物化学转化利用模式，或用于生物基复合材料、饲料等领域，其中农林生物质应用于新材料行业是工业技术最密集、用途最广泛、附加值最高和最具发展潜力的方向。农林生物质高效利用的科学依据与技术，主要体现在以下方面。

3.2.2.1 科学利用农林生物质，使我国从人造板大国发展到人造板强国

人造板是木材工业中用途极为广泛的产品，是衡量一个国家木材工业、木材科技水平和综合国力的重要标志。改革开放 40 多年后的今天，中国人造板已进入大规模工业化生产，成为有自己特色和优势的新型产业，中国也已步入世界人造板大国行列。但是，与世界人造板强国相比，中国人造板生产还存在明显的差距，表现在企业规模偏小、技术水平与国外差距较大、扩大再生产投入资金不足和技术开发研究重视不够等。为使中国迈向人造板生产强国，必须制订好中长期发展规划，优化人造板的产品结构，实现人造板生产过程自动化，大力开发有自主知识产权的创新技术和产品，开发废旧木材和废弃人造板资源的再利用技术，加强人造板工业的标准化管理和产品质量监督检验，重视人造板工业的人才培养等。其中，利用木质纤维素生物质制作新型复合板材产业或将引领人造板发展潮流。

① 该部分作者为张齐生。

3.2.2.2 中国的木材工业与国民经济可持续发展

中国是一个少林国家，据第九次全国森林资源清查（2014～2018）数据显示，森林覆盖率为22.96%，仅为世界平均水平的74%；中国全国人均森林面积仅有0.158hm^2，不足世界平均水平的1/3；人均森林蓄积量12.606m^3，只有世界平均水平的1/6。森林资源本身先天不足，加之前几十年来过度采伐，可采资源几近枯竭。长期以来，我国对林业的地位和作用的认识一直没有解决，仅仅把林业当成一个产业，从而形成了以木材生产为中心的指导思想。而对于森林的生态价值没有足够的认识，更没有把林业当成社会经济可持续发展的基础。近年来，在我国的国民经济发展的同时，钢材、水泥两大原材料的生产也同步快速增长，但由于我国森林资源短缺，木材的生产量却呈现了负增长。同期快速发展的木材工业，大大提高了中国的木材利用水平，从而降低了木材能耗；利用部分木材，采伐和加工剩余物及多种非木质材料制造人造板，成为世界第二大人造板生产国；进口部分原木和锯材作为补充，这三种措施的综合结果，每年可为我国经济发展带来近2亿m^{3}木材的实际效益，技术进步和发达的木材工业为国民经济可持续发展提供了技术支持。

3.2.2.3 生物质气化与多联产技术

由于化石燃料资源趋于枯竭和环境污染问题，寻找一种清洁、可再生的替代燃料和燃料生产技术已迫在眉睫。生物质气化技术作为一种清洁的可再生能源利用技术得到了快速发展，然而气化设备自身不够成熟以及未对气化副产物（生物质炭和生物质提取液）加以有效利用等问题，严重阻碍了生物质气化技术的商业化推广和运行。生物质气化多联产技术是指基于生物质下吸式固定床气化的气、固、液三相产品多联产及其产品分相回收、利用技术。应用生物质气化多联产技术能够同时获得气、炭、液、热，它们各有特性、各有用途、各具效益。该技术的提出，以及相关核心设备的开发成功与应用，为生物质气化技术的进一步发展提供了新的思路，高效和不以废生废的资源化利用模式是目前条件下应该追求的目标。

3.2.2.4 农作物秸秆应用于生物质新材料

我国是农业大国，秸秆作为农作物的副产品，贮量丰富。虽然早在20世纪末就有研究人员开始关注秸秆资源潜在的价值，但至今仍未得到充分利用，秸秆大多被当作废弃物掩埋或焚烧，不仅造成了资源浪费，而且污染环境。农作物秸秆应用于复合材料具备新型环保材料的开发潜力，开辟了农业生物质全价利用的科学出路，减少秸秆的焚烧量，有利于保护生态环境。秸秆作为一种农业副产物，将其开发成大宗工业原料，变废为宝，有效缓解了我国建材、包装等行业的原料短缺问题，能保障产业健康发展。因此，国家鼓励秸秆的综合利用和生物质新材料的健康发展。推广应用农业生物质复合材料拓宽了农田秸秆处理的产业链，还有利于农民创收和农业发展，同时也为生物质新材料产业提供了新的机遇，提升和保持了中国生物质新材料的强国地位。

3.2.3　生物矿化材料资源利用及其前景①

生物矿化材料作为一类生物质材料，是生物质资源的重要组成。生命亿万年的进化过程，也可以被视为是一个分子自组装的进化过程，无机和有机分子相互组装，形成稳定且具有特定功能的界面结合。天然生物质材料通过漫长的自然选择、自发进化、自我更新，逐渐演化出具有精细内部结构的材料。这种材料往往是在生物环境水溶液的条件下形成的。有机大分子在水溶液中收集并传输原始物质，例如最普通的碳、氢、氧、钙、磷等元素。这些元素在室温下，通过生物有机大分子调控，以自下而上（bottom-up）的自组装方式将一个个分子构建为多级别的超分子结构，并进一步组装，形成短程和长程有序的多级结构。大自然采用自组装微纳结构这一策略，能够以最少的材料、最低的能量消耗，构建天然生物质材料并实现最佳的使用性能。在自然界中，生物体通过自发性控制生化反应过程，自组装生物矿化制备的具有多级有序结构的功能材料被称为“生物矿化材料”，例如牙齿、骨骼和贝壳等。常见的生物矿化材料主要包括碳酸钙、磷酸钙、二氧化硅等，其主要功能是支撑和保护生物软组织以及捕食和防御等。绝大多数的生物矿化，都是通过无定相、团簇或者液态前驱体作为前驱相进行结晶并调控晶体结构、形貌以及性能，如蛋壳的合成是在体内通过无定形碳酸钙前驱体完成的。这与一般水溶液结晶中直接利用离子或原子作为生长单元的机理完全不同。然而人们至今还无法完全理解生物体内无定形前驱体是如何调控合成的，以及相关的结晶转化机理。同时不同于人工材料合成，在生物矿化材料的组装过程中，大量的有机基质，特别是蛋白质介入无机材料的形成过程中，控制材料的成核、生长、取向和组装，并参与构建性能优异的复合材料结构。生物矿化不仅是生物界中材料制备的策略，更是自然演变过程中所产生的功能性生物策略，能使生物体更好地适应环境、产生更有利于自身发展的进化链。

本节将介绍生物矿化材料资源的分布及其特点，以及蛋壳与贝壳这两种典型生物矿化材料资源的加工应用现状与前景。

3.2.3.1　生物矿化材料分布与特点

1. 生物矿化材料分布

生物矿化是一种普遍的生物现象，在植物、微生物和动物体内，均可形成生物矿化材料。迄今为止，人类发现的生物矿化材料有 60 余种，其中约 50%为含钙矿物质，其次是铁（氢）氧化物和硅氧化物，以及镁、锶、钡等无机盐类矿物。按结晶态则包括无定形矿物、无机晶体以及少量的有机晶体。从应用角度来看，利用最广泛的是碳酸盐，磷酸盐次之。常见的生物矿化材料分布如下：碳酸钙主要存在于无脊椎动物的外骨骼，以及鸟类、爬行类动物卵的外壳之中，如海洋软体动物的贝壳、鸡蛋蛋壳等；磷酸钙常见于脊椎动物的内骨骼和牙齿，主要以复杂的磷灰石水合晶体（羟基磷灰石 hydroxyapatite，HA）形式

① 该部分作者为杭飞。

存在；铁锰氧化物和氢氧化物常见于铁细菌，而磁铁矿主要存在于磁性细菌和软体动物的部分矿化组织中，如石鳖齿舌中含有大量的磁铁矿；硫酸盐主要分布于厌氧的光能硫细菌和硫氧化细菌中，如等辐骨虫亚门（Acantharia）的天青石骨针；硅氧化物则多存在于植物之中，如二氧化硅存在于硅藻的细胞壁、植物的叶子中。

生物矿化材料除了具有基本的保护和支持功能之外，有些还具有其他的特殊功能，如方解石是三叶虫的感光器官，而在哺乳动物内耳里则作为重力感受器；磷酸钙主要存在于脊椎动物的内骨骼中，可为代谢提供钙；草酸钙在植物、真菌的叶子、根里作为钙库；磁铁矿在鲔鱼、鲑鱼头部里具有磁导航的作用。表 3-2 列出了常见生物矿化材料的主要功能及存在的物种和位置。

表 3-2　常见生物矿化材料种类和功能

生物矿物		分子式	存在的物种	位置	功能
碳酸钙	方解石	$CaCO_3$	有孔虫	壳	外骨骼
			甲壳纲	蟹壳角质层	增强
			鸟类	蛋壳	保护
	霰石	$CaCO_3$	石珊瑚	细胞壁	外骨骼
			鱼类	头	重力感受器
	球霰石	$CaCO_3$	腹足类	壳	外骨骼
			海鞘	骨针	增强
	非晶态	$CaCO_3\cdot nH_2O$	甲壳纲	蟹壳角质层	增强
			植物	叶	钙源
	镁方解石	$(Mg, Ca)CO_3$	八角珊瑚	骨针	增强
			棘皮动物	壳/棘	增强/保护
磷酸钙	羟基磷灰石	$Ca_{10}(PO_4)_6(OH)_2$	鱼类	鱼刺	保护
	磷酸八钙	$Ca_8H_2(PO_4)$	脊椎动物	骨/齿	前驱体
	非晶态	多种可变	腹足类	砂囊	压碎食物
			哺乳动物	线粒体	离子储存
二氧化硅	硅石	$SiO_2\cdot nH_2O$	放射虫	细胞	微骨骼
			帽贝	牙	咀嚼/研磨
铁矿物	磁铁矿	Fe_3O_4	石鳖	牙	咀嚼/研磨
	针铁矿	α-FeOOH	帽贝	牙	咀嚼/研磨
	纤铁矿	γ-FeOOH	海绵	细丝	未知
			石鳖	牙	咀嚼/研磨
	水铁矿	$5Fe_2O_3\cdot 9H_2O$	动物/植物	铁蛋白	储存蛋白
	硫复铁矿	Fe_3S_4	细菌	细胞	趋磁性
其他	石膏	$CaSO_4\cdot 2H_2O$	水母	耳石	重力感受器
	天青石	$SrSO_4$	等辐骨虫亚门	细胞	微骨骼
	重晶石	$BaSO_4$	棘刺虫	细胞间	重力感受器
			轮藻	耳石	重力感受器
	水合草酸钙	$CaC_2O_4\cdot H_2O$	植物/真菌	叶柄	钙源
		$CaC_2O_4\cdot 2H_2O$	植物/真菌	叶柄	钙源

2. 生物矿化材料的特点

与自然界中形成的无机矿物材料相比，生物矿化材料主要具有以下特点：

（1）通常具有高度有序的多级结构，赋予生物矿化材料良好的机械性能。例如蛋白质与无机矿物晶体之间通过复杂的相互作用形成高度有序的自组装结构，使得动物的内骨骼和牙齿、软体动物的贝壳珍珠层都具有较高的强度和韧性。

（2）生物矿化材料中的矿物质通常具有相对确定的晶体取向。例如鸡蛋壳中方解石以 *c* 轴垂直于蛋壳（图 3-3）；无脊椎动物壳层内的珍珠层中文石的 *a* 轴平行于 *β*-几丁质纤维（*β*-chitin fibrils），*b* 轴平行于 *β*-折叠（*β*-pleated sheet）的类丝心蛋白多肽链，而壳层中的方解石通常沿（001）面垂直生长。

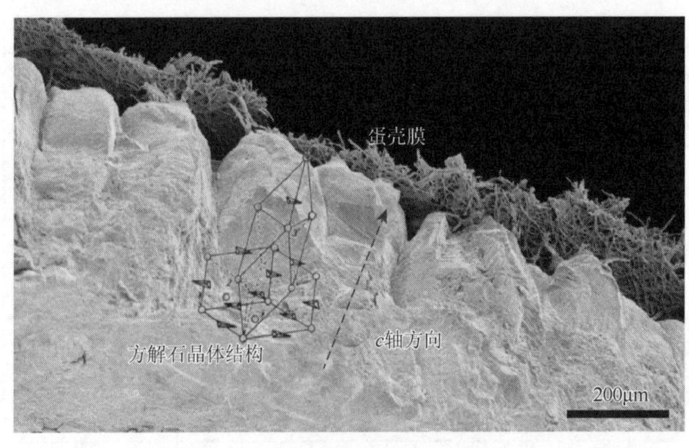

图 3-3　鸡蛋壳横断面扫描电镜图

最上层为蛋壳内膜，方解石晶体以 *c* 轴垂直于蛋壳

（3）生物矿化材料中的无机矿物质与有机基质存在相互作用。大量研究表明，大多数的生物矿化材料是由有机大分子调控成核结晶过程，在晶体结构成型后，有机基质与无机矿物都形成紧密结合。如骨骼中胶原蛋白三螺旋多肽分子与片状羟基磷灰石晶体形成周期性的交替排列，胶原蛋白基质与晶体紧密结合并将其包裹，同时胶原蛋白基质自身互相连接、融合，构成高度有序的多级纤维结构排列。

（4）生物矿化材料是在生命体的代谢生化反应过程中形成，并全程参与代谢过程，通常作为某些代谢重要微量元素的储存地。如骨骼中的钙、磷等，可以在身体缺少相关元素的情况下释放。

3.2.3.2　蛋壳材料及其加工应用

从 1985 年开始，中国禽蛋年产量就高居世界第一。2016 年禽蛋总产量达 3095 万 t，其中 85%为鸡蛋。人们往往只是利用了鸡蛋中的蛋清和蛋黄等可食部分，占整蛋质量 10%～13%的蛋壳则被丢弃，中国每年蛋壳年产量超过 400 万 t。这些被丢弃的蛋壳，如果不能得到合理回收和处理，浪费资源的同时也会污染环境。而蛋壳作为一种典型的生物矿化材料，其主要生物矿物为碳酸钙，钙含量占蛋壳的 36.4%，是一种纯天然的绿色钙源。对蛋壳进行合理加工利用，在生物医药、食品和饲料工业、环境保护等多个方面具有广阔的应用前景。

1. 蛋壳的组成与结构

蛋壳是由有机基质蛋白与无机矿物通过生物矿化自组装而成。成分主要有碳酸钙 93%，碳酸镁 1%，磷酸钙和磷酸镁 3.2%，以及 2.8%的有机物。蛋壳中的矿物结晶以乳头核为中心，呈放射状排列，结晶的形态主要是方解石结晶与含有镁和钙的白云石结晶。镁在蛋壳中由外侧向内侧分布逐渐变少。蛋壳中的有机基质主要由糖蛋白和糖肽组成，主要存在于方解石结晶中，属于非胶原性蛋白，含氮 16%，含硫 3.5%。这些非胶原性蛋白质主要为两种一般性蛋白质——骨桥蛋白和凝聚素，3 种蛋清蛋白质——卵清蛋白、溶菌酶和卵铁传递蛋白，以及 6 种特异性蛋白质——ovocalyxin-21、ovocalyxin-25、ovocalyxin-32、ovocalyxin-36、ovocleidin-17、ovocleidin-116。此外，蛋壳中还含有少量的脂质和水分。蛋壳呈现不同颜色的原因则是其含有不同含量的原叶啉荧光色素。

蛋壳具有相对复杂的多层层级结构，由外到内可分为 5 层，依次为表层、柱状晶体层、栅层、乳突层和蛋壳膜。这其中因柱状晶体层厚度只有 0.8μm，也有研究者将蛋壳分为 4 层，表层、栅层、乳突层和蛋壳膜。乳突层约占蛋壳厚度的 1/3，含有很多的钙状锥形体。蛋壳膜紧紧贴附其内表面。再向外为栅层，由平行于蛋壳的钙质纤维交织而成，其厚度约占蛋壳厚度的 2/3。栅层纤维与小囊连接方解石晶体在里面堆积形成长轴，轴与轴之间形成的空隙即为气孔。每枚鸡蛋有 7 000～17 000 个气孔，气孔的直径一般在 4～10μm。气孔可以使壳内的水分、CO_2 与壳外的 O_2 相互交换。蛋壳的最外表层为薄而细致的角质层。蛋壳含有大量钙，并且具有微观多孔结构，可在简单处理后通过离子交换和表面配位吸附重金属离子、有机染料等环境污染物，且吸附容量较高。蛋壳还含有—OH，—C═O 和—PO_4 官能基团，可以置换金属离子、氟化物和氯化物。

2. 蛋壳的加工应用现状

1）蛋壳粉

蛋壳经过预处理后可直接粉碎生产蛋壳粉。蛋壳粉含有丰富的无机盐和少量的有机物。可作为畜禽饲料的补钙剂，促进畜禽的生长发育；可以添加到日常化妆品中，以防止皮肤过敏。研究发现，化妆品中加入 10%的鸡蛋壳粉可有效防止皮肤发红、充血、水肿、瘙痒、结垢、皱纹增粗等现象；蛋壳粉还可添加到糕点和面包中，用作食品膨化剂；烤蛋壳粉是一种中药材，具有镇痛、解毒作用，对治疗感冒、胃病和十二指肠溃疡、皮肤溃疡和疖疮有很好的效果；此外，蛋壳粉还可以做肥料、用于加工去污粉等。

2）制备有机钙

蛋壳中的无机碳酸钙经加工可转化为各种有机钙，应用前景广阔。主要方法有：高温煅烧、直接中和、发酵、超声波和脉冲电场法。研究表明，将不易被人体消化和吸收的碳酸钙转化为乳酸钙、柠檬酸钙等，不仅具有补钙功能，还可以降低胆固醇，增强红细胞和血色素，保持人体的环境稳定性等功能。因此，通过蛋壳转化制备的有机钙产品，可应用于生物医药和食品工业，用作钙营养增强剂和食品螯合剂。

3）制备吸附材料

目前，蛋壳作为吸附材料其加工工艺主要有：粉碎、煅烧、改性以及与其他吸附材料混合等。蛋壳粉碎后，以5%比例加入污染土壤30d后，氯化钙浸提的镉（Cd）和铅（Pb）分别降低了92.3%和16.5%，盐酸浸提的Cd和Pb分别降低了43.1%和98.3%。粉碎蛋壳以1∶1比例加入工业磷酸，随后加入$Ca(OH)_2$等，干燥后获得羟基磷灰石，对Cd去除率为94%，Cu去除率为93.17%，是一种高效低成本的生物吸附剂，对重金属离子具有良好的吸附效果。将鸡蛋壳与活性炭混合，可吸附有机物和无机物，COD去除率达到98.6%。

4）用于秸塑复合材料添加

利用秸秆等经过预处理的植物纤维或粉末为主要组分（含量通常达到60%以上），与高分子树脂基体复合，形成秸塑复合材料，具有植物纤维和高分子材料两者的诸多优点，能替代木材，可有效地缓解我国森林资源贫乏、木材供应紧缺的矛盾。蛋壳制粉用于填充秸塑复合材料，目前相关研究和应用尚少见报道。添加蛋壳粉一方面可以减少树脂的使用，有效降低成本，另一方面可有效改进秸塑材料性能：通过添加一定量的蛋壳粉（蛋壳与秸秆添加量比约为1∶4时），可以提高材料的拉伸强度10%左右；蛋壳中碳酸钙的多孔结构会降低其热传导效率，从而有效提高秸塑耐热性；蛋壳壳膜与蛋清水解后会生成透明质酸、氨基酸等，加工中会从树脂基体中析出，在材料表面形成一层润滑油膜，可以降低材料与成型设备之间的摩擦力，提高秸塑加工性能。

3. 蛋壳的应用前景

作为一种常见的生物质资源，我国拥有极为丰富的蛋壳资源，有着巨大的潜在利用价值。但大部分对蛋壳的综合利用的研究成果还局限于实验室，并未得到有效的大规模应用，我国蛋壳的资源利用率仍然停留在较低水平。因此，除了继续积极推动科学研究，探索新领域中的应用，更应当对已有研究成果优化工艺，提高转化效率，尽快应用到实际生产中。

3.2.3.3　贝壳材料及其加工应用

贝类，属软体动物门中的瓣鳃纲（或双壳纲），常见的牡蛎、贻贝、蛤、蛏等都属此类。我国海洋贝类总产量连续多年占世界产量的60%以上。2015年我国贝类总产量达到1465.61万t，其中海水贝类产量为1413.98万t（约占贝类总产量的96.5%）。按贝壳约占贝类质量的60%估算，贝壳的年产量约为880万t。同禽蛋产业类似，贝类的使用仅限于食用部分，对于贝壳却很少加工利用。随着贝类养殖、捕捞和加工业的发展，大量废弃贝壳逐年堆积，所造成的环境污染越来越严重。因此，通过对贝壳的结构和特定化学组成的研究，对贝壳进行改造与加工，充分开发利用丰富的贝壳资源，提高贝壳的附加值，实现贝壳的资源化和减量化，对于实现贝类产区生态环境、经济利益和社会效益的协调发展具有重要作用。

1. 贝壳的组成与结构

贝壳主要由无机矿物和有机基质组成。矿物约占 95%，主要为碳酸钙 $CaCO_3$（方解石、文石、球霰石及非晶型），相同室温条件下，方解石是三种晶型中最稳定的形态，文石相对稳定，球霰石则最不稳定；有机基质（蛋白质、糖蛋白、多糖、几丁质和脂质等）约占 5%。从元素分布角度考虑，贝壳主要含钙、碳、氧、氢、锶、镁等元素，其中锶和镁的含量主要与贝的种类有关。

在有机基质的精确调控下，以少量有机大分子为模板进行分子操作，碳酸钙晶体在贝壳珍珠层沉积，形成高度有序的多重微层结构。贝壳从外到内主要分为 3 层，依次为：最外侧是由硬质蛋白组成的角质层；中间为方解石或文石晶体组成的棱柱层，主要为贝壳提供硬度和耐溶蚀性；最内层为珍珠层，主要为贝壳提供硬度和韧性，一般由方解石或文石 $CaCO_3$ 矿物（无机相）和有机质（有机相）组成。

2. 贝壳的利用现状

目前，贝壳较多应用于装饰和建筑材料、复合材料、吸附剂、水处理剂、土壤改良剂、生物医学材料等。

1）用于聚合物填料制备复合材料

贝壳粉是一种很好的聚合物填料。利用 KH560 偶联剂改性粉碎后的牡蛎贝壳粉，并填充环氧树脂预聚物胶液涂布玻纤布可制备环氧树脂基复合材料。贝壳粉中的极性基团可与环氧树脂的环氧基反应，从而在树脂交联分子网络中以化学键结合，极大提高了复合材料界面强度。王玮等利用钛酸酯偶联剂 NDZ-201 对贝壳微粉进行表面处理，通过熔融共混法制备了贝壳微粉/聚乙烯复合材料，使聚乙烯的缺口冲击韧性显著提高了 68%，拉伸强度也大大提高。利用糠醛对蛤蜊壳粉体进行表面改性后，加入材料制备复合材料，材料的韧性能获得较大提高。

2）制备吸附材料

与蛋壳类似，贝壳也可用于制备吸附材料。贝壳的吸附作用主要是通过其相对疏松的多孔结构来实现物理吸附。贝壳结构中的孔隙直径相对较大，孔隙分布广而均匀；而贝壳制粉后的表面积较大，吸附效率高。基于上述结构特征，贝壳和以贝壳为基质的功能材料在一定条件下能吸附和除去原油、重金属、硫、染料、农药以及杀菌剂。在海洋原油泄漏处理中，贝壳粉可以作为催化剂载体吸附原油，增大与油污的接触面积，提高了催化反应效率。在水处理领域中，与蛋壳类似，以贝壳作为羟基磷灰石的钙源可以吸附去除废水中的多种金属。贝壳颗粒经过煅烧之后可用于脱硫处理，其内部大量气孔参与脱硫反应，反应过程不易被脱硫产物阻断，可以进行更完整的脱硫反应。类似地，贝壳粉的高吸附特性，还可用于染料、农药残留处理等领域。

3）贝壳基生物医学材料

贝壳具有良好的生物相容性及生物活性，这主要是来源结构中有机基质的生物活性成分，并且贝壳含有的钙盐有利于成骨。目前利用贝壳开发医用植入材料的热点之一，是基于贝壳材料研发人工骨用于骨缺损修复。贝壳的有机基质中含有促进干细胞向成骨分化的生物信号大分子，这些因子可激活相应的信号通路，上调细胞碱性磷酸酶活性，促进细胞成骨分化过程中特异性蛋白的表达，并诱导细胞体外矿化。研究人员将贝壳珍珠层植入骨质疏松的羊股骨中，发现珍珠层具有良好的生物相容性及促成骨性能。利用贝壳珍珠层和聚乳酸制备仿生人工骨，人骨髓基质细胞（hMSCs）在材料表面可良好生长并分泌细胞外基质。

3. 贝壳的应用前景

贝壳成本低廉、产量巨大且可再生，有巨大的应用价值。利用废弃贝壳制备高性能复合材料、吸附材料和催化剂载体、生物医用植入材料，大大扩展了传统的贝壳利用方法，实现废弃贝壳的高值化利用，变废为宝。

3.2.3.4 生物矿化材料的应用前景

生物矿化材料作为典型的生物质资源，在自然界中广泛存在，产量大、可再生，并且由于其独特结构与成分，应用领域广泛、潜力巨大。尤其将天然生物矿化材料通过处理、改性、提取等方法，用于高值应用领域，具有广阔前景。除了本节介绍的蛋壳、贝壳，还有大量生物矿化材料已经获得广泛应用。例如，海底的珊瑚生物相容性良好，且具有类似松质骨的多孔结构，有利于纤维及血管组织长入，作为骨替代材料已被直接或经改性后广泛用于临床骨修复；南极磷虾虾壳除了制作虾粉外，还可以制取甲壳素、壳聚糖和虾青素等，可广泛应用于食品、制药、化工、生物医学等领域。

对生物矿化材料的研究，除了进一步探究生物矿化机理，揭示生物矿化微环境，特别是有机模板对于生物矿化的调控作用，以及对生物矿化材料的结晶态、微结构的影响机理之外，更应着重推进生物矿化材料的应用与开发，逐步拓展应用领域与方向，探索新种类生物矿化材料应用。目前我们对生物矿物的多样性和复杂性还缺少深入的了解，还有种类众多、数量巨大的生物矿化材料亟待开发。相较于人工合成材料，生物矿化材料往往具有来源广泛、成本低廉、性能优异等优势，但仍存在诸多问题和挑战，如有些材料制备工艺复杂、利用率低等，随着技术的逐渐成熟，生物矿化材料的开发应用必将不断发展。

点评（点评人：陈集双）

生物参与自然界矿物质流的过程，至少包括两个方向。第一是生物活化过程，如生物固氮，即将空气中的无机氮转化成生物态氮，土壤微生物和植物对金属元素活化实现解磷、解钾等；这个过程是将惰性态的矿物质转化成有活性的生物态。第二是将液体（体液、环境溶液）环境中的矿物质固相化，成为“惰性”的结构物质，也就是生物矿化过程。相对于生物活化过程，后者人们知之较少，甚至有许多基本问题都没有搞清楚。因此，也是非常有潜力的领域。比如，①生物活化是否有不完整的过程，也就是对矿物质实现了一定程度聚集，而没有达到人们辨识的程度；②既然生物矿化是一种普遍的生物现象，为什么参与生物矿化的典型元素和形态种类都非常有限，等等。

无论是突破人类对生物矿化机制的认识，还是创制生物矿化应用模式，都可能解决人类社会发展的关键问题，甚至显著改变人类生活方式。生物定向矿化是生物资源挖掘中值得拓荒的领域。例如，人造牙齿和人造骨骼技术的突破就将提高千千万万有需要人群的生活质量。

3.2.4　秸秆生物质资源的利用及其前景①

随着生态文明建设的推进，我国农作物秸秆焚烧带来的资源浪费和环境污染问题不断，秸秆综合利用问题越来越受到重视。农作物秸秆是指在农业生产过程中，收获小麦、水稻、玉米、大豆等农作物以后，残留的不能食用的茎、叶等副产品。

3.2.4.1　我国秸秆资源现状

我国是一个人口众多、农业比重大的国家，农作物种类繁多、分布范围广、产量高，因此有大量的农作物秸秆可供利用。但目前我国秸秆的有效利用率不高，利用也不合理，据报道，焚烧量约占40%、饲料约占24%、还田约占15%、工业原料约占2.3%、其他约占18.7%。由此可见，大量的秸秆被作为废弃物燃烧，这在资源与能源紧缺的当今社会是对资源的极大浪费。焚烧秸秆会释放大量的有毒有害物质，造成严重的空气污染，危害人体健康，还可能引发火灾、影响交通等。另外，秸秆焚烧时地面温度达400℃左右，造成土壤中水分损失85%、氮元素损失73%、磷元素损失12%，而碳元素的损失更为严重，土壤中的真菌和细菌损失也在5%以上，而这些微量元素和微生物对土壤有机质分解、氧化、固氮、合成腐殖质等有重要作用。可见，焚烧秸秆并不是单纯的肥田作用，还可能破坏土壤理化性质，影响紧随其后的田间作物生长。因此大力推广农作物秸秆利用新技术，将秸秆变废为宝，是建设生态农业和环境友好型农业，实现农业可持续性发展的需要，也是建设节约型社会的需要。

3.2.4.2　目前我国秸秆利用的主要形式

（1）传统的能源利用：秸秆作为生活燃料焚烧是我国广大农村处置秸秆的主要方式。虽然秸秆有一定的热值，但其上灶直接燃烧的热效率普遍低于14%。由于秸秆燃烧不完全，不仅损失大部分热能，而且排出大量的烟尘和有害气体。秸秆燃烧后的灰分仅占秸秆自身的7.1%，导致秸秆中的氮、磷及有机质含量损失严重。

（2）作为牲畜饲料：秸秆具有一定营养价值，可做粗饲料喂养牲畜。秸秆主要化学成分为：水分10%～14%，粗蛋白2%～9%，粗脂肪1%～2%，粗纤维28%～37%，灰分4%～13%。未经处理的麦秸秆营养价值较低，阻碍了反刍动物胃中微生物对其中纤维素和半纤维素的分解。因此，需要对麦秸秆进行氨化、碱化、熟化等处理，提高麦秸秆饲料的营养价值和采食率。

---

① 该部分作者为何春霞。

（3）还田做肥料：秸秆富含有机质和氮、磷、钾、钙、镁、硫等多种营养成分，具有较高的肥料价值。目前，秸秆作为肥料主要是指麦秸粉碎翻压还田技术，利用秸秆生产生物有机复合肥。秸秆还田的主要机械技术过程为：收割、粉碎、翻压还田、生成有机复合肥，但秸秆还田也存在许多问题，秸秆本身的碳氮比为（65～85）∶1，而适宜的微生物碳氮比为25∶1，秸秆还田会造成土壤中氮素不足，使得微生物与作物争夺氮素。

（4）工业造纸原料：我国森林覆盖率低，木材资源匮乏，秸秆可作为制浆造纸工业的基本原料，如麦秸秆中纤维素与半纤维素含量分别是61.3%和22.4%。木质素、纤维素含量高的秸秆是造纸理想原料，可用于生产中、低档白纸，白板纸，包装纸等产品。但是，秸秆造纸因为利用率低（不到30%），废弃物比例高，环境治理成本也高。因此，造纸企业越来越多转向利用进口废纸浆再生使用。

（5）生产清洁能源：秸秆经由发酵可生产燃料乙醇，这能够在一定程度上解决我国面临的环境及能源危机。但其生产成本较高，一般需要6t纤维素原料才能产生1t乙醇，因此，目前研发的秸秆乙醇成本高，相当于原油的1.2～3.6倍。

（6）加工木塑复合材料：麦秸秆木塑复合材料、麦秸秆刨花板、麦秸秆中高密度纤维板、麦秸秆定向板、草木复合纤维板等人造板相继研制成功。由于秸秆性能及成分和木材有较大差异，因此工艺、胶黏剂、设备各个方面需要进一步研究。

（7）用作其他工业原料：麦秸秆作为工业生产的原材料通常是用于地膜、纸餐盒、建筑材料等生产加工，也运用于建材、轻工和纺织等行业。如用小麦秸秆生产可降解型包装材料，制备轻质建材。用于纺织行业，编织草帘、草席和草垫等制品。此外，小麦秸秆还可用于生产淀粉、羟甲基纤维素等化工行业。

综上可知，以秸秆为原材料生产木塑复合材料是秸秆综合利用的一个重要方向。秸秆是自然界赋予人类的生物资源，含有丰富的纤维素、半纤维素和木质素，利用其制备复合材料具有价廉、环境友好及可生物降解等优点，可取代对环境污染严重的石化产品——塑料的使用，以减少白色污染问题，也可以代替木材使用，以节约木材，缓解我国木材短缺问题。目前，人们对秸秆材料化学组成、性能等了解不够，对其做材料用途缺少必要认识，这需要政府相关部门重视、引导和政策扶植，也需要相关专家认同，所以政府相关部门引导和扶植相关单位开展秸秆、谷壳等天然生物材料的基础研究具有重要意义。

3.2.4.3 西方发达国家秸秆开发参考

国外开展的利用秸秆等天然生物质制备复合材料科研工作值得我们借鉴和学习。共轭大豆油树脂/玉米秸秆复合材料研究表明，复合材料机械性能随玉米秸秆纤维用量的增加和纤维长度的减小而明显增强，复合材料吸水率随玉米秸秆纤维含量的增加和纤维尺寸的增大而显著增强，这种由 20%～80%玉米秸秆和含有 50%天然油的树脂制成的，含有60%～90%可再生材料的复合材料可应用于建筑、物流、汽车及家具行业。研究表明：增加麦秸秆用量、基体密度、成型压力，能改善其制备复合材料热性能和机械性能；马来酸酐增溶剂明显改善机械性能；麦秸秆用量及纤维尺寸是影响吸水性能的主要因素。使用双螺旋挤出机熔融复合制备麦秸秆、黏土增强聚丙烯复合材料，结果表明随麦秸秆和黏土含量的增加，复合材料弯曲模量增大，而防水性能下降；弯曲模量和防水性能随增溶剂马来酸酐聚丙烯含量的增加而增大。在玉米秸秆、玉米穗、麦秸秆等农业废弃物替代木质纤维增强热塑性塑料的可行性研究中，发现麦秸秆表面碳元素含量高于玉米秸秆、玉米穗和木粉。这些秸秆纤维分解温度低至 200℃，可以和熔点低于 200℃的热塑性塑料复合制备复合材料。麦秸纤维增强 HDPE 复合材料机械性能高于玉米秸秆、玉米穗及木粉增强 HDPE 复合材料；玉米秸秆增强 HDPE 复合材料机械性能接近木粉增强 HDPE 复合材料。所有复合材料由于纤维含量高所以吸水率较高，增溶剂可以降低吸水率。纤维含量和碳酸钙含量对农业废弃物（玉米秆、芦苇秆、棉秆）替代木质增强热塑性塑料复合材料机械性能的影响研究表明，农业废弃物的加入提高了复合材料的拉伸和弯曲性能；棉秆优良的化学特性和较高的纵横比，使得其增强复合材料机械性能较高；纤维含量对复合材料机械性能增幅顺序为：棉秆＞玉米秆＞芦苇秆；随碳酸钙含量的增加，纤维和基体界面结合强度下降，复合材料拉伸和弯曲性能明显下降。玉米秆、向日葵秆、甘蔗渣纤维代替木质纤维制备热塑性塑料复合材料的研究表明，交联剂的加入均能较大程度的改善拉伸、弯曲和冲击性能。西方发达国家具备较好的研究基础，但是在利用秸秆生物质作为材料化利用方面的产业实践并不多。

3.2.4.4　展望

目前，以木粉为填充材料的木塑复合材料的应用在我国已经相当成熟，已广泛应用于户外地板、栅栏围墙、园林景观、物流包装等材料，我国已经成为木塑复合材料（wood plastic composition，WPC）的生产大国。以木粉为填充材料、废弃的塑料（PE、PP、PVC）为基体材料能够制备多种绿色复合材料；以秸秆为填充材料的复合材料也有望应用于上述材料，这对我国自然资源——生物质材料的有效利用、减少环境污染、建设节约型社会具有积极作用。我国在秸秆等天然材料的研究与利用方面也做了不少工作，取得了一定成绩，尤其是在产业实践方面，需要进一步学习国外材料技术先进技术和经验，借鉴国外的相关研发工作，提升我国秸秆制备材料研发和应用能力。

中国是国际上少数能够开展规模化收集处理秸秆的国家之一，大量秸秆生物质的收集和资源化利用，将不仅引领以秸秆替代木材的产业潮流，还可能为世界范围内对秸秆生物质工业化利用的理论和技术创新提供机会。

点评（点评人：陈集双）

从准确意义上讲，秸秆是农业副产物而不是废弃物。在人类发现化石燃料（煤炭、石油）之前，秸秆生物质是人们生活所需的主要燃料之一，即便是在军事和艺术领域，也有秸秆作为重要生产和生活资料的价值，在人类社会发展和文明进步中起到过至关重要的作用。我国一直具有精耕细作的优良传统，对于秸秆等植物生物质副产物和内脏等动物副产物都有充分利用的传统技术。目前的耕作制度下，“一刀切”的方式限制秸秆焚烧尤其是强制还田，都有悖科学利用原则。政府主导的秸秆强制还田已经开始带来一系列问题，如病虫害发生趋于严重、污染增加、影响后茬作物等诸多方面。因此，秸秆还田也需要把握度和因地制宜。理论上，秸秆材料化利用提供了更有经济效益和环境效益的选择。

秸秆生物质转化为大宗材料，不仅可能以秸代木，减少对森林资源的消费，还能有效减少碳排放。木塑复合材料（WPC）的发明和发展为建筑和家具等领域提供了新的选择，也为木质纤维素的工业化利用拓展了新领域。目前，中国已经成为国际上木塑产能第一大国，但是，目前我国木塑行业大量使用林木废弃物制备的木粉作为原料，后者在原初生产加工过程中通过施胶、涂漆、镀层等处理，往往带有甲醛等对人体有害的物质。因此，现有产业模式生产的 WPC 产品，其环保性得不到保障。秸秆生物质在 WPC 中的使用，甚至完全替代木粉，不仅使得秸秆生物质的利用范围得到充分拓展，也将提高 WPC 的环境安全系数，因为市场上已经形成一定产能的秸秆粉，不存在二次使用和化学污染物等问题。因此，秸塑新材料（straw plastic composition，SPC）的产生和应用，具有良好的前景。

3.2.5 秸秆利用的系统开拓之路①

3.2.5.1 引言

石油等不可再生的化石资源被迅速消耗，现如今已给人类社会带来了一系列严重的环境问题，能源-资源-环境协调友好发展模式已难以为继，现已成为当代经济社会可持续发展的主要瓶颈问题。生物质是地球上唯一可超大规模再生并足以支撑人类社会生存发展的能源和实物性资源，生物质能源被称为“零碳能源”，可为应对气候变化、保证能源独立和经济增长作出重要贡献。其中，秸秆类农业废弃物和其他农业副产物含有大量的木质纤维素，是十分可观的非粮生物质资源，在生物炼制、环保材料、动植物种养殖业和环境保护等领域中，具有广阔的开发前景与巨大的潜在经济价值。据调查统计，2010 年全国秸秆（以水稻、小麦、玉米秸秆等为主）理论资源量为 8.4 亿 t，可收集资源量约为 7 亿 t。但是，迄今为止，宝贵的生物质资源尚未得到合理充分的开发与利用。依据国内外相关政策与规划如《十二五农作物秸秆综合利用实施方案》《秸秆综合利用技术目录（2014）》《中国资源综合利用年度报告（2014）》《中国至 2050 年生物质资源科技发展路线图》《“十二五”现代生物制造科技发展专项规划》和德国联邦教研部等部门联合发布的《生物精炼路线图》等为基本导向，整合国内外在秸秆领域的相关研究与应用的最新进展，通过多学科专业知识的交叉，广泛的社会调查，并结合当地实际情况，提出秸秆高效、高附加值的系统开拓之路，是一套系统的、环保的、低碳的、节能的、减排的、绿色的、健康的可持续发展之路，它为秸秆的高效、高附加值的综合利用，提供了强有力的新思路与新方法，具有较高的理论价值与实际应用价值。

在基础与应用研究方面：采用宏基因组、宏转录组和宏蛋白质组技术，结合蛋白基因组学方法，从自然界反刍动物、大熊猫、白蚁、天牛和环境腐生微生物等中，通过横向和

① 该部分作者为欧江涛。

纵向相结合进行比较研究挖掘，系统发现新的、可高效地降解秸秆中木质纤维素的细菌和真菌，并筛选与鉴别新的与其相关的降解酶类。同时，为了改善与提高相关降解酶类的降解能力和活性，利用比较组学（比较基因组学、转录组学、蛋白质组学、表观基因组学和文献组学——大数据时代的数据挖掘）等整合策略，对当前研究中已有和新发现的木质纤维素相关降解酶类的异同与优劣进行系统比较分析，在此基础上采用基因组编辑和调控组工程（启动子工程、核糖体工程、转录因子工程和非编码 RNA 调控元件）等，通过将理性设计和定向进化相结合，对降解酶类进行改造与优化，以期能较大地提高木质纤维素相关降解酶的稳定性与高效性，为解决秸秆难以降解的问题，提供科学的研究思路与方法，从而为秸秆实现环保、低碳、节能、绿色的高效、高附加值的综合利用模式提供源动力。

在生产应用领域方面：应用于环保材料，将秸秆与其他天然纤维等结合使用，制作可降解的绿色果盘、餐盘以及环保家装材料，并加注人文气息和养生理念，让使用者赏心悦目，添加廉价中草药成分，可起到一定的健康保健功效等。应用于动植物种养殖业，可将秸秆优化处理制成全价饲料，提高饲料利用率，促进动物生长与发育。在动物饲养中，采用动物发酵床生态养殖，通过提高并优化发酵床中的秸秆使用比例，减少木屑使用，优化垫料内部微生物菌群，加入固氮、固碳、解磷、溶钾等微生物以及廉价的中草药成分，提高动物免疫力。垫料使用完毕后，可作为真菌培植的肥料，最后还可作为土壤肥料回归自然，从而实现动物发酵床的零污染、零排放、生态自然的循环经济综合养殖模式。应用于生物炼制，筛选、鉴定、改造与优化秸秆生物炼制化学品和燃料的相关降解酶类，进而建立一套科学综合的生物炼制体系，因地制宜，就地取材，降低处理成本，保证充足的生物质原料供应，改变人们日常能源消费习惯，节约不可再生的化石能源。与此同时，采用人工模拟光合作用碳捕捉、碳封存和地质微生物固碳等多种思路，吸收和固定空气中的 CO_2，转变成燃料或肥料等，从而减轻当前日益严重的温室效应，同时也可产生相当的经济效益。

3.2.5.2 秸秆利用的基础与应用研究

秸秆类农业废弃物，含有大量的生物质——木质纤维素，主要包括纤维素、半纤维素和木质素等，它们具有复杂的结构组成和性质，彼此间由多种化学键如氢键、醚键、酯键、糖苷键和缩醛键等相互连接而紧密结合，纤维素的葡萄糖分子链之间通过密集的氢键形成高度紧密排列的结晶区结构，难以被大分子的纤维素酶水解。目前，对木质纤维素原料进行生物转化的效率还非常低，如何突破生物质转化利用的抗降解屏障是秸秆高效利用的首要关键问题，而优良高效的木质纤维素降解菌株和酶类的筛选与使用可解决这一难题。其中，采用现代前沿的“生命组学”集成模式，筛选和优化能够降解秸秆中木质纤维素的微生物菌群及其相关降解酶类，可深度发掘秸秆的潜在价值，实现秸秆的自身增值，为目前存在的能源问题与环境问题提供解决思路与方法，为相关应用领域提供强有力的源动力，如图 3-4 所示。

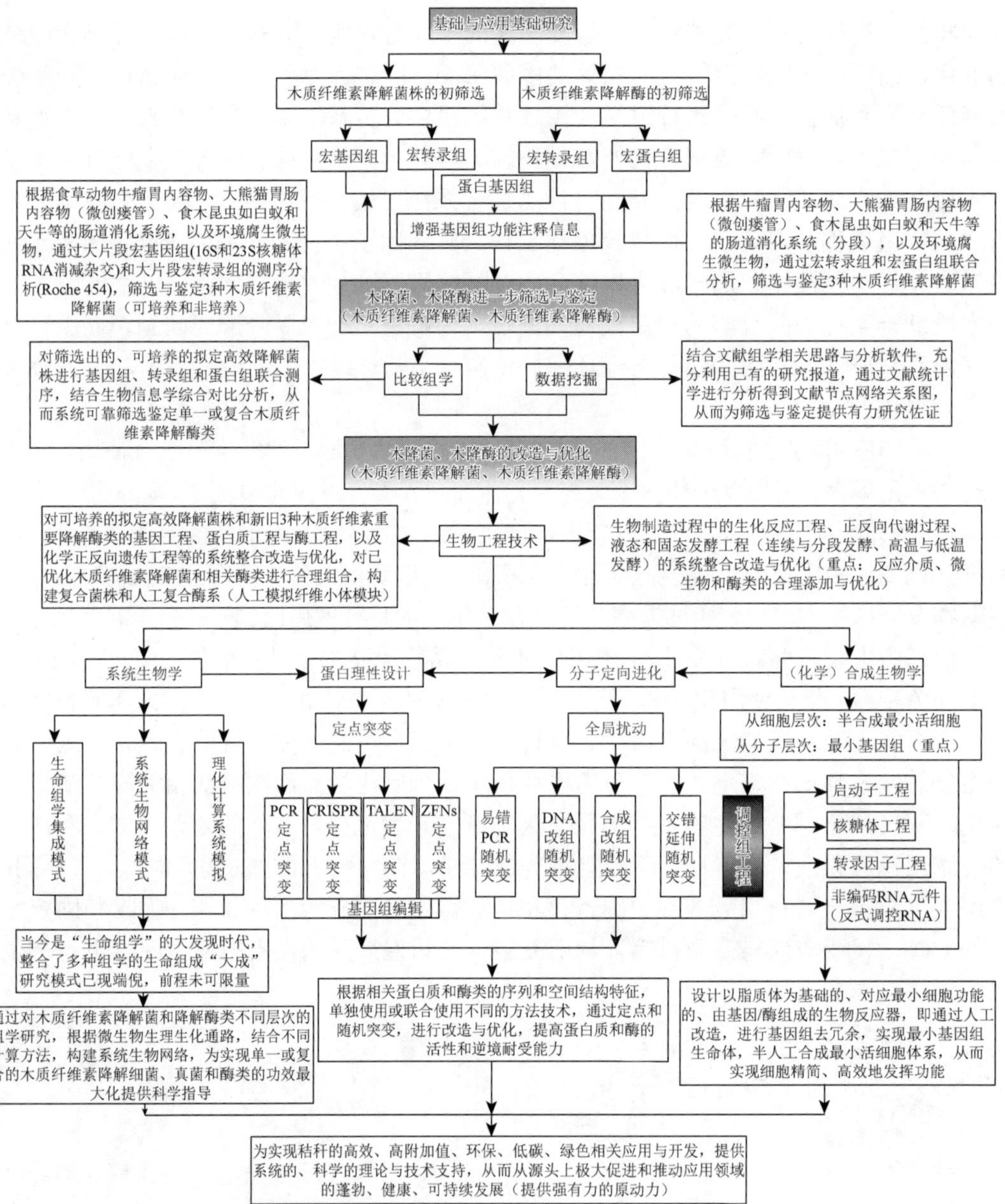

图 3-4　秸秆类生物质资源降解的基础与应用创新

1. 木质纤维素降解菌株和酶类的筛选与鉴定

由于能源供应的日益短缺和温室效应的不断加剧，可再生清洁能源的发展成为当今世界的重要问题，在生物质资源中，木质纤维素包括木质素、纤维素和半纤维素，是地球上数量最丰富的可再生资源，可代替石油等化工原料，是缓解资源和环境危机、促进人类社会可持续发展的重要途径。自然界中存在着各类高效的木质纤维素降解体系，是降解木质纤维素的重要来源，其中，降解微生物及其所产生的降解酶类在降解体系中起到关键作用，这些微生物种类繁多，主要包括细菌、真菌和古菌三大类，如好氧的芽孢杆菌、热酸菌、热杆菌、纤维弧菌、假单胞菌、热双歧菌等；厌氧的醋弧菌、梭菌、热解纤维菌、真杆菌、瘤胃球菌丝状杆菌和热袍菌等；真菌如担子菌的白腐菌、褐腐菌和子囊菌等；古菌如嗜热古菌、火球菌和热丝菌等。目前，关于木质纤维素降解菌株和酶类的研究，随着生命组学的集成模式的不断深入应用，给相关研究带来了曙光——新的思路和新的方法，极大地推动该领域的发展，现今可利用近年来兴起的宏基因组、宏转录组、宏蛋白组和蛋白基因组，通过比较组学和数据挖掘对木质纤维素降解菌株和酶类进行系统而又全面的筛选与鉴定。

对于木质纤维素降解酶类的筛选，可根据牛瘤胃内容物、大熊猫胃肠内容物（微创瘘管）、食木昆虫如白蚁和天牛等的肠道消化系统（分段），以及环境腐生微生物，通过宏转录组和宏蛋白组联合分析，筛选与鉴定3种木质纤维素降解酶类。随后，对筛选的木质纤维素降解菌和降解酶类进行鉴定，主要思路为：对所筛选出的、可培养的拟定高效降解菌株进行基因组、转录组和蛋白组的联合测序，结合生物信息学综合对比分析，从而系统可靠地筛选与鉴定单一或复合木质纤维素降解酶类，并结合数据挖掘，采用文献组学相关思路与分析软件，充分利用已有的文献研究报道，通过对文献计量统计学的研究，得到文献的关键节点和网络关系图，从而为木质纤维素降解菌和降解酶类的进一步筛选与鉴定提供强有力的研究佐证。

2. 木质纤维素降解菌株和酶类的优化与改造

根据多组学联合分析和全面的文献数据挖掘的研究结果，对所筛选鉴定到的部分具有较大潜在经济价值的木质纤维素降解菌和降解酶类进行进一步的优化与改造，可利用生物工程相关技术、理性设计与定向进化、系统生物学与合成生物学的综合应用，对降解酶类进行改造与优化，以期能较大地提高木质纤维素相关降解酶的稳定性与高效性，为解决秸秆难以降解的问题，提供科学的研究思路与方法。

1）在生物工程技术方面

针对可培养的拟定降解菌株和降解酶类的基因工程、蛋白质工程与酶工程，以及化学正反向遗传工程等多工程相结合研究，从而进行降解菌株和酶类的系统优化与改造，对已优化木质纤维素降解菌和相关酶类进行合理组合，构建复合菌株和人工复合酶系（人工模拟纤维小体模块），在生物制造过程中的生化反应工程、正反向代谢工程、液态和固态发酵工程（连续与分段发酵、高温与低温发酵）的系统整合改造与优化（重点：反应介质、微生物和酶类的合理添加与优化）。

2）在理性设计与定向进化方面

针对降解酶类基因与酶系改造与优化，一方面，可利用理性设计，通过定点突变实现，相关技术主要包括 PCR 定点突变和基因组编辑技术，如锌指核酸酶（ZFNs）、转录激活样效应因子核酸酶（TALEN）、归巢核酸内切酶（Meganucleases）与成簇间隔短回文重复（CRISPR）等；另一方面，可利用定向进化，通过全局扰动实现，相关技术主要包括易错 PCR、DNA 改组、合成改组和交错延伸等随机突变，以及调控组工程（启动子工程、核糖体工程、转录因子工程和非编码 RNA 调控工程等）；根据相关蛋白质和酶类的序列和空间结构特征，单独使用或联合使用不同的方法技术，通过定点和随机突变，进行改造与优化，提高蛋白质和酶的活性和逆境耐受能力。

3）在系统生物学与合成生物学方面

通过对木质纤维素降解菌和降解酶类的生命组学集成模式、系统生物网络模式和理化计算系统模拟的系统研究，不同层次的组学分析，根据微生物生理生化通路，结合不同计算方法，构建系统生物网络，实现单一或复合的木质纤维素降解细菌、真菌和酶类的功效最大化；设计以脂质体为基础的、对应最小细胞功能的、由基因或酶组成的生物反应器，即通过人工改造，进行基因组去冗余，实现最小基因组生命体，半人工合成最小活细胞体系，从而实现细胞精简和高效地发挥功能。

总之，相关研究成果可为实现秸秆的高效、高附加值、环保、低碳、绿色相关应用与开发，提供系统的、科学的理论与技术支持，从而从源头上极大促进和推动应用领域的蓬勃、健康、可持续发展，提供强有力的源动力。

3.2.5.3 秸秆利用的主要应用领域

1. 秸秆利用——环保材料

当前，化工石油转化的、不可降解的塑料制品所带来的白色污染问题日趋严重。主要解决办法包括：通过物理方法使废弃塑料循环再生使用，以及制成生物燃料转化成能源使用，但其会产生有毒气体（如二噁英）。为了保障化学工业的可持续发展，缓解资源与环境方面的压力，健康、绿色环保材料的研究与开发利用应运而生，顺应时代的潮流，显示出强大的生命力。秸秆类农业废弃物含有大量纤维素、半纤维素和木质素等生物质，可制备环保、低碳、绿色、健康和可持续发展的生物复合材料，变废为宝，从而实现秸秆的高效、高附加值综合利用，如图 3-5 所示。

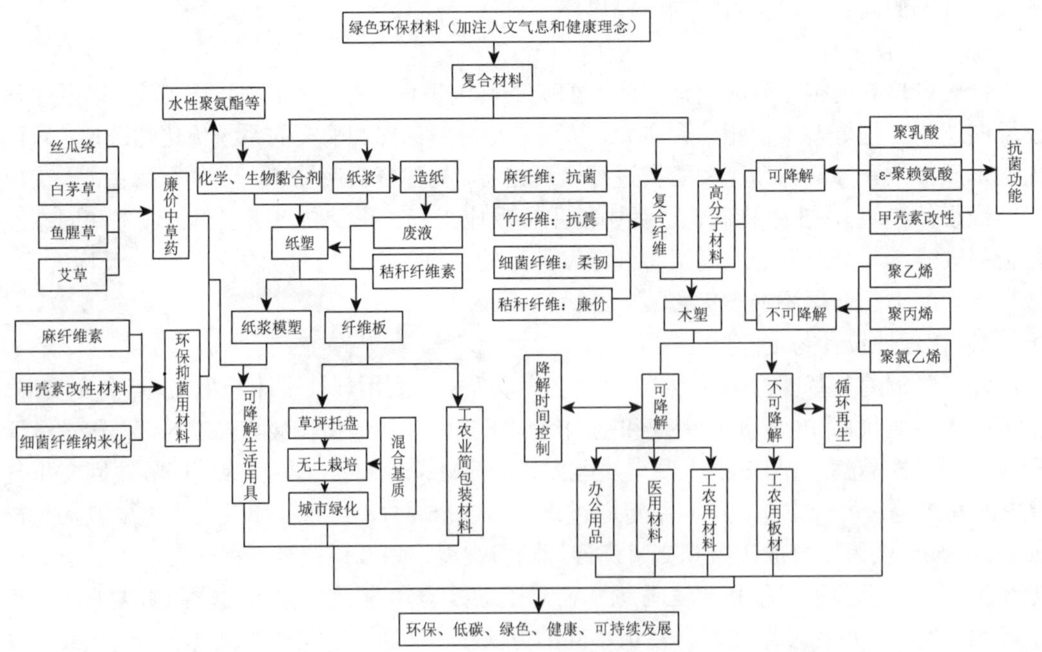

图 3-5 秸秆类生物质资源绿色环保材料之创意

1）在木塑复合材料方面

主要天然纤维储量丰富，种类多样。其中细菌纤维素有高结晶度、高持水性、超细纳米纤维网络、高抗张强度等特点；麻纤维强度大、抗菌性能好、吸收 CO_2 能力强，麻可在滩涂大量种植；竹纤维韧性好、抗菌、抑菌、杀菌、强劲的吸附能力等特点。可将不同天然纤维与秸秆纤维合理搭配优化后，通过试验设计与实验，筛选出能增强木塑复合材料的抗震、抗压、抗菌和耐热等特性的复合纤维。高分子材料包括可降解的聚乳酸、ε-聚赖氨酸、改性壳聚糖与不可降解的聚乙烯、聚丙烯、聚氯乙烯。聚乳酸具有无毒、抗菌、无刺激性、生物相容性优良、易加工以及可生物降解等特点；ε-聚赖氨酸具有广谱抑菌、安全性能高、水溶性好、热稳定性好等特点；改性壳聚糖具有广谱抑菌性；聚乙烯柔软、耐化学试剂，具有较低的熔融温度；聚丙烯抗蠕变性好，打滑性小；聚氯乙烯耐燃，弯曲强度大，弯曲模量高。天然纤维和高分子材料联合使用，以这些可降解高分子为基体，复合纤维为填料或增强材料，与丝瓜络、白茅草和鱼腥草等具有抗菌性的廉价中草药（可纳米化）进行复合，添加一定改性剂和工艺助剂，经熔融分散混合加工制成可降解木塑复合材料；还可加入一些矿化物（碳化硅和氮化硅等），来增强其抗挤压与耐火性能等，用以制备办公用品、医用材料和工农用材料。对于其间某些材料，加注人文气息与健康理念，使其具有美学价值、抗菌性能和健康环保特性，因此获得大众青睐，从而实现产品高附加值。用复合纤维填充热塑性塑料，制备不可降解木塑复合材料，具有较好的抗蠕变性和较强硬性，可制成板材，而废旧板材可以循环再生和回收利用。

2）在造纸与纸塑复合材料方面

可利用物理机械粉碎—分段气相爆破—木质素的复合降解酶系三元造纸法，主要通过物理机械粉碎、低压气相爆破技术和木质素的复合降解酶系（漆酶、木质素过氧化物酶、锰过氧化物酶综合利用）降低半纤维素和木质素的含量，提高纤维素含量。使用无氯元素漂白技术进行漂白，减少了化学试剂对纤维素的损害，提高制浆得率，减少废液的生成量，提高纸质产品档次。纸浆模塑产品可由以秸秆为原材料的各类浆体（草浆、苇浆、甘蔗浆、竹浆等）加入化学或生物黏合剂（水性聚氨酯、异氰酸酯等）制成。在纸浆中加入特殊的助剂，可使产品具有防水、防油等功能，加入适当环保颜料，使得产品具备各种颜色，进而拓宽纸塑在日常生活中的应用，让绿色、环保的纸塑制品，走进千家万户。对于制浆造纸商来讲，制浆和造纸污泥（主要是制浆加工的副产品、循环液流或废纸纸浆等）环境处理是一个棘手的难题。为了解决传统造纸污泥的工业化处理问题，拟用秸秆纤维浆（束）与造纸污泥复合生产制备纤维板，制成工农业简包装材料和缓冲材料等；同时，还可制作草坪托盘，以农业废弃物（中药渣、菇渣、蔗渣、秸秆等）预处理（堆肥等）后，与草炭、蛭石配制基质，实现草坪托盘无土栽培，用于城市绿化，实现环保、低碳、绿色、健康与可持续发展。

2. 秸秆利用——种养殖业

利用秸秆类农业废弃物和其他农业副产物（谷壳、椰壳粉等），部分或全部代替锯木屑，适当配比和优化制成垫料，动物直接饲养在垫料上；通过对粪尿和垫料充分混合，进行原位微生物发酵与分解，全程采用计算机远程智能控制，从源头上逐级削减粪尿污染排放；从而实现高效、健康、环保、节能、低碳、零排放的循环经济综合利用模式，如图 3-6 所示。

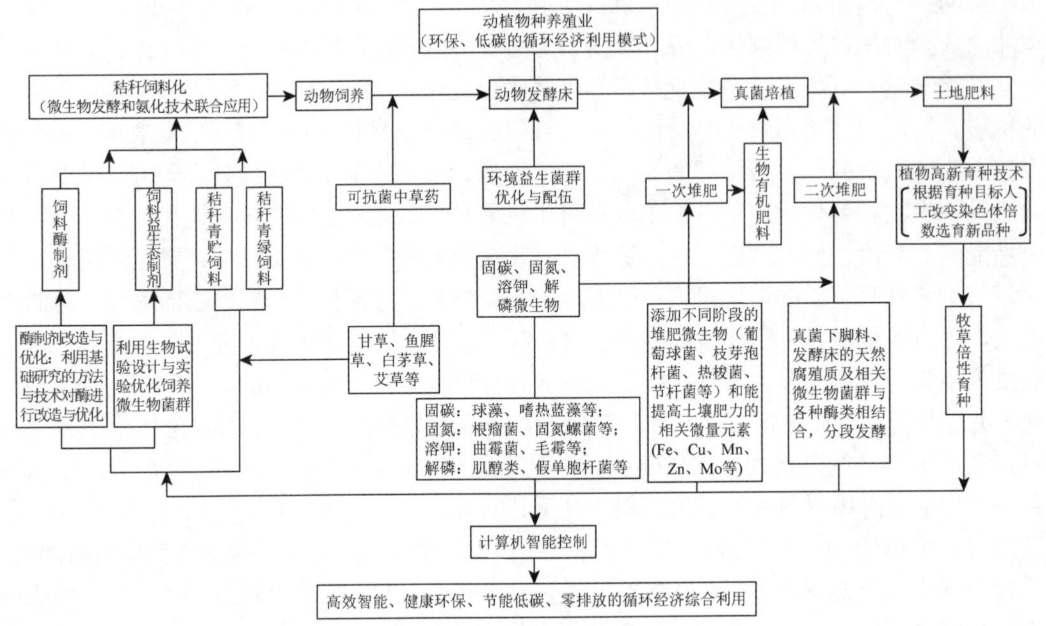

图 3-6　秸秆类生物质资源用于动植物种养之创意

种养殖业循环经济综合利用模式，主要为：动物高效饲养—动物发酵床优化—垫料一次堆肥—真菌培植—二次堆肥—饲用牧草—倍性育种—动物高效饲养。主要内容包括：①动物饲养，利用微生物发酵和氨化技术联合进行秸秆饲料化，添加改造优化后的益生态制剂和饲料酶制剂，以及廉价的抗菌中草药等，制成高效的配合饲料，从而提高动物的饲料利用率和免疫力，极大促进动物生长与发育；②动物发酵床的优化，利用秸秆部分或完全代替锯木屑，达到绿色环保的目的，在发酵床中加入通过基础研究技术优化改造的复合菌群分解排泄物，添加具有固氮、固碳、解磷、溶钾等功能的微生物，固定畜牧场产生的废气，达到减排的目的，同时为菇类等真菌提供可被吸收的有机磷、钾等生物肥料，最终从源头上削减污染排放；③一次堆肥与真菌培植，利用发酵床使用后的垫料进行一次堆肥，加入环境益生菌群，以及其他土肥微量元素（如 Fe、Cu、Mn 等）制成生物肥料，为真菌培植提供可被吸收的、全面的营养物质，从而提高秸秆的高附加值；④二次堆肥与饲用牧草倍性育种，利用真菌下脚料、发酵床天然腐殖质及相关微生物菌群与各种酶类相结合，进行分段二次堆肥，制成生物肥料，提高土壤肥力，运用植物生物技术进行饲用牧草倍性育种，提高牧草产量，从而形成零排放、零污染、高效利用、高附加值的循环经济种养殖综合模式。与此同时，全程利用计算机进行智能控制，远程监控发酵床的动物养殖，设计智能模块统筹全局，具有网络化、自动化、机械化、节省人力、环保等特点。

3. 秸秆利用与生物炼制

利用现代生物炼制技术，大规模开发和利用可再生的秸秆类农业废弃物的生物质资源进行生物炼制，可将其降解转化为能源（固液态燃料）和化学品（乳酸、丁二酸、2, 3-丁二醇、乙烯等），如图 3-7 所示。

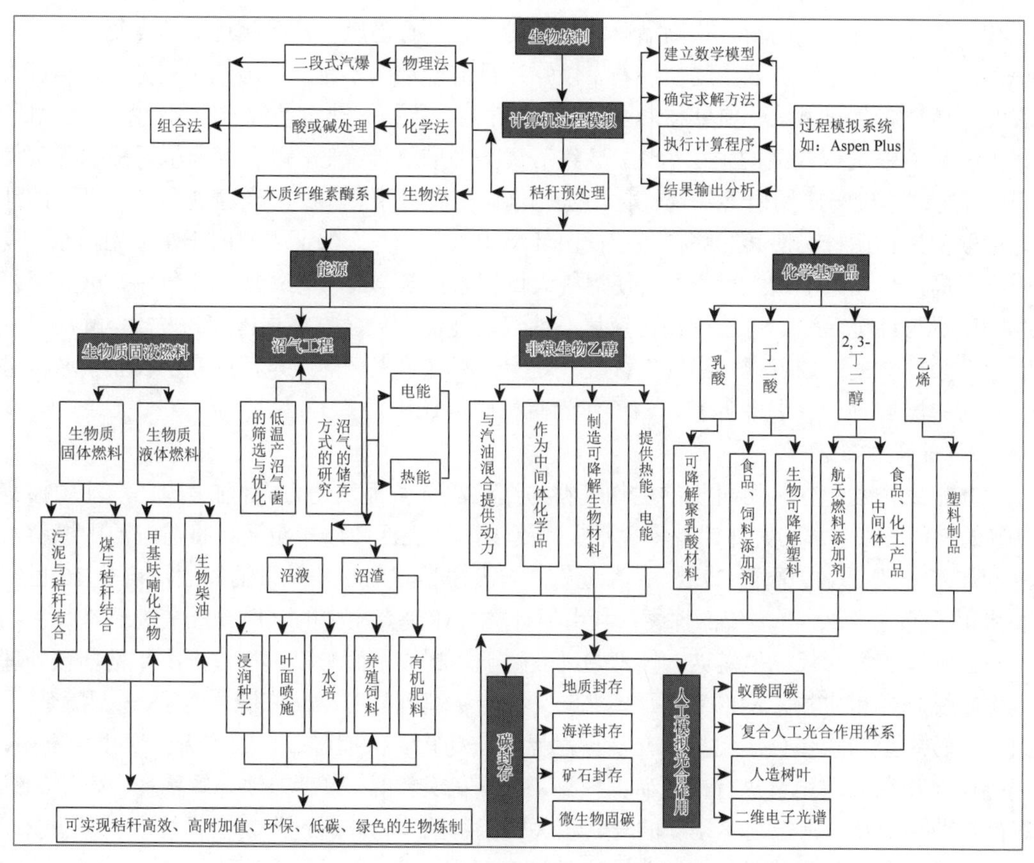

图 3-7　秸秆类生物质资源炼制与高附加值创意

1）计算机过程模拟与秸秆预处理

计算机过程模拟，通过计算机软件的集成模块化处理：建立问题数学模型—确立求解方法—执行计算程序—结果输出与分析。计算机过程模拟软件（如 Aspen Plus 等软件）对生物炼制过程进行“真实”的生产模拟，为企业进行实际的生产实践提供建设性的参考依据，极大地节省了企业的生产研发成本。秸秆预处理，生物炼制前需要对秸秆类农业废弃物原料进行预处理，以提高生物炼制的效率，目前常采用的有物理法（二段式汽爆分流分级生物炼制）、化学法（酸或碱处理）、生物法（利用基础研究筛选优化木质纤维素降解菌或酶降解秸秆中的木质纤维素）和组合法（二段式汽爆与漆酶联用，从源头降低木质纤维素降解抑制物），其中组合法集成了物理法、化学法和生物法 3 种方法之优点，可进行最优化生物炼制预处理。

2）生物燃料与沼气工程

在生物燃料方面，秸秆类农业废弃物可通过热成型、冷成型、炭化成型制成生物质固体成型燃料，将秸秆、煤与城市污水中的污泥（含有大量有机物）合理地优化配制成污泥衍生成型燃料，热重分析表明其具有优越的燃烧性能，同时污泥焚烧能在高温下杀死致病菌，减量化和无害化效果显著，有效地减轻了城市环境污染；秸秆类农业废弃物炼制甲基呋喃类化合物有望成为新一代高品质液体燃料，其具有与燃料乙醇相近的沸点及更高的辛烷值，可作为性能优良的生物质燃料，以弥补目前燃油的不足。在沼气工程方面，秸秆类农业废弃物综合利用是一项惠民工程，可实现养殖—种植—热电的综合应用；冬季气温低，严重影响了甲烷产气菌的生物活性，导致沼气产生量急剧降低，严重影响了居民的正常使用，可通过基础与应用研究筛选优化甲烷产气微生物菌群，如在海洋深处存在可燃冰的地方选取微生物菌株，使其能够在冬季低温环境中大量产气，保证用户的正常使用需求；夏季气温高，产气微生物大量繁殖，使沼气大量积累，多余的气体释放到空气中，造成了极大的浪费与环境污染，可通过模仿液化石油气的便捷存储（收集与压缩）方式，解决夏季农户多余气体的存放问题。沼气工程处处是宝，沼气用来产热发电，沼液在农业领域可进行水培、浸润种子、渔业养殖，沼渣作为有机肥料还田。

3）非粮生物乙醇

非粮生物乙醇作为可再生的生物燃料与汽油混合可提供动力。目前美国在汽油中掺有10%的燃料乙醇（E_{10}），并计划将含量提高到15%；巴西政府规定要将目前汽油中燃料乙醇的加入量从25%提高到27.5%。为避免“与人争粮，与粮争地”的局面，自从20世纪70年代至今，历经40多年的探索，利用秸秆类农业废弃物中的木质纤维素进行炼制生物乙醇已发展到第二代，但是这一技术始终受制于炼制成本而难以大规模推广。秸秆预处理是生物炼制非粮生物乙醇的主要成本之一，如能从基础与应用研究源头着手，采用宏基因组、宏转录组和宏蛋白质组技术，从自然界反刍动物、大熊猫、白蚁和天然腐生菌等中，通过横向和纵向相结合进行比较研究挖掘，系统发现新的、可高效地降解秸秆中木质纤维素的细菌和真菌，筛选与鉴别新的与其相关的降解酶类，并通过生物工程技术、理性设计与定向进化和系统生物学与合成生物学的综合研究，优化与改造，为秸秆炼制生物乙醇前的预处理提供强有力的新思路和新方法，最后实现降低生产成本推广生物乙醇这一可再生的清洁能源。生物乙醇还是重要的化工产品的中间体（制备乙醛、乙醚、乙酸乙酯、乙胺等）和化工原料（制备稀释剂、有机溶剂、涂料溶剂等），发展非粮生物乙醇是未来能源的必然趋势。此外，还可采用人工模拟光合作用（碳捕捉）、碳封存和地质微生物固碳等多种思路，吸收和固定空气中的CO_2，转变成燃料或肥料等，从而可减轻当前日益严峻的温室效应，并产生相当的经济效益和社会效益。

点评（点评人：陈集双）

秸秆既是问题，也是生物质资源。

提高秸秆生物质利用的经济效益，既需要考虑收集状态、工艺、菌种等外在环节，更需要强调秸秆生物质本身的内在要素，如种植模式、数量质量、产生季节等。其中，种质资源改造是基础。数千年以来，农作物育种和栽培实践的历史，是以追求谷物等粮食要素的高产量和高食用品质为目标的，而秸秆的利用尤其是工业化利用一直被忽略了。要实现秸秆的工业化利用，也应该首先追求种质资源创新并配合栽培等措施。例如，开发出高品质谷物的同时，追求秸秆中木质素和半纤维素比例降低，使得纤维素容易分离获得，就可能使秸秆的生物炼制变得更容易，具备更高的经济效益。这些生物资源挖掘的基础研究积累成系统成果，有可能迎来秸秆工业化利用的多彩春天。

但是，秸秆是低附加值的生物质，在其资源化利用过程中应该追求简单有效，过于复杂的设计往往导致理想难以实现或陷入空想。

3.2.6 微藻生物质的获得和工业化利用[①]

随着科学和社会的快速发展，全世界范围内越来越意识到可持续发展的重要性。在可再生资源利用方面，提高资源利用效率的同时，尽量减少对环境的影响也已经成为大多数业内人士的共识。目前，化石能源是经济发展的血液，其年均消耗量接近全世界初级能源消耗量的 90%。但是，化石能源属于不可再生资源，自 20 世纪 70 年代以来，人们便开始探寻新的能源替代物，尤其是可再生资源。生物质能是太阳能以化学能形式贮存在生物质中的能量形式，可转化为常规的固态、液态和气态燃料，是一种可再生能源，同时也是目前为止能够实用的唯一可再生的碳源。生物质能具有可再生性、低污染性、广泛分布性、燃料总量丰富等特点。生物质能产业不仅可提供能量，而且由于利用微藻等高效率生物通过光合作用大量利用 CO_2，因而可减轻全球温室效应。微藻生物质具有产量大和可再生等优点，可发展为重要的新能源。

3.2.6.1 微藻产业的生物学基础

微藻是一类细胞结构简单、生长速度快的光合微生物。其种类繁多，真核微藻包括绿藻、硅藻等，而原核微藻主要指蓝藻。微藻广泛分布于淡水、海水和陆地中，预计全球微藻种类超过 5 万种，但现已经鉴定的微藻有 3 万种。世界各地还逐步建立了相应的藻类保藏中心。葡萄牙科英布拉大学（University of Coimbra）的淡水微藻保藏中心保存了来自全球超过 4000 多株的淡水微藻；德国哥廷根大学（Goettingen University）保存的藻类中 77%为绿藻，8%为蓝藻；日本的 NIES 拥有超过 2150 多株、约 700 种的藻类。这些保存的微藻可供各国学者进一步探索微藻的广泛用途。

目前可利用的微藻中，螺旋藻（*Spirulina*）、小球藻（*Chlorella*）、杜氏藻（*Dunaliella*）和红球藻（*Haematococcus*）等藻类较为常见。微藻不会因为收获而破坏生态系统，并且可大量培养而不占用耕地。另外，它的光合作用效率高，生长周期短，倍增时间约 3～5 天，有的藻种甚至一天可以收获两季，单位面积年产量是粮食的几十倍乃至上百倍。微藻脂类含量在 20%～70%，远高于陆地植物，可用于生产生物柴油或乙醇。微藻用于生产生物质燃料具有明显优势，但微藻生物质技术链是一个复杂的系统工程，涉及多个科学与工程技术问题。微藻生物质的获得和工业化利用为解决能源危机和环境污染提供了有效途径，具有很好的经济和社会效益。

---

① 该部分作者为侯进慧。

微藻产业化蓝图已经初步展现在人类面前，但其要真正担当起化石能源替代品的角色，还需要较多的基础研究和产业推广。在基础研究方面，首先，需要优质的藻种来开展科技研发和产业化应用。从环境中筛选出优质的出发藻种，利用基因工程技术等手段进行育种改造，提升藻种的油脂含量，产出优质的生物油脂。其次，要完善微藻的培养和生物质分离技术，改进培养设备，实现微藻生物质的自动化连续大规模工业生产。这一开发过程，需要海洋生物工程、机械工程、电子信息工程、管理工程、环境工程等领域知识的交叉融合，推动微藻的产业化进程。在微藻生产过程中，要考虑到对于环境的影响，实现环境友好型可持续发展。微藻产业推广过程中，成本是决定微藻生物质能源产业化的决定性因素。从目前的研究来看，微藻生产成本大约为3000美元/t，是现有柴油生产成本的几倍。因此，微藻产业化过程中，降低成本是首先要关注的问题。产业投入也是影响微藻产业化的重要因素。在全球范围内，微藻生物质能源产业规模可以达到数千亿美元。但即使是一个小型微藻产业化项目，也需要达到数百万平方米的生产面积和几亿美元的产业规模才具有产业化的经济可行性。在大规模的工业生产过程中，还会有生产规模放大、工业培养效率、藻种污染防治、低成本规模化采收和产物提取等问题需要解决。

在国际上，美国较早开始了微藻生物质能源研究，其系统研究开始于1976年，但在1996年中止。美国研究者已经获得产油脂含量可达60%以上的藻种。壳牌石油公司、英国石油公司、通用电气、波音公司等大型石油、航空企业也开始了微藻能源研究，这推动微藻产业化成为一个热点领域。

我国近十多年来，开始重视微藻和生物质能的基础研究和开发，国家的“973”“863”重大项目投入了亿元资金，支持我国微藻生物质能源的基础和应用研究。国内从事微藻能源相关研究的大学和科研院所已40余家，包括：中科院海洋研究所、中科院青岛生物能源与过程所、中科院烟台海岸带研究所、清华大学、北京化工大学、浙江大学、南京工业大学、中国海洋大学、江苏海洋产业研究院等。国内的一些大型石化、煤化企业也开展了相关探索，中石化、新奥集团等企业的研究人员开展了中试研究。目前，我国微藻生物质能源研究方兴未艾，产学研合作取得长足发展。

3.2.6.2　微藻生物质的获得

在自然情况下，微藻通过光合作用，从环境中吸收阳光、CO_2及N、P等简单营养物质而生长繁殖。人工培养微藻同样要提供类似的条件，以促进微藻的快速生长和生物质形成。根据代谢类型来分，微藻的生产方式主要有3种类型，分别是光合自养型、异养型和混合营养型。微藻生物质可通过人工培养的方法获得；随着生物质源技术研究的深入，也可通过回收利用富营养化水体中的浮游藻类而获得，实现变废为宝。

1. 微藻的光合自养型生产

从技术和成本的角度来看，光合自养型生产是大规模微藻生物质生产的最可行的技术。这其中又可分成开放池培养系统和封闭光合反应系统两种培养方式。具体采取何种培养方式要根据所培养的藻种的类型、培养地环境条件和生产成本等因素来综合制定。

1）开放池培养系统

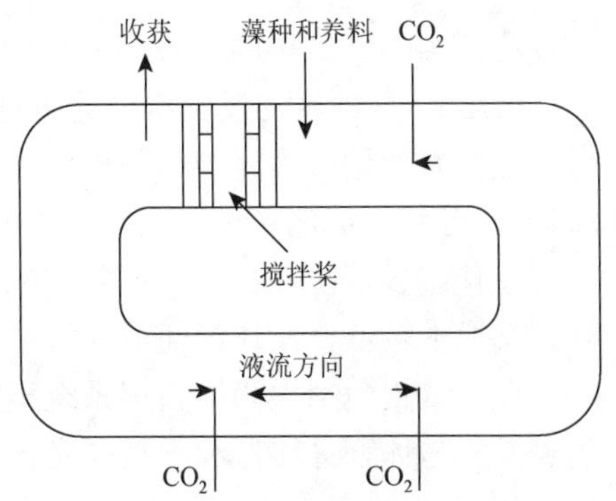

图 3-8　开放池培养系统中跑道形微藻养殖池平面示意图

开放池培养藻类的技术产生于 20 世纪 50 年代，所采用的培养系统可以是天然湖泊、池塘或人工池塘、人工设施或容器等（图 3-8）。这种培养技术适合于大规模藻类的培养，成本比封闭光合反应系统要低，对农业用地的占用少，能耗低，日常清洁维护较容易。开放池培养系统对培养地的环境有一定的要求，并需要特别注意防止培养过程中其他藻类或原生动物等的污染。开放池培养系统的生物质生产效率比封闭光合反应系统要低，这主要是由蒸发损失、培养基的温度波动、CO_2 不足、不易混合、光照限制等因素造成的。藻种在搅拌浆后方加入养殖池中，在通入 CO_2 的跑道形养殖池中生长并收获。研究表明，对于一些藻类来讲，可以通过控制特定的培养条件来实现单一藻种的大量增殖培养。比如，普通小球藻（*C. vulgaris*）可通过高营养的培养基来培养，盐生杜氏藻（*D. salina*）适合在高盐度的培养基中培养，钝顶螺旋藻（*S. platensis*）可以在高碱性的培养基中培养。

2）封闭光合生物反应系统

为了弥补开放池培养系统的不足，人们开发了封闭光合生物反应系统，以实现降低污染的条件下单一藻类的长时间培养。由于其细胞培养密度大，还可以降低后续分离过程的成本。封闭光合反应系统主要有 3 种常见类型：管状、平板状和柱状。管状光合生物反应器由一系列直径小于 0.1m 的直玻璃或塑料管排列而成。这些管子被排列成水平、竖直、倾斜或螺旋状，可以有效地接受更多的光照。藻类培养液通过泵或气流在培养体系里循环运动，促进气液体系中 CO_2 和 O_2 的交换与传递。管状结构的缺点是有长度限制，这主要是受培养体系中 CO_2 和 O_2 的溶解扩散和溶液 pH 变化的影响。由于其与外界光照接触的表面积较大，管状光合生物反应器适合于室外大规模培养（图 3-9）。平板状光合生

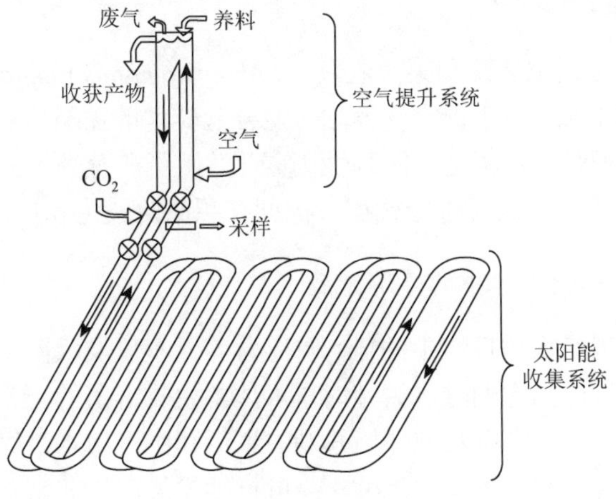

图 3-9　水平管状光反应器示意图

物反应器由于其结构的优势，有更大的表面积暴露于光线之下，可获得高密度的培养细胞（＞80g/L）。这种生物反应器用透明材料制成，减少光照损失，薄层培养基在平板间流动，可使细胞有效地吸收光能。平板状光合生物反应器有利于 O_2 的扩散，使微藻的光合效率增加，比管状反应器更适合大量藻类的培养。柱状光合生物反应器是直径较大的柱状结构，具有搅拌装置，物质混合效率高，单位体积生物质转化效率高，对藻类的生长条件调控性好。其成本较低，操作简便，同时可采用周围光照或内部光照的方法，培养效率高。

反应装置包括太阳能收集系统和空气提升系统两大部分。太阳能收集系统提供了较大的表面积与体积之比，利于微藻光合生长；空气提升系统使培养体系实现了 CO_2 和 O_2 的传输与交换。

3）封闭光合生物反应器和开放池复合型培养系统

已经有研究者将封闭光合生物反应器和开放池培养系统相结合，充分发挥两种培养系统各自的优势，进行复合型培养系统的开发与应用。在第一阶段的培养中采用封闭光合生物反应器系统进行培养，可以使单一的目标微藻大量繁殖，减少培养过程的污染。这一过程相当于藻种的培养。第二阶段在开放池培养系统中继续培养，利用不同营养物质的限制性作用，一般是通过高密度投放藻种，使目标藻类快速、大量地生长繁殖，产生所需的微藻生物质。

2. 微藻的异养生产

微藻多为光合自养，但光合自养微藻的生物产量较低，异养培养可以克服光合自养培养的诸多缺陷，是提高微藻产量与产率的有效途径。因此，近年来对于微藻异养培养的研究受到了众多学者的重视。此外，藻类具有吸收、消耗水体环境中的氮和磷等营养元素以及吸附重金属元素的功能，因而对水体环境有一定的净化作用，可用于对污水的处理，养殖微藻是一项很有潜力的生物治污措施。已有研究表明，利用污水养殖微藻是可行的，所生产出的藻类可用作热解原料，能源生产所获得的经济效益再返回到治污过程中，显然有利于缓解目前湖泊污染治理过程中的资金短缺问题。

3. 微藻的混合营养型生产

一些藻类，比如钝顶螺旋藻和莱茵衣藻（*Chlamydomonas reinhardtii*），既可以光合自养生长，也可以异养生长，属于混合营养型。混合营养型的藻类培养过程中，光合作用不是必需的过程，所以光照也不再是其限制性因素了。微藻在有光照的条件下可以进行光合生长，同样也可以利用有机碳源进行代谢，因此在黑暗阶段生物质的合成也有保障。

4. 回收利用富营养化水体中的浮游微藻

微藻具有吸收、消耗水体环境中的氮、磷等营养元素以及吸附重金属元素的功能，因而能净化污染的水体。但当它们过度繁殖时，水体中生物群落的正常结构被破坏，形成水华或赤潮，造成水质污染，影响水域环境景观、生活和生产用水，危害渔业生产与人类生活健康。因此，微藻的无节制生长，会对社会可持续发展产生非常不利的影响。在相对稳定的环境中，藻类过度生长之后，若不及时处理，最终会出现藻细胞死亡，并存留在水体中，导致生物质的丧失和水体二次污染。将这些藻类回收利用，既可减少水体的营养负荷，防止水质恶化，又能获取大量有价值的生物质，提供大量热解原料或其他原材料。

在我国的内陆湖泊中，有着巨大的藻类生物资源可供回收利用。以太湖为例，其年均浮游藻类生物量约为5.855mg/L，每年可从太湖获得约2.6万t藻类生物质资源。巢湖是我国第五大淡水湖，它也是一个富营养化湖泊，并有向极富营养化发展趋势。据估计，每年从巢湖中可提取出蓝藻约1万t，相当于从湖水中提取出3000t有机碳、860t氮和120t磷，这将极大地减轻湖内的营养负荷，变废为宝，改善水体环境。除湖泊外，近海、河湾、水库、池塘等都可提供大量的藻类生物质。

3.2.6.3　微藻生物质的回收

从微藻中提取生物质一般需要经过干燥、细胞破碎和萃取等工艺过程。

干燥：由于微藻生长在水环境里，藻体细胞之间含有大量的水分。目前一般是将其收获后采用重力沉降法等将其浓缩，然后对藻细胞进行干燥处理。在小规模试验阶段，其干燥方法主要有喷雾干燥、滚筒干燥、冷冻干燥等。

细胞破碎：为了更好地利用微藻产油，首先要对微藻藻体进行破壁处理。由于微藻细胞小、有细胞壁结构、油脂都包裹在微藻细胞内，因此对细胞破壁后进行提取是目前利用微藻生产生物能源的一个难点。目前国内外微藻油脂破壁提取技术主要包括：匀浆器破碎、玻珠研磨机（砂磨机）、超声波破碎、微波破碎、高压釜加温加压破碎、反复冻融法破碎、有机溶剂裂解、渗透压冲击、酶裂解、脉冲电磁场法、压力辅助臭氧法等。细胞破碎是从藻类中提取微生物油脂必不可少的一个环节，在实际的生产和应用过程中，人们会根据不同的藻类种属、藻类生长状态、不同的加工要求和不同的目标提取物而灵活选用合适的细胞破碎技术。

油脂的萃取：萃取工艺是利用有机溶剂对细胞破碎释放出的油脂内流物进行收集的方法。溶剂的选择应满足4项要求：①能快速、有选择地选取目标提取物；②对目标提取物破坏性小；③对非目标提取物溶解能力低；④价格便宜，易于获得。但有机溶剂大多会对人类造成伤害，而且存在萃取不完全等因素，使得其应用受到一定的限制。

微藻生物质的综合利用：值得注意的是，无论是以获取油脂还是其他有效成分的微藻生物质利用，都会出现40%以上、甚至90%的其他生物质。以微藻制油为例，即便是有60%的油脂全部被提取，藻渣还富含蛋白质和生物活性物质等其他成分，仍然是有价值的生物质，无论是作为饲料还是提取医药用途的材料，都能形成新的价值。相反，如果这些生物质不能得到综合利用和处理，又可能造成新的污染和环境负担，甚至可能造成生物安全隐患。

3.2.6.4　微藻生物质的工业化利用领域

微藻生物质的工业化利用主要是采用特定的技术对微藻的生物质进行转化，获得所需要的工业产品的过程。微藻生物质包括蛋白质、脂类、多糖、植物色素（如β-胡萝卜素）、多种无机盐、微量元素，其中一些成分具有抗肿瘤、抗病毒、抗真菌、预防心脑血管疾病等保健作用。藻类的蛋白质、脂类物质含量高，干物质产量高，传统研究中，常常被加工成为保健食品、高级饲饵料、化妆品以及作为提取医药产品的原料。在新能源开发方面，由于微藻光合作用效率高，油脂含量丰富，常被用作开发生物柴油的重要原料。

微藻生物质转化技术可分为两大基本类型，分别是热化学转化和生物化学转化。具体采用何种方式进行微藻生物质的工业化利用，主要取决于生物质原料的类型和质量、目标能源的形式、产品终端形式和成本等方面。

1. 热化学转化

热化学转化方法是通过微藻生物质有机成分的热分解，而获得燃料等目标产品。可以通过不同的工艺过程实现这一转化，包括热解制备液体燃料、气化等方式。

热解制备液体燃料：按照升温速度、反应时间等条件将热化学液化技术分成快速热解液化和直接液化技术两种。快速热解液化就是将空气隔绝，利用适中的裂解温度、超短产物停留时间（0.2～3.0s）及超高加热速率（10^2～10^4K/s），将长链分子断裂成短链分子，使焦炭和产物气量最低，从而获得高产率生物燃料的一种技术。直接液化就是使微藻在合适的催化剂、反应温度及反应压力条件下，通过一定的反应时间进行液化，从而转变成生物燃料。

气化：气化就是在高温（800～1000℃）条件下，将生物质部分氧化成一种可燃性气体混合物。在一般的气化工艺过程中，生物质与 O_2 和水蒸气反应生成由 CO、H_2、CO_2 和 CH_4 等气体组成的合成气。气化的优势是可以利用多种潜在原料生成合成气。合成气可以直接燃烧或作为气体发动机的燃料。研究人员已经开展了微藻生物质气化的研究，但目前仍处于起步阶段。

2. 生物化学转化

从生物质转化成其他燃料的生物化学转化技术包括了厌氧消化、酒精发酵、光合产氢等技术领域。

厌氧消化：厌氧消化是将生物质转化成生物气体的过程，所产生的气体包括 CH_4、CO_2 和少量的 H_2S 等其他气体。这种转化过程需要高水汽环境，大约 80%～90%的湿度，因此适用于潮湿的微藻生物质的转化。厌氧消化的工艺过程包括 3 个连续的阶段，分别是水解、发酵和生成甲烷的过程。

酒精发酵：酒精发酵是将含有糖、淀粉和纤维素等物质的生物质原料转化成乙醇的过程。生物质原料经过粉碎，淀粉水解成糖，并与酵母在水中混合，在发酵罐中经过生物转化作用而生成乙醇。乙醇产品的回收需要一系列的纯化过程，包括蒸馏等步骤，以除去水分和其他杂质，获得乙醇产品，一般乙醇含量在 10%～15%。再经过进一步的浓缩，获得 95%的乙醇，可替代石油作为燃料使用。加工过程的固体废料可制备成牲畜的饲料或成为气化燃料的原料。普通小球藻由于淀粉含量高（可占干重的 37%），是一种较好的乙醇生产原料。

光合产氢：氢气是一种清洁有效的能源。微藻具有产生氢气的遗传特征、代谢机制和必要的酶类。在厌氧条件下，真核微藻代谢过程中，氢气作为 CO_2 固定过程的电子供体而产生。在光合作用过程中，微藻将水分子转化成 H^+ 和 O_2，产生的 H^+ 在氢化酶作用下进一步生成 H_2。根据所利用的酶系的不同，可分为固氮酶制氢、可逆产氢酶制氢。需要指出的是，利用微藻产生 H_2 必须在厌氧的条件下。

3. 制备微藻油脂

直接从微藻中获取糖、淀粉以及油等，也是从生物质获得能量的一种方式。微藻中含有相当可观的脂类物质，直接从微藻中提取的油，其成分与植物油相似，不仅可替代石油作为生物柴油直接应用于工业上，还可作为植物油的替代品，具有广泛的应用价值。小椿藻（*Characium polymorphum*）、绿球藻（*Chlorococcum oleofacens*）和富油新绿藻（*Neochloris oleoabundans*）等微藻中的脂肪富含甘油三酯，这些甘油三酯的结构与普通蔬菜油的甘油三酯结构类似，因此可作为食用油供人类食用。以微藻为原料生产食用油和生物柴油具有很好的发展前景。

3.2.6.5　展望

微藻生物质是一个巨大的资源宝库，其综合化利用的战略意义不言而喻。微藻生物质产业化进程涉及多个工程技术领域，具有学科交叉领域多、工程环节复杂、技术面广等特点。目前，微藻生物质能源规模化生产成本高于传统能源，这一特点仍旧是制约微藻能源产业化的巨大瓶颈。但是，生物质资源开发的潮流浩浩荡荡，已经成为国家核心竞争力的重要方面。在当今世界各国都在积极开发微藻生物质资源的今天，我们国家要把这一领域的研究放在更加突出的位置上，不断加大研发投入，掌握核心技术，在系统阐释微藻生物学规律的理论科学问题和微藻产业化的工程科学问题两个方面实现重大突破，建立起微藻生物质规模化开发的完善系统，实现我国微藻生物质的综合化工业利用。

点评（点评人：陈集双）

规模化高密度养殖产油微藻，其实就是把微藻当作一种新的作物来生产。与传统农作物相比，开发微藻资源具有许多优点，如效率高，能耗低；微藻生长速度比农作物普遍快；可生产出具有生理价值的化合物；适于土地贫瘠或一些高盐度地区的生长；生产简单，投资少，很易被养殖者所掌握。藻类中的叶绿素可以将光能高效地转化为化学能。藻类具有光合作用效率高、环境适应能力强、生长周期短、生物产量高的特点。

农作物生产的要素是土壤、肥料和农药。其中，土壤要素主要是气候和光照，也就是地理环境，满足产油微藻对温度和光照的需求，这一点产业方面主要考虑水供应充足的沿海地区和荒滩，甚至土地贫瘠或一些高盐度地区的培养，实现“不与人争粮，不与粮争地”的要求。

肥料要素主要是培养基。研究开发阶段主要采用人工配制大量元素等化学组分，但是规模化培养的生产过程就不能再依赖于化学培养基和合成培养基。养殖废弃物甚至工业废水可能是解决产油微藻“肥料”的主要途径。目前已有研究表明，用城市生活污水培养小球藻，可以完全替代传统培养基，无须向培养基中添加任何 N、P 等元素，并且培养 6 天后，城市生活污水中的氨氮去除率可达 92%，而总 P 去除率可达 94%以上。我们尝试用牛粪浸出液代替 BG11 培养基对普生小球藻（*Chlorella vulgaris*）进行了培养，发现稀释的牛粪浸出液培养时微藻生物量累积更快，而且细胞粗油脂含量也有显著提高。

规模化养殖微藻的最大挑战是敌害生物危害和农药问题。一方面，任何生物只要是高密度持续培养就会发生病虫害问题。对于微藻而言，这些敌害生物可能是来自细胞外，如捕食昆虫、大型藻类、寄生性真菌、导致藻种腐烂或培养基衰败的细菌。同时，微藻培养的更大挑战是细胞内寄生物，尤其是病毒累积形成的种质衰退。药用植物和花卉在规模化生产过程中遇到的病毒侵染和种质衰退问题主要是通过脱病毒复壮实现。产油微藻病毒和衰退机制研究基础相对比较落后，但是，这类问题已经出现了，如螺旋藻的养殖，甚至作为鱼类饵料的藻类养殖中均普遍出现。另一方面，大量养殖微藻以及后续提取过程，还可能出现生物安全问题。就像一个新的农作物品种引进会带来当地生物多样性的损害，大规模养殖单一藻种也可能出现同样的生态威胁，值得注意！

随着化石能源的不断减少，无论在未来的经济建设还是社会发展等方面，生物燃料都将发挥更大的作用。通过产油微藻可获取生物柴油，是一种非常优良的新型可再生能源。通过微藻生产生物柴油技术上是可行的，且是实现生物燃料完全替代化石燃料的最佳途径，能否实现其工业化取决于其制造成本。为了降低成本并且提高微藻生物柴油的性能和质量，优良藻种的获取、产油培养条件的优化、微藻培养技术和策略的改良、生物柴油生产方法的改进和系统化等诸多方面都值得深入研究。

3.2.7　麻类作物资源的开发与应用①

麻类作物是重要的农业生物质资源，包括苎麻、亚麻、红麻、大麻、黄麻等。麻类作物不仅是我国传统纺织、造纸工业的重要原料，而且有望成为生物质产业最具发展潜力的基础材料之一（图 3-10）。本部分就麻类生物质的工业化用途进行简单阐述。

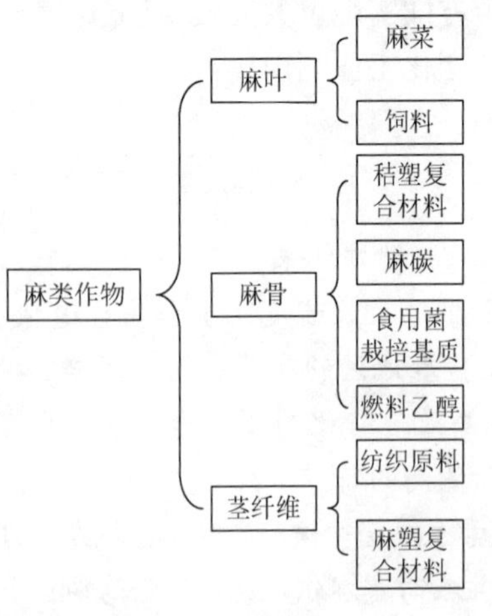

图 3-10　麻类生物质资源多用途开发

麻类作物作为农业工业化利用的新资源，适宜大力开发的优势不仅在于种类多、纤维特征各具特色（表 3-3），可适应天然化、多样化用途的要求，而且在于它们具有适应性强，利用边际土地种植，“不与粮棉油争地”；其产品主要来自植物营养体，增产潜力大，成熟周期短；生产成本低，不需投入大量农药化肥；多年生植物具有恢复植被、防止水土流失、改良土壤等重要生态效益。麻类产业技术体系实行“苎麻向山地、黄红麻向盐碱地、亚麻向南方冬闲地”的拓展策略。

① 该部分作者为成莉风。

表 3-3 主要麻类作物的纤维特征

名称	种属	化学组成/%					单纤维特性	
		纤维素	半纤维素	果胶	木质素	其他	细度/μm	长度/mm
苎麻	*Boehmeria nivea*（L.）Gaudich.	65～75	14～16	4～5	0.8～1.5	6.5～14	30～40	20～250
黄麻	*Corchorus capsularis* L.	57～60	14～17	1.0～1.2	10～13	1.4～3.5	15～18	1.5～5
红麻	*Hibiscus cannabinus*	52～58	15～18	1.1～1.3	11～19	1.5～3	18～27	2～6
亚麻	*Linum usitatissimum* L.	70～80	12～15	1.4～5.7	2.5～5	5.5～9	12～17	17～25
大麻	*Cannabis sativa* L.	67～78	5.5～16.1	0.8～2.5	2.9～3.3	5.4	15～17	15～25
罗布麻	*A. venetum* L.	40.82	15.46	13.28	12.14	22.1	17～23	20～25
剑麻	*Agave sisalana* Perr. ex Engelm.	73.1	13.3	0.9	11.0	1.7	20～32	2.7～4.4

为了提高麻类作物作为工业资源利用的附加值，可建立麻类现代化种植园、规模化布局原麻脱胶厂、纺织加工厂、饲料加工厂和食用菌生产厂的“一园四厂”现代化服务机制模式。尤其是苎麻饲料化与多用途研究和应用、高效节能清洁型麻类工厂化生物脱胶技术、麻育秧膜研制及其在水稻机插育秧中的应用等一系列获奖成果和鉴定成果的转化，必将给我国生物质产业的长足发展带来勃勃生机。

点评 1（点评人：陈集双）

麻类作物作为主要传统农作物品种已经风光不再，或者说，麻类的应用已经改变了传统模式，更加集约化了。但是，不排除随着经济、社会和技术的发展，产生麻类生物质新的产业需求。同时，麻类纤维利用过程中，也存在麻秆等其他生物质全价利用的需求和前景。麻类纤维作为天然纤维与高分子材料复合获得新型天然复合材料（NFC）的基础生物质，在高端纤维材料的开发方面具备独特优势。近年来中国从国外成功引进低毒（无毒）大麻品种，简称汉麻。汉麻的规模化种植，尽管局限在黑龙江和云南的少数地区，但已经在制药、食品和纤维材料多方面形成经济效益和社会效益。麻纤维复合材料在汽车内饰、军品等方面具有极大应用潜力。汉麻品种适用性强，生物质形成生物量大，有显著碳汇价值。在目前条件下，充分发挥我国原有麻类研究基础，保护好麻类植物品种资源，开发麻纤维高附加值产品和大宗原材料利用的技术成果，深入研究麻籽油等的大健康利用，具有长期价值。

点评 2（点评人：李明福）

麻类资源应用领域亟待开拓。尽管麻生物资源和产品做出过重要历史贡献，但传统的利用方式现在越来越少了，只有利用现代生物技术，并结合社会和产业发展需要开发出新的应用领域，麻类植物资源的保护才会获得可持续的发展。利用是保护的源动力。否则，它也只能是一种逐渐成为历史的或潜在的生物资源。

3.2.8 茶生物质的资源化利用[①]

3.2.8.1 我国茶资源现状

茶是中国的传统饮品，也是世界上最主要的饮品之一。饮茶的习惯起源于我国，并且我国有着历史悠久的种茶历史。茶产业是我国的特色产业之一，我国的茶叶种植面积和产量均高居世界首位。茶叶种植面积较多的省份有云南、贵州、四川、湖北、福建、浙江、安徽等。茶产业的发展为我国经济的发展和人民生活水平的提高发挥了巨大的作用。数据统计显示，从 2006 年以来，我国的茶种植面积及茶叶产量逐年升高，截至 2018 年，我国茶园面积 4390 多万亩，茶叶产量 272 万 t，如图 3-11 所示。

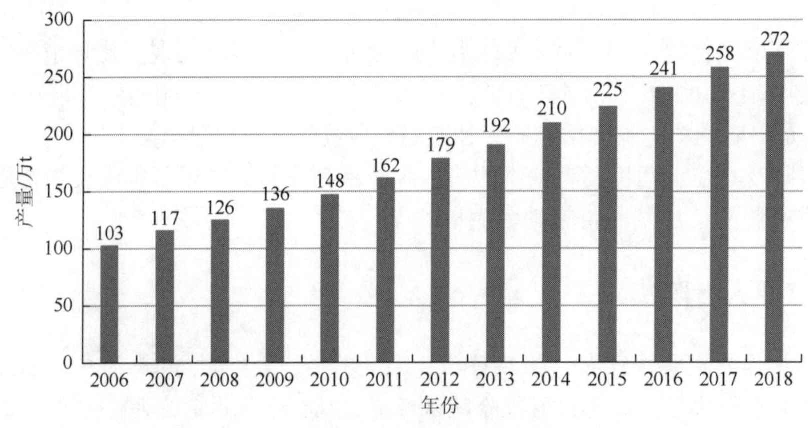

图 3-11　我国茶叶产量统计

近些年，随着茶园种植面积和茶产量的不断增加，供饮用的茶市场正在趋于饱和。茶作为一种生物资源除了饮用之外，资源化用途也在不断拓展，其中茶的全株都可以作为生物质进行资源化利用。茶生物质是指茶叶以及制茶过程中产生的副产物如茶梗、修剪枝、茶末，以及茶叶种植中更新换代的茶株等的统称。我国的茶产业除了采摘茶叶外，每年还可产生 500 万 t 以上的茶生物质副产物。茶生物质副产物的形成与栽培管理制度相关，大部分茶园 5～6 年需要修剪更新。图 3-12 显示了修剪形成的茶秆，目前主要用在土壤肥料、动物饲料、食用菌栽培、废水废气吸附材料及活性成分提取利用等方面。

3.2.8.2 与健康相关主要成分、作用及开发情况

现代研究表明，茶叶中经分离鉴定的已知化合物有 700 多种，这些成分对茶的香气、味道、颜色以及营养和保健功能起着重要的作用，其中有机化合物有 500 种以上，此外还含有无机物以及蛋白质、氨基酸、脂类、多糖、维生素、咖啡因等对人体健康有益成分。

① 该部分作者为贾启。

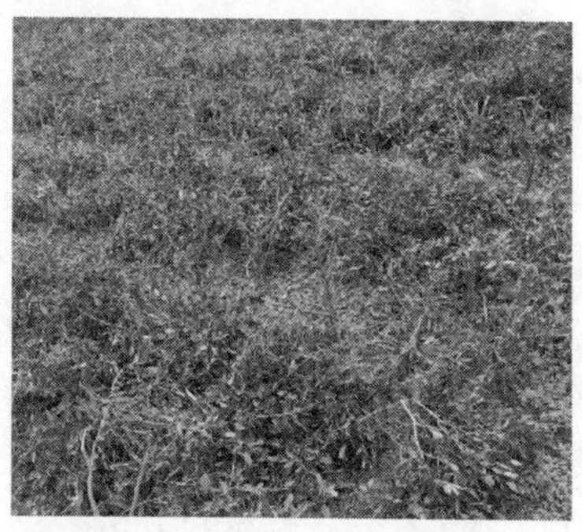

图3-12　弥谷被岗的茶园和修剪的茶秆（2016年4月贵州）

1. 氨基酸

茶叶中含有多种氨基酸，其中茶氨酸的含量最高，占到茶叶中游离氨基酸总量的一半以上，20世纪50年代首次从绿茶中提取、精制出茶氨酸并确定了它的化学结构。茶氨酸主要作为食品添加剂，广泛应用于点心、糖果、果冻、饮料、口香糖等食品中，起到改善风味和保健作用。茶氨酸的保健作用主要有：降低血压，研究表明L-茶氨酸能够降低由心理压力引起的高血压人群血压升高；预防糖尿病，L-茶氨酸可增强超氧化物歧化酶活性及抑制脂质过氧化从而调节自由基代谢达到抗糖尿病功效；提高免疫力，茶氨酸能够减轻体内炎症反应、增强肝脏抗氧化能力、清除自由基等从而提高肝脏免疫力；辅助治疗肿瘤，茶氨酸作为补充剂可减轻癌症化疗和手术引起的不良反应；保护神经，茶氨酸可与中枢神经系统中主要神经递质谷氨酸的离子型受体（NMDA、AMPA、KA）结合并产生生物学效应，从而减轻脑缺血时神经元大量释放谷氨酸导致的兴奋性神经毒性，降低神经系统疾病发病率；此外谷氨酸还能预防血管性阿尔茨海默病以及降脂减肥等。

2. 茶多酚

茶多酚是茶叶中多酚类物质的总称，包括黄烷醇类、花色苷类、黄酮类、黄酮醇类和酚酸类等，占茶叶干重的20%～35%。主要为黄烷醇（儿茶素）类，占60%～80%。类物质茶多酚又称茶鞣质或茶单宁，是形成茶叶色香味的主要成分之一，也是茶叶中药效的主要活性成分。茶多酚广泛应用于日化、食品、药品、保健食品等领域。茶多酚作为食物抗氧化剂，已经国家批准使用。在日化领域，主要用于生产口腔除臭产品，如牙膏、含片等。医药领域，茶多酚产品作为日常饮品用于降血压、降血糖、预防肝脏及冠状动脉硬化等。茶多酚的应用前景广泛，国内已建有许多生产厂家。茶多酚对人体的健康价值主要体现在：抑菌、抗病毒，茶多酚对多种细菌、真菌如变链菌、肠炎沙门菌、绿脓杆菌、福氏痢疾杆菌、宋氏痢疾杆菌、伤寒杆菌均具有一定的抑制作用或杀伤作用，对于胃肠炎病毒，甲型肝炎病毒，甲、乙型流感病毒，人体呼吸系统合胞病毒（RSV）均有抑制作用；抗突变，茶多酚对紫外线和多种致癌化学物如亚硝酸胺等含氮化合物引起的突变有抑制作用；抗肿瘤，茶多酚可以通过影响肿瘤细胞的周期进程而抑制肿瘤细胞的生长，没食子酸具有抑制肿瘤细胞浸润转移的作用；预防心血管疾病，茶多酚具有良好的降血脂、抗动脉粥样硬化和抗心律失常作用；另外茶多酚还具有护肝益肾、防止脑中风等效果。

3. 茶多糖

茶多糖是一类具有一定生理活性的复合多糖，实际应称为茶活性多糖，它不同于茶叶中的纤维素、半纤维素、淀粉等实质性多糖。茶多糖是一种酸性糖蛋白，并结合有大量的矿质元素，称为茶叶多糖复合物。其中蛋白质部分主要由约 20 种常见的氨基酸组成，糖的部分主要有阿拉伯糖、木糖、岩藻糖、葡萄糖、半乳糖等，矿质元素主要有钙、镁、铁、锰等及少量的微量元素，如稀土元素等。茶多糖作为一种极具开发潜力的天然活性物质，其功能一直是研究者关注的重点。茶多糖具有以下多种生物活性：抗氧化，茶多糖在体外对羟自由基有显著的清除作用，能够清除多种自由基；降血糖，目前研究表明茶多糖降血糖的可能作用机制主要是从抑制 α-葡萄糖苷酶抑制活性、降低小肠刷状缘囊泡葡萄糖转运能力来减少葡萄糖的摄入等多角度、多途径降低血糖；抗肿瘤，茶多糖对肿瘤生长具有抑制作用，这可能与其免疫增强作用有关；此外茶多糖还具有抗辐射和抗疲劳的作用。目前主要产品用于糖尿病患者的辅助治疗。

4. 咖啡因

茶叶咖啡因又名茶生物碱，是从茶叶中提取出来的嘌呤类天然活性物质。茶叶中的生物碱主要有咖啡因、茶叶碱和可可碱，咖啡因是茶叶生物碱中的主要成分，约占茶叶干重的 2%～5%，具有提高人体机能和运动机能、强心、利尿等功能。咖啡因生产主要用于医药领域，工业化生产方法以升华法和溶剂法为主，主要用于人体保健的防癌抗癌和协同作用。

5. 茶维生素

茶叶中含有多种维生素，包括维生素 A、D、E、K、B_1、B_2、B_3、B_5、B_6、H、C、P 和肌醇等。其主要作用体现在：维生素 A 能预防夜盲症，有利于视力恢复和有效防止视力衰退；维生素 B_1 能维持人体神经、心脏及消化系统碳水化合物等中间代谢；维生素 B_2 是呼吸酶系统的组成成分，也是维持视网膜正常机能所必需的活性物质；维生素 B_3 在人体内以辅酶的形式参与葡萄糖、蛋白质、脂肪的代谢；维生素 C 能提高人体抵抗力和免疫力，预防牙龈出血；维生素 E 可有效对抗自由基，有祛斑、减少黑色素生成、抗衰老等作用；维生素 P 能够降低毛细血管的通透性，延缓毛细血管变脆，可辅助维生素 C 用于预防脑溢血、视网膜出血、紫癜等疾病。

3.2.8.3　茶产业加工副产物等主要用途

我国是茶叶种植和生产大国，茶叶生产过程中每年都有大量的副产物产生，目前，茶叶及茶产业加工副产物等主要用于以下途径。

1. 生物肥料

将茶渣单独或者混合有机肥使用，可增加土壤肥力，另外茶渣中的茶多酚能够抑制土壤中脲酶的活性与减缓土壤的酸化，还能提高氨基态氮的使用率与土壤中微生物的含量。

2. 动物饲料

茶生物质中含有蛋白质、维生素、多糖、植物纤维及矿物质等多种营养成分，可作为动物饲料使用，能够加快家畜生长速度和提高家畜抗病能力。

3. 化工原料

目前应用较多的是作为原材料提取咖啡因、色素、香气成分、茶多酚、没食子酸、茶皂素、肌醇等，用于医药、保健食品或者食品。

4. 酿酒

茶酒是以茶类产品为主要原料，经生物发酵、过滤、陈酿、勾兑而成的新一代风味酒型，既有酒固有的风格，也具备茶的保健功能，有养颜和延缓衰老等功效。

5. 茶油

茶油是以茶籽等为原料经过深加工得到的，特点是以油酸和亚油酸为主的不饱和脂肪酸含量高达 90%以上，是一种优质的食用油。由于含有的油酸、亚油酸具备多种生理功效，可以降低血液中胆固醇含量、预防心血管疾病，且具有抑制肿瘤的作用。

3.2.8.4　茶生物质材料化利用

1. 茶生物质的特点

在茶产业中，茶叶、修剪的茶枝、加工副产物等都属于茶生物质，茶叶的用途现在已经开发得较为深入，但是茶产业副产物的利用还有待于进一步开发。茶生物质副产物作为一种生物资源，其潜在利用价值一早被政府部门、科研单位和企业知晓，但是重视程度不够，目前其去向主要有以下几个方面：一是直接丢弃在茶园，等腐烂之后供给茶树养分。茶生物质堆积在茶园，容易引起细菌的生长和传播，导致霉病等一些病害的发生，影响茶叶产量和质量。二是作为化工原料提取有效成分，如：茶多酚、茶籽油、茶多糖和生物碱类等，但在提取过程中会产生一些废弃物，不但难以再次利用，而且会对环境有一定的影响。这种茶秆利用方式存在着以废生废的弊端。三是作为生物肥料，粉碎之后混合有机肥使用。四是作为动物饲料。后两种方式虽然可以处理一部分生物质，但是产生的经济效益有限。茶秆等茶产业副产物的主要成分有纤维素、木质素、半纤维素及果胶等，与木材纤维材料类似，是一种优良的生物质，可应用于材料领域，如生产木塑复合材料就是一种很好的手段。

2. 茶生物质复合材料及其产业优势

木塑复合材料是一种主要由木质纤维素原料与热塑性塑料制成的复合材料，是利用高分子界面改性处理和塑料填充等手段，将生物质与一定比例的塑料聚合物配混，经成型工艺加工成的一种新型环保材料。其最大特征在于综合了生物基材料和塑料的双重优势，将茶生物质作为木质材料添加到热塑性塑料中体现出很好的力学性能。复合材料具有植物纤维和高分子材料两者的优点，同时具有可循环利用和零甲醛等特性。一方面可代替木材，用于建筑材料、家具材料、建筑模板等，能有效地缓解我国森林资源贫乏、木材供应紧缺的矛盾；另一方面可代替塑料，用于制餐具、日常用品等，避免了单纯塑料制品的易老化、低温脆变等缺点，还有防虫、防蛀、耐候性好的特点。同时茶生物质本身具有吸附性和茶叶特有的清香，以茶梗等为原料制作人造板，发现茶生物质中的茶多酚等物质在人造板材成型后对游离甲醛有吸附作用。茶生物质的材料化利用是对茶用途的拓展，在生物材料的创制上具有重要意义，具有广阔的市场前景和良好的社会效益。

3. 茶生物质复合材料的健康价值

茶秆等茶生物质中含有茶多酚、茶氨酸、芳香物质等对人体有益的成分，这些成分在生物质复合材料中仍然存在，因此茶生物质复合材料可能具备健康价值。茶产业每年产生大量的剩余生物质，其材料化利用潜力巨大。目前已有以茶生物质为材料制备环保型人造板材和设计制作环保型家居用品的相关研究。茶生物质材料赋予了环保型家居用品新的文化属性，顺应环保型家居用品发展趋势。因此，利用茶秆生物质复合材料开发高附加值的绿色低碳建材和家居产品，将其应用于人们日常生活中的各个方面，具有绿色环保、可循环利用等优点，有利于拓展茶生物质工业化应用产业链，从而达到资源利用和生态保护的可持续发展，具有重要的经济和社会意义，同时也符合我国大健康产业发展的需要和循环经济价值的社会追求。

点评（点评人：陈集双）

由于政府主导发展地方特色产业的部分盲目性，部分地方县市动辄数万亩、数十万亩新茶园的发展“势不可当”。我国茶产业发展过剩和茶生物质过剩很快成为现实，必将造成茶叶从健康饮品、文化产业走下神坛，从而带来生物质生产过剩、价格走低，农产品出路成为新问题。茶叶是多年生作物，如果不及时为茶生物质寻找新的出路，整个产业将陷入被动。相反，如果将茶叶从单纯饮品拓展到新材料和环保等多种用途，以及更大范围的大健康用途，可能是茶产业发展的新机遇。茶生物质的多用途联产，首先应依据其生物质特征，开展生物资源产业设计和对应的工程技术研究。依据其生物、化学和物理学特征开发全产业链和多元化产品，是茶产业稳定发展的科学之路。但是，茶产业发展规模必须依据市场规律、社会需求和综合效益来规划。

茶生物质副产物应包括修剪的茶秆、老茶叶、茶果、加工过程中淘汰的尾茶等。理论上泡茶剩余的茶渣也是茶产业生物质之一，及时收集就是副产物，分散丢弃就是生物质废弃物，茶花也是没有得到利用的生物质资源。

3.2.9　生物质复合材料的应用前景[①]

我国生物质资源十分丰富，而过剩的农作物秸秆、木屑等农林废弃物有广泛的利用价值，如何实现对生物质资源的高效、可持续利用已是当前世界值得关注的重大问题之一。利用生物质微观形态长径比结构及可降解等特性，将生物质与其他基材复配形成生物质复合材料已是当前研究的主要方向之一。目前，不同种类的生物质复合材料已被研制出来并应用于各个领域。

3.2.9.1　生物质复合材料概述

1. 生物质复合材料的特点

生物质来源于自然界所有的生物体及其相互活动过程。广义上的生物质复合材料是将初级生物质通过一定的工艺手段与其他材料复配而形成的新的复合材料。狭义上来说，在现代工业技术支持和国家环保政策鼓励下，许多企业把目光投向了具有较高利用价值的农林加工副产物，如：秸秆、稻壳、咖啡渣及废弃木屑等木质纤维素副产物，故生物质复合材料主要是以木质纤维素与其他材料经过一定工艺复配形成的新材料。生物质复合材料兼具了生物质和其余单体材料各自的优点，克服了单一组元的缺陷。

2. 生物质复合材料的成型工艺

生物质复合材料的成型工艺因复合的材料不同而存在差异，与之复合的材料可以为热塑性或热固性材料、无机材料及金属材料等。

生物质与热塑性或热固性复合材料的成型工艺主要分为两部分：一是生物质的前处理——生物质改性，农林副产物如秸秆、稻壳及废弃木屑等表面含有大量亲水性基团——羟基，表现为很强的极性特性，而塑料为非极性材料，两者表现为排斥行为，这就需要对有极性基团的生物质改性处理，为生物质与塑料基体形成一个良好的界面层，使生物质更好地分布在塑料基体中。二是改性生物质与塑料及其他助剂混合，然后主要通以下 3 种方式将混合物成型。

（1）注塑成型：又称注射成型，将混合物加入料筒中并加热使其逐渐熔化呈黏稠流动状态，由料筒中的螺杆或柱塞推至料筒端部，将熔体注入闭合的模具中，经过保压和冷却，使制件固化定型，最后开启模具取出制件。注塑成型主要用于热塑性树脂及其复合材料。

（2）挤出成型：又称挤塑成型，方法与注塑成型相似，不同的是熔体经过挤出机的成型口模挤出，借助牵引装置拉出，然后冷却定型。挤出成型是热塑性塑料及其复合材料的主要成型方式。

（3）模压成型：又称压缩成型或压制成型，该法把由上下模组成的模具安装在压力机

---

① 该部分作者为朱士强。

的上、下模板之间，将塑料原料或复合材料直接加在敞开的模具型腔内，再将模具闭合，塑料或其复合材料受到热压作用充满闭合模具型腔，固化后得到塑料制件，此法主要用于热固性塑料。

生物质/无机复合材料和生物质/金属复合材料则往往是经过机械粉碎、物理共混和压制成型工艺来完成。

3.2.9.2 生物质复合材料的分类及应用

生物质复合材料按基料可分为生物质-聚合物复合材料、生物质无机复合材料和生物质金属复合材料。生物质复合材料已广泛应用于建筑、园林、汽车、航空航天等领域，近几年出现了井喷式发展且前景十分广阔。

1. 生物质-聚合物复合材料

生物质-聚合物复合材料是以热塑性或热固性树脂为基体和另外的生物质材料及其他助剂组成的多相复合材料。生物质-聚合物复合材料具有强度高、耐腐蚀、抗霉变、抗减震和热膨胀系数低等特点，是一种高性能的工程复合材料，广泛应用于装饰、建筑，园林等领域。生物质-聚合物复合有效地提高了农林副产物生物质的工业化利用效率，降低了企业生产成本，同时，减少了塑料的使用率，降低了对环境的污染。

我国开展生物质-聚合物复合材料的研究起步较晚，20 世纪 90 年代后期，主要跟踪国外已有技术和仿制产品，在基础研究和技术开发方面投入比较少。近几年，在国家循环经济政策和市场需求的推动下，木塑复合材料（wood-plastics composites，WPC，简称木塑）成为生物质-聚合物材料中的“香饽饽”。2017 年中国木塑产量近 300 万 t，占世界总产量的 2/3，生产销售及出口均居世界第一。

木塑是生物质-聚合物复合材料的典型代表，WPC 是木质纤维-聚合物复合材料的俗称，它是一类以木材、农作物秸秆、竹材等木质纤维材料为填充增强材料，以热塑性聚合物为基体，通过对生物质材料的改性前处理，再与塑料基体熔融共混造粒，采用挤出、注射或模压等成型工艺制备的复合材料。它兼具木材和塑料的低成本和综合性能好的优点，有良好的质感，比热塑性塑料的硬度高，比木材的尺寸稳定性好，具有强度高、耐腐蚀、抗霉变特点，既有类似热塑性塑料的二次加工特性，又能像木材一样方便地回收再利用，是典型的生态环境材料。目前，WPC 在户外地板、家具、墙板和建筑模板中已广泛应用。图 3-13 显示了生物质麦秸秆在热塑性复合材料中的部分应用。

2. 生物质无机复合材料

生物质无机复合材料主要是农林作物木质纤维等与无机材料复合的新型材料类型。目前，根据无机材料的不同，有以下几种无机复合材料已应用在现实生活中：生物质水泥基复合材料、生物质石膏基复合材料、生物质矿渣和煤灰基复合材料。生物质无机复合材料主要优点是轻质、保温、吸声、环境友好、价格低廉。

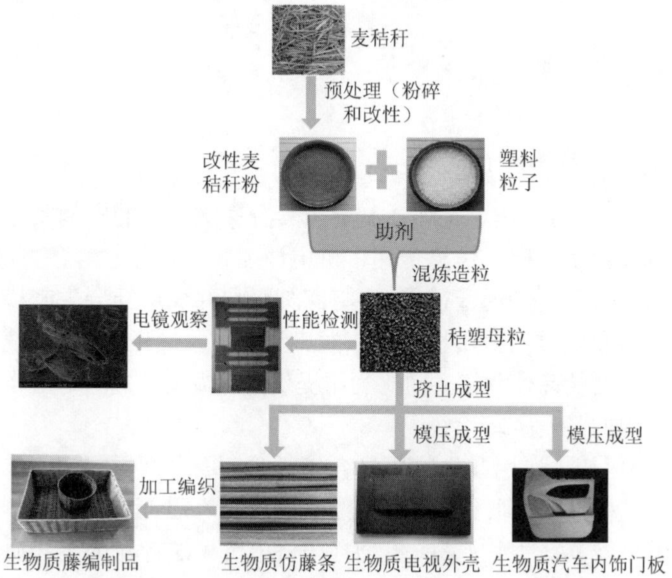

图 3-13　麦秸秆在热塑性复合材料中的应用示意图

生物质无机复合材料的使用最早可以追溯到古代，古人用稻草与黏土混合作为砌墙的原材料，墙体结实而牢固，这与现在将钢筋与混凝土结合有异曲同工之妙。水泥基生物质复合材料是由植物纤维或刨花与水泥相混合而压制成型的材料，水泥相当于胶黏剂，植物纤维和刨花为填充材料，能增强水泥基复合材料的强度。这种优良力学性能的材料被广泛用在建筑上：如内外墙板、建筑模块、隔音墙等。生物质石膏基复合材料成型方式与生物质水泥复合材料相似，主要用石膏代替水泥作为内部胶黏剂。石膏具有重量轻、阻燃性好、导热系数低和价格低等优点，生物质石膏复合材料主要作为天花板装饰在房间顶部。煤灰粉水泥刨花板也有优良的性能，在建筑上有广泛的用途，如：高层建筑的外墙板、室外家具及地下工程材料、防电地板等。

3. 生物质金属复合材料

生物质金属复合材料是指生物质纤维与金属粉末按一定比例复合而压制的复合材料，金属粉末粒子可吸附在有羟基基团的生物质纤维表面，该复合材料兼具了木质纤维的隔音、调温等性能及金属的导电性能，具有防静电、导电性好、隔音效果好、电磁屏蔽效果好、强度高、密度低的特点。

有些场所对防静电的要求较高，如易燃易爆场所、精密仪器室、机房等，地面或墙面应采用抗静电材料，木质纤维素金属复合材料可制作防静电地板或墙板应用在防静电场所。电磁辐射在重要安全机构有重要影响，如国家安全机构、驻外使领馆和银行、保险公司、通信公司，其墙体材料等结构可用生物质金属复合材料，以防信息泄露。

3.2.9.3　生物质复合材料的未来发展

1. 生物质复合材料的 3D 打印

3D 打印指通过不断的物理层叠加，制造出具有三维形状的实例制造技术，其科学综合性较强，需要掌握数字建模、信息传递、机电调控和材料化学等各方面的知识。3D 打印技术是智能制造领域颠覆性创造技术，必将深刻影响并变革社会生产模式和人类生活方式。木质纤维素材料和藻类生物质材料是来源广泛、成本较低的生物质资源，3D 打印技术为这些生物质基材料的高值化、多样化利用提供了良好的平台，是生物质复合材料产业化发展与可再生利用的又一全新途径。

目前，3D 打印已初步运用在生物质复合材料的合成中，不同打印技术对生物质材料的要求不同，熔融沉积打印主要针对聚乳酸（PLA）与木质纤维素的共混物；喷墨法对材料的要求为海藻酸钠及其衍生物；3D 生物打印挤出沉积法针对的生物质材料为纳米纤维素水凝胶和离子液体、纤维素衍生物等。但目前来看，3D 打印存在许多问题，例如在采用如木质纤维素与热塑性塑料（如 PLA）共混挤出复合拉丝用于熔融沉积 3D 打印中，常出现生物质材料与 PLA 混合不均匀的情况，挤出细丝表面粗糙和尺寸不均匀，且容易堵塞螺旋挤压机和 3D 打印机的喷嘴，针对这些缺陷，未来需要对生物质材料改性修饰，优化材料的基础工艺，提高 3D 打印的新技术。

目前，3D 打印材料主要集中在聚合物如聚乳酸（PLA）和 ABS 等，关于生物质材料 3D 打印的研究并未深入，未来开发出新结构、新性能的 3D 打印生物质材料和优化 3D 打印工艺来提升产品的附加值是研究的热点。

2. 纳米生物质复合材料

随着纳米科技的发展，对于生物质材料的研究也已经延伸到微米和纳米尺度，生物质纳米材料的研究正越来越受到重视，合理利用生物质资源制备高值化和高性能的功能性材料，从植物生物质纤维中提取纳米纤维素的技术有一定进展。天然的纳米纤维具有结晶度高、可生物降解、来源丰富等特点，因此天然纳米纤维素具有广泛的应用价值；同时，纳米相复合材料的性能由于其纳米尺寸效应通常优于相同组分的常规复合材料而成为国内外科学家竞相开展研究的对象。

纳米材料是指三维空间尺寸中至少有一维处于纳米尺寸（1～100nm）范围或由它们作为基本单元构成的材料。对于纤维素材料的研究也经历了从宏观到微观不断深入的过程，从微晶纤维素、微纤丝到纤维素纳米纤维及纤维素纳米晶体等阶段。近年来，许多的科学家致力于从纤维素原材料中提取微晶纤维素、纤维素纳米晶体。目前已有较多的学者通过机械处理法或化学处理法从各种植物纤维素原料中成功制得了纳米纤维，而后利用纤维素纳米纤维增强聚合物，制备纳米纤维素复合材料。制备纤维素纳米纤维增强聚合物的方法主要有：溶液浇注法、熔融复合法、溶解法和静电纺丝法。Azizi Samir 等也采用被囊类动物的纤维素纳米晶须与聚氧化乙烯（PEO）制备了复合材料，同纤维素晶须的增强效果进行比较。结果表明，两种材料都能对聚合物的杨氏模量和拉伸强度有很大提高，但是纤维素纳米晶须的增强作用更为显著。

对生物质进行微量化处理，使其接近或达到纳米级结构，得到了兼具纳米分子优异纳米尺寸效应和生物质可降解特性，进而制备性能优异的纳米生物质复合材料。通过不同生物质获取不同生物纳米材料，采用不同生物质纳米材料与聚合物新的融合制备方法将是未来的走向。

3.2.9.4　展望

我国生物质资源十分丰富，其传统的利用方式也有差异。例如，①直接利用和全物质利用模式：鹅绒用于羽绒服填充料，这是对生物质的直接利用。②复合材料利用模式：户外园林常见的木塑地板，是将生物质加工成复合材料的利用，木塑复合材料在国内已有成熟的技术体系，具有强度高、防水、防潮、零甲醛、可部分降解等优点，这是单体热塑性材料无法比拟的优势。③低品生物质利用模式：刨花与水泥结合成水泥基复合材料，被广泛用于建筑墙体等，兼具了两者的单体优势。④生物质精炼：生物质单体的复合化将是生物质资源利用的重要方向，开发不同生物质单体与其他材料的结合将是一个方向，3D 生物质打印和纳米生物质复合材料也将是研究的热点。

点评（点评人：陈集双）

木质纤维素生物质在生物质复合材料中主要是作为填充料或骨架使用，部分情况下也作为主料发挥作用，后者如在人造板材中，木质纤维素为主料依靠其他黏合剂形成不同强度特征的纤维板材。不同的复合材料对生物质原料和处理的要求不一样，当生物质作为骨架使用时就要求木质纤维素具有一定的长径比，以实现“生物钢筋”的价值。在大多数生物质复合材料中都不需要纤维细粉，因此，并不是越细越有价值。随着技术的发展，WPC 的应用将越来越广泛，在很多领域能够替代木材并具备高于原木的使用价值；其主要优点是产品零甲醛，生产过程不产生固废和废水，还能利用农林副产物，提高农业与工业的产业结合度。

3.2.10　生物质短纤维复合材料的复杂结构描述方法[①]

3.2.10.1　概述

植物纤维主要是指一年生或多年生植物的种子、茎、叶子及韧皮中所含有的纤维，是自然界最为丰富的天然高分子材料，具有质轻、长径比大、比强度高、比表面积大、密度低及可生物降解等优点。植物纤维作为重要生物资源已经被广泛应用，其中作为增强性填充材料已经广泛用于木塑或秸塑复合材料中。植物纤维塑料复合材料的力学性能一直是研究的一个热点。天然植物纤维以分散相的形式与塑料基质复合，植物纤维和塑料基质的相容性和在基质中的分散性是影响复合材料力学性能的两个主要因素。

① 该部分作者为陆祥安。

植物纤维主要由纤维素、半纤维素、木质素构成。这些构成要素存在大量的醇羟基，使得纤维具有很强的极性和吸水性，这种极性导致纤维不能与塑料很好地相容。对植物纤维进行改性处理，可使得植物纤维和塑料基质有很好的相容性。目前改性方法主要有物理方法和化学方法。物理方法包括加工法、热液处理法、蒸汽爆破法、氨冷冻爆破法、CO_2爆破法、放电处理法、有机溶剂处理法、电子束辐照处理法、微波处理法等。常用的化学方法包括酸处理法、碱溶液处理法、氧化处理法、表面接枝法、乙酰化处理法、偶联剂法等。经过改性后的植物纤维表面果胶及蜡质含量减少，纤维含量增加，比表面积增加，极性降低，这些处理结果更加有利于与塑料基质的复合。更好的相容性使得复合材料所受的外力能够有效地传递给植物纤维，从而达到增强力学性能的目的。

理想状态下，每个纤维能被塑料基质完全包裹并形成坚固的界面，这种情况下所呈现的力学性能最好。改性的目的就是使得纤维与基质间形成坚固的界面。而纤维在塑料基质的分散性是影响材料力学性能的另一个因素。在纤维与基质热混合过程中，纤维粉在基质中是随机分布的，所以不能排除纤维直接相互接触。对于同一种纤维，随着纤维数量增加，纤维相互接触的概率也增大，这个过程称为纤维的团聚现象。纤维的团聚现象导致纤维颗粒引起应力集中从而影响力学性能。与纤维与基质的相容性相比，分散性更加难以人为控制。对于分散性的认识，通常采用观测法研究。对于复合材料的微观结构的分析，通常采用直接观察的方法，如电镜扫描、透镜观测等。而对于结构的解释，多采用定性分析，分析结果多带有研究者的主观认识。

纤维在基质中的分散性有着本身的规律。借助于计算机图像识别、统计建模等手段可以实现复合材料中复杂结构的定量化表征。本节以麦秸秆纤维热塑性复合材料和天然橡胶复合材料为研究对象进行方法介绍，采用统计建模方法重构麦秸秆纤维热塑性复合材料结构，定量化描述纤维类型，采用图像识别描述天然橡胶复合材料填充剂的分散性规律。

3.2.10.2 复合材料结构表征方法

对于复合材料中纤维的离散性的表征有两种出发点。一是基于统计分析的模拟生成的再描述，一是基于图像识别技术的实际观测图片的客观描述，如图 3-14 所示。

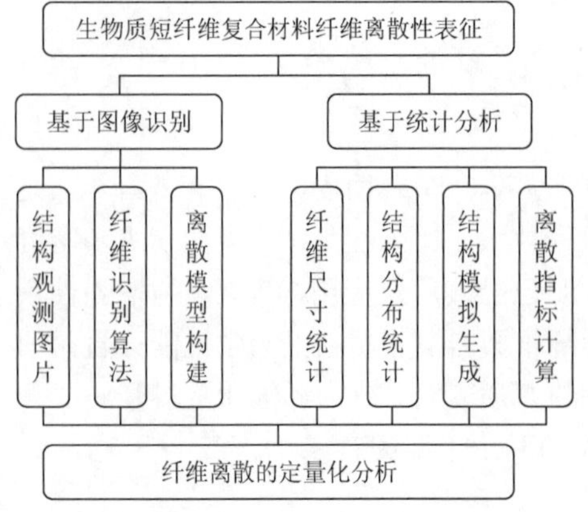

图 3-14 生物质纤维离散性表征方法

图像识别基于图像写实。将写实的规律与理想中的离散分布建立关联，去定量化表征离散程度，缺点是图像是二维的展示，而离散性是三维的，从二维到三维有一定的过渡难度。统计分析基于统计规律，借助于计算机模拟生成技术，刻画离散性，可以生成三维机构。将图像识别和统计分析结合的定量化描述方法是值得推荐的。

1. 基于统计分析的定量化表征方法

通过对麦秸秆的热磨加工，得到麦秸秆纤维。如图 3-15 所示，小麦秸秆纤维主要由麦秸秆细胞构成，表观形态呈薄片状，其薄皮厚度约 0.004mm。

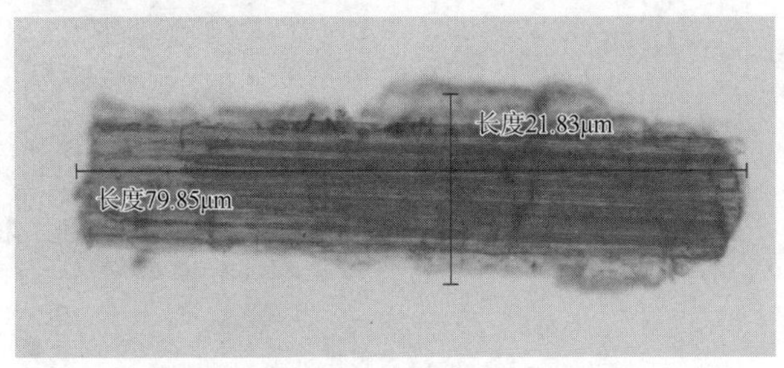

图 3-15　麦秸秆纤维微观特征

热塑性复合材料中纤维的尺寸描述包括纤维长度、长径比。如图 3-16 所示，纤维长度满足韦布尔分布，纤维长径比满足对数正态分布。

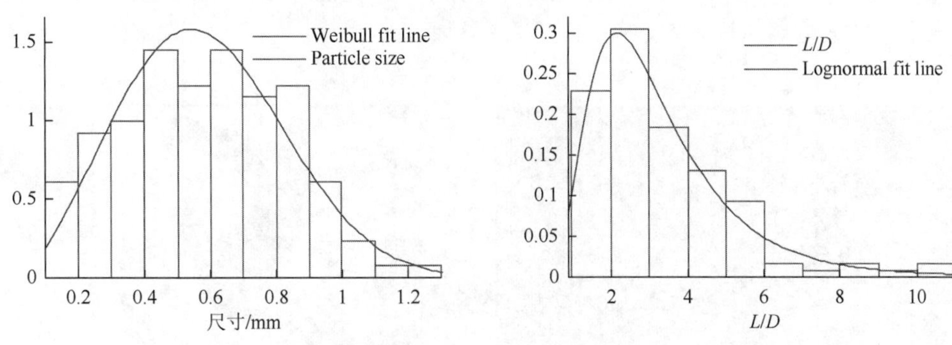

图 3-16　秸秆纤维尺寸分布规律

图 3-17 为复合材料纤维分散显微图，从图中可清晰地看出麦秸秆纤维在复合板材中的分布。如图 3-17（a）所示，纤维含量较低时，麦秸秆纤维在复合材料中均匀散布，纤维承担外力较小，对复合材料力学性能增强作用较弱。但纤维含量过高时，如图 3-17（b）所示，纤维之间相互接触的概率增大，纤维出现团聚现象，纤维之间没有任何化学键连接，纤维的接触面不能形成有效的应力传递，最终导致应力不能在基质中连续传递，材料的力学性能变差。

2. 离散性描述方法

在复合材料中，当改性条件一样时，其纤维在复合材料中的分散性直接影响着复合材料的力学性能。复合材料中，完全被塑料基质包裹的单个纤维承担着增强材料力学性能的

图 3-17　复合材料纤维分散显微图

重要使命，这样的纤维越多，对复合材料的力学性能增强越有益。这里将这种纤维定义为“光棍纤维”（single fiber）。既然纤维在复合材料中是随机分布的，就难以避免纤维之间相互接触。如前文所述，相互接触的纤维对材料的力学性能是无益的。这里将这种纤维定义为“接触纤维”（contact fiber）。如图 3-18 所示，“光棍纤维”和“接触纤维”的数量是纤维分散性的重要指标。

图 3-18　纤维类型定义示意图

通过程序模拟纤维在复合材料中的分布，模拟区域 10mm×10mm×1mm，模拟纤维平均长度分别为 0.165mm、0.215mm、0.337mm、0.637mm，对应不同级别的筛网密度。考察纤维含量在 0～50%范围的纤维分散性。

如图 3-19 所示，接触纤维数随纤维含量增加而增加，其增加的规律符合二次函数关系。二次项系数与纤维长度有很好的对应关系，纤维长度越小，二次项系数越大，意味着随着复合材料中纤维含量的增加，纤维越小，其纤维之间形成的接触越多。

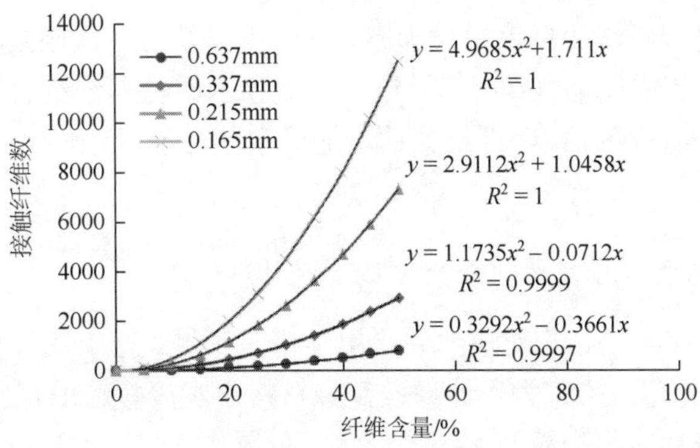

图 3-19 接触纤维数随纤维含量和纤维大小变化规律

不同于接触纤维数，光棍纤维数出现完全相反的规律，如图 3-20 所示，随着纤维含量的增加，光棍纤维数增加，增加幅度降低，直至增加缓慢。这一结果预示着对于一定尺寸的纤维，纤维含量的增加只能在一定的范围内明显增加光棍纤维数，如果继续增加纤维含量，光棍纤维增加量有限。

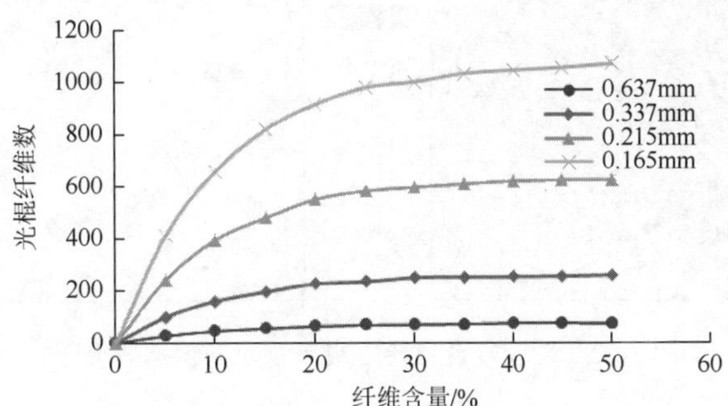

图 3-20 光棍纤维数随纤维含量和纤维大小变化规律

光棍纤维数和接触纤维数随纤维含量增加的梯度描述了每增加 1%的纤维含量，其中光棍纤维数和接触纤维数的增加量。图 3-21 显示了平均纤维长度为 0.165mm 的梯度图。

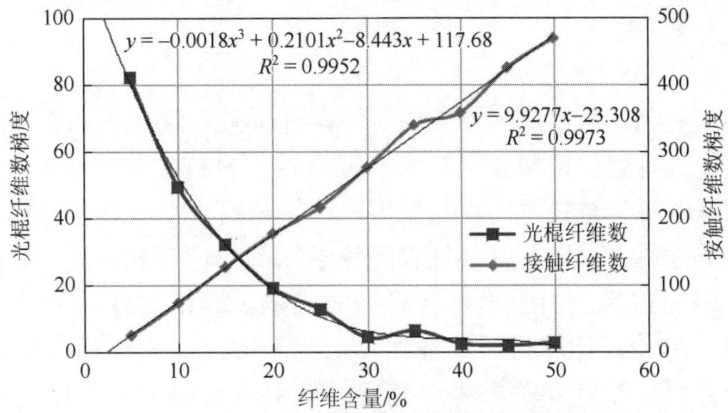

图 3-21 光棍纤维数和接触纤维数梯度图（0.165mm）

可以很明显地发现光棍纤维数梯度单调递减，下降规律符合三次函数。接触纤维数梯度单调递增，接触纤维数随梯度呈直线上升。这一规律预示着随着纤维含量的增加，纤维对复合材料性能的增加是有限的，接触纤维数的增加导致的性能降低的效果将覆盖光棍纤维带来的正面效果。

3. 基于图像识别的纤维定量化分析方法

当前，图像识别技术已经相对成熟并应用于诸多领域。基于图像识别技术，判别复合材料离散相的分散性，图 3-22 为天然橡胶复合材料中炭黑颗粒的识别效果。通过二值化识别，可以清晰地辨别炭黑颗粒的大小、形状、位置。

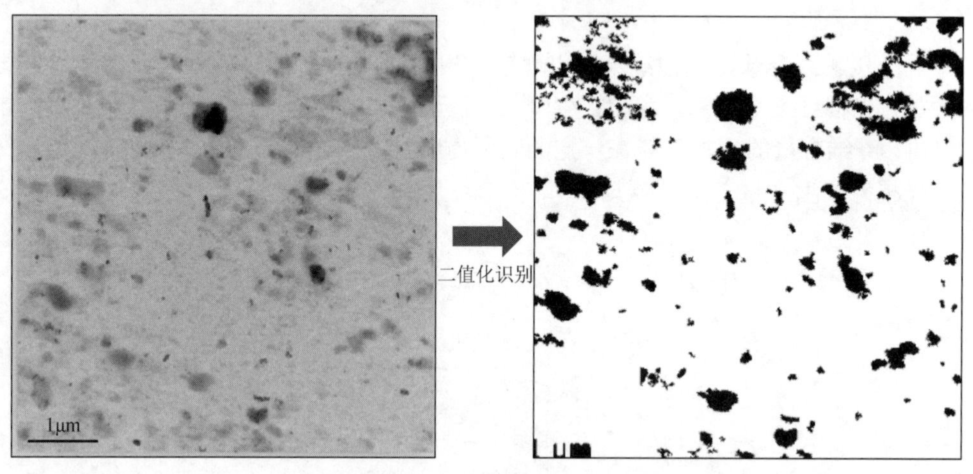

图 3-22 橡胶复合材料中炭黑颗粒的识别效果图

以切片为参考范围，在参考区域内识别炭黑颗粒，参考范围内炭黑尺寸、密度、含量相关，纤维的数量与纤维含量成正比。图 3-23 为颗粒大小的频率分布。

定义理想条件下离散性分布的函数指标，以理想分布为基准，判别实际分布的离散情况，可以定量化描述分散离散性分布规律，有助于定量化描述分散相纤维的离散分布。

3.2.10.3 评价与展望

生物质短纤维复合材料目前主要应用于汽车零部件、家居用品、建筑及公共设施部件等，实现了部分代替塑料、增强塑料的功能。对于材料性能的评价一直是热点问题，另一方面随着计算机科学与技术的迅猛发展，计算材料学发展迅速，材料的计算机模拟与设计已不仅仅是材料物理以及材料计算理论学家的热门研究课题，更将成为一般材料研究人员的重要研究工具。由于模型与算法的成熟，通用软件的出现，材料计算的广泛应用成为现实。因此，计算材料学基础知识的掌握已成为现代材料工作者必备的技能之一。结合计算材料学的相关技术研究短纤维复合材料的力学性能也是必然的学科融合结果。

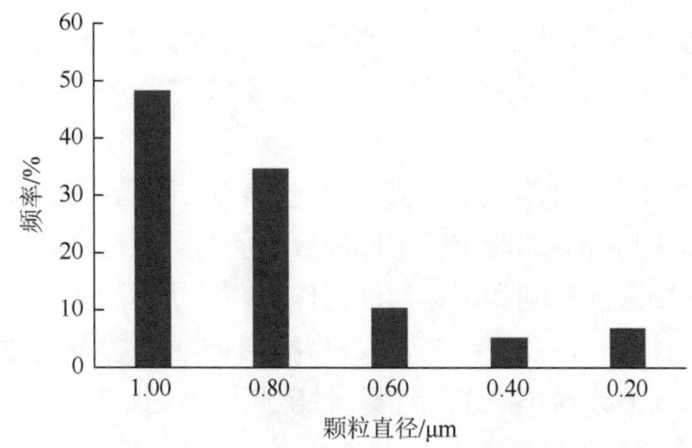

图 3-23　颗粒大小频率分布

点评（点评人：陈集双）

新的产业实践产生新的需求，也带来新的科学问题和技术创新。计算机模拟作为一种有效手段，在生物质材料化利用过程中将发挥事半功倍的作用。生物资源产业中类似的科技支撑价值还包括：工业机器人手段和人工智能在产品设计、制作和质量控制中的应用等。但是，所有的理论手段，不仅能解读实践过程，还能够直接或间接指导产品设计、质量评价等环节。总之，理论模型的建立，有利于拓展生物资源创新利用的方法学思路，提高研究开发效率。

3.2.11　微藻生物质能源化利用的局限及前景①

3.2.11.1　能源微藻与油料植物生产生物柴油的比较

1. 生物柴油及其来源

与石油柴油相比，生物柴油是已被国内外普遍认可的一种可再生性燃料，被称为绿色新能源。国际上，生产和使用生物柴油的技术已有 50 多年的历史。其中，主要原料来源有以下方面：①植物油，主要来自农作物，如菜籽油、大豆油、花生油、玉米油、棉籽油等，部分包括人工种植的“能源树”种，如油楠树和木姜子等；②动物油（如鱼油、猪油、牛油、羊油等）；③微生物油脂及其转化产物脂肪酸甲酯或脂肪酸乙酯等；④废弃油脂，如地沟油等。但是，作为生物柴油之中的重要资源——微藻生物柴油的研究还相对较少，产业化利用历程还有诸多不确定性。

2. 生物柴油产物差别

生物柴油的原料来源种类多样，迄今为止，多是以大型油料植物光合作用产生的饱和或不饱和脂肪酸再经甲酯化后合成的脂肪酸甲酯为主要成分。油料植物原料种类不同，其

① 该部分作者为刘宇峰。

脂肪酸的组成和分子量大小等基本特性亦有区别，如菜籽油、棉籽油、葵花油、棕榈油、椰子油、回收烹饪混合油（亦称为地沟油）等，质量和性能也有显著差别。饱和脂肪酸甲酯的性能更稳定。

微藻生物柴油的来源是单细胞植物的微藻经光合作用之后，在细胞内大量积累饱和或不饱和脂肪酸，再经甲酯化后合成的脂肪酸甲酯成分。脂肪酸甲酯产物具有较高的相似性。但是，因微藻细胞积累脂肪酸的机制和用途与油料作物在种子中积蓄脂肪酸的机制和途径方面存在较大差异，因此其种类和性质也存在较大差异。不同原料提取的生物柴油与经过近百年的成熟炼制技术生产的石油柴油相比，在纯度、性能和使用稳定性方面存在较大复杂性和不确定性，因此会导致使用效果的差异性。尽管目前学术界和产业界对这一特性关注尚少，但不等于日后不成为产业化过程中的新问题，甚至新难题。

3. 含油原料获取的差别

油料植物生产生物柴油的原料，积淀了近百年的成熟的种植技术，虽然占用了部分耕地，但获取方式、成本和稳定程度多方面均可能优于微藻原料。

微藻是自然界起源最早、分布最广、种类和数量最大的生物资源，在特定条件下可大量积累并储藏油脂，其不饱和脂肪酸的含量占到细胞干重的10%～50%，而油料植物中目前含油量最高的种子是紫苏籽，虽然也都是不饱和脂肪酸，但含油量最高也就是 40%左右，因此在有效含油量方面微藻是优于油料种子的。

值得一提的是，并非所有的海洋和淡水微藻，都含有可利用级别的油脂，只有部分品系的葡萄藻、硅藻、金藻、栅藻等少量种类的野生藻种含有油脂特性，而且油脂含量还相对较低，达不到直接作为工业化生产生物柴油的藻种要求。目前国际上，大都采用定向驯化的手段筛选高油藻种，但有效捕捉率仍不尽如人意。

通过导入高油基因来大幅提高野生藻种的含脂量，已取得一些科研进展，这将给应用经过基因改造的高含油藻种投入微藻生物柴油的产业化带来一缕曙光。2014 年黑龙江省科学院大庆分院将紫苏中的高油基因质粒成功提取并转入筛选自大庆淡水湖中的“野生淡水四尾栅藻”的基因中，使含脂量从 19%提高到 48%，为从事微藻藻种基因改造的科研人员提供了一个实验借鉴，也使基因工程藻通过逐步提高含油量从而达到大规模产业化生产提供了可能性。

但是，由于可利用的含油微藻的种类较为复杂，因此油藻的培养技术和油脂提取技术更为复杂和苛刻。所以微藻在原料来源、产量稳定性、产油稳定性等多方面较植物原料存在更多的差异和风险。

3.2.11.2　微藻生物柴油产品化的现实瓶颈

1. 可用于产业化的含油藻种瓶颈

野生藻种含油量大都不理想，达不到直接作为工业化生产生物柴油的藻种要求。基因工程藻虽然可以通过基因改良，逐步提高含油量，但一般回复率较高，藻种含油稳定性不够理想，距离实际生产应用还需要一些努力。因此，将会导致大规模生产的高风险和高成本。

2. 培养技术瓶颈

虽然从理论上讲，微藻对生长环境要求简单，能适应各种生长环境，但是培养环境若是采用开放式培养，将会面临极大技术挑战。首先，是原生动物的蚕食和生物危害问题。实验室的小规模培养，培养基、试剂都可采用灭菌处理，培养用水也可采用膜过滤形式，做成反应器精品培养模式，而一旦放大规模，以上条件将难以达到。自然界强大的敌害生物将会纷沓而至，主要包括以藻类为食的原生动物和后生动物，如轮虫、纤毛虫、卤虫、变形虫、昆虫幼虫（如孑孓）等，在藻种接种后的2～3d便可能出现，此时接种的藻类还未形成种族优势，极易成为其他生物的果腹之物。轻者影响微藻的生长，重者如纤毛虫可使藻细胞的数量急剧下降。轮虫繁殖速度快、摄食能力强，一旦发生污染，几天时间内可将培养的微藻基本食光。虫体大量繁殖将会引起代谢氨和毒素大量积累、水体溶氧急剧下降、水质恶化，最终致使整体培养失败。此外，轮虫、卤虫以及变形虫等敌害生物可通过繁殖产生大量形态微小的虫卵，很难彻底清除，还可能成为下批培养的重要污染源，形成恶性循环，导致再次养殖失败。目前还没有强有效的方法和措施将其解决。其次，杂藻入侵也是微藻大规模培养中的重要危害。无论是采用开放式培养还是反应器，大规模培养都不可避免地污染一些不产油或低产油的杂藻。由于我们对于产油微藻的高含油定性驯化或采用转基因工程，这些畸形累积脂肪的工程藻对杂藻的抵抗能力降低，生长速度可能远不及野生杂藻；杂藻入侵后易成为优势种，降低了培养体系的产油效率和微藻产品质量。同时，杂藻污染后必然与能源微藻竞争二氧化碳、光能和营养，使得能源微藻继发性地生长过慢，从而导致产油微藻被稀释，失去藻油的提取意义。

原生动物和藻类都为真核单细胞生物，使用药物清除原生动物时，很难保证对产油微藻生长不产生伤害。以往有通过降低藻液pH至3.0杀死金藻液和扁藻液中的尖鼻虫、使用次氯酸钠治理小新月菱形藻中鞭毛虫污染的报道。在水产养殖中，甲醛、氨水、过氧化氢等也常被用来处理原生动物污染。目前国内外在消毒净化处理上常用的主要有臭氧、紫外线、次氯酸钠、物理过滤等方法。在大规模培养中，对藻种纯度的控制可通过微孔过滤和尼龙网隔离等手段，该技术能有效清除大型的食藻动物，但对于个体很小的或虫卵却难以去除。奎宁作为抗疟疾特效药可杀灭盐藻培养中的纤毛虫，然而在大规模培养中使用的成本太高。国内外报道的轮虫防治的方法有高毒性的金属Cu、Zn、Cd、Pb，有机磷类、氨基甲酸类农药，以及病毒与寄生真菌等方法，但这些方法都未考虑对微藻生长繁殖及产品质量的影响。同时它们专一性不强，可能在杀死原生动物的同时也严重制约了微藻生长。因此，敌害生物问题限制着产油微藻的产业化进程，目前国内外尚无有效地避免敌害生物入侵和成本低、针对性高且对藻类毒性低的治理技术。

3. 市场实用性瓶颈

微藻生物柴油的生产需要经过藻体分离采收、油脂提取和甲酯化转化等过程。这个工艺阶段需耗费很多能量，可占到总成本的50%。目前藻体分离收集仍然采用高速离心技术，所面临的成本瓶颈尚未有实质性技术突破，严重阻碍了微藻生物柴油的真正产品化。

德国汉堡《油世界》称，2015年全球生物柴油原料产量由前一年的2980万t下降至2910万t，生物柴油产量降幅为2.3%，而在此之前的10年中，全球生物柴油产量基本保持稳定增长状态，年均产量增幅为250万t。我国2015年生物柴油的进口量亦是大幅减少，据数据统计，2015年，国内经济大环境疲软弱势，原油长期处于低位震荡走势，国内成品油市场利空，生物柴油市场也难逃厄运。海关数据显示，2015年生物柴油进口量为2.28万t，环比2014年的86.4万t下滑84.12万t或跌97.3%，进口均价约为674.9美元/t。当时的生产厂家几无盈利，多数进入成本倒挂状态。高成本、高价格的植物生物柴油和微藻生物柴油的市场应用面临重大挑战。

3.2.11.3 建议

目前世界几乎所有的生物燃料都来自食用作物和油料作物，如玉米、甘蔗和棕榈等。微藻生物柴油直至当前与食物作物和油料作物生物柴油在市场竞争力方面仍尚无优势可言。但是食用作物和油料作物存在争粮争地的弊端，为此西班牙等国已设定食物来源的生物燃料使用量最高为7%，并逐步扩大非粮生物燃料比例，这对微藻生物柴油的生产和市场方面无疑是个利好的机会。

因此，建议领域技术同仁尽快突破高含油微藻藻种、高效培养技术、便捷采收技术、转化工艺和制备技术等方面的技术瓶颈，努力降低生产成本，奋发熟化和提升微藻柴油的产业化技术，加大、加快微藻生物柴油的市场竞争能力和产品入市步伐。

另外，微藻所含有的特种蛋白质、多种游离氨基酸、DHA等具有健脑益智、降血脂等保健功效的不饱和脂肪酸，还有一些微藻富集的特殊的有益的微量元素等，充分利用微藻生物质资源，利用除油后的藻渣提取微藻蛋白、氨基酸、DHA、微量元素和微藻天然色素、天然胡萝卜素等多种有益物质，综合开发研制功能食品、功能饲料、天然食品添加剂或医药中间体等多种衍生产品，延长和丰富微藻产品的产业链，可对微藻生物柴油主体产业链的生产成本控制和减压具有极大的助力。

综上，只要突破关键技术瓶颈、抓住市场机遇、策划好产业链综合开发，微藻生物柴油产业的未来前景还是相当令人看好的。

点评（点评人：陈集双）

微藻生物柴油是一个有潜力也有问题的领域，首先，利用微藻的高生产效率生产生物柴油具有科学性，微藻生产过程还能大量消除人类生产生活形成的有机污染。同时，规模化养殖微藻，能够充分利用盐碱地等资源。但是，现有技术条件下，产油微藻回收和油脂炼制成本过高等一系列问题尚未得到解决，成为产业发展的瓶颈。能源微藻与其他作物一样，大规模高密度养殖必然造成敌害生物集中危害的问题，生物防治措施和抗性育种是解决这一问题的前提条件；产油与其他高附加值产物联产以及微藻生物质全价利用，更是未来产业效率的保障。只有解决好这些问题，才能真正在产油微藻产业化方面取得实效。指望在近十年内，微藻生物柴油形成产业模式是不现实的，需要谨慎对待。但是，积极开展相关基础研究是有积极价值的。

3.2.12　种子贮藏蛋白质与种子进化①

种子萌发过程中能合成大量的贮存化合物如各种碳水化合物（尤其是淀粉）、贮藏蛋白质和脂类，这使得种子成为贮存营养物质的化学工厂。史前人类就以采集种子为食，新石器农业革命之后，人类开始对植物进行驯化和选择。现在作物的高产就是对植物长期驯化的结果，通过驯化增加了种子大小、穗粒数，减少了种子落粒，缩短了种子休眠期。植物育种技术已广泛应用于农业生产，但目前作物增产开始停滞不前，很难满足人口增长的需要。进一步提高作物产量需要依赖作物基因改良。据联合国粮农组织（FAO）2010 年的报告，目前全世界有 1750 座种质库，保存着各类农作物种质资源共计 740 多万份（含复份），其中种子约占 90%。世界上收集保存农作物种质资源最多的 3 个国家分别是美国（50 万份）、中国（40 万份）和俄罗斯（37 万份以上）。其中种子贮藏物质尤其是种子贮藏蛋白质（seed storage proteins，SSP）是被我们忽视但非常重要的一项生物资源。种子贮藏的蛋白质十分丰富，约占种子总蛋白含量的 60%，种子贮藏蛋白质丰度是未来综合利用种子资源的重要领域。本部分对不同类型种子发育和萌发过程中的贮藏蛋白质丰度研究进行了主旨阐述，同时介绍了蛋白质丰度研究中贮藏蛋白质的加工组装及其样品制备方法，这对于种子贮藏蛋白质资源利用及数据分析至关重要。

3.2.12.1　种子贮藏蛋白质的分类和命名

种子贮藏蛋白质根据其溶解性不同，分为溶于水的白蛋白、溶于稀盐水的球蛋白、溶于乙醇的醇溶蛋白、溶于稀碱或酸的谷蛋白。农业生产上最重要的贮藏蛋白质是白蛋白、球蛋白和醇溶蛋白。所有种子中都含有白蛋白，单子叶植物种子中含量最丰富的是醇溶蛋白和谷蛋白，双子叶植物种子中含量最丰富的是球蛋白。球蛋白根据其沉降系数不同，又可分为 7S 和 11S 球蛋白，还有文献报道了 3S、12S、2.2S 和 11.3S 蛋白。这种以沉降系数对贮藏蛋白质命名的方法简洁清楚。

此外，很多研究报道也根据拉丁名命名贮藏蛋白质。主要是谷类作物中的醇溶蛋白，比如来自玉米（*Zea mays*）的醇溶蛋白 zeins、来自大麦（*Hordeum vulgare*）的醇溶蛋白 hordeins 和来自黑麦（*Secale cereale*）的醇溶蛋白 secalins。但也有例外，比如来自小麦（*Triticum aestivum*）的麦醇溶蛋白 gliadins 就不是根据拉丁名命名的。此外，7S 球蛋白又叫 vicilins，11S 球蛋白又叫豆球蛋白 legumins。而野豌豆族（Vicieae）植物的球蛋白称为 convicilins，仙人掌族植物（*Cereus jamacaru*）2S 白蛋白称为 cactin。

① 该部分作者为周峰。

3.2.12.2 种子贮藏蛋白质的加工组装

贮藏蛋白质 SSP 是在糙面内质网合成前体，然后在信号肽作用下转运至内质网囊腔侧，随后信号肽被肽酶水解掉，接着 SSP 转运至蛋白质贮藏型液泡（protein storage vacuole，PSV）。贮藏蛋白质有两种方式转运至 PSV：一种方式为 PSV-醇溶蛋白途径，即不经过分泌途径直接由糙面内质网形成囊泡；另外一种方式为非醇溶蛋白途径，需经过分泌途径，通过高尔基体后运至 PSV。

2S、7S 和 11S 贮藏蛋白质的合成就是先形成大的蛋白前体，然后在糙面内质网中进行加工组装。典型的贮藏蛋白质前体序列包括 N-端信号肽、PSV 定位序列以及至少 2 个连接/蛋白酶切割位点。转运至内质网过程中，贮藏蛋白质会发生 N-端糖基化，糖基化的前体序列会在蛋白水解加工过程中水解掉或最终保留在完全加工好的贮藏蛋白质中。在分泌途径运输过程中，贮藏蛋白质还会继续加工组装直至到达 PSV。蛋白水解加工完成之后，多肽会形成至少 1 个稳定的二硫键，最终贮藏蛋白质可形成稳定的 αβ 异二聚体或 $\alpha_3\beta_3$ 异六聚体结构。目前，科学家通过基因组学和串联质谱（tandem mass spectrometry，MS/MS）技术，已对贮藏蛋白质开展了大量验证性实验。了解贮藏蛋白质的加工组装过程有利于解释 MS 获得的数据结果，尤其是对于以电泳技术为基础的蛋白质组学研究。因为如果不了解贮藏蛋白质的水解加工过程，很难对其翻译初级产物的分子量和等电点位置做出分析。

3.2.12.3 种子发育过程贮藏蛋白质丰度研究

种子的某些特性使得种子发育过程的蛋白质组学研究易于开展。首先，所有的细胞分裂都是在受精后几天内就完成，这是胚发育和种子发育的分界线。接下来的细胞特化过程可在没有细胞分裂的情况下进行。其次，种子发育过程中几乎所有的代谢活动都是用于合成聚合物如油脂、多糖和蛋白质。这些聚合物可为后续代谢活动提供生物中间体直到幼苗能够自养。种子的解剖结构相对简单，只有胚、贮藏组织和保护层。

1. 胚乳发育过程贮藏蛋白质丰度研究

胚乳是特殊的细胞组织，能形成大量贮藏聚合物。不同植物中胚乳含量变化很大，在水稻、玉米、小麦及一些双子叶植物如蓖麻和巴西坚果（*Bertholletia excelsa*）中，胚乳是种子的主要组成部分，但在拟南芥（*Arabidopsis thaliana*）中，胚乳含量非常低。胚乳对整个胚的发育起至关重要的作用。小麦、大麦、玉米和水稻等作物的胚乳中，贮藏蛋白质的分布情况相似。通过 2-DE 结合基质辅助激光解析电离飞行时间质谱（matrix-assisted laser desorption/ionization time of flight mass spectrometry，MALDI-TOF）测得肽质量指纹图谱（peptide mass fingerprinting，PMF）或通过液相色谱串联质谱法（liquid chromatography tandem mass spectrometry，LC-MS/MS）鉴定了胚乳中的 1496 个蛋白。根据功能将这些蛋白分为 10 类：基础代谢相关蛋白占 34%，细胞结构相关蛋白占 12%，胁迫响应相关蛋白占 5%，核酸代谢相关蛋白、蛋白质合成相关蛋白、蛋白质定向运输相关蛋白、激素和信号转导相关蛋白、膜转运相关蛋白各占 2%，蛋白质折叠相关蛋白占 5%，未知功能蛋白占 29%。通过对小麦和水稻的胚乳、胚蛋白质组学研究发现，两者含量最丰富的均为基础代谢相关蛋白。蛋白质折叠相关蛋白在胚乳中含量相对较高，胁迫响应蛋白和激素信号转导蛋白在胚中含量相对较高。胚中信号转导蛋白含量较高可能与胚调控胚乳代谢有关。蓖麻种子胚乳中油脂含量较高，通过蛋白组学研究其 522 个贮藏蛋白质，发现含量较高的蛋白质主要包括基础代谢、蛋白质折叠、胁迫响应和细胞结构相关蛋白。

2. 胚发育过程贮藏蛋白质丰度研究

胚占主要组成部分的种子分为两类：一类种子富含淀粉和贮藏蛋白质，如豌豆（*Pisum sativum*）和兵豆（*Lens culinaris*）等；另一类富含油脂和贮藏蛋白质，如大豆、欧洲油菜（*Brassica napus*）、蒺藜苜蓿（*Medicago truncatula*）和百脉根（*Lotus japonicus*）等。目前，通过 2-DE 结合 MALDI-TOF、2-DE 结合 LC-MS/MS 和 SDS-PAGE 电泳结合 LC-MS 对大豆、蒺藜苜蓿和百脉根植物的 1723 个蛋白进行鉴定，去除 316 个蛋白后在剩余的 1407 个蛋白中发现，基础代谢相关蛋白占 49%，细胞结构相关蛋白占 19%，核酸代谢相关蛋白占 2%，蛋白质折叠相关蛋白占 5%，蛋白质定向运输蛋白、激素信号转导蛋白、胁迫响应蛋白各占 3%，膜转运蛋白占 4%，未知功能蛋白占 10%。在拟南芥和甘蓝型油菜（*Brassica napus*）中的研究结果基本一致，在鉴定的 1049 个蛋白中，基础代谢相关蛋白含量最多，占 36%，其次是细胞结构相关蛋白占 19%，未知功能蛋白占 17%。与上述富含油脂和贮藏蛋白质型种子不同，对富含淀粉和贮藏蛋白质型种子主要是在豌豆和兵豆中进行研究，通过 MALDI-TOF PMF 和 LC-MS/MS 技术鉴定出 122 个贮藏蛋白质，去除一部分后在剩余的 25 个蛋白中研究发现，基础代谢相关蛋白为 6 个、细胞结构蛋白和蛋白质定向运输蛋白各 4 个、胁迫响应蛋白和核酸代谢蛋白各 3 个。采取 MALDI-TOF PMF 对豌豆成熟种子 156 个蛋白进行鉴定，去除一部分后在剩余的 39 个蛋白中，基础代谢相关蛋白占 16 个、功能未知蛋白占 8 个、细胞结构蛋白占 7 个、蛋白质折叠蛋白占 4 个。

3.2.12.4 种子萌发过程蛋白质丰度研究

发育成熟的种子在充足的水分、适宜温度和足够的氧气条件下开始萌发，种子的胚根延伸突破种皮，向下生长形成主根；胚轴细胞也相应生长和伸长，把胚芽或胚芽连同子叶一起推出土面，直至形成能够自养的幼苗。种子萌发涉及许多细胞代谢和调控过程。从萌发到幼苗能够自养之间的这个阶段称为后萌发生长（postgerminative growth）阶段，在此阶段种子会分解贮藏的聚合物多糖、油脂和蛋白质为代谢活动提供生物中间体。通常情况下，分解聚合物的酶就是在这个阶段合成的。因此，SSP 蛋白酶、脂肪酶、乙醛酸循环酶、淀粉降解酶常被作为后萌发生长阶段研究的标记物。

1. 胚乳型种子萌发过程的蛋白质丰度研究

通过 2-DE 结合 MALDI-TOF 对蓖麻种子萌发阶段的近 400 个蛋白进行鉴定分析，结果与蓖麻胚乳发育阶段的结果相似。同样的，萌发阶段质体和线粒体的蛋白组学研究结果与胚乳发育阶段也基本一致。但通过 2-DE、MALDI-TOF PMF 和 LC-MS/MS 对糙面内质网的研究发现，与胚乳发育阶段相比，种子萌发过程中有 100 多个蛋白异常丰富，其中多为蛋白质折叠相关蛋白和蛋白质定位相关蛋白。通过 2-DE 和 MALDI-TOF PMF 对大麦种子萌发阶段近 200 个蛋白的研究发现，主要包括基础代谢相关蛋白、蛋白质折叠相关蛋白、细胞结构蛋白和胁迫响应蛋白。种子萌发 3d 后，大麦种子 α-和 β-淀粉酶含量上升，淀粉开始水解。水稻种子萌发过程中蛋白质丰度也发生变化，基础代谢相关蛋白含量上升，其中一部分可能参与淀粉的水解。此外，萌发阶段辅酶Ⅰ、辅酶Ⅱ、硫氧还蛋白、抗坏血酸、谷胱甘肽等会被激活，这些物质的激活会减少蛋白质中的二硫键，增加蛋白质的溶解性和水解速度，进行碳氮动员。

2. 子叶型种子萌发过程蛋白质丰度研究

目前，所有对种子萌发过程蛋白质组学的研究实际都是从后萌发阶段开始的。通过 2-DE 结合 LC-MS/MS 对子叶型种子萌发的研究发现，贮藏蛋白质的组成与成熟种子基本一致，只是贮藏蛋白质含量降低，而贮藏蛋白质降解生成的中间体会积累增高。对一种子叶型种子植物（*Lepidium sativum*）的胚乳帽的研究发现，胚乳帽与剩下的胚乳组织在蛋白质的组成和含量上均不同。对胚乳帽 140 个蛋白进行了鉴定研究，发现含量最丰富的是基础代谢相关蛋白，然后是胁迫响应蛋白和蛋白质折叠相关蛋白，但没有发现响应胚根突起的修饰蛋白。

3.2.12.5　种子贮藏蛋白质的应用

1. 种子贮藏蛋白质可用于物种鉴定与植物分类

种子蛋白质的 SDS-PAGE 分析可对表型特殊的类型进行鉴定和分类，特别是鉴定不同表现型之间的杂交种，对蛋白质的化学分析（SDS-PAGE 等）和同工酶分析有可能提供比 RAPD 分析更准确的分类。例如，大豆（*Glycine max* (L.) Merr.）种子中的贮藏蛋白质很容易用 SDS-PAGE 进行分离和分析，可作为基因型的标记，在植物分类和物种鉴定上应用很广泛。此外，通过分析子代所表达的种子贮藏蛋白质还可预测杂种优势，如分析同工酶和同种异型酶可预测粮食作物的杂种优势。

2. 种子贮藏蛋白质可用于系统生物学研究和系统演化

种子发育程序包括细胞命运特异化、细胞分化、胚细胞核变性以及程序性细胞死亡（PCD）。这些发育程序最终形成胚乳和胚两种组织。胚乳作为为胚生长提供营养物质的组织，在种子发育过程中起重要作用。在系统生物学研究中，胚乳因其结构特殊、部位重要而成为优良的研究模式系统。双子叶和单子叶植物中三倍体胚乳形成过程非常相似。受精后，胚乳核不断进行分裂，形成没有细胞壁的胚乳多核细胞。接着形成径向维管，肼胝质沉积，胚乳腔呈蜂窝状。这些发育过程在双子叶和单子叶植物中基本一致。胚乳细胞化之后，两者种子发育的主要区别在于胚乳和胚的体积比。拟南芥的胚乳主要作为营养组织，在胚发育过程中被消耗掉，主要营养物质脂和蛋白质主要贮存在子叶中。禾谷类中，细胞化后胚乳仍然存在并贮存了大量淀粉和蛋白质，最终会发生 PCD。关于单子叶植物胚乳为什么一直存在和双子叶植物胚乳在种子发育早期被消耗的分子调控机制尚不清楚。双子叶植物中的种皮和禾谷类中的果皮作为母体的主要组织，在种子发育早期胚乳和胚的形成中起重要作用。种皮可能是一个重要原因，种子发育早期种皮和胚乳存在相互作用。

3. 种子贮藏蛋白质可用于分子育种

利用种子贮藏蛋白质开展分子育种有两种方法：一种是蛋白质工程方法，即调节种子蛋白质的编码基因；另一种是转基因方法，即从外源物种转入编码基因。利用种子贮藏蛋白质开展分子育种已成功应用于粮食作物中，并取得了良好的效果。例如在大豆中，很早就发现种子贮藏蛋白质具有良好性状，并可用来培育新品种，提高种子蛋白质的产量。对植物凝聚素的基因进行定点突变，在转基因烟草种子的液泡中也获得了目标植物凝聚素。

4. 种子贮藏蛋白质可用于生物医药工程

由于种子具有较长的贮藏时间，用种子作为生物反应器生产具有药用价值的蛋白质和多肽很有潜力。用种子贮藏蛋白质表达药用蛋白质，首先必须找到一种合适的启动子。目前，用双子叶植物的豆球蛋白和 β-菜豆蛋白基因的启动子在烟草种子中成功表达了工程抗体和玉米醇溶蛋白；在转基因烟草种子中成功表达了免疫球蛋白；另外，用玉米中泛基因（ubiquitin gene）的启动子在玉米胚中也成功表达了高含量的抗生素蛋白和 β-葡萄糖苷酸酶（β-glucoronidase）。

3.2.12.6　种子资源利用中应考虑到生物进化问题

种子的出现，是植物发展和进化过程中的一个巨大飞跃。它的进化演变是植物生活史明显改变的一个过程，对植物的繁衍和传播具有重要意义，能保证种子植物广泛分布和长期生存。下面主要从与种子资源利用密切相关的种子植物、胚乳组织、种子结构和种子大小等方面概述种子的进化和演变。这对于明确种子进化、结构和萌发分子机制、物种鉴定与植物分类、种子系统生物学研究等生命系统组成的基本原则具有重要意义，同时可应用于种子的分子改良，并将种子作为转基因产物生产的优良平台用于分子育种和生物医药工程。

1. 种子植物的进化

种子是维管植物进行有性生殖最成功和最复杂的习性。种子植物（Spermatophyta）分为两类，一类是裸子植物（Acrogymnospermae），现存约 800 种；另一类是被子植物（Angiospermae），现存约 25 万种。现存的种子植物主要包括 5 个进化分支：被子植物和 4 个裸子植物进化分支，即针叶树（conifers）、苏铁植物（cycads）、银杏树（ginkgos）和买麻藤目植物（Gnetales）。经典的“有花植物假说”认为被子植物和买麻藤目植物进化关系密切，共同形成一个进化支，但现在已被否定。所有的分子生物学和形态学证据表明，被子植物是一个单独的进化分支。通过分子系统发育学研究发现，现存的裸子植物类群是单系群，买麻藤目植物与针叶树进化相关，没有发现现存的裸子植物群与被子植物进化上直接相关。对化石群的研究发现，"有花植物分支"包括已灭绝的裸子植物群如舌羊齿（*Glossopteris*）、五柱木（*Pentoxylon*）、本内苏铁目（Bennettitales）和开通果属（*Caytonia*），它们是被子植物进化关系上的姐妹。而现存的裸子植物群均是单系群，在进化上与被子植物关系相距较远。这说明，被子植物和现存裸子植物从共同的祖先种子蕨植物类群分化出来的时间比以前认为的要早。

2. 胚乳组织的进化

关于胚乳的起源，有两个重要假说。一个是由 Sargant 于 1900 年提出的，古老种子或种子类似结构，中央细胞是卵细胞旁边额外的配子细胞。在开花植物的祖先中，会产生两个胚，其中一个进化成现代植物中具有营养功能的胚乳组织。这个假说基于三叉麻黄（*Ephedra trifurca*）和买麻藤植物种子生长过程中，发现存在多个发育的胚。基部被子植物（basal angiosperms）是原始被子植物的第一个开花植物分支。许多基部被子植物系统发育中能形成二倍体胚乳也证实了此假说。此外，最原始的被子植物互叶梅（*Amborella trichopoda*）还含有三倍体胚乳。第二个假说认为，胚乳起源于同源配子体的一部分，后来发生有性生殖，第二次受精事件中，中央细胞核与一个额外的精子细胞核融合形成，这为发育的胚提供某些优势。胚乳可能起源于雌配子体的突变体，这就决定了这些细胞最终在非生殖方面起作用。这可解释某些植物的孤雌生殖，同样也证实了将雄性基因组添加到雌性中央细胞中，可产生杂种优势。两个假说各有优势，但关于胚乳的准确起源尚未研究清楚。无论是哪种起源，现在植物中的胚乳组织不仅作为种子发育过程胚的营养组织，而且在种子生长和发育中扮演综合作用，包括种子组成和种子亲本之间的信号相互作用。合点室和珠孔室不同的发育命运，是基部被子植物类群胚乳发育中的一个普遍现象，是所有被子植物胚乳发育的共同特征。最后珠孔室形成胚乳细胞，合点室往往保持游离核状态。

在进化演替中，有胚乳种子是比较原始的，子叶不明显，无胚乳种子则已经演化出完善的子叶，所以胚乳逐渐退化。所以，较原始的植物种子常常有较小的胚和较大的胚乳，较进化的植物种子有较大的胚，胚乳则退化或较小。种子萌发过程中，珠孔胚乳的弱化，使得胚根能突出周围组织。胚乳弱化最早是在海盘车（asterid）单子叶植物中发现的，该物种有的具有较厚的胚乳层，有的具有较薄的胚乳层。最近的研究工作表明，胚乳弱化也发生在蔷薇类（rosid）植物。此外，十字花科植物独行菜（*Lepidium sativum*）和拟南芥（*Arabidopsis thaliana*）也有薄的胚乳层，而且独行菜在种子萌发过程的珠孔胚乳弱化已被生物力学研究量化。研究学者提出，胚乳弱化的分子机制是广泛存在的，而且在胚乳进化中保留了此性状。

3. 种子结构的进化

种子的起源和进化大约发生在 3 亿 7000 万年前的晚泥盆纪。从前裸子植物到种子植物的转变经历了 3 个主要的进化趋势：从同型孢子到异型孢子的演变，珠被的进化，接受花粉结构的进化。古羊齿（*Archaeopteris*）是一种已经灭绝的裸子植物，是第一个已知的现代树种。尽管它产生孢子而不产生种子，但它产生的是一种比较先进的孢子系统，即异型孢子。异型孢子在不同的进化支中独立进化，被认为是种子的前体。种子蕨并系群化石中有很多种子类似结构，最早具有胚珠前体结构的化石来自泥盆纪中期，最早的种子蕨植物会在不育结构杯状珠座上产生胚珠前体或胚珠。早期的胚珠，珠心是由裂片组成的珠被组织包围。但目前为止，并没有在泥盆纪的种子蕨化石中发现胚。髓木类（medullosan）种子蕨化石中种子的大小从几毫米到几厘米不等，有些化石中胚的结构被保存下来，在这些种子蕨植物中，珠座被三层的外种皮所替代。胚珠通常是圆形，一端的珠被会向外形成珠孔，引导花粉进入雌配子体。

在侏罗纪的施迈斯内果（*Schmeissneria*）和早白垩纪的买麻藤、苏铁植物化石中，植物的种子长度在 0.5～1.8mm 之间。珠心被明显不同的两层包围着，里面一层是薄的膜状珠被，由薄壁细胞组成；种子外表面则有一层坚韧的厚壁组织。外面这层除了珠孔外能完全包裹起珠被。珠被会扩展到顶部形成一个窄长的珠孔管，买麻藤植物和已灭绝的苏铁植物具有额外的种子外表面膜和窄长的珠孔管。种子形成过程中，裸子植物种子缺少果皮，而被子植物种子有果皮包裹，形成了良好的保护结构，能更好地适应外界不良环境。

4. 种子大小的进化

种子大小即种子质量，是植物生态学和进化生物学中的一个重要参数。种子大小受到稳定选择是种子大小和数目之间进化上权衡的结果。在被子植物快速多样化的阶段（6500 万年到 8500 万年前），被子植物从热带地区迁移出来，种子也从小种子进化成更大的种子，到现在被子植物种子大小跨越 11 个数量级，即使同一群落类型中，种子大小变异也达 3～5 个数量级。裸子植物种子大小变化差别小，但平均比被子植物种子大。亲代的基因型和甲基化会影响种子的最终大小，胚乳量的变化也会影响种子的最终大小。研究发现，种子质量大小的变化与基因组大小的变化更密切相关，而不是与形态或生理生态变化更相关，而植物基因组大小的变化超过 4 个数量级，但基因组进化的功能至今尚不清楚。有较大基因组的种子也较大，含有较大的细胞，但较大的基因组会中断信号转导途径，因为它能破坏转录因子结合，使细胞分裂变慢，但有较大基因组的细胞会延长发育时间，补偿较慢的分裂速度，最终导致细胞持续增殖，种子细胞扩大。此外，人类对植物的长期驯化，增加了种子大小、穗粒数，减少了种子落粒，缩短了种子休眠期，这也影响到种子的进化。这些研究为种质的分子改良，并将种子作为转基因产物生产的优良平台生产优质种子贮藏蛋白质奠定了基础。

未来将通过代谢调控网络和通量分析等系统生物学方法，跨物种进行种子的生物学进化研究，这些研究对于明确种子进化、结构和萌发分子机制等生命系统组成的基本原则具有重要意义，同时可应用于种质的分子改良，并将种子作为转基因产物生产的优良平台。此外，贮藏蛋白质组学的化学计量研究、利用生物质谱的组织成像技术研究细胞和亚细胞水平上的种子贮藏蛋白质的相互作用，以及通过各种组学研究种子代谢调控网络以期发现决定种子表型的关键调控因子等，最终为分子育种和贮藏蛋白质的应用提供理论依据。

点评 1（点评人：陈集双）

种子或者说繁殖体，是一个非常有价值的生物资源概念，可以说，没有种子就不是可再生资源。但是随着生物技术产业应用的深入，种子的内涵和应用都有了极大的改变。首先，植物组织培养技术、原生质体、体细胞胚甚至毛状根等诸多技术的发展，使得原本没有传统意义上种子的植物（或其他生物）具备了类似种子的繁殖体或繁殖方式，最典型的就是“人工种子”。“人工种子”的种子化利用过程中，种子贮藏蛋白质等要素就是有价值的科学和技术要素。同时，传统意义上的种子，其目的就是繁殖后代，就是可再生，但是随着人类社会的进步和需求的扩展，种子以食品、油料、工业原料的方式进入工业化流程，在这个意义上种子成了原材料。其次，在实现工业化利用时，包衣剂和干燥技术的应用又使得生物学意义上的种子（微生物和藻类的繁殖体）与传统农作物种子具备更加相近的性状。再次，随着人类主导生物学过程的能力的提高，有些传统意义上的种子又失去了传宗接代的稳定功能，从而更多地为人类服务，最典型的如杂交种子。

点评 2（点评人：蒋继宏）

种子是植物繁衍和进化的重要载体，种子的贮藏蛋白质也非常重要，贮藏的蛋白质本身就是资源，因此如何研究和挖掘贮藏蛋白质资源尤为重要。

3.2.13　生物质废弃物转化为生物质能和高附加值化学品①

全球每年产生超过 1000 亿 t 的生物质废弃物，例如林业残料、农业废弃物、水果加工等食品流通消费产生的各种各样的废弃物。过去，这些生物质废弃物常常被认为是一种低价值的材料，对其利用方式比较简单，利用率低。然而，现如今越来越多的人已经意识到了生物质废弃物作为一种可以生产高附加值化工产品的资源的价值。利用生物质废弃物来获取所需的化学品可以实现“不与农争地”“不与民争粮”的可持续发展，与化石资源相比，生物质废弃物中的含氧量更高，具有更加复杂的结构和更加丰富的官能团，这恰恰表明了将生物质废弃物作为化学品生产原料的可行性和优势。与其他形式的可再生能源或清洁能源相比，生物质资源也具有其独特的优势，风能、太阳能、潮汐能、核能等虽然也是很有发展前景的可再生能源，然而却常常受到交通、地域、气候等方面的限制，无法在某些地区使用。生物质废弃物，既方便运输，又不受地域限制，其蕴藏量巨大且分布范围广，是一种非常有潜力广泛使用的可再生能源。

同时，随着工业发展和全球人口的持续增长，人类对于能源的需求在不断刷新着历史数据。特别是在过去的两个世纪，以煤、石油、天然气等为代表的化石能源的大量消耗造成温室气体排放量剧增，更引发了一系列的环境污染问题。为了避免化石能源过度消耗而带来的灾难，世界各国都在进行可再生能源利用技术的探索和利用，人类已经来到了由主要依赖化石能源的传统方式向主要利用可再生能源的转型十字路口。未来几十年，我们将

① 该部分作者为赵峻。

共同见证人类能源利用方式的重大变革。在这一进程中，生物质资源的开发和利用将扮演重要角色。

3.2.13.1　生物质废弃物转化利用技术

图3-24所示为生物质废弃物资源化转化利用的路线图。生物质废弃物利用技术可以分为两大类，即化学法和生物法（生化法）。化学法包括热解、气化、液化、催化转化等，生物法主要包括厌氧消化和发酵。此外，为提高生物质转化利用效率，通常还需要对生物质废弃物进行一定的预处理。

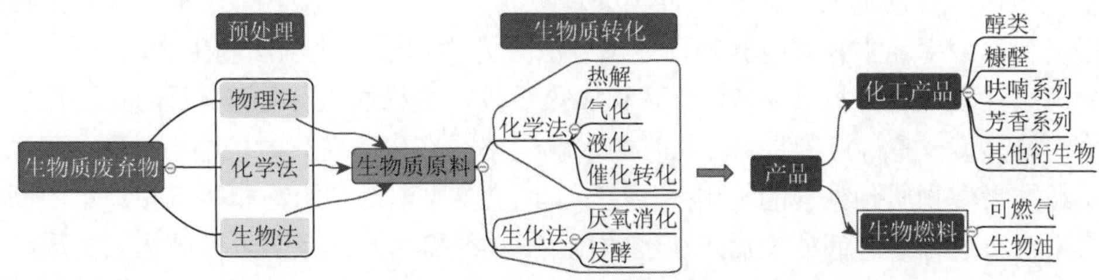

图3-24　生物质废弃物资源化转化利用路线图

1. 通过化学法将生物质废弃物转化为高价值化学品

热解和气化是有机固体废弃物资源化利用的常用技术，二者既有相同之处又有不同之处，相同是都需要在较高的温度下进行，不同之处是目标不同。热解是气化和燃烧的组成部分，生物质废弃物的热解通常是指在惰性气体中或者氧气含量有限的环境中因高温（500℃或以上）而发生的降解反应，产物包括固体残留物（生物炭）、液体产物（生物油）和气体产物。提高热解温度可以加速热解过程的发生，产物组成通常也会有变化。生物质废弃物的气化是以产生可燃气如甲烷、氢气、一氧化碳等为目标的，通常需要比热解更高的温度。生物质废弃物的气化除了在气体环境中进行外，还可以在液体环境中进行，例如，纤维素、木质素等可以在水或者超临界水中进行气化。液体中的气化过程同样需要高温，还需要一定的压力，液体分子的作用会改变气体产物的组成。类似地，在液体中，如果处理温度达不到气化的要求，生物质废弃物会发生液化，分解为生物油，这些生物油可以作为燃料，也可以作为其合成其他化学品的原料。近年来，生物质废弃物的催化转化技术也得到了飞速发展。大分子的生物质废弃物在催化剂的作用下逐步分解为分子量较低的碳水化合物如糖类等，进而转化为平台化合物或中间体，最终变成高价值化学品。每一步转化过程都涉及不同的化学反应类型，需要设计和采用不同类型的催化剂来尽可能提高目标产物的收率。生物质废弃物催化转化过程中存在的另一个问题是每一步反应产物的分离和纯化，这个过程通常需要消耗大量的溶剂和能量，因此，不需要分离纯化就能够原位进行下一步转化的操作是当前生物质催化转化的研究热点之一。

2. 通过生化法将生物质转化为高价值化学品

生化法通常是将生物质废弃物先转化为各种糖，然后在生物酶的作用下进一步得到各种气体、液体或其他可溶性有机产品。厌氧消化是目前生化法处理生物质废弃物的主要手段。生物质废弃物在厌氧的条件和微生物的作用下进行生化降解，产生甲烷、二氧化碳等气体和其他有机酸。发酵可以大量地将由生物质废弃物分解出的糖等转化为各类醇、酸或碳氢化合物。相比化学法，生化法的过程通常更加耗时，然而其优势在于不需要化学法的高温高压，整个过程更加低碳节能。

3. 生物质废弃物的预处理

生物质废弃物结构多种多样，而且在常规溶剂中难以溶解，因此，生物质废弃物在进行资源化转化步骤前通常还需要经过预处理，转化为分子量较小的较易分解的生物质原料，提高利用效率。生物质废弃物预处理方法分为物理法、化学法和生物法三种。

物理法主要是通过机械粉碎、研磨和加热手段对生物质进行处理，目的是降低生物质的粒度和结晶度，提高其在催化转化时的水解速率或在生化转化时的酶解效率。蒸汽爆破是木质纤维素生物质预处理的常用手段之一，其主要原理是利用饱和蒸汽在一定的高温高压下对生物质进行短时间处理后迅速释放压力，这种爆炸性的减压可以破坏生物质纤维结构，便于资源化利用。此外，微波技术和超声技术也可以辅助生物质废弃物的预处理，促使纤维素分子间作用力发生变化，利于水解。

化学法预处理主要包括酸预处理和碱预处理。不同浓度的硫酸、盐酸、磷酸、硝酸等常被用来对生物质废弃物进行预处理。在酸的作用下，纤维素、半纤维素等可以发生部分水解，单体糖和可溶性低聚物将会进入溶液中，原料比表面积增大，利于酶水解或者催化转化，酸的浓度、种类和处理温度都会影响预处理效果。除了无机酸外，马来酸、醋酸等有机酸也可以用来对生物质废弃物进行预处理。碱处理中常常使用氢氧化钠、氢氧化钾、氢氧化钙或氨水等化学品。碱预处理能够破坏木质素结构，降低纤维素的结晶度，提高纤维素的酶解效率。相比于酸处理，碱处理造成的糖类降解较少，在酸性条件下，糖类会分解或聚合形成更小分子的有机酸或胡敏素。除了酸碱处理外，臭氧、双氧水等也可以被用来进行生物质废弃物的预处理，提高可及性处理过程中，木质素发生氧化降解形成多种产物，纤维素和半纤维素保留下来，这样的预处理方法称为氧化法。

生物法是生物质废弃物最高效的预处理方法之一。该方法利用微生物或者酶来对木质素和半纤维素进行初步降解，处理条件温和，能耗低，但是处理时间相对较长。利用的微生物主要是自然界中的真菌，如白腐真菌、褐腐真菌和软腐真菌等，细菌和放线菌也可以处理生物质，但效率大多不如真菌。不同真菌对于各类生物质降解效率也不尽相同，白腐真菌和软腐真菌善于降解木质素，褐腐真菌更擅长降解纤维素、半纤维素。但是这样的处理效率还不够快，依然是其工业化的障碍。

3.2.13.2 利用生物质废弃物可生产的高价值化学品

生物质废弃物可以用来生产各种生物燃料，例如甲醇、乙醇、丁醇、生物油等液态生物燃料，一氧化碳、氢气、低分子量烷烃等可燃气体，这些生物燃料目前已经在部分取代传统的柴油、汽油，尤其是在交通领域。通常由生物质生产的生物燃料含有较低的氮、硫，是高品质的清洁燃料。在化工合成领域，目前主要的化学品都是以石油、天然气等化石资源为原料生产的，利用生物质废弃物转化为平台化合物进而再制备出各类有机化学品将有效地缓解有机化学合成产业对于传统资源的依赖。在生物质废弃物转化利用的技术路线图中，从纤维素、木质素等原料经过水解、脱水、氧化还原等反应得到含 2～6 个碳原子的碳氢氧化合物是最有前景的转化利用技术路线之一。这条技术路线上的产品如糠醛、糖醇，及其衍生出的呋喃系列化合物、乙酰丙酸、琥珀酸、2, 5-呋喃二羧酸等都是非常有应用潜力的化学品。例如 2, 5-呋喃二羧酸可以作为对苯二甲酸这一工业消耗品的替代物，用作可降解塑料的原料，1, 3-丁二烯则可以被用来生产轻型橡胶轮胎。这些从生物质转化生产得到的化学品及其衍生物通常会是制造各种环境友好型材料的良好原料。

3.2.13.3　总结和展望

目前，大多数的生物质废弃物利用技术还处于实验室或者技术开发的阶段，虽然有很多研究成果，但大多缺乏工程技术积累。生物质废弃物资源的利用是一整个技术链，这个技术链不仅仅包括从生物质废弃物到高附加值化学品的各个反应或者转化步骤，而且包括前端原材料的收集、运输的方案优化和规模化过程中技术方案的调整和改进。鉴于不同生物质材料的本身特性和不同利用技术的优势，生物质废弃物资源化利用在未来倾向于发展为多元化的综合利用技术，在其工程化或者工业化的初始阶段，还需要有一系列的政策和资金的支持，以及在商业模式上的突破，才能真正走向大规模应用，替代部分或大部分化石燃料，实现可持续发展。

点评（点评人：陈集双）

目前，生物质资源主要有三种利用方式：一是拆分利用；二是生物合成转化；三是直接利用。进入工业化社会之后，人类对生物质的炼制利用尝到了甜头，无论是生物基化学品，还是生物质能，都是理想的拆分炼制路线。生物质资源成就了生物化工产业，也弥补了化学化工的诸多缺陷。但是，生物质的工业化炼制往往需要比较纯和相对高质量的生物质，或者说，纯度越高和质量越好的生物质，越容易取得拆分利用的效果。生物合成转化，也就是从现有生物质生出更多新的生物质。其中，最典型的往往是农业方式，如生物基质培育农产品、秸秆喂养反刍动物、木屑培育食用菌等。现代生物资源产业中，生物质能够扮演更多角色，让生物制造和生物质生产更加高效、更加环保。在一定意义上，生物质的生物转化，无论是通过微生物还是动物，或是生物反应器都更适合生物资源科学理想。生物质的生物转化对生物质的品质要求相对不高，也不要求是非常纯的生物质，生物合成转化往往还能消耗 CO_2 或其他生物废弃物。生物废弃物和低品生物质不大适合直接利用，但却是人类社会面临的最现实问题之一。通过微生物转化，利用资源昆虫或微藻等生物资源，并形成产业模式，也是循环经济倡导的方式。

3.2.14 农林秸秆综合利用现状及其与社会发展的关系[①]

我国的秸秆储量巨大，每年何止 2 亿 t 的秸秆未得到有效利用，是不是被焚烧了呢？在数字化时代的今天，秸秆焚烧引发的雾霾问题经常会在舆论的风口浪尖上，秸秆引发的雾霾问题到底有多大？这些问题都值得引发我们深思。不仅广大政府官员、农业科技工作者、农民需要高度关注，社会大众都需要对其有基本认识。本节以辩证的生态文明的自然观角度，解读秸秆利用与经济利益的关系、秸秆利用与和谐社会的关系、秸秆利用和政府决策的关系，浅谈秸秆的综合利用出路。

3.2.14.1 我国秸秆利用现状与发展制约

从 1999 年国家首次颁布《秸秆禁烧和综合利用管理办法》到出台《关于加快推进农作物秸秆综合利用的意见》（2008 年）、《“十二五”农作物秸秆综合利用实施方案》（2011 年）、《关于编制“十三五”秸秆综合利用实施方案的指导意见》（2016 年）以来，各农业大省纷纷编制秸秆综合利用指导方案，秸秆的综合利用“百花齐放”，包括秸秆肥料化利用（秸秆还田）、秸秆饲料化、秸秆基料化、秸秆燃料化、秸秆原料化等，但是我国的秸秆利用现状仍表现出经济效益差、产业示范无法推广的现象。

1. 秸秆还田

农作物秸秆主要以水稻、小麦、玉米等粮食作物为主，这些秸秆的主要成分为纤维素、木质素等有机质，其中的氮、碳元素含量可观，秸秆还田可以有效固氮和固碳，对于保持土壤肥力和改善土壤结构具有良好的作用。因此，秸秆还田可以说是农作物秸秆利用最基础也是最主要的利用方式，秸秆还田的占比应达到 50%以上，各省市在推进秸秆利用上对秸秆还田的支持比重也很大，主要包括秸秆还田对农户的补贴以及秸秆还田农机补贴。

但是，秸秆还田面临如下问题：①我国的很多土地对还田的受度有限，虽然秸秆还田是最直接的利用方式，但是也不宜过度还田。目前，随着生物技术的发展，粮食的亩产逐年提高，大量的秸秆不是还田能解决的。②秸秆大量还田容易改变土壤中的微生物系统，不利于土壤微生态环境稳定，尤其是秸秆过度堆肥引起的微生物的变化。③不是所有的秸秆可以进行直接还田，许多秸秆需要经过 2 次甚至 3 次以上的粉碎才能有效的作为肥料进行还田，这无疑增加劳动力成本，而目前的还田补贴往往只有 1 次。④政府目前也对秸秆还田的机械化进行重点扶持，但是秸秆的收储本身受到季节的影响，大部分时间农民都外出打工，还田机械的年利用率很低，政府若补贴得少，很多农民往往不会采纳；政府若盲目添置秸秆还田机械，会导致财政经费严重流失。⑤另外，秸秆还田还受到生态环境的影响，尤其是今天以绿色食品为导向的时代，对农作物的生长环境尤其关注。可是，工业发

① 该部分作者为金磊磊。

展告诉我们，目前很多农村用地都已经被不同程度地破坏，如重金属污染等。农作物本身吸收这些污染元素，一旦还田，同样会带回到土壤中，污染物会积累，起到负作用。

2. 秸秆饲料化、基料化

秸秆饲料化、基料化是秸秆商品化的最早尝试，两者的基本利用原理是相同的，都是以秸秆为基本原料，通过粉碎、添加其他物质复配、微生物发酵等制备适宜饲喂动物的饲料，或者成为真菌发酵床的基料，进行食用菌等的栽培。但是，目前秸秆饲料化、基料化的推广应用案例很少，主要是由于：①秸秆主要为纤维素成分，其中的蛋白质含量很少，作为动物的饲料需要复配很多其他营养物质，不能单一使用；②秸秆不易被动物消化，必须经过微生物的发酵处理，微生物的选择和控制费用往往超出了秸秆本身的使用价值，不利于产业化推广；③秸秆作为饲料化、基料化使用中常常非常局限，主要是玉米秸秆、水稻秸秆、小麦秸秆等，很少有利用其他秸秆；④秸秆的基料化主要关注秸秆和其他物质的配比问题，还有作为栽培基质需要灭菌等措施，这些都是在秸秆基料使用中不便的因素。因此，目前在秸秆的综合利用途径中往往将秸秆饲料和基料化作为其他利用途径，其利用方式范围较小。

3. 秸秆燃料化

21 世纪是新能源广泛利用的世纪。秸秆越来越被认为是一种重要的生物质能。秸秆能源化利用技术主要包括秸秆沼气、秸秆固化成型燃料、直燃发电和秸秆炭化等方式。秸秆是储量巨大的生物质能，用其进行产气、发电不会产生有害物，是天然的清洁生物质能，同时秸秆属于自然界中的可再生物质。因此，秸秆燃料化具有很大的发展潜力。

秸秆燃料化的道路仍然任重道远。首先，秸秆燃料化是一项工程项目，小型的工程根本不能实现效益化、产业化，而秸秆发电、秸秆产气等的投资和管理成本很大，因此目前类似秸秆发电、产气等工程仍然是政府、国企等投资的行为。在江苏省泗阳等秸秆收储集中区发现零星的秸秆产气示范工程，但是受益的农户只在一个村落的范围。究其原因是我国秸秆能源化手段与国外相比还较落后；秸秆的收储成本大，小的秸秆能源化工程根本无法承担规模化的工程成本。其次，秸秆的燃料化利用技术的成熟度与市场推广还相差很远。以秸秆发电为例，秸秆的热值仅有煤的 50%，所以在燃料价格上，秸秆与煤相比并无任何优势。这种局面给秸秆电厂运行带来很大的压力，也让潜在的投资秸秆发电的企业望而却步。秸秆沼气在农村进行过广泛的推广，然而我国的农户比较分散，很难集中供气；同时，在新农村建设过程中，天然气已经进入县城和部分村庄，部分用户安装了天然气，天然气收费低，比沼气推广前景好。目前，秸秆制备天然气（甲烷）的研究已有多项国家重大专项课题支撑。然而，秸秆制甲烷仍然面临甲烷菌筛选、产气质量控制、成本控制、周期长等方面的难题，技术成熟度有待提高。再则，秸秆的能源化工程还受到土地利用、政府补贴政策的制约。诸上问题制约了秸秆燃料化的发展，但是作为新技术必然有其漫长的产业化之路，秸秆能源化因其巨大潜在价值势必成为今后秸秆资源化利用的主流趋势。

4. 秸秆的原料化

秸秆的原料化技术就是秸秆的工业化利用，主要包括秸秆造纸、秸秆作建筑及包装行业原料等。秸秆草浆造纸技术在推广的十几年中，由于以废生废问题已被国家所否定，而利用秸秆进行环保的制浆目前还未有示范实例。秸秆作原料原则上是将其作为绿色工业原料，来代替化学原料。目前，比较看好的是秸秆制备建筑模板、工业包装等用途。利用物理制浆技术，将秸秆生物质作为绿色生物基原料，通过纸浆模塑工艺形成大型工业包装产品（物流托架、酒托等）；通过与废弃塑料复合开发秸塑新材料，以替代木塑原料。在生产工艺过程中，不需要对秸秆生物质进行降解处理，基本实现秸秆的全价利用。目前，利用秸塑新材料已经开发了秸塑藤条、秸塑复合板材。这种高值化的秸秆工业化利用途径，从秸秆制备普通的纸包装，到开发可替代木材的物流托架，以及秸塑复合建筑模板等高端的产品，使秸秆的附加值提高了。但是，该项技术在推广中同样碰到秸秆原料的收储、秸秆原料质量控制、产品质量标准规范等方面的瓶颈。

另外，秸秆的利用还受到农民秸秆利用观念水平、地区政策及区域发展不平衡等方面的影响。综上所述，解决秸秆的综合利用就是要处理好秸秆利用与经济利益、和谐社会发展、政府决策之间的关系。

3.2.14.2 秸秆利用与经济利益的关系

秸秆利用就是使秸秆废弃物成为一个可用的商品或开发衍生物。因此，秸秆作为商品必须符合商品的价值规律。

对于农户来讲，在农村劳动力不断涌向城镇的现状下，农户不愿意在收获农作物后再对其秸秆废弃物进行收储、利用。由于秸秆还田的劳动力还是主要依靠在外打工的青壮年，秸秆还田补贴往往不及同时段在外务工工资，导致农民收储秸秆的积极性降低。

对于秸秆利用企业来讲，在市场经济导向下，企业的长久生存只能靠自身利润。大多秸秆产品的销路还未打开，大多数企业利润低，若没有政府对秸秆利用企业的补贴，往往不能支撑。

而如果秸秆的利用需要大量的政府资金来扶持，那么秸秆本身就不能认为是人为自然中的一个商品，其经济效益就得不到体现。因此，解决秸秆利用与经济利益的关系，需要加大对秸秆利用技术创新和成熟度的投入，从“秸秆收集—加工利用—产品开发”整个供应链上评价技术的成本和效益，推广那些值得产业化利用的秸秆综合手段。

3.2.14.3 秸秆利用与和谐社会的关系

前面所述，秸秆利用制约的因素中有秸秆利用观念还没有深入到农户的心中，可是，秸秆焚烧等有害化处理的罪魁祸首就是农户的观念问题吗？2015 年，江苏省对秸秆利用率的要求已经达到 90%，由此可见在许多经济发展较好的粮食产区，秸秆利用已经十分普及。那么，如何有“江苏秸秆焚烧涉事村支书第二天写好辞职报告”“干部叫苦农民叫苦网友抱怨：秸秆禁烧很困惑”等诸如此类的报道呢？社会舆论往往会认为秸秆综合利用手段如此之多，而农户为何还会选择秸秆焚烧的这个害人不利己的行为呢？笔者认为，这方面的问题属于秸秆利用反映的社会问题，应正确处理好秸秆利用与和谐社会建设的关系。

秸秆过去焚烧了千年，为何现在政府对秸秆焚烧问题会抓得这么紧呢？过去的环境容量与现在不可同日而语。秸秆焚烧过程中也会增加 $PM_{2.5}$、PM_{10} 等颗粒物的浓度。以前，秸秆烧后，污染很快就扩散了。但现在环境状况已经很脆弱，这时候再一烧，就是一个重度污染天，而且至少持续两天以上。秸秆露天焚烧还会产生其他方面的一些问题，比方说火灾的隐患，甚至影响到能见度、交通等。国家从 1999 年开始就开展了秸秆禁烧的工作。2014 年全国秸秆焚烧总数为 4577 个，焚烧点数较多的省份依次为河南省、黑龙江省、吉林省、安徽省、辽宁省、山东省和内蒙古自治区。其中，作为中国粮食产量第一的河南省，盛产小麦和玉米，秸秆焚烧点居全国第一。因此，从理性的角度看，秸秆焚烧的现象主要发生在粮食主产区，这些产区的秸秆储量大，在秸秆利用区域发展不平衡的问题下，秸秆禁烧的压力巨大。农户迫于第二年粮食的收成，加之农村劳动力的缺失，秸秆焚烧成为无奈之举。所谓的北京、南京等大城市的非季节性雾霾问题的元凶其实不是秸秆焚烧。由此，我们需对秸秆的处置有一个辩证和理性的认识。秸秆得到良好的利用、焚烧等有害化处置得到控制前，社会必须先公正地了解农户与秸秆之间的关系，须将秸秆的利用置于农村和谐社会发展的高度，与新农村建设并行。

3.2.14.4 秸秆利用与政府决策的关系

秸秆综合利用能否行之有效的推行、秸秆作为商品能否在市场浪潮下生存、秸秆利用能否与新农村建设并轨发展，在目前秸秆利用尚不成熟的国情下，离不开政府的理性决策。

首先，应加强对秸秆焚烧化堵为疏的利用措施的投入，减少农户收储秸秆的压力，稳定农户情绪。目前对于一个县政府需要每年投入上百万的财政资金用于秸秆焚烧监督而言，还不如增加对秸秆收储的补贴、建设具备一定收储能力的秸秆收储站；政府应鼓励农户以农业合作社的方式，对就近的秸秆进行收集和销售，并给予一定的政策支持，使得秸秆利用的原料问题得以更好的解决。这样也使得农户对秸秆利用的积极性增加。

其次，政府不应盲目对秸秆利用工程进行投资。目前很多农村的秸秆沼气站、秸秆发电厂处于停工的状态，不仅严重浪费土地资源和设备投资成本，也使得农户和企业参与到秸秆综合利用的积极性受挫。政府应借鉴国内外成熟的秸秆利用技术，并结合当地的秸秆资源特点，发展 1～2 种优势的秸秆综合利用手段，不仅使农民受益，也减少过度的政府投入成本。

再次，在新农村建设中涌现的农村金融、农业政策保险等新的事物可以应用于秸秆的综合利用上，使得作为商品的秸秆产品在产业链发展上能得到市场、金融等的调节，使得秸秆的利用企业能受到良好的资金保障和市场检验，减少政府财政事先投资、事后无成效的状况。

最后，政府的决策应落到实处。2015 年国务院出台了《关于进一步加快推进农作物秸秆综合利用和禁烧工作的通知》，其中有许多秸秆利用的激励措施和管理方案，这些都是一线工作人员和专家“理论与实践”的总结，地方政府须落实到实处。在我国经济发展极不平衡的现状下，笔者认为秸秆利用也必然发展各异。政府的决策应偏向于扶持秸秆利用落后、粮食主产区等秸秆收储压力大的地区，更多的示范推广点应建设在这些地区，使秸秆的综合利用更显成效。

3.2.14.5 结语

现今，人们越来越多地探讨民主、富强、文明、美丽、公平、和谐等中国梦，而中国秸秆的“资源化利用”之路必然是一条漫长、艰辛之路。理性看待农林秸秆的利用现状，实行科学合理的秸秆利用途径和政府决策，让秸秆资源化利用的商品梦得以实现，是很多有觉悟人士的责任所在。

点评（点评人：陈集双）

秸秆资源化利用、工业化利用才是可持续发展之路，需要方方面面的参与和理性支持，帮忙而不添乱。首先，秸秆作为农业副产物，其利用和无害化处理，具有生态文明价值。社会公益资金、志愿者和爱心人士的作用不可忽视。其次，科学研究和技术进步，是秸秆发挥资源价值的保障，不同层面的攻关和创新，有可能显著降低秸秆利用产业的盈利门槛，推动环保事业进入良性循环。再次，社会发展和技术进步，也可能带来新需求和新机遇。例如，智能制造和智能机器人的普及，将人类从繁重的劳动中解放出来，那些富余的人力在哪些方面发挥呢？另外，政府在呼吁重视秸秆的资源价值，减少资源浪费和环境污染行为等方面，具有积极价值。但是，政府直接干预和参与秸秆利用等具体产业活动，往往“有过往而不及”，甚至造成新的浪费。中华民族有着和谐发展的良好文化基础，农业系统本来就有“精耕细作”的良好传统，科学理性发展秸秆利用事业，在中国大地大有前途。

3.2.15 农作物秸秆资源在生态环保建材中的利用①

中国是世界上森林资源极为贫乏的国家之一，木质建材资源每年消耗巨大，木材供给不足尤为突出。而我国每年可产生约 9 亿 t 的农作物秸秆亟待处置，巨量废弃物对农村生态环境造成重大污染。当前，建筑资源的短缺严重制约了社会经济的发展，其中传统建材已导致自然界的森林、矿产与土地资源的巨大消耗，并造成严重的生态破坏。

国务院《乡村振兴战略规划（2018—2022 年）》中明确指出，推进农林产品加工剩余物资源化利用，深入实施秸秆禁烧制度和综合利用。国家发展改革委在《战略性新兴产业

① 该部分作者为王路明。

重点产品和服务指导目录（2017）》中，也明确将秸秆利用和生态建材列为国家战略性新兴产业。

因此，规模化和高值化综合利用农作物秸秆资源，开发集环保、保温、隔热、隔音、防腐、防火、耐水、抗震和可降解等多功能于一体的装配式秸秆生态建筑板材，推动我国生态建筑的兴起和发展，可解决环境污染、资源短缺等问题，实现建筑业的绿色与可持续发展。

3.2.15.1　秸秆是生态建筑的重要原材料资源

秸秆含有丰富的纤维素、半纤维素和木质素等，其纤维结构紧密，有较好的韧性和抗拉强度，是重要的混凝土增强替代材料。秸秆因其在自然界中蓄积量大、可再生、可降解、无污染，已成为备受世界关注的环境友好材料，加上秸秆复合材料制作成本低、密度小、强重比高、隔热、隔声、保温等性能优势，是现代建筑节能材料研究和开发的重点，也是世界材料研究领域的热点之一。

研究表明，秸秆砖墙的隔热性能较好。秸秆的导热系数仅为混凝土导热系数的 3%，规格 200mm 厚的墙板，保温系数高于 370mm 黏土砖墙 4 倍，取暖热耗和成本降低 3/4，秸秆砖或秸秆墙板的质量约为黏土砖墙的 20%～25%。秸秆建筑带来的 CO_2 减排效果也相当可观，据估算，通过光合作用，全球秸秆每年可吸纳 45 亿 t CO_2，全国秸秆每年可吸纳 13.5 亿 t CO_2，由节能引起的间接 CO_2 减排效应更为可观（图 3-25）。

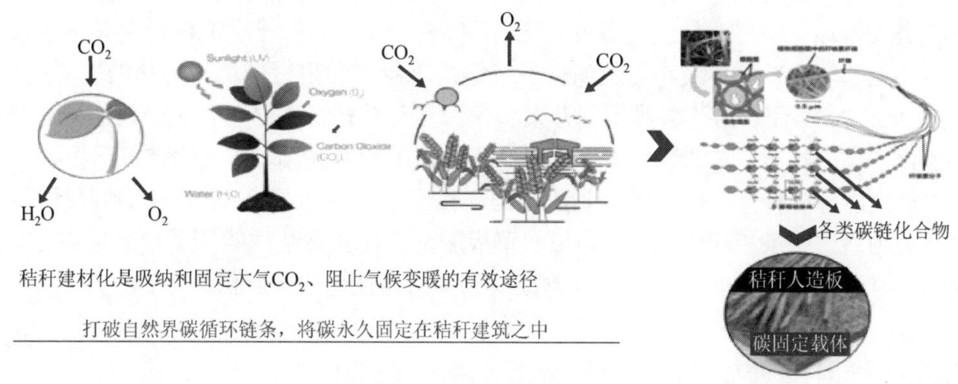

图 3-25　秸秆是生态建筑中重要的固碳原材料资源

我国是森林资源贫乏的国家，面临着建材资源严重短缺的困境。一方面，黏土、河沙等传统建筑材料毁田灭地，国家已严令限制开采；另一方面，现代混凝土材料的生产需要消耗大量的石灰石、煤炭、石油等资源，造成环境的严重污染和破坏，国家已采取措施限制这些企业的扩能，导致建筑业材料价格飙升，供不应求。将秸秆就地处置，作为建筑材料利用，既能解决秸秆资源利用问题，又能为生态民宅建设提供绿色优质的建筑节能产品，克服建筑资源不足，同时将大气 CO_2 永久固定在秸秆建筑之中，具有重要的生态价值（图 3-26）。

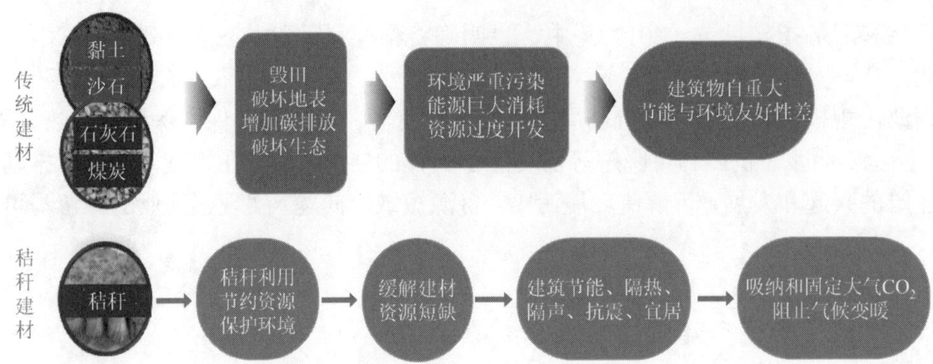

图 3-26 秸秆资源材料化利用的生态价值

秸秆资源的材料化利用，可保护好乡村生态环境，符合我国绿色建材和新农村建设发展方向，利国利民。素有“第二森林资源”之称的农作物秸秆必将成为我国未来乡村建设和建筑行业不可替代的重要资源。

3.2.15.2 秸秆作为建筑材料使用的局限性

秸秆作为建筑材料使用虽然具有诸多优良特性，但同时也存在许多难以克服的弊端和缺陷，面临着许多关键科学与技术难题。不同于沙、石等传统建筑原材料，秸秆作为天然植物材料，存在着吸水率高、易腐蚀、易燃烧、耐候性差等多个建筑功能缺陷，秸秆长期处在各类气候环境作用下易发生霉变、腐朽、降解和老化，秸秆建筑材料尤其是建筑围护材料与环境长期的适应性及稳定的耐候性问题严重制约和阻碍秸秆建材化的发展进程。

20 世纪 70 年代开始，瑞典研制开发将稻、麦等秸秆在高温条件下热挤压成型技术，不添加化学黏结物质，依靠秸秆本身高温高压分泌的脂质黏结，制成的秸秆草板具有零污染、隔热性能好等特点，在英国得到广泛推广和应用。20 世纪 80 年代初期，我国新疆和辽宁从英国引进两条相应的生产线。虽然草板的密实性和黏结性能有了较大提高，但秸秆的吸潮、吸湿及防火性能没有得到根本改变，其耐腐性差的问题依然存在。

3.2.15.3 秸秆建筑材料改性技术研究现状及趋势

对秸秆进行有效改性与黏合是实现秸秆建材化的技术关键。国内外现行开发的秸秆复合板材主要是以热塑性树脂或热固性树脂等聚合物为胶结材料：①最初采用的是脲醛树脂胶黏剂，但秸秆表面蜡质层与树脂胶合性能差，使得板材强度受到影响；②后采用改性脲醛树脂胶黏剂来结合秸秆，虽板材性能有所改善，但仍存在游离甲醛释放量偏高的不足，妨碍推广应用；③当前广泛采用异氰酸酯胶黏剂制造秸秆板材，其板材胶合强度高，且不存在游离甲醛释放问题，但胶黏剂价格昂贵，贮存期短，工艺复杂、易粘板，致使脱模困难。

当前，阻碍秸秆与硅酸盐水泥结合的最直接原因，是酸性高分子植物材料与强碱性水泥（pH＞13）的不适应性和不相容性。硅酸盐水泥属于强碱性物质，中偏酸性的秸秆纤维在水泥浆液中浸泡，会受到腐蚀，并伴有多种萃取物沉淀，这些萃取物对硅酸盐水泥具有很强的缓凝甚至阻凝作用；秸秆长期处于硅酸盐水泥强碱环境中发生的降解，会导致材料强度和耐久性的下降。国内外现行秸秆板材技术远没有一个成熟可行的技术方案，以上种种科学与技术问题是导致秸秆建材化进程缓慢，至今没有真正实现产业化和大规模应用的主要原因。

总之，开发秸秆建筑构件，面临着许多关键科学与技术难题。作为建筑围护结构的秸秆板材既要具有足够大的抗压和抗弯强度，满足建筑围护结构对板材的力学性能和施工要求，又要保证足够的轻质性，满足建筑物对板材的隔热隔声性能的要求。由于材料结构与特性的较大差异，要实现柔性秸秆与胶凝材料浆料的均匀流畅搅拌，避免发生缠绕、结团和堵塞等现象，需要研究特殊搅拌工艺和开发专用的搅拌设备。为了使秸秆板材具有较好的环境耐候性，实现低成本、高效率工业化生产，应避免采用高分子热压聚合成型技术，而选择廉价和广泛普及的无机胶凝材料作结合剂，同时克服秸秆材料回弹和胶凝材料凝结硬化滞后的技术困难。因此，开发高效、低损耗的常温冷压成型技术，将是秸秆板材制造的重点研究方向。

第 4 章　生物信息资源

4.1　生物信息资源概述

当今，生物信息资源已成为一种重要的战略性资源，催生了一系列生物新产业，谁掌控生物信息资源，谁就能抢占未来生物经济的战略制高点。现阶段，大数据时代的生命科学已经成为“数据科学”，大数据已渗透到生命科学各个研究领域之中，这将彻底改变生命科学领域的研究与思维方式，使得生命科学的研究由实验驱动转型为大数据驱动与实验驱动相结合的综合形式；通过不断提高生物大数据的储存、管理、分析和应用能力，进而可推动生命科学和生物产业尤其是生物新兴产业的发展。其中，掌控生物信息资源，具有极其重要的战略意义，谁掌握了大数据及其研究技术，谁就掌握了主动权，而对相关生物大数据的研究就是对生命科学领域未来的掌控，前景一片光明。

4.1.1　生物信息资源的诠释

4.1.1.1　生物信息资源的基本内涵

生物资源作为自然资源的有机组成部分，包括基因、物种以及生态形态 3 个层次。现在是多学科的大发展时代，也是“生命组学”的大发现时代，整合了多种组学的生命组学“大成”研究模式蓬勃发展，前景未可限量。多年来，随着多学科交叉融合和快速发展，各种高通量实验技术和工具不断涌现与应用，基因组、转录组、蛋白组、互作组、表型组、糖脂组和代谢组等大量的生物数据呈指数级产生与增长。目前这些数据信息大多数都以免费共享的方式释放到主要的生物数据库中，经研究人员不断的整合、梳理、挖掘与功能注释等，形成了海量的、宝贵的、可利用的生物信息资源。

生物信息资源作为新形态生物资源，其基本内涵即指通过运用多学科方法，以各种实物性生物资源包括动植物和微生物等生命体为基础，对生命活动过程中的生物分子如基因、蛋白质、脂类、糖类，生物无机离子与有机离子及其化合物，以及生物代谢产物如初级和次级产物等的序列、结构和功能进行研究；对所产生的海量数据通过系统的数据挖掘，形成相应的生物数据库，从而成为可利用或具有潜在利用价值的非实物化的信息资源。生物信息资源是一种新兴的特殊战略性资源，蕴含着巨大的经济与社会价值，其形成结构如图 4-1 所示。

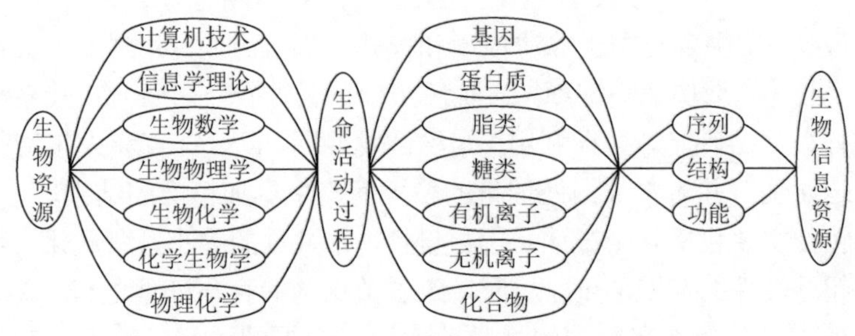

图 4-1　生物信息资源构成示意图

4.1.1.2　生物信息资源的外延特征

在纷繁复杂的大千世界，生物、环境与社会之间总是存在着密切的联系并相互作用着，由此产生了一系列生物相关的"信息"。而信息的产生、认识、获取与利用离不开主体人类，确切地说，信息（information）可指：主体人类所感知或表述的事物存在的方式和运动状态。资源（resources）则为：自然界和人类社会中可以创造物质财富和精神财富并具有一定量的积累和客观存在形态的自然物质，如土地、森林、海洋、石油、矿产和人类等资源，可分为经济资源和非经济资源两大类。而信息资源（information resources），主要指人类社会信息活动中积累起来的信息、信息生成者和信息技术等要素的集合，也即是人类社会信息活动中积累起来的以信息为核心的各种信息活动要素如信息技术、设备、设施和生产者等的集合。根据信息来源可分为自然、社会、经济、科技和控制等 5 种信息资源类型；从实际管理角度，信息资源又可划分为记录型、实物型、智力型和零次信息资源 4 种类型。

其中，生物信息资源主要是生物、环境与社会在相互联系和相互作用中所产生的一切信息资源，重点包括生命活动过程中的生物分子、无机与有机离子及其化合物的序列、结构和功能研究中所产生的海量数据，通过系统的获取、储存、解析、模拟与预测，形成相应的生物数据库，成为可利用或具有潜在利用价值的非实物化的信息资源。其作为非消耗性资源，与实体生物资源完全不同，具有以下特点：①生物信息是非实体存在的无形的资源，可以反复利用，具有累积性与再生性特征；②生物信息资源具有相对的共享性，学术研究可免费使用，而商业应用则需要签署相关文件或付费；③需要通过大量的研究分析和建设工作才能形成生物信息资源；④不一定具有直接利用价值，只有被利用来解决实际的生命过程问题，才能变成有价值的信息资源。

4.1.2　大数据与生物信息资源发展

4.1.2.1　大数据的发展与特征

随着计算机技术和信息技术的飞速发展，人类迎来了大数据时代，大数据从产生到成熟，其发展可分为 3 个阶段。主要包括：①初始萌芽期，产生了一系列商业化、智能化的工具与知识管理技术，主要集中于算法模型和模式识别等方向，并侧重于数据挖掘和机器学习等基础信息技术；②快速突破期，该阶段主要以云计算、开源分布式系统基础架构和人工智能等进行大数据研究与挖掘利用；③稳健发展期，以云计算和人工智能等为代表的大数据技术应运而生，并随着数据处理量的增大而产生更加精准的结果。

大数据的特征主要包括 4 个方面：①数量性，指数据的大小，海量化，数据规模的大幅增长已远远超过硬件的发展速度，从而导致了数据的储存与处理危机；②速度性，指数据输入与输出的速度，体现在数据的增长速度快，数据的访问、处理和交付等速度快；③多样性，指数据类型与结构的复杂多样，根据数据关系可分为结构化、半结构化和非结构化数据；④价值性，海量数据潜藏着巨大的价值，数据正成为一种新型的资产，是形成竞争力的重要基础和关键点。大数据不仅将改变人类的科研思路和研究方法，还将极大地推动整个人类社会的超常规发展，并将会主宰人类的生活与生产模式。

4.1.2.2　生物数据与生物信息资源的发展

在传统的生命科学研究与应用中，由于研究条件与技术发展的限制，所产生的生物数据通量低、容量有限，但对其的有效利用却促使生物信息资源的产生与发展。实验科学、理论科学与计算科学交叉融合发展，从而促使数据密集型的科学发现，成为科学研究的第四范式。当今是大科学时代，多维、海量数据的产生速度，远远超过我们理解与分析数据的速度，万物皆比特，一切皆数据。“大数据”主要描述和定义当今信息爆炸时代所产生的海量数据，而现阶段其正加速向生命科学领域大踏步迈进。随着大数据应用的发展，生命科学也迎来其大数据时代。

生物大数据（biological big data），即指来源或应用于生物体的海量数据，具有大数据的相关特征，如来源广泛化、增长快速化、数量庞大化、结构异质化和高度复杂化等，主要包括生物研究数据、电子健康数据、生物样本库和生物知识成果等类型。海量的生物大数据多以记录型信息资源类型在生物、环境和社会的相互作用中不断爆发式产生，形成巨大的生物信息资源，这对其信息管理与利用提出了严峻的技术挑战，但也带来了巨大的商业机会。

其中，生物医学大数据作为当今热点研究领域之一，其主要来源是临床医疗、公共卫生、医药开发、医疗市场与费用、个体行为与情绪、人类遗传学与组学、社会人口学、环境和健康网络与媒体等。随着各种组学技术的使用，大数据时代的生物医学领域也得到了极大的变革，在健康与疾病的生命活动过程中不断产生大量的生物数据，结合电子病历，可形成海量的生物信息资源，使得医药卫生领域现今已步入个性化或精准医疗时代，其中生物大数据及其形成的生物信息资源，是支撑个性化医疗和用药的基础。

此外，传统农业已逐步向数字化农业和精准农业发展，通过对多维的生物大数据挖掘与分析利用，可实现对生物农业中的重要动植物和微生物品种进行多组学设计育种；在工业生物技术领域，利用系统生物学和合成生物学策略与手段，通过生物大数据分析，可以更好地筛选生物生化通路中的重要节点和代谢酶类，结合分子代谢工程改造与优化，以实现细胞工厂与生物炼制的完美结合，极大地加快了生物工业制造的研究与应用。

4.1.3 生物信息资源的建设与管理

4.1.3.1 生物信息资源的数据库技术基础

数据库技术是生物信息处理的核心技术之一，支持海量生物数据和信息的存储、管理、发布及应用，内容包括数据模型、数据独立性、数据模式、数据库查询语言及其应用。而数据库作为生物信息学发展的重要基础，是存储在磁带、磁盘、光盘或其他外存介质上，按一定结构组织在一起的相关数据的集合；其储存形式有利于数据信息的检索与调用，为生物信息的管理与共享提供技术支持；具有数据共享（为多个应用程序服务）、数据冗余度减少、数据相对独立（用户程序与数据的逻辑组织和存储方式无关）、数据统一控制（对数据进行集中控制和管理）、数据一致性和可维护性以及可确保数据的安全性和可靠性等特点。

数据库是一类用于储存和管理数据的计算机文档，它的使用需要具有一个完整的系统组成，即数据库系统组成，包括数据库、数据库管理系统和人员。其中，数据库由一定的数据模型如层次模型与网状模型（第1代数据库）、关系模型（第2代数据库）和对象-关系数据库（第3代数据库）进行结构和语义的抽象表述，其中关系数据库已成为现今国内外主流数据库系统；数据库管理系统是一组能完成描述、管理、维护数据库的程序系统（复杂的综合性大型软件），它按照一种公用的和可控制的方法完成插入新数据、修改和检索原有数据的操作；而人员主要包括最终用户、数据库设计者、系统分析员、应用程序员和数据库管理员。

4.1.3.2 生物信息资源的数据库设计

在大科学时代，多学科交叉，越来越多的技术与手段在生命科学中得到广泛与深入使用，如物理化学技术、计算机技术和信息技术等，使得高通量的测序技术与生物信息学技术飞速发展，产生了海量的多组学生物数据，因此需要一个强有力的工具去组织和共享这些数据，而目前解决这一问题的有效办法就是对生物信息资源数据库进行系统开发，整合各种不同层次的数据资源，为用户提供一个统一的查询和分析平台，一般可分为虚拟本地数据库和本地数据库。而生物信息资源数据库设计与建立，首先是根据所收集整理的生物数据的特点与用途进行数据库的设计，然后是按照设计进行数据库的系统开发，并随着需求的变化进行定期的更新。数据库设计一般由6个部分组成，即需求分析、概念结构设计、逻辑结构设计、物理结构设计、数据库实施、数据库运行和维护（图4-2）。

生物信息资源数据库设计流程如下：①需求分析阶段，是整个设计的基础，需要弄清处理对象及其相互关系、发展前景和用户的系统需求，从而确定新系统的功能和边界；②概念结构设计阶段，是整个设计的关键，是将系统分析用户需求抽象为信息结构的过程，形成一个独立于具体数据库管理系统（DBMS）的概念模型；③逻辑结构设计阶段，指设

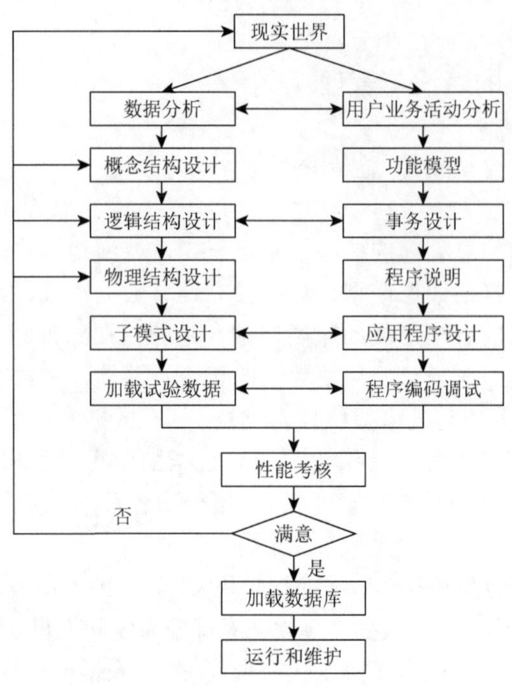

图 4-2　数据库设计过程图

计系统的内模式和外模式，对于关系模型主要是基本表和视图；④物理结构设计阶段，根据 DBMS 的特点和处理的需要，进行物理存储安排，建立索引，形成数据库内模式；⑤数据库实施阶段，运用 DBMS 提供的数据语言、工具及宿主语言，根据逻辑设计和物理设计的结果建立数据库，编制与调试应用程序，组织数据入库，并进行试运行；⑥数据库运行和维护阶段，指数据库系统投入运行、维护，也即在数据库系统运行过程中必须不断地对其进行评价、调整与修改。需要注意的是，数据库设计时，所用数据库种类的选择尚需根据其大小而决定，如甲骨文数据库对大数据库比较合适，因为大数据库具有可随时调整用户界面和更新整个数据库的优势。

4.1.3.3　生物信息资源数据库的种类与特征

随着生命科学飞速发展，分子生物数据呈现爆炸式产生，为了满足高通量分子生物数据存储、维护的需要，国内外已建立起各类生物信息学数据库，数据库种类与数量越来越多，截至 2018 年 12 月 *Nucleic Acids Research* 杂志对 NCBI、EMBL-EBI 和 SIB 3 个国际主要生物信息中心进行的数据统计显示，现已开发了 1613 个分子生物学数据库，可按分子生物学研究层次及实际应用将有关生物数据库分为以下类型：核酸序列数据库、蛋白质序列数据库、结构数据库、基因组数据库、蛋白质组数据库、代谢组数据库、疾病数据库、药物与分子设计数据库和分析与记载方式数据库等（表 4-1）。为了提高这些数据库的针对性，易于使用，我们对其又进行了进一步细化，主要包括：DNA 序列、RNA 序列、微阵列数据和基因表达、蛋白质序列、分子结构、蛋白质组学与蛋白质互作、代谢与信号通路、代谢酶相关产物、糖脂代谢、表观修饰、人类基因与疾病、生理与病理、药物与药物靶标、细胞器与细胞生物学、免疫学、人类及其他脊椎动物基因组、非脊椎动物基因组、植物基因组、微生物基因组及其他分子生物学数据库等。

表 4-1　生物信息数据库的重要类型

数据库类型	数据库名称	数据库网页链接
核酸序列数据库	GenBank EMBL-Bank DDBJ	https://www.ncbi.nlm.nih.gov/genbank/ http://www.ebi.ac.uk/ena http://www.ddbj.nig.ac.jp/
蛋白质序列数据库	Uniprot	http://www.uniprot.org/
结构数据库	wwPDB SCOP	http://www.wwpdb.org/ http://scop.mrc-lmb.cam.ac.uk/scop/
基因组数据库	GDB	http://sourceware.org/gdb/
代谢组数据库	MACiE BIND	http://www.macie.com.mx/ https://www.isc.org/downloads/bind/
疾病数据库	OMIM OncoMine	http://omim.org/ https://www.oncomine.org/
药物与分子设计数据库	DrugBank FIMM	http://www.drugbank.ca/ https://www.fimm.com.my/

就其构建形式，分子生物信息数据库可分一级数据库、二级数据库和复合数据库：①一级数据库，直接来源于实验获得的原始数据，只经过简单的归类、整理和注释，包括一级核酸数据库如 GenBank 数据库、EMBL 数据库和 DDBJ 数据库，一级蛋白质序列数据库如 SWISS-PROT 库和 PIR 库，一级蛋白质结构数据库如 PDB 数据库；②二级数据库，指在一级数据库、实验数据和理论分析的基础上，针对不同的研究内容和需要，对生物学知识和信息进一步整理、提炼得到的数据库，如人类基因组图谱库 GDB、蛋白质序列功能位点数据库 Prosite 等；③复合数据库，利用计算机技术和信息技术相结合的生物信息学工具对一级数据库和二级数据库数据进行挖掘和分析，从而构建的复合数据库。

4.1.4　生物信息资源的保护与挑战

4.1.4.1　生物信息资源的共建与共享

随着经济领域的信息革命，经济全球化加深，促使产业信息化和信息产业化两者加速融合发展，从而催生了以现代信息技术等为物质基础、信息产业起主导作用的信息经济，其作为一种基于信息、知识、智力的新经济形态，将成为世界经济发展的大趋势。生物信息经济就是以生物信息资源为基础，生物信息技术为手段，通过生产知识密集型的生物信息产品和信息服务来把握经济增长、社会产出和劳动就业的一种最新的生物经济结构。生物信息经济的兴起与发展，是生物信息资源共建共享不断发展的内在推动力。

随着生命科学技术的发展，技术壁垒与障碍的不断消除，生物信息资源数量呈现指数级增长，生物信息需求的多样化，使得生物信息资源的共建共享成为可能。实施生物信息资源共建共享的现实与潜在意义，可体现在以下几个方面：①生物信息资源的共建共享，有助于减少资源建设的重复与遗漏，形成多样化与特色化信息资源体系，提高信息资源系统的保障能力；②不同形式的信息资源优势互补，增强国家对信息资源的宏观调控，使资源建设的投入得到最优化使用；③生物信息资源的共建共享，可相对消除部分信息鸿沟，适度实现信息公平；④生物信息资源共建共享可以最大限度地满足用户的个性化需求，大幅度提高信息资源的利用效率，提升生物信息资源的经济与社会价值。

4.1.4.2　生物信息资源的安全与管理

生物信息资源作为一种新形态的生物资源与经济资源，具有经济资源的需求性和稀缺性，同时还具有信息资源的不同一性、共享性、时效性、累积性与再生性、驾驭性和多效用性等，显示出重要的直接或潜在的经济价值与社会价值，对于人类具有特别重要的意义。当今信息时代，人们在享受信息资源所带来的巨大利益的同时，也面临着严峻的信息安全考验，信息安全已成为世界性的问题。

生物信息资源安全，是指生物信息资源所涉及的硬件、软件及应用系统受到保护，以防范和抵御对信息资源不合法的使用和访问以及有意无意地泄露和破坏，包括从信息的采集、传输、加工、存储到使用的全过程所涉及的安全问题。生物信息资源安全通常包括 6 个要素：生物信息的保密性、生物信息的完整性、生物信息的可用性、生物信息的可控性、生物信息的不可否认性和生物信息的可恢复性。生物信息资源安全隐患，从客观技术层面上看，主要包括：物理安全、运行安全、数据安全、内容安全和信息对抗 5 个层面。

随着信息全球化程度越来越高，信息化普及范围不断扩大，信息安全重视度得到不断提高与强化。其中，信息资源安全策略是可持久解决信息安全问题的最重要的基础。信息资源安全策略具有多方面的特征，主要包括：指导性、原则性、可审核性、非技术性、现实可行性、动态性和文档性等。具体的信息资源安全策略是在信息安全方针的框架内，根据风险评估的结果，有效制定的明确具体的信息安全实施原则。当前，一些常用的信息安全策略包括：物理安全、网络安全、服务器安全、系统安全、信息分类与保密、信息数据备份、反病毒、风险评估和防火墙及入侵检测等。在信息安全策略制定过程中，应遵循以下原则：选择先进的网络安全技术，进行严格的安全管理，保证策略的完整性与动态性等。

4.1.4.3　生物信息资源的挑战

生物作为一个复杂系统，涉及生物体多维组分相关关系，在生命活动过程中时刻都会产生大量数据，而这些生物数据除了具备大数据的量大、多样、价值和突变特点外，还具有自身领域性质，如标准化、人才匮乏、医学伦理、数据安全与共享、数据高性能计算分析等。生物数据是生物信息资源产生的基础，尤其是当今的生物大数据，极大地推动了生物信息资源的发展。

生物大数据一般都具有半信息化、信息碎片化、数据多样化和数据结构的复杂化等特点，因此在对其利用之前首先需解决数据的标准化问题。只有建立起标准统一的生物大数据，才能确保数据的准确性、可用性和安全性等问题。生物大数据的挖掘中，需收集一切已知的生物信息，这与个人隐私保护存在冲突，应用生物大数据与保护个人隐私信息与数据安全之间的问题，是大力发展生物大数据应用的主要瓶颈之一。

信息资源是当代重要的战略资源，已成为国际竞争的焦点，世界各国对信息资源的争夺异常激烈。从中国信息化建设来看，资源节约型社会、知识型社会和学习创新型社会都离不开对信息资源的利用。中国生物信息资源的开发与利用存在诸多问题：许多数据时效性不足与重复无序，生物信息资源的共享困难，存在大量冗余信息或虚假信息，信息二次或多次开发利用和深加工不足，存在重大价值和核心技术缺乏完善的知识产权保护等。

4.1.5　生物信息资源的应用

4.1.5.1　生物信息资源在生物医学中的应用

生物医学是应用生物医学信息、影像技术、基因芯片、纳米技术和新材料等技术研究与创新的交叉领域，是综合了医学、生命科学和生物学理论与方法而发展起来的一门新兴的前沿交叉学科。随着先进仪器装备与信息技术在生物技术中广泛深入的应用，生物医学研究中越来越频繁地涉及大数据存储和分析等信息技术，大数据时代的来临给生物医学研究带来了翻天覆地的改变。生物医学相关大数据技术和应用主要包括：基于高通量测序的个性化基因组、转录组和蛋白组研究，单细胞水平基因型和表型研究，人类健康相关微生物群落研究和生物医学图像研究等，它们具有数据密集和计算密集的双密集性特点。生物医学大数据至少包含 3 个特征：数据量大（volume of data），处理数据的速度快（velocity of processing the data），数据源多变（variability of data sources），因此需要依靠大数据思维和数据分析策略对生物医学大数据进行深入挖掘。

生物大数据给生物产业的发展带来了新契机，生物产业与计算机技术和信息技术等的跨学科合作，催生了生物大数据、生物云计算等多种新服务形态，创造了规模庞大的跨界新兴市场，其中生物大数据在行业中的应用主要集中在数据收集、数据分析和数据存储等领域。而生物医学大数据是生物大数据在医药卫生领域的应用，具有结构复杂、专业性强、专用性突出等特点，发展潜力巨大。如今在大量的生物医学大数据的基础上，可以分析海量研究数据中的规律，直接提出假设或得出可靠的结论，因此大数据不仅为生物医药研究提供了新的技术手段，还大大降低了基因测序等医疗费用，费用的大幅降低使得基因测序技术可以走进普通人家，同时普及度的提高进一步推动了生物大数据的发展。生物大数据在医药卫生中的典型应用，重点体现在以下两个方面：

（1）在药物研发领域：通过全面系统地对生物大数据进行高效的数据挖掘，人们对病因和疾病发生机制的理解更加深入，通过充分利用海量组学数据、已有药物的研究数据和高通量药物筛选，加速药物的筛选过程，从而提高药物生产产业效率；具体来说，一方面体现在借助成熟的网络拓扑学理论、属性及研究方法，对涉及的疾病分子及其相互作用抽象为网络节点和边，利用相关计算方法对其进行网络药理学研究；另一方面还体现在通过分子对接技术，使用计算机辅助药物设计，有效地预测药物分子潜在作用靶标，为药物作用机制研究提供方向性指导。

（2）在临床诊疗领域：在大小医疗卫生机构中，各类信息系统的应用非常广泛，各种医疗设备和仪器的逐步数字化，积累了更多的数据资源，是非常宝贵的医疗卫生信息，将这些数据进行储存、整理、挖掘与分析，对于疾病的诊断、治疗、诊疗费用的控制等都是非常有价值的。

总之，生物大数据在临床医疗领域的作用主要表现在以下几个方面：①致病因素关联分析，使用数学方法对检索病案数据库中大量的患者病情信息及患者的个人信息进行关联性分析，发现某种疾病与外在环境因素的潜在关系，指导患者远离这些致病因素，做到“治未病”，有效降低或预测疾病的发生；②提高诊断准确率，疾病的致病因素错综复杂，且疾病表现症状繁多，大数据分析技术可以将有关分类分析的方法应用于疾病的病情诊断，具有快速、高效的特点；③病情发展预测，在大量的病例数据信息的基础上，使用人工智能技术有效地对数据进行高效精确的判读，将知识进行规律性总结，其在疾病发展趋势预测上的应用可以大大提高病情发展预测的准确性。

4.1.5.2 生物信息资源在现代农业中的应用

生物大数据技术与农业领域的深入耦合，给我国现代农业市场、信息化生产和国家对农业的宏观管理带来了前所未有的变化。我国建成的涉农数据库数量多、内容丰富、涉及广泛，但数据标准不规范，难以直接利用，要从这些复杂繁多的数据中找到真实评价品种在不同生态环境下的表现规律，需要进行大量的统计分析来建立数据模型。因此，引进大数据，运用大数据基本理念、技术方法来处理农业生产中产生的数据。通过整合表现性大数据与基因组大数据，科学家们已经能够发现基因组分子标记和田间表现的关联，并从中得到对生产效率、植物品种筛选和生产环境控制有利的因素。

农业大数据的发展对传统数据处理技术体系提出了巨大挑战，只有在数据采集、数据标准、数据处理、数据分析和数据展现等方面进行全面技术升级，建立大数据处理平台，才能适应新时代的发展。生物农业大数据主要具有以下作用：①获取高密度的农田信息后，根据不同角度的农田信息，提高管理措施的可实施性和精确度；②利用大数据智能分析技术和挖掘技术，对农业信息流、农业数据关联度等进行预测，并从多维角度进行农业数据预警，大幅度提高农业监测预警的准确性；③生物农业大数据是农业信息化发展必不可少的前提条件，数据的应用与农业科学结合的研究，为农业发展提供了新思路、新方法。

生物信息资源应用于育种方面，推动动植物和微生物育种从根据现状育种和根据分子标记育种，向基因组工程育种阶段发展，后者依赖的正是基因信息和其他生物信息资源。培育出好的品种需要对成千上万份种质资源材料进行杂交配组和筛选，为提高效率，科学家们会对这些材料进行深入了解。随着第二代测序技术的普及，测序成本已经越来越低，种业公司对众多农业动植物材料进行了基因组重测序或转录组测序，分别为这些动植物找到了上百万个单核苷酸多态性位点，通过对测序数据进行处理，并应用高度自动化的 SNP 分子标记检测设备，在短时间内便能检测出成千上万份样品材料的基因型，从而判断出不同样品材料之间的关系，为有效进行亲本选配奠定基础。

总之，在现代农业建设中，我们应该高度重视生物农业大数据的作用，紧密联系、密切跟踪国际大数据前沿技术，结合我国现代农业建设的现状和基本情况，制定符合国家层面的生物农业数据发展计划和应用战略，梳理重点发展领域，凝练关键技术，推动生物农业技术与理念在更大范围的农业生产中的应用。

4.1.5.3　生物信息资源在现代工业中的应用

在工业上，生物大数据应用之一主要体现在工业酶的筛选与改造上。随着现代生物科学尤其是结构生物学的快速发展，我们对蛋白质结构有越来越深层次的了解，再加上基因组学和蛋白质组学提供的大量序列、结构与功能信息，酶的分子改造从以前定向进化的随机突变筛选逐步发展到理性设计的定点突变，以及半理性设计的随机突变与定点突变相结合等精准性更高的方法，甚至可以按照人们的需求，利用计算机创造自然界不存在的酶。因此，信息资源在现代工业中的应用首先也发生在育种方面，尤其是微生物育种方面。

目前，已有众多的数据库公布了酶的基因序列、蛋白质序列、蛋白质性质、蛋白质结构等信息，运用这些信息我们能快速筛选出所需要的酶的信息。其中，随着定向进化与理性设计相结合的半理性分子设计方法的出现与发展，加上大量高效的计算方法的应用，并结合酶相关的生物大数据的挖掘，可显著提高特定突变体设计分析的效率和准确性，增加酶的底物多样性和改变酶的各种性能，获得具有较广的底物适应范围、较高的活性和非常强的环境耐受力的酶类，从而极大地加快了工业酶的筛选与改造。

基因挖掘是一种后基因组时代更加快速、高效地获取新酶的方法，它极大地缩短了新酶的开发周期，可从常规的 2～3 年缩短至 2～3 个月，甚至 2～3 周。基因挖掘就是根据催化特定反应的需要，从文献中找到相关酶的同源基因序列，再以此作为基因探针，在基因组数据库中比对序列，筛选获得同源酶的编码信息，继而进行酶的批量异源表达和高通量筛选，最终获得催化性能更优的新型生物催化剂。

常用的基因挖掘策略有两种：①挖掘已测序的微生物基因组中的目标酶基因。通过比对分析未注释酶的开放阅读框，并与已报道类似酶的保守序列进行比较，找到具有潜在功能的目标新酶编码序列，从而克隆表达已注释的假想酶基因，经过活力检测来获得所需的候选生物催化剂。②基于探针酶序列的基因挖掘。将已有文献报道的基因序列作为基因探针在公共基因组数据库中检索，找到具有一定同源性的候选酶基因，根据搜索到的基因序列设计引物，PCR 扩增获得编码这些酶的 DNA，再进行克隆表达，通过目标底物进行活性筛选，获得目标生物催化剂。

总之，大数据时代工业酶的发掘、改造和利用，正展现出极为广阔的发展空间与极大的潜力，使得生物催化剂设计与制备越来越简单，这正是生物大数据与现代工业生物技术相结合所带来的巨大优势。总之，利用生物信息技术充分挖掘组学数据有用信息，可以更有效地改造和控制细胞性能、提高底物利用及产品收率、改善微生物工业适应性，促进工业生物技术发展。

4.1.5.4 生物信息资源在新兴领域合成生物学中的应用

合成生物学（synthetic biology）的发展是以生物学、计算机科学、信息科学、化学、物理学、数学、工程科学等相关学科的发展为基础的。随着人类对生命科学的研究从宏观世界到微观世界，生物信息学、系统生物学和功能基因组学的出现与应用，使得人类具有了处理大量生物数据信息的能力，从整体和功能角度研究和分析各种生物现象的能力。相关学科发展到一定高度后，必然会促进合成生物学的形成。

合成生物学就是通过人工设计和构建自然界中不存在的生物系统来解决能源、材料、健康和环境等问题，也即是按照一定的生物信息和规律，结合已有的知识，设计和建造新的生物部件、装置和系统，重新设计已有的天然生物系统为人类的特殊目的服务。其中，设计、模拟、实验是合成生物学的基础，合成生物学的方法不仅仅是实验，而是利用已有的生物学知识，根据实际的需要进行设计和重设计，建立数学模型对人工设计进行模拟，从而指导实验的进行。就是将生物系统的合成和遗传线路的连接工程化，最终通过这种理性设计和再设计的过程，获得人们所需要的生物功能，并通过实验得以实现；通过工程化策略加速生物学研究和应用的进程，同时利用人工合成的生物系统验证和深化人类对于生物乃至生命的理解。

合成生物学区别于现有生物学其他学科的主要特点为“工程化”，是对生物系统的标准化、解构和抽提，其中生物系统的层次化结构设计是合成生物学工程化本质的典型体现，即指不同功能 DNA 序列组成各个简单生物部件，并按一定逻辑和物理连接组成复杂的生物装置，不同装置又协同组成更加复杂的生物系统。合成生物学的主要研究内容包括以下几个方面：①生物大分子的合成与模块化，可分为蛋白质的工程化改造与模块化和核酸分子的人工合成；②生物基因组的合成、简化与重构，可分为人工合成生物全基因组和生物基因组的简化；③合成代谢网络；④基因线路的设计与构建；⑤细胞群体系统及多细胞系统研究；⑥数学模拟和功能预测。具体研究思路如图 4-3 所示。合成生物学的意义主要体现在以下两个方面：①加速合成生物系统工程化的进程，合成生物学诞生的主要目的和意义之一是作为生物工程的分支，致力于工程化自组装细胞装置，制作崭新的分子和生物系统，推进疾病诊断、药物学、基因编码功能及生命起源等其他方面的研究；②验证和深化对于生物现象的理解，为了正确理解复杂的生物系统，“合成”将是“分析”的必要补充，只有通过人工构建各种生物分子、遗传线路和代谢途径，才能更好地验证人类对于各种生物现象的理解。

目前，随着我国经济的高速发展，高能耗、高污染、规模化的传统工业发展模式已不适应社会发展与环境保护和谐关系的需求。而合成生物技术正在对现代工业产生革命性影响。人类赖以生存的化学品、燃料等制造原料路线正从化石资源向可再生、绿色的生物资源转移，加工路线从化学制造向生物制造转移。我国资源对外依存度不断加深，节能减排

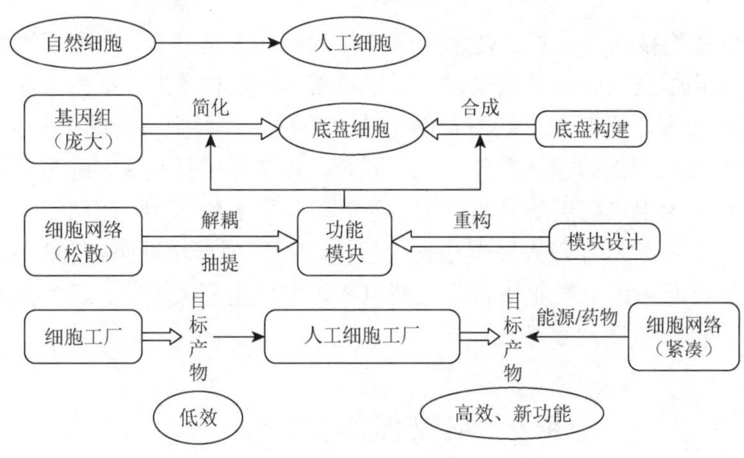

图 4-3　合成生物学的研究思路示意图

压力巨大。利用合成生物技术设计有机化学品的高效合成路线和人工生物体系，不仅有可能高效利用原来不能利用的生物质资源，也有可能高效合成原来不能生物合成或者原来生物合成效率很低的化工产品。这将为突破自然生物体合成功能与范围的局限，打通传统化学品的生物合成通道，为发展先进生物制造技术、促进可持续经济体系形成与发展，提供重大机遇。已有数据统计显示，以合成生物技术为核心的生物制造依不同产品和过程可以节能 30%～50%，减少人类对环境的影响达 20%～60%，利用可再生碳资源发展低碳生物制造，可从根本上降低温室气体排放对环境的冲击。据经济合作与发展组织（OECD）预测，至 2030 年，35%化学品和其他工业品将出自生物制造，CO_2 减排能力将达到每年 10 亿～25 亿 t，一个在原料方面不再完全依赖化石能源的生物基经济形态正在形成。

现阶段，国内外合成生物学研究的重点与热点集中体现在以下几个方面：①利用合成生物学技术，创造“人造生命”。2010 年美国科学家采用合成生物技术，构建了含有全人工合成基因组的支原体活细胞；2016 年又合成了最小基因组，突破了生命所需功能基因的极限；继 2017 年我国科学家主导的合成 4 条酵母生物染色体，取得了合成生物学技术和理论上的重大突破后，2018 年我国科学家将酵母的 16 条染色体人工创建为单条染色体，实现了复杂生命体可人工干预变简约。②合成生物学技术在医学中的应用。其正孕育一场健康领域的重大革命，在癌症诊断、癌细胞识别、代谢性疾病等方面已取得重大突破，美国正在高强度投入基因编辑、基因线路、人工细胞等合成生物技术的优化和临床应用研究。③利用合成生物学技术构建人工细胞工厂。可合成化学品和天然产物、药物，正在颠覆传统工农业生产模式。美国许多石油化工原料已经实现生物可再生的产业化路线；青蒿酸、紫杉烯、咖啡因等植物化学品已实现微生物发酵生产，颠覆了传统种植提取的生产模式，生产成本大幅降低。④合成生物学技术与其他高新技术如纳米技术、信息技术和 3D 打印技术等有机结合，将为现代生物技术创新带来革命性机会。如美英科学家利用 DNA 来储存计算机数据，将数据存储密度提高 100 亿～10 000 亿倍，颠覆了传统的数据存储、传输和提取技术。

总之，现代生物技术与计算机技术和信息技术等的有机结合，产生了海量的多组学生物数据，作为生物信息资源的数据基础，通过收集、整理和挖掘，不断形成各种极为丰富的生物信息资源类型。而对于这些海量的生物大数据，需要强有力的工具去组织和共享，其中各种生物信息资源的数据库系统开发、联合、共享与相互利用，可充分整合各种不同层次的数据资源，为用户提供统一的查询、分析和应用平台。生物信息资源首先在生物医学中获得应用，并开始对保障人民健康发挥巨大作用，使得精准医疗和治未病成为现实。同时，生物信息资源应用于工业和农业领域也开始表现出极大潜力，显著提升产业效率和改变产业格局，并催生更加高效环保的生物技术新产业。

4.2 生物信息资源各论

4.2.1 生物信息资源相关分析及应用工具①

4.2.1.1 由序列确定功能

1. 基因识别

生物基因组序列包括几十万到几十亿个碱基，得到序列后首先要确定其中的基本功能单元基因。至今人们对基因也还没有一个严格的定义，一般生物数据库中的基因指的都是编码 RNA 和蛋白质的碱基序列，特别是蛋白编码序列。原核生物因为其基因结构比较简单，基因识别也比较容易，可以通过六位开放阅读框（ORF）扫描来找出编码序列。由于编码序列的起始位点是甲硫氨酸的密码子 AUG，而蛋氨酸密码子又可能在编码序列内部经常出现，因此还需要结合其他方法如启动子识别、核糖体结合位点识别及密码子使用的统计特征等来确定正确的起始位点。对于真核生物，由于其基因包括编码蛋白质的外显子和不编码的内含子两部分，基因识别更为复杂，常需要复杂的统计算法如隐马尔可夫模型（HMM）等正确识别基因。目前人们已经基于这些算法开发了相应的基于 web 的服务。对用户来说只需要将新的基因组序列提交给这些 web 服务即可得到识别结果，并不需要了解其采用的算法。常用的基于 web 的基因识别服务列于表 4-2 中。

表 4-2 常用的基因识别服务

名称	网址	资源介绍
Glimmer	http://www.ncbi.nlm.nih.gov/genomes/MICROBES/glimmer_3.cgi	主要用于微生物基因组中的基因识别
Genemark	http://www.ncbi.nlm.nih.gov/genomes/MICROBES/genemark.cgi	基于隐马尔可夫模型进行基因识别
Z curve	http://tubic.tju.edu.cn/Zcurve_B/	基于 Z 曲线进行基因识别
RAST	http://rast.nmpdr.org/	基因识别与注释的完整系统
IMG	http://img.jgi.doe.gov/	包括基因识别、注释及比较基因组分析等功能

① 该部分作者为马红武。

除了蛋白编码序列外，基因组中还包括很多 rRNA 和 tRNA 基因。RNA 基因与蛋白基因相比有较高的序列保守性，因此常可以通过与已知 RNA 基因序列的相似性分析进行识别。一些常用的 RNA 基因识别和功能分析工具列于表 4-3 中。

表 4-3　RNA 识别和分析工具

名称	网址	资源介绍
RNAsnp	http://rth.dk/resources/rnasnp/	预测 SNP 对局部 RNA 二级结构的作用
RNAstructure	http://rna.urmc.rochester.edu/RNAstructureWeb	RNA 二级结构预测和分析
RNAtips	http://rnatips.org	分析温度诱导的 RNA 二级结构改变
R3D Align	http://rna.bgsu.edu/r3dalign/	核酸比对 RNA 3D 结构
Ridom	http://www.ridom.de/	临床相关的细菌的核糖体 RNA 分析
tRNAscan-SE	http://lowelab.ucsc.edu/tRNAscan-SE/	tRNA 识别及二级结构预测
FindtRNA	http://www.bioinformatics.org/findtrna/FindtRNA.html	识别 tRNA 基因
Rfam	http://rfam.sanger.ac.uk/	RNA 家族信息
mirTools	http://centre.bioinformatics.zj.cn/mirtools/	miRNA 分析工具
MiRPara	http://159.226.126.177/mirpara/cgi-bin/form.cgi	基于 SVM 预测可能的 miRNA 编码区域
miR-BAG	http://scbb.ihbt.res.in/presents/mirbag/seq_scan.php	由二代测序数据预测 miRNA
MiRscan	http://genes.mit.edu/mirscan/	基于序列保守性进行 miRNA 识别
FOLDALIGN	http://foldalign.ku.dk/server/index.html	基于轻量级的能量模型和序列相似性实现折叠和排列 RNA 结构
CONTRAfold	http://contra.stanford.edu/contrafold/	二级结构预测
Radar	http://datalab.njit.edu/biodata/rna/RSmatch/server.htm	多种 RNA 结构分析
ARTS	http://bioinfo3d.cs.tau.ac.il/ARTS/	RNA 三级结构比对，探测两核酸序列未知共同亚结构
CopraRNA	http://rna.informatik.uni-freiburg.de/CopraRNA/	调控 RNA 靶基因预测

基因组中除了蛋白和 RNA 基因外还有很多其他的序列片段，特别是真核生物中，基因序列长度仅占 1%左右，更多的是所谓的“junk DNA”。但实际上这些 DNA 片段很可能并不是没用的垃圾而是有重要功能，近年来人们已经在原核和真核生物中发现了大量具有调控功能的 RNA 序列。如真核生物中的 microRNA 可以与特定基因的 mRNA 接合从而影响其翻译表达。microRNA 的识别一般基于序列保守性由已知 microRNA 来发现新序列。如 MiRscan 和 miRseeker。近来，人们提出了一些从头计算的方法来进行 miRNA 预测。这种方法仅根据 miRNA 的内部结构特点进行预测，如折叠的自由能、对称环结构大小以及茎部核苷酸组成比例等。

一种长的非编码 RNA（lncRNA）也在近几年获得了广泛的关注。lncRNA 是一类非编码的，长度大于 200 个核苷酸的多聚腺苷酸 RNA。lncRNA 发挥调控作用的方式非常广泛，如 RNA-RNA 序列特异识别，RNA-DNA 杂交，结构介导的互作，蛋白质介导的互作。转录组分析已经识别了成百上千条基因间区 lncRNA、内含子 lncRNA 和顺式反义 lncRNA。一项整合多种方法的研究分类出了多于 8000 条基因间区 lncRNA。常用的包含 lncRNA 信息的数据库有 LNCipedia、LncRNADisease、noncoding RNA database（ncRNAdb）、lncRNAdb、Rfam、NRED 等。

2. 基因功能确定

在由基因组序列确定出其基本结构单元基因后，下一步就是要确定基因功能。最基本的确定基因功能的方法就是以 BLAST 等工具为代表的序列相似性分析。根据序列相似性，人们可以由已知功能的基因（如大肠杆菌等模式生物中的已知基因）来推测新测序生物中相应基因的功能，进而设计实验进行验证，这个过程常称为基因组注释。通过基因组注释，将无意义的碱基序列转化为具有不同功能的基因的列表。在大部分的数据库中都包含了这种通过序列相似性得到的功能信息。这里还需要特别说明一点，新测序生物中的某一基因并不与已知基因序列完全相同，这决定了两者虽然功能相似但却不会完全相同。例如两者都是编码同一酶催化同一反应，但酶活性却会有差异。而具有特殊性能的酶（如活性更高，耐高温等）的挖掘是生物技术应用研究中的一个重要课题。

在得到基因组序列后，人们可以首先利用表 4-2 中的基因识别软件确定其中的基因，再将这些基因序列与数据库中存储的序列（主要序列数据库都提供 BLAST 搜索分析功能）进行比较，由最相似的序列确定其功能。但要手动完成这些过程会非常费时，因此近年来人们开发了一些一站式基因组分析平台，用户只需提交序列给相应服务网站即可自动完成从基因识别到注释的全部过程，如 RAST、IMG 等（列于表 4-2 中）。需要说明的是由不同网站得到的结果可能会有些差异，这主要是由其采用的基因识别算法、用于序列比对的数据库及用于确定基因功能的具体方法不同造成的。近年来人们提出了一些方法对不同网站得到的结果进行自动化的比较整合，以得到更可靠的结果，但由于基因功能的注释常常是一些描述性的文字而不能标准化，完全依靠计算机程序通过自然语言识别等进行比较非常困难。一般情况下由一个分析平台得到注释结果即可，对于那些功能不是太确定的基因则常常需要通过实验手段来确定其具体功能。

需要注意的是一个新测序基因组中往往有大量的基因其功能是无法通过生物信息学方法确定的，这可能是由于某些基因在已知的序列数据库中无法找到相似序列，或者是虽然有相似序列但该序列的功能也是未知的。即使对大肠杆菌、酵母等模式生物而言，其基因组中亦有上千个基因功能未知。对一些研究较少的特殊环境下的生物其基因组中未知功能基因可能超过一半。除了已经完成基因组测序的生物外（目前已有上千个），自然界中还有更多的微生物是无法从环境中分离出来进行纯培养的，因而也就无法对其进行基因组测序。在这些生物中可能存在更多的未知功能基因。元基因组学就是针对这一问题，直接对包括多种生物的环境样品进行测序，从而得到更多的序列信息以从中发现新的未知基因。可以说目前人类已经确定功能的基因仅仅是地球上丰富的基因组海洋中的冰山一角，通过基因组、元基因组和生物信息学的研究从这一海洋中发掘更多具有特定生物功能的新基因并加以利用是生物资源研究的一个重要目标。

3. 结构分析预测

基因的功能是由其编码的蛋白质的三维空间结构决定的。蛋白质结构的表述能帮助人们阐明结构与功能的关系，因此由蛋白质的氨基酸序列来推测其高级结构也是生物信息学研究中的一项重要内容。一般将组成蛋白质多肽链的线性氨基酸序列称为其一级结构，在此基础上依靠不同氨基酸之间的氢键相互作用形成二级结构，最常见的有 α-螺旋和 β-折叠。一个蛋白质多肽链的不同部分常形成不同的二级结构，而这些二级结构又在三维空间上通过多种相互作用折叠成一个紧密的形态，从而保持其结构的稳定性，这称为三级结构。四级结构指由两条或两条以上的肽链（蛋白亚基）结合在一起形成稳定的蛋白质结构。目前已经有成熟的生物信息学方法对蛋白质二级结构进行预测。但直接由序列来预测三四级结构仍然非常困难，常需要采用分子动力学模拟的方法在超级计算机上进行。目前许多的蛋白质高级结构都是通过 X 射线晶体学方法测量得到的，大多可以通过 PDB 数据库检索得到。根据这些结构信息，人们可以确定与该蛋白质功能相关的关键位点的氨基酸，进而指导设计实验对该位点进行改造以期得到改进的功能。这使得我们不再仅仅局限于从已测得序列中挖掘自然界已有的基因元件，而且可以人工设计新的蛋白质实现新的功能，如提高酶活性，使其利用新的底物，解除反馈抑制等。在前一部分提到了生物信息资源免费共享的特征，但要说明的是基于这些信息设计得到的具有改进功能进而具有工业应用价值的生物元件是受到专利保护的。当一个人设计了一个新的蛋白序列并为之申请专利后，其他人是不能再利用该序列进行商业应用的。蛋白质结构预测常见工具见表 4-4。

表 4-4　蛋白质结构预测常见工具

名称	网址	资源介绍
PHYRE2	http://www.sbg.bio.ic.ac.uk/phyre2/html/page.cgi？id＝index	利用隐马尔可夫模型预测蛋白质三维结构
SWISS-MODEL	http://swissmodel.expasy.org/	全自动蛋白质同源建模
I-TASSER ONLINE	http://zhanglab.ccmb.med.umich.edu/I-TASSER/	蛋白质 3D 建模
LOOPP	http://cbsuapps.tc.cornell.edu/loopp.aspx	根据多个信号进行打分，从而进行折叠识别
ESyPred3D	http://www.fundp.ac.be/sciences/biologie/urbm/bioinfo/esypred/	利用神经网络进行自动的同源建模
3D-JIGSAW	http://bmm.cancerresearchuk.org/～3djigsaw/	利用已知结构同系物构建蛋白质三维结构模型
RaptorX	http://raptorx.uchicago.edu/	根据序列预测蛋白质 3D 结构及功能
QA-RecombineIt	http://iimcb.genesilico.pl/qarecombineit/	蛋白模型的质量评估和重组
Memoir	http://opig.stats.ox.ac.uk/webapps/memoir	基于模板的膜蛋白结构预测
VLDP	http://www.dsimb.inserm.fr/dsimb_tools/vldp	几何学工具分析蛋白质结构
BeEP Server	http://www.embnet.qb.fcen.uba.ar/embnet/beep.php	利用进化信息对蛋白质结构模型进行质量评估
ModFOLD4	http://www.reading.ac.uk/bioinf/ModFOLD/	3D 蛋白质模型质量评估
Cn3D	http://www.ncbi.nlm.nih.gov/Structure/CN3D/cn3d.shtml	观察蛋白质 3D 结构

4.2.1.2　由基因功能到生物系统功能

1. 生物分子相互作用分析

生物系统是一个复杂系统，在细胞内同时存在上千种蛋白质、核酸及小分子化合物，这些组成成分之间通过复杂的相互作用互相影响，使细胞处于不断的动态变化中，最终构成生命。复杂的分子间相互作用是生命的特征，而基因的功能就是通过其与其他基因以及基因编码蛋白之间的相互作用表现出来的。如某些基因编码转录因子蛋白，其可以结合于其他基因上游的转录因子结合位点，进而影响相应基因的转录。通过这种转录因子与 DNA

上特定位点结合形成的转录调控关系构成基因转录调控网络。同时转录因子的活性可能受到其他蛋白质或小分子的影响，由此构成复杂的信号传导网络。由于这种不同类型相互作用的作用机理完全不同，因此并没有统一的方法进行计算预测。表 4-5 中针对不同的相互作用类型给出了常见的生物信息学预测工具。

表 4-5　互作及调控分析常见工具

名称	网址	资源介绍	互作类型
ComiR	http://www.benoslab.pitt.edu/comir/	组合的 microRNA 靶预测工具	RNA（DNA）-小分子相互作用
miRmap	http://mirmap.ezlab.org	综合的 microRNA 靶预测	RNA（DNA）-小分子相互作用
Splign	http://www.ncbi.nlm.nih.gov/sutils/splign	计算 cDNA 与基因组核酸序列比对，可从 NCBI 访问	RNA（DNA）-小分子相互作用
BLISS	http://bliss.biology.yale.edu	可用于识别核糖开关	RNA（DNA）-小分子相互作用
PiDNA	http://dna.bime.ntu.edu.tw/pidna	利用结构模型预测蛋白质-DNA 互作	蛋白-DNA 相互作用
Nucleos	http://nucleos.bio.uniroma2.it/nucleos/	识别蛋白质上的核酸绑定位点的网络工具	蛋白-DNA 相互作用
RBPmotif	http://www.rnamotif.org	发掘 RNA 绑定蛋白的序列和结构偏好	蛋白-DNA 相互作用
PscanChIP	http://www.beaconlab.it/pscan_chip_dev	从 ChIP-Seq 实验测序寻找转录因子绑定位点模体及其关系	蛋白-DNA 相互作用
ProSplign	http://www.ncbi.nlm.nih.gov/sutils/static/prosplign/prosplign.html	计算蛋白与基因组核酸序列比对，可从 NCBI 访问	蛋白-DNA 相互作用
PROMOTER 2.0	http://www.cbs.dtu.dk/services/Promoter/	用神经网络方法确定 TATA 盒、CCAAT 盒、加帽位点（cap site）和 GC 盒（GCbox）的位置和距离，识别含 TATA 盒的启动子	蛋白-DNA 相互作用
PromoterInspector	http://www.genomatix.de/products/PromoterInspector/PromoterInspector2.html	根据启动子区序列的特征进行预测启动子位置	蛋白-DNA 相互作用
BeAtMuSiC	http://babylone.ulb.ac.be/beatmusic	预测突变的蛋白-蛋白绑定亲和性	蛋白-蛋白相互作用
Osprey	http://biodata.mshri.on.ca/osprey/servlet/Index	蛋白质相互作用网络的可视化系统，可以查询，添加自己的数据	蛋白-蛋白相互作用
COBALT	http://www.ncbi.nlm.nih.gov/tools/cobalt	蛋白质多序列比对工具，可从 NCBI 访问	蛋白-蛋白相互作用
MoMA-LigPath	http://moma.laas.fr	模拟蛋白质-配体解绑定	蛋白-小分子相互作用
PhysBinder	http://bioit.dmbr.ugent.be/physbinder/index.php	利用包含生物物理学特性改进预测转录因子绑定位点	蛋白-小分子相互作用
LISE	http://lise.ibms.sinica.edu.tw	利用配体互作和位点富集的蛋白质三角形态预测配体绑定位点	蛋白-小分子相互作用
FunFOLD2	http://www.reading.ac.uk/bioinf/FunFOLD/FunFOLD_form_2_0.html	预测蛋白-配体互作	蛋白-小分子相互作用

2. 生物网络构建与分析

生物作为一个有机整体，其功能是通过各种分子相互作用构成的复杂网络体现出来的。理论上通过上一节介绍的方法预测出细胞内各种相互作用就可以得到细胞的整体网络，但由于存在数据局限性、方法准确度不高、某些方法对计算要求很高等问题，目前还很难直接由基因组信息通过计算得到整体细胞网络。唯一比较成熟的方法是代谢网络的构建。代谢网络是由细胞中的酶催化反应构成的物质转化网络，例如基因 A 编码一个酶催化代谢物 M1 转化为 M2，而基因 B 编码的酶则将 M2 转化为另一物质，这一系列相关联的酶构成一个代谢途径实现不同生物质间的转化。代谢网络研究与工业生物技术发展密切相关，工业生物技术的关键就是通过代谢网络实现生物转化，将各种可利用的生物资源（糖、淀粉、纤维素及各种有机质）转化为有用的生物产品（各种化学品、生物能源或生物材料），或者将环境废物或有害物质分解转化为无害物质甚至可被重新利用。

代谢网络的构建只需要基因组中的基因功能信息，首先由基因注释确定一特定生物基因组中有哪些编码酶的基因，从而得到其包含的酶的列表，进而可通过酶反应数据库中存储的酶反应信息得到一个反应列表，该反应列表即代表了该生物中可实现的生物转化反应的总和，即其代谢网络。常用的可用于代谢网络构建的酶反应数据库有 KEGG、BRENDA、MetaCyc 等。由这些数据库中的反应信息及酶（常用 EC 号表示）和特定生物中的编码基因关系，可以通过计算程序快速得到多种生物的代谢网络，因此这种方法可称为高通量代谢网络构建。对于新测序的生物由于酶反应数据库中尚未包含其酶-基因关系信息，需要从其基因组注释信息中人工提取出酶列表，再利用数据库中的酶-反应关系进行代谢网络构建。近年来一些提供基因组注释服务的平台如 RAST 也开始将代谢网络构建功能整合进来，用户从而可以直接由提交的序列数据得到相应代谢网络。KEGG 也提供了一个网络构建工具（http://www.genome.jp/kegg/tool/map_pathway.html），允许用户提交由其 KAAS 基因功能注释服务得到的 KO（KEGG orthology）列表得到代谢网络并进行可视化比较分析，但不足的是其并未提供下载功能，不能得到代谢网络中包含的反应列表。

通过上述计算方法仅依据基因注释信息构建得到的基因组规模代谢网络可用于系统水平的网络比较分析和结构分析。在这种分析中常常将代谢网络用图论中图的数学形式表示，以代谢物作为图中的节点，反应作为图中连接节点的边。由于一个代谢反应中常包括多个反应物和多个产物，因此反应和图中的边之间并非一一对应关系。Cytoscape 是目前最常用的一个生物网络图分析软件，不但可用于各种生物网络的可视化和结构分析，还可将各种生物测量数据映射到网络中进行系统比较分析。由于图论表示是代谢网络的一种简化形式，通过网络图分析找出的两种代谢物间的转化途径并不一定有生物学意义，因此对代谢网络进行功能分析和途径优化时人们更多的是采用一种基于代谢网络计量矩阵的通量平衡分析（FBA，flux balance analysis）方法。FBA 在数学上是一种约束最优化方法，计量矩阵、反应不可逆性及允许的输入输出通量是约束条件，某一目的反应速率（如生物质生成或 ATP 生成）的最大化是优化目标。通过约束优化问题的求解得到某种输入（一定的葡萄糖、氧消耗速率等）条件下使目标反应速率最大的代谢网络通量分布，而那些通量不为零的反应即构成最优途径。与基于图论的途径搜索方法相比，FBA 求得的最优途径考虑了代谢反应中的共同底物和副产物，考虑了能量和还原力平衡，求得的最优途径是真正生物学上可实现的途径。由于不同生物代谢网络中包括的反应不同，通过 FBA 分析得到的最优途径也会有很大差异，表现为生成某一特定产物的能力（是否可以生成、得率高低）有很大不同。这些分析结果为应用代谢工程技术对细胞代谢网络进行改造提供了指导。如可以通过引入外源基因使细胞生成某一代谢产物或利用新的底物，或以高效代谢途径代替其本身的低效途径，从而实现生物资源的最大化利用。表 4-6 中列出了目前常用的一些进行代谢网络分析特别是 FBA 分析的工具和软件。

表 4-6 代谢网络分析常见工具软件

名称	网址	资源介绍
Cytoscape	http://www.cytoscape.org/	基于代谢网络图的可视化、结构分析及生物数据映射
COBRA	http://opencobra.sourceforge.net/	基于 MATLAB 和 Python 的 FBA 分析工具包
CellNetAnalyzer	http://www2.mpi-magdeburg.mpg.de/projects/cna/cna.html	MATLAB 工具包，FBA 分析和基元模式分析
SBRT	http://www.ieu.uzh.ch/wagner/software/SBRT/	图论分析及 FBA 分析
OptFlux	http://www.optflux.org/	FBA 分析和基因敲除靶点预测
FASIMU	http://www.bioinformatics.org/fasimu/	FBA 分析，可整合代谢组学数据，考虑热力学平衡
Biomet Toolbox	http://biomet-toolbox.org/	在线 FBA 分析，组学数据分析

点评（点评人：欧江涛）

生物信息资源作为新形态生物资源和信息经济资源，是当代重要的战略资源。主要指生物、环境与社会在相互联系和相互作用中所产生的一切信息资源，重点包括生命活动过程中的生物分子、无机与有机离子及其化合物的序列、结构和功能研究。其中，整合系统生物学分析策略，利用现代多学科技术，结合众多开源软件和数据库，重点分析基因、蛋白等生物分子的序列、结构、相互作用及功能，已成为当前生物信息资源分析的主要内容之一。但是，中国生物信息资源的开发与利用现阶段存在诸多问题，如许多数据时效性不足与重复无序、生物信息资源的共享困难、存在大量冗余信息或虚假信息、信息二次或多次开发利用和深加工不足、存在重大价值和核心技术缺乏完善的知识产权保护等。

4.2.2 生物信息资源的组学方法与技术①

4.2.2.1 生物信息资源的基因组学技术

1. 基因组、基因组学的概念及分类

随着人类基因组计划的完成，生命科学研究已步入了后基因组时代。基因是决定一定功能产物的 DNA 序列，是遗传的结构和功能单位。所有生命体都拥有一套独特的基因组，它包含了该生命体借以构建和维系其生命形式的全部基因信息，以 DNA 为载体的基因组信息可以编码出各种各样的蛋白质，这些蛋白质又可直接参与诸如细胞代谢、转录、翻译、细胞防御、信号转换、细胞生长等众多的生命过程。什么是基因组？即所有生命都具有的控制其生长与发育、维持其结构与功能所必需的遗传信息，生物体一个单倍体细胞中所具有的携带遗传信息的遗传物质总和称为基因组，其主要包含细胞核内的核基因组和细胞质

① 该部分作者为欧江涛。

内的细胞器基因组如线粒体基因组和叶绿体基因组等。目前，基因组的主要研究内容包括新的全基因组碱基序列的测定和在全基因组范围内鉴定那些在不同水平上影响生命活动的基因群的功能和相互作用。

基因组学则是由美国科学家 Thomas H. Roderick 在 1986 年提出的，是指对所有基因进行基因组作图（包括遗传图谱、物理图谱和序列图谱）、核苷酸序列分析、基因定位、基因功能研究的一门科学，也即是以分子生物学技术、计算机技术和信息网络技术为研究手段，以生物体内全部基因为研究对象，在全基因背景下和整体水平上探索生命活动的内在规律及其内外环境影响机制的科学。众所周知，生物系统是高度自组织的、复杂的内环境平衡系统，任何系统都具有结构和功能两个最基本的特征，因此可根据生物系统特征，把基因组学分为结构基因组学和功能基因组学；可根据与其他科学学科的关系，把基因组学分为基础基因组学和应用基因组学；可根据所研究生物体的种类，把基因组学分为植物基因组学、动物基因组学、人类基因组学和微生物基因组学（图 4-4）。

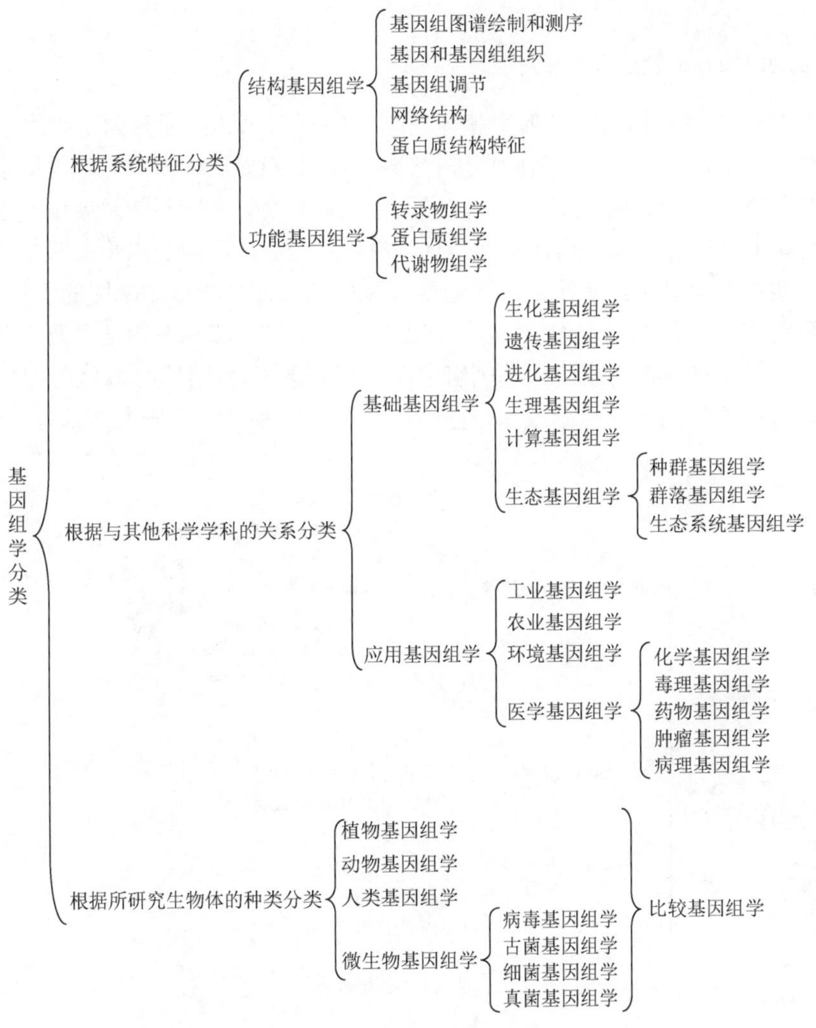

图 4-4　基因组学的分类图

对于不同类型的基因组学来说，其含义与研究内容各不相同，现对部分基因组学含义概括如下：结构基因组学是指基因、蛋白质和其他生物大分子的泛基因组结构，研究包括基因组图谱绘制与测序，泛基因组的蛋白质结构描述与预测；功能基因组学则是指利用泛基因组方法在系统水平上对生物系统功能如生物化学功能、细胞功能和发育功能等各方面的研究，其间应将大量一定规模的试验方法与统计分析、数学建模和实验结果的计算分析结合起来，并将基因组序列与生物学功能联系起来；环境基因组学是在人类基因组基础上发展的功能基因组内容之一，由基因组学和环境科学交叉融合而成，是一个近期发展起来的新型边缘学科，是基因组学技术和成果在环境污染保护与控制、生态风险评价中的应用；肿瘤基因组学是在人类基因组学的基础上，寻找癌相关基因组及遗传序列，筛选及检测肿瘤特异性或相关性表达，判断基因间相互关系，并比较个体之间基因差异，帮助确定肿瘤分级与分期的科学；药物基因组学是利用人类基因组学研究方法和技术，研究不同人群（个体）基因组遗传学差异及其对药物反应的影响，以促进新药开发和临床个体化用药的科学。

2. 基因组学的相关技术及应用

基因组学的总体目标是通过使用整体基因组序列信息和高通量的基因组技术对生物系统的结构、功能和进化的分子基础等进行分析，为人们提供全面的对基因组水平的理解和对基因功能与调控网络的理解。为了完成这个艰巨任务，人们不断发展出一系列的方法技术，通过与生物信息学和大数据挖掘工具等有机结合，从不同的水平上对生物系统进行综合分析；也即在全基因组水平上，高通量大规模地动态分析多种基因的表达及其调节、基因及其表达产物之间的相互作用，以及在不同层次、静态和动态相结合及主动干预下基因作用对生物功能的影响。现阶段基因组学研究技术繁多，概括起来可分为DNA多态性分析技术、基因表达的差异显示技术、基因芯片技术和基因功能研究技术等（图4-5）。

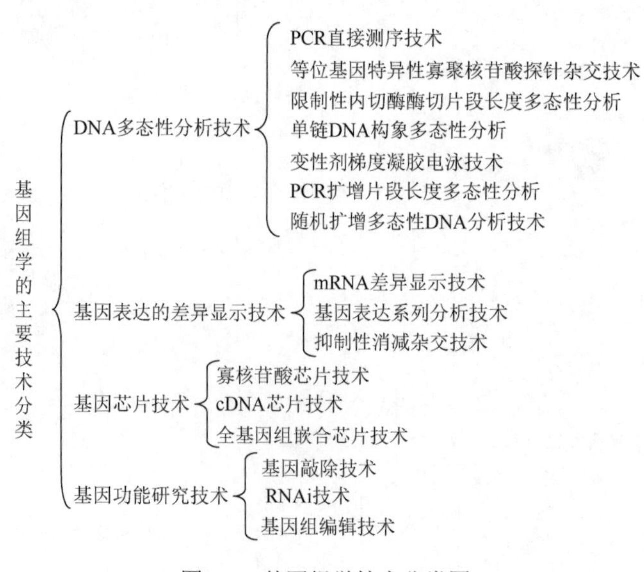

图4-5　基因组学技术分类图

就 DNA 多态性分析技术而言，主要包括以下类型：①PCR 直接测序技术，就是将目的基因克隆到载体中，感染宿主细胞复制扩增，再直接将 PCR 产物进行测序，该法简单、成本低廉，已被广泛应用于 DNA 测序。②等位基因特异性寡聚核苷酸探针杂交技术，即将待测样品点样到薄膜上，经过变性、固定后，再在含有标记探针的杂交液中进行杂交，该方法仅适用于已知 SNP 多态性位点或基因点突变位点的检测。③限制性内切酶酶切片段长度多态性分析，不少 DNA 多态性或基因点突变发生在限制性内切酶的识别位点上，使原酶切位点消失或新的酶切位点形成，酶切片段的电泳迁移率也随之出现差异，该技术只适用于特定位点、特定变异类型的 SNP 多态性位点或基因点突变位点的检测。④PCR 扩增片段长度多态性分析，根据卫星 DNA 的两侧 DNA 序列，设计上下游引物，扩增该段 DNA 序列之后，采用不同浓度和长度的凝胶板对 DNA 序列进行聚丙烯酰胺凝胶电泳，运用放射自显影或硝酸银染色，可检测出多态性。但要想知道多态性的具体位点和内涵，还是需要 PCR 直接测序。

就基因表达的差异显示技术而言，主要包括以下类型：①mRNA 差异显示技术，主要针对同种细胞，通过控制环境变量，比较发现差异表达的基因，虽然该方法具有迅速、操作简单、灵敏度高、可同时比较多种样品等优点，但假阳性率高，重复性差，工作量大。②基因表达系列分析技术，由每种转录物的指定位点上的 9 个碱基序列作为特征标签，使其能够涵盖所有的转录物，它无须提前知道样品基因组的情况，便能直接读出任何一种类型细胞或组织的基因表达信息，是一种高效的工具。③抑制性消减杂交技术，是以抑制性 PCR 和消减杂交技术为基础的一种寻找差异基因的方法，它具有特异性较高、操作简单、成本低廉的优点，是一种高效、便捷鉴别差异表达基因的新方法，但该方法也有其不足之处，每次只能对两个样品进行杂交，且样品差异不宜太大。

基因芯片技术：其理论基础是利用核酸杂交的原理检测未知分子，在硅片、玻片等固相载体上按特定排列方式固定大量核酸探针，与标记的待检样品进行杂交，通过检测标志物信号得到杂交结果，利用计算机分析从而获得大量生物信息，主要包括寡核苷酸芯片技术和 cDNA 芯片技术两大类。

自人类基因组计划完成后，基因功能的研究已经成为另一项重大课题，通过改变某个基因的表达，观察对其他基因及表型的影响，其中基因敲除技术、RNAi 技术使用较为广泛。①基因敲除技术：它是将该基因去除或替换为其他基因的人工突变技术，然后从整体观察实验动物，推测相应基因的功能，该技术具有专一性强、能够稳定遗传的特点，但始终存在着一个重大缺陷，不一定能获悉敲除基因对应的功能。②RNAi 技术：即是利用 dsRNA 通过与互补的 mRNA 结合，促进其降解，而细胞特定的基因表达下调。RNAi 是一种有效、快捷和成本相对低廉的基因功能研究手段，但其仍然存在许多问题，如 RNAi 不能在所有的细胞和基因中均适用，且不具备遗传性。

4.2.2.2　生物信息资源的转组学技术

1. 转录组、转录组学的概念及意义

目前基因组测序的数据已经可以用浩如烟海来形容，截至 2016 年 7 月，美国 NCBI

生物数据库统计显示，已经完成全基因组的测序工作的细菌基因组有 28 579 种，病毒基因组有 4161 种，真核生物基因组为 8018 种。接下来需要解决的问题是这些基因序列有什么功能、它们参与了怎样的生命过程、基因的表达是如何调控的、基因与基因产物之间的相互作用是怎样的，以及基因在不同生理状态下的表达水平有什么差异等，这些是功能基因组学要解决的问题，其中转录组与转录组学就是重要的功能研究领域之一，已取得较大进展。

转录组广义上指一定生理条件下，某个物种或者特定细胞内所有转录产物的集合，包括 mRNA 和非编码 RNA（rRNA、tRNA 和其他 ncRNA）；狭义上指所有 mRNA 的集合。其中，mRNA 是指编码蛋白的信使 RNA 序列，负责将基因的遗传信息传递给行使生物学功能的蛋白质。现今转录组分析的主要目标是：对所有的转录产物进行分类，确定基因的转录结构，如起始位点、5′与 3′末端、剪接模式和其他转录后修饰，并量化各转录本在发育过程中和不同条件下（如生理/病理）表达水平的变化。转录组研究则是以基因功能及结构研究为基础和出发点，了解转录组是解读基因组功能元件和揭示细胞及组织中分子组成所必需的，并且对理解机体发育和疾病具有重要作用。我们通过分析转录组，可高通量地获得基因表达的 RNA 水平有关信息，可以揭示基因表达与一些生命现象之间的内在联系。据此，我们可以高通量表征细胞生理活动规律，确定细胞代谢特性，进而对细胞进行修饰改造。转录组已经被广泛应用于生物学、医学、农学等许多领域。

转录组学作为功能基因组学的重要组成部分，是研究特定细胞、组织或器官在特定生长发育阶段或某种生理状况下所有转录本的科学，是一门在整体水平上研究细胞中基因转录的情况及转录调控规律的学科。其中，大规模基因表达分析是转录组学研究的核心，它能够直接揭示参与特定生命过程的基因及其状态的变化，是从 RNA 水平研究基因表达的情况。转录组学研究是基因结构及功能研究的基础和出发点，能够从整体水平揭示特定生物学过程以及疾病发生过程的分子机理。由于转录组学重点研究目标生物体一个细胞或某个组织在特定时间下的 mRNA 水平条件下的基因表达情况，因此它既可以提供全部基因的表达情况，又可以反映基因蛋白互作的信息情况。现今，转录组学的研究方法已改变了传统的单基因研究模式，将基因组学研究带入了高速发展的时代。

2. 转录组学的相关技术及应用

由于转录组学是高通量、大规模的研究生命过程中一系列基因的整体转录机理的科学，故而需要有大量已知的基因序列和转录本序列，同时对研究对象的基因组背景需要有全局性的了解。表达序列标签技术（EST）和基因芯片技术（Microarray）是较早发展起来的大规模获取基因序列和转录信号的技术，理所当然地成为转录组学研究的先驱技术，另外还有高通量的基因表达系列分析技术（SAGE）、大规模平行测序技术（MPSS）和 RNA 测序技术（RNA-seq）等，尤其是 RNA 测序技术在今天应用最为广泛。现就这几种技术平台工作流程进行概括，如图 4-6 所示。

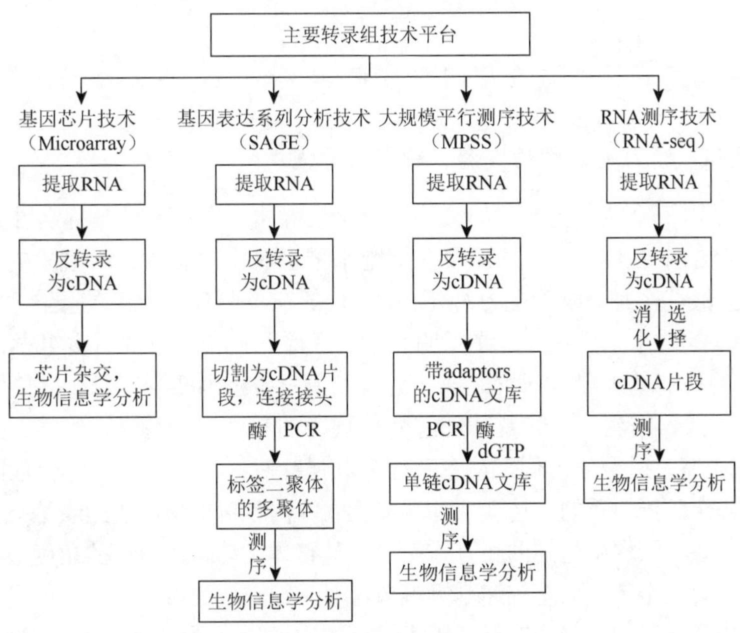

图 4-6　主要转录组技术平台工作流程示意图

各种转录组技术平台已广泛应用于转录组学研究中，但各具特点，现将上述几种方法的优缺点概括如下：基因芯片技术优点包括高特异性、低成本、快速、样品制备简单、技术成熟等；缺点为限于已知序列，敏感度有限，前期工作基础要求较高，难检测出异常转录产物、低丰度目标和重复序列。基因表达系列分析技术（SAGE）和大规模平行测序技术（MPSS），它们的优点包括数字化信号，可识别新的序列，不需任何基因序列的信息，能够全局性地检测所有基因的表达水平，高度敏感性，序列独立性等；缺点为产生碱基偏向性，短标签导致的模糊序列，需要全面的数据库作为参考，成本高，样品制备复杂。RNA 测序技术（RNA-seq）的优点包括数字化信号，灵敏度高，检测范围更广，重复性好，对低表达基因的检测更准确，并且可以定量确定转录水平和避免了亚克隆过程中引入的偏差等；缺点为成本高，样品制备复杂，受生物信息学工具的限制。

现阶段，转录组学已在许多领域中的应用，主要包括以下几个方面：在代谢工程领域，通过转录组分析可对动植物、微生物的细胞特性进行改造；在生物免疫学领域，通过转录组分析可以研究动物在细菌、病毒和寄生虫感染前后一些免疫相关基因的差异表达、筛选抗性分子标记等，从而大大降低产业的经济损失；在发育生物学领域，运用转录组学技术开展生物体从精子和卵子发生、受精、发育、生长到衰老、死亡的过程及其机理研究，为治疗生物重大疾病奠定基础；在进化生物学领域，生物遗传进化和对环境的适应性一直以来都是研究热点，运用转录组学技术可以在没有参考基因组数据的背景下研究生物体在不同状态下基因的差异表达情况，进而可以深入地研究生物的遗传进化和环境适应性的分子基础；在生物毒理学领域，运用转录组学技术可以在分子水平上研究生物响应污染物毒性相关基因的差异表达，进一步从基因水平阐述污染物对生物的内在毒性机制，进而达到预测、预防和消除污染物对环境的破坏和对生物体的毒害的目的。

4.2.2.3　生物信息资源的蛋白质组学技术

1. 蛋白质组、蛋白质组学的概念、种类及意义

蛋白质组是由一个特定样品（如细胞、组织或机体）的基因组在特定时间和空间上所表达的完整生物的全套蛋白质，且需要在细胞水平上对蛋白质进行大规模的平行分离、筛选与分析，往往要同时处理成千上万种蛋白质，目的在于归类细胞中的蛋白质的整体分布，鉴定并分析感兴趣的个别蛋白，最终阐明它们的关系与功能。而蛋白质组学作为后基因组学时代最重要的功能基因组学研究之一，则是以蛋白质组为研究对象，从整体水平研究细胞内蛋白质的组成、结构、功能及其动态变化规律的科学，与医学、化学、物理学、信息学以及现代技术等关系十分密切，具有高通量、强针对性、系统性和整合性的特点。其旨在阐明生物体内全部蛋白质的表达模式和功能模式，内容包括蛋白质的表达与存在方式、结构与功能，以及各个蛋白质之间的相互作用等，从整体、动态、定量的角度去研究对应蛋白基因的功能，主要集中于：动态描述基因调节，对基因表达的蛋白质水平的定量测定，鉴定疾病、药物对生命过程的影响和解释基因表达调控的机制。蛋白质组学已成为当今生命科学中的前沿学科，研究范围极为广泛，涉及从微生物到动植物等众多物种及其组织与器官。

目前，蛋白质组学根据研究范畴侧重点不同，主要分为表达蛋白质组学、细胞谱蛋白质组学和功能蛋白质组学（表 4-7）。

表 4-7　蛋白质组学的主要研究类型

主要研究类型	研究内容要点	重要应用
表达蛋白质组学	整体研究蛋白质表达的变化 整体测定蛋白质表达丰度	寻找疾病诊断标志物 筛选药物作用靶点 毒理学研究
细胞谱蛋白质组学	蛋白质的细胞内运输 蛋白质间的相互作用	蛋白质在细胞中的位置 确定蛋白质的功能
功能蛋白质组学	研究细胞内特定的一群蛋白质	蛋白质参与疾病调控的研究 筛选药物靶点进行药物开发

表达蛋白质组学（也称定量调节蛋白质组学）：作为目前蛋白质组学的研究重点之一，在整体水平上研究生物体蛋白质表达的变化，是对细胞或组织中蛋白质表达丰度的反映，对寻找疾病诊断标志、筛选药物靶点、毒理学研究等有重要作用。

细胞谱蛋白质组学：旨在研究蛋白质在细胞内的行为、运输和相互作用，为研究蛋白质功能发挥作用，其研究内容主要包括：系统地鉴定蛋白质复合物，明确细胞组成情况，确定蛋白质在细胞中的位置（亚细胞定位），通过纯化细胞器或分离蛋白质复合物，来系统地研究蛋白质-蛋白质、蛋白质-核酸和蛋白质-小分子及其复合物之间多水平的相互作用。

功能蛋白质组学：是介于传统蛋白质研究（针对个别蛋白质）和蛋白质组研究（以全部蛋白质为对象）之间的层次，是一个相对较新的研究方向，它可直接进行大规模蛋白质功能测定，主要研究细胞内与某种条件下的一群蛋白质或特定时间、特定环境和实验条件

下基因组活跃表达的蛋白质群体，其中功能蛋白质芯片的发展，使得其能用简单的方法进行高通量的功能分析与研究。

现阶段，蛋白质组学在基础研究、人类疾病研究及药物开发中具有重要作用。在生命科学的基础研究方面：可用来研究某个细胞的蛋白质组及其蛋白质的折叠与修饰，帮助构建亚细胞结构的完整的分子图，深入探索基因和蛋白质关系的本质。在疾病研究方面：疾病的发生往往与蛋白质数量、结构和性质的异常密切相关，可通过对蛋白质组的定量研究，分析各蛋白质的变化及表达量化谱，在分子水平上对有关疾病进行早期诊断，为后续治疗提供有力支撑。在药物开发方面：在病理状态下表达异常或特异性表达的蛋白质，以及细胞信号传递通路中的关键性蛋白，都可能作为药物设计与发现的靶分子，同时还可通过对病原微生物蛋白质组的研究来发现对药物敏感的蛋白质，为新的抗生素筛选提供更合理的靶点。

2. 蛋白质组学的相关技术及应用

蛋白质组学的发展，既由技术所推动同时也受技术所限制。由于蛋白质组学研究具有高通量、强针对性、系统性和整合性特点，因而需要相应的方法学与技术支撑，它的研究成功与否，很大程度上取决于所用蛋白质组学技术方法水平的高低与优劣。因此，发展高通量、高灵敏度、高准确性的研究技术平台是现在乃至相当一段时间内蛋白质组学研究中的主要任务。现阶段，国内外蛋白质组研究进展十分迅速，如我国近年来已在蜘蛛毒素蛋白质组、磷酸化蛋白质组、卵母细胞与早期胚胎蛋白质组、肝脏纤维化蛋白质组和分枝杆菌耐药的蛋白质组等方面开展了研究，相关成果可加深人们对肝脏生理和病理机制、动物发育与生殖机制和细菌耐药性机制等的认识，具有一定的参考价值。随着蛋白质组学研究的不断深入，蛋白质组技术也越来越多，所有能够用于蛋白质研究的技术和方法都能够用于蛋白质组研究，各种方法都有其相应的适用范围和各自的优缺点。

常用的蛋白质组学技术主要包括两大类型：“自下而上”（bottom-up）技术和“自上而下”（top-down）技术（表 4-8）。其中，“自下而上”技术是将蛋白质酶切为肽段后通过测定肽段的分子质量或序列而实现蛋白质的鉴定，是最常用、应用最广泛的蛋白质组学技术，基于双向电泳分离的蛋白质组技术和基于二维液相色谱分离的蛋白质组技术即属于该种方法。而“自上而下”技术指蛋白质的鉴定不需要对蛋白质进行酶切，而是直接测定整体蛋白质的分子质量和部分序列，需要非常昂贵且技术复杂的傅里叶离子回旋共振变换质谱（FT-ICR MS）完成，因此该技术的应用仍受到一定的限制。近年来涌现出蛋白芯片技术和悬浮蛋白芯片等新技术，是一种高通量、微型化和自动化的研究蛋白和蛋白、蛋白和 DNA 或 RNA、蛋白和小分子等相互作用的技术方法。

表 4-8　蛋白质组学的重要技术类型

技术类型	技术要点	主要用途
基于双向电泳分离的蛋白质组技术	①双向电泳技术 ②胶内酶切技术 ③肽质量指纹谱技术 ④电喷雾串联质谱测序技术 ⑤数据库检索	最常用的方法 蛋白质的分离 蛋白质鉴定

续表

技术类型	技术要点	主要用途
基于二维液相色谱分离的蛋白质组技术	①蛋白质组酶切 ②一维强阳离子交换色谱分离 ③二维反相高效液相色谱分离 ④电喷雾串联质谱测序技术	全谱蛋白质鉴定 鉴定部分低丰度蛋白质以及疏水性、酸碱性蛋白质
蛋白芯片技术	①探针蛋白的制备 ②固相载体选择及其表面化学处理 ③探针蛋白在载体上的固定 ④样品检测和结果分析	生物学标志物的检测 生物分子间相互作用 药物靶标及作用机制研究

目前，基于双向电泳分离的蛋白质组技术，是最经典和应用最广泛的蛋白质组学技术，其实验流程为：首先通过双向电泳分离蛋白质，然后经胶内酶切为肽段，随后提取肽段进行基质辅助激光解吸电离飞行时间质谱检测获得肽质量指纹谱，最后进行数据库检索。该实验流程包括 4 个关键技术：①双向电泳技术，即根据等电聚焦原理将蛋白质在 pH 梯度胶中分离，经平衡后用 SDS-PAGE 电泳再次分离，染色后进行图像分析；②胶内酶切技术，即用胰蛋白酶将胶内蛋白点切成肽段，将其提取出来进行质谱分析；③MALDI-TOF-MS 的肽质量指纹谱技术，即将酶切肽段先用 MALDI-TOF-MS 进行质谱测定，得到肽质量指纹图（PMF），再用 PMF 进行数据库检索；④电喷雾串联质谱测序技术，酶切肽段在线脱盐后经毛细管液相色谱柱分离，然后根据离子强度和带电荷状态自动进行 MS 和 MS/MS 分析，测序后的数据进行数据库检索。

而基于二维液相色谱分离的蛋白质组技术是蛋白质组学研究中另一种常用的策略，又称“shot gun”技术，主要用于全谱蛋白质鉴定。该技术的实验流程为：首先将蛋白质组酶切（通常用胰蛋白酶），然后将混合段经一维强阳离子交换色谱分离，分离后的每一个组分再经二维反相高效液相色谱（RP-HPLC）分离，然后经电喷雾串联质谱分析、数据库检索而鉴定蛋白质。与基于双向电泳技术相比较，二维液相色谱分离的是酶切后的肽段而不是蛋白质本身，该技术在一定程度上克服了基于双向电泳的蛋白质组技术的缺陷，能够鉴定部分低丰度蛋白质、疏水性蛋白质、酸性及碱性蛋白质。

蛋白芯片（又称蛋白微阵列）是指把制备好的已知蛋白质样品（如酶、抗原、抗体、受体、配体、细胞因子等）固定于经化学修饰的玻璃片、硅片等载体上，蛋白质与载体表面结合，同时仍保留蛋白质的物理化学性质，能够快速并且定量分析大量蛋白质，相对于传统的酶标 ELISA 分析，蛋白芯片采用光敏染料标记，灵敏度高、准确性好。主要包括两个步骤：第一，探针蛋白的制备，选用某些特定的抗原、抗体、酶和受体等作为蛋白芯片的探针，单克隆抗体是比较好的一种探针蛋白；第二，固相载体的选择及其表面化学处理，制作蛋白芯片的载体材料应符合载体要求，根据实验需要确定厚度、形状、空隙率和电阻率，载体需活化表面的活性基团以固定生物分子。目前，蛋白质芯片的种类很多，主要有蛋白微阵列、三维凝胶块芯片、微孔板蛋白芯片、分子扫描技术或质谱成像法。

4.2.2.4　生物信息资源的宏组学技术

1. 宏组学相关概念与意义

当今是“生命组学”的大发现时代，多种组学交叉与整合研究模式，较大地推动了微生物功能基因组学的研究，尤其是可以对非培养微生物如许多环境微生物的种群组成进行分类鉴定与功能分析，宏组学及其技术应运而生。作为组学的重要一支，宏组学包括宏基因组学、宏转录组学、宏蛋白质组学和宏代谢组学。

宏基因组学：是指从实验室中可培养或无法培养的微生物中获得总基因组 DNA 信息的研究，即试图通过测序并分析微生物群落的 DNA 序列，以理解混杂微生物的组成及其与所处环境的交互作用。宏基因组学革命性地改变了微生物学，使得在非培养条件下研究混杂微生物群落成为可能。

宏转录组学：是研究在某一特定环境、特定时期混杂微生物的全部基因组的转录情况及调控规律，从转录水平研究复杂微生物群落变化，了解环境总 RNA 的信息，挖掘潜在的新基因及这些基因的时空表达情况。

宏蛋白质组学：指环境混杂微生物群落中所有生物的蛋白质组总和，从微生物生命活动直接相关的蛋白质角度探究环境混杂微生物群落的蛋白质组成与种类，反映生物代谢活动，跟踪新功能基因、代谢途径中特征性和功能性蛋白质，可以整体把握混杂微生物的功能及其动态。

宏代谢组学：指环境混杂微生物群落中所有生物的代谢产物的总体信息，包含一系列不同类型的生物分子，比如肽、碳水化合物、脂类、核酸和催化产物等，可为代谢物含量变化与生物表型变化建立直接相关性。

总之，宏基因组学体现了“混杂基因组 DNA 是什么”，而宏转录组学体现了“相关基因如何表达调控”，宏蛋白质组学体现了“蛋白质如何发挥功能”，宏代谢组学体现了“分子代谢如何表征”，将 4 种“组学”有机地结合起来，可对不同环境非培养条件的微生物资源进行全面研究，极大地丰富人类对微生物的认识（图 4-7）。

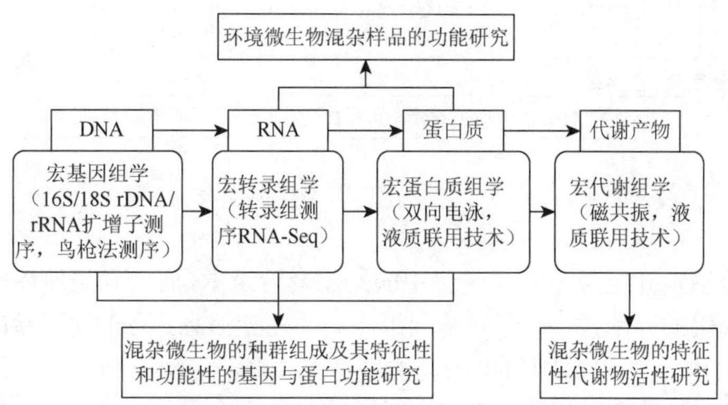

图 4-7　微生物各种“宏组学”之间的联系及研究示意图

2. 宏组学的相关技术及应用

当前已进入后基因组学时代，随着高通量测序技术和生物信息学平台的发展与广泛使用，以及测序成本的明显下降，宏组学技术得到长足的发展，形成了涵盖宏基因组学、宏转录组学、宏蛋白质组学和宏代谢组学的宏组学技术，在研究海洋湖泊、深海热泉、人体肠道、牛瘤胃生境、森林土壤与堆肥生境等环境中微生物群落的多样性、结构与潜在基因功能等方面已显露头角，展现出强大的生命力。

宏基因组学致力于混杂微生物的种群组成分析、分类鉴定与丰度确定，主要包括两种方法——扩增子测序和鸟枪法测序。

扩增子测序：是指通过对富含特征信息的基因序列，大多为系统发育标记基因（16S/18S rDNA 和 16S/18S rRNA 等），进行 PCR 扩增和测序分析；其中利用 16S rRNA 开发微生物种群鉴定的系统发育标记，开辟了宏基因组学的新时代，由于其易于 PCR 扩增和测序，这种方法在监控微生物种群变化时特别有效；尤其是深度测序的利用，通过对混杂微生物基因组一段区域多次测序，产生大量序列信息，使得复杂种群中丰度极低成员的检测成为可能。

鸟枪法测序：即宏基因组测序，指从微生物种群中提取出的 DNA 通过随机片段化处理后进行测序；该方法捕获了种群中所有生物的完整基因组，它提供了细菌种群中存在的基因信息，无须组装单个细菌基因组。

总之，这些方法提供了不同类型的信息，每个都有其独特的优点和缺点，相互有机配合能全面地对生境中动态微生物种群组成、分布及其变化进行研究，是解析微生物群落中物种多样性及其基因潜力的有力手段（图 4-8）。

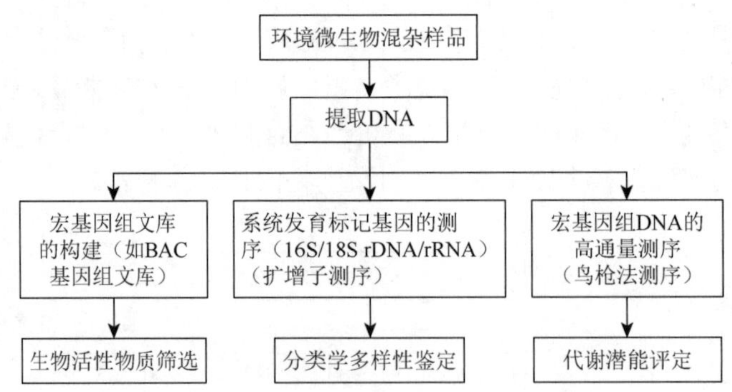

图 4-8　宏基因组学技术流程图

宏转录组是鉴定并定量一群微生物中的一整套转录本，而转录组测序的信息可通过序列比对建立与基因的匹配关系，无须基因组序列的先验信息，易于发现新的转录本和遗传特征（基因挖掘），易于对基因组中的功能域进行注释，能更好地区分基因的高水平和低水平表达，基因挖掘已成为此技术中发展最快的应用方向之一。宏转录组学分析的一般策略为：样品采集，总 RNA 提取，反转录合成 cDNA，cDNA 文库构建与测序（图 4-9）。

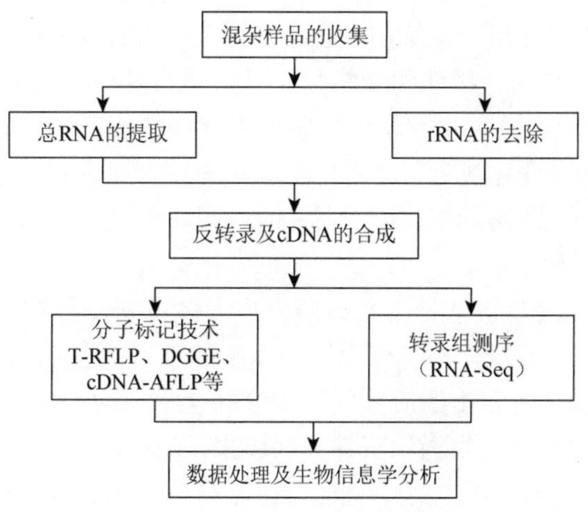

图 4-9　宏转录组技术流程图

宏蛋白质组通过非标记的方法鉴定出生物化学过程中的蛋白质，揭示这些蛋白质的组成与丰度、蛋白质的不同修饰、蛋白质和蛋白质之间的相互关系，再用反向遗传学推测出相应基因信息，最终开发 DNA/RNA 探针，探索复杂环境中相关微生物群体功能，作为微生物群落功能的直接表征，能够全面认识微生物群落的发展、种内相互关系、营养竞争关系等。宏蛋白质组学分析的一般策略为：样品收集，总蛋白质提取，富集蛋白的分离，蛋白酶解形成混合肽段样品，经液相色谱分离和质谱鉴定（图 4-10）。

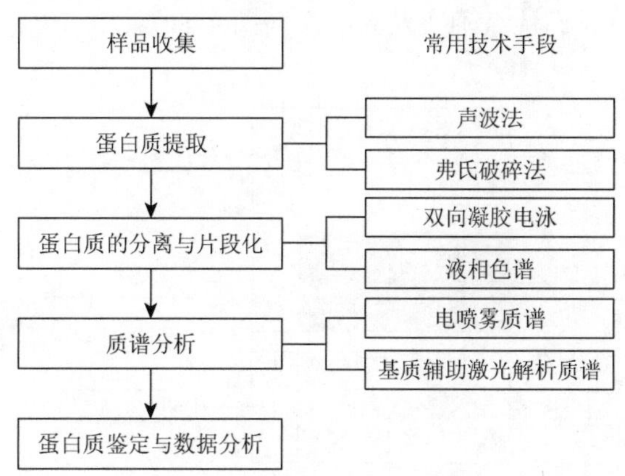

图 4-10　宏蛋白质组技术流程图

4.2.2.5　生物信息资源的代谢组学技术

1. 代谢组、代谢组学的概念及意义

代谢组（metabolome）这个概念最初由 Oliver 等在系统分析酵母基因组各基因的功能时提出，主要通过测量由基因缺失或过表达而引起的代谢产物浓度的相对变化来完成对各

基因的功能分析。代谢组是指一个细胞、组织或器官中的所有内源性小分子代谢产物的集合，它包括分子大小、结构、极性和功能都各不相同的多种小分子化合物（如肽、脂类、氨基酸和糖等），是细胞内各种生物学途径和代谢过程的终产物，直接反映了生命活动的整体状态、功能及其动态变化过程，主要利用磁共振技术和模式识别方法对生物体液或组织进行系统测量和分析。在实际工作中，更多的人倾向于把代谢组局限于某一生物或细胞中所有的低分子质量代谢产物。

什么是代谢组学？代谢组学是指系统研究生命体在新陈代谢过程中所产生的代谢产物的组成和变化规律，揭示机体新陈代谢活动本质的学科，这种组成和变化规律反映了机体对各种内外因素的刺激所做出的所有代谢应答的全貌和动态变化过程。研究者可通过将代谢信息与病理生理过程中的生物学事件关联起来，从而确定发生这些变化的靶器官和作用位点，进而确定相关的生物标志物；同时，还可对单个细胞或一种细胞类型中所有的小分子成分和变化规律及其功能进行度量。因此，代谢组学方法为生命科学的发展提供了有力的现代化实验技术手段。

在后基因组时代，作为系统生物学的具体体现，各种"组学"如基因组学、表观基因组学、进化基因组学、转录组学、RNA 组学、蛋白质组学、表型组学和代谢组学等研究在生命科学领域中发挥其各自的作用，相互配合，有机统一，分别从调控生命过程的不同层面自上而下或自下而上地进行研究，使人们能够从分子水平研究生命现象、探讨生命的本质，逐步系统地认识生命发展的规律。其中，基因组学和蛋白质组学是从基因和蛋白质层面探寻生命的活动，作为系统生物学重要组成部分的代谢组学，则是研究代谢组在某一时刻细胞内所有代谢物的集合，可以说"基因组学和蛋白质组学告诉我们什么可能会发生，而代谢组学则告诉我们什么确实发生了"（图 4-11）。

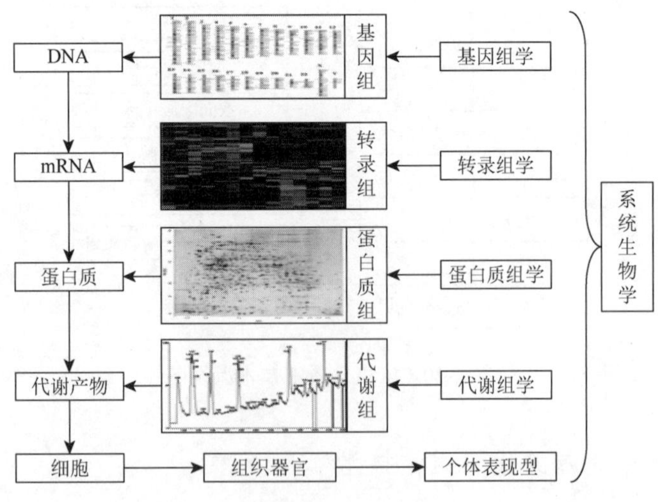

图 4-11　多组学之间的相互关系图

现阶段，代谢组学在新药研发、临床医学、功能基因组学、营养学、植物与微生物学、中医药现代化、环境评价和毒理学研究等领域都已经得到了广泛的应用。如在生物医学领域，主要应用于药物研发过程中的早期毒性筛选及临床前和临床实验中的安全评价；同时还可应用于疾病早期诊断，即利用代谢组学方法对肿瘤、糖尿病、高血压、遗传性代谢缺陷、精神病等多种疾病进行疾病诊断和早期发现；此外，通过代谢组学的分析，可实现个体化药物治疗。

2. 代谢组学的相关技术及应用

在人与动物的代谢组学研究中，主要样本为生物体液（如尿样、血浆或血清、脑脊液、唾液、前列腺液、精液等）以及组织与器官；生物体液几乎不需进行前处理，就可利用磁共振技术进行分析，而利用液质联用技术（LC-MS）分析时则需对样品进行适当的前处理；对于器官与组织样本而言，可直接对其内的代谢物进行检测，能够直接地反映毒理作用或病理作用引起的变化，在器官摘除或组织切除后，为防止变化必须立即用液氮进行冷冻处理。

在植物和微生物代谢研究中，植物实验样本主要为植物的器官（根、茎、叶等）的提取液，为了防止在离体状态下细胞和组织内代谢状态的改变及由此导致的代谢物浓度的变化，必须采用在液氮中快速冷冻或高氯酸萃取等方式对样品进行前处理；在选择萃取方法时，考虑萃取要完全，并且不能破坏不稳定性物质，须注意不要在进行代谢物萃取前反复冻融；而研究微生物代谢时，微生物实验样品主要采用细胞培养的方式，然后采用高氯酸或乙醇萃取的方式获得代谢产物。

如何全面地反映生物体、组织或细胞的代谢状况？首先，需要精心选择合适的方法和步骤对样品进行采集、储存和前处理；其次，采用最适宜的技术手段是下一步的关键，现阶段用于代谢组学分析的技术手段主要有磁共振、液质联用、气质联用、傅里叶变换质谱、高效液相色谱、傅里叶变换红外光谱和毛细管电泳等；最后，对检测所得的代谢组学图谱与数据进行恰当和可靠的数据处理与统计分析。

其中，在技术手段方面，磁共振和液质联用两种技术在生物体液和组织的代谢组学研究中得到应用，并以磁共振技术应用最为广泛，而气质联用技术则主要应用于植物的代谢组学研究中。就各种技术而言，磁共振技术操作包括样品前处理和磁共振实验，通过借助磁共振谱分析全面了解代谢信息；而液相色谱-质谱联用技术，是将质谱与高效液相色谱结合，采用梯度洗脱等方法对样品进行检测，从而得到代谢物的信息；气相色谱-质谱联用技术，则是将气相色谱与质谱联合起来分离与鉴定复杂体系组分。这 3 种技术的具体特点、方法及应用见表 4-9。

表 4-9 代谢组学主要研究工具的特点、方法和应用

主要研究工具	特点	方法	应用
磁共振技术	1. 样品的前处理简单 2. 同时检测多种物质 3. 能在接近生理条件下进行无损伤性实验 4. 检测时间短	1. 样品前处理加入一定量的磷酸缓冲液以保持样本之间的 pH 的一致性 2. 磁共振实验通过磁共振谱分析 ^{1}H 谱、^{13}C 谱和 ^{31}P 谱三种谱图的信息，可以全面反映样品中所包含代谢信息	用于肝脏、肾脏、脑组织、前列腺等组织代谢组学研究

续表

主要研究工具	特点	方法	应用
液质联用技术	1. 具有高灵敏度和高分辨率 2. 由于化合物离子化程度不同及其抑制作用的影响，很难进行定量比较 3. 必须采用正负离子模式同时检测，才能得到较全面的信息	1. 将质谱高灵敏度和结构信息与高效液相色谱（HPLC）的分离特性结合起来的技术 2. 采用梯度洗脱的反相 HPLC 加上采用电喷雾离子化（ESI）源和飞行时间（TOF）检测器的质谱系统对样品进行检测，从而得到代谢产物的信息	分析生物体液及中药提取液等复杂混合物体系
气质联用技术	1. 方便、快捷地得到待定组分的定性结果 2. 只能对样品中的挥发性组分进行分析，对于难挥发组分，分析前需要利用衍生化法对其进行处理	将 GC 的高分辨率和质谱的高灵敏度、高解析能力结合起来分离与鉴定代谢物的复杂体系组分	广泛应用于临床诊断和复杂生物样品中代谢物的大规模定性和定量分析之中

与基因组学、蛋白质组学、生物信息学一样，代谢组学作为系统生物学的重要组成部分，高通量、高分辨率的分析技术以及大数据处理与图谱识别技术共同构建了代谢组学技术的框架。已有研究显示，建立起广泛的代谢物数据库，从中发现生物标志物，并与其分子基础联系，与蛋白质组学、基因组学、转录组学知识整合，深刻揭示其功能的任务还是很艰巨的。这就需要发展不同的代谢组学分析手段，建立综合性的代谢组学技术平台，这样就能够完全地分析复杂的代谢物，从而发掘出代谢特征，揭示其中隐含的生物学信息。

此外，在分析数据这一阶段中，要发展出更为有效的数据分析方法，以减少数据处理的偶然性，使得体系的特征规律更加明显。如何从代谢差异中找出关键的特征性标志物，并与基因功能、代谢路径、发病机制等正确地关联起来，这些都是需要进行不断探索的。随着代谢组学的深入发展，代谢组学技术会在提高新药研发效率、加深对疾病发病机制的认识及早期诊断、个体化医疗、个性化营养指导等方面展示其优越性。

点评（点评人：陈集双）

生物信息资源重点包括生命活动过程中的生物分子、无机与有机离子及其化合物的序列、结构和功能研究中所产生的海量数据，通过对其进行系统的获取、储存、解析、模拟与预测，形成相应的生物信息数据库，最终成为可利用或具有潜在利用价值的非实物化的信息资源。当今是生命组学的大发展时代，各种组学方法与技术的快速发展，极大地促进了生物大数据的系统挖掘与分析利用。在医药卫生领域，现今已步入个性化或精准医疗时代；在现代农业领域，可实现对生物农业中的重要动植物和微生物品种进行多组学设计育种；在工业生物技术领域，通过生物大数据分析，可以更好地筛选生物生化通路中的重要节点和代谢酶类，结合分子代谢工程改造与优化，以实现细胞工厂与生物炼制的完美结合，极大地加快了生物工业制造的研究与应用。生物信息资源已成为一种重要的战略资源，催生了一系列生物新产业，掌控生物信息资源，具有极其重要的战略意义，谁掌控了生物信息资源，谁就能抢占未来生物经济的战略制高点。

4.2.3　基于基因测序的生物信息资源产业利用现状①

我国目前的生物信息资源产业利用主要体现在基因组信息的获得、解读服务和基于序列比对的大数据分析方面。其中，以华大基因为主要代表，产业发展较快的领域和企业还有贝瑞和康、诺禾致源和药明康德等。基因组测序行业的发展得益于近几十年二代测序的兴起和发展。过去人类基因组计划花费10年才完成；而今，高通量测序可在两周内拼接出完整基因组。以Illumina产品HiSeq X ten为例，一组该设备一年可完成18 000人基因组测序，每个基因组测序成本低于1000美元。这使得快速低成本地得到完整基因组信息变得非常容易，同时，测序产生的数据量所形成的信息资源也在逐年呈爆炸式增长，远超计算机界摩尔定律（图4-12）。

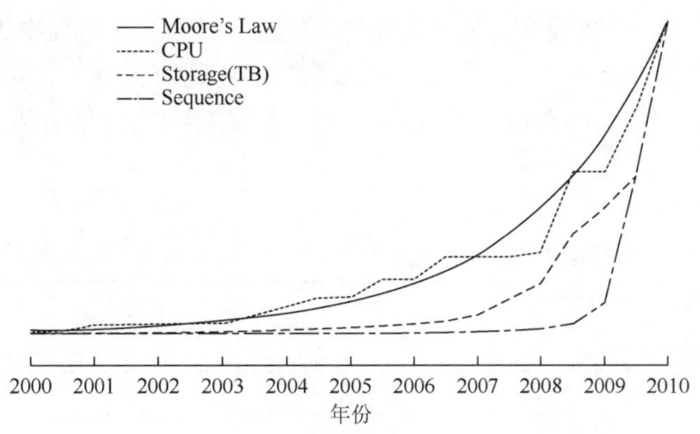

图4-12　2000～2010年测序通量的增长态势

4.2.3.1　已完成完整基因组测序的典型物种

目前已完成完整基因组测序的植物有水稻、玉米、大豆、甘蓝、白菜、高粱、黄瓜、西瓜、马铃薯、番茄、拟南芥、杨树、麻风树、苹果、桃、葡萄、花生、籼稻、粳稻、番木瓜、蓖麻、野草莓、野生番茄、梨、甜瓜、香蕉、亚麻、大麦、普通小麦、甜橙、陆地棉、梅、毛竹、芝麻、卷柏、狗尾草属等，这些基因组大小在几百兆到几吉之间，对于更小的基因组如细菌级别的基因组，通常交由专业测序公司几周内就可以拿到完整的基因组信息。图4-13显示了NCBI注释的真核生物基因组每年增长的态势，2014年完成超过100个真核生物基因组的注释。易得到且庞大的基因组数据形成了巨大的生物信息资源，使得生物信息资源进入了大数据时代，需要重视生物资源的保护、开发和利用。

① 该部分作者为张建光。

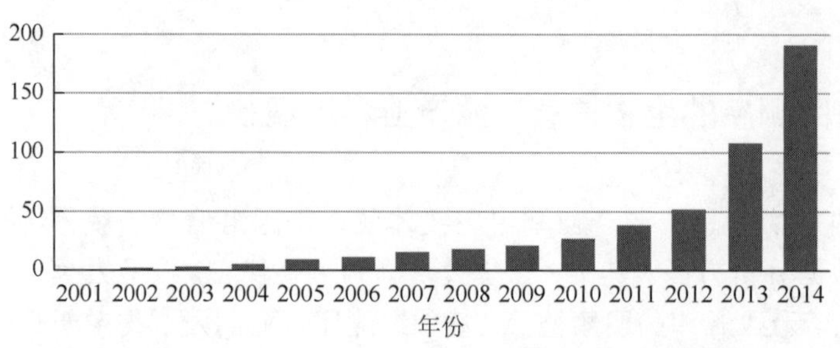

图 4-13　2001～2014 年 NCBI 注释的基因组数目

4.2.3.2　基因测序产业链全景

中国企业在中游测序服务方面最具优势。基因测序已经形成明确的产业链分工：①上游为设备和耗材供应商，Illumina 等少数外资公司凭借技术垄断市场；②中游为第三方测序服务供应商，需依赖设备投入、运营管理与终端维护开发，是目前中国企业最具优势的一环，主要公司有华大基因、贝瑞和康、诺禾致源、药明康德等（表 4-10）；③下游为生物信息分析服务商，现处于起步阶段，由于数据分析的技术瓶颈日益凸显，其待发掘的市场潜力最大。

表 4-10　国内主要测序服务商测序能力（2014 年 6 月份数据）

机器型号	华大基因	贝瑞和康	诺禾致源	药明康德基因中心
HiSeq X			10	10
HiSeq 2000/2500	137	13	10	5
NextSeq		30	1	
MiSeq	3	1	4	4
PGM				2
Proton	31			1
预计测序能力/Gb	2 712 600	1 800 000	2 340 000	1 980 000

4.2.3.3　国内市场格局

生育健康应用面临重整。目前测序服务主要面向科研市场，壁垒低，小企业增长迅速，竞争较为激烈；而医疗市场生育健康领域应用相对成熟，但前期规范监管不足，经历整顿后正处于试点探索阶段，未来增长有望恢复；个体化治疗与健康信息管理将随基础医学发展及生物信息大数据分析的技术进步开启一片新的市场。相对成熟的产前无创筛查市场，在国内暂停基因检测之前，主要被华大基因和贝瑞和康所瓜分，2014 年 3 月国家食品药品监督总局（CFDA）开放申请后，申报企业数量众多。2015 年 1 月 15 日卫计委妇幼司公布了第一批可以开展无创产前诊断试点单位，全国 31 个省市共有 109 家机构入选。

全球基因测序市场总量从 2007 年的 794.1 万美元增长至 2013 年的 45 亿美元，2013 年有报道预计未来几年全球市场仍将继续保持快速增长，2018 年将达到 117 亿美元（图 4-14），CAGR 21.2%（数据来自 BCC research）。

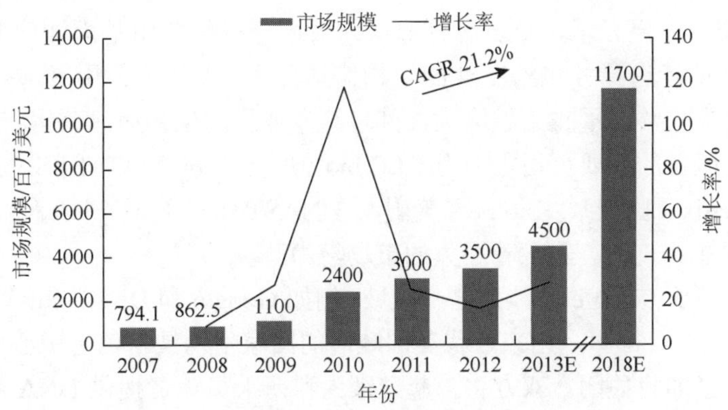

图 4-14　全球测序市场规模预测（2013 年数据）

4.2.3.4　上游设备与耗材由寡头技术垄断

目前市场上主流新一代测序平台主要由美国 Illumina、Ion Torrent/Life Technologies（2014 年被 Thermo Fisher 收购）、454 Life Sciences/Roche、PacificBiosciences 这四大生产商制造。Illumina 是一家致力于开发、生产和销售大规模基因组学分析集成系统的公司，它已经成长为基因测序行业的巨头，占据了全球设备市场 2/3 的份额，其生产的新一代高通量测序仪 HiSeq 系列一直是市场上极为畅销的产品。另一方面，Life Technoloiges 凭借小巧轻便的台式测序仪 Ion PGM 和 Ion Proton 也分割了 20%以上的市场份额。而 Roche 曾收购 454 Life Sciences 成为第一个进入高通量测序市场的公司，近几年却因新产品匮乏导致市场份额不断收缩。

第三方测序服务使中国成为全球“测序工厂”。根据 2010 年绘制的高通量测序平台分布地图，中国拥有量仅次于美国，如今二者的差距很可能已经非常小。全世界规模居前列的基因组研究中心有多个在中国，其中华大基因（BGI）拥有世界上最多的新一代测序仪，产能约占全球的 10%～20%（按 Illumina，Life 等销总量计算）。由于测序服务技术壁垒较低，而且主要面向科研市场，国家缺乏准入标准和质量控制规范，众多碎片化的小企业呈现疯狂生长的状态，仅提供一代测序服务的企业就有上百家。受益于测序服务的迅速增长，中国的基因测序产业成全球发展速度最快的地区之一，据 MarketsandMarkets 预计，2012～2017 年间 CAGR 达到 20%～25%。

4.2.3.5　生物信息分析领域挑战与机遇并存

基因测序所生成的原始数据并不能反映任何有价值的信息，必须通过专业人员进行分析和解读，因此如何利用计算机科学和信息技术揭示大量而复杂的生物数据所赋有的规律对于整个基因测序行业尤为重要。然而，现今的生物信息分析涉及的数据存储、解读及共享是整个基因测序行业目前面临的最大难题，主要原因一是数据量的庞大，二是数据的复杂性。

eBiotrade 调查结果显示，受访者普遍认为数据分析是使用基因测序的一大难题。目前仅有 25%的受访者选择外包给专业的生物信息公司，大部分使用者选择用现有软件自行分析。但随着未来数据量越来越庞大，外包给专业化的生物信息公司将成为一种趋势。提供相关产品和服务的主要公司主要有 CLC bio（丹麦）、bioMATTERS（新西兰）、Partek（美国）、Genomatix（德国）、Knome（美国）、DNASTAR（美国）、诺禾致源（中国）。目前这一市场份额基数较小，蕴含着巨大的市场潜力。

目前互联网巨头 Google 已涉足这一领域，例如 Google 和 DNAnexus 一起打造了一个巨大的开放式 DNA 数据库，用来取代美国政府的国家生物技术信息中心（NCBI），后者因为政府预算吃紧即将关闭。双方将一起继续为科研人员免费提供 DNA 数据库信息。亚马孙数据云的公共信息平台上也有类似的数据库共享。另外，Google 和比尔·盖茨还投资了一家提供癌症全基因组测序及分析的公司 Foundation Medicine。鉴于 Google、苹果等公司对于医疗健康行业的兴趣日益增长，一旦此领域显示出巨大的发展潜力，互联网公司凭借自身技术和资源的优势进驻该领域可能成为一种趋势。

医疗应用是未来的主要增长点（图 4-15）。基因检测具有高通量、高灵敏度、不需要了解遗传背景（无偏假设）的优点，主要在临床上应用于五个领域：生育健康、肿瘤个体化诊断和治疗、遗传病、传染病、移植分型（HLA）。其中无创产前领域是目前形成规模的产业，以 2014 年卫计委叫停前计，国内应完成了约 60 万人份测序，产生约 108T bp 测序数据，是巨大的生物信息资源。

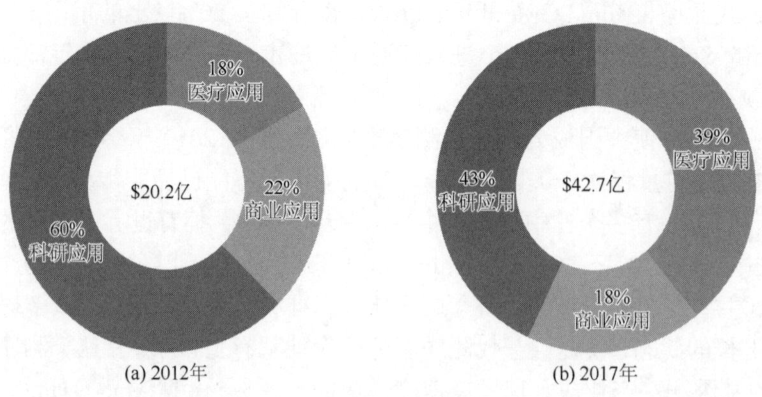

图 4-15　2012 年和 2017 年全球基因组市场细分

综上所述，基于基因测序的产业服务，基本上还没有涉及知识产权的保护和转让，一旦形成生物信息的相关资源保护，势必对该产业的发展形成显著影响。

自评（自评人：张建光）

以华大基因（BGI）为代表的测序公司的快速发展使中国成为全球的“测序工厂”。但正如文中已经提出的，中国的测序产业也面临着很大的问题。一是未能掌握关键核心技术，上游测序仪设备和耗材的关键技术都掌握在美国及欧洲几家大公司手中。我们的测序公司只是利用人家的设备做一些重复性的常规分析工作，技术含量很低，这也导致国内如雨后春笋般冒出来上百家测序服务公司，同质化竞争严重。因此中国的测序产业要进一步发展必须要向上下游两端延伸，并投入更多的人力物力开发关键技术，特别是下游数据分析技术。序列本身是免费共享的，并不能产生经济效益，最重要的是通过序列分析获得新发现，用于疾病诊断治疗、新菌种开发等。只有把序列转化为可以专利保护的新知识新手段，才能使基于测序的生物信息产业获得经济收入，从而保证产业的可持续发展，否则难逃为他人作嫁衣的命运。

点评（点评人：陈集双）

生物信息产业，市场潜力巨大，战略价值巨大。仅仅测序服务就造就了不少亿万富豪，其中，包括医疗目的和研究实验室委托。对生物信息挖掘不再仅仅探索未知，而是和疾病诊断等商业利益紧密结合，甚至和优生优育、择偶等社会行为关联越来越多。但是，我国目前在基因测序方面存在以下隐患。其一，测序技术和设备都是外来的，尽管我国作为测序工厂，具备最大“产能”，但在技术和设备等原创领域没有竞争力，必然长期处于落后地位。其二，对测序获得的原始数据挖掘不够，缺少这一部分相关的利益群体和专门人才。其三，海量初级数据无差别地公开，上传至国外数据库，存在泄露风险。但是，基因测序产业培养了一大批从业者，形成了工程师队伍等基础。在宏观层面进行引导，重点培养生物资源意识，应用大国优势，可能迎头赶上。基因测序和生物信息资源挖掘领域，有年轻一代展示才华、发挥聪明才智的大好机遇。

4.2.4 国家分子生物信息数据库及其应用[①]

国家级的分子生物信息数据库（总库），应该包括国家核酸序列数据库、国家蛋白质序列数据库、国家基因组数据库、国家蛋白质组数据库、国家蛋白质结构数据库、国家芯片与基因表达数据库、国家人类基因组与疾病数据库、国家代谢通路与相互作用数据库等分子生物子数据库，并依托数据库建设相应的数据采集、提交、检索、搜索及分析的各类工具，将分子生物数据库应用于我国的生物、医学和农学的科学研究以及生物产业、医疗事业和农业生产等社会实践。首先是生物信息资源建设和知识产权保护的问题，同时也是形成有偿使用的习惯、重视知识产权与资源的认识和国家策略。

4.2.4.1 现状分析

生物学被认为是在21世纪对科学、技术及产业最有影响的学科，该领域越来越聚焦

① 该部分作者为谭钟扬。

于分子生物学与基因组上，因此而产生的分子数据资源近 40 年来在飞速积聚。20 世纪 80 年代，美国、欧洲和日本等国家或地区就非常有远见地开始建立国家级别的分子生物资源数据库，分别建立了生物学界所熟知的 NCBI（美国）、EMBL（欧洲）和 DDBJ（日本），在此基础上诞生上千个专业分子生物数据库。分子生物学数据资源是 21 世纪乃至以后生物学界和生物产业界最重要的战略知识资源，也是未来生物学科发展、生物信息学科发展和生物产业发展的制高点，对未来人民健康事业发展和未来国家安全有不可估量的影响。我们国家每年投入大量的经费和人力进行大量的生物学研究，所得的研究数据在论文发表之际都免费提交到国际三大分子生物数据库；这将使我们国家的生物学科和生物产业的发展处于被动地位，会使我们未来的生物产业也面临我国在稀土、钢铁和芯片等产业所面临过的困境。因此，我们如果不想让未来生物产业处于过分被动地位，非常有必要建立属于自己国家的分子生物学数据库，抢占生物产业发展的制高点，保护和贮存属于自己的分子生物战略资源，以便与国际组织进行平等的交换，掌握话语权。美国、欧洲和日本等发达国家或地区在 40 年前就开始建设分子生物资源数据库，我国至今未引起足够重视，而且生物科学与技术在今天发展越来越快、影响越来越大，分子数据也积聚得越来越快、越来越多；因此，建设国家分子生物信息资源数据库已迫在眉睫、刻不容缓！

4.2.4.2　保护生物信息资源对科技发展的重要意义

随着近 40 年来生物学的飞速发展，分子生物学实验数据呈爆炸式的增长。分子生物学数据库对这些海量的数据进行收集、整理、分类、加工和储存，具有不可估量的重要意义。首先，现代生物学的研究主要是为了获取分子数据，通过建设和发掘的这些数据就是重要的生物学知识产权，是生物信息资源。我们国家自己投入所获取的大量分子生物数据，自己不收集、不发掘、不储存，还拱手让人，便是知识产权的放弃、流失，将来必将被动。因此建立国家分子生物数据库，并对这些数据进行整理、收集、发掘、储存和保护，对我国分子生物数据的知识产权的保护具有极其重要意义。其次，海量的分子生物学数据在提交时并未得到充分的分析，其中蕴藏着大量的未被揭示的重要生物学规律，如同未曾深加工的稀土矿石，收集起来进行进一步分析可能对推动我国生物学及其相关学科的发展具有重要意义。最后，分子生物学数据是重要的生物战略资源，是未来生物产业发展的制高点，对推动生物产业、人民健康和农业发展具有重要意义。

4.2.4.3　建议开展建设的主要内容

（1）适应于分子生物学数据储存的数据库的构建：研究构建国家级的分子生物学数据总库，总库下构建适合于核酸序列数据储存、蛋白质序列数据储存、基因组数据储存、蛋白质组数据储存、蛋白质结构数据储存、芯片与基因表达数据储存、人类基因组与疾病数据储存、代谢通路与相互作用数据储存的各子数据库。

（2）依托数据库建设相应的数据分析工具：研究依托数据库建设适合于核酸序列数据、蛋白质序列数据、基因组数据、蛋白质组数据、蛋白质结构数据、芯片与基因表达数据、人类基因组与疾病数据、代谢通路与相互作用数据的提交、编辑和分析的各类软件程序工具。

（3）相应的分子生物数据的收集、编辑、处理、储存和应用：研究如何对现有的各类分子生物数据进行合理的收集、编辑、处理、储存，对数据库进行充实和完善。并将数据库对公众进行开放，应用到各类生物科学的研究、生物产业的发展、医疗健康事业的发展和农业生产的发展中去。

（4）数据库运营、维护和运营方式的研究：国家分子生物数据库的管理、运营和维护是长期行为，需要研究数据库如何才能长期、健康、合理和有效地运营和维护。一方面，作为公益性平台与国内国际研究合作共享，通过合作扩充资源存量，以防备国外机构收费和信息资源控制；另一方面，需要在信息资源的基础上进行整理发掘，形成具有真正知识产权价值的新资源，并开展资源保护，尤其是对我国特有的生物遗传资源形成的有应用价值的信息，如药用植物资源信息等进行重点研究；同时，在大数据和合成生物学新技术的支持下，鼓励企业和研究团体进行有偿使用生物信息资源，开展产业合作，形成产业氛围。

（5）生物分子大数据的数据挖掘系统研究：生物分子大数据，特别是各种生物基因组序列数据是真正的超级大数据，现阶段全世界对生物分子数据的分析解读能力都还很差；建立国家生物分子信息数据库一个非常重要的目的是通过大数据分析方法对生物分子信息大数据进行进一步的挖掘与解读。因此，迫切需要推动基于生物分子信息大数据的生物信息学研究，结合超级计算、人工智能与生物信息学研究建立和不断完善生物分子大数据的数据挖掘系统，实现对生物分子大数据的不断挖掘与解读，才能够真正引领生物产业的飞速发展。

基于基因组大数据的人体无创查验系统就有可能形成数万亿元的新产业。比尔·盖茨说过："下一个能超过我们的，不一定是做 IT 的，他一定是来自'基因'领域的。"根据研究机构 BCC 2013 年的测算，服务于临床诊断的全球基因测序产品 2013 年估计为 45 亿美元，2018 年预计达到 117 亿美元，复合增速高达 21.2%，远超过体外诊断市场 5.1%的增速。有市场分析师指出，如果测序成本下降到人人都希望了解自己的基因信息以指导日常保健和临床用药，则这个市场每年将达数万亿规模以上。相关产业形成的基础是生物信息以及通过整理发掘之后形成的生物信息资源。

点评 1（点评人：马红武）

生物数据资源，也就是生物信息资源，最重要的不是保护，而是更好地共享利用。知识和数据的共享是对全人类科学发展都有益的，而保护只对个别人和公司有利。我们所处的这个互联网时代就是一个共享的时代，免费、开源、共享已经是信息科学的重要标签，也将是未来生物科学的重要特征。美国、欧洲、日本在生物数据库建设方面做了很大的贡献，投入大量人力和经费资源建立数据库供全球免费使用。中国已经是 GDP 第二大国，也是一个负责任、有担当的大国，愿意为全球的共同事业做贡献，所以也理应在生物数据库建设方面做出与大国地位相当的贡献，建立有世界影响力的有中国特色的数据库供全球免费使用。在生物数据库建设方面不应太看重一个国家的私利，过于注重保护数据，从数据中获得即时利益。在一个大数据共享的时代只想着“人人为我”的人或国家只会被隔离于世界发展大潮之外。

点评 2（点评人：陈集双）

基因序列、组学信息以及据此挖掘出来的生物功能信息，尽管在和平年代是全人类共有共享资源，但是，拥有生物信息库的一方往往具有主导信息流动和监控使用的优势。最初的遗传资源拥有者、解读者（测序投资人）、资源库建设者和资源使用者之间，应该有基本的约定，并受到监督。既然测序服务已经成为产业，投入到测序过程中的资源也就不是免费的。在良好机制形成之前，单纯强调共享，或有失当。

国家分子生物信息数据库的倡议非常合理，大国继续作为“测序工厂”，而不注重保护和挖掘数据背后的价值，势必造成未来长期的资源权被动。

4.2.5 微生物组的研究概况[①]

4.2.5.1 微生物组的含义与时代意义

1. 微生物组及组学含义

微生物组（microbiome）是指一个特定环境或者生态系统中全部微生物及其遗传信息，包括其细胞群体和数量、全部遗传物质（基因组）；其内涵包括了微生物与其环境和宿主的相互作用。微生物组学（microbiomics）是以微生物组为对象，研究其结构与功能、内部群体间的相互关系和作用机制，研究其与环境或者宿主的相互关系，并最终能够调控微生物群体生长、代谢等，为人类健康和社会可持续发展服务。

2. 微生物组的时代意义

微生物组是生物信息资源属性的最优体现之一，集中体现了大数据时代下生命科学研究的特征，同时也体现了人类在对生物遗传资源、生物互作信息资源的挖掘和利用过程的智慧之美。在 PubMed 中输入关键词“microbiome”，搜索所有领域，在 2010 年当年发表的文章有 1100 篇左右，而到 2018 年 9 月发表的文章则达 42 000 篇左右。我国科学技术部 2017 年的文件指出，将微生物组列为重点发展的重大颠覆性技术之首，着眼国家未来发展的战略需求，部署若干重大项目，加强原创性科学基础研究，积极推动技术突破。2017 年，曾有专家预计：微生物组相关元素是医疗行业最有前途的和有利可图的前沿研究和应用。在人体微生物组研究迅速发展的浪潮下，一些从事微生物组研究和诊疗的公司也如同雨后春笋般迅速涌现。有一些公司通过深入研究人体微生物在疾病发展及治疗过程中的作用，进行药物研发，开辟疾病治疗的新途径。

与此同时，微生物组研究已经成为各国科学家及政府关注的焦点，是世界各国科技发

① 该部分作者为叶健。

展的战略必争之地。很多国家都推出了自己的微生物组计划，我国推出自己的微生物组计划也是势在必行，但是在有限的时间和资源范围内，我们应坚持重点突破和整体推进有机结合的战略思路，重点开展关乎国计民生、对中国人民影响较大的重大疾病微生物组计划，总结经验，全面推广中国微生物组计划。

4.2.5.2　微生物组的研究类型

1. 人体微生物组

目前，国际人体微生物组研究进入高速发展期，宏基因组、宏转录组、代谢组等技术的不断革新，推动了人体微生物组研究的突飞猛进。越来越多的研究表明，微生物组是人体不可分割的一部分，包括消化微生物组、呼吸道微生物组、生殖道微生物组、表皮微生物组等。人体健康及疾病与微生物组关系密切，人体微生物组研究成果将在慢性病的预防和控制、亚健康的调理、医疗理念的革命和新技术发展等领域，产生重大影响。

人体微生物组在多种疾病发病机制中扮演重要角色，如肝病、肥胖症、糖尿病、哮喘、湿疹、炎症性肠病、动脉粥样硬化、胰岛素抗药性和肿瘤等，而且是药物代谢、微生物耐药的中间站。随着年龄增长，微生物组不断变化，并与人体衰老、寿命息息相关。我国幅员辽阔，不同种族和地域的健康人群可能具有特征性的微生物组，传统中医药是中华民族的宝藏，有研究表明传统中药有效组分的激活，是需要肠道微生物的参与才能实现。解析健康微生物组与人体互生共利的机制、病原微生物与人体细胞和健康微生物组细胞互作的机理、中药药效与肠道微生物组的因果关系、基于微生物组的健康维护和疾病治疗与预防技术等，是人体微生物组的重要研究内容。

2. 动物肠道微生物组

家养动物（猪、牛、禽类等）是我国农业生产的重要组成部分，其养殖过程与人类健康关系密切，也是研究人类健康疾病的重要“模式”。建立适合开展家养动物胃肠道微生物组研究的技术体系，系统深入揭示家养动物品种（遗传型）、饲养管理对胃肠道微生物组成和代谢的影响及途径，研究胃肠道微生物组与宿主的互作机制，将促进研发提高饲料资源转化利用效率和生产性能、提升养殖环境质量、显著降低或者消除抗生素使用量，改善产品（肉、蛋等）品质的微生物学应用技术，整体提升我国畜禽养殖科技水平，保障畜禽产品安全、提高我国畜禽养殖效益，改善生态环境、保障人类健康。

3. 农作物微生物组

与农作物相依相生的微生物组是影响作物生长、产量和品质的重要因素，也是研究植物微生物组，特别是微生物组与宿主植物“泛基因组”的优选模式。农作物（水稻、玉米、棉花、小麦、大豆、土豆、蔬菜、烟草、中草药植物）微生物组涵盖根际微生物组、作物表皮（叶面）微生物组、内共生微生物组等，既包括有益微生物也包括致病微生物；研究也涵盖多种环境因素，从天然的土壤气候与激素，到人工施用的农药化肥。研究农作物微生物组，将发展一系列创新的微生物技术，开拓提高农产品产量和品质的新途径，从根本上革新农艺措施，推动“增效减施”，克服“连作障碍”，同步提升农业的经济效益和生态效益。

4. 海洋微生物组

基于微生物组的理念揭示海洋微生物的代谢过程、信号传导联通和代谢产物形成机制，发展海洋微生物合成生物学技术，释放典型海洋生态系统微生物组蕴藏的特殊代谢途径，指导发现代谢产物、酶、能源等活性物质，发现海洋微生物药物先导化合物。获得能有效去除重金属或塑料污染的海洋微生物，发现参与不同重金属或塑料去除或降解的重要基因（簇），构建能有效脱除各种常见重金属污染或塑料污染的工程菌，初步确立相应生物制品的工艺流程。

5. 工业微生物组

微生物支撑着现代工业生物产业的主体；工业生物技术的升级，需要微生物群体（组）理论指导。工业微生物组研究注重传统发酵、生物冶金、生物活性物质生产相关的混合菌群发酵、转化和生产工艺中的菌群结构功能及其与环境因素的相互作用。特别揭示微生物种间、群落间及其与环境因子间的相互作用方式和协同进化机制；研制替代并据此构建传统发酵的合成功能菌群，为传统发酵产业向标准化和自动化现代发酵工艺升级改造提供理论技术支撑和优质微生物组资源；研究生物冶金微生物组与矿物互作机制，获得一批适合我国不同地区（南方和北方）矿藏和环境条件的生物冶金微生物菌群，发展新一代生物冶金技术。

6. 环境微生物组

微生物组是维护生态系统功能的重要基础，也是环境治理和修复的主力军之一。动态、定量研究特定环境中微生物组结构特征及相应功能、微生物组与环境因子互动的机制，认识微生物组管控环境污染、降解污染物和消除环境污染影响的机制，研发环境微生物菌剂服务黑臭水体治理、城市污水净化、污染土壤修复、废弃物综合利用等，是环境微生物组研究的重要内容。

4.2.5.3　微生物组和微生物组学的发展机遇

1. 微生物组是新一轮科技革命的战略前沿领域

从科学角度看，揭示生命和地球生物圈中各个层次生态系统的运转机制，已经到了必须搞清楚微生物群体活动的大尺度效应（包括如宿主之类的生态位）和微观机制（分子生物学到系统生物学机制）以及二者相互关系的关键时刻；从技术驱动看，已经开展的人体微生物组计划、地球微生物组计划等，基本实现了从核心技术到关键知识跃升的发展阶段的转化，已经证明了“自上而下”（top-down）的系统生物学和“自下而上”（bottom-up）的合成生物学研究范式在研究微生物组等复杂生物系统方面所具有的巨大潜力。

微生物组是整个地球生态系统的“基石”之一，从人到地球生态系统的各种生态位中，几乎无处不在，且互相紧密结合，形成完整的复杂系统；微生物组的正常状态与运行，是保证系统健康的重要因素之一，一旦出现结构失衡和功能失调，系统就会出现病态。因此，目前人类面临的从疾病流行到生态恶化、气候变暖等复杂系统的病态问题，背后几乎都有微生物组失调的影响。

微生物组研究，自开展分子微生物生态学和微生物宏基因组学的探索以来，已经革新了人类对微生物在自然界中作用方式和程度的认知，并促使人类重新认识微生物群体与个体，以及微生物群体与生态环境（包括自然环境、人类和其他生物）的关系，带来了大规模高速度的知识井喷。从应用需求看，全面系统地解析微生物组的结构和功能，搞清相关的调控机制，将为解决人类社会面临的健康、农业和环境等重大系统问题带来革命性的新思路，而相关的微生物技术革新，又能带来颠覆性的手段，提供不同寻常的解决方案。这样一种从基础研究、转化研究到技术创新和应用产业化的微生物组创新链和服务链正在迅速形成，并拓展到了工业、农业、医学和环境等各个方面。

2. 国际微生物组研究处于转折期，存在重大机遇

在国内外已经获得初步突破的基础上，微生物组研究已经成为国际新一轮科技革命的战略必争“高地”，西方发达国家从政府到社会均有大量资源投入，参与研发的科研人员与机构也日益增多。正是在这迅猛发展的实践中，人们更认识到这一研究与开发工作需要采取新的多学科交叉和国际化协作的大科学计划的组织模式。因此，中美德等国的科学家在《自然》杂志发文，呼吁组织“国际微生物组计划”。从微生物组的提出和国际科技竞争态势看，有四大趋势值得重视：

（1）研究范围日趋广泛，应用导向更加明确，由先前的微生物资源调查和微生物组能源、健康应用，向健康、农业、环境等方向转变。此前美国已经部署有“从基因组到生命”计划（2002 年启动）、“人体微生物组”计划（2008 年启动，总投资 1.7 亿美元）、“地球微生物组”计划（2010 年启动），日本有“人体元基因组研究”计划（2005 年启动），加拿大有“微生物组研究”计划（2007 年启动），欧盟有“人类肠道宏基因组”计划（2008 年启动）等，都侧重微生物资源调查和微生物组在能源、健康领域的应用。美国 2016 年新启动的“国家微生物组计划”（National Microbiome Initiative，NMI）将通过支持跨学科研究，解决不同生态系统微生物的基本问题，该计划每年至少投入 4 亿美元，未来 2～5 年，可能上升到 5 亿～6 亿美元/年，并同时强调需要注重微生物组技术本身及其取得的成果在健康、农业、环境、生态等方面的应用潜力。

（2）研究中更加注重技术发展和学科交叉会聚，技术发展的重点由传统微生物学技术向以培养组学、高通量测序、成像技术和生物信息技术等为代表的新一代微生物学技术转变。强调通过在取样（原位、无创、突破不可培养）、检测（定量/实时、“组学”技术、单细胞/高通量）、统计（研究设计/生态学指导、生物信息 + 大数据分析）、验证（模型体系 + 合成生物学技术）等方面的创新，驱动微生物组学深度发展，这反过来越来越需要多学科交叉汇聚。

（3）基于微生物组学研究特有的涉及领域宽泛、数据复杂密集、学科交叉会聚等特点，项目组织机制创新的要求更为迫切。微生物组科学研究与技术开发项目的组织，需要在继续推进基础研究的基础上，探索向目标导向的系统性数据收集和机理研究及集成性研究开发为主的机制，有效解决样本和元数据收集的标准化问题，有效解决数据整合分析的机制问题和技术问题，有效解决从基础研究向转化型研究和产业应用转化的机制和工程技术问题。此外，还要关注不同生态系统微生物组的研究与应用的合作和资源及数据整合，真正实现跨学科、跨领域的合作研究。

（4）对大科学计划和全球化合作的依赖迫切，为后发国家提供了赶超和主导国际合作的新机遇。大科学计划和国际合作更能有效地促进研究的标准化和协调性，通过整合和关联成千上万的单个实验室产生的数据，发现影响全球的普遍性规律。先前，美国凭借其在生物科技领域的优势，主导国际大型生物科技计划。随着美国"国家微生物组研究计划"的推出，欧盟、中国、日本等国家和地区也会推出自己的微生物组计划参与竞争。后发国家依托资源特色和技术路线的引进创新与整合创新，结合在某些领域的强烈需求，采取"非对称"策略，完全有可能在特定领域，实现弯道超车，解决国家经济民生需求，主导国际合作。

4.2.5.4 我国微生物组的研究优势

1. 具有丰富的环境和生物资源与综合集成平台

我国具有丰富的环境和生物资源，多种多样的环境资源蕴藏着应用潜力无限的特色微生物组。我国人群遗传多样性结合多种地域性饮食与生活习惯类型，决定了我国拥有众多差异明显、各具特色的人体微生物组。我国农林草作物以及禽畜鱼类繁多，生长环境差异大；加上我国特有的动植物资源（如中草药、熊猫等野生动植物），这一方面的微生物组资源不仅丰富且有特色，更成为进一步开发的重要资源。我国有历史悠久、体量巨大的发酵产业，其中相当大的部分为复杂菌群发酵，自然是微生物组研究的重要对象。我国在环境保护与污染生态体系修复方面的任务繁重，更为微生物组研究提出了紧迫的需求和任务。微生物新种类的发现与鉴定一贯受到我国科学界的重视和自然科学基金委的特别支持；近年来，结合微生物基因组研究的发展，与这一工作相结合的微生物系统学的研究也不断向微生物生物学的方向快速发展。2014 年，国际微生物分类学权威性杂志 *International Journal of Systematic and Evolutionary Microbiology*（IJSEM）上发表的 599 篇新种，有 29.7%来自中国，排名世界第一。日本菌种保藏中心（JCM）2014 年收到来自 22 个国家的 759 株菌种，其中 32%来自中国。

微生物资源作为国家自然科技资源的重要组成部分，2003 年就被纳入国家自然科技资源平台。平台以农业、医学、药用、工业、兽医、普通、林业、典型培养物、海洋 9 个国家专业微生物菌种管理保藏中心为核心，在不同领域内组织 103 家资源优势单位开展微生物资源的标准整理整合，累计完成标准化整理 16.2 万株。截至 2008 年底，完成整合入库的菌种资源约占国内微生物资源量的 40%～45%。同时，平台制定与完善了国家微生物菌种资源标准体系，促进了微生物资源的收集整合和利用。

2. 国家长期资助，拥有一批高水平人才队伍和基础性成果

在科技财政经费方面，国家自然科学基金资助经费逐渐增加，加上“973”计划、“863”计划项目和中国科学院战略性先导科技专项等的支持，目前我国微生物学领域的研发经费每年近 4 亿元。我国在微生物学、微生物生态学、微生物基因组学与功能基因组学等领域已有良好的基础，特别是微生物的物种资源、分类与进化、生理生化与代谢、遗传与发育及其对环境和宿主的影响方面。土壤微生物与农业等方面，取得了长足的进展，部分成果已经处于国际并行甚至领跑位置，例如，参与人类微生物组计划，提出以肠道菌群为靶点的慢性病预防等新观点，培养了一批高水平的研究队伍。在上述丰富资源与强烈需求的驱动下，我国微生物组研究工作的启动基本与国际同步；得益于国内优越的基因组和其他组学平台的服务，研究水准基本上达到了国际前沿。但是，与我国生命科学同类研究的普遍问题相同，这一领域的落后状态基本上可以归纳为 3 个方面：①研究的覆盖面还相对狭窄；②分析与实验验证及应用开发方面的原创性工作还需要加强和提升；③系统性研究体系的建立还有待时日。

3. 具有面向基础与应用研究的国家重点实验室等建制化研究体系，一贯重视微生物学与其他学科的交叉融合

在微生物基础和应用基础研究以及微生物技术研发和应用转化领域，我国已经建有 8 个国家重点实验室及面向普通、农业、工业、环境、医药等各方向的微生物研究的专业研究院所。这个建制化的研究体系，支撑了微生物学研究队伍的成长，支撑了长期稳定地对微生物资源的调查、收集、保藏和鉴定及基础和技术研发工作。我国微生物界长期重视微生物学与各学科的交叉，发挥微生物学在基础研究和应用开发两方面的积极作用。在这样的战略思想指引下，上述微生物学专业研究机构长期与相应领域方向的其他研究机构交流合作，保证微生物学研究与各种“环境”研究相结合，并在开发应用中发挥作用。

我国既然在开展微生物组研究方面存在上述基础和优势，启动研究与国际基本同步，但为什么总体发展水平还不能进入国际一流的层次呢？核心问题还是缺乏总体系统设计，需要抓住关键科学问题，突破技术瓶颈。具体体现在项目组织管理上，未能实现针对重大问题，跨领域、跨部门的“联合作战”；在资源与数据方面，未能真正实现共享；在研究方法和技术创新方面，学科交叉不够，尤其缺少与数学、计算科学、物理等学科的交叉会聚；大数据处理和分析技术欠缺，更缺乏这方面的人才。上述问题相互关联，需要统筹考虑，综合解决。

点评（点评人：欧江涛）

微生物组是指一个特定环境或者生态系统中全部微生物及其遗传信息，包括微生物的细胞群体和数量、全部遗传物质（基因组），其基本内涵主要包括微生物与其环境和宿主的相互作用，具有复杂、动态、时空结构等特点，与生物体的生理与病理过程相关联，在生命活动中起到重要功能。现阶段，微生物组根据其研究内容可分为人体微生物组、动物

肠道微生物组、农作物微生物组、海洋微生物组、工业微生物组和环境微生物组等类型。当今，微生物组及微生物组学研究已经成为各国科学家及政府关注的焦点，是世界各国科技发展的战略必争之地。其中，微生物组的研究范围日趋广泛，通过多学科交叉，以及各种现代技术的融合应用，将使得微生物组在健康、农业、环境、生态等方面，具有较大的应用潜力，可产生巨大的社会与经济价值。

4.2.6 微生物群落元基因组信息资源①

微生物作为自然界中普遍存在的生命形式并不是孤立存在的，而通常以“微生物群落”的形式共存。一个微生物群落中包含成百上千种不同的微生物物种，这些物种之间相互协同，从而适应环境的变化，繁衍不息；另一方面，微生物群落的生命活动也对环境产生影响。随着人类对于微生物了解的深入，微生物群落的基础和应用研究日益重要。尤其关键的是，大量群落信息的整合和挖掘，将允许我们从新的层次上认识和理解群落对于生态环境的响应及反馈，解析和发掘前所未见的微生物物种间的相互作用以及群落间的相互调控机制，进而服务于能源、环境和健康等广泛的应用领域。

元基因组研究方法是研究微生物群落的一种主流方法，尤其是针对现在难以（或不可能）在实验室条件下培养的微生物群落，元基因组方法是一种重要的研究手段。通过高通量测序等技术，一次性获得微生物群落的全部遗传信息并进行生物信息学分析，由此考察群落中物种与基因的多样性和分布，理解影响群落结构和功能的关键因素，从而认识分子和细胞乃至种群内部及之间的相互作用机制，实现大规模生物资源挖掘。

元基因组信息的整合与挖掘是一项十分重要的工作，但元基因组数据本身的特性，如群落结构的不均衡、数据来源的多样性、质控标准的不成熟、数据的极端高通量（大数据）等，使得数据的生物信息学分析已然成为制约元基因组研究有效设计与解析的核心瓶颈之一。从更大范围来说，在相关数据量大小、研究对象复杂程度、研究应用范围等涉及元基因组数据的不同研究角度方面，元基因组信息的整合与挖掘均具有巨大潜力，但仍面临一系列的挑战。本部分主要探讨微生物群落元基因组信息研究方面的趋势和挑战，同时介绍最近较有影响的相关应用。

4.2.6.1 微生物群落元基因组研究的现状

1. 元基因组研究的背景

基因组一般是指单倍体细胞中的全套染色体，或是单倍体细胞中的全部基因。而元基因组是指一定环境下整个微生物群落中的所有遗传信息的总和。由于自然界绝大多数微生物尚不可培养，通过测序（sequencing）方法直接鉴定群落的元基因组学（又称宏基因组学或群落基因组学）是目前最重要、最迅速的菌群结构与功能的认识方法之一。基于测序技术的元基因组数据收集与分析克服了传统分离培养方法仅局限于群落中可培养组分

① 该部分作者为宁康。

（一般仅占 1%）的缺陷，使挖掘、认识与利用不可培养的组分（即另外的 99%）成为可能，也使得我们能够全面地研究自然状况下微生物群落的结构和组成。常用的办法是使用细菌、古菌和真菌的特异性引物进行系统发育标记分子（phylogenetic marker，如 16S rDNA）的扩增，并通过测定其序列来识别微生物群落的物种组分并定量其相对丰度；微生物群落的结构信息也可以通过对群落的所有 DNA 进行元基因组测序（whole genome sequencing）而得到。群落全部 DNA 测序和 16S rDNA 这两种技术手段相结合，不仅可以获得微生物群落中物种组分的信息，而且能够在基因及其功能水平上对群落中的微生物进行解析和比较。正是基于上述这两种技术手段的结合，我们对一些重要的产能微生物群落的结构和功能的认识迅速取得了重大突破。

2. 元基因组研究的现状

1）现有试验和分析方法

元基因组学研究领域广泛，涉及能源、环境、健康等众多相关学科。在早期研究微生物群落时必须将待研究的遗传物质（DNA 或 RNA）克隆进大肠杆菌体内，利用克隆表达和复制选殖方式，通过特定基因（常为 16S rRNA）分析群落多样性，但这种方法往往不够精确。近年来随着第二代测序技术的发展和计算机运算、储存能力的提高，研究人员可以直接对样本进行遗传物质的测定，在进行多样性分析时也不仅局限于某些特定基因，而呈现出对全遗传物质进行归类分析的趋势，从而大大提高了群落分析的精确性。目前比较成熟的二代测序平台有 Solexa、Roche454、SOLiD 三大测序平台，测序片段长度从 50bp 至 800bp 不等，测序通量达到几百兆甚至几十吉，二代测序技术的提高充分满足了元基因组对样本直接测序的需求。目前常用的技术流程为样品采集、遗传物质提取、构建文库、上机测序、生物信息学分析等多个部分，对微生物群落 16S rRNA 等特征序列或全基因组进行测序。

微生物群落元基因组分析主要依靠生物信息学方法（bioinformatics），此类方法具有重要的、不可替代的作用。生物信息学方法配合已知的元基因组序列和其他特征数据库，是研究微生物群落的结构和功能的不可或缺的手段（图 4-16）。

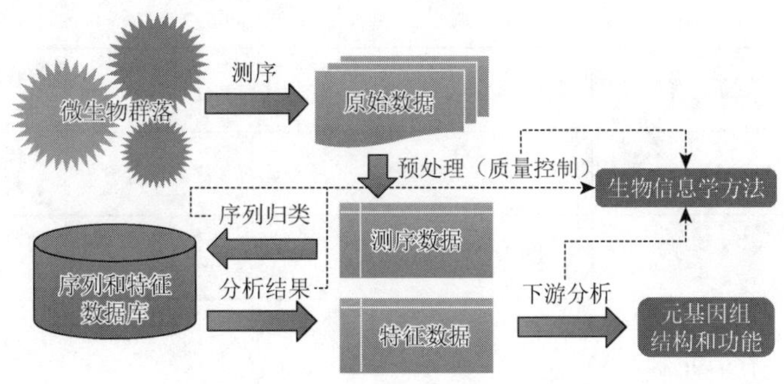

图 4-16　生物信息学分析在微生物群落元基因组研究中的位置

目前通用的元基因组生物信息学分析软件已经融入各项微生物群落科学研究之中。

通过一系列的功能基因组和元基因组研究，该领域目前已经初步建立了如 Greengenes、SILVA 和 RDP 等大型特征序列数据库，以及一系列大型样本，数据库包括 MG-RAST（http://metagenomics.anl.gov/，元基因组数据）、CAMERA（http://camera.calit2.net/，元基因组数据）、MMCD（http://mmcd.nmrfam.wisc.edu/，代谢物数据）等和 NCBI（http://www.ncbi.nlm.nih.gov/）等通用数据库。这些数据库在元基因组学研究方面正在强有力地支撑相关科研工作。目前，NCBI、MG-RAST 以及 CAMERA2 中公开的元基因组项目已超过 10 000 个，数据量高达数百太字节。

面向元基因组的生物信息学分析方法可以被分为质量控制（如 Mothur）、序列归类与功能划分（如 MEGAN）、集成方法（如 Phyloshop、QIIME、MG-RAST 和 CAMERA）等（表 4-11）。同时，基于元基因组数据的微生物群落结构分析方法（如 Phyloshop、Parallel-Meta、MEGAN 等）、群落比对方法（UniFrac、Fast UniFrac 等）等分析方法日渐成熟，但是多样本比对方面还有缺陷：MEGAN 和 STAMP 虽然提供了一种基于物种（taxonomy）层面的元基因组数据之间的比较分析方法，但这种方法在准确度上有一定局限性，未考虑物种间的进化距离，而且只能用于单个数据对之间的两两比较。UniFrac 和 Fast UniFrac 能够实现多个元基因组样本基于进化（phylogeny）层面的比较，但是算法的时间和复杂度较高，且最大样本数量只能支持几百个。而面向海量样本的比较和搜索等数据挖掘方法还非常欠缺。

表 4-11　代表性的生物信息学分析平台和数据库资源

软件（平台）	数据库	分析数据对象	分析策略	分析结果
MEGAN	NCBI	16S rRNA	序列比对分析	物种结构、丰度和功能分类，以及物种之间的比较
CARMA	Pfam	16S rRNA	序列比对分析	物种结构和功能分类
Sort-ITEMS	NCBI	16S rRNA	序列比对分析	物种结构和功能分类
Phyloshop	Greengenes	全基因组，16S rRNA	序列比对分析	物种结构和功能分类
UniFrac	NCBI	16S rRNA	序列比对分析	物种结构、丰度和功能分类，以及物种之间的比较
QIIME		16S rRNA	序列比对分析	物种结构、丰度和功能分类
PhyloPythia	NCBI	16S rRNA	序列成分分析	物种结构和功能分类
MG-RAST	整合数据库	全基因组，16S rRNA	序列比对和序列成分分析	物种结构、丰度和功能分类，以及物种之间的比较
CAMERA	整合数据库	全基因组，16S rRNA	序列比对和序列成分分析	物种结构、丰度和功能分类，以及物种之间的比较
Galaxy	整合数据库	全基因组，16S rRNA	序列比对和序列成分分析	物种结构、丰度和功能分类，以及物种之间的比较

2）现存元基因组研究的瓶颈

由于元基因组数据本身的特性，如群落的结构具有不均衡性、数据的来源具有多样性、尚未形成成熟的质控标准、数据的极端高通量等，群落全基因信息的获取和生物信息学分析已成为制约元基因组解析的核心瓶颈。目前元基因组研究的问题主要反映在以下方面：

（1）元基因组与高通量测序问题：目前包括元基因组在内的组学领域正在进行一场由 Roche454、Solexa 和 SOLiD 等新一代测序技术所带来的革命。新一代测序技术能够较经济地对基因组进行高倍率的覆盖，而且与传统的鸟枪测序方法（如 Sanger 法）相比，虽然读长较短（数百个碱基），但数据量更多（100MB 至数吉）。更重要的是新一代测序技术没有基因组序列读取上的倾向性，同时碱基也具有较高的正确率。随着短序列配对（read pair）实验技术的成熟和拼装算法的开发，新一代测序技术在元基因组研究中已经有较系统的模拟与评估，并且已经在一些复杂的微生物群落研究中得到实际应用。但是目前基于新一代测序技术分析群落的元基因组仍然需要较长的时间（一周左右实验准备时间，一周左右测序时间）和较高的费用（根据不同样品复杂度需数万至数十万人民币）。与传统的 Sanger 测序技术相比，新一代测序技术的通量提高了 1～2 个数量级，但是由于通量极大（数十甚至数百吉数据），整体的费用相对仍然很高，整个测序流程花费的时间也会达到数周时间，但是随着测序技术的发展进步，测序的成本将进一步降低，时间将进一步压缩，通量将进一步提高。如 Illumina 公司于 2014 年初宣布将于该年投产 HiSeq X Ten，该系统“只需 1000 美元就可完成全覆盖的人类基因组测序”。而新近推出的 Ion Torrent 测序平台其最大的优势在于测序周期非常短暂，相同通量的数据产出时间甚至缩短到数个小时。

（2）元基因组与生物信息分析问题：微生物群落的元基因组数据本身的特性（如其极端高通量、多来源性、多形式存在性（heterogeneity）等）以及有效利用这些数据的方式（如新生成数据与历史性数据比较、分布式产生而集中性比较、数据的多角度多层次整合分析、信息几乎无限可扩展化等）迫切需要强大的生物信息学分析平台。微生物群落元基因组生物信息学分析面临着以下若干重要问题和挑战。

①数据的多来源性：目前元基因组的数据来自 Sanger 序列、Roche454 和 Solexa 等不同仪器平台。不同来源的数据其处理参数通常差别很大，却都在不同程度上代表了其微生物群落的结构和功能，它们之间往往需要进行相互比较，这就需要通过信息化手段融合处理多个数据源的数据。

②数据的多形式存在性：元基因组的数据不仅包括短枪法的 DNA 片段，也包括 16S 文库；不仅可从全群落直接测定而来，也可从克隆载体或亚载体（如 BAC、fosmid 等）而来。只有对这些数据进行整合后才能进行有效分析。

③数据的异构性：新一代测序技术能够深度挖掘同一物种的不同变异体，甚至基因组的瞬间变换现象（如 sequence inversion），因此元基因组数据内部往往具有极大的异构性。这些异构性的数据必须通过高效算法引擎和高性能计算来实现有效分析。

④对算法有全新要求：新一代序列通常较短，如 454 测序技术产生的序列长度在 400bp 左右，而 Solexa 或 SOLiD 的长度可能只有 50～100bp，单位序列隐含的信息少于传统 Sanger 序列（1000bp）。由于元基因组序列包含了多个物种的信息，而且不同物种的丰度存在很大差异，因此，现存的序列分析、功能注释和物种组分分析方法在元基因组中的物种数量比较大时均不能满足分析要求。这就需要通过新型数据处理算法的设计来实现高通量元基因组数据的精确分析。另一方面，要通过高通量的新一代测序获得满意的元基因组分析结果，就必须依托于高性能计算机实现生物信息学分析的海量运算，这通常需要花费一定的时间，更强运算性能的 CPU 和 GPU 处理平台是解决大量运算的关键。

3）元基因组研究的应用

一系列的元基因组生物信息学分析软件正支撑着人类利用新一代测序技术对广袤的微生物世界的探索。在我国，平台化运行的元基因组数据收集与分析已经支撑了包括肠道、口腔、土壤和食品等诸多重要生态环境与过程的机理研究。

在生物能源领域，元基因组已成为挖掘与认识自然界高效分解生物质的“生物能源菌群”的结构、功能及其运作机理的代表手段之一（表 4-12）。元基因组研究手段也同时渗透到环境生物监测与治理（表 4-13）、极端环境、营养与健康等以利用或克服复杂微生物群落及其产物为目的的科学领域。

表 4-12　生物能源菌群的元基因组研究项目举例

栖息地	主要成员	生物能源利用价值
瘤胃	细菌和真菌	木质纤维素降解；产甲烷
白蚁后肠	细菌（*Treponema*，*Fibrobacteres* 等）	木质纤维素降解；产甲烷
黄石公园热泉	细菌，古菌，微型真菌及病毒	产氢等
沼气池	细菌和古菌	产甲烷
海洋厌氧氨氧化菌	*Scalindua marina*，*Brocadia fulgida*，*Anammoxglobus propionicus* 等	利用氨和羟氨合成肼
富营养化废水	*Accumulibacter phosphatis*	利用废水中的有机磷
凿船虫消化道	未知	降解纤维素、半纤维素

表 4-13　与环境相关菌群的元基因组研究项目举例

产地	主要成分	作用
产甲烷污泥	*Thauera*，*Paracoccus* and *Denitrobacter*	基于乙酸的反硝化
废水	*Thauera*，*Acidovorax* and *Alcaligenes*	除去无机氮
淡水泥浆	pCyN1 and pCyN2 in *Thauera*	无氧条件下烷基苯的降解
水域或土壤	*Azoarcus* and *Thauera*	少氧条件下分解芳香族化合物或其他难溶化合物
土壤	*Acidovarax*，*Azoarcus*，*Bradyrhizobium*，*Ochrobactrum*，*Paracoccus*，*Pseudomonas*，*Mesorhizabium* 等	降解卤代苯甲酸酯
土壤	Aroarcus and Thauera	氟代、溴代溴苯甲酸酯
室内空气	细菌，部分致病菌	相比于室外，与室内环境关系较大

在与人类健康相关的元基因组中，目前已经展开有 HMP 计划和 MetaHIT 计划等。HMP 计划研究人类口腔、鼻咽、皮肤、肠道等组织 18 个部位的全部微生物基因组，以绘制出人体不同器官中微生物群落图谱，深入了解微生物分布情况以及微生物变异对健康和疾病的影响。MetaHIT 计划重点研究人类肠道中微生物群落生态特征，为进一步探索微生物与人类健康和疾病的关系提供理论依据。

4.2.6.2　微生物群落元基因组研究的发展趋势

1. 元基因组研究的不同角度

（1）从微生物群落相关研究的数据量角度来讲，数据量正在快速上升。首先，微生物群落大数据分析和数据挖掘任务数量呈指数型增长趋势：目前，NCBI、MG-RAST 以及 CAMERA2 中公开的元基因组项目超过 10 000 个，包含高达数百太字节的数据。其次，每个微生物群落大数据分析项目的数据量也在增加，元基因组数据分析项目的平均数据量达到了 10 GB～1 TB 量级。最后，在这些微生物群落研究项目中，不同尺度数据整合与分析越来越受到重视。

（2）从元基因组的研究对象复杂程度来讲，可以分为群落物种结构和群落功能结构两方面。物种组成是微生物群落的基本特点，物种结构上最简单的群落（极端环境，如海底沉淀物、南北极等）包含数十个物种，复杂的群落包含上万个物种（如土壤环境、人类口腔等）。近年来，以 16S rRNA 生物标记为基础的分析技术，例如 MOTHUR、QIIME、Parallel-META 等，大大拓展了微生物群落结构的研究范围，使得人们能够深入地认识群落的多样性，但其高保守性和多拷贝性也使其应用范围如定量分析等受到限制，需要采用更加优化的生物标记策略或者全基因组测序手段。在功能结构上，元基因组学要解决的问题是各个物种在群落代谢过程中的作用。其基本研究策略包括大片段 DNA 的拼接、基因预测、基因注释以及代谢通路分析等。元基因组技术能够发现大量未知的微生物新基因或者新的基因簇，对于了解微生物群落功能组成、进化历程、代谢过程等具有重要的意义。

（3）从元基因组及其相关研究的应用范围来讲，元基因组研究手段已经渗透到环境生物监测与治理、极端环境、营养与健康等以利用或克服复杂微生物群落及其产物为目的的科学领域。在医学领域，微生物群落对于维护人类健康有着很大的作用，尤其是在人体口腔环境、肠道及其消化机制、皮肤敏感度等方面，而了解人体微生物群落结构与功能的变化有助于把握人类相关健康动态。在生物能源领域，复杂的生物能源过程如纤维素乙醇的转化与发酵、沼气的生成等，都依赖于微生物群落的作用。通过元基因组手段，能够实现对多种生物过程要素的调控。同时，在环境治理方面，元基因组学技术有助于检测污染物对生态系统的影响以及评估被污染环境的恢复程度。可通过生物添加物与生物刺激提高环境恢复的概率，改进污染清理的策略。另外，探索土壤中的微生物群落与植物之间的交互作用，改进氮循环，从而改善农作物的生长，也是元基因组技术在农业领域中的重要应用。

2. 元基因组研究的内涵：大数据、整体性动态分析等成为可能

（1）元基因组研究呈现出越来越明显的大数据研究特点：数据量巨大、数据异构性明显、数据之间逻辑关系复杂等。因为上述原因，在面对海量元基因组数据的时候，传统的计算分析方法无法高效准确地回答各类与微生物群落相关的分析、比较和聚类等科学问

题。在元基因组大数据研究方面，基于新一代测序技术的高通量测序，一次测序产生 100 吉至数太字节数据。同时，随着短序列配对实验技术的成熟和拼装算法的开发，新一代测序技术在元基因组研究中已经有较系统的模拟与评估，并在一些复杂的微生物群落中得到实际应用。目前，一些大型的微生物群落数据研究网站正在快速发展，如 MG-RAST 和 CAMERA2，这些网站通常包括大型的数据库和数据处理平台，为微生物群落研究和成果的分享提供一站式解决方案。新型的整合数据库如 Meta-Mesh（http://meta-mesh.org/）和 Meta-Storms 更好地整合了元基因组数据，但是相配套的数据模型和挖掘方法还在开发中。因此，基于大数据的新一代的元基因组数据分析方法的开发就显得非常迫切。

（2）在元基因组整体性动态研究方面，随着新一代测序技术的成熟，越来越多的相关研究不再局限于少数几个样本，而是试图构建基于较大范围内时间序列的或者较多不同条件下的系统性实验与分析。通常一个微生物群落中包含几百甚至上千种不同的微生物物种，并且这些物种受到外在条件和群落内其他物种的影响，处在复杂的动态变化过程中。通过数据挖掘的分析，实现从海量数据中挖掘具有重要生物学意义的功能和结构上的关联信息，将会有助于回答群落动态变化和进化等关键问题，以及生物资源挖掘。

3. 元基因组研究的外延：微生物群落表型研究，单细胞研究等

元基因组的研究对象是微生物群落，而随着生物技术、工程技术和计算技术的发展，越来越多的其他研究方法也被利用来研究微生物群落。其中微生物群落表型研究和单细胞研究最为受到重视。

（1）在微生物群落的表型相关的研究方面，与之最接近的是代谢组学研究，是考察微生物在整体上的功能和产物最直观的方法之一。代谢流通过整个群落的代谢网络的实际速度就是群落中每个成员内部基因调控、转录调控、蛋白质表达调控、代谢物调控以及群落成员间的协同或拮抗等所有因素的作用总和，最直接地反映了群落的整体功能及各成员在代谢上的功能互作。在纯培养细胞或群落的遗传改造及定向进化研究中，高通量代谢产物定性定量分析正成为一个必备分析工具，用于测量细胞对环境扰动或遗传扰动的反应，可以敏锐发现整体代谢体系中的异常变动，准确鉴定代谢限制瓶颈。

（2）在微生物群落的单细胞研究方面，随着分子生物学研究的深入，微生物群落在单细胞水平的基因型研究已经越来越被科研人员所重视。单细胞的表观型和基因型是检测细胞群体/群落内和在不同时间上的异质性（细胞异质性）的重要方法。同时，对群落中单细胞的研究也能够突破不可培养瓶颈，在不依赖细胞培养的前提下实现单个细胞的功能识别和分离。因此单细胞水平的解析技术能够在前所未有的深度与精度上分析自然界的微生物群落。单细胞实验技术和分析技术的发展，使得我们能够从整个器官、细胞簇、单细胞等不同角度来分析和理解生命过程（参见美国单细胞基因组中心 SCGC 的相关介绍 http://www.bigelow.org/index.php/research/facilities/single_cell_genomics_center/）。目前单细胞表观型分析和功能基因组分析已成为单细胞分析的最主要组成部分。

以单核苷酸多态（SNP）检测问题为例，微生物群落整体包含不同的物种，因此具有若干不同的基因组。而单细胞个体具有单一的基因组。将单细胞基因组和微生物群落总基因组进行比对，可以很容易地建立一一对应关系。但是单细胞在基因组层面存在差异，必

然会导致单细胞基因组和相应群落中物种的基因组并不能完全匹配。通过 SNP 检测等方法，可以识别单细胞与群落整体基因型上的差异（图 4-17）。

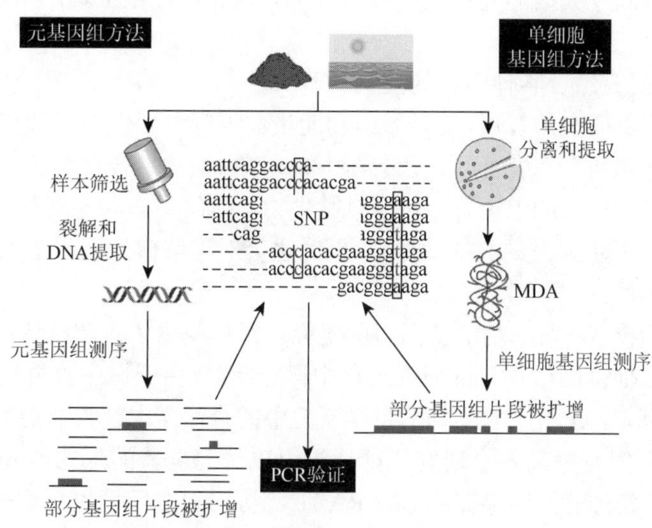

图 4-17　整合单细胞和元基因组数据分析 SNP 的思路

4.2.6.3　微生物群落元基因组研究的展望

1. 未来的元基因组基础研究的展望

1）大数据时代数据分析的深化：数据挖掘和预测模型

随着测序数据量的增长和成本的降低，基于大数据的手段给微生物群落元基因组相关研究带来质的飞跃。海量的数据能够为更加深入的群落生物特征挖掘提供数据基础。在微生物群落中，考虑不同群落的特点（基于群落元数据），可以将所有数据分为两个或以上的组（class），进而开展微生物群落生物标记的识别和鉴定。基于多群落特征矩阵，生物标记识别和鉴定包括 3 个步骤：标记选取（feature selection）、基于标记的样本聚类（classification）和标记鉴定与筛选（biomarker screening）。群落生物特征挖掘的方法具有一定的通用性，因此还可以被用来进行基于微生物群落全基因组测序元基因组数据的群落功能特征标记挖掘。

在海量数据挖掘的基础上，根据群落数据规律，可以建立群落结构和功能的预测模型，对群落发展规律进行预测。基于群落元基因组数据和代谢组数据，针对群落在时空范围内的动态变化，挖掘群落的变化规律和趋势。

同时，微生物元基因组分析给生物信息学带来了前所未有的挑战。首先，基于新一代测序的元基因组项目通常会产生极大量的数据。如何有效地管理和处理这些数据是一项艰巨的任务，这不但会涉及硬件方面的系统优化，而且对设计高效率的软件分析流程也提出了相当大的挑战。其次，由于元基因组数据的多来源性和异构性等特点，整合元基因组数据，发展出合理的、无缝的分析流程就变得尤为重要，特别是在元基因组数据极快速度增加的情况之下，如何构建强大的元基因组数据分析引擎就成了计算生物学上的一大难题。最后，元基因组数据的可视化问题也是计算生物学上悬而未决的问题。由相关研究产生的一系列针对高通量测序数据的元基因组数据分析方法和可视化工具，可以反过来推动微生物元基因组的研究工作。

2）元基因组研究结合其他学科的交叉科研

随着微生物群落研究的发展，元转录组和元蛋白组等“元”组学数据和元基因组数据的融合是一种必然趋势。元基因组、元转录组和元蛋白组的结合在揭示基因多样性和微生物群落活动方面具有巨大的潜力，必然会对微生物群落的动态功能变化、原位活动、代谢物生成等方面的认识起到深刻的推动作用，同时也会对理解微生物群落的整体功能和进化过程起到启发性作用。

在科学研究的模式方面，功能基因组的研究已经体现出了大团队协同科研的趋势，这在人类基因组和其他基因组项目的研究过程中日益明显。由于微生物群落元基因组研究中的研究对象极为复杂，在相应的生物信息学研究中的合作需求会日益迫切，针对某一个或者几个元基因组研究对象，各个研究团队通过组成研究群体的形式展开研究就顺理成章了。元基因组的研究目前已经存在的 MG-RAST 等协同工作环境也是这种趋势的代表。这种协同科研的研究模式会越来越多地在微生物群落元基因组生物信息学研究中得到应用，使科研人员通过协同合作来回答元基因组中的一系列深刻问题。

2. 元基因组应用研究的展望

1）元基因组与农业资源

（1）元基因组与绿色农业：传统农业是利用植物和动物资源组成的“二维结构”，将这种二维结构调整为植物、动物和微生物的“三维结构”是新型农业的重要战略调整。在现代农业中，化学用品的过度施用，造成了种植环境恶化等严重问题，影响到了人类的可持续发展。在农业中引入微生物技术可以有效改善这一弊端，实现经济和环境双赢，微生物不仅可以作为肥料，也可以作为微生物农药、微生物食品，甚至在处理农作物废料（如秸秆等）时，发挥着转化为清洁能源的作用。元基因组学研究将会成为新型农业的“指导者”，首先充分挖掘有益菌群信息，对菌群实现控制和改造，然后引入农业种植中，形成一种环境友好型的农作物产量提高方式。

（2）元基因组与蓝色经济：水产养殖是蓝色经济至关重要的一环，而病害防疫则是水产养殖业面临的最主要的问题。元基因组技术与水产养殖业相结合，一方面可以应用于检测水体中的微生物菌群情况，做出实时预警信息，提示是否存在病原菌；另一方面通过元基因组学技术可以改造某些有益菌群，控制其结构和功能，在水体中发挥清洁和提高养殖物种免疫力的作用，取代抗生素等不健康用药。不仅对环境友好，而且实现了有机健康养殖。

（3）元基因组与白色农业：传统农业是以水、土为基础的绿色植物种植业，而白色农业是应用高科技开发丰富的微生物资源宝库的工业型农业（酒、醋、化妆品等），包括高科技生物工程的发酵工程和酶工程。发酵工程和酶工程借助于微生物的培养，要达到最佳生产效果，优质菌株往往意味着产值的增加。发现和改造野生菌是获得优质菌株的唯一途径，而元基因组学研究则是掌握发现和改造技术的关键。已有报道通过元基因组技术筛选出了以秸秆等有机物为原料的产能菌，将来还会有更多的优质菌株通过元基因组研究方法被发现，并投入到生产中，创造价值。

2）元基因组与环境资源

我国是一个水资源贫乏的国家，水资源占全球的 6%，人均只有 2300m^3，仅为世界平均水平的 1/4。我国现实可利用的淡水资源量则更少，仅为 11 000 亿 m^3 左右。到 20 世纪末，全国 600 多座城市中，已有 400 多个城市存在供水不足问题。污染水体的微生物修复技术是一项低投入、高收益、具有巨大潜力的项目。通过元基因组技术，可以解析微生物参与水体固体净化的原理，再对净化微生物菌群进行结构和功能的调整，实现净化效率最大化，进一步提高净化的性价比，用以治理污染水域，处理垃圾、尾矿、炉渣和农林废料等。甚至在某些极端环境中如沙漠、高原、深海、盐碱地等都可以采用“采集分析—结构调整—改善环境”的思路，结合元基因组技术，进行对大自然的改造。

3）元基因组与人类健康资源

元基因组与饮食结构：随着全球人口爆发式增长，资源短缺和粮食问题日益严重，在欠发达国家，仍有大量人口面临饥饿。元基因组学是微生物菌落研究的“万能钥匙”，以元基因组学研究方法寻找可以制造人造蛋白的工程菌并进行改造，能使大量生产人造食物成为可能。所以发展元基因组学研究，不仅具有学术意义，而且能够解决现实问题，是产学研相结合的典型代表。

元基因组与中药检测：现有的中药制剂质量评价和成分分析方法难以客观反映中药制剂的复杂性和整体性，对中药制剂的生物成分进行定性分析十分必要。以中药制剂作为研究对象，基于元基因组研究思路，利用高通量测序技术，建立中药制剂的物种评价方法，即通过使用合适的 DNA 分子标记片段，对配伍处方药材物种进行鉴别，同时可以检测杂质物种，即制剂中是否含有伪品、有毒动植物或受保护动植物的成分，以及是否存在生产过程引入的生物杂质，以确保中药制剂的有效性、安全性和合法性。

元基因组与生物疗法：人体中微生物菌落的失调，会导致人类疾病的发生，如某些肠道疾病或黏膜类疾病。2013 年已经有首例进行“肠微生态移植”的克罗恩病患者康复，其主要手段就是将健康人粪便中的功能菌群，移植到患者胃肠道内，重建具有正常功能的肠道菌群，实现肠道及肠道外疾病的治疗。随着医疗手段的日益发达，基础医学理论的日趋完善，会有越来越多与人体微生物失调相关的疾病被发现，这时，我们需要通过元基因组学手段，了解失调菌群的结构成分，再加以治疗，攻克一个又一个的医学界难题，元基因组学的研究将大大加速发现疾病的过程，并提供相应的解决思路，是今后医疗发展的重要方向。

元基因组与“长生不老”：长生不老是人类自拥有文明以来几千年的夙愿，人类对此做出了不懈的努力和无数的尝试，古有始皇帝炼丹，法老做木乃伊，现仍然有不少科研工作者从事细胞重构、染色体端粒、人体自由基等课题的研究，均旨在延长人类寿命，向“长生不老”方向努力。据报道，一种细菌产生的防御性化学物质西罗莫司（Rapamycin）能够延长多个物种的寿命；在西伯利亚、加拿大冻土带和南极还生存着一些细菌，据研究称，这些细菌的年龄大约已有 50 万年。这为我们提供了一种新的思路：以元基因组方法从环境中筛选与疾病治疗和延缓衰老有关的化学物质，进行一定改造后投入生产，提高人们的生活水平。

点评（点评人：马红武）

地球上 99%的微生物都无法采用现有的方法分离出单一菌株进行纯培养，从而也就无法得到其完整基因组序列。而这些微生物中又有很多特殊功能的蛋白质具有很大应用潜力，因此人们开发了元基因组测序方法对混合菌群中的混合 DNA 样品直接进行测序，并通过这一方法发现了大量的新基因。近几年通过元基因组分析手段研究人体（肠道）内微生物菌群分布与人体健康的关系更成为一个热点，发现了菌群结构与癌症、胃肠疾病等多种疾病间的关联，并在此基础上提出了通过菌群改造治疗疾病的新方法，如“粪便菌群移植疗法”（fecal matter/microbiome transplant）。此外，菌群在环境废物废水处理、生物肥料和生物农药等方面也发挥着重要作用，上文对元基因组分析方法的详细介绍将会对今后各相关应用领域的混合菌群研究产生很大帮助。

4.2.7 代谢组学的技术及应用①

4.2.7.1 代谢组学的诠释

代谢组学（metabonomics）是系统生物学或称为贯穿组学（trans-omics）的重要组成部分，是继基因组学、转录组学、蛋白质组学后出现的以定量描述生物体内代谢物变化为目标的新兴“组学”。代谢组学主要是以信息建模与系统整合为目标，以组群指标分析为基础，以高通量检测和数据处理为手段的一个系统生物学分支，是考察生物体系（细胞、组织或生物体）受刺激或干扰后（如基因变异或环境变化），其内源代谢产物的种类、数量的变化或随时间的变化规律的一门学科。代谢组学在基础科学研究领域和人类疾病应用中得到迅速的发展，尤其在医学发现和疾病理解方面发挥着非常重要的作用。通过进一步整合所有生物信息，可以了解可能导致疾病倾向、发展、进展、诊断和/或治疗的细胞事件和功能机制信息。

代谢组技术是生命体生理状态调查中应用最广泛、最可靠的工具之一，能够帮助发现新的生物标志物，同时可以对生物体的一系列代谢途径进行深入研究。代谢组学研究基于质谱（MS）与色谱或核磁共振（NMR）技术，同时结合生物信息学、统计学以及代谢物数据库，对代谢途径中代谢物动态变化过程进行系统全面的解析。代谢物是生物体液或组织中发现的一大类小分子物质，这些物质包括能量产生的前体物质、信号分子和代谢反应产物，以及其他分子量小于 1kDa 的物质。从化学物质的分类角度讲，代谢组学主要检测如氨基酸、维生素、激素代谢产物，厌氧或有氧代谢产物等。因此，对这些不同化学分子的定量提供了生命体瞬时生理状态的快照。

相对于其他组学科学，如基因组学、转录组学和蛋白质组学等，代谢组学是最近几十

① 该部分作者为刘建宁。

年发展起来的新兴技术。基因组学与转录组学揭示什么可能会发生或即将发生，蛋白质组学主要对待测样品中的肽段和蛋白质进行分析定量，进一步阐释是什么促使了发生。相比而言，代谢组学分析能够反映一种表型的最全面的数据，揭示了生物体确实发生了什么。因此，许多研究将代谢组学与转录组学或其他组学分析相结合，能够发现关于某一特定代谢分子更加详细的生物学作用。与转录组学比较，代谢组学的优点在于：①基因和蛋白质表达的微小变化会在代谢物上得到放大，从而使检测更加容易；②研究中不需要建立全基因组测序及表达转录子的数据库；③代谢物的种类要远小于基因和蛋白质的数目；④研究中采用的技术更通用。代谢组学提供的大量直接和有价值的生物化学信息可以用作监测和评估基因功能，从基因组学、转录组学、蛋白质组学和代谢组学 4 个水平综合分析有助于更加全面、真实地了解生物体对外界环境干扰的生物化学过程和生物学响应机制（图 4-18）。

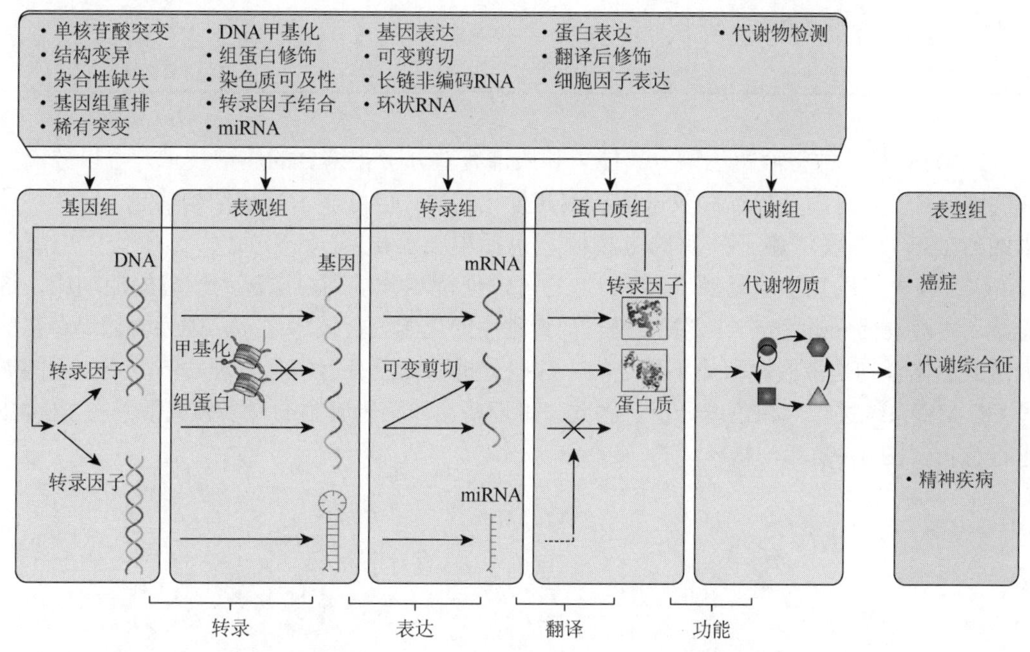

图 4-18　代谢组在基因型与表型评估中的作用（改编自：Marylyn D. Ritchie，2015）

4.2.7.2　代谢组学的检测技术

代谢组学的检测技术包括核磁共振（nuclear magnetic resonance，NMR）、液相色谱质谱联用（liquid chromatography-mass spectrometry，LC-MS）、气相色谱质谱联用（gas chromatography-mass spectrometry，GC-MS）、毛细管电泳质谱联用（capillary electrophoresis mass spectrometry，CE-MS）、同位素标记质谱、傅里叶变换红外光谱质谱联用、库仑分析、紫外吸收、荧光散射等多种方法。不同的检测技术平台，在检测对象、灵敏度、分离效能和分析速率及准确性等方面各有优势和不足（表 4-14）。其中质谱技术（LC-MS、GC-MS）和 NMR 是目前代谢组学研究中应用最广泛的两大技术平台。

表 4-14 代谢组学研究不同检测技术比较

检测技术	检测对象	优势	缺陷
气相色谱质谱联用	热稳定、易挥发、能气化或小分子化合物	高分辨力、高灵敏度、质谱库信息量大、易于使用、经济、利于化合物结构鉴定	不能分离大分子物质，无法分析热不稳定和不能气化的代谢物；衍生化预处理费时，易导致物质信号丢失，同时引入干扰物质，引起样品变化
液相色谱质谱联用	高沸点、不易挥发、不易衍生化、热不稳定或大分子化合物	分离效能高、分析速度快、检测灵敏度高、动态范围宽，样品无须衍生化处理	任何一种柱材料都不能适合分析所有代谢物；谱库数据量有限
核磁共振	代谢物中的大多数化合物	对样品需求量少、无须样品前处理、无偏向、无损伤、直观	灵敏度低、分辨率低，常致高丰度分析物掩盖低丰度分析物；样品制备要求高；动态范围有限，很难同时测定生物体中共存的浓度相差较大的代谢物
毛细管电泳质谱联用	微量、复杂的样品	样品消耗少、分离效率高、分析速度快，通常在 10min 内就能完成检测	进样量少、分离重现性不好、定量分析时线性范围较窄；对 CE 背景缓冲液选择和毛细管壁的涂层稳定性要求较高；对 CE 与 MS 的接口装置要求较高

LC-MS 是一种将液相色谱分离能力和质谱有效分析相结合的质谱技术，可以分离复杂的混合物，并以高特异性和灵敏度检测和量化物质，也可显示分子结构信息。这两种技术的有效结合主要依赖于外源的电离源，包括电喷雾电离（ESI）、大气压化学电离源（APCI）和大气压光学电离源（APPI），它可以使待测分子高温电离为气态的流动相，进而导入质谱进行分析鉴定。LC-MS 是目前最常用的化学分析技术之一，因为自然界存在的大量天然化合物是带极性和热不稳定的，这些分析物在没有衍生化处理的情况下，不能通过 GC-MS 系统进行气相色谱分析。因此，生理研究和临床应用的许多领域常采用 LC-MS 进行分析（图 4-19）。

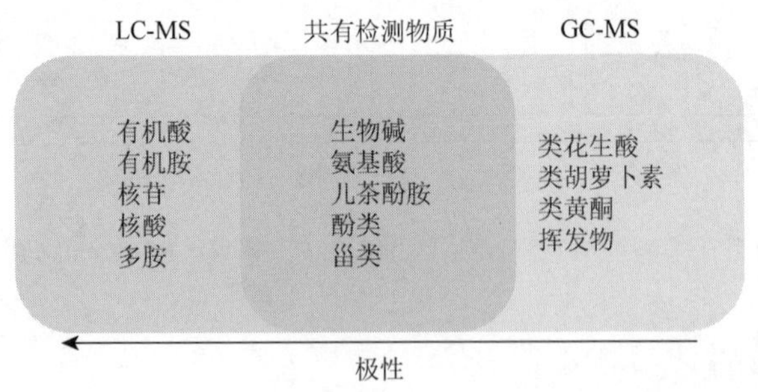

图 4-19 LC-MS 与 GC-MS 平台鉴定物质分类比较

GC-MS 是结合 GC 和 MS 平台的分析方法，该方法可检测不同类型的多种化合物，如尿液、血液以及天然产物等。其最大优势在于成本相对较低、稳定性和稳健性都比较高、技术应用范围比较多样，主要用于药物检测，如兴奋剂检查、氨基酸定量和食品与中药中天然成分检测等。该技术适用于在色谱分离过程中由相对高温下的易挥发和热稳定化合物。对于不符合以上要求的物质，需要事先对样本进行衍生化处理，将分析物与衍生化试剂反应，使其形成更易挥发和热稳定的产物，然后进行色谱鉴定分析。

核磁共振虽然灵敏度较低，但相对于 MS，具有无与伦比的优势。NMR 以最低限度的样品制备或分级来检测和定量分析存在于生物体液、细胞提取物和生物体组织中的化合物。样本不需要预先电离或衍生化处理。NMR 是物质结构测定、代谢途径动力学等功能机制研究最有力的工具，对药物开发和代谢研究也具有重大意义。但 NMR 的应用也具有非常大的局限性，诸如设备昂贵、维护费用高和检测灵敏度低等。

代谢组学研究中，NMR 数据主要来自一维实验，此设计通常应满足统计学的样本或实验数量。对于来自不同个体的不同类型化学物质的结构信息数据，需要进行多变量数据分析（MVDA），如主成分分析（PCA）和偏最小二乘法回归（PLS）分析等。MVDA 允许研究人员识别群体或类别之间的判别特征。基于 MVDA 数据分析代谢物仅仅是 NMR 谱中选定的特定质子特征，难以全面地进行代谢物鉴定。为了精确识别代谢物，需要结合与判别特征相关的更多结构信息。这些结构信息可以来自统计方法，例如统计总相关光谱（STOCSY）和化学脱附实验，如异核单量子相干谱（HSQC）、异核多键相关（HMBC）与总相关光谱（TOCSY）。最后，一旦产生足够的结构信息，就可以在不同的数据库中更准确地搜索代谢物候选物。可通过使用一些商业化的候选分子或合成相关标准品来进行定量分析。

4.2.7.3　代谢组学的研究策略

1. 靶向代谢组学分析

靶向代谢组学（targeted metabolomics）是对目标明确的代谢产物的检测分析，特别针对一种或几种途径的代谢产物。分析方法是采用大量天然和生物变异样本，验证预先确认的代谢物或已鉴定的潜在生物标记物的定量信息。需要采用分析标准品进行准确的定性定量分析。该方法是一种高可信度的定性和定量分析方法（图 4-20）。

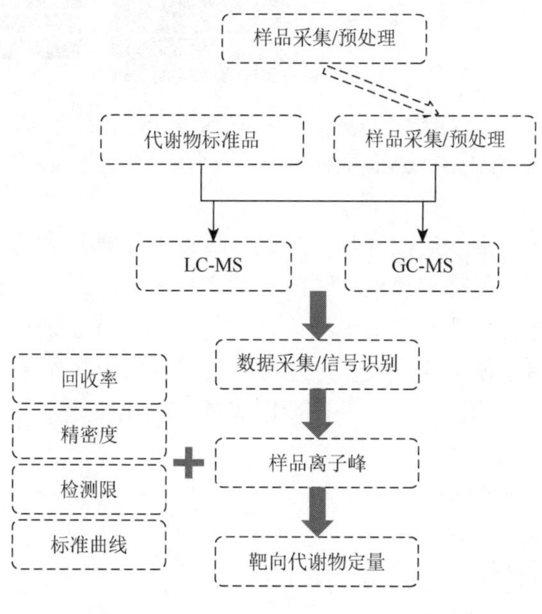

图 4-20　靶向代谢组学分析流程

2. 非靶向代谢组学分析

非靶向代谢组学分析（全谱代谢组学分析）是指研究人员没有感兴趣的特定代谢物，此类分析旨在从一系列生物样本中尽可能多地检测出代谢物质且没有预期偏倚。目前研究人员更多地使用这种方法进行新的生物标记物发现和生理机制研究工作。在一个特定质谱分析实验中，使用高分辨率分析仪评估离子种类，如质子化分子等；应用串联质谱（MS/MS）进行化合物鉴定。非靶向代谢组学数据处理是一个非常具有挑战性的步骤，需要综合各类统计算法与软件，同时需要具有足够特定物质的数据库用于质谱数据检索。非靶向代谢组学数据分析流程如图 4-21 所示。常规设计是将对照组与实验组的代谢物进行比对，找出两组间的差异代谢物，进行差异代谢物的化学结构鉴定、差异代谢物及其参与的代谢通路与相关生物学功能分析。

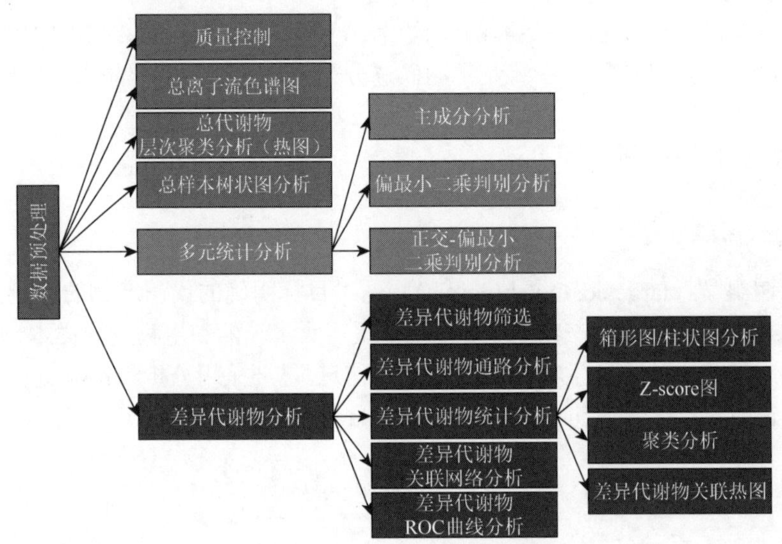

图 4-21　非靶向代谢组学数据分析流程

非靶向代谢组数据流程分析来源：山东开源基因科技有限公司

对于代谢组学研究，必须把握好几个关键步骤以产生一致和有用的结果。图 4-22 总结了在代谢组学研究中的关键实验程序。必须强调的是在代谢组学研究中，初始实验步骤中的方法学的错误可能会危及最终实验结果。另一方面，除了调控网络和信号途径以外，一些统计分析方法的错误使用或缺乏，可能会造成错误的分析结果。因此，合理实验手段的把握以及合理数据方法的选择，对于获得准确的实验结果是非常关键的。

4.2.7.4　代谢组学的应用

1. 代谢组学在医学研究中应用

代谢组学在医学研究中的应用目前主要集中在疾病诊断与其发病机制研究。在生命

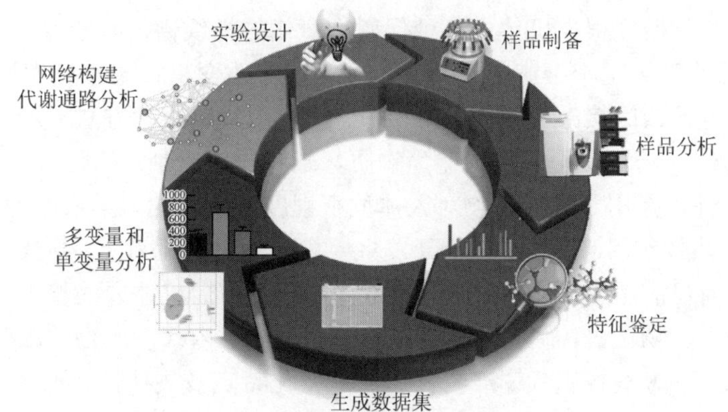

图 4-22　代谢组学研究中的关键实验过程

体的病理变化过程中，机体内的代谢产物也随之发生相应的变化，对这些代谢产物的变化进行深入分析能够更好地理解疾病发生发展与体内物质代谢途径之间的关系，有助于早期疾病诊断标志物的开发以及临床疾病辅助诊断等。

心脏疾病是目前代谢组学用于疾病研究最成熟的病种之一。利用核磁共振分析技术，以病人的血清或血浆样本为研究对象，结合生物计算机信息分析技术，可很快得出心脏病前兆的核磁共振图谱特征模式，帮助医生更快速地进行疾病的检测。此方法具有非侵入性、快速、廉价、便捷以及安全等优势。

代谢组学技术也已广泛应用于各种生理学研究中，例如，利用代谢组学技术研究运动生理学的潜在机制，如机体运动反应、机体耐受力和力量训练；确定运动方式的特定代谢途径；代谢对运动的反应以及肌肉损伤生物标志物等。代谢组学已应用于内分泌生理学、激素疗法和兴奋剂引起的代谢改变等。代谢组学也被广泛用于研究疾病引起的生理改变。目前在人体血液循环系统中已鉴定到很多代谢物质可作为 2 型糖尿病和阿尔茨海默病标志物，从而能够帮助揭示病理的生理机制。代谢组学也可为癌症的早期诊断及更好地理解癌变过程提供一种新颖的思路，例如通过抽取早期结肠癌患者的血液样本，在癌前及原位癌阶段，采用代谢组学技术进行高敏感性和高特异性的早期诊断，能够快速检测出早期癌症，敏感性和特异性更高，检测结果更加精确。

除此以外，目前代谢组学在原发性高血压、脂肪代谢类疾病、肾脏疾病、骨质疏松症、败血症以及心血管等其他疾病方面都得到广泛的研究。随着代谢组学技术与设备的不断更新与发展，结合基因组学与蛋白质组学，代谢组学有望成为下一个疾病检测的生力军之一。

2. 代谢组学在药物开发领域的应用

代谢组学主要通过研究生物体用药后体内内源性代谢物的变化水平，根据机体内的生物化学过程和状态的变化，探索研究体内直接导致代谢物指纹图谱变化的原因，进而帮助阐明药物在体内的作用靶点以及作用过程，进而揭示药物作用机制。

毒物作用机制的研究主要是研究毒物在某种毒性损伤过程中所发挥的作用及其如何

发挥作用。代谢组学研究根据机体内某种代谢物变化的指纹谱征判断毒物的作用机制，其基本原理是当毒性破坏正常细胞的结构功能后，能够改变机体某种代谢途径中内源性代谢物稳态，从而直接或间接改变细胞体液成分。因此用代谢组学方法揭示生物体的生物化学变化，更容易发现药物作用的生物化学物质基础和作用机制。

药物安全性评价是用于提供药物对人体危害程度最重要的科学依据。药物是通过网络的作用方式发挥药效作用，而传统药物开发主要集中于单个靶点上，导致药物开发周期很长。代谢组学目前已应用于新药研发中，对生物体给药前后机体内的整个生化反应过程进行检测，实时分析药物在机体内作用的药效和毒性，对体内代谢产物的浓度与其动态变化之间的相关性进行分析，找出代谢产物在体内的变化特点及规律，全面评价药物的价值和开发前景。

代谢组学对个性化药物治疗发挥着非常重要的作用。基因组学、转录组学和蛋白组学都可能对机体个性化治疗起到很大的帮助作用，但也存在很大的局限性。由于基因调控的复杂性，研究中很难确定某种遗传型是表现型还是基因型，给药物反应带来很大的不确定性。转录组学与蛋白质组学主要是来研究药物作用后的基因或蛋白质表达水平变化，观察到的现象其实是药物作用后的机体的变化，不能够反映药物实际作用的机制。代谢组学主要研究多细胞系统的代谢特征，全面反映机体受到内外刺激物的刺激后代谢物变化的全部过程，帮助医生结合病人的表型来分析并制定相应的治疗方案。因此药物代谢组学在个性化药物治疗中有很大的应用前景。

3. 代谢组学在植物研究领域的应用

代谢组学技术也同样应用于植物组织的研究，目前在植物中已发现的代谢物超过20万种，有维持植物生命活动和生长发育所必需的初生代谢物，也有利用初生代谢物生成的与植物抗病和抗逆关系密切的次生代谢物，因此对植物代谢物进行分析是十分必要的。

代谢组学辅助基因功能解析研究，利用代谢组学方法检测不同基因型植物体内淀粉、多糖和有机酸等代谢物的种类和含量变化水平，进而帮助研究人员判断其基因表达水平的细微变化，从而推断基因的功能及其对植物相关代谢途径的影响。通常研究思路是将代谢组学与转录组、蛋白组学等方法相结合，通过数据整合分析预测功能基因。代谢组是基因表达的最终产物，其种类和含量的变化与转录组、蛋白组等必然存在着一定的联系。利用多种组学方法结合进行植物基因功能的解析已成为研究的一个热点。

代谢组学用于植物代谢途径及代谢网络调控机理研究，能快速地对植物某一代谢途径相关的前体物质、衍生物和降解产物进行准确的定性和定量分析，揭示植物在环境影响下代谢物的动态变化过程。同时也通过对植物发育过程中某一代谢途径中相关代谢物质的种类和含量进行定量与定性检测，帮助推测该发育过程的相关代谢途径，根据代谢物的变化趋势推测植物发育过程中代谢网络调控相关机理。

植物自我调节作用是植物适应一系列逆境环境（高温、高湿、干旱、病虫害等）的主要防护机制。然而植物在自我调节以适应逆境环境的过程中，自身会发生一系列化学反应并产生大量的初生和次生代谢物，包括有机酸、氨基酸、信号传导相关因子、生长素等。

通过对此类代谢物质的定性与定量分析，可帮助研究人员开发适应逆境环境生长的植物新品种，或在植物逆境响应过程中添加相应的“代谢药物”来增强植物生长能力，帮助植物更好地适应逆境环境。

植物代谢组学也逐步被应用于植物育种领域研究，包括主要的一系列农作物，如水稻、小麦、玉米与大豆等。在植物分子育种过程中，精确定量描述作物的产量和品质性状是筛选育种材料的关键。研究人员尝试利用某类代谢物质定量表征作物的产量、品质等农艺性状。通过代谢组学方法筛选与产量、品质相关的标志性代谢物，进而利用这些代谢物进行作物育种材料的筛选，大大加快了作物的育种进程。代谢组学技术也被广泛应用于食品安全检测，利用代谢组学方法可简单、快速地对转基因食品的安全性进行评估。也可快速对食品的营养成分进行检测分析，并对其品质进行评价。总之，代谢组学的研究遍布植物科学研究的各个领域，将推动植物科学快速发展。

点评（点评人：欧江涛）

代谢组学是指系统研究生命体在新陈代谢过程中所产生的代谢产物的组成和变化规律，揭示机体新陈代谢活动本质的学科，为生命科学的发展提供了有力的现代化实验技术与手段。研究者可通过将代谢信息与病理生理过程中的生物学事件关联起来，从而确定发生这些变化的靶器官和作用位点，进而确定相关的生物标志物；同时，还可对单个细胞或一种细胞类型中所有的小分子成分和变化规律及其功能进行度量。目前，质谱技术和核磁共振技术是代谢组学研究中应用最广泛的两大技术平台。作为系统生物学重要组成部分的代谢组学，主要研究代谢组在某一时刻细胞内所有代谢物的集合，可以如是说，“基因组学和蛋白质组学告诉我们什么可能会发生，而代谢组学则告诉我们什么确实发生了”。现阶段，代谢组学在新药研发、临床医学、功能基因组学、营养学、植物与微生物学、中医药现代化、环境评价和毒理学研究等领域都已经得到了广泛的应用。如在生物医学领域，主要应用于药物研发过程中的早期毒性筛选及临床前和临床实验中的安全评价；还可应用于疾病早期诊断，即利用代谢组学方法对肿瘤、糖尿病、高血压、遗传性代谢缺陷、精神病等多种疾病进行疾病诊断和早期发现；此外，通过对药物代谢组学的分析，可实现个体化药物治疗等。

4.2.8　宏基因组资源与人体疾病①

以肠道菌群为代表的共生菌群是人体“超物种”概念的核心，在细胞数和基因数方面都大大超过人体本身，被称为人体的“另一套基因组”。人体共生菌群远比线虫的菌群复杂，细胞数目多了约 10 个数量级，在功能上却仍有很多共通之处，显示了其进化意义。自出生伊始，人体的肠道菌群逐渐丰富与成熟，在人体糖类、氨基酸、脂类等能量物质的代谢、免疫系统的发育与调控等过程中发挥着至关重要的作用。肠道微生态的紊乱被发现与肥胖、糖尿病、冠心病，甚至自闭症等多种复杂疾病相关。作为复杂疾病发生的一大因

① 该部分作者为贾慧珏。

素，菌群与人体长期共生，却又可以随着药物、饮食、生理状态等而变化，相对于遗传因素更易进行干预。对于以肠道菌群为代表的人体共生菌群的研究可以为复杂疾病致病机理的理解提供新思路，协助预防、诊断及精准用药，并为日后开发更为安全有效的治疗策略提供基础。

4.2.8.1　与时俱进的宏基因组资源

宏基因组鸟枪法测序（metagenomic shotgun sequencing）作为微生物学领域继显微镜发明之后又一重大技术突破，使得直接研究微生物群落成为可能，无须分离培养即能发现大量微生物“暗物质”。在此背景下发起的欧盟 MetaHIT（Metagenomics of the Human Intestinal Tract）项目和美国 HMP（Human Microbiome Project）项目大大加深了我们对人体共生菌群的认识。深圳华大基因研究院 2008 年作为唯一的欧盟以外的研究机构参与了 MetaHIT 项目，开创了基于第二代测序技术（next-generation sequencing）的人肠道宏基因组的组装与分析流程，发现人肠道宏基因组在基因总数方面至少是人体自身的 150 倍。经过几年的积累，进一步结合来自欧洲、美国、中国的 1267 个肠道宏基因组样品，构建了迄今为止最完整和最高质量的肠道菌群参考基因集合，发现人体肠道菌群包含近千万个来自细菌、古菌、噬菌体等的基因，在不同人群、不同个体间呈现物种与功能分布差异。

对比中国南方和丹麦的健康人样品发现，两个人群肠道菌群物种与功能的差异可能可以从饮食、环境因素等方面来解释。其中中国样品在抗生素抗性和异源物质代谢等方面都比丹麦样品更具潜力。西班牙、意大利等国样品的肠道宏基因组也较丹麦和美国的含有更多抗生素抗性基因，使用历史更长的四环素、杆菌肽、头孢霉素等在 90%以上的各国样品中均存在。在瑞典新生儿的肠道宏基因组中，这些抗生素抗性也已广泛存在。除了国家或地区差异，肠道宏基因组的城乡差异也不容忽视，南美、非洲等地相对隔绝而尚未西方化的乡村可能拥有更为原始和健康的人体共生菌群。对上至石器时代的欧洲人牙菌斑的初步研究也显示，口腔菌群在新石器时代和中世纪变化不大，自工业革命开始致龋齿细菌才成为主导，现代人口腔菌群多样性已远不如古人。人体共生菌群的宏基因组蕴含着如此丰富的物种、基因与功能信息，如何保护与发掘这一资源已成为当务之急。

4.2.8.2　宏基因组物种功能鉴定

人体粪便样品中约一半的宏基因组测序数据无法比对到 NCBI（National Center for Biotechnology Information）现有的细菌或古生菌参考基因组及草图，早期宏基因组研究中已有基因组的比对率更是不足 30%。由于历史原因和分离培养条件的限制，特定病原菌、水体中的菌等测序较多，而肠道这一与人类健康息息相关的环境中的各种共生菌却缺少针对性、系统性的分离培养与测序。美国能源部负责的 IMG（Integrated Microbial Genomes）数据库由用户上传各类数据，但并不针对人体肠道菌群，未能构成一个人体肠道菌株的高质量参考基因组集合。根据现有细菌和古生菌基因组进行物种注释，在保证唯一对应的条件下，仅有约 20%的基因可以唯一注释到属，注释到种的比例更低且更易出错。

深圳华大基因研究院参照基因组研究中广泛使用的全基因组关联分析（GWAS）方法开创性地建立了宏基因组关联分析方法（metagenome-wide association studies，MWAS），并提出对应到菌株的宏基因组连锁群（metagenomic linkage groups，MLG）概念。与 MLG 相似的 MGC（metagenomic clusters）和 MGS（metagenomic species）方法也都是基于存在物理连接的两个基因在样品中的丰度应当相等（如有多个拷贝则呈倍数关系）这一假设，对在不同宏基因组样品中丰度变化一致的基因进行聚簇，但具体聚簇与物种注释流程和参数尚未统一。基于 10 个保守的单拷贝基因进行物种注释的 mOTU 方法也较 16S rRNA 基因测序的注释更为准确，但目前仍有约半数 mOTU 没有具体物种而仅有更高级别分类单元的信息。

目前人体相关宏基因组的功能注释主要采用 KEGG（Kyoto encyclopedia of genes and genomes）数据库。eggNOG（the evolutionary genealogy of genes nonsupervised orthologous groups）数据库对人体肠道菌群基因的注释率更高（约 60%）。SEED、GMM（gut metabolic modules）等也对 KEGG 功能注释结果构成一定补充。不论在物种还是功能层面，人体共生菌群都还有大量未知信息等着国内外研究者去探索。如何综合生物信息分析和实验方法实现高通量、可筛选的物种与功能研究是充分发掘宏基因组资源的关键一环。

4.2.8.3　宏基因组与疾病诊断

自 2 型糖尿病的宏基因组关联分析以来，肠道菌群基因或物种标志物在 2 型糖尿病、肥胖、肝硬化、结直肠癌与腺瘤、类风湿性关节炎的诊断或病人分层（patient stratification）中均初步显示了良好的前景，有待大规模验证。由志愿者自行采集的粪便样品有望被用于上述多种复杂疾病的无创筛查。在类风湿性关节炎的研究中，牙菌斑和唾液样品中的口腔菌群标志物也可以区分患者与健康人，牙菌斑样品甚至可能被用于预测抗风湿药物（DMARD）治疗后病情是否好转。结直肠癌与腺瘤、肝硬化等病人肠道中相对富集的菌可能也来源于口腔。相比粪便，口腔样品更易采集，而多部位的结果可以提高疾病诊断的准确性。虽然具体机理还有待深入研究，肠道与口腔菌群在复杂疾病的诊断、病人分层与愈后方面的无限可能性已吸引了国内外众多学者的关注，催生了一系列创业公司。

4.2.8.4　宏基因组与疾病治疗

1. 肠道菌群是精准营养的核心

健康人在相同饮食后血糖水平有很大差异，因此在肠道菌群数据加入饮食、作息、血液等指标后可以更好地预测血糖，用于更好地指导个性化的血糖控制。另一项小规模研究发现，食用大麦仁面包 3 天后血糖水平改善的健康人比没有改善的健康人的肠道菌群含有普雷沃菌属相对拟杆菌（*Prevotella*/*Bacteroides*）更多，提示膳食纤维的益生元效果必须有肠道菌群状况相配合。肠道菌群丰富度低的志愿者被报道在高蛋白低热量饮食减肥 6 周后在炎症、甘油三酯等指标上仍不如同样饮食减肥的肠道菌群丰富度高的志愿者健康。因此，无论病人还是健康人，都应当通过肠道等人体共生菌群进行分层，从而更有针对性地进行健康管理，不同人的健康标准也将随着研究的深入而逐渐清晰。

2. 肠道菌群被食物或药物调节，也可以改变食物或药物的活性成分

来自于中药黄连的小檗碱，可能通过调整肠道菌群而抵抗高脂饮食导致的大鼠肥胖和胰岛素抗性。葛根芩连汤也可以改变肠道微生物，缓解 2 型糖尿病症状。迟缓埃格特菌（*Eggthella lenta*）可以使心脏病药物地高辛失活，具体反应活性与菌株及饮食有关。埃格特菌还能产生激素类物质雌马酚。甘草中的甘草酸、甘草苷及异甘草苷也经肠道菌群作用转化为甘草次酸、甘草素和异甘草素。芍药中的芍药苷给药后不能直接被肠壁、肝脏和肺脏所代谢，生物利用率低，只有经过肠道菌群转化后才能被吸收。食物来源的胆碱、磷脂酰胆碱和左旋肉碱经肠道菌群代谢生成抑制心血管疾病血栓形成的氧化三甲胺（trimethylamine-*N*-oxide，TMAO）。选用一个类似胆碱结构的小分子——3, 3-二甲基-1-丁醇，在高胆碱或左旋肉碱饮食的小鼠模型中有效抑制了氧化三甲胺形成和动脉粥样硬化症状，展示了基于肠道元基因组信息进行新药开发的全新可能。

点评（点评人：欧江涛）

各种高通量测序技术的不断发展与广泛应用，极大地推动了微生物功能基因组学的研究，尤其是可以对非培养微生物如许多环境微生物的种群组成进行分类鉴定与功能分析，宏组学及其技术应运而生。作为组学的重要分支，宏组学包括宏基因组学、宏转录组学、宏蛋白质组学和宏代谢组学等几个方面。其中，宏基因组学是指从实验室中可培养或无法培养的微生物中获得总基因组 DNA 信息的研究，也即是试图通过测序并分析微生物群落的 DNA 序列，以理解混杂微生物的组成及其与所处环境的交互作用。宏基因组学革命性地改变了微生物学，使得在非培养条件下研究混杂微生物群落成为可能。宏基因组学致力于分析混杂微生物的种群组成、进行分类鉴定与丰度确定。目前，主要包括两种方法：扩增子测序和鸟枪法测序。通过对以肠道菌群为代表的人体共生菌群的宏基因组学研究，可以为复杂疾病致病机理的理解提供新思路，协助预防、诊断及精准用药，并为日后开发更为安全有效的治疗策略奠定基础。

4.2.9　功能未知基因资源的开发①

4.2.9.1　功能未知基因及早期研究方法

1. 功能未知基因

自然界中现存的物种资源极其丰富，各种各样的动植物及微生物组成了多姿多彩的生物圈。从分子水平上来看，各种生物中都含有种类丰富的基因资源，不同生物的基因组长度大小各不相同，其中有一些生物的全基因组序列已经由测序技术获得。以“人类基因组

---

① 该部分作者为童贻刚。

计划”为代表的大规模生物测序工作提供了大量的基因以及基因序列。特别是在高通量测序技术大规模迅猛发展的今天，微生物全基因组测序正在变得越来越普遍。但是即使有大量的测序数据作为基础，绝大多数预测出来的假设基因其功能仍然不被人所知。这是由于相比于测序速度来说，功能基因组学的研究速度更为缓慢。要确定一个功能未知基因的具体功能，需要大量的生物学实验数据做基础。

2. 功能未知基因的早期研究方法

如果说生物体全基因组信息是生物遗传密码的全部资源的话，那么功能未知基因占据了这些资源的绝大部分。因此，有必要对这些功能未知基因加以规划和利用，使其更好地为人类服务。功能基因的寻找，早期主要采用人工数据分析实验、手工实验的方式进行。这种方法的主要缺点就是实验速度较慢，在当今这种方法已经不能满足大规模生物信息分析的需求。目前的功能基因组学研究通过对基因组的开放阅读框（ORF）进行预测，找到可能存在的基因以及其剪切方式，然后通过同源性比对和功能注释预测该基因的功能。对于功能完全未知的基因，往往采用转基因技术、基因敲除技术、基因沉默、蛋白表达、蛋白质结构解析、蛋白质相互作用技术等对其进行实验研究。这些方法的主要缺点就是实验速度较慢、周期很长、结果产出少、相对成本很高、效率很低，在当今组学和大数据时代这种方法已经不能满足需求。虽然这种经典的方法周期很长，效率不高，但因为功能未知基因数量庞大，在生物体当中发挥的作用很大，因此仍需对其进行深入的研究。这些实验研究为我们对于基因功能的认识提供了最直接、最可靠的证据，也是当今从事基因功能研究的一个极其重要的手段和不可缺少的步骤。

4.2.9.2　组学与生物信息学手段应用于功能未知基因研究

随着各种组学（基因组学、蛋白质组学、转录组学、代谢组学、宏基因组学、免疫组学等）技术的高速发展，短时间内即可产生极其巨大的数据量，富含海量的生物信息，如此海量的数据，常规的分析方法无法满足分析需求，生物信息学也就应运而生。组学和生物信息学的高速发展不仅为基因资源序列的研究带来了便利，同时对基因功能的研究也发挥着重要的作用。目前的一些生物信息学手段可以应用于功能未知基因的研究，特别是功能未知微生物基因的研究。

1. 功能未知基因的寻找

高通量测序在单位时间内产生的序列数据量是常规测序技术产生数据的数千万倍，是功能未知基因研究的强大工具，为基因资源提供了极其巨大的原始资料。高通量测序技术得到的是生物的 DNA 序列，对于真核生物的基因来说，需要考虑其基因的结构（如外显子、内含子）。由于存在大量的基因间区，而且基因中普遍存在大量内含子，因此后续分析比较复杂，可能需要结合与 mRNA 功能表达等相关的基因转录产物（如 mRNA）、表达标签序列（ETS）、转录组学、蛋白质组学等分析技术进行。而微生物基因组中的绝大部分均编码功能基因，基因间区很少，而且基因内部绝大部分没有外显子和内含子的问题，基因序列连续完整，因此在研究中，可以对其序列直接进行编码基因开放读框预测和基因功能预测，结果往往比较可靠。

序列同源性分析的具体方法是：在数据库中通过BLAST方法序列同源性比对找到序列与其高度同源的功能已知的基因，根据这些已知基因的功能推测该未知基因的功能。另外，也可以将功能未知基因的核酸序列转换成氨基酸序列之后，查找已知蛋白质的功能域，预测其二维及三维结构，比较这些结构与功能已知蛋白的结构，在此基础上预测功能未知基因可能具有的功能。

2. 功能未知基因的快速筛选

将高通量测序技术与基因功能分析结合起来，可快速筛选某些与特定条件有关的功能未知基因。例如，在正常培养条件下对某物种微生物进行一段时间的稳定培养之后进行一次高通量测序，得到参考序列表达谱数据，然后改变培养条件，使其在某种特殊生存条件下培养一段时间，然后对其再次进行高通量测序，对两次测序的结果进行比较，基因组序列中突变基因表达谱发生的改变，可能是生物为了适应这种环境的变化而产生。将这些突变基因提取出来再采用经典的功能基因组学方法进行研究，得到其具体的功能以及与环境之间的相互作用机制。又如，对特定生物在不同条件下进行培养，通过高通量测序分析不同培养条件对基因组的甲基化位点或者单碱基多态性位点的影响，也可以预测发生甲基化改变或者基因变异的位点所在基因的功能。将这些突变基因提取出来再采用经典的功能分析实验方法进行研究，结合生物信息学的分析，可能得到特定基因的功能以及作用机制。这些研究结合了基因组、转录组、甲基化组以及SNP组等组学研究方法以及生物信息学分析方法，这样做的最大优势在于能够从生物的大量功能未知基因中快速有效地筛查出想要研究的部分，大大降低了研究的工作量，提升了研究效率。同时这些研究方式结合了高通量测序等新一代生物学方法与功能基因组学和生物信息学方法，加上经典的实验技术作为验证手段，具有广阔的发展前景。

3. 功能未知基因的数据整合

以上两种方法都离不开大量生物信息学数据的积累和分析。目前人类社会已进入大数据时代，对于生物信息数据来说更是如此。大量基因序列信息、蛋白质结构信息以及蛋白质功能描述产生了大量的数据，数据间相互联系形成复杂的数据体系和数据结构，需要加以整合。以美国国立生物技术信息中心（NCBI）旗下数据库为首的生物信息数据库目前已经形成了全球共享的趋势，但大量的功能未知基因仅仅以序列的形式存放在这个数据库当中，难以运用和分析。对功能未知基因的资源整合和深度挖掘探索，应该是下一阶段功能基因组学和生物信息学领域的重点和难点，同时也需要各领域的生物从业人员的参与和合作。

4.2.9.3　功能未知基因的信息应用

一旦这些功能未知基因的功能和作用方式得以阐明，它们就可能直接或间接被用来造福人类。针对动植物功能基因进行定向突变，可以改变该物种的性状，使其更加适合人类需求，对微生物的特定功能基因片段进行敲除或者插入，可使生物工程研究得到更快的发展。

综上所述，功能未知基因是生物信息资源的宝藏，也是生物信息资源的重点研究方向。结合高通量测序技术和生物信息学技术的新一代功能基因组学研究，必将在未来的生物研究当中发挥巨大作用。

点评（点评人：马红武）

基因组和宏基因组测序技术的飞速发展使我们积累了大量的来自不同生物的基因数据，其中绝大部分基因的功能并未通过实验研究确定，而是完全通过序列相似性预测得到。因此在后基因组时代，功能未知基因一般指的是通过序列相似性等生物信息学方法无法预测其功能的基因，也就是在基因数据库中注释为“hypothetical protein”的基因。这些基因或者在其他生物中完全没有相似序列，或者有相似序列但功能也都是未知（常注释为“conserved hypothetical protein”）。对于这些功能未知的基因，通过实验确定其功能是必不可少的。近年来发展起来的高通量表型筛选等技术为快速分析基因可能的功能奠定了基础，但功能完全未知时对实验设计也是一个很大的挑战。开发新的生物信息学方法对基因可能的功能做出粗略的估计，就可以有针对性地设计实验，减少实验工作量，从而更快地确定基因功能。新的生物信息学方法和高通量实验技术两者对未知基因功能的确定都必不可少。

4.2.10　新基因资源的自然进化与人工合成①

4.2.10.1　新基因研究历史

基因是生命体存在的基本功能单元。在生命从简单到复杂的进化历程中，物种的适应性进化都与新基因的产生密切相关。基因从何而来，又是如何发生功能演化等基础科学问题一直是进化生物学家研究的焦点。“新基因如何通过基因重复来获得”由日本进化学家 Ohnov 在 1970 年首次系统阐述，他认为基因重复是新基因产生的主要分子机制。首个嵌合的新基因也于 1993 年由华人进化学家龙漫远教授用实验方法发现并进行了解析。此后，研究人员通过分子实验比较近缘物种间基因拷贝数的差异，发现了一系列新基因并研究了其产生的分子机制，包括基因重复、基因从非编码区起源（从头起源）、基因分裂与融合、多片段嵌合等。新基因起源与进化的基础理论得到前所未有的快速发展。

4.2.10.2　新基因研究进展

自 2000 年以来，生物学研究进入基因组时代，迅猛发展的基因组技术和庞大的基因组数据为基因起源与进化研究提供了绝佳的机遇。不同于早期精细的分子生物学实验比较

① 该部分作者为江会锋。

分析，现在科学家可以直接比较分析近缘物种的基因组序列，可以系统全面地研究新基因的产生速率、新基因的进化速率、新基因产生的分子机制类型等基本问题。以果蝇及其近缘物种为例，研究人员已系统分析了黑腹果蝇基因组中的新基因进化事件，发现物种内80%的新基因都是通过基因的串联重复产生的，另外从头起源的新基因也占到了12%。其后，以酿酒酵母为模型深入研究了从头起源新基因的功能，发现一个从头起源的新基因 *MDF1* 一方面可以和酵母性别因子相互作用抑制酵母的有性生殖效率，另一方面还可以控制酵母的营养生长过程，提高了物种在多变环境下的适应能力。尽管从非编码区域产生，但是从头起源新基因在物种适应性进化过程中发挥了非常重要的作用。因此新基因不仅对研究物种的基因组进化具有重要意义，同时也有非常重要的功能，对物种适应性进化具有重要作用。

结合核糖体分离技术和高通量测序技术，我们可以观察到基因组中所有的蛋白质翻译事件。编码基因都需要通过核糖体与其信使 RNA 结合翻译出蛋白质。因此利用这种全新的技术，理论上可以找到基因组内所有的编码基因。利用该技术在酿酒酵母的基因组中发现了 1900 多个可能的新编码基因，其中绝大多数基因都是新近起源的基因。此外，采用同样的技术，解析了一个人源病毒基因组中所有的蛋白质翻译事件，并且发现了上百个未被注释的新编码基因。同样的，在经典的模式病毒噬菌体中，发现 50 多个新编码基因，占到了该病毒原有基因总数的 80%。在这些新发现的编码基因当中，部分基因已经证实有翻译的蛋白质，部分基因在近缘物种间非常保守并且受自然选择压力作用，而且更有意思的是很多基因都是在非编码区从头起源产生的。新基因发掘技术的进步完全颠覆了传统编码基因的观念，为新基因研究开辟了一片新的天地。

4.2.10.3 合成生物学与新基因研究的未来

基于数学、物理、计算科学、工程科学与生命科学的深度融合，合成生物学推动了从认识生命到设计生命的质的变革，带来了生命科学领域的第三次革命。加州理工学院物理学家 Richard Feynman 曾经有句名言：“我不能创造的，我就无法理解”（What I cannot create，I do not understand）。合成生物学恰恰提供了一条“从创造到理解”的研究思路和方法，为新基因研究带来颠覆性的理念和方法。在 DNA 合成技术的武装下，人工设计与合成全新的功能基因成了可能。根据有机化学反应原理和已有的蛋白质结构模板从头设计新的酶催化剂已经获得成功。在工程学以及计算机设计的指导下，利用高效的 DNA 合成组装技术，合成生物学可以创造大量全新的功能基因满足人类的需求，比如设计生物细胞组成的电脑发挥生物强大的并行计算能力，设计可以适合月球或火星环境的生命体实现太空移民，让人类可以直接吸收太阳能、寿命大幅延长等。未来随着新基因设计技术进步，人类有可能扮演“上帝”的角色，创造完全不同于自然生命体系的“人造生命”。这将为生命科学研究带来前所未有的变革。

然而我们也应当意识到，我们目前对自然创造新基因的规律认识还非常粗浅。新功能基因设计合成后在生物体内是否会产生未知的生物安全问题还无从知晓。另外新功能基因设计赋予了人工生物体超越自然生命体的特殊能力的同时，也暗示着其有可能产生巨大的破坏性。如果不予正确引导和规范的话，带有特殊功能的新基因的生物也有可能在生态、健康等方面产生巨大生物安全隐患，比如被恐怖组织或别有用心的人用来制造超级生物武器。因此我们在大力发展生物设计与合成能力的同时，还需要加强生物安全性防控，实现可控的人工生命进程，确保人工设计的生物体在工业、环境、人类健康等领域的应用过程中的安全可控，让合成生物技术更好更安全地为人类服务。

点评 1（点评人：欧江涛）

生物遗传基因资源是一种重要的生物资源，大自然在几十亿年的进化过程中形成了不计其数的基因实现各种各样的功能。新的基因在进化过程中如何通过与环境的相互作用而产生？又如何通过与生物体中原有基因的协同作用改变生物体的整体生理功能而实现物种的进化？这些问题的解答对于今天人们用合成生物学方法来创建满足各种不同需求的新生物元件和人工细胞工厂具有重要意义。而飞速发展的基因组技术和庞大的基因组数据为新基因的起源与进化研究提供了新的平台。基因序列的确定使人们可以通过计算模型的方法从信息存储、组织和演化的角度研究新基因的生成规律。但这些也仅仅是为我们打开了一扇新的门进行基因进化研究，要实现按照人类的需求设计基因和生物体的目标还有很长的路要走，很可能永远不能像"上帝"那样随心所欲地创造新基因和新生命。

点评 2（点评人：陈集双）

以 RNA 为遗传模板的生物（尽管目前发现的都是病毒等亚细胞病原体），它们与 DNA 模板的复制方式不同，产生新基因的概率也不一样。人为制造的重组病毒和病毒侵染性克隆，产生基因变异，导致宿主产生新基因的概率可能也大不一样。这些都是值得注意的生物安全问题、生态安全问题和伦理问题。

4.2.11　水产病原微生物的非编码 RNA 及其组学意义①

4.2.11.1　引言

我国是一个水产养殖业大国，是世界上养殖产量超过捕捞产量的渔业国家，其中养殖产品已成为我国主要水产品的供给来源，自新中国成立初期到 2014 年，水产品产量从 90 多万吨增长到 6400 多万吨，而水产养殖产量已占世界水产养殖产量的 73%左右。作为一举多得的产业，它可缓解人多地少与人口增长所带来的粮食消耗压力，促进农村劳动力的就业，同时通过合理有效的保护与开发利用丰富的水产动物遗传资源，大力推进科学的健康养殖方式，可使该产业实现环保、低碳、绿色和可持续发展，已成为近年来快速发展的蓝色经济的重要组成部分。但是，随着水产养殖产业的高速发展，大规模、集约化、工厂化和高密度的养殖模式的建立与广泛使用，养殖环境状况的恶化与加剧，水产种质资源

① 该部分作者为王资生、欧江涛。

的严重退化，抗逆性衰退与抗病力下降，导致一系列疾病的不断产生与爆发，严重地制约了水产养殖业的发展，水产病害问题越来越突出，危害程度不断增大，范围广泛，经济损失严重。

其中，大多数水产疾病主要由细菌、真菌和病毒等水生病原微生物引起，它们种类繁多，病原体复杂多变，许多交叉和协同感染，使得众多水产疾病至今仍无特效药可以使用。因此，在水产病害控制中，应通过研究相关病原的致病机制及其与宿主之间的相互作用机制和宿主的抗病机制，结合养殖环境的优化改良，最终为实现有效的综合防治提供科学的依据和合适的对策与措施。非编码 RNA（non-coding RNA，ncRNA）在细胞活动中起着重要功能，已成为当今生命科学研究热点之一，给水产养殖业基础与应用研究带来了许多新的视角和新的发现，将不断展示其强大的生命力和广阔的应用空间。

自20世纪90年代大规模开展人类和其他模式生物的全基因组测序和比较基因组研究以来，海量的基因组序列数据表明，DNA 上编码蛋白质区域（编码区）只占人类和其他高等动植物基因组的极小部分，而在人类仅约 1.5%的 DNA 序列最终编码生成蛋白质，其余部分都为不编码区域。对于占据基因组大部分的非编码区，在过去普遍被认为是“垃圾DNA”，可是随着科学技术飞速发展，越来越多研究数据显示，在这些区域暗藏着大量的功能元件。2010 年 *Science* 杂志在评选 21 世纪前 10 年的十大科学突破时，首先提到的就是基因组中的“暗物质”。其中，基因组非编码序列可以表达生成大量的 ncRNA，越来越多的事实证明，作为“暗物质”成分之一的 ncRNA，许多具有重要的生物功能，是有待挖掘的巨大生物宝库，已成为生物学领域的研究热点。

进入 21 世纪以来，ncRNA 的研究越来越引起人们的关注。对于这些种类丰富而又具有调控作用的 ncRNA 分子而言，它们是许多生命过程中富有活力的参与者，成千上万的 ncRNA 组成了巨大的分子网络调节着细胞中的生命活动，几乎涉及所有的生命活动过程，如细胞的增殖、分化与死亡，发育调控，理化代谢调节，转座子沉默，免疫调控和环境应激等。其中，ncRNA 在水产病原微生物中，与细菌、真菌和病毒的新陈代谢、环境适应、致病机理、毒力乃至耐药性密切相关，是微生物代谢、适应环境变化和毒力基因表达等的重要调节因子，现有研究表明，ncRNA 在细菌、真菌和病毒的 RNA 加工与修饰、mRNA 翻译与稳定性、生长与繁殖、黏附与侵袭、感染与致病等方面发挥重要功能。迄今为止，自然系列杂志多年来专门开辟了一个专题，聚焦非编码 RNA，主要针对它的有关研究进展、新思路、新方法和新技术等进行系统全面的解析。

4.2.11.2　水产病原微生物非编码 RNA 的分类与功能

1. 非编码 RNA 的分类

目前，由于 ncRNA 在序列、结构以及生物功能上的高度异质性，种类繁多，存在多种分类方法，通常简单分为持家 RNA 和调控 RNA 两大类。

（1）持家 ncRNA：该类型的 ncRNA 在维持细胞正常功能中必不可少，主要包括参与初级转录物加工的核内小 RNA（small nuclear RNAs，snRNA）、核仁小 RNA（small nucleolar

RNA，snoRNA）、核糖核酸酶 P RNA（ribonuclease P RNA，RNase P RNA）和引导 RNA（guide RNA，gRNA），参与翻译的转运 RNA（tRNA）、核糖体 RNA（rRNA），以及翻译控制的 RNA（tmRNA）等。

（2）调控 ncRNA：它们参与基因转录调节、染色体结构调节、蛋白质翻译调节、RNA 和蛋白质功能调节，主要包括顺式反义 RNA（*cis*-antisense RNA，*cis*-asRNA）、反式反义 RNA（*trans*-antisense RNA，*trans*-asRNA）、与 Piwi 蛋白相互作用的 piRNA（Piwi-interacting RNA，piRNA）、长链非编码 RNA（long non-coding RNA，lncRNA）、微小 RNA（microRNA，miRNA）、小干扰 RNA（small interfering RNA，siRNA）、竞争性内源 RNA（competing endogenous RNA，ceRNA）和启动子相关 RNA（promoter-associated small RNA，pRNA）等。此外，较为常见的分类方法还有根据 ncRNA 的长度大小，分为较小长度的微小 RNA（miRNA、piRNA 和 siRNA）、中等长度的 ncRNA（snoRNA 和 pRNA）和较大长度的 ncRNA（lncRNAs）等。

2. 水产细菌和病毒非编码 RNA 的功能

细菌 ncRNA 一般指大小为 50～500 个碱基，并以 RNA 形式发挥生物学功能的一类 RNA 分子，可分为顺式反义 RNA、反式反义 RNA、核糖开关、规律成簇的间隔短回文重复序列和假基因等类型，在各种细菌中广泛存在。其主要通过碱基配对识别靶标 mRNA，调控 mRNA 的翻译或稳定性，在转录后水平调节基因的表达，部分 ncRNA 通过与蛋白质相互作用而影响蛋白功能，是细菌适应环境压力、代谢和细菌毒性的重要调节因子，在细菌与环境的相互作用中发挥重要作用。

目前，不同细菌 ncRNA 行使功能的机制不同，按照它发挥生物学功能的形式，可将其分为 3 类：①行使管家功能的 ncRNA，如主要包括具有酶催化活性并形成 RNase P 的催化亚单位 M1 RNA、转移信使 tmRNA 及组成核糖核蛋白（RNP）复合物的 4.5SRNA；②与蛋白质结合的 ncRNA，如 CsrB 和 CsrC 这两种 ncRNA 分子可特异性地与 CsrA 蛋白相互作用，形成一个调控反应回路，它们作为 CsrA 蛋白的拮抗物，精确地调控这个蛋白的活性；③与 mRNA 相互作用的 ncRNA，它通过不完全互补配对与靶标 mRNA 结合，抑制或促进靶标 mRNA 的翻译，加速或减缓靶标 mRNA 的降解，是细菌 ncRNA 发挥调节作用最普遍的一种形式，目前发现的细菌 ncRNA 绝大多数都属于这个类型。

近年来，相关研究表明，细菌 ncRNA 的生物学功能，主要集中体现在以下几个方面：①参与细菌对于环境压力的调节性反应，减少环境变化对细菌的损害；②参与细菌生化代谢的调节，维持细菌内铁含量的平衡和糖代谢的稳定；③参与细菌外膜蛋白的表达调控，与细菌的毒性密切相关；④参与细菌的群体感应过程，调控细菌之间的信号交流，控制细菌重要生命活动的实施；⑤参与细菌毒力因子的调控，有效地促进细菌生长、繁殖、黏附和扩散等。

生物 miRNA 主要通过与靶基因 mRNA 的 3′非翻译区（UTR）完全或部分配对结合以降解靶 mRNA 或阻碍其翻译，表达具有时空特异性，参与诸多调节途径，主要包括细胞增殖与凋亡、器官发生与发育、造血过程、肿瘤发生、脂肪代谢、生殖发育、复杂疾病发生与转归、环境应激和免疫调控等。近年许多研究发现，病毒也编码大量的 miRNA，在病原与宿主的相互作用中发挥重要作用，通过自身产生的 miRNA 和宿主产生的 miRNA 来调控病毒和宿主靶基因的表达，其中靶基因主要包括病毒自身编码基因和宿主许多基因如细胞因子、趋化因子、细胞凋亡因子、生长因子及信号传导因子等。病毒和宿主 miRNA 可在病毒的入侵与复制、潜伏与感染、宿主细胞凋亡、疾病的发生与发展和转归中发挥重要的调控作用。

4.2.11.3 水产细菌非编码 RNA 及其靶标的筛选与鉴定方法

1. 水产细菌非编码 RNA 的筛选与鉴定方法

目前，关于细菌 ncRNA 筛选和鉴定的方法，可以分成两大类：一类是基于生物信息学的计算机预测方法，另一类是基于实验室的检测分析方法；有关方法主要包括 RNA 标记和染色、功能性遗传筛选、蛋白质共纯化、基因芯片检测、鸟枪克隆法、生物信息学搜寻、基因组 SELEX 和转录组测序等。

随着大规模细菌基因组测序的完成，目前已发展了多种细菌 ncRNA 的生物信息学预测方法，可分为 3 类，分别是比较基因组学方法、转录单元预测方法和机器学习方法。

（1）比较基因组学方法：基于比较基因组学方法来识别 ncRNA，主要原理是作为一个 ncRNA 基因，其在相近物种的基因组中具有较高的序列保守性和结构保守性。首先基于序列比较，找出相近物种基因组序列中保守的基因间区，然后运用概率模型 QRNA 判断该基因间区的类型（蛋白质编码区、ncRNA 或其他 RNA 类型）。该方法的主要缺点是必须有用于比较的相近物种的基因组序列，相关的 ncRNA 序列必须有保守的二级结构，识别出的候选 ncRNA 序列还可能包含其他类型的 RNA 序列，该方法不能识别出一个物种特有的 ncRNA。

（2）转录单元预测方法：转录单元预测方法是在比较基因组学方法的基础上，通过基因间区预测和转录单元的识别来进行 ncRNA 预测，即通过在基因间区寻找启动子、终止子或是完整的转录本来寻找 ncRNA。首先在细菌的基因间区寻找–10 区和–35 区的保守序列来预测启动子，然后通过终止子的发夹结构特征和自由能特征来预测 ρ-非依赖型终止子，并在去冗余基础上预测出具有完整转录单元的基因间区，最后通过与相近的基因组比对，找出保守的基因间区作为候选的 ncRNA 序列。主要缺点：首先，它只能预测 ρ-非依赖型终止子的 ncRNA，而对 ρ-依赖型终止子却无能为力；其次，这些算法都是通过预测启动子和终止子来预测 ncRNA 的，只是在启动子和终止子预测算法上有不同，但它们所得到的候选集的彼此覆盖性却非常差；最后，在基因间区预测 ncRNA 必将遗漏位于 UTR 等区域的 ncRNA，被预测的片段要在相近物种间有保守性，具有物种特异性的 ncRNA 则很难被预测出来。

（3）机器学习方法：利用机器学习方法进行 ncRNA 预测主要包含 3 个基本步骤，首先是构建包含阳性和阴性数据的训练集，然后是基于样本数据提取特征变量，最后是利用机器学习方法构建分类模型，进而预测新的 ncRNA。机器学习方法虽然在一定程度上克服了前两类预测方法的一些缺点，如可以预测出细菌特异性的 ncRNA，对 ρ-非依赖型终止子或ρ-依赖型终止子的 ncRNA 均可以预测等，但主要缺点是阳性数据较少，随着各种 ncRNA 数据量的增多，该方法将会日益发挥重要作用。总之，应一方面不断改进和提高 3 种预测方法的准确性和普适性，另一方面整合各自的优点进一步开发综合性预测软件，从而实现细菌 ncRNA 的生物信息学预测效率、特异性和可靠性的大幅度提高。

现阶段，细菌 ncRNA 实验筛选方法各具优缺点：①RNA 标记和染色是最早用于寻找 ncRNA 的方法，但其不能区分 ncRNA 和 rRNA、tRNA；②功能性遗传筛选能直接鉴定 ncRNA 功能，但可能无法发现只在特定压力条件下发生调控或转录活化抑制的 ncRNA；③蛋白质共纯化能够指示出所筛选的 ncRNA 与蛋白质的相互作用和活性形式，但是要求 ncRNA 与蛋白质牢固结合，共纯化蛋白要有高度特异性抗体；④鸟枪克隆法，也称为 RNA 组学，能够检测特定条件下所有的 ncRNA，而不需预先知道 ncRNA 的特征，但费用昂贵，工作量繁重；⑤基因芯片技术可用于研究 ncRNA 的表达和寻找新的 ncRNA 转录本，但费用昂贵，通常 ncRNA 检测结果与 Northern 杂交信号不一致；⑥生物信息学方法可以预测新的 ncRNA，能够迅速得到许多可能的 ncRNA 候选基因列表，但其需要预先知道 ncRNA 的特征和对许多候选位点进行验证；⑦基因组 SELEX 具有靶分子范围广、筛选出的配体亲和力和特异性高等特点，对细菌基因组序列无要求，能够发现与特异蛋白质结合的 ncRNA，可直接鉴定它们之间的相互作用；⑧转录组直接测序可得到特定条件下所有 RNA 转录本的丰度信息，能从整体水平研究基因结构和功能，采用此技术对细菌 ncRNA 的高通量、高效率的筛选和鉴定，现已逐渐成为细菌非编码 RNA 研究的主要手段。多年来，通过利用生物信息学预测、遗传与生化方法、高通量的全基因组嵌合芯片与转录组直接测序等一系列方法手段，系统地搜寻了细菌功能基因间区、非翻译区和编码区反义链，大量 ncRNA 已被发现。

2. 水产细菌非编码 RNA 靶标的筛选与鉴定方法

目前，细菌 ncRNA 虽被大量筛选与鉴定，但其许多生物学功能尚未阐明。由于它主要通过碱基配对识别靶标 mRNA，在转录后水平调节基因的表达，部分通过与蛋白质互作而影响蛋白功能，因而筛选与鉴定其作用靶标，对 ncRNA 生物学功能的确定，就显得至关重要了。关于细菌 ncRNA 靶标识别方法，可分为两大类：一类是生物信息学预测方法，主要基于序列比较、RNA 二级结构、机器语言和基因表达谱等进行识别，大多通过对已有模型算法的改进来预测 ncRNA 作用靶标，国内外已取得一定进展，开发了一系列细菌靶标预测软件（TargetRNA2、CopraRNA、IntaRNA 和 sRNATarBase 等）。另一类是实验鉴定方法，主要包括以下几种：①遗传学方法，如各种报告基因融合表达、点突变和质粒翻译融合等；②生物化学方法，如亲和技术，目前大多集中在利用 Hfq 与 ncRNA 结合或者生物素标记 ncRNA“钓取”靶标来实现；③微阵列技术，通过对 ncRNA 与靶标作用时的低水平表达（或缺失）和高水平表达两种情况的比较转录分析来识别靶标；④蛋白质组学技术，通过在 ncRNA 丰富或缺失的菌株中采用放射性或荧光标记不同信号强度的蛋白质进行靶标检测。

现阶段，应用实验方法对 ncRNA 作用靶标的寻找尽管精确，但劳动强度大，耗时长，且有些实验方法成本高。而生物信息学方法虽然不能最终确定 ncRNA 靶标，却可快速为实验鉴定提供提示。因此，生物信息学和实验鉴定方法相结合，更易于发现新的 ncRNA 靶标，省时省力，将受到越来越多研究者的青睐。首先，可通过生物信息学预测，获取细菌 ncRNA 的候选作用靶标；然后，可利用体外经典的胶迁移实验等分析 ncRNA-mRNA 和 ncRNA-Protein 的相互作用；最终，实现对细菌作用靶标高效、快捷的实验鉴定。

4.2.11.4　水产病原微生物非编码 RNA 研究的组学价值

多年来，在人类和模式生物基因组计划的带动下，各种高通量实验技术和工具不断涌现并被应用，这加快了许多重要农业生物基因组计划的不断完成。大量生物数据如基因组、转录组、蛋白组、互作组、表型组和代谢组等呈指数级产生与增长，大多数都以免费共享的方式释放到重要的生物数据库中。海量的生物数据，通过世界不同学科的科学家不断的整合、梳理、挖掘与功能注释等，可靠性、实用性大大提高，应用空间也进一步扩大，为当代生物学家提供了一把极其有用的利剑。

工欲善其事，必先利其器，整合各种信息资源，充分挖掘与利用，是现代科学工作者必备的、事半功倍的先决条件之一。“整合信息学策略”主要指利用统计与计量方法，对现有的和不断产生的生物信息和文献信息数据进行整合、挖掘、注释，并作为先验知识加以利用的策略，也即是利用所有可用的数据资源和相关工具，对生物个体和群体网络中的各种信息进行研究，从而解决生物动态系统变异，为人类生活与健康问题提供有力保障。结合数学、物理、化学、社会学和哲学的整合信息学将是未来极有前景的大科学。

当今是“生命组学”的大发现时代，整合了多种组学的生命组学“大成”研究模式已现端倪，前程未可限量，自然出版集团专门开辟了组学平台（Omics Gateway）。目前，基于高通量的全基因组嵌合芯片和 RNA 转录组测序等技术的广泛深入应用，以及基于系统生物学思路的细菌 ncRNA 网络生物学分析的应用，使得细菌 ncRNA 生物学功能研究也取得了较大的进展，尤其是在细菌致病机理研究中，ncRNA 作为极为重要的调节子参与毒力因子的调控，获得了突破性成果。但是，对于众多细菌而言，ncRNA 的筛选与鉴定不全面，有待进一步挖掘，而且其作用靶标的系统识别，许多还是一片空白，大多数新发现的 ncRNA，其结构和生物学功能尚未知晓，仍需要继续开展深入研究。

在水产病原微生物与宿主相互作用中，可利用高通量的组学方法、经典的实验技术和基于系统生物学的网络生物学分析等有机结合的综合思路，通过整合细菌 RNA 转录组测序、基因芯片和生物信息学分析等多种方法，系统筛选与鉴定大量的 ncRNA 及其靶标，分析 ncRNA 与宿主相互作用中不同条件下的基因差异表达情况；同时利用传统的基因敲出与敲入和新近的基因组编辑技术，如锌指核酸酶（ZFNs）、转录激活样效应因子核酸酶（TALEN）、归巢核酸内切酶（meganucleases）与成簇间隔短回文重复（CRISPR）等，结合细菌实际研究情况，采取合适的组合方法，全面解析 ncRNA 及其靶标在细菌生长与繁殖、黏附与侵袭、感染与致病中的生物学功能与作用机制，主要包括：细菌 ncRNA 与靶基因（毒力基因）和靶蛋白（毒力蛋白）的相互作用，ncRNA、转录因子、靶基因和靶蛋白构成的生物网络，ncRNA 与细菌细胞的生长，ncRNA 与细菌的密度感应，ncRNA 与细菌的毒素与抗毒素系统，ncRNA 与细菌的运动和趋化，以及 ncRNA 与细菌的分泌系统等。

水产病原和宿主的组学研究与应用，在生产实践中对水产设计育种与疾病控制两大方面具有极其重要的作用，可实现水产业健康稳定的可持续发展。其中，在病原与宿主相互作用中，细菌 ncRNA 参与环境应激调节，减少环境变化对细菌的损害；调节细菌的生化代谢，维持其体内铁含量的平衡和糖代谢的稳定；参与细菌致病过程中的毒力调控，有效地促进细菌生长、繁殖、黏附和扩散，最终引起宿主发病；参与细菌的群体感应过程，调控细菌间的信息交流和细菌的重要生命活动等；宿主 ncRNA 参与各种生理、病理和生化调节途径，主要包括细胞增殖与凋亡、器官发生与发育、造血过程、肿瘤发生、脂肪代谢、生殖发育、复杂疾病的发生与转归、环境应激和免疫调控等；病毒和宿主的 ncRNA 可通过调控病毒和宿主靶基因的表达，在病毒的入侵与复制、潜伏与感染，宿主的细胞凋亡、疾病的发生与发展以及转归中发挥重要的调控作用。总之，上述相关研究所获得的成果，最终可为解析水产病原微生物的致病机制及其与宿主的相互作用机制以及宿主的抗病机理奠定坚实基础，为实现有效的综合防治提供科学的依据和合适的对策与措施。

点评（点评人：陈集双）

当今，通过对大量生物物种的全基因组测序结果可知，DNA 上编码蛋白质区域（编码区）只占人类和其他高等动植物基因组的极小部分，而在人类仅约 1.5%的 DNA 序列最终编码生成蛋白质，其余的大部分都为不编码区域（非编码区）。而这些非编码区，作为基因组中的生命暗物质，暗藏着大量的功能元件。其中，种类丰富而又具有调控作用的非编码 RNA（ncRNA），是许多生命过程中富有活力的参与者，成千上万的 ncRNA 组成了巨大的分子网络调节着细胞中的生命活动，几乎涉及所有的生命活动过程。微生物基因组相对较小。在水产病原微生物与宿主相互作用中，可利用高通量的组学方法、经典的实验技术和基于系统生物学的网络生物学分析等有机结合的综合思路，通过整合细菌 RNA 转录组测序、基因芯片和生物信息学分析等多种方法，系统筛选与鉴定大量的 ncRNA 及其靶标，分析 ncRNA 与宿主相互作用中不同条件下的基因差异表达情况。同时利用传统的基因敲出与敲入和新近的基因组编辑技术，全面解析 ncRNA 及其靶标在细菌生长与繁殖、黏附与侵袭、感染与致病中的生物学功能与作用机制。最终可为解析水产病原微生物的致病机制及其与宿主的相互作用机制以及宿主的抗病机理奠定坚实基础，为实现有效的综合防治提供科学的依据和合适的对策与措施。

4.2.12　蛋白质组学及在水产动物中的研究应用[①]

蛋白质组学作为一种强有力的研究工具，在过去几十年中越来越多地被用于解决水产动物中的福利、营养、健康、质量和安全等不同问题，并产生了非常积极的影响，特别是蛋白质组学已帮助水产养殖实现其主要目标：优质产品的高效生产。本部分综述了蛋白质组学技术在水产动物研究中的应用。

① 该部分作者为洪健。

4.2.12.1　蛋白质组学概述

蛋白质是生理功能的执行者，是生命现象的直接体现者，对蛋白质结构和功能的研究将直接阐明生命在生理或病理条件下的变化机制。蛋白质组学不仅包括蛋白质的鉴定和定量，还包括蛋白质的定位、修饰、相互作用、活性以及最终功能的确定。蛋白质组学针对的是有机体中表达的全体蛋白质，研究方法主要分为蛋白质组表达模式和功能模式的研究。蛋白质组表达模式主要研究蛋白质的组成成分，蛋白质组功能模式主要研究蛋白质结构和功能之间的关系。两种模式涉及的主要技术见图 4-23。

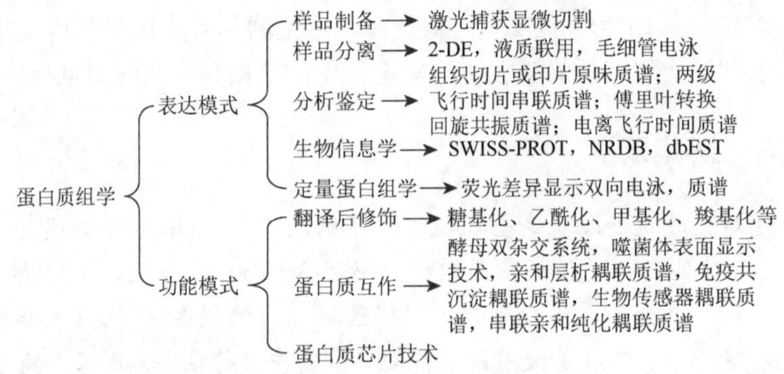

图 4-23　蛋白质组学研究主要技术

蛋白质组学作为一种与基因组学和转录组学相辅相成的技术，在世界范围内的水产养殖研究中得到了广泛的应用，与基因组学相比，蛋白质组学不仅在机制水平上提供信息，而且可以检测翻译后修饰的蛋白质活性变化。事实上，转录组并不能解释蛋白质表达的转录后和翻译后调控。大多数研究表明，蛋白质表达与转录水平的变化相关性较差。蛋白质组可以提供转录组错过的有关生物体生理状态的信息。养殖的水产动物容易受到多种因素的影响，这些因素可能对水产养殖业构成重大威胁，并产生相当大的经济影响，运用蛋白质组学的技术科学地理解水生动物的生物特性，可能会有助于解决上述问题。

4.2.12.2　蛋白质组学在水产动物研究中的应用

1. 水产动物营养中的蛋白质组学

蛋白质组学在营养学研究中有很大的前景。蛋白质组学与其他先进技术（基因组学、转录组学、代谢组学和生物信息学）和系统生物学相结合，将极大地促进关键蛋白质的发现，这些蛋白质具有调节代谢途径的功能，其合成、降解和修饰受到特定营养素或其他饮食因素的影响。这将有助于迅速提高我们对营养利用复杂机制的认识，为营养状况和疾病确定新的生物标志物，并设计一种现代饮食预防和干预疾病的模式。

目前，蛋白质组学方法正成功地应用于水产动物营养研究，特别是鱼类。减少对有限的海洋资源的使用是水产养殖业可持续发展面临的主要挑战。现在大家一致认为，植物蛋白和植物油是鱼类饲料中有效的替代成分，尽管近年来在这方面取得了很大的进展，但这些替代成分仍然会导致水产动物生长性能和饲料利用效率下降。因此，蛋白质组学的应用有助于更好地理解膳食中鱼粉和鱼油的替代物对水生动物代谢途径的影响，从而提高生长效率和饲料利用率。

2. 水产动物产品质量和安全中的蛋白质组学

蛋白质组学在食品质量和安全领域具有巨大的应用潜力，如技术质量、过敏预防、生物活性、生物利用度和最终产品质量的营养预测等。质量被认为包括食用质量和工艺质量（对某些产品、生产过程和储存条件类型的适宜性），因此，水产动物质量研究的中心目标是了解质量变化时所涉及的机制。饲料成分温度、应激、屠宰方法和遗传学等收获前参数以及加工、僵死、贮藏温度和时间等宰后参数对品质的影响得到了很好的验证。因此，在水产动物产品质量和安全中主要利用蛋白质组学研究探讨饲料组成对水产动物肌肉或肝脏蛋白质组的影响，收获前应激对鱼肌肉质量的有害影响并揭示不同应激源所涉及的生理反应的潜在机制。此外，肌肉结构是水生动物非常重要的品质之一，它与蛋白质紧密相连。冷冻和冷冻贮藏过程中组织的变化，以及死后嫩化所涉及的生物化学过程，多年来得到了广泛的研究，人们普遍认为不同的蛋白水解体系是不同的，在这个过程中，还有一些结构蛋白作为酶的底物受到影响。然而，许多重要的细节仍有待发现，利用蛋白质组学可能会更好和更深入地理解和揭示存储过程中与质量相关的后期分析过程。

水产动物产品安全的一个重要方面是快速准确地识别细菌种类以及分析检测食物过敏原，到目前为止，LC-MS 在这一领域显示出了巨大的应用潜力；另一个方面是食品认证，基于蛋白质组学的方法已经在海鲜领域显示了它们的优势，研究人员正努力提高分析的速度和能力，以便区分亲缘关系密切的物种。

3. 水产动物福利中的蛋白质组学

动物福利是一个复杂的概念。迄今为止，最普遍接受的福利衡量标准是身体健康，其中使用了各种生理和生化指标。然而，福利也包括精神上的痛苦，在水产动物中如何可靠地衡量这一点构成了未来的一项重要挑战。这种福利概念的复杂性突出了多学科和整体方法对水产动物福利研究的重要性，研究结果表明蛋白质组学可以成为研究和发展水产养殖的一种重要方法，以确保水产动物良好的福利和健康，以及水产动物在一个能够优化其应对不可避免的挑战/压力的能力的环境中饲养。

水产养殖和相关研究领域中现有的一些蛋白质组学研究已经涉及福利问题。这里大部分是关于健康方面的，重点是病毒性疾病、细菌性疾病和疫苗开发以及寄生虫、肝脏肿瘤和鱼类的骨骼畸形等。除此之外，免疫蛋白组学研究还包括免疫刺激剂、抗菌肽和黏膜分泌物组成的结果，以及与更好地理解免疫应答机制有关的其他主题。尽管福利生物标志物的发现和验证仍然是一个巨大的挑战，即使有了所有可用的组学工具，但很明显，蛋白质组学提供的非靶向信息对于理解水产动物的福利是有意义的。随着质谱技术和生物信息学工具的不断改进，在水产动物中使用蛋白质组学的研究越来越重要。

4. 水产动物疾病预防和治疗中的蛋白质组学

水生动物易受引起疾病和损失的多种病原体（细菌、病毒、寄生虫和真菌）的影响，对世界各地的生产质量和产量有重大影响。因此，通过对水产养殖动物进行蛋白质组学分析，大大提高了我们对水产养殖动物感染和免疫的认识，从而揭示了宿主与微生物的相互作用机制以及对传染病的控制。这些研究分析主要包括以下几方面：①蛋白质组学分析免疫系统对非感染性病原体的反应；②免疫系统对感染因子反应的蛋白质组学特征；③宿主-微生物相互作用的蛋白质组学分析；④免疫蛋白质组学用于细菌广谱交叉保护免疫原的鉴定；⑤环境胁迫下宿主和病原体的蛋白质组学分析。

4.2.12.3　展望

总之，迄今开展的研究清楚地表明，蛋白质组学有潜力识别与福利、营养、健康、质量或安全等主题相关的重要蛋白质，并揭示与水产动物生物学相关的潜在生物标志物和机制。然而，蛋白质组学也有其自身的局限性，将其与转录组学、代谢组学等技术相结合，可以获得更广阔的视野和对结果的验证，必将成为该领域未来的研究方向。

点评（点评人：欧江涛）

当今是生命组学的大发现时代，整合了多种组学的生命组学集成研究模式，已得到广泛的应用。蛋白质组学是以蛋白质组为研究对象，从整体水平研究细胞内蛋白质的组成、结构、功能及其动态变化规律的科学，具有高通量和强针对性、系统性、整合性的特点。其旨在阐明生物体内全部蛋白质的表达模式和功能模式，从整体、动态、定量的角度去研究对应蛋白基因的功能，主要集中于：动态描述基因调节，对基因表达的蛋白质水平的定量测定，鉴定疾病、药物对生命过程的影响和解释基因表达调控的机制。目前，蛋白质组学根据研究范畴侧重点不同，主要包括表达蛋白质组学、细胞谱蛋白质组学和功能蛋白质组学。蛋白质组学已成为当今生命科学中的前沿学科，研究范围极为广泛，涉及从微生物到动植物等众多物种及其组织与器官。蛋白质组学方法正成功地应用于水产动物营养研究，通过蛋白质组学的应用有助于更好地理解膳食中鱼粉和鱼油的替代物对水生动物代谢途径的影响，从而提高生长效率和饲料利用率。现阶段，蛋白质组学在水产动物中的研究主要包括：水产动物营养中的蛋白质组学、水产动物产品质量和安全中的蛋白质组学、水产动物福利中的蛋白质组学、水产动物疾病预防和治疗中的蛋白质组学等几个方面。蛋白质组学在识别与福利、营养、健康、质量或安全等有关的重要蛋白质，并揭示与水产动物生物学相关的潜在生物标志物和作用机制方面，将发挥重要的作用。

第 5 章　生物资源保护

5.1　生物资源保护概述

生物资源是人类生存和社会可持续发展的战略性资源，是生物多样性最基本的组成部分，是维持人类生存、维护国家生态安全的物质基础。以农业为例，过去数十年来，全世界植物新品种层出不穷，粮食亩产屡创新高，正是得益于生物物种资源的贡献。权威专家预测，21 世纪世界农业和生物技术的发展、人类生存环境的改善和生活质量的提高将主要依赖于生物物种资源，然而地球开始迈入第六次物种大灭绝，全球动物正以比以往快 100 倍的速度消失，而人类甚至可能成为第一批灭绝者。物种灭绝的肇因是多方面的，包括气候变化、环境污染以及森林砍伐等。根据国际自然保护联盟的数据，约有 41%两栖动物和 26%哺乳动物正面临绝种危机。我国的生物种类正在加速减少和消亡。我国濒危或接近濒危的高等植物达 4000～5000 种，占高等植物总数的 15%～20%。联合国《濒危野生动植物种国际贸易公约》列出的 740 种世界性濒危物种中，我国有 189 种，占总数的 1/4。据估计，目前我国的野生生物物种正以每天一个种的速度走向濒危甚至灭绝，农作物栽培品种数量也以每年 15%的速度递减。

与此同时，还有大量生物物种资源通过各种途径流失。我国拥有丰富的生物物种资源，蕴藏着大量人类疾病、高产、抗旱涝及抗病虫基因，因此成为发达国家攫取资源的目的地，这使我国生物物种资源流失严重。除了众所周知的长寿老人、哮喘病患者的血样被美国采集流失外，据美国植物种质资源信息网（GRIN）公布至 2002 年 6 月，美国从中国引进的生物物种资源已达 932 个物种、20 140 份，其中仅大豆就达 6452 份，且 70%以上是通过非正常途径流入美国的，而且输出输入比例高达 10∶1。生物遗传资源剽窃涉及化妆品、制药、粮食、农业和园艺、工商业等多个领域。剽窃生物遗传资源的机构以跨国公司、教育和科研机构为主。

物种资源的流失和丧失引起世界各国对生物物种资源保护工作的极大关注。研究表明，生物栖息地的消失、基于经济利益而进行的过度开发以及自然气候变化是物种大灭绝的主要因素，这一切其实都与人口规模和增长速度有关，人类活动加速了对自然资源的消耗。迅速加大对处于灭绝边缘物种的保护力度，方能减轻生物物种的生存压力。

目前，美国、日本、加拿大、德国、法国等许多发达国家都已经在物种资源的保护和利用方面采取了有效措施。生物工程新技术和物种资源鉴定技术的发展，加速了资源成为现实生产力的可能，也使这些发达国家生物资源的开发利用达到了很高的水平。近几年来，我国生物物种资源保护和管理工作取得了一定成效，目前开展的生物资源研究涉及多个领域，包括生物资源保护、保藏、利用、生物遗传资源获取与惠益分享制度等，一批具有重要经济、科研和生态价值的生物物种资源得到了保护。但由于多种原因，我国生物物种资源流失和丧失的问题依旧很突出。要充分认识生物物种资源保护的重要性和紧迫性，站在国家和民族长远利益的高度，以及对子孙后代高度负责的态度，重视生物物种资源保护。

5.1.1　生物资源保护的基本原则

5.1.1.1　主权原则

主权原则是指在不违背生物资源保护的国际法的前提下，主权国家对自有的生物资源拥有主权权利。联合国《生物多样性公约》（后称《公约》）确立了国家主权原则，即“生物遗传资源的国家主权原则”（第 15 条第 1 款）。《公约》规定资源国家主权主要体现在对生物资源的所有权、对涉及生物资源开发的知识产权和经济利益的分享权。《公约》还规定他国或他人若要获得保存于非本国或本地区的遗传资源，需经资源的主权国家事先知情同意。主权原则应成为我国生物遗传资源保护法律制度的前提和基础，据此规定我国生物遗传资源的产权制度。

5.1.1.2　公平合理原则

生物遗传资源的开发利用、惠益分享应遵循公平合理原则。利益关联者在分配遗传资源的使用权时要做到公平合理的惠益分享，既指国际生物遗传资源获取、利用所产生的知识产权和利益的公平合理分享，包括议定获取条件、程序和惠益的分配；还指国家内部生物遗传资源的提供者、使用者和受益者的利益应合理分配，制定相关制度和措施。我国是农业大国，也是团结统一的多民族国家。现代农业的发展离不开农民对植物资源的育种和开发，应当积极保护育种者权利和农民权，并进行有效的生态补偿；应当加强民族地区自然资源以及传统文化和技术的保护、合理使用和分享，制定有利于地理标志性产品、道地中药资源等资源的保护和利用的法规，并对传统的生物资源利用技术进行合理创新，做到地区资源的持续性发展。由于生物遗传资源的获取和惠益分享制度是生物遗传资源法律制度中最重要的一环，因此公平合理原则当然也就成为生物遗传资源保护法律制度的原则之一。

5.1.1.3　可持续发展原则

可持续发展原则不仅是整个环境资源法的立法指导原则，也是生物遗传资源保护法律制度的基本原则。可持续发展原则是指人类社会和经济的发展既要满足当代人的需要，又不危害后代人满足其生存需要的能力的原则。人类、经济、社会、资源是一个密不可分的共同体，相互制约和影响，经济社会的发展不能以破坏人类赖以生存的环境资源为条件。可持续发展原则要求生物资源的开发利用应遵守自然界的生存规律，不能过度攫取遗传资源来换取暂时的经济利益，应当充分有效地保护和管理我国的生物遗传资源，以实现生物资源的永续利用和人类社会的可持续发展。

5.1.2　生物资源保护的法律框架

依法开展生物物种资源保护，是物种资源保护的基本保障。生物多样性保护是《生物多样性公约》的三大目标之一，与此相关的国际制度还有很多，涉及农业遗传资源、濒危野生物种、畜禽遗传资源、海洋生物等。这些国际制度构成了国际生物物种保护的基础。随着我国加入相关公约和条约，一批国内立法也在进行中，目前比较成熟的如《中华人民共和国进出境动植物检疫法》《中华人民共和国种子法》《中华人民共和国野生植物保护条例》，共同构成我国的生物资源保护的法律框架。

5.1.2.1　国际相关法规

国际上主要物种资源保护利用相关法规如表 5-1 所示。

表 5-1　国际相关条约/公约/准则

国际条约/公约/准则
《南极条约》
《关于特别是作为水禽栖息地的国际重要湿地公约》（拉姆萨尔公约）
《保护世界文化和自然遗产公约》
《濒危野生动植物种国际贸易公约》
《保护迁徙野生动物物种公约》
《世界大自然宪章》
《联合国海洋法公约》
《里约环境与发展宣言》
《国际植物新品种保护公约》（1991 年版）
《生物多样性公约》
《国际收集和转移植物种质行为守则》
《与贸易有关的知识产权协定》
《〈生物多样性公约〉卡塔赫纳生物技术安全议定书》
《粮食和农业植物遗传资源国际条约》（ITPGR）
《〈生物多样性公约〉关于获取遗传资源和公正和公平分享其利用所产生惠益的名古屋议定书》（ABS）
《动物遗传资源全球行动计划和动物遗传资源因特拉肯宣言》
《国际植物保护公约》

5.1.2.2　国内相关法规

国内相关物种资源保护利用的相关法规如表 5-2 所示。

表 5-2 国内相关法规/规章

法规/规章
《中华人民共和国种子法》
《中华人民共和国植物新品种保护条例》
《中华人民共和国植物新品种保护条例实施细则》
《中华人民共和国野生植物保护条例》
《农业野生植物保护办法》
《中华人民共和国濒危野生动植物进出口管理条例》
《野生动植物资源管理制度》
《中华人民共和国专利法》
《中华人民共和国专利法实施细则》
《中华人民共和国进出境动植物检疫法》
《中华人民共和国进出境动植物检疫法实施条例》
国务院令第 304 号《农业转基因生物安全管理条例》
《水产资源繁殖保护条例》
《国务院办公厅关于加强生物物种资源保护和管理的通知》
《全国生物物种资源保护和利用规划纲要》
《中华人民共和国畜禽遗传资源进出境和对外合作研究利用审批办法》
《中华人民共和国陆生野生动物保护条例》
《中华人民共和国人类遗传资源管理条例》

5.1.3 我国生物资源保护实践

为了使生物物种资源得以持续利用，必须强调保护优先的原则与战略。

2004 年 3 月，国务院办公厅发布了《关于加强生物物种资源保护和管理的通知》（国办发〔2004〕25 号），提出加强生物物种资源管理立法、建立物种资源进出境查验制度、开展全国重点物种资源调查、在对外研究合作中加强知识产权保护等 15 项重要措施。

在 2005 年国务院发布的《国务院关于落实科学发展观加强环境保护的决定》中，也要求进一步完善生物资源管理制度，做好物种资源保护工作。提出要抓紧拟订生态保护、遗传资源等方面的法律法规草案，建立遗传资源惠益共享机制，严格防范遗传资源流失。

2007 年发布《全国生物物种资源保护与利用规划纲要（2006—2020）》。

2010 年发布《中国生物多样性保护战略与行动计划（2011—2030 年）》，提出了我国未来 20 年生物多样性保护总体目标、战略任务和优先行动。

5.1.3.1　生物资源保护方式

《全国生物物种资源保护与利用规划纲要》提出了物种资源调查、收集、编目、保存、保护、研究开发、信息交换和国际合作等方面的重点任务和优先项目，特别是要集中财力，抢救性地保护各种有价值的原生特有种及其原生境。一类是就地保护，即在原生地既保护种群，又保护它们赖以生存的环境与整个生态系统。另一类是易地保护，将物种迁出原生地加以保护，例如种质资源库，包括种子库、基因库，也包括利用超低温对生殖细胞与胚胎进行保护等。加快建立农业野生植物原生境保护区（点）；加强作物和家畜家禽种质资源保存设施建设，建立和完善各类种质库、原种场、良种场；加快各类种质资源的性状鉴定与评价、种质资源优异功能基因发掘与克隆的研究，建立快速、简便、高效的信息和实物共享资源平台，择优提供优异种质，充分发挥优异作物种质资源的生产潜力；加强野生动植物种群衰退的生物学机制研究，加强物种资源恢复技术、驯养繁殖技术、传染病的预防与控制技术以及药用动植物产品有效成分的鉴定和替代品开发技术研究，在促进经济野生动植物产业化和规模化生产方面起到积极作用。

为遏制物种资源流失和滥用，必须要制定与国际制度配套的专门立法，依法开展出入境物种查验，设置国内查验点，同时要加强自身物种资源利用的能力，通过物种资源的公平公正的利用，促进惠益分享。

5.1.3.2　我国物种资源保护举措

1. 粮食和农业遗传资源

针对粮食和农业遗传资源的管理保护，我国设有国家农作物种质资源委员会（2013 年成立），主要由农业部门负责，海关、质检等部门配合。虽然目前我国还没有加入《粮食和农业植物遗传资源国际条约》，但已经制定了《全国农作物种质资源中长期发展规划（2015—2030 年）》。据了解，我国已经建立国家农作物种质资源库，保存有约 50 万份农作物种质资源。到 2030 年，通过资源普查，争取再获得 10 万份种质资源。美国官方公布的一组数据显示其现保存种质资源 56 万份，从中国引进植物资源 932 个种、20 140 份，其中大豆 4452 份，包括野生大豆 168 份。但中国官方记录同意提供的只有 2177 份，仅占出境总数的 1/10 左右，并且野生大豆并没有被列入对外提供的品种资源目录。因此，我国要加快完善粮食和农业遗传资源的出入境管理制度。

2. 濒危物种资源

我国已加入《濒危野生动植物种国际贸易公约》，并制定了《中华人民共和国濒危野生动植物进出口管理条例》。对于濒危物种资源，如红木、红豆杉的贸易，需国家濒管办审批相关物种的贸易许可，海关部门在指定口岸查验、检验和检疫。

3. 畜禽遗传资源

我国针对畜禽遗传资源，制定了《中华人民共和国畜禽遗传资源进出境和对外合作研究利用审批办法》。从境外引进畜禽遗传资源、向境外输出被列入畜禽遗传资源保护名录的畜禽遗传资源的单位，须向所在地的省（自治区、直辖市）人民政府畜牧兽医行政主管部门提出申请，办理许可，凭审批表办理检疫手续。海关凭出入境检验检疫部门出具的进出境货物通关单办理验放手续。

4. 微生物遗传资源

微生物遗传资源的管理目前还比较薄弱。由于没有专门的管理机构，微生物遗传资源的保护缺位，造成资源流失。例如诺维信等跨国生物公司通过设在我国的分支机构以直接向菌种保藏机构购买或与国内科研院所合作等方式，获取我国野生菌种，据此研发出许多具有知识产权的新型酶制剂，特别是价值极高的生物能源用酶，抢占了第二代生物燃料行业发展的制高点。未来我国生物燃料行业恐将在这一关键技术上受制于人，导致我国传统工业转型升级成本大幅提高，直接危及国家能源安全，造成难以估量的经济损失。

5.1.3.3　国外遗传资源保护案例

1. 本土资源调查

在墨西哥南部，热带雨林正在急剧退化，拉坎顿（Lacandon）的玛雅人所采用的一种农林管理系统能够同时恢复和保护热带雨林。他们采用轮耕和休耕的管理模式，生产食品和药品的同时再生高大的次生林；在休耕期，选择种植特定的植物物种，来加速土壤肥力和森林环境的恢复。

2. 抵制生物剽窃

巴西的非政府组织于2002年12月开展了一项关于古布阿苏果（Cupuaçu）的反对生物剽窃的活动。当时非政府组织Amazonlink.org发现了几个油脂和巧克力饮料的国际专利申请中含有古布阿苏果。研究还发现，水果的名字在欧盟、美国和日本被日本的朝日食品（Asahi Foods）及其在美国的古布阿苏果国际公司注册了商标。该非政府组织发起的反对生物剽窃的活动，在抵抗亚马孙资源挪用和垄断方面获得了重大胜利。2004年3月1日，东京的日本专利局（Japanese Patent Office，JPO）决定取消日本朝日食品公司注册的Cupuaçu商标。

3. 优势基因挖掘

2012年跨国巨头杜邦公司（美国化学工业最大的垄断组织）从玻利维亚采集的苏丹草（Sudangrass）中提取到一种十分重要的基因，与其他公司合作研究将该基因改良为有耐除草剂特性，并给该基因使用商标名“Inzen A II”。杜邦通过堪萨斯州立大学获取了一个玻利维亚耐除草剂独有且排他的许可证。后者在美国专利合作条约（Patent Cooperation Treaty，PCT）下对该基因以及含有该基因的植物申请了专利。杜邦意欲通过共同销售Inzen AⅡ高粱种子与杀虫剂quizalop（商标名"Assure Ⅱ"），且将种子许可给其他公司使用，提升其在高粱种子市场的国际地位。

4. 设置专利保护

设立于美国的雅芳产品有限公司（简称雅芳）一直对亚洲药用植物的开发利用有着强烈的兴趣。该公司将多种药用植物应用到护肤品及眼部护理品中，并对其进行专利保护。涉及专利保护的很多亚洲植物已经被雅芳投入使用，但这些植物在亚洲国家都被作为传统药用植物在使用，且被不止一个亚洲国家使用。

另外，美国大型化妆品公司玫琳凯（Mary Kay）对蚬木（*Burretiodendron hsienmu*）提取物开发的护肤品进行专利申请，其专利申请范围涵盖了来自蚬木任何提取物的所有护肤品，存在滥用盗用之嫌。目前，蚬木已被《IUCN濒危物种红色名录》列为渐危物种，在我国和越南均受到法律保护，禁止非法开采。

这些对植物资源的使用方式，违背了生物遗传资源保护的主权原则，也不利于在惠益分享原则下进行资源的保护和利用。

5.1.4 生物资源保护问题和对策

5.1.4.1 问题

（1）随着经济全球化、世界贸易自由化以及WTO多边谈判的不断深入和扩展，环境与贸易问题日益凸显，与生物多样性和可持续发展有关的问题已经成为发达国家和发展中国家关注的焦点之一。"贸易中的生物资源"成为协调贸易与环境问题的核心内容。

（2）伴随国际化进程的不断深化，对外交流和科学研究活动日趋频繁，"口岸"作为生物物种资源进出境的重要渠道，在人员培训和宣传，预防和打击各种非法获取、销售、消费和走私物种资源的行为中肩负着维护国家利益的重任。

（3）商业、科学和技术的进步意味着企业和研究人员对遗传资源的需求方式也发生了变化。如今企业主要感兴趣的是基因材料而不是整个生物体，通常是更小、更难以跟踪和监控，并且可能不需要再补充的基因材料。

5.1.4.2 对策

1. 完善法律体系

梳理生物物种资源保护法律法规，严格控制直接商品化利用野生资源，规范生物物种资源的保护、采集、收集、研究、开发、贸易、交换、进出口、出入境等活动。鼓励优先使用人工培育的生物物种资源。检查现有相关法律法规的执行情况，加强对有关部门和单位持有、对外交换和提供生物物种资源情况的监督检查。

2. 加强部门间协作

完善生物物种资源保护部际联席会议制度，统一组织、协调国家生物物种资源的保护和管理工作，部际联席会议由环保部门牵头，国务院有关部门参加。部门要加强协调、密切配合、通力合作，共同做好我国生物物种资源保护和管理工作。

3. 促进保护和利用的统一，加强科学研究和技术开发

落实生物物种资源保护利用规划。要制定专项科研计划，加强生物物种资源基础理论、保护技术和开发利用方面的研究，开展生物物种资源遗传分析和综合鉴定，为科学保护和利用生物物种资源提供技术支撑。

开展生物物种资源调查。查清我国栽培植物、家畜家禽种质资源和水生生物、观赏植物、药用植物等物种资源的状况。开展动植物特有种和我国起源的栽培植物、家畜家禽及其野生亲缘种、变种、品种和品系，以及具有重要经济与科研价值或潜在用途的野生药用、观赏动植物和微生物等物种资源的整理和编目。要研究制定生物物种资源评价指标和等级标准，完善重点保护生物物种目录，建立国家生物物种资源协调交流机制和全国统一的数据库系统，实现信息网络联通和信息资源共享。

4. 完善生物物种资源对外输出审批和查验制度

按照《名古屋议定书》的精神，完善生物物种资源对外输出审批和查验制度。对外提供或国外机构和个人在我国境内获取生物物种资源，必须按程序报经国务院有关行政主管部门同意；涉及生物物种资源的对外合作项目，要签订有关协议书，明确双方的权利、责任和义务，确保知识产权等研发利用的成果和利益共享，切实维护国家利益。携带、邮寄、运输生物物种资源出境的，必须提供有关部门签发的批准证明，并向出入境检验检疫机构申报。海关凭出入境检验检疫机构签发的“出境货物通关单”验放。涉及濒危物种进出口和国家保护的野生动植物及其产品出口的，须取得国家濒危物种进出口管理机构签发的允许进出口证明书。

5. 促进企业参与和人才培养

发挥企业在物种资源保护利用中的重要作用，鼓励企业自觉参与到物种资源保护和利用中来。要针对当前生物物种资源保护人才流失和业务骨干缺乏的实际，积极采取措施，创造必要条件，吸引和稳定专业技术人才，积极引进科技骨干人才，开展技术培训，切实加强专业和管理队伍建设。

6. 加强生物物种资源保护基础能力建设

加强野生动植物物种资源及其原生境、栽培植物野生近缘种、家畜家禽近缘种的就地保护和生物物种资源收集保存库（圃）、植物园、动物园、野生动物园、种源繁育中心（基地）建设，做好生物物种资源的迁地保护和保存；建设一批离体保护设施和生物物种资源基因核心库，加强动物基因、细胞、组织及器官的保存和特异优质基因的保护。

5.2　生物资源保护各论

5.2.1　中国茶资源变迁与茶文化①

5.2.1.1　茶资源与茶产业

茶和丝绸是中国在农业方面对世界的突出贡献，其影响不仅在饮食和服装方面，更延伸到经济和文化领域，并产生长远影响。如今，茶已经是全球最主要的饮品之一，其用量仅次于水，而且还在以超过 2%的速度增长。同时，饮茶对健康的价值经过现代科技手段的发掘，越来越多地被证明、被肯定。毫无疑问，中国是最早发现和利用茶的国家，其利用历史可以追溯到约公元前 5000 年的神农时代。中国现存最早的诗歌总集《诗经》中就有“谁谓荼（茶）苦，其甘如荠”的描述。《神农本草经》也记载“神农尝百草，一日而遇七十毒，得茶以解之，今人服药不饮茶，恐解药也”，并提到茶有“久服安心，益气，聪察，少卧，轻身，耐老”等功效。唐代陆羽所著的《茶经》中就有“茶之为饮，发乎神农氏”的描述。国际上普遍认为是神农氏发现了茶的药用功能，以茶为药，而后带动了茶产业的发展。2001 年杭州跨湖桥遗址 T0510 探方的第 7 层出土了目前世界上最早的茶树种子和茶具。这说明我国先民发现和利用茶的历史可能要追溯到约 7000～8000 年前；而同是浙江地区的河姆渡遗址也出土了约有 7000 年历史的打茶筒和茶崇拜遗迹；余姚田螺山遗址是至今发现的最早人工种植茶叶的地方。据此推算，茶在新石器时代就已经被我国先民所发现和利用。

但是，茶叶进入民众人类生活却可能首先是从食用开始的，经历了从食用、药用到饮用功能的演变。《诗经・豳风・七月》有“采荼”之载：“七月食瓜，八月断壶。九月叔苴，采荼薪樗，食我农夫。”《神农本草经・卷一・上经》将茶列为上品，名“苦菜”。春秋战国时，齐国（今山东境内）出现了用茶叶做成的菜肴。《晏子春秋》中记载：“婴相齐景公时，食脱粟之饭，炙三弋、五卵、茗菜而已。”西汉时将茶的主产地命名为荼陵（今湖南茶陵），此时茶叶已成为主要商品之一，并有了专门的茶叶市场。汉代已有粥茶，即擂茶的雏形。到三国魏晋时期，主张清新雅致的雅人韵士倡导人际交往中从饮酒转向饮茶，“万丈红尘千杯酒，千秋大业一壶茶”的意境追求也许从那时候就开始了，士大夫开始从豪饮的鄙夫，升级为精行俭德的雅士，从而引领社会风范。国家统一后的西晋，饮茶习惯从巴蜀地区传入中原，出现了“芳茶冠六清，溢味播九区”的饮茶之风。南方一些种茶的地区，甚至出现“弥谷被岗”的规模，非常类似于现今云贵地区的茶山茶海风景。但是，直到隋唐大一统的国家的再次确立，形成了国泰民安、比屋皆饮的态势后，饮茶才再次在士大夫中蔚然成风。此前，寻常老百姓为了解渴，可能倾向于选择手边更容易获得的原材料，例如桑叶、菊花、枸杞、金银花、蒲公英甚至艾叶等植物用作泡饮。我国特有的药用植物杜仲也被广泛用于“泡茶”。东汉张揖的《广雅》载“荆、巴间采叶作饼，叶老

① 该部分作者为孙玉萍。

者，饼成以米膏出之”。对茶资源的认识和利用源于民间，弥散传播于中华大地，但关键人物和关键事件的影响也不容忽视，被尊称为“茶圣”的陆羽和他的《茶经》对茶资源挖掘和茶文化的提升起到了承上启下的关键作用。《茶经》记载茶另有五名：茶、槚、蔎、茗、荈，反映了中国古代茶的地域性、种质的差异化以及生长的季节性。他的茶学、茶艺、茶道不仅是对唐代及唐以前有关茶资源的认识和利用的全面总结，也促进了茶文化的发扬光大。封演《封氏闻见记》载：“开元中，泰山灵岩寺有降魔师，大兴禅教，学禅务于不寐，又不夕食，皆许其饮茶，人自怀挟，到处煮饮，从此转相仿效，遂成风俗。”文儒与佛禅的饮茶风尚，带动制茶饮茶与佛教文化结缘，以至于至今还有“禅茶一味”的说法。《茶经》的影响还在很大程度上对茶产业和茶文化起到了普及推广作用。唐宋年间，制茶（茶饼）和煮茶（煎茶）都有复杂的程序，甚至需要与姜和盐等一起煎煮，一方面导致茶消费仪式感太强，饮茶比较费事和难以推广；另一方面，普通老百姓也缺少足够财力和器具来践行高雅行为。宋代的贡茶制使中国茶叶生产和加工进入新的高峰期，更加专业化；消费层面各种点茶、分茶程序的讲究使得饮茶异化为奢靡行为，但也带动了老百姓参与消费。到了明代，开国皇帝朱元璋为了减轻农民负担，要求废除茶饼，改贡叶茶，“罢造龙团，茶户唯采茶芽以进”，直接带来茶叶加工的大大简化，“清饮”开始普及；明太祖第十七子宁王朱权倡导茶饮崇新易改，甚至新注《茶谱》进一步推动沸水直接冲泡叶茶，从而催生了绿茶产业的兴起。正是这一时期的一系列改革，奠定了中国人饮茶的简洁之风，极大地推动了茶产业发展。

茶资源利用形成大众化消费习惯后，才会真正产生规模产业。普通老百姓开始种茶、加工，并将饮茶作为解渴消暑的基本需求后，茶产业才真正落地。唐朝就有“回鹘入朝，大驱名马市茶而归”的记载。外族对茶的需求以及由此带来的贸易，一直是茶叶发展的另类需求。这种另类需求反过来又导致茶资源和茶产业格局的显著变化。茶什么时候开始在我国形成规模产业已经无从考证，但是，明清时期，我国的饮茶习俗和文化被西方旅华人士发现推崇，导致大量贩运，进一步促进了我国茶产业的规模化发展，扩大了其国际影响，同时也导致我国茶资源快速流失。

5.2.1.2　西方世界对中国茶的认识和需求

以欧美为代表的西方世界对中国茶叶的认识最初是从传教士、探险家的旅行记录中获得的。意大利传教士利玛窦（Matteo Ricci）曾记载：“有一种灌木，它的叶子可以煎成中国人、日本人和他们的邻人叫做茶的饮料，却总是要趁热喝，略带苦涩却被认为是有益健康的。”有记载显示，1560 年葡萄牙传教士加斯博 • 克鲁兹（Gasbo Cruz）首先将饮茶习俗带回欧洲。同期，担任中国朝廷科学顾问的意大利牧师帕德 • M. 李希（Pad M. Leahy）于 1601 年在其传记中详细地记录了中国茶的制造、饮用和售价等内容。在荷兰、法国医学专家利用现代分析方法对茶叶开展科学研究和成分鉴定，茶叶的保健与药用价值被实证后，中西方茶叶的贸易往来变得更加频繁。此后，1610 年左右，中国茶叶开始输入欧洲的荷兰等地。1690 年，北美马萨诸塞州波士顿茶叶市场成立，标志着美国也加入茶叶贸易行业。有记录显示，1712 年，波士顿和纽约等地的药房开始出售来自中国的乌龙茶和绿茶。当此之时，中国澳门、福建、广州和宁波等沿海地区成为繁忙的茶叶贸易港口，为国家赚取了大量白银，也造成了西方贸易者对富有中国的膜拜。

相比其他欧洲国家，英国人对茶叶可谓情有独钟。自 17 世纪 50 年代茶叶被首次引入伦敦之后，饮茶在英国迅速成为时尚，在不到 50 年的时间内，茶叶逐渐取代咖啡，成为英国社会的第一饮品，且经久不衰。300 年前的英国人尽管没有达到嗜茶如命的地步，至少也是无茶不欢。19 世纪的英国首相威廉·格拉德斯通对茶赞美有加："如果你发冷，茶会使你温暖；如果你发热，茶会使你凉快；如果你抑郁，茶会使你欢快；如果你激动，茶会使你平静。"可见那个时期英国人对茶的推崇程度。到了 20 世纪 60 年代，茶叶受到咖啡、可可等热饮的冲击，保守的英国甚至罕见地动员政府资源，与商会一起合力挽救茶叶市场。如今，英国不仅是人均茶消费最高的国家之一，也在一定意义上支配了茶产业的发展方向。英国人平均茶叶的年消费量在 2.5～3.0kg 之间，远远高于作为茶叶原产地的我国。同时，英国也是和我国以及日本一样为数不多的把茶当作"国饮"的国家之一。当然，英国也是从茶这一源于中国的植物资源中获取了最大的经济利益的国家。可以这样说：正是因为茶，大英帝国才得以从经济上崛起；也正是因为英国垄断了世界茶叶贸易，中国在 19 世纪被迫将最富裕的国际地位让位于英国。而今，一家立顿红茶的利润高于我国前 2000 家茶叶公司的总和！

在积极消费和饮茶的同时，西方社会也开始系统地研究茶叶的功效。他们除了从中国传统记载和描述中获取茶的药用价值、营养和精神效能外，还不断利用科学技术开展深入研究。迄今为止，以西方为主的研究者，从分析的角度出发，从茶叶中发现了近 4000 种生物活性物质，其中 1/3 以上是多酚类物质，这还不包括茶内生菌和发酵微生物中的生物活性产物。同一时期，我国的企业和科研院所尽管也研究茶品质和工艺学，但是更多地关注了茶的生产环节，如品种资源、种植、功效、加工、保存和储运工艺等。同样是面对茶资源，东西方认识的视野和追求具有明显差别。

5.2.1.3　西方国家对中国茶资源的掠夺

茶叶高经济和大健康价值的发现，直接导致了其生态分布的转移和变化。这一变化是从欧洲各国的生物海盗行为开始的。1743 年，瑞典人将我国海南茶种带回本国并交付博物学家林奈（Carl von Linné）栽培；1763 年，中国茶苗在欧洲成功种植；1780 年，中国茶籽被东印度公司引入印度进行栽培；1785 年，美国从中国进口大量武夷茶；1812 年，中国茶籽传入巴西，开始在南美洲种植；1858 年，美国开始大量输入中国茶籽茶苗。这一时期，西方借鉴和发展起来的红茶工艺及其产品开始大行其道，据信其喜好程度甚至超过中国本土绿茶。1862 年，福州砖茶厂引进英国压力机制茶。在云南，1729 年，清政府在思茅设置总茶店，普洱茶作为不同于欧洲红茶的传统品种，其价值慢慢被发现；1744 年，普洱茶被列入《贡茶案册》。1897 年，英法先后在思普区设立海关，普洱茶开始大量销入欧洲。云南的五大茶马古道不仅保障了对南亚邻国的茶叶贸易，也使茶叶辗转进入欧洲等地区和国家。中国丰富的茶叶资源造就了欧洲 18 世纪到 19 世纪的中国茶业贸易的盛况，也经历和见证了茶叶资源和文化生态的变化。

众所周知，“没有中国的花卉，就没有欧洲的园艺”。对中国宫廷和民间花木的偷运和成功栽培，不仅掀起了欧洲的园林热，也培育了最早的一批园艺学家。这些人最早主要是以传教士身份来中国，受到中国人的礼遇，却成为掠夺古老中国茶资源的急先锋和行家老手。由于茶马商道版图的延展和 18 世纪欧洲植物学技术的推动，西方人士在中国大规模采集植物物种的行为也进一步引起了中国茶在全球范围内的栽植。19 世纪开始，滇藏边境地区涌入大量西方传教士、探险者，有组织、有计划地开展植物采集和资源掠夺。其中，代表性的有在大理居留十年之久的德拉维神甫（J. M. Delavay），英国植物学家乔治·弗里斯特（George Forrest）、金登·洛德（F. Kindon Ward）等，他们长期滞留和往返于滇缅一带。1896 年，英国人亨利（A. Henry）在云南红河发现了与印度阿萨姆地区类似的原始野生茶。值得一提的是 1914 年哈佛大学派遣西纳德（C. Schneider）到昆明、丽江等地获茶标本近万种，茶籽近百斤。其间，法国投资的中越铁路建成，法国驻蒙领事罗图科（H. Leduc）和更多的西方传教士进入云南等地修建教堂并隐居。这就意味着西方殖民者在云南地区采集物种的程度进一步加深，且趋向于常态化。与其说传教士被中国丰富的野生植物资源所吸引，倒不如说中国本土植物物种学术研究不发达和政府管理的缺失。西方植物资源采集者从中国带走包括古老茶种在内的大量具有商业价值的种质资源，属于典型的生物海盗行为。

官方支持的有组织地窃取中国茶资源的当属英国政府和其殖民机构——东印度公司（The British East India Company）。该机构在成立之初（1601 年）就开始通过日本达成对华贸易。而后，在英国政府干预下为了平衡从中国进口茶叶和丝绸等商品的贸易逆差，其丧心病狂地推出鸦片贸易，并最终导致鸦片战争。同时，该机构为了主宰对华贸易和垄断欧洲茶叶市场，开始了大规模窃取中国茶资源的商业间谍活动。其中，最典型的就是英国植物学家罗伯特·福特尼（Robert Fortune）。此人作为英国东印度公司特派的茶叶商业间谍，在中国产茶区展开大范围的优质茶叶品种采集的同时，还研究不同的土壤气候以及地理环境对茶叶品种功效的影响，并于 1851 年前后将大量珍贵的茶叶品种与培育、制作饮用方法偷带出中国。这刚好与英国公司在印度和斯里兰卡成功试种中国茶的时间相吻合。以英国为首国家的疯狂采集和异地培植，使得我国茶资源大量转移输出，引起现今全球范围内茶叶生态的变化。

5.2.1.4 茶资源变迁和国际茶产业

我国在世界茶产业中优势地位的丧失，与资源主导权丧失有着直接关系。以云南为例，研究发现：我国云南是野生古茶分布最集中的地区，相关专家认为滇东南是茶的起源中心，存活形态包括野生型、过渡型和栽培型古茶树，其迄今发现的茶种占全球已知种质资源的 80%左右。18 世纪中国茶叶在印度大量种植，使得包括云南以及中国其他优质产茶地区的栽培茶在当地的形成新变种，而后这些茶资源被人为引种扩散到斯里兰卡和非洲等地栽培，形成了支撑立顿红茶等国际茶产品种质资源的基础。在 19 世纪茶叶巨大的商业利益的驱使下，茶叶商业间谍的活动，不仅在茶叶史上留下不光彩的印记，也改变了全球茶叶的生态格局以及茶业的商业贸易格局。由于茶叶资源的大量外流，从 19 世纪末至 20 世纪初，中国茶叶贸易开始衰弱，英国和印度、斯里兰卡等国则取而代之。

以斯里兰卡为例，该印度洋岛国从 1505 年到 1948 年，先后被葡萄牙、荷兰和英国殖民。为了获得持续商业利益，殖民者先后尝试在斯里兰卡种植樟树、咖啡树等经济作物，但都因为气候和土壤等原因失败了。1824 年，斯里兰卡从中国引进茶园，并在英国殖民者的佩拉德尼亚植物园种植；1867 年，苏格兰人詹姆斯·泰勒进一步把茶叶种植方法介绍到斯里兰卡，并在康堤区开辟了一个占地 19 英亩[①]的茶园“Lool Kandura”。但是，作为商业案例，直到 1873 年斯里兰卡才有首批 10kg 茶叶被运往英国。而后，在英国东印度公司的推动下，该国开始大规模种植和加工茶叶，许多种植咖啡的庄园都改行种植茶叶，其加工设备往往是从宗主国英国进口，产品也按照英国的标准生产，但茶品种资源基本上都是来自中国。从此，斯里兰卡成为茶主要生产国，在国际市场上占据主要份额。该国不仅生产红茶，也生产白茶和绿茶；同时，茶也成为该国的支柱产业。有记录显示：1893 年芝加哥世博会斯里兰卡茶叶就售出 100 多万包。斯里兰卡独立后，1965 年茶叶产量就超过 20 万 t，茶园面积 20 万英亩以上。

印度是目前全球数一数二的茶生产和消费大国，也是全球茶出口第一大国。其茶产业已经超过茶叶的原产地中国。尽管古代印度就有饮茶的历史，但是传说中古印度饮的“茶（soma）”更多是小豆蔻、圣罗勒、薄荷等其他草茶。这些有强烈味道的饮品可能更多是用于消暑或其他药用方面。至今，印度的饮茶习惯还是跟中国和其他国家不一样，当地人往往是把茶煮好后加入牛奶和糖来饮用，甚至与大蒜和洋葱一起食用。有确切证据显示：第一，在东印度公司经营印度之后，该国才开始有茶叶贸易和茶文化的记录，从而开启了印度作为主产国之一的历史；第二，英国人到 1837 年才开始在印度成功种植茶叶，所用的是来自中国的茶叶品种。这一时期，也正是英国人大肆从中国窃取茶种质资源和工艺的时期。1840 年，茶商公司开始在当地开展规模化茶产品加工。因为气候、人口规模和消费习惯，加上宗主国的支持，印度很快成为全球第一的茶产品出口国，其生产效率也在国际上处于领先地位。许多茶厂和茶叶公司都在中国茶资源的基础上，形成了自己特有的优良品种，并配套栽培管理措施，以保证质量。同时，在国家层面，印度实行茶叶生产许可证制度，茶品牌由国家茶叶局专门管理，维护“印度茶（India tea）”的声誉。当地甚至很早就建立了印度红茶的拍卖制度，相当于专卖制度，足见茶叶在印度国民经济中的重要性。由于一系列有力措施，早在 20 世纪印度人年均消费茶就达到 1kg，远高于中国。目前，印度全年的茶产量达到 95 万 t 以上，占全球总产量的 28%以上。应该说作为殖民地的印度，帮助英国和东印度公司实现了对茶叶和茶叶贸易的垄断，同时也让茶叶从无到有成为印度的主要特色产业。

19 世纪至 20 世纪是西方茶叶贸易高度垄断时期，英国不仅窃取商业资源，还通过一系列条款限制其他国家和民族地区茶产业发展。尽管 20 世纪欧美各国将大量资金投入到茶产业宣传中，通过报纸、电影、电视等各种消费渠道展开广泛的茶文化和茶产品销售，从而更大范围地获得销售利润。但是，这些并不足以说明所有的茶叶贸易只要投入推广就能获得收益。中国尽管是传统产茶大国，但在 19 世纪末至 20 世纪，茶叶市场经历了较长时期的挫折。到 1917 年，锡兰（斯里兰卡）、爪哇的茶叶出口量均大于中国；作为它们宗主国的英国，其茶产业的收益更是遥遥领先。到 1918 年，印度茶叶输出占世界茶叶输出

① 1 英亩≈4046.86m^2。

的 48.59%，而中国茶叶才占 7.57%。直到中华人民共和国成立和改革开放政策实施，以上局面才有所改善。但是，目前印度、斯里兰卡甚至非洲的茶叶出口量都高于中国。在我国改革开放后，茶叶作为重要经济作物，重新成为出口创汇和改善民生的主要产品，进入 21 世纪后我国人均年消耗茶达到 500g 以上，成为名副其实的茶产业和茶文化大国。

5.2.1.5　历史事件对民族茶文化的影响

茶文化在我国历史文化进程中具有特殊地位，这种作用与发现和利用茶资源密切相关。尽管先民利用茶叶资源最早的地区可能是浙江、湖南、湖北、四川、安徽一带（“南方有嘉木”指的应该就是这一带），但是，云南和福建因为其独特的地理资源优势，在我国茶文化传承和国际化过程中发挥了独特作用。古代茶虽主要产自中国南方，但是在北方经济文化发达地区，茶文化得以弘扬和发展。同时，茶产品和茶文化不仅贯通我国南北，也早就影响到境外。盛唐时期有大量日本留学生来长安学习，茶道是他们必学的内容。唐朝正是我国茶道盛行之时，当时就有各种斗茶、茗战等比赛活动，人们把品茶当作高雅的艺术追求，也是个人修养的体现。而今，日本社会中茶道盛行，并定期举办茶会，尤其是很多日本女性潜心学习茶艺，力求精致，达到“和、敬、清、寂”的境界。茶道已从单纯的趣味、娱乐，前进为表现日本人日常生活文化的规范和理想。其中，最传统的抹茶道就是传承了唐朝茶道的程序和精华。因为唐宋时期，习惯将茶的嫩叶经过蒸青，碾茶烘烤做成饼茶（团茶）保存，食用前碾磨成粉末。现代，我们也能从过分讲究和格式化的日本茶道中体会到唐朝人品茶之考究。同时，现在日本的煎茶道也来源于中国的工夫茶，对泡茶的技巧特别考究。讲究茶礼茶艺，实现以茶会友，已经成为中日民间的共同风俗。

除日本、韩国以外，我国北方游牧民族出于生活和生理上的需要，也非常喜欢茶和需要茶，并在一定意义上促进茶产业向日常生活模式发展，从而间接推动了茶产业的“国际化”。汉初开始我国北方游牧民族南下抢掠内容之一，可能就包括茶。我国北方民族地区不适合种茶，其对茶的需要往往只能通过贸易来实现。比如，明朝万历年间，张居正就提出坚持效法古人“以茶制夷”规制，通过茶叶贸易和管控，维持与北元的关系。文献记载，整个清朝，也将茶叶物资供应作为对新疆和西藏有效治理的一种手段，维持了数百年的稳定。欧洲人从喜欢茶，通过日本等国转口贸易获得茶叶，最后发展到掠夺茶资源，利用印度和斯里兰卡等殖民地种茶，这个过程正好反映了近代西方的殖民文化。因为茶叶贸易，中国被迫输入鸦片和接受鸦片战争，结果不仅丧失了对茶资源的控制权，也失去了对茶叶贸易的主导权。在一定意义上，也放任和催生了茶产业和茶文化向欧美和全球的传播。当时，英国皇室最推崇用中国的瓷器茶具品味源于中国的下午茶。但是，这一时期，中国对国内的茶叶生产销售，尤其是国际贸易还是实行了有力控制，形成了茶马古道的独特风景。图 5-1 左图为清光绪年间，“大通茶税分局”颁发给安徽六安霍山桃李河徐广泰先生茶庄的“洋庄落地税照”。按照霍山当地人士推算，当地产的青茶（或黄茶）需要从桃李河叫挑夫经过岳西县、潜山县、宿松县人力运到江西九江上船，再从水路运到江苏。实现这一运输过程，需要 20 个左右的签章，足见当时茶叶运输和贸易之严。

云南也是我国茶产业的故乡，是原始野生茶、古茶园聚集的地区之一，在茶马古道中

图 5-1　清光绪年间茶马古道上安徽霍山茶税票

左：安徽霍山桃李河徐广泰先生后代提供的税票原件；右上：徐家保存的古茶树，据说有 300 年左右；右下：徐家后代依照传统工艺制作的黄茶。潘华章拍摄，2018.08

发挥过最重要价值。云南关于茶的应用最早记载于唐咸通四年樊绰的《云南志·卷七·云南管内物产》。云南茶种占世界茶种总数的 80%，至今，云南的古茶树种质资源仍有十多万亩①，主要分布在临沧、普洱、保山和西双版纳等地。凤庆是二战期间云南滇红的主产地。实业家冯绍裘、木锦春等不仅组织了当地的茶叶生产和贸易，并且通过茶马古道为战场的物资供应、人员救济提供了支持。民族商品与战争在历史事件中的交集至今在云南茶叶产品相关的影像作品中还能体现出来。茶树是云南民族家庭的重要财产，茶图腾在民族生活中也扮演着重要的角色；佤族翁丁村、凤庆古茶树、飞虎队、驼峰航线等一系列地理文化和历史的符号，通过现代宣传手段在消费者心目中形成了品牌的整体感知，形成了当地茶文化的独特内涵。今天某些红茶产品的名称还是来源于临沧凤庆县小湾镇的古茶树（图 5-2）。这些栽培型古茶树据考证有数千年树龄。尽管具体树龄至今还有争议，但可能是目前全球发现的最大的古茶树，如今仍然长势良好。这些故事也被当地政府发掘组织、创新利用，并被一些茶叶品牌利用到其宣传策略中。

图 5-2　云南省凤庆县的栽培型千年古茶树

左：古茶树王；右：千年古茶树局部。孙玉萍拍摄，2020.01

① 1 亩≈666.67m^2。

因此，茶生态和茶文化不仅是学术研究范畴，也是茶叶品牌宣传中确立营销信赖度的根源。在市场竞争日益激烈的今天，民族志人类学方法必然会为茶叶产品的宣传提供更多元化的支持。茶产品是带动云南和其他茶产区经济发展以及民族文化传播的重要载体之一，茶文化推广对茶叶衍生品的开发而言不失为可持续发展的地方策略。放眼国际，茶资源和茶文化是我国茶产业发展和商业宣传无与伦比的优势所在，也赋予了我们弘扬和发展传统民族优势产品的时代责任。

点评（点评人：陈集双）

茶，对于不少国家和人群已是生活必需品。但是，品茶一直具备独特的文化内涵。我们的祖先舍弃茶作为药和食物的功能，也就是对茶进行了文化定位。茶叶贸易、茶资源流失和鸦片战争在中国人心里留下了难以磨灭的伤痕。“前事不忘，后事之师”，茶资源的故事对现今国际贸易和生物资源保护都有借鉴价值。早期，因为开发利用的需要，西方列强将其他国家的遗传资源，尤其是野外种质资源，形容为“全人类的共同财富”，强调分享和无偿获取；当这些国家取得使用权，利用科技手段培育出新品种，尤其是形成产业利益之后，则开始对发展中国家强调知识产权保护，推出《国际植物新品种保护公约》等一系列条款和约束文件。因此，生物资源是特定国家和民族的物质要素，需要爱护、培育以及平等交换。

茶，既是生活必需品，普通人用它解渴、提神、消除油腻，形成合宜的生活习惯；也是文化符号，文化人通过饮茶舒缓情怀，修身、交友，甚至通过以茶代酒，倡导清廉健康的风气。茶文化首先是中国的，也是国际的符号，是中华民族对世界的独特贡献。

5.2.2 中国生物资源保护的挑战与建议①

5.2.2.1 引言

生物资源是全球生物多样性的核心部分，也是经济社会可持续发展的重要战略资源，具有重要的科研价值和商业价值。我国地域辽阔，跨越热带至寒温带多个气候带，气候条件多样，地理环境与生态系统类型复杂，蕴藏着丰富的生物资源。我国分布有野生高等植物 3 万多种，居世界第三，其中我国特有的高等植物共计 17 700 余种，占 51.4%。我国有 7300 余种脊椎动物，约占全球脊椎动物总数的 11%，还是许多家养动物的起源中心。我国已报道真核微生物（菌物）约 14 700 种，其中真菌包括药用菌 473 种、食用菌 966 个分类单元。

然而，由于人类活动的直接或间接影响、全球气候变化，我国生物资源正面临难以估算的破坏和流失。2004 年出版的《中国物种红色名录》对中国 10 211 种动植物（其中动物 5803 种、植物 4408 种）的灭绝危险程度进行了评估。评估表明，中国的物种濒危情况

① 该部分作者为李俊生。

远比过去评估的比例高。2013 年发布的《中国生物多样性红色名录-高等植物卷》对我国 34450 种高等植物的受威胁状况进行了评估。评估表明，受威胁高等植物（极危、濒危、易危）共计 3767 种，其中特有种中属于受威胁物种的有 2462 种，占受威胁物种总数的 65.4%。冬虫夏草、松茸等濒危食药用真菌资源量在持续减少。另一方面，发达国家对我国进行的生物剽窃现象也时有发生，使我国蒙受了巨大的经济损失。因此，应从国家层面开始采取相应措施，力争形成适合我国发展战略的生物资源保护体系。

5.2.2.2　我国政府高度重视生物资源的保护工作

2011 年，我国成立中国生物多样性保护国家委员会，2015 年，国务院批准了《生物多样性保护重大工程实施方案（2015-2020 年）》。建立生物物种资源保护部际联席会议制度，发布《中国生物多样性保护战略与行动计划》（2011-2030 年）、《全国生物物种资源保护与利用规划纲要》、《关于加强生物物种资源保护和管理的通知》，启动“联合国生物多样性十年中国行动”，积极推动地方生物多样性保护行动计划编制。生物资源保护已取得积极进展。

5.2.2.3　生物资源就地保护网络基本形成

截至 2018 年，我国共建立自然保护区 2750 个（不含港、澳、台地区），面积约 147 万 km^2，约占陆地国土面积的 14.88%，高于 12.7%的世界平均水平，85%的国家重点保护野生动植物得到了保护。建立了针对微生物的自然保护区，如天佛指山国家级自然保护区等。此外，风景名胜区、森林公园、湿地公园、地质公园、海洋特别保护区、种质资源保护区、文化和自然遗产地等不同类型保护地也在生物资源就地保护方面发挥着重要的作用。

5.2.2.4　生物资源迁地保护体系已初步建成

我国已建有植物园（树木园）近 200 座，迁地栽培植物 2 万余种。农业部门已建立国家级、地方级以及一些专类农作物的种质资源库、种质资源圃，保存农作物资源 50 万余份，涉及作物种及近缘种 1800 多个。建立动物园 240 多个，建立物种谱系 37 个。建有微生物菌种保藏库 100 余个，建立了国家微生物资源平台，已完成标准化整理菌种 16.2 万株。我国积极开展迁地保护极小种群野生植物回归自然、圈养保护物种的野外放养工作，华盖木、普氏野马、大熊猫及华南虎等重点保护物种迁地栽培/圈养和野外回归/放养取得进展。目前，中科院昆明植物所迁地栽培华盖木 67 株，在文山国家自然保护区定植华盖木 400 株，平均存活率为 46.3%；普氏野马圈养数量已达上百匹之多，野外放养工作正在扎实推进；大熊猫圈养种群数量达 330 多只，正在尝试野外放养；华南虎圈养种群数量已超过 100 只，成为野外种群恢复的希望。

在生物多样性保护国家委员会的坚强领导下，生物资源保护工作扎实推进，并取得显著成效，但是我国生物资源的保护工作还存在一定问题与空缺。《生物多样性公约》和《名古屋议定书》的实施，为我国生物资源的保护和利用提供了法律依据，同时也提出了新的挑战。第一，我国未进行生物遗传资源的获取与惠益方面的立法，导致生物资源的流失仍未得到有效控制；第二，我国生物资源当前本底不清，严重阻碍其有效保护和可持续利用，也为国际履约带来一定困难；第三，微生物资源的保护薄弱，严重缺乏就地保护区，异地保存不规范现象仍然存在，未建立全国性微生物资源的专门监测网络；第四，现有迁地保护体系缺乏国家层面的整体规划和部署，布局不合理，不能满足国家战略需求和当前生物多样性保护的需要。

5.2.2.5　关于加强我国生物资源保护的建议

一是加快推进生物资源获取与惠益分享方面的立法，制定相关管理办法与标准规范，完善相关管理体系，理顺相关管理机制与体制；二是以生物多样性保护重大工程实施为契机，全面开展生物多样性保护优先区内的植物、动物、大型真菌和迁地保护的微生物菌种资源的本底调查，建立实时数据更新管理平台；三是加强微生物资源保护，编制、发布菌物红色名录，构建我国微生物监测体系，建立重要大型真菌就地保护区，规范微生物菌种资源异地保存，防止菌种资源流失；四是加强国家层面的顶层设计、合理布局和优化现有迁地保护体系，组织编制迁地保护规划。

点评 1（点评人：李明福）

生物资源作为国家未来发展的战略资源已经得到公认。作为一个广泛的概念，其涵盖的内容广泛，其中生物物种资源和遗传资源的保护是重中之重。李俊生研究员系统阐述了我国生物资源保护的现状、存在的问题，并提出了一些建议。其中，开展保护区生物资源的调查，建立以自然保护区、保护地、活体资源圃、种子库、离体库、基因库为核心的生物资源保护体系，应是未来我国生物资源保护的重要途径。

点评 2（点评人：陈集双）

野生资源需要保护，养殖的植物品种、动物品种和重要微生物菌种，更需要保护。种质资源需要保护，生物信息资源更需要保护，后者甚至可能被生物恐怖主义利用。

5.2.3　中国进出境生物物种资源监管保护存在的问题[①]

生物物种资源是指具有实际或潜在价值的植物、动物和微生物物种以及种以下的分类单位及其遗传材料。生物物种资源是维持人类生存、维护国家生态安全的物质基础，也是维持国家食物安全的重要保证。近年来，我国政府高度重视生物多样性和物种资源保护，并将其上升为国家战略，生物多样性和物种资源安全已成为国家安全的重要内容，质检总局等相关部门为保护进出境生物物种资源做了大量的工作并取得一定的实效。为降低外来

① 该部分作者为邵屯。

有害生物对国内物种资源的冲击，质检总局及下属的口岸出入境检验检疫机构加强检疫查验，不断提高有害生物检出率。2015 年我国截获进境有害生物 5958 种 1 043 462 次，其中检疫性有害生物 359 种 102 941 次，截获种次同比增加 29.72%。然而，我国生物物种资源保护仍受精准管控难、技术支撑弱和整体保护意识淡等问题困扰。据不完全统计，我国出境物种资源约有 70%是通过非正常渠道流失的。

5.2.3.1　相关法规依据有待完善，精准管控难

保护生物多样性，以公平合理的方式共享遗传资源的商业利益和其他形式的利用，促进保护和合理开发野生动植物资源是国际共识和惯例。联合国《生物多样性公约》、《濒危野生动植物种国际贸易公约》等条例及联合国粮农组织和世界贸易组织等国际组织都制定了一系列保护和可持续性利用生物多样性的原则，要求缔约方共同遵循，各方也纷纷制定了法规加强国内的物种资源保护。目前，我国尚缺乏生物多样性和生物物种资源保护的专项法规及配套的部门规章，除了部分主管部门公布的生物物种资源保护名录外，如《国家重点保护野生植物名录》（第一批）（1999 年 8 月 4 日批准）、《国家重点保护野生动物名录》（1988 年 12 月 10 日批准）、《〈濒危野生动植物种国际贸易公约〉中的中国动物物种名录》（1995 年 2 月 16 日起生效）、《进出口野生动植物种商品目录》等，我国还没有中国生物多样性保护国家委员会统一发布或批准发布的生物物种资源保护名录，制定出入境执法专用的生物物种资源管控名录需求比较迫切。法规建设的滞后、管控目录的缺失，极大地影响了出入境物种资源检验检疫的成效，使我国物种资源流失现象未能得到有效遏制。据统计，仅 2008～2010 年间，各口岸的物种出境记录达 10 403 个，涉及物种种类 2261 个；进境记录 5351 个，涉及物种种类 1453 个。涉及《濒危野生动植物种国际公约》中濒危物种的有 63 种，包括动物 47 种、植物 16 种。中国作为一个生物多样性非常丰富的国家，更需要进一步补充和完善法规依据，切实加强生物多样性保护。

5.2.3.2　物种鉴定难，技术支撑体系不完善

目前，我国质检系统现有技术人才、检测设备和技术主要针对进出境动植物检疫，物种鉴定人才较少，物种鉴定的标准体系尚未建立，即使查获相关物种资源，也没有足够能力进行准确、快速的鉴定。且由于生物资源种类多、体积小，原始活体材料本身很难检验鉴定，特别是随着现代生物技术的出现，生物资源更多的是以非活体的遗传物质形式携带出境，口岸查验和鉴定更加困难。在设施条件方面，质检总局系统虽然设立了生物物种资源鉴定研究中心，但开展出入境物种资源检验鉴定的专业实验室网络体系尚不完备，经费支持也非常欠缺。

5.2.3.3　公众保护意识淡薄，价值评估体系亟待完善

目前，我国生物科学技术水平相对落后，对生物物种资源缺少全面、科学和系统的价

值评估方法。多数社会公众只看到了生物物种资源在人民衣食住行方面带来的经济价值，却没有认识到其在生态系统服务、应对气候变化、改善人民福祉等方面的作用。一些我们尚未发现其重要价值的生物物种资源，一旦被其他国家获取，经研究开发获得相关专利和知识产权，将会对我国相关行业和领域的发展产生极其不利的影响；同时，大量风险未明的外来生物入侵对我国的生物多样性和物种资源保护构成了巨大冲击，并造成了巨大损失。如，美国孟山都公司利用我国的野生大豆品种，研究发现了与大豆高产性状密切相关的标记基因，向美国和包括我国在内的 100 个国家申请了 64 项专利，申请范围覆盖了含有这些标记基因的大豆及其后代、具有相关高产性状的育种方法及引入该标记基因的作物。猕猴桃原产于我国，其资源流失到新西兰后，新西兰培育出优质高产的新品种，已畅销全世界，并源源不断地销售到中国市场。

鉴于我国进出境生物物种资源监管保护存在的上述 3 个问题，建议进一步完善相关法律法规，结合国家和相关行业主管部门公布的物种资源保护名录，及国际公约列明的物种资源保护名录，多部门联合制定公布出入境生物物种资源管制名录。同时，进一步加强环保、农业、质检等相关部委的合作，建立《进出境生物物种资源保护商品目录》形成、发布、执行、监督机制，为执法把关提供制度依据，提高把关效能。加强专业人才队伍培养和实验室建设，增加经费预算，提高技术支撑能力水平。加大宣传力度，提高公众物种资源保护意识，营造良好社会氛围。

点评（点评人：李明福）

海量的生物物种资源进出境是我国经济和贸易的新常态。鉴于物种资源是事关国家发展的战略资源，引进和输出生物物种资源必须合理合法，监管工作不可或缺。文中提出的完善法规、部门合作、能力建设、公众宣传等建议是必要的，同时监管部门和人员也要从用户的角度，提供资源获取便利化的方案和举措，使生物资源的保护和利用取得平衡。

5.2.4 遗传资源及相关传统知识获取与惠益分享制度①

公平公正地分享因利用遗传资源及相关传统知识的惠益是《生物多样性公约》的三大目标之一，为了实现此目标，国际社会自 1998 年开始致力于建立一个具有法律约束力并易于操作的国际制度，用于规范遗传资源及相关传统知识的获取与惠益分享的活动。经过艰苦谈判，最终于 2010 年达成《关于遗传资源获取与惠益分享的名古屋议定书》（简称《名古屋议定书》）。本人作为中国政府的专家代表，全程参加了《名古屋议定书》的政府间谈判，对达成这项具有里程碑意义的获取与惠益分享国际制度（简称“ABS 制度”）感慨欢呼，它的达成对实现《生物多样性公约》的另两项目标（生物多样性的保护和可持续利用）意义重大。

---

① 该部分作者为薛达元。

ABS 制度的建立与实施，将在公平公正的基础上使遗传资源及相关传统知识的提供者得到惠益，为提供方的资源持有者和当地地方社区带来直接和间接的经济效益，同时也为国内外的生物技术公司可持续地获得其产业开发所必需的遗传资源和相关传统知识提供了法律保障。

通过获取与惠益分享过程的制度化管理，能够促进遗传资源及相关传统知识的获取和开发利用，推动生物勘探、生物技术与生物产业的发展，繁荣当地经济乃至一个国家的经济，为人类提供更多的产品和服务，特别是在医药、食品及化妆品的开发方面，其琳琅满目的产品能够为人类健康和美容提供服务，为解决全世界的粮食安全提供保障，也为世界范围内的人类进步与和平发展创造条件。

ABS 制度的实施将有助于当地社区的减贫。在中国和世界其他国家，生物多样性丰富的地区通常是边远山区，也是经济欠发达的贫困地区，通过实施 ABS 制度和地方示范项目，可以将遗传资源及相关传统知识的获取与边远地区扶贫减困结合起来，有助于当地的经济发展和人民生活水平的提高。

ABS 制度的实施也有助于妇女参与生物多样性保护和 ABS 活动。在中国的广大农村地区，男子出外打工，妇女在农业生产及家庭生计方面发挥了不可替代的作用，她们在保护遗传资源和传承传统知识方面也具有独特的作用。例如，广西及云南的瑶族妇女掌握并传承了利用当地植物的传统药浴护肤知识，贵州黔东南的侗族妇女在保存香禾糯传统水稻品种资源方面具有独特的贡献。ABS 制度的推广实施将激励地方社区（特别是少数民族地区）的妇女更加积极地保护遗传资源及相关传统知识，并促进妇女在生物多样性保护与资源可持续利用过程中的主流化作用，这是保护遗传资源及相关传统知识的关键途径。

总之，ABS 制度的建立和实施，能够确保各利益相关方公平、公正地分享由于开发利用遗传资源及相关传统知识所获得的惠益，实现《生物多样性公约》和《名古屋议定书》的根本目标。更重要的是，ABS 制度的建立与实施也与当前我国生态文明制度的建设密切相关。在中国，许多遗传资源及相关传统知识的拥有者是边远地区和少数民族地区的社区与居民，公平惠益分享有利于这些地区的社会经济发展，并有助于促进社会公平及和谐社会的建立。然而，国际 ABS 制度的实施需要相接轨的国家 ABS 制度，而国家 ABS 制度的建立和实施是机遇，也是重大挑战。

点评（点评人：李明福）

生物遗传资源的保护、获取和利用，事关国家发展战略和人民福祉，国际社会历经十二年的谈判，形成了具有约束力的《名古屋议定书》获取与惠益分享国际制度（ABS 制度），为今后遗传资源的获取提供了一个基本框架。薛达元教授作为我国开展生物多样性研究的权威专家，全程参与跟踪了国际 ABS 的谈判进程，其贡献有目共睹。首先，十二年是一个轮回，可见谈判十分不易，所谓好事多磨，更重要的是 ABS 制度将倒逼我国生物遗传资源保护和利用相关制度的出台，对我国生物遗传的保护、生物产业发展和生态文明建设，将产生重大的影响。另外，要为推进 ABS 制度出台做出贡献的人士点赞，也期待主管部门、行业内的专家加速推进国内物种资源获取配套管理制度的早日出台。

5.2.5 中国药用动物资源保护与可持续发展策略[①]

5.2.5.1 药用动物资源现状

目前已知全世界有近 200 万种动物，我国约有 30 万种。药用动物暨动物药材是我国中医药学的重要组成部分，有着悠久应用历史。最新出版的《中国药用动物志》中记载了药用动物 13 门 36 纲 151 目 426 科 2341 种（亚种），约占我国动物总数的 0.8%。目前，我国市场流通的中药材中来源于人工养殖药用动物的药材约占 10%。2015 年版《中华人民共和国药典》收载中药材 618 味，其中动物药材或饮片 104 味，约占 17%。药用动物种类、数量、质量以及利用率，不仅受到自然生态环境制约，也受社会生产力水平（包括科学技术水平）制约。与我国丰富的动物资源总量相比，药用动物资源占比较小，大量动物资源未能开发利用，我们在保护野生珍稀濒危动物资源的同时，应充分利用现代科学技术，开源节流，大力发展药用动物人工养殖，提高动物药材利用率，保障药用动物资源可持续利用与发展。

5.2.5.2 药用动物资源面临问题

随着动物药材临床应用不断扩大，目前药用动物资源应用与研究也面临许多问题。经济社会高速发展，人类活动范围的日益扩大与对自然环境保护的相对落后，造成森林大面积消失，生态平衡失调，给野生动物生存、繁衍带来灾难性后果；而人类对野生动物盲目、大量的猎杀是野生动物资源蕴藏量剧减的直接因素，加速了野生动物物种的灭绝。野生药用动物资源，尤其某些珍稀药用动物已处于濒危边缘或濒危。国际社会对我国使用动物药材高度关注，制约了动物药材的深入研究开发。当前，药用动物资源暨动物药材面临如下问题：①基础研究薄弱；②种质资源研究与保护进展缓慢；③研究人才匮乏，特别是交叉、复合型人才匮乏；④人工驯养有待进一步加强和规范；⑤动物药材质量标准有待进一步完善；⑥动物药材采收、炮制、化学、药理、临床等研究系统性与针对性还需加强；⑦现代信息技术如物种资源信息库建设滞后等。因此，既要保证中医药事业稳定健康发展，实现中药产业可持续发展，又要保证自然生态环境平衡，对于药用动物资源保护与可持续利用必须采取强有力措施和对策。

5.2.5.3 策略

1. 加强药用动物资源调研与整理

开展药用动物资源调查，摸清家底，是进行资源保护的基础和依据。我国药用动物资源调查研究始于 20 世纪 60 年代，主要是区域性资源调查，并编写地方药书、药志。研究

① 该部分作者为李军德。

人员开始在一些重要的学术专著或文章中收录有关药用动物的内容，如 1960 年南京药学院的《药材学》、1961 年中国医学科学院药物研究所等编著的《中药志》，以及广东、四川、湖南、广西等地的《中药志》《药物志》《中药材手册》等都记载了一部分药用动物。之后，许多专业性药用动物著作也相继出版，如 1976 年林吕何的《广西药用动物》，1977 年吉林医科大学第四临床学院的《东北动物药》，1977 年何时新的《浙江药用动物》，1977 年中国人民解放军海军后勤部和上海医药工业研究院的《中国药用海洋生物》，1978 年中国科学院南海海洋研究所海洋生物研究室的《南海海洋药用生物》，1979～1983 年中国药用动物志编写协作组的《中国药用动物志》（Ⅰ、Ⅱ），1981 年邓明鲁和高士贤的《中国动物药》，1988 年赵肯堂的《内蒙古药用动物》，1999 年陈振昆的《药用动物与动物药》，2001 年杨仓良和齐英杰的《动物本草》，2002 年伍汉霖的《中国有毒及药用鱼类新志》，2007 年邓明鲁等的《中国动物药资源》，2013 年李军德等《中国药用动物志》（第 2 版）等。

为了有效开展全国第四次中药资源普查，国家成立了全国中药资源普查领导小组和技术专家小组，中国中医科学院中药资源中心黄璐琦研究员任技术专家小组组长。目前，已经在全国 800 多个县市开展了普查试点，取得了可喜的成绩。但因野生药用动物资源的特殊性和复杂性，药用动物资源没有纳入普查试点。

正在开展的全国第四次全国中药资源普查，将对普查原始资料如物种、分类、生态环境、药用部位、蕴藏量、年产量、年利用量、濒危状况和临床应用等进行整理分析，确定濒危标准和濒危度，编制《中国濒危药用动物志》，建立“中国濒危药用动物数据库”“中国药用动物物种资源动态数据库”及“中国药用动物标本中心”，承担全国生物多样性有关信息收集和整理工作，为政府、社会开展信息交流和咨询服务。

2. 完善药用动物保护体系

药用动物资源保护与可持续利用是一对立矛盾，但协调处理好二者关系，也可使它们成为相辅相成的统一有机体。首先，必须更新观念，强化保护意识。将药用资源保护利用工作放在国家战略层面加以高度重视，完善现有有关动物保护利用法规，加大执法力度。其次，加强药用动物栖息地保护。保护栖息地的主要途径就是建设药用动物自然保护区。通过自然保护区的建设，不仅可以保护药用动物及其栖息地，而且可以使其他种类的野生动植物得到很好的保护，维持生态平衡。最后，建立中国濒危药用动物种质基因库。建立源于珍稀濒危动物的动物药材动态监测体系，对野生资源、生态环境实施动态监测，对市场供求、野生动物贸易进行长期监控，并使其成为中国野生动物资源监测体系的重要组成部分。

3. 加强基础研究，变野生为家养

驯养繁殖是保护、发展和可持续利用药用动物资源的一条有效途径。必须重视和加强野生药用动物生物学特性包括生活习性、生态环境、繁殖规律与条件、生理生化特性、疾病防治及遗传特性等多方面的研究，提高繁殖率和成活率，为人工引种驯养提供科学依据，创造条件与积累素材。60 年来，尤其是改革开放以来，国家和地方建立了大小和规模不等的濒危动物繁育、救护中心，专门从事濒危动物的驯养繁育和救护工作。如国家为拯救大熊猫、朱鹮、扬子鳄、东北虎等极度濒危动物，投资建设了多处繁殖研究中心；为实施

赛加羚羊、麋鹿再引进工程，建立了甘肃濒危动物保护中心、北京南海子麋鹿驯养中心等多处人工繁养基地；各地还建立了一些濒危动物救护中心，如北京濒危动物繁育中心。开展了鹿、哈士蟆、全蝎、蜈蚣、龟鳖、麝和熊等人工驯养繁殖研究与技术推广，并获得初步成功。但还应深入进行基础生物学、繁殖学、疾病防治学和饲养管理学研究，以推动药用动物规模化、标准化饲养。目前，除鹿、熊的产品已基本满足医药需求外，其他大药用动物驯养技术及规模仍不能满足需求，如麝、赛加羚羊的人工养殖；在建立赛加羚羊种群、驯化麝及活体取香的基础上，应加强和重视其繁殖、遗传育种、疾病防治等方面的研究，建设规模化动物药材 GAP 生产基地。原麝、林麝种间杂交已有报道，尚需深入系统研究，扩大杂交种群，通过遗传育种、基因工程技术的应用，提高其产量和质量。

4. 实施再引进工程，发展和壮大珍稀濒危药用动物种群

所谓再引进，就是在某个物种曾经分布但现已灭绝地区，再引进该物种活体用于建立新的种群，或者是向某物种现存极小的野生种群补充新的活体，以充实该野生种群并促进其发展壮大，后者又称再充实。目前，我国已成功实施麋鹿再引进工程，正在实施赛加羚羊、野马再引进工程以及对华南虎和扬子鳄再充实型的再引进工程。从某种意义上讲，在原产地放生被没收的动物，如大鲵、缅甸陆龟、穿山甲、蟒蛇等，也属于野生种群再充实活动。未来，应以现代生物技术为依托，加强再引进工程的项目管理，使其有组织、有计划地发展。

5. 大力开展替代品科学研究

在开展药用动物人工驯养、繁殖研究的同时，结合其药材有效成分研究，努力寻找其类似品或替代品，以扩大药源，这对于珍稀濒危动物药材尤其重要和迫切。1993 年我国政府为了人类与自然的协调发展，积极履行国际义务，已明令禁止犀角、虎骨入药，摆在我们面前的任务是不能让世代久用、功效显著的传统中药从此不能再为人类健康服务，因此必须努力寻求其替代品。对于目前尚未被禁用的珍贵药材麝香、牛黄、熊胆、羚羊角等，也应未雨绸缪地积极开展相应替代品的探索与研究。开展替代品研究，应坚持功效相似、材料（资源）易得、绿色环保理念，以“生物类群、化学成分与生物活性三者相互联系”为准则，即相近（缘）动物具有相似化学成分、相似生物活性，与化学、药理研究紧密配合，有线索、有规律地在一定的动植物类群（科、属、种）中寻找活性强的化学物质或新药源，否则事倍功半。建立国家级濒危动物药材替代品研究中心，加强源于濒危药用动物中药材替代品、功效类似品研制；进一步深入开展犀角、羚羊角等药效活性和有效成分研究，为开发代用品提供科学数据；继续开展除水牛角外，其他动物角类、骨类等替代犀角、羚羊角或虎骨研究。

6. 积极采用与推广现代生物工程技术

近年来世界各国均广泛开展了药物的细胞工程技术与应用研究。在药用动物方面，我国仅有鹿茸细胞培养报道，尚未形成规模生产应用。由于动物药材大多是以某一部位或全体或腺体分泌物而入药，因此，借助现代生物工程技术，开展动物药材的工厂化生产具有

可行性。首先应建立高产稳定细胞株和大规模细胞培养体系；或者利用其活细胞进行组织培养、细胞培养，利用培养细胞、中间代谢产物或培养液，从中诱生或分离具有生理活性的物质，以扩大药源，发现新药，进而达到保护濒危药用动物的目的；对于药用动物优良生产基因，可利用基因工程技术研制转基因动物，定向生产重要的生物活性物质和改造天然活性成分，使转基因的动物成为中药活性成分的活体工厂即“动物药材工厂”。我们坚信现代生物工程技术的应用，必将能有效保护珍稀濒危药用动物资源，保障药用动物资源可持续利用，使得动物药材从传统的自然获得途径走向现代的工业化生产途径。

7. 继续开展人工合成品或人工组成品研究

在深入、系统、全面地对动物药材化学成分、有效组分研究的同时，循其天然化学组成及其相应比例，通过适当生化、生物物理或有机过程，在体内外有机组合而成类似天然品即人工合成品或人工组成品。中药基本属性是天然药物，此方法在某种程度上虽然与其本质属性有一定差别，但在天然药材不可得或紧缺情况下，也不失为一种有效办法。50 多年来，人工合成或组成动物药材有人工牛黄、人工麝香、人工熊胆等，对于保护野生药用动物资源起到了极其重要的作用。

8. 开展国际合作，积极引智、引资、引技

中国是发展中国家，野生动物保护、抚育、研究、管理等经费严重不足，技术、设备和管理经验相对滞后，需要从发达国家引进资金、技术和设备，向有关国家学习先进经验。从某种意义上说，离开了国际合作，有些保护管理和科研工作就难以开展，某些种类野生动物就得不到及时有效的保护。

点评（点评人：李明福）

相对于植物物种资源的保护和利用，动物物种资源的保护和利用面临更多挑战。李军德研究员阐述了我国药用动物资源利用现状、存在的问题及对策，为药用动物物种资源的保护和利用提供了清晰的视角。尤其是针对具有濒危特点的药用动物，其替代品以及再引进是重要的研究目标，另外进一步弄清其药理特性，通过基因工程手段和合成生物学，或可找到药用动物物种资源保护和利用的新途径。

5.2.6　中药材资源保育与植物组织培养①

5.2.6.1　中药材资源现状

1. 国家层面认识

2015 年 4 月，国务院颁布了《中药材保护和发展规划（2015—2020 年）》，对我国中

① 该部分作者为李明军。

药材资源保护和中药材产业发展进行了全面部署，这是我国第一个关于中药材保护和发展的国家级规划。该规划指出：中药材是中医药事业传承和发展的物质基础，是关系国计民生的战略性资源。保护和发展中药材，对于提高人民健康水平、发展战略性新兴产业、增加农民收入、促进生态文明建设，具有十分重要的意义。

2. 行业现状

当今社会，随着回归大自然呼声的高涨，伴随着中药“国际化”的潮流，用传统的草药治病在世界上重新得到了重视。伴随“回归自然”的影响，中药材、中成药的需求量成倍增长，由于受天然资源的限制，许多中药材资源被大面积无计划地乱采滥挖，破坏了自然环境，使资源的再生能力无法恢复，导致一些中药材濒临灭绝。一方面，我国中药材种类繁多，共 12 807 种，其中植物类 11 146 种，常用中药材仅 1000 种左右，80%来自野生资源，平均每年有 20%的药材短缺；另一方面，产业利用过程中对资源的保护意识不强，很多珍贵药用资源频频遭到外国医药机构地毯式的筛选，我国自主开发中药或天然药物的资源日益减少，因而加强我国中药材资源的保护和利用具有特别重要的意义。

5.2.6.2　植物组织培养技术

1. 植物组织培养技术的发展

植物组织培养是 20 世纪初从植物生理学实验室发展起来的一门生物技术，从 20 世纪 60 年代开始应用于生产，目前已在观赏植物、园艺植物、经济林木、无性繁殖作物等方面广泛应用，年产百万、千万或上亿的试管苗快繁工厂在我国各地如雨后春笋般相继出现，试管苗早已出现在市场上并产业化。该技术具有脱毒复壮、快速繁殖、加速育种、缩短繁殖过程、改良品质、节省空间、减少劳动力、可终年生产、不受自然条件限制等特点，且组织培养生产的种苗体积小，便于携带和资源交流。因此，该技术已成为至关重要的现代生物技术之一。

2. 植物组织培养技术在中药材资源保护方面的作用

植物组织培养在中药材资源保护方面的作用主要表现在以下 3 个方面。①资源保存：通过试管苗的常温、低温和超低温（−196℃）保存技术进行中药材种质资源的离体保存；②资源再生：通过茎尖培养、热处理、冷冻处理等方法去除病毒和病菌的影响，获得脱毒苗，提高产量，改善品质；利用原球茎（或类原球茎途径）途径、腋生枝途径、丛生芽途径和体细胞胚胎发生途径等试管快速繁殖技术规模化生产大量种苗以满足药用植物人工栽培的需要；通过愈伤组织或悬浮细胞或器官的大量培养，直接生产药物；③资源创新：通过花药培养、胚乳培养、胚胎培养、体细胞杂交、人工诱变和基因工程等手段获得新种质或新品种。

3. 我国中药材组织培养进展

我国中药材组织培养工作始于 20 世纪 50 年代初期，1966～1976 年期间曾一度停顿，70 年代中期又重新开始并迅猛地发展起来。据统计，1951～1960 年，发表相关研究论文仅数篇；1961～1970 年，发表相关研究论文数十篇；1971～1980 年，发表相关研究论文数百篇；1975～1980 年，发表的论文较前 25 年总和还要多；20 世纪 80 年代后，每年发表的论文数迅猛增加；1985～2012 年，中药材组织培养研究申请国内发明专利共计 576 件，其中授权专利共 294 件，专利申请中共涉及中药材 245 种。目前，我国已对 250 多种名贵、珍稀、濒危、常用中药材的组织培养进行了研究，比如根及根茎类中药材有怀山药、怀地黄、怀牛膝、大黄、人参、山葵、川贝母、川乌、川芎、天麻、太子参、丹参、巴戟天、玉竹、甘草、龙胆、白术、白芷、白茅根、玄参、半夏、三七、西洋参、百合、百部、当归、延胡索、延龄草、防风、麦冬、远志、丽江山慈姑、赤芍、何首乌、苦参、板蓝根、刺五加、知母、金铁锁、姜、盾叶薯蓣、桔梗、柴胡、党参、莪术、浙贝母、黄芩、黄芪、黄连、黄精、紫草、紫菀、雷公藤、魔芋、土人参、细辛、肉苁蓉、虎杖、野葛等；全草类中药材有长春花、广藿香、马蹄金、山马兰、元宝草、水母雪莲、水芹、三白草、石斛、白花蛇舌草、冬凌草、半边莲、地锦草、青蒿、败酱草、贯叶金丝桃、绞股蓝、落葵、车前、黄花川西獐牙菜、金线莲、新疆或西藏雪莲花等；叶类和皮类中药材有毛花洋地黄、半枫荷、芦荟、罗布麻、银杏、三尖杉、红豆杉、杜仲、黄檗、麻风树、喜树、鹅掌楸、鸡屎藤、茜草、罗勒、苦丁茶等；花类、果实及种子类中药材有菊花、金银花、红花、番红花（藏红花、西红花）、啤酒花、山苍子、山茱萸、女贞子、天师栗、瓜蒌（皮、籽、天花粉）、连翘、沙棘、罗汉果、枸杞、猕猴桃、蓖麻、蓝靛果、黎豆、白木香、川白芷、旋复花、玫瑰茄等。

4. 脱毒快繁技术的产业应用

脱毒快繁技术在中药材的生产或资源再生中应用最多，已在许多中药材上取得了成功。据不完全统计，已进行脱毒快繁的中药材有怀山药、怀地黄、怀菊花、丹参、半夏、番红花、罗汉果、栝楼、姜、太子参、薄荷、百合等；进行良种快繁的中药材有石斛、金线莲、人参、红豆杉、金银花、贝母、川白芷、天麻、百合、肉苁蓉、芦荟等，其中铁皮石斛在全国许多省市、罗汉果在广西和云南、金线莲在福建、百合在甘肃等地均建有试管苗工厂进行试管苗的规模化繁育及应用。通过脱毒快繁，可实现中药材种苗的大量快速繁殖，对于因病毒病害严重影响产量和质量的中药材、靠有性繁殖提供种子而种子发育不完善或种子成本高的中药材、靠无性繁殖提供“种子”而无性繁殖系数低且种子需求量大的中药材、珍稀濒危中药材的引种驯化以及保护中药材资源等都具有重要的意义。

5.2.6.3　机遇与挑战

当前，我国中药材的组织培养技术正在迅速发展，并已取得了一些重要成就，但大多数中药材还存在技术不够成熟、脱毒率低、繁殖系数低、移栽死亡率高、试管苗成本较高等问题，严重阻碍了试管苗的进一步产业化和大规模应用。因此，中药材脱毒快繁技术的推广应用，关键是要进一步完善技术，降低成本，借鉴成熟的植物脱毒快繁技术与方法，比如简化培养基、利用自然光源、探索新的脱毒技术（如超低温处理）、采用试管快繁技术和非试管快繁技术相结合以及新的植物生物反应器来提高繁殖效率、建立标准化的脱毒苗生产基地等来达到这一目的。

我国中药现代化进程（已走过20多年的历程）的深入和新一轮GAP认证的实施，必将进一步促进中药材组培技术的研究和应用。GAP的核心是提高中药材的质量，使中药材达到“安全、有效、稳定、可控”的质量标准，而组培技术中的脱毒快繁和新品种培育等对于提高中药材的产量和质量具有重要的作用，因此，组织培养技术在中药材资源的保护、再生和创新中具有广阔的应用前景。

自评（自评人：李明军）

中药开发能够率先获诺贝尔奖！这是以前很多领导专家没有想到的。其实，中医中药作为民族传统资源，在一定范围内一直受到重视，就像一直有人反对中医中药一样；但是，前者是主流。“民族地区药用植物资源利用与（组培）生物技术”曾经获得国家973项目（2009CB522300）等国家层面大项目支持。河南师范大学道地药材保育及利用科研团队一直致力于“四大怀药”（怀山药、怀地黄、怀菊花和怀牛膝）、金银花、裕丹参等豫产道地药材的组织培养及其应用方面的研究，获得了大量新的种质资源。我国中药材野生变家种，从20世纪70～80年代开始规模化实践。由于多数药用植物是以无性方式繁殖，因此，在产业化过程中植物组织培养就发挥了不可替代的重要作用。在品质纯化、品质复壮、快速繁殖等环节，植物组织培养的优势显著。

药用植物组织培养过程中，基本上脱除了内生菌，后者可能与药材的道地性有非常直接的关系。这是长期以来，科学研究和产业忽视的一个环节。因此，植物组织培养研究和内生菌研究应该同步和协调开展。

点评1（点评人：陈集双）

世界文明古国中，中华民族历经多次瘟疫而不灭，中医药起到至关重要的作用。中医强调标本兼治，以标达本，符合生命运动的规律。但是，数十年来，中医药疗效受到质疑。其中，根本的原因是没有靠谱的药材！长期以来，中医被中药拖累，是因为原药材质量达不到要求。认真研究开发药用植物资源，按照高标准保障好药，结合中医理论和措施，必定迎来中医药的春天。

点评2（点评人：蒋继宏）

中药材资源对国民的健康越来越重要，因此中药材资源保育工作具有重要的意义，但中药材资源保育方法不仅仅只有植物组织培养技术。

第6章　生物资源工程

6.1　生物资源工程概述

6.1.1　生物资源工程诠释

生物资源工程的本质就是在产业化水平上工程化利用生物资源，充分释放资源的经济与社会价值，最终实现资源、社会和环境的可持续发展。不同于传统的农业和手工业模式，生物资源工程更强调工程化和集约化水平上的生物资源利用。生物资源工程内容主要包括生物遗传资源的改造、生物信息资源的挖掘和生物质资源的工业化利用等诸多方面，具体涉及种质资源的育种工程、生物信息资源工程解析、生物质生产工程、生物质加工工程、生物质处理处置工程和园艺生态工程等。此外，还有基于人类发展对生物资源的多重需要，如生态恢复工程、人工湿地和生态功能工程、生物资源保护区的建设，甚至种质资源圃、外来物种隔离圃的建设等，也属于生物资源工程的范畴。

当前，生物质作为重要的生物资源之一，对解决人类资源、能源和环境问题起到十分积极的作用，其工程化过程与利用主要涉及以下几个方面。

1. 生物质生产工程

传统的生物质生产工程主要是指：在特定阳光、温度等环境前提下，通过改善生长条件、扩大单位面积和提高生物群体的生物质产能，如通过肥料和能量的投入，来实现农作物产量增收；在新的技术条件下，生物质生产工程还体现为设施条件下的生物质生产，其目标产品既可能是植物生物质，也可以是动物和微生物生物质。其中，微生物生物质的生产方式是发酵工程，包括固体和液体发酵。

2. 生物质炼制和化学工程

目前主要包括两个方面，第一是生物质炼制，也就是对生物质包含的大分子进行拆分、再聚合或再重组；第二是生物质中天然产物的利用，主要针对生物小分子，与前者相比更多是生物活性物质的制备纯化，不涉及拆分和聚合环节。

3. 生物质材料工程

其中，木质纤维素占据主要地位，也就是利用高度聚合的生物材料作为骨架或填充料，实现生物质与其他物质的复合，获得以具备广泛的工业化利用价值为特征的新型生物源材料。蛋白质等生物大分子的材料化利用可能带来更新的视野，动物和海洋生物质的利用与陆地生物质材料应用的方法学和途径方面可能有较大差别。

4. 生物质能源工程

传统的生物质能源工程涉及动植物油脂、木质纤维素的直接燃烧，结合现代生物技术应用和机械设备的发明发展，生物质更多地被固化（压实以提高单位质量的热值）、制作液体燃料（主要是通过裂解方式）、制作气体燃料（发酵产生沼气或直接气化）或通过适度碳化固定其热能，使之成为贫煤等储存状态或潜在的生物质能。

5. 生物质处理和处置工程

低品生物质的资源化利用和无害化处理也是生物资源工程不可或缺的一部分，比如，利用食品加工企业富含有机质的废水作为培养液，规模化制备天然色素。生活污水和工业有机废水中生物质含量低，利用价值低，但是不利用不仅会造成资源的浪费，还会成为环境污染的源头。

6.1.2 生物资源工程的主要方面

6.1.2.1 生物遗传资源改造工程

生物遗传资源改造工程就是生物育种，是指有目的、有计划地改进生物的遗传品质，培育出优良个体并发展为有生产用途的群体的过程，其最终目标是为生产出更多数量或更高质量的生物产品服务，以更好地满足人类需求。根据使用方法与手段的不同，可将遗传资源改造工程分为选择育种、杂交育种、诱变育种、倍性育种、辅助育种、转基因育种、染色体工程育种、基因组工程育种等。生物育种目的是在现有技术水平上，最大限度地开发生物种质资源。经济模式和社会需求的发展，对生物资源本身提出了新的要求。

以种植作物为例，一方面，对单位面积生物质尤其是粮食作物的产量提出了更高要求；另一方面，种植由为生产粮食、食用油等农产品服务转变为提供大宗工业原料等，这就需要对原有品种进行升级改造，同时开发新的作物类型。传统农作物育种，往往要经过千百年积累和优选才能形成目前的栽培品种，但在开发新作物品种时往往不能等待数十年时间。因此，基于生物遗传资源、生物信息资源和生物资源保护等条件的工程化育种技术是解决上述问题的重要支持，也是生物遗传资源改造工程的特点。

目前，常见的生物资源育种方法主要包括以下几种。

1. 选择育种

简单有效，目标明确，但是按照传统技术路线，往往需要多个生长季节（世代数），甚至多达数十代的培育。在现代生物技术的支持下，通过人为提供选择压并结合胚胎培育、组织培养和生物反应器等工程化手段，可实现快速繁殖，有效缩短选择时间。历史上，植物和动物育种，采取选择育种技术比较普遍。

2. 杂交育种

主要是利用现有品种有目的、有计划地进行不同品种间不同基因型杂交，经分离、重组创造异质后代群体，获得有益变异或新的基因组合，通过其他育种措施把这些有益变异或组合固定下来，并进一步培育出新的生物品种。现代生物技术的应用使得种间杂交、物种间细胞融合，或核染色体替换等成为可能，有利于增加“杂交”来源，获得更多变异体。

3. 诱变育种

利用物理和化学因素诱导生物遗传性状发生各种变异，再从变异群体中选择符合育种目标的个体，并扩繁到一定的群体，进而育成新品种或新资源的育种方法。我国大多数水稻、小麦等大宗农作物，都经过诱变育种培育了具备抗病、高产等特征的品种。新获得的微生物菌种，也往往需要通过诱变筛选之后，才能成为生产菌株。航空育种并结合高通量筛选等工程化手段，获得新品种（菌株），也是诱变育种的方式。

4. 转基因育种

利用基因工程和细胞工程手段等，根据生物育种目标，首先从供体生物中分离外源目的基因或经过设计人工合成的功能基因，经 DNA 重组与遗传转化或直接进入受体生物的细胞、组织、胚胎或胚状体等，然后通过培育与筛选，获得目的基因稳定表达的遗传工程体（转基因植株、动物或微生物），最后结合常规育种技术，获得具有新遗传性状的转基因新品系、新品种或新种质资源的现代育种技术。动物转基因方法包括显微注射法、反转录病毒感染法、胚胎干细胞介导法、精子载体介导法、细胞核移植法、人工染色体介导法、基因打靶法和基因组编辑法等。

5. 辅助育种

利用基因工程、细胞工程和代谢工程手段，结合生物信息学技术和合成生物学的工程化策略，通过表现型和基因型筛选，设计培育优良新品种的一种定向育种方法。主要包括分子标记辅助育种和全基因组选择育种等。

6. 工程化设计育种

现代种质资源发掘的基本方式之一，其主要方式是以系统工程科学理论为指导，把遗传学、育种学、系统工程等相关科学理论应用到育种体系的构建之中，实现科学化、模块化和设计型育种新模式。育种工程学的核心是利用系统科学思想和工程技术手段，解决遗传育种问题，亦即通过遗传育种科学和系统工程科学的集成与融合，探讨育种过程中系统内外之间的关系，研究工程应用的方式和方法，为育种实践服务。

以上育种手段，往往需要相互配合，并与性状评估方法和产业技术相结合，才能更有效地发掘生物遗传资源的潜力。

6.1.2.2 生物质工程

1. 生物质生产工程

生物质生产工程主要包括设施条件下的种养殖工程和实现微生物发酵生产的发酵工

程。后者是典型的工业生物技术，是利用微生物的代谢活动和特定功能，通过现代工程技术生产目标产物。将传统发酵技术与现代 DNA 重组技术相结合，应用生物工程菌开展产品生产，并应用于工业、农业、医药、环保领域。成功开展微生物发酵工程的前提条件包括：①应具有合适的生产菌种或工业用微生物种源；②应具备控制微生物生长、繁殖、代谢的工艺条件和控制工业过程的工艺条件。利用动物生物反应器和植物生物反应器生产生物活性物质的过程是更有效率的生物质生产工程。

2. 生物质处理处置工程

生物质处理处置工程涉及对生物质的收集管理。生物质资源分布广泛，但是，与矿物质资源相比，往往质量轻、耗损快，且含有一定水分。因此，生物质在进入工业化利用之前，需要及时收集、处理、储存和控制质量。同时，生物活性物质需要从活的组织中直接分离、纯化、转化和保存，适当的预处理能够预防失活，提高这部分生物质的利用效率。另外，很大一部分生物质是以农林副产物形式存在，如果不及时处理就可能与雨水、泥土、砂石、有机物等其他物质混杂，而不再是纯的生物质。

综上所述，只有及时、适当收集和保存的生物质，才是资源；不及时处理，生物质往往就成为生物废弃物和环境负担。无论是基于利用的需要，还是无害化进入环境的需要，生物质都需要进行收集、处理。人工智能和设备集成，将大大提高生物质的处理效率，也造就更多农林产物进入工业化利用流程的机会。以原本的小众水果柿子为例，传统生产模式下，因为采摘成本高等原因，我国每年都有数百万吨柿子红红火火地滞留枝头，“摘不下来，存不长久，运不出去”。而工业机器人和智能生产相结合，不仅能够成倍提高生产效率，满足柿子采摘和产品短时间加工的需要，也能有效控制产品质量，使得柿子采摘和加工不再靠天吃饭，极大地提高了相关劳动者的积极性，跨越实现了现代工业化生产模式。随着生物资源工程技术的发展，这样的例子，不胜枚举。

3. 生物质转化加工工程

生物质转化加工工程涉及生物质工业化利用的多种工程化技术，主要包括生物质材料工程、生物质炼制工程、生物质能源工程和生物质处理工程等方面。其中，生物质炼制工程的目标产物为生物基化学品等，而生物质造纸、制糖、制碳、制革等是传统的生物质加工内容。现代生物质加工的手段更加机械化、集约化和智能化，往往需要全（半）自动设备生产线来完成。在用途方面，从更多追求食品、衣料，向医药、生物化工、材料化和能源化方向发展。

以植物源生物质的加工为例，其初级原料主要是木质纤维素和淀粉等碳水化合物，所采用的转化方法是生物、化学和热裂解等方法。生物方法主要是以酶等生物催化剂催化生物质转化为小分子化学品；生物质的化学转化主要是指通过酸碱催化剂、金属催化剂以及一些耦合催化剂将生物质转化为生物基化学品；生物质的热裂解主要是指在无氧或低氧环境下，通过高温使生物质分解产生焦炭、可凝性液体和气体产物。经生物、化学和热裂解等过程转化而来的生物基化学品几乎可以替代所有的化石原料衍生化学品。

海量鲜活的生物质具有生命体征，首先生物细胞都具有呼吸作用和自我消耗，其次它们又往往是环境微生物的食粮。例如，生鲜食品腐败，不仅造成生物量损失，还严重影响质量，成为制约我国农产品加工业和食品工业发展的重要因素之一。因此，生物质保鲜和收集处理是生物质加工的重要环节。

4. 生物活性物质制备工程

生物质活性物质可以从细胞、组织和个体甚至生物质中获得。生物质活性物制备的目标产物主要为功能性食品提供配料及制备医药原料和辅料等，其他目标产物包括多肽、激素、维生素、其他活性小分子等；涉及天然生物活性物质的提取分离技术、天然生物活性物的生物与化学转化。

萃取技术中微波萃取是利用微波快速地从固体基料中萃取目的物的一种技术。目前微波萃取多用于水提和醇提生物活性物质。微波萃取已经用于葛根、茶叶、银杏、薄荷、海藻等的提取，还可用于天然色素（辣椒色素、番茄色素）、植物油、生物碱、迷迭香、薄荷油、麦角固醇和脂肪酸等生物活性物质的提取。强电场萃取技术利用高压脉冲电场的连续操作和非热无化学参与的萃取处理方式，使细胞发生电穿孔或电渗透，细胞膜破裂，以加速生物细胞胞内活性物向外释放。超临界/亚临界流体萃取技术有利于降低生物活性物质提取中有机溶剂的使用量，提高萃取效率，利用该技术已成功萃取出生物碱、天然色素、天然香料、精油、高品质油脂、β-胡萝卜素、甘油酯、不饱和脂肪酸等生物活性物质。层析分离技术是利用各组分在不同相间的吸附和分配系数的差异，以及离子交换平衡值的区别进行有效分离，如将亲和层析用于抗原、抗体、生物素、亲和素、激素、受体蛋白、凝集素、糖蛋白、辅酶、核苷酸的分离；利用吸附层析纯化黄酮、多酚、多糖、低聚糖；利用模拟移动色谱分离磷脂酰胆碱、银杏黄酮、人参皂苷、糖醇等生物活性组分。

其他分类技术包括膜分离技术、液膜萃取分离技术、泡沫分离技术、蒸馏技术等。上述分类技术在现代生物技术中，往往与工程化设备耦合，形成高通量或高解析度的制备设备，如制备型 HPLC、质谱和色谱联用等。

规模化制备和纯化生物活性物质往往还通过生物转化形成功能化合物和终产品。生物转化技术包括发酵、酶工程和细胞工程等。利用生物转化技术生产的产物有功能性低聚糖、糖醇类、功能性肽、多不饱和脂肪酸、活性氨基酸、活性蛋白、天然生物防腐剂、维生素类、功能性天然色素、脂溶性茶多酚等功能性食品及配料和医药原辅料。

6.1.2.3 生物信息资源发掘工程

1. 生物信息资源的数据挖掘

生物信息资源的发掘首先需要对生物信息数据进行收集和管理，从各种生物信息数据库站点下载相关数据，包括核酸序列、蛋白质数据、代谢组数据。这些数据来源于疾病队列研究数据库、基因层面或组学层面的遗传突变数据库和体细胞突变数据库、生物大分子结构数据库等。所收集的生物信息数据分为原始数据和解析数据两类，前者由人工观测和仪器观测产生，数据量巨大、数据类型繁多、价值密度低；后者是经过处理、比对、分析和功能注释后的可直接利用的信息资源。数据挖掘阶段的目标是发现数据中有价值的模式和规律，往往是自动或半自动数据组织和协作建模的过程。数据挖掘包括数据取样、数据探索、数据调整、模式化和评价等几个步骤。数据挖掘方法主要有数据库方法、统计方法、神经网络方法和机器学习方法等。

2. 建立适合资源发掘的新数据库

通过分析，弄清处理对象及对象之间的相互关系和系统需求，从而确定新系统的功能和边界，并将用户需求抽象为信息结构的过程，形成一个独立于具体数据库管理系统（DBMS）的概念模型。在逻辑结构设计阶段指设计系统的模式和外模式，对于关系模型主要是基本表和视图；在物理结构设计阶段，根据 DBMS 特点和处理的需要，进行物理存储安排，建立索引，形成数据库内模式；最后对新数据库进行使用检验。

3. 生物医学信息资源及应用

生物医学信息是可用于医学领域的生物信息的总称，既包括可以参考的各种组学大数据，也包括日常门诊产生的所有诊疗数据和药理药效数据库。生物医学信息工程包括样本处理、信息获取、信息分析、信息应用 4 个方面。对于基于组学的数据挖掘，有时可以直接从数据库中提取数据进行分析比对获得，这种情形下有时并不涉及实际样本，“样本处理”就不一定是必需的步骤。生物医学信息主要通过信息数据挖掘和针对临床样本分析来获取各种相关信息，尤其是靶标分子的信息。对尚不明确功能的靶标分子的研究通常需要建立在大样本量的统计分析基础之上；对已知功能的靶标分子的信息获取则可直接应用于诊疗和“治未病”。生物医学信息资源建立后，可以用于治未病、疾病诊疗、远程医疗、辅助新药开发和指导优生优育等诸多方面。

总之，生物信息资源工程的主要内容包括以下方面：①生物信息资源库的建设；②新基因信息获得及新的生物信息资源的挖掘；③遗传资源与合成生物学应用；④医药生物信息资源工程（主要涉及基因诊断、基因治疗信息、药物作用机制和临床数据整合）；⑤农林生物信息资源工程，也就是生态信息的整合应用等。理论上，生物信息资源是全人类共同的财富，是无形资产，因此，其建设过程往往需要不同国家和地区的人们共同参与、共同承担和共同维护。

6.1.2.4 生物资源保护工程

人类除了多渠道地获取和开发生物资源，同时，也需要保护这些生物资源，以便维护生物系统与环境体系的综合平衡与稳定性，从而实现可持续利用和发展。

1. 野生资源的保护

现有认识水平下，生物资源保护的主要技术和方案包括以下类型：①特色生物的物种与遗传多样性保护，主要是保护特色生物的基因多样性；研究物种演化和区系演变的规律及其与地理环境变化的关系，研究动物、植物与微生物协同进化的关系与规律，以形成特色生物资源保护的策略。②资源微生物利用的基础理论与关键技术，具有重要应用前景的微生物资源评估和生物学基础研究；微生物基因工程菌构建及产业化开发；植物寄生线虫微生物农药研究；具活性的微生物次级代谢产物及先导化合物研究。③生物多样性的生态功能与修复，污染及极端环境中植物与微生物的抗性、适应性及多样性变化机制；山区土地植被变化与生物多样性维持；关键区域受损生态系统的退化机制与恢复。

稀缺和濒危生物资源，通常是指由于物种自身原因或受到人类活动或自然灾害影响而有灭绝危险的所有生物种类。当一个分类单元未达到极危标准，但是其野生种群在不久的将来面临灭绝的概率很大，符合以下标准中任何一条标准时，可被列为濒危：①种群数以多种类型的形式减少；②估计一分类单元的分布区少于 5000km^2 或者占有面积少于 500km^2；③推断种群的成熟个体数少于 2500 个，即预计 5 年或者 2 个世代内，成熟个体数将持续减少 20%；④推断种群的成熟个体数少于 250；⑤定量分析表明今后 20 年或者 5 个世代内（取两者中更长的时间），野生种群灭绝的概率至少为 20%。

生物入侵是指生物由原生存地经自然的或人为的途径侵入另一个新的环境中，对入侵地的生物多样性、农林牧渔业生产以及人类健康等造成危害的过程。对于特定的生态系统与生境来说，任何非本地的物种都叫作外来物种（alien species）。外来物种是指那些出现在其过去或现在的自然分布范围及扩散潜力以外的物种，包括其所有可能存活、继而繁殖的部分，如配子或繁殖体。外来入侵物种具有生态适应能力强、繁殖能力强、传播能力强等特点；被入侵生态系统往往具有可利用资源丰富、缺乏自然控制机制、人类进入的频率高等特点。外来物种的“外来”是以生态系统来定义的。

现有条件下，入侵生物的处置方式包括：①建立统一协调的管理机构：我国应成立包括检疫、环保、海洋、农业、林业、贸易、科研等各部门在内的统一协调管理机构。此机构应从国家利益，而不是从部门利益出发，全面综合开展外来物种的防治工作。在外来物种引进之前，应由农业或林业或海洋管理部门会同科研机构进行引进风险评估，由环保部门做出环境评价，再由检疫部门进行严格的口岸把关，多方协调共同高效地开展外来物种的防治工作。②完善风险评估制度：要阻止外来物种的入侵，首要的工作就是防御，外来物种风险评估制度就是力争在第一时间、第一关卡将危害性较大的生物坚决拒之门外。③跟踪监测：某一外来生物品种被引进后，如果不继续跟踪监测，一旦此种生物被事实证明为有害生物或随着气候条件的变化而逐渐转化为有害生物，对一国来讲，就等于放弃了在其蔓延初期就将其彻底根除的机会，面临的很可能就是一场严重的生态灾害。首先，应建立引进物种的档案分类制度，对其进入中国的时间、地点都作详细登记；其次，应定期对其生长繁殖情况进行监测，掌握其生存发展动态，建立对外来物种的跟踪监测制度。一旦发现问题，就能及时解决。既不会使其对中国生态安全造成威胁，也无须投入巨额资金进行治理。④综合治理：对于已经入侵的有害物种，要通过综合治理制度，确保可持续的控制与管理技术体系的建立。外来有害物种一旦侵入，根治难度很大。因此，必须通过生物方法、物理方法、化学方法的综合运用，发挥各种治理方法的优势，达到对外来入侵物种的最佳治理效果。

2. 品种资源的保护

生物资源保护工程的目标，除了保护野生资源，更重要和更现实的使命是保护品种资源。后者包括农林作物优良品种、养殖动物品种和微生物菌种。我国历朝历代对茶叶、桑蚕的保护都曾经是国家行动。自改革开放以来，受到严重威胁的或者已经消失的品种有不少。以家鸡为例，中国的家鸡驯养史已有 7000 年左右，起源于我国西南地区的红原鸡逐渐向北演化，形成了众多的品种类群，成为我国人民重要的食用家禽。但是，自改革开放以来，生长快、产蛋率高，但肉质和鸡蛋品质一般的“洋鸡”对我国原有的生长速度慢、饲养周期长、产蛋率低，但鸡蛋品质优良、肉质佳的土鸡（笨鸡）品种已经形成严重威胁。一方面是土鸡养殖比例快速下降，另一方面是近现代引进的大量国外鸡品种与地方品种形成的杂交种，有的已经成为新品种，如新狼山鸡、成都白鸡等。有目的的杂交配种，为鸡的大规模商品化生产提供了更多可选择的品种资源；无序引种和杂交更进一步形成了对原始品种或地方品种的威胁，造成品种多样性丧失。藏香猪是我国地方原始高原性猪种，其肉质出众，口感佳，深受消费者喜爱，市场需求量大。藏香猪入选《国家级畜禽遗传资源保护名录》，被列为国家级重点保护品种，图 6-1 为藏香猪群体。

图 6-1　藏香猪（杭飞拍摄于 2018 年 7 月，西藏拉萨）

3. 植物保护

农作物的连片高密度持续种植，往往造成敌害生物的暴发和流行，同时也造成农药使用量激增和食品安全威胁上升。植物保护指保护农作物、经济作物、林木、花卉、药材等植物资源免受农业有害生物危害。狭义的植物保护主要指对生长阶段的农作物的保护，其保护对象是大田作物、经济林、蔬菜、果树和经济作物。广义的植物保护对象不仅包括农作物，还包括林木、滩涂植物和野生植物资源，以及初级植物产品的采后、运输、仓储和加工阶段和其他植物制品。植物保护是伴随栽培种植活动出现的一种农业措施，往往只能保护人类活动范围所及的、活的植物体及其产品。极端情况下，病、虫、草害会引起物种丧失，或使种群难以恢复，因此，植物保护也是生物资源保护的一个方面。

农作物主要敌害生物包括：植物病原微生物，涵盖病原真菌、细菌、细胞内寄生物病毒等，以及病原线虫、植物害虫、寄生性种子植物和杂草等。以昆虫为例，昆虫是生物圈中种群规模最大的生物，绝大多数昆虫直接以活的植物为食物，昆虫无节制的取食活动往往是针对快速生长阶段的植物体，这样就造成对植物体的“伤害”。当这种伤害超出植物本身或人类利用的承受力，就发生了虫害。当虫害大面积暴发时，最有效的控制措施就是使用农药，尤其是化学农药。而化学农药的生产和使用，极易造成食品安全和环境安全隐患。特别值得注意的是，分散的经营模式，农业（包括药用植物）的生产者并不完全了解田间发生的是病害还是虫害，是真菌性病害还是细菌性病害。为了保证产量，往往无差别地盲目大量使用“特效药”，导致蔬菜等主要农产品农残超标。提高植物保护水平和能力的有效措施是专业化，也就是由政府支持专业的植保公司对药品进行管理和控制病虫害。同时，国家支持的农药价格补贴，需要慎之又慎，应该从大众健康和资源保护的角度全盘衡量。

4. *海洋生物的保护*

海洋是全球生命保障系统的基本组成部分。海洋生物资源丰富，是社会和经济发展的重要保障。一般而言，海洋生物资源可以通过自我调节动植物种群数量以维持相对稳定，但近年来，频繁的人类活动导致开发利用超过海洋生物的种群补充能力。

海洋生物按照其生活方式可简单分为浮游生物、游泳生物和底栖生物，按照其生物学特性可以分为海洋植物、海洋动物和海洋微生物 3 大类。其中海洋植物包括海洋低等植物（海藻为主）和海洋高等植物（被子植物和蕨类植物）；海洋动物包括动物界的 33 个门，且其中 15 个门为海洋生物环境所特有；海洋微生物包括真菌、细菌、放线菌和病毒等类别，海洋微生物通常具有耐高盐、高压、低温、低营养和弱光照的能力。

人类活动、气候变化等使海洋生物资源面临着很多问题，其中较为突出的问题有：生态失衡、资源破坏、生物多样性下降和环境污染等。目前海洋污染已经超过临界值，造成环境严重退化、赤潮等灾害频发；人类活动导致独特的海洋生态系统（如珊瑚礁等）遭受严重破坏，过度开发和利用导致近海生态系统几近崩溃。

建立健全海洋生物资源保护政策：我国政府历来重视海洋生物多样性保护和海洋资源的可持续发展，并积极参与国际保护行动。率先加入《生物多样性公约》，并签署《濒危野生动植物种国际贸易公约》等国际公约。国内相继出台《中华人民共和国渔业法》《中华人民共和国海域使用管理法》等法律法规，规范海洋生物资源的开发利用；在海洋生物资源多样性保护方面编制了多个行动计划，如《中国海洋生物多样性保护行动计划》和《中国湿地保护行动计划》等。在防止海洋环境污染法律制度方面，除了《中华人民共和国环境保护法》以外，针对海洋环境保护出台了《中华人民共和国海洋环境保护法》《中华人民共和国防治船舶污染海域管理条例》《中华人民共和国海洋倾废管理条例》等法律法规。虽然我国针对海洋生物资源和海洋环境保护出台了较多的法律法规，但无论是对海洋生物还是海洋非生物成分的保护都不算全面，现行法律法规难以良好解决海洋生态环境恶化和海洋生物资源日益匮乏的现实问题，立法和保护工作仍需加快步伐。

保护海洋生物多样性：开展海洋生物资源调查，对海洋生物进行分类，尽可能全面地了解海洋生物类群的物种概貌和海洋生物多样性状况。加强海洋生物资源安全监管，加强海洋动植物外来物种管理，完善安全风险评估制度和鉴定检疫控制体系。同时构建濒危物种资源库，为后续研究和开发提供战略资源保障。

保护海洋环境：防治海洋污染和生态灾害，减轻环境污染和赤潮灾害造成的损失，尤其要加强对赤潮的研究和监控。建立工程建设资源与生态补偿制度、建立健全海洋工程对海洋环境和海洋生物的影响评价制度，减少项目工程的负面影响。此外，积极维护和修复海洋生态功能区，采取必要的工程措施恢复被破坏的海洋生态系统。

设立海洋自然保护区和特别保护区：海洋自然保护区是针对某种海洋保护对象划定的海域、段岸和海岛区，建立海洋自然保护区是保护海洋生物资源和防止海洋环境恶化的最为有效的手段之一。目前我国已经建立起各种类型海洋保护区 200 余个，国家级海洋自然保护区 30 余处。保护对象涉及珊瑚礁、红树林等典型海洋生态系统，文昌鱼、中华白海豚等濒危物种以及珍奇海洋自然遗迹等。

5. *动物疫病防控*

动物疫病往往与人类健康直接相关，高密度、规模化集中养殖也是疫病暴发的重要条件和诱因。为了控制畜禽病害而大量使用的抗生素最终会富集到人体或扩散到环境中去。在水产养殖体系中，许多都为开放式的水体养殖模式，不仅可能造成病害的扩散，同时也会因为药品和生物因素的扩散，影响到周边环境，甚至海洋环境。这些都是生物资源保护中不可忽视的问题。当前，在国际上有一大类动物疫病称为“外来动物传染病”，一直以来都是世界各国动物疾病防控的重点。所谓的“外来动物传染病”即指本地区发生的任何新的动物传染病，也就是说本地区目前不存在的、可能从外地传入的危害人和动物健康的任何动物传染病。它的流行和传播，就是不断向新的动物群体或新的地区传入、扩散并产生危害，对该动物群体或地区就意味着新病暴发，其就是一种外来动物疫病。在 2012 年发布的《国家中长期动物疫病防治规划（2012—2020 年）》中包含了 13 种重点防范的外来动物疫病。

外来动物疫病的入侵，大多都会给世界动物农业带来严重的灾难。如 1986 年英国疯牛病的暴发，截至 2001 年，英国已经扑杀病牛和疑似病牛 1500 万头左右，引起 180 余人死亡，直接经济损失超过 400 亿英镑，极大地破坏了该国的畜牧业发展和稳定；随后，疯牛病传入日本、德国、美国和加拿大等国家，使世界畜牧业的发展受到严重的影响，并形成巨大的政治波澜。当今外来动物疫病形势十分严峻，全球气候的变暖、生态环境的改变、抗生素的滥用、交通的快捷、全球经济一体化的迅速发展、国际商贸的频繁、旅行交往的增加等诸多因素，促进了疫病的发生和扩散，常迅速呈现国际性传播，而成为全球性公共卫生问题，对世界政治、经济和人类的生活造成极大的冲击。目前，世界各国不断采取相关措施，通过多方国际合作，共同协作防控，并展开相关动物外来疫病的病原学、病理学、诊断学、流行病学和疫苗学等一系列的研究，这些为世界各国在建立持续的技术储备机制、加强外来动物疫病防范体系建设、增强国家和地方政策性保障措施、制定有关外来动物疫病防范技术和防控应急预案等方面，提供了基本的理论和实践经验指导。

当今，许多外来动物传染病大多都为重大烈性传染病，对于重大外来动物传染病的综合防控，可通过以下综合策略来解决：①畜牧和卫生行政部门均需要建立起动物疫病的检测监控系统和敏感的实验室网络，将相关动物疫病规定为必须申报的法定传染病，出台相应的监测方案，加强进境动物疫病的防范；②对临床兽医师和实验室诊断技术人员进行专业知识和技术培训，特别是提高高级兽医师和卫生医生的实验室检验和诊断能力；③开展相关动物疫病的宣传教育，普及有关科学知识，提高人民群众的认识和执行防治的自觉性；④禁止从有重大烈性动物疫病国家或高风险国家进口活体、胚胎、精液及动物内脏畜产品；⑤规定对重大烈性动物疫病疑似病例，须取动物样本送指定的兽医诊断实验室做病理学检查，针对重大烈性动物疫病的可能传播途径，采取有效措施进行预防。此外，根据《中华人民共和国动物防疫法》和《国家中长期动物疫病防治规划（2012—2020 年）》，科学开展动物疫病监测与流行病学调查工作。农业农村部于 2021 年印发了《国家动物疫病监测与流行病学调查计划（2021—2025 年）》，计划主要包括 4 个基本原则：主动监测与被动监测相结合；监测与流行病学调查相结合；调查监测与区域化管理相结合；病原监测与抗体监测相结合。

6.1.3　生物资源工程的应用

目前生物资源工程的理论体系还远未发展成熟，其实践都在“离经叛道”中逐步被社会和产业所认同。不难想象，数十年后作为主流的业态，如没有烟囱的生物炼制车间、以收获秸秆为主的水稻、以生产家具为目标的烟草甚至低毒大麻、专门产生人类组织的“动物”，甚至 3D 打印的人体器官等，目前在常人看来还是不能接受或不可置信的。但是，科学和产业的发展，可能是突飞猛进的，更可能是以循序渐进的方式进入社会生活。

6.1.3.1　药用植物遗传资源发掘

在当今“人类要回归大自然”思潮的影响下，药食植物资源的开发和利用已受到各国的关注，在我国这样一个具有丰富的药食植物资源且应用中草药历史悠久的国家，自然更加受到重视。我国药食两用植物应用有悠久的历史，据医书记载，中国古代便利用药食两用植物充饥、调味、解酒、美容及延年益寿等。但迄今为止，现代工业生产条件下的药食两用植物产业化发展还很落后，缺乏组织和引导，很多地方都是小规模种植或者根据订单种植。初级产品订单主要来自日本、韩国等企业，从我国进口的药食两用植物主要有桔梗、紫苏、牛蒡、葛根、苹果花、淡竹叶等。随着市场需求的扩大，需加快药食两用植物的开发、研究和规范，争取在国际市场占主导地位。

自 20 世纪 80 年代以来，我国野生植物资源的开发与利用有了很大的进展，野生变家种之后，一些大宗产品已成为当地脱贫致富、发挥地产优势的重要途径之一。如在抗肿瘤药物和神经药物的研究中，都发现了一些新的药用植物资源，扩大了药用植物的利用部位，使药用植物的研究开发向综合利用的方向发展。通过植物生理、生化、药理及临床多方面的比较研究，研究人员成功地在我国植物区系中找到进口药的国产资源，并已大部分投产。但是，我国的野生药食植物资源开发利用率还比较低，加工技术水平不高，综合利用程度不够，有广阔的发展空间。

随着西药理论的引进和植物化学的发展，近百年来，世界各国对我国药用植物资源进行了较为系统的化学成分分析，提取和明确了大量的有效功能性成分，为药用植物在医药行业的深入应用和在其他行业的应用开拓了新的途径。目前，随着世界对天然产物兴趣的回归，加之其所具备的中医中药背景，药用植物提取物形成了一个巨大的产业。我国丰富的药用植物资源则有可能成为世界的原料基地。事实上，我国已经成为世界上最大的药用植物提取物出口国，这种需求的激增造成了我国部分特产药用植物资源的迅速破坏性利用，有的甚至濒临灭绝，造成了灾难性的后果，如陕西的贯叶连翘、青海的冬虫夏草等资源。

在传统医药理论的指导下，我国药用植物资源有很多是属于药食两用型的，现代生物技术手段的进步，使得人们逐步对药用植物资源的功能成分有了新的认识。因此，部分药用植物资源除了传统的药用途径，也已作为一种特产农业资源被产业开发，成为多个工业行业的基础原料而被广泛应用，如胡卢巴、花椒、生姜等辛香药用植物资源，其在调味品和香精香料、食品添加剂等多种行业的应用和效益已经超过了药用植物，形成了新兴的特种农业产业。

现代生物技术的应用，为我国的药用植物资源开拓了新的利用途径。药用植物的高效利用和综合利用，扩大了生物资源生产能力，也增加了产品附加值，提高了产品在市场的竞争力，从而摆脱了药用植物长期以来单一作为药材进入市场，价格动荡导致农民利益得不到保障的局面，提高了农民对药用植物种植生产和保护的积极性，促进了产业的可持续发展。

但自然界还有很多植物值得开发利用，其研究开发又将扩大药食两用植物资源库。同时，以中医食疗理论为基础，综合利用食品科学、营养科学、生物科学及现代生物技术的理论，研究药食两用植物的营养及药效成分和反应机理，必将有利于达到深度开发和科学持续利用的目的。同时，利用农业领域已经积累的栽培学理论，加强药食两用植物栽培管理，避免盲目使用农药化肥，生产绿色环保产品，也是目前亟待研究的科学和实践问题。此外，应加强生产销售模式建设，在发挥产业最大经济效益的条件下，保障农民利益。

药用植物种质资源保护是实现可持续发展的物质基础，尤其是药用植物大多来自野生植物，种质资源对现代育种技术特别重要。这些资源对抗病虫性、抗逆性、丰产性等优良品质的形成具有重要价值，比如，我国薯蓣资源日益短缺，多年来，我国科研工作者对全国薯蓣属高薯蓣皂素的种质资源进行了调查和摸底，寻找到了具有优良品质的多个薯蓣代用品种，这不仅可以缓解短期内野生薯蓣资源枯竭的状况，还能为未来应用农业技术对薯蓣资源进行高产栽培提供基础材料。

因此，建立药用植物种质资源库，采用试管苗、花粉、种子、液氮保存和种植资源圃等技术尽可能多地对植物遗传资源进行保存，对于保护药用植物资源物种多样性及促进药用植物资源家化栽培的遗传育种工作具有非常重要的意义。同时，家化栽培是保护、扩大、再生药用植物资源的最直接、有效的手段。应加强人工优良品种选育与提纯复壮、杂交育种、多倍体育种以及无性繁殖植物的育种等技术的研究和推广，通过人工栽培、标准化管理来控制产品质量，满足市场需求，缓解资源紧张状况，避免对野生资源的过度开发。

从国家医药管理的发展战略来说，今后对中药材原料基地的要求将越来越高，将严格控制药材基地的标准化管理工作，以提高药材质量。目前实施的 GAP 基地建设也正是朝这个方向发展的。这将在今后一段时间内淘汰一大批不符合药材质量要求的药用植物基地。同时，全国很多药材基地有的本身是作为食品基地产业发展的，并没有进行药材基地建设规范，这将造成大量的产品无法进入药材市场。这就需要大量的原来以生产药材为主的基地改变思路和发展方向，以现有基地为基础，积极开拓药用植物资源利用的新领域和市场。现有科研成果和市场调查表明，我国的药用植物资源在食品、化工、纺织印染、日化等多种国民经济行业已经起着越来越大的作用。

很多药用植物资源及其产品已经是重要的工业原料，这些领域用途的开拓，一方面扩大了药用植物产品的市场规模，另一方面也能够促进产业的发展和深入。同时，药用植物作为我国传统的特产资源的一部分，在相当多的地区已经恢复了其作为传统土特产产品的优势。这些产品的加工和利用，已经成为某些地区特色产业的新支柱。新领域、新利用途径的开拓，促进了资源农业种植业的蓬勃发展，从而能将更多的野生药用资源转化为特产农业资源，这在一定程度上保护了资源，形成了可持续发展模式。

药用植物资源的深度开发、高效利用和综合利用技术体系正在提升该产业的价值。药用植物资源本身是具有多种经济应用价值的，但其在传统中医药中的应用较为粗放，造成了资源的浪费。药用植物中不同组织各尽其用，植物所含的多种功能性物质，也应该分别加以利用。多年来，中药现代化研究的成果表明，对于很多药用植物资源，可以采用多种技术手段，将其应用于医药的功效成分或者是有效单体进行分离提取，并按照西药的研制方法进行科学检验，实施药品的标准化，大大提高药效。因此，剩余副产物的综合利用将是提高药用植物资源经济效益的关键，从而可以减少资源的浪费和对环境的进一步破坏，实现可持续发展。目前对药用植物资源利用的另一个关键性问题是技术手段落后，产品加工品质差，效率低，这也是资源浪费的一个重要原因。因此，应采用新工艺、新技术、新设备实现产量、产率和品质的提高，实现多种产品的联产，加强下游产品的开发，向更多应用领域渗透，真正实现资源的高效利用。

中药现代化研究阐明了药用植物内在的功效成分，中药验方中的很多药用植物是可以用相近的、类似的资源来替代的。当然这牵涉到中医理论和复杂的组方问题，需要进行长期的研究。但也已经有成功的先例。这对很多可作药材的濒危植物资源来说，将可以逃脱灭绝的危险，为人们留下时间进行抢救和保护，真正实现资源的可持续发展。

6.1.3.2　微生物对生物质的转化

微生物转化是指某一微生物将一种物质（底物）转化成为另一种物质（产物）的过程，这一过程是由此种微生物产生的一种或者几种特殊的胞内或胞外酶作为生物催化剂来进行的一种或者几种化学反应，简而言之，即一种利用微生物酶或者微生物本身来进行的合成技术。这些具有生物催化剂作用的酶大多数对微生物的生命过程也是必需的，但是在微生物转化的过程中，这些酶仅作为生物催化剂作用于化学反应。由于微生物所产生的大多数生物催化剂不仅可以催化自身的底物和其类似物，有时还对外源添加的底物也具有催化作用，因而微生物转化也可以认为是有机化学反应中的一个特殊分支。与酶转化和悬浮细胞转化相比，微生物转化操作更简易，有利于大规模工业生产。

微生物转化不需要添加其他的催化剂，只需先培养出大量的微生物菌种，然后加入底物进行单一的催化反应。此催化反应可以多次重复。它可以完成某些有机合成难以实现或者不可能实现的反应，所以微生物转化法比化学试剂的反应法更专一、更有效。

微生物转化反应一般都是在常温和 pH 7.0 左右的条件下进行，不需要高温、高压等苛刻的条件。设备的运行操作也比较简单、安全，产生的公害较少，一般不会造成环境污染，后续处理相对简单。

20 世纪 50 年代，美国 Upjohn 公司成功地使用黑根霉（*Rhizopus nigricans*）在黄体酮 11 位上导入一个 α 羟基，合成皮质酮仅需 3 步，且收率高达 90%（图 6-2），可的松因此问世，使体内各类微量的甾体激素成为临床治疗药物，是工业化生物转化的重要里程碑。

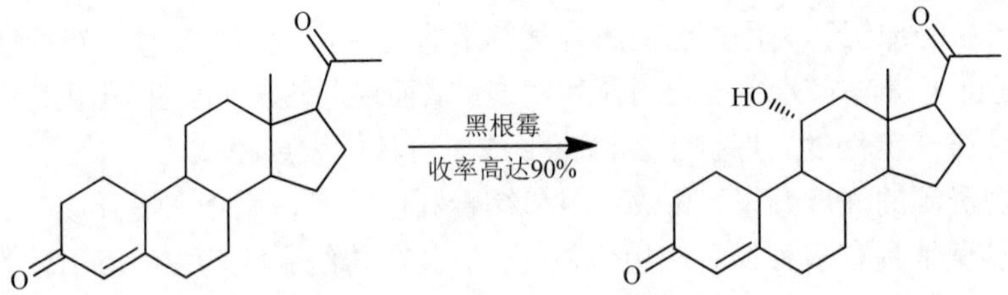

图 6-2　黄体酮的微生物转化

微生物转化因其反应条件温和、高选择性等特点已经备受天然产物学家的关注。迄今为止，已发现的可由微生物转化作用完成的反应有氧化、还原、水解、裂解、降解等多种类型，在天然产物中的应用也十分广泛。在醌类、黄酮类、萜类、甾体类、生物碱类和苷类化合物中都有很深入的研究。有研究利用刺囊毛霉对大黄中的大黄酚、大黄素和大黄素甲醚进行微生物转化，共得到 4 个转化产物，转化过程如图 6-3A 所示。

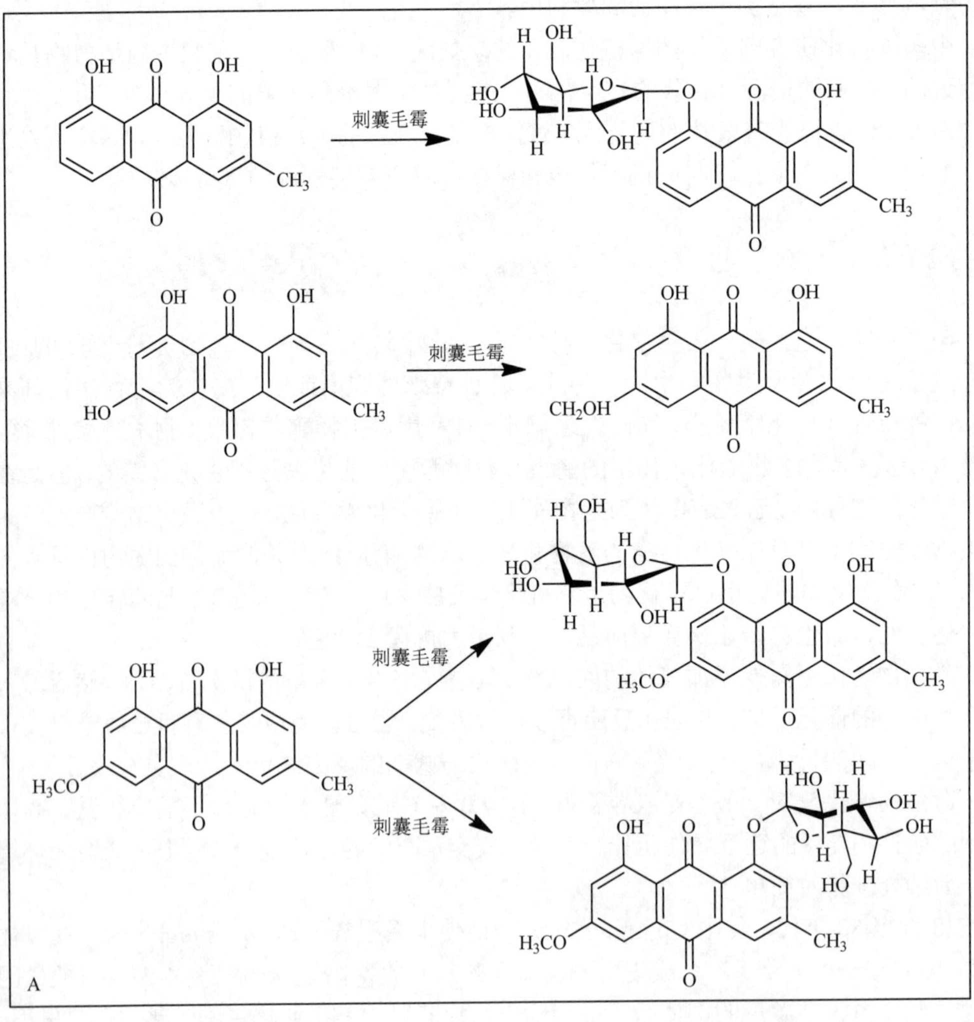

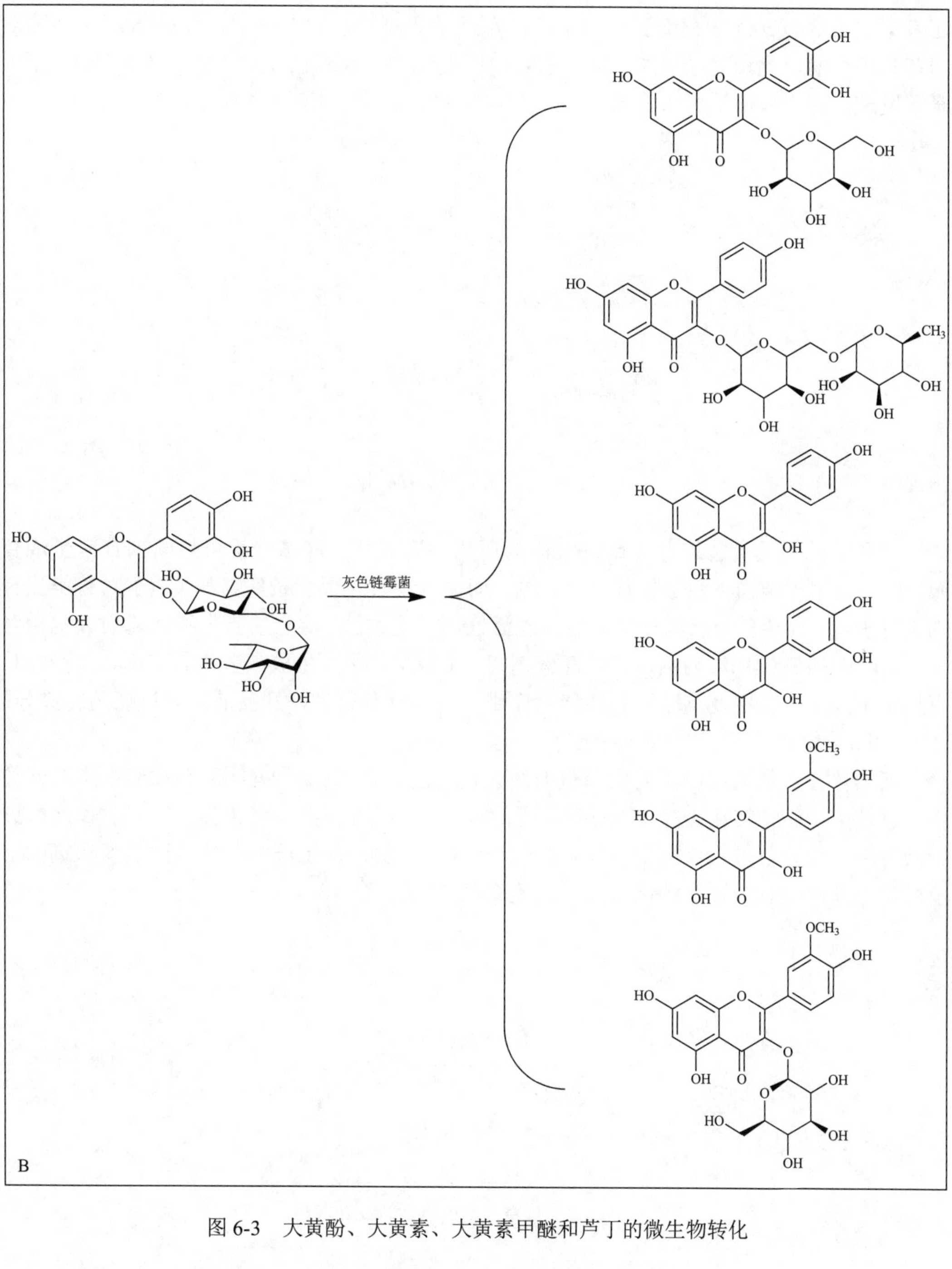

图 6-3　大黄酚、大黄素、大黄素甲醚和芦丁的微生物转化

银杏是古老的生物化石，银杏黄酮的主要成分是槲皮素、山柰酚等。槲皮素是典型的黄酮类化合物，具有较好的祛痰、止咳、平喘等作用。近几年的研究表明，槲皮素是已知的最强抗癌剂之一，在治疗肿瘤疾病上的需求量很大，因此开发槲皮素具有良好的市场前景。利用灰色链霉菌对芦丁进行微生物转化，分离鉴定了 6 个代谢产物，除了槲皮素外，

还有槲皮素-3-*O*-*β*-D-葡萄糖苷、山柰酚-3-*β*-D-芸香糖苷、异鼠李素、异鼠李素-3-*O*-葡萄糖苷和山柰酚，此转化过程涉及糖苷水解、甲基化和去羟基化 3 类反应（图 6-3B）。后经研究发现，利用黑曲霉可将槐米中的芦丁转化为槲皮素，如图 6-4 所示。

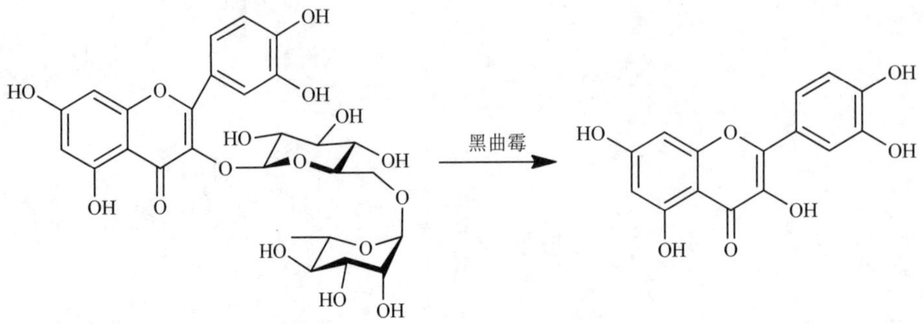

图 6-4　芦丁的微生物转化

大多数的天然产物均可与糖或者糖的衍生物形成苷，酸碱水解可打断糖苷键生成苷元，但不适用于结构不稳定的苷类化合物。而微生物转化反应条件温和，适于对苷类化合物进行水解。人参皂苷因具有良好的药理活性而备受关注，对它的微生物转化研究也相对较多。以人参皂苷 Rb1 为例，其经青霉属菌株 GH-9 转化可生成人参皂苷 C-K，此产物具有抑制癌细胞生长以及抗癌细胞转移的作用，是一种具有良好开发前景的抗癌药物成分；经 GY-06 转化则可以生成 Rd 和 Rg3。

萜类化合物是植物以及大型真菌中的主要活性成分，前期研究团队在实验中也对萜类物质进行了微生物转化研究，利用新月弯孢霉 KA-9 或者刺囊毛霉 AS3.345 对甘草次酸进行微生物转化，获得化合物 7*β*-羟基甘草次酸（图 6-5）。从土壤中分离得到的变形斑沙雷菌对穿心莲内酯有较好的转化活性，转化率约 70%（图 6-6）。

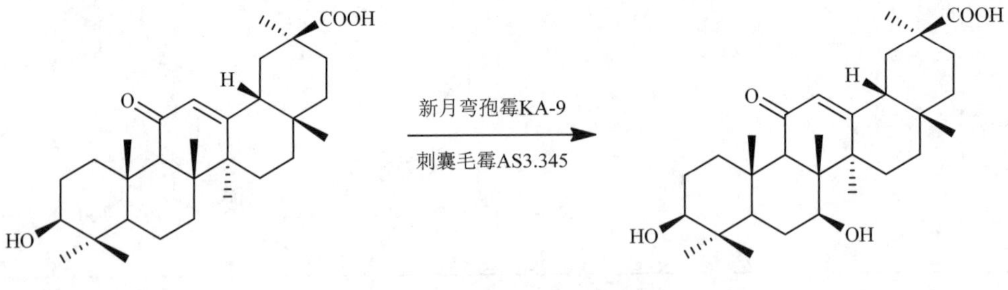

图 6-5　甘草次酸的微生物转化

微生物转化在天然产物中的应用不仅仅局限于以上几个方面，在现代社会，其工业化的发展具有极大的潜力。随着现代生物技术以及基因工程技术的飞速发展，利用诱变筛选新菌种或者改造基因生成新的工程菌，可以使微生物转化在医药工业生产中的应用目的更加明确、方法更加简单。我国天然产物资源丰富，拥有良好的研究基础。且天然产物大多为分子结构相对复杂的有机化合物，将微生物转化技术引入天然产物的研究中，包括资源

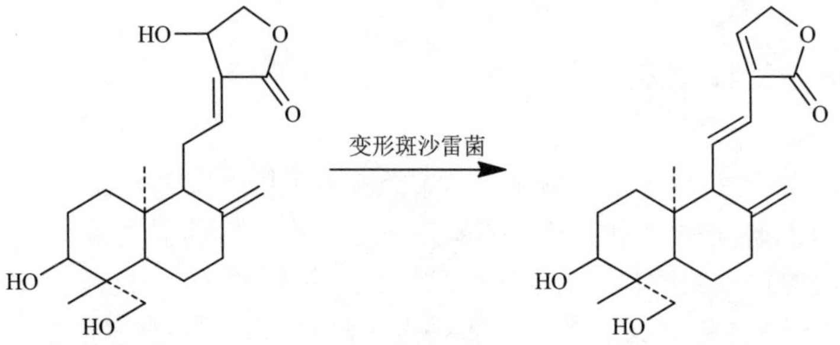

变形斑沙雷菌

图 6-6 穿心莲内酯的微生物转化

开发、药物设计和新的活性先导化合物的发现与筛选等各个环节，有助于开发出拥有自主知识产权，并具有中国特色的创新药物。

6.1.3.3 生物转化技术的发展

以外源性的天然产物或合成有机化合物为底物，添加至处于生长状态的生物体系或酶体系中，在适宜的条件下进行培养，使得底物与生物体系中的酶发生作用，从而产生结构改变，这一过程被研究人员称为生物转化，其本质在于酶催化反应。这种转化不同于生物降解和生物合成。

目前用于转化研究的生物体系主要有真菌、细菌、藻类，植物悬浮细胞、组织或器官以及动物细胞、组织等，其中应用最多的是植物细胞悬浮培养体系和微生物体系。生物转化反应具有选择性强、催化效率高、反应条件温和、反应种类多以及环境污染小等特点，并且往往可以用于催化有机合成中难以完成的化学反应。利用生物体底物作用的多样性，可以丰富生物资源的生物活性，这一点尤其在中药方面具有明显的体现。目前通过这方面的研究，获得了很多具有活性且结构新颖的化合物，这为新药的研发提供了极有价值的先导化合物。有些生物转化反应甚至还达到了工业化生产的规模，创造了巨大的经济效益。

一般的生物转化研究过程是先将所使用的生物体系接种于培养液中进行培养，调节生物体的生长状态，使其中的酶具有较高的反应活性，然后添加底物。底物可以以固体粉末的形式加入，也可以用适量的溶剂溶解后加入，若底物为脂溶性成分，可以用乙醇、丙酮、二甲基亚砜等有机溶剂溶解，但有机溶剂在培养液中的终浓度不宜超过 1%，以免影响酶的活性，底物的加入量一般为每升培养液几十到几百毫克，转化时间一般为十余天。转化的容器一般就是普通的玻璃瓶或者玻璃管，一旦底物耗尽，反应便会结束，通常很难持续地完成一类转化反应。

小球藻是单细胞的真核生物。它具有体积小、繁殖迅速、培养简便等原核生物的特点，但从分类上来说，它更接近于高等植物，具有完整的细胞核，含有叶绿素，能进行光合作用，生产人们所需要的各种氨基酸、蛋白质及维生素等。人类正面临人口膨胀、陆地资源减少和环境恶化这三大全球性问题。单一的陆地资源已经很难适应经济快速增长的需要，开发利用海洋资源是解决这些问题的主要途径之一。

6.1.4 生物资源工程技术发展展望

21 世纪的生物技术发展越来越快，为人类做出了巨大贡献。生物科学技术与有关科学的综合渗透以及研究技术和手段的革新是现代生物科学的显著特点和发展趋势。现代生物学研究发展的热点领域有：多组学技术、生物信息学技术、抗体工程技术、组织工程学技术以及生态学技术等。现代生物技术是生物研究与应用综合发展的最佳体现之一。

6.1.4.1 抗体工程技术

利用现代生物技术改造已有的抗体、构建新的抗体或者是制备类抗体分子，称为抗体工程。目前通常认为抗体工程有 3 个阶段：细胞工程抗体阶段、基因工程抗体阶段（抗体基因组合文库、噬菌体表面呈递系统）和类抗体制备阶段（抗体技术与计算机技术相结合或者模拟有机分子模型）。基因工程抗体的技术途径包括：人鼠嵌合抗体、人源化抗体、小分子抗体、胞内抗体、抗体库和转基因动植物。由于天然抗体主要是通过调理作用、ADCC 或依赖补体的细胞毒效应起到杀伤靶细胞的作用，因此，天然抗体的细胞毒效应有限。增加抗体对靶细胞的杀伤可以包括以下几种途径：免疫结合物（immunoconjugate）、免疫细胞因子（immunocytokines）、双特异性抗体和细胞内抗体（intrabody）。抗体作为治疗制剂最早用于病原微生物感染引起的疾病，现在已发展到抗肿瘤、抗移植排斥、抗血栓形成及自身免疫性疾病的治疗等方面。基因工程抗体的研制成功以及它们相关重组衍生物的研制使得抗体工程在自发性免疫病、血栓并发症、败血症、病毒或血清感染、器官移植排斥、实体瘤和血液病的临床治疗中具有广阔的应用前景和市场。

6.1.4.2 干细胞工程

干细胞技术的突破以及干细胞本身所具有的特性，使得人类有可能在体外培养某些干细胞，分化为各种组织细胞以供临床所需，或作为“种子”细胞用于组织工程。其主要体现在以下方面。

①胚胎干细胞：应用其进行临床组织移植的基本途径是自胎儿性腺或早期胚胎分离人胚胎干细胞，经体外扩增后进行基因修饰排除移植排斥，在体外定向分化后移植给所需要的病人。②组织干细胞：目前已在成年动物和人体组织器官中分离获得了多种组织干细胞，如造血干细胞、骨髓间充质干细胞、神经干细胞、肝脏干细胞、皮肤干细胞、肠上皮干细胞等。这些组织干细胞具有跨系，甚至跨胚层分化能力，可分化为骨、软骨、肌肉、神经、肝脏、脂肪等细胞类型。此外神经干细胞和肌肉干细胞能转变成血液细胞；脂肪基质干细胞可变为成骨细胞和成软骨细胞。③造血干细胞：具有自我更新、多向分化、重建长期造血、采集和体外处理容易等特点，因此是基因治疗最理想的靶细胞之一。通过细胞工程技术可在体外模拟或部分模拟体内造血过程（包括基质细胞的支持和造血生长因子的调控等）。可在短期内大量扩增早期造血祖细胞及各阶段的造血前体细胞；并可定向诱导扩增

大量的红细胞、粒/巨噬细胞、巨核细胞/血小板、树突状细胞、NK 细胞等功能血细胞和免疫活性细胞，满足基础研究及临床应用的需要。

组织器官的缺损或功能障碍是人类健康所面临的主要危害之一，也是引起人类疾病和死亡的最主要原因。干细胞治疗几乎涉及人体所有的重要组织和器官，也涉及人类面临的大多数医学难题，如心血管疾病、自身免疫性疾病、糖尿病、骨质疏松、恶性肿瘤、肌肉缺损、骨及软骨缺损、阿尔茨海默病、帕金森病、严重烧伤、脊髓损伤和遗传性缺陷等疾病的治疗。

6.1.4.3　组织工程

组织工程研究的核心是建立由细胞和生物材料构成的三维空间复合体，包括种子细胞、生物材料、适于细胞生长分化的外在环境、构建组织和器官的方法技术及组织工程的临床应用等基本研究内容。近年来国际上组织工程研究的总体趋势主要表现在以下方面：①组织工程种子细胞，指应用组织工程的方法再造组织和器官所用的各类细胞，可分为自体和异体细胞；按照细胞的分化状态又可分为分化成熟的成体细胞和具有分化潜能的干细胞；②仿生型细胞外支架材料，注重支架材料表面修饰、不同种类支架材料复合应用；③组织工程产品生产质量控制体系的建立，国内外均已经开始着手建立各种组织工程产品进入临床前的质量检测标准体系；④组织工程产品生物力学检测体系的建立，组织工程产品生物力学性能的好坏，直接影响临床应用的效果，相关研究已逐步引起关注。

正如各种转基因产品的相继问世，不断强化人类面临的健康挑战能力一样，生物资源利用新技术、新方法的不断涌现，尽管面临诸多挑战，也将为人类美好的生活谱写更辉煌的篇章。

6.1.4.4　生物反应器工程

生物反应器（bioreactor）是一种以高效表达目标产物为目的的设备系统或生物本体，包括动物、微生物、植物生物反应器。因此，生物反应器至今有两种表述，一是培养设备系统，替代培养皿和种植养殖；二是生物细胞组织或改造过的整个生物，是生物功能模拟机。前者如培养植物的罐体和微生物发酵罐，后者如产生人源多肽的转基因哺乳动物或昆虫。概念和范畴的不确定性正说明生物反应器作为一种生物质生产系统，尤其是生产生物活性物质的系统正在发展中。生物反应器的发展以及其带来的生物质生产的革命，是生物资源产业值得期待的未来。

1. 植物生物反应器

也称为“植物发酵罐”，是借鉴微生物发酵罐系统原理制备的具有一定的自动化能力、体积大、生产能力高、物理和化学条件可控、不受时间和地点限制、可规模化生产的植物组织培养系统或设备。其培养对象既可能是植物细胞（如胚状体），也可以是组织（如愈伤组织)，也可以是植物器官（如毛状根），更可能是整株植物（如种苗）；其培养容器往往借助于微生物发酵罐或改装器皿，增加光照条件；其产物既可能是植物组织的代谢产物，也可能是植物细胞或种苗。其中，在植物细胞或组织中表达人源产物已经有不少探索。例如，利用水稻胚乳细胞高水平表达人类生长因子、人胰岛素、人血清白蛋白和粒细胞巨噬细胞集落刺激因子等。这些方面的探索已经开展了多年，不排除很快取得突破和产业应用。用植物表达哺乳动物蛋白质，其活力往往不如动物细胞，规模化生产不如微生物系统，但是，植物系统不存在伦理问题，其作为实验系统，往往更容易实施。目前植物生物反应器还应用在种苗快速扩繁等农业用途工程化培育方面，其发展显著提高了传统植物组织培养和高通量筛选的效率。植物生物反应器作为生产技术不受季节和环境条件限制，更适宜物联网和智能控制，其与生物质的工程化生产相结合，可能是未来农业的高效率模式之一。

植物干细胞反应器是利用植物干细胞的特性作为细胞反应器。其在下游制药和功能性食品以及化妆品行业具有较强的应用潜质。植物干细胞是植物体内具有自我更新和多向分化潜能的细胞群体，主要位于植物体茎尖分生组织、根尖分生组织和维管形成层中。植物干细胞作为生物反应器相比传统的植物细胞反应器具有特有的优点：①植物细胞培养需要经过脱分化过程，脱分化过程往往不彻底，出现部分分化现象；细胞不稳定，易出现体细胞突变现象，长期培养时，在培养初始阶段生长良好，但随着培养时间的延长，细胞生长速度降低，很多细胞出现褐变及死亡，细胞形态也发生变化；而植物干细胞培养的干细胞系在长期培养时，能保持稳定快速生长，形态也不会发生很大变化。②植物干细胞悬浮培养以单细胞为主，还有一些聚集度较小的细胞团，细胞的聚集度越低，越有利于细胞的生长。③在进行大规模培养时，植物干细胞系含有大量的液泡，对剪切力灵敏度低，并且具有较低的聚集性，克服了传统组织培养中培养物对剪切力敏感、次生代谢产物少、遗传不稳定等问题。因此与愈伤组织相比，植物干细胞在长期培养条件下可以维持稳定的增殖速度，利用植物细胞工程手段生产天然药物是一个很有潜力的方向。另外，利用基因工程手段，以植物干细胞作为受体生产抗体、疫苗以及其他蛋白药物也将会在生物药物生产中被广泛应用。

2. 动物生物反应器

主要包括以哺乳动物细胞和器官的生物反应器，也包括昆虫和原生动物的生物反应器。通过基因改造的哺乳动物细胞（如乳腺细胞或血液）在机械搅拌式或气升式反应器中培养产物等已经形成产业模式；利用改造杆状病毒侵染家蚕蛹的“家蚕生物反应器”就不需要类似发酵罐的培养设备，蚕蛹本身就是一个生物反应器；人类培养奶牛源源不断产奶的过程，也就是将奶牛本身作为生物反应器，其中，饲料是养分，牛奶是产物。许多动物细胞本身就是高价值的生物质，因此，规模化培养动物细胞和组织的装置，也是重要的动物生物反应器。动物细胞生产和产物生产的反应过程相对复杂，要获得高密度、无极限生长的动物细胞，尤其是哺乳动物细胞，往往需要借助多功能结构或介质来实现。因此，作为动物生物反应器的变形或替代方案，昆虫或昆虫细胞、改造的酵母细胞或人工细胞体系越来越受到重视。转基因动物一直是比较合理的生物反应器方案，但往往受到动物保护组织和技术方面的影响；利用昆虫和哺乳动物病毒作为表达载体，往往产物表达水平显著高于动物细胞，但是需要掌控生物安全风险。生物资源创制在这一领域有极大发展空间，例如，利用基因信息资源和生物资源设计，通过合成生物学手段实现癌细胞抗体、重大疫病的病毒抗体等在鸡蛋等器官或组织中高水平表达，其大健康价值非常值得期待。

3. 微生物发酵罐

最典型的生物反应器，其养分是培养基，发酵罐就是反应器，产物是目标产品，如生物碱、维生素、抗生素、酒精、低聚物、氨基酸和小分子肽甚至目标蛋白等。微生物发酵罐种类很多，其中，机械搅拌式称为通用发酵罐。微生物固体发酵装置也有多种，如固定床、旋转盘式发酵罐等。应该说微生物发酵罐及其应用技术的发展和创新，带动了动物和植物生物反应器的发展。发酵罐运行包括 3 个主要方面：一是养分供给（C、N、P、O 以及其他金属或非金属离子、有机养分和其他效应物质）；二是反应体（微生物细胞转化生物大分子到小分子活性物质、精细化合物；或合成小分子到大分子）；三是目标产物转化与积累（从无活性的无机物到有活性的产物，或从降解有机质到无害的小分子如 CO_2 和 O_2 等）。微生物发酵主要有两种方式：一是固体发酵，传统食品发酵都以此方法为主；二是液体发酵，工业微生物发酵生产以此方法为主。后者有利于过程控制，也有利于产物收集。因此，现今大多数微生物发酵模型和代谢研究都是以液体发酵过程来实现的。但是，液体发酵时间短，存在产物抑制现象，不少生物活性产物的积累达不到预期，因此，在一些情况下，液态-固体耦合发酵过程更具备应用潜力，是值得深入研究的系统。

4. 其他生物反应器系统

非标准生物反应器生物资源产业发展的需求和新趋势，主要包括人工细胞和无细胞系统，后者如酶反应过程用的反应器（酶反应器）。酶反应器可以是一种酶的反应器，但更多是通过固定化多酶级反应，在一个系统中实现细胞或生物的复杂过程，实现目标产物的持续高水平表达。其他系统还包括空间细胞生物反应器，主要利用模拟空间技术培养动物细胞。人工设计的新细胞体系是发展趋势之一，例如，以酵母细胞为框架，整合动物或植物细胞的生物转化功能等；单细胞微藻也是具有极大潜力的基础细胞系统，其最大的优点是高效利用太阳能。微藻反应器是未来生物转化的新的发展方向。近年来，一些发达国家如美国、德国和日本等，已经把海洋生物技术列为重点发展方向，尤其是海洋微藻的大规模培养及其天然活性物质的分离提取等技术。目前，藻类生物反应器已成为高效快速的大量培养藻类的关键设备。在研究、开发和生产中均需使用不同的光生物反应器。藻类光生物反应器的优点包括：①结构简单，微生物在其中繁殖快；②光合自养，是光合基因研究的理想模式宿主，而且培养成本低廉；③产物营养丰富，一定条件下无须提纯就可直接应用。

随着生物资源信息不断挖掘、基因合成和设备制造能力的整合，利用生物反应器替代动植物功能的生物反应器系统成为新业态。目前，我国基础研究和产业开发过程中，需要特别强调设备制造能力的发展，并关注知识产权保护。同时，从国家层面需要注重生物信息保护和安全管理。

6.2　生物资源工程各论

6.2.1　基于农业生物资源的生化制造①

6.2.1.1　过程工程学科与农业生物资源生化制造学科体系

1. 农业生物资源生化制造学科体系的率先提出

农业生物资源生化制造学科着力于以农业初级物、副产物、废弃物等农业生物资源替代日益紧缺的化石资源，通过生物制造技术、化学制造技术、循环利用技术等关键技术，围绕生物源活性物、生物源蛋白、生物源油脂、生物源糖、木质纤维及生物气与炭等领域，在前瞻性科学与核心技术、产业共性与关键技术、新产品研制与成果转移等层面进行跨学科、跨领域的协同科技创新和人才培养，立足于“不与人争粮糖油果蔬，不与粮糖油果蔬争地”的农业生物资源，立足于农业生物资源全生物利用、全过程利用、高值化利用，使农业生物资源利用向分子与基因水平层次提升，向化学与生物绿色制造纵深推进，向紧缺资源替代方向发展，促进传统农业加工业向生物产业、新材料产业、新能源产业等战略性新兴产业方向转型升级，为农业领域拓展和紧缺资源替代提供科技和人才支撑。农业生物资源生化制造学科体系构成如图 6-7 所示，全生物利用体系如图 6-8 所示。

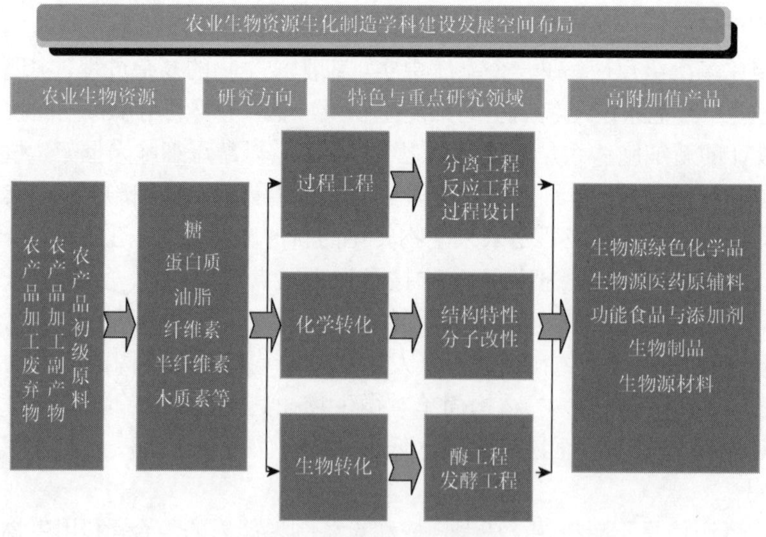

图 6-7　农业生物资源生化制造学科体系构成

① 该部分作者为毛建卫。

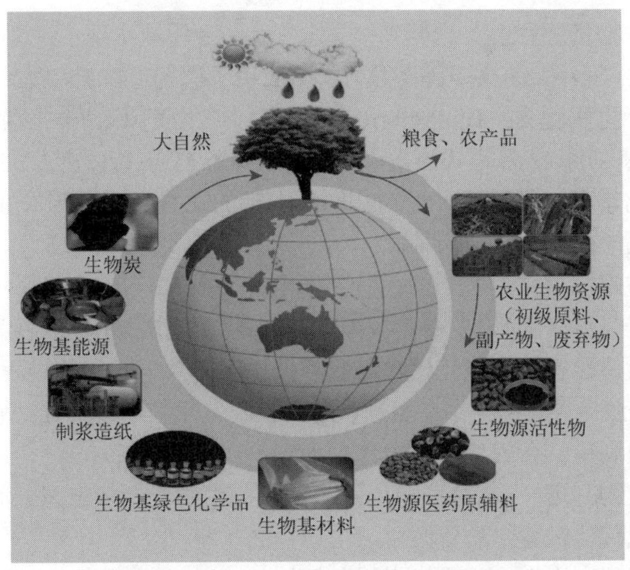

图 6-8　农业生物资源全生物利用体系

核心：通过化学反应或者生物反应，实现农业生物资源原料物质转化，通过过程工业实现产品提纯和产品形态的加工。

2. 农业生物资源生化制造学科背景

（1）从国家破解“三农”问题的新途径，提出了对农业生物资源深度利用的重大需求。

农业生物资源加工业是第一大制造业。在当前国际经济背景下，农业生物资源加工行业转型升级的总趋势是从初级农业产品生产向功能食品、生物化工、医药原料方向发展。以农林生产的大量生物质资源生产化学品，提供能源、材料、食品等，将可持续发展的工业融入地球大体系的物质循环之中，实现太阳能驱动下的工业与农业。这些将构成人类新文明的物质基础，是人类文明发展的历史回归。

农业生物资源利用是加快推进农业现代化建设、破解“三农”问题的最重要抓手之一，也是农业增效、农民增收的重要途径，已成为横跨三次产业、汇聚多个行业、牵动就业增收和满足消费需求的基础性、战略性、支柱性产业。

（2）从国际产业发展的新趋势，提出了对农业生物资源深度利用的重大需求。

我国农业生物资源生化制造的整体水平相较国际先进水平还有距离。发达国家在世界范围内将相关技术的领先优势迅速转化为市场垄断优势，以专利为先导、以知识产权保护为手段，不断提高技术门槛，扩大竞争优势，占领全球市场。跨国公司通过资本整合，专利、技术、材料和装备的垄断以及人才的争夺，使得我国面临残酷的国际竞争，对我国农业生物资源生化制造技术发展提出了十分严峻的挑战。

国际上发达国家农业生物资源利用已从初级加工向精深加工发展，从学科交叉较少向化学、化工和生物工程等多学科交叉协同发展，向分子和基因水平层次提升，向化学和生物绿色制造纵深推进。

美国在农业生物资源利用上达世界领先水平，许多领域实现了“无废加工”，如玉米全株生物利用已生产多达 3500 多种产品，广泛应用于医药、纺织、食品等领域。2002 年，美国农业部创立了生物优先（BioPreferred）计划，扩大美国政府对生物基产品的采购和使用，并在 2011 年 2 月 22 日正式生效。美国总统奥巴马于 2012 年 2 月 22 日公布了进一步扩大生物基产品市场、鼓励更多生物基产品上市的法令。据美国农业部统计，2010 年美国制造的生物基产品已达 2 万余种。

日本从国家战略高度来重视农业生物资源利用，2002 年公布了《日本生物质综合战略》，提出由“石化日本”向“生物质日本”转变，将生物技术产业视为国家经济发展的最重要产业之一，使日本农业现代化在许多领域达国际领先水平的过程中起着重要作用。

（3）从破解资源瓶颈、农业生态瓶颈，提出了以生化制造技术推动农业生物资源的全生物利用、全过程利用、高值化利用的重大需求：

①立足“全生物利用”，应对资源少而大量农业生物资源未被充分利用的重大现实问题，是破解农业现代化进程中的资源瓶颈主途径之一；

②立足“全过程利用”，应对大量农业废弃物、加工副产物对环境造成污染的重大现实问题，是破解农业现代化进程中生态瓶颈主途径之一；

③立足“高值化利用”，应对大量农业生物资源低附加值利用的重大现实问题，是破解农业现代化进程中的效益瓶颈主途径之一；

④立足“先进生化制造技术”，应对传统农业加工业发展缺乏关键技术突破的问题，是破解传统农业产业的升级瓶颈主途径之一。

6.2.1.2　开发农业生物资源生化制造过程工程是发展新趋势

1. 过程科学与过程工程

过程科学直接脱胎于“三传一反”的化工原理。化学工业是过程工业中的一个重要分支，也是诸多过程工业中最早建立理论体系的。化工原理起源于将众多化学工艺中的共性操作进行归类和归纳，从而得到众多工艺操作的学识基础。

20 世纪 50 年代，在单元操作的基础上，化学工程学成为更全面的一门工程科学，简称为“三传一反”。近年来，随着生物化工的兴起，有人主张应当考虑过程中信息的传递对过程的影响，将“三传一反”扩展为“四传一反”。

过程工业的学科基础是过程工程，它是研究物质在化学、物理和生物转化过程中的运动、传递和反应及其相互关系的学科，正在进一步向生物、信息、环境、材料、纳米等领域扩展。

过程工程是以研究物质的物理、化学和生物转化过程（包括物质的运动、传递、反应及其相互关系）的过程科学为基础的，任务是解决实验室成果向产业化转化的瓶颈问题，创建清洁高效的工艺、流程和设备，其要点是解决不同领域过程中的共性问题。

过程工程实现物质转化“过程”的定量、设计、放大和优化等操作，而过程科学侧重于理论上的研究与创新。

2. “过程工程”名称的使用

虽然过程科学的名称目前还没有被广泛地使用，但是过程工程的名称已经屡见于书刊及各媒体了。1955 年，《过程工程经济学》一书比较早地提到了过程工程的概念。位于苏黎世的瑞士联邦高等技术学院设有机械与过程工程系，还设有过程工程研究所。法国国家科研中心化工科学研究所明确指出，过程工程是研究物质和能量转换的过程以及发展并实现此过程的设计、优化、控制和工业规模化（放大/缩小）所必需的概念、理论和方法。

我国也在最近逐渐接受过程工程的概念。《化工冶金》杂志更名为《过程工程学报》，中国科学院化工冶金研究所更名为过程工程研究所。

3. 农业生物资源生化制造过程工程绿色化和信息化

绿色过程工程也称为生态过程工程，正是研究与自然环境相容的资源高效、洁净、合理利用的物质转化过程。

农业生物资源生化制造过程工程绿色化具体包括三方面的内容：一是指在工艺上要实现农业生物资源转化过程的高转化率、高选择性和高能源利用率；二是指在原料、过程和产品上要实现低毒介质溶剂、低毒原材料、低毒或无毒产品；三是指在系统上实现废弃物排放量最少、副产品最少，目标是实现循环经济。

农业生物资源生化制造过程工程信息化包含的内容除计算机辅助设计、过程优化和自动控制以外，更为重要的是要虚拟仿真实现工艺到产业化以及系统集成的全部细节，实现量化设计、直接放大取代依靠经验逐级放大的目标。

6.2.1.3　过程工业与农业生物资源生化制造产业

1. 过程工业

现行的工业行业主要是按生产对象与产品进行划分，不能显示跨各个工业行业的一些具有共性、带动性和全局性的重大关键科技问题。

按生产方式、扩大生产的方法以及生产时物质物料所发生的主要变化来分类或按“技术特征”来分类，将制造业分为两类，可以发现、归纳和突破具有共性、带动性和全局性的重大关键科技问题，带动行业发展，又可以反映学科交叉与融合的科技发展趋势以及这一趋势对工业发展的影响及作用。

一类是以物质转化过程为核心的产业，这类产业从事物质的化学、物理和生物转化，生成新的物质产品或转化物质的结构形态。产品计量不计件，连续操作，生产环节具有一定的不可分性，可统称为过程工业，如涉及化石资源和矿产资源等利用的产业，生物技术工业、医药工业、化学工业、能源工业、材料工业等。产量的增加主要靠扩大工业生产规模来达到，或者说靠“放大生产规模”（scale-up）来达到。

另一类是以物件的加工和组装为核心的产业，根据机械电子原理加工零件并装配成产品，但不改变物质的内在结构，仅改变大小和形状。产品计件不计量，多为非连续操作，这类工业可统称为装备工业或产品生产工业，或称 product industry。例如，生产电视机、汽车、飞机、冰箱、空调等产品的工业；产品的增加主要靠增建生产线或改进生产线来达到，生产主要是以“离散”方式进行。

2. 农业生物资源生化制造业是一个新兴过程工业

农业生物资源加工业是国内外第一大制造业，当前产值已达 10 万多亿，带动 3000 万农民就业，是发展速度快、工业反哺农业并带动“三农”的最大行业之一。

农业生物资源生化制造过程工业：以农业生物资源转化过程为核心的产业，从事农业生物资源的化学、物理和生物转化，生成新的物质产品或转化物质的结构形态，产品计量不计件，连续操作，生产环节具有一定的不可分性，称为农业生物资源生化制造过程工业。

6.2.1.4 农业生物资源生化制造——用新型工业化思维做农业，让大象跳舞

20 世纪 90 年代，针对日本农业面临的发展窘境，“第六产业”的概念横空出世。种植农作物（第一产业）、农产品加工（第二产业）与销售农产品及其加工产品（第三产业）进行“一体化”和“融合”，以获得更多的增值价值，因其“1 + 2 + 3”等于 6、“1×2×3”也等于 6 而称为“第六产业”。新时代下国际上又提出了以提供智能型服务、技术研究为特征的产业领域，即人们常说的创新产业为“第四产业”，体现出文化与创意的产业包括文化产业与创意产业为“第五产业”，而现代农业或新型农业化就是一产、二产、三产、四产、五产全产业链的综合产业，这是一种新含义的第六产业。其核心都是以融合为农业发展的新动力，来有效激发农业活力，是现代农业的真谛，其中重要的一环是要加快发展农业生物资源生化制造工业。

我国已经进入了“以工促农”的发展新阶段，新型工业化、新型城市化加速推进，对“三农”发展的拉动和促进作用将会进一步强化。假如说工业是当年的小乌鸦，那么农业就是当年的大乌鸦，现在我们到了反哺的时候了。

通过生化制造技术对农业生物资源精深加工，制成“大市场、高价值、微型化、易储运”的工业品，是利用新型工业化思维做农业，像做到了让大象跳舞。

点评 1（点评人：陈集双）

农业生物质的工业化利用，及其过程工程环节，能够派生出诸多理论创新和技术发展机遇，是值得期待的领域。将这些生物质划分为初级物、副产物和废弃物的观点，能够解决目前学术界的一些争论。个人一直不赞成将秸秆、米糠等农业副产物直接当作废弃物对待。但是，政府文件、新闻文稿，甚至学术论文中的确往往将这些生物质作为废弃物；同时，农业生产和农产品加工过程中的确也产生废弃物，尽管后者有潜在利用价值，也就是说是可能的资源。把农业初级物、副产物和废弃物划分出来，也许就能很好地解决这方面争论，且更加科学化。

点评 2（点评人：蒋继宏）

农业生物资源的生化制造对农业生物资源的应用具有十分重要的意义，农业资源的工业化将会带来农业资源的革命，期待更多的经典案例。

6.2.2 药用植物资源的保护和生物反应器技术①

药用植物资源是具有药用价值的植物资源，属于生物遗传资源的一种，除具有生物遗传资源的自然特性，如可再生性和可灭绝性的特点外，还具有地域性，即我们常说的道地药材的属性。

我国传统中医药所涉及的天然药材有 12 807 种左右，其中包括动物类药材、植物类药材以及矿物类药材等，而植物类药材占到所有药材总量的 80%之多，达到 11 146 种以上，这些植物类药材即我们所称的药用植物。目前国际社会对天然药物的需求量日益扩大，越来越多的人喜欢利用天然药物来预防疾病，中药的发展前景极为广阔。本部分将对药用植物资源的保护及开发利用进行介绍，并且着重介绍开发利用技术中的生物反应器技术，以期为药用植物资源保护和开发利用提供参考。

6.2.2.1 药用植物资源“道地性”与保护开发利用策略及方法

如前文所述，药用植物资源的地域性即其道地性属性是药用植物资源具有的显著特点，也是中医药体系发展中不可或缺的一部分。下面就药用植物资源的道地性进行介绍，并结合其进行药用植物资源的保护开发利用策略和方法的介绍。

1. 药用植物资源的“道地性”

1）道地药材及特点

道地药材，又称“地道药材”，是指在特殊生境的地域内所产出的药材。道地药材在特定区域内的产量比较集中，栽培历史悠久且栽培技术和采收加工比较考究。道地药材的生产种植具有规范的要求，药效比较稳定可靠，是优质药材的代名词。总体来说道地药材具有历史悠久、适宜产地、品种优良、产量大、炮制考究、疗效确切及带有地域特性的特点。对于药材的道地性的规定，其实质是限定了某一特定品种药材的特定生长环境。在特定环境下生长出来的药材才会具有稳定确切的疗效。道地药材可以看作是同类药材产品的一种质量标准。道地药材所需要具备的特点有：优良的品种、适宜的生长环境、准确的采收时间、良好的种植加工技术以及标准的用药指导。

优良的品种是产出优质的道地药材的基础。道地药材产区所选育出的品种一般具有品质好、抗性强以及有效成分含量高等优点。在具有了优良品种的基础上，需要在合适的生态环境中对优良品种进行种植，以发挥其优良的特性。特定的优良品种只有在特定的区域内才能良好地生长，有些药材在其他地区长势较差甚至不能存活，有些药材虽然可以在其他地方生长，但种植的过程中往往会出现品种退化、药材性状改变、有效成分下降甚至丧失等情况，因此适宜的生长环境是产出道地药材的外在决定性因素之一。药用植物的有效成分的产生与积累与生理状态有关，导致许多药材需要生长到一定的年限才可以采收。

① 该部分作者为贾明良。

合适的时间采收合格地生长到一定年限的药材才会具有特定的外观形状和足够的有效成分的积累，从而具有确切的药用疗效，因此准确的采收时间也是道地药材的重要指标。种植技术包括种苗的选育培养、标准化的田间管理和病虫害防治方法等，良好的种植技术是道地药材高产稳产的保证。药材的加工则需要根据不同药材的要求采取不同的方法，加工后的药材具有稳定的性状，利于储藏和运输。并且加工后的药材可以避免变质，除去有毒有害成分，同时利于有效成分的溶出和发挥疗效，因此标准的加工技术是药材具有稳定外观和药效的基础。以上为药材方面的标准，但药材的使用需在医生的指导下进行，因此标准的用药指导是道地药材发挥疗效的重要影响因素。

2）道地药材的评价及生产现状

道地药材是古代中医辨别优质中药的标准，也是中药行业约定俗成的中药质量标准。道地药材在特定的生态环境下生长产生了独特的物质基础，随着研究的深入，人们发现道地药材与非道地药材的差别可能不是某种成分的有无，而是某些组分的含量或配比的不同导致的。

传统的药材评价体系是一个以经验为主的鉴别体系。由于药材的外观形状和内在成分具有一定的关系，因此这种评价体系对于药材性状的质量评价具有重要的意义，但也有明显的缺陷，如不同的人感官感受不同，因此药材的鉴别受主观因素影响较大、分辨率较低、定量标准误差大，并且这种评价体系需要经过经年累月的积累才能够有足够的经验来做出正确的判断。现代中医药的发展要求我们借助现代的理化和仪器分析等手段来进行道地药材的评价。通过对道地和非道地药材成分的比较分析将一些指标性的成分定量化和标准化，并将其与疗效相联系，此外还需要通过对药材中成分的总体分析并与药理作用结合获取比较全面的信息，以反映药材的质量。

道地是中药的灵魂，然而各种道地药材的产量毕竟是有限的，随着社会经济的高速发展，道地药材的产出难以完全满足大量的需要，市场上假冒道地药材的泛滥严重影响了道地药材的声誉和品牌价值。不仅如此，道地药材自身在种植生产加工中也面临着越来越严重的问题，如品种退化严重，失去了道地药材优良的种质资源；生产种植的盲目性，导致了药材生产及价格的周期性波动；农药、重金属等残留超标，导致了药材质量的下降；加工方面无创新及缺乏品牌意识致使道地药材更加没落。

造成这些现象的主要原因是道地药材缺乏保护及可持续利用的研究，并且其生产缺乏科学的指导，因此对道地药材的保护已刻不容缓。解决现阶段的问题需要我们首先利用科技手段培育优良的品种，之后利用 GAP 标准规范进行道地药材的种植加工，使其中的农药和重金属残留符合标准。在产出优质药材的基础上需要对药材进行品牌战略的营销，以促进道地药材的发展。

药用植物遗传资源是生物多样性的重要一环。对其开发利用的原则是要处理好开发利用与保护的关系。在对资源进行调查的基础上，首先需要进行的是资源的保护，在此基础上才可以谈开发利用。药用植物资源开发利用要遵循生态规律。在对植物资源进行开发利用的时候要实现经济效益、生态效益和社会效益的统一。对其开发要在不破坏原有生态环境的基础上进行，甚至需要我们在开发时对原有的生态环境进行修补，以达到人类发展和生态环境和谐统一的程度。

另外我们还要遵循的是对药用植物资源的永续利用，即可持续发展。这就要求我们首先对资源的蕴藏量进行统计调查，并且需要对生态群落进行调查。充分的数据基础才能够指导我们做出科学合理的规划，对资源进行有计划的开采利用，如实行轮采制度，使植物具有休养生息的机会。另外是在采集时采用挖大留小的原则，可以维持一定的种群数量。而对于比较分散，并且是珍稀濒危的资源就需要我们对其进行易地保护，进行收集保护后人工扩繁、驯化和栽培，以实现在充分供给优质稳定产品的同时对资源进行保护和扩充，实现资源的永续利用。

药用植物资源的稀缺性决定了当一种药材被人类利用并大量需求时，其野生资源必然会枯竭。而药用植物的遗传性和可再生的特点使我们利用优良的道地药材品种进行人工栽培以产出所需的药材成为可能。现阶段已经有多种药材进行了人工栽培的产业化生产，并且取得了良好的效果。并且从药用植物资源保护和利用的现状来看，药材的人工栽培是非常有必要的，药用植物资源的人工繁育和规模化栽培是药用植物保护和开发利用以满足市场需求的根本途径。加大对药用植物资源的科研投入和野生资源的驯化力度以及加强野生变家种的研究力度并进行大规模的人工栽培种植是解决市场需求的根本出路。而各种法律法规的制定和实施对于药用植物资源的保护开发利用是必不可少的。

2. 药用植物资源的保护方法及技术

药用植物资源是宝贵的生物资源中的重要一种，对人类而言具有不可或缺的价值。因此对药用植物资源的保护和利用至关重要。下面简要介绍一下药用植物资源的保护方法和技术。

1）药用植物资源的保护方法

根据类别储量和生态群落的构成，药用植物遗传资源保护的重点应该是那些具有重要经济或药用价值的珍稀濒危物种。植物遗传资源保护的方法主要有 3 种：就地保护、易地保护和离体保护。

就地保护指的是将植物遗传资源及其已经适应的特定环境进行维护，使其种群在已适应的环境中得到恢复和发展。就地保护有以下几种：一种是建立资源保护区，根据目的不同，资源保护区分为植物遗传资源综合研究保护区、珍稀濒危物种保护区和生产性保护区，其中生产性保护区又包括轮采区、人工粗管区和野生变家种区。

易地保护又称迁地保护，是将濒危的物种迁出其自然生长的地域，保存在保护区、植物园、苗圃及种植园内，使野生种类变为家种家养种类的保护方法。对植物遗传资源的引种栽培、驯养后野生变家种的方法不仅是发展有价值的植物资源的重要手段，也是易地保护植物遗传资源的积极而又灵活的手段，利用优良的种质资源，将其引种到相似环境的地区进行栽培驯化，使之产出的药材具有相同或相似甚至更加优良的品质，这也是对药用植物道地性的一种保护和发扬。我国幅员辽阔，存在许多具有相似自然生态环境的地区，这就为药用植物资源的引种驯化提供了天然的基础。

离体保护是利用现代的生物技术手段对携带遗传信息的植物的器官、组织或细胞等进行保存，以达到保存植物种质资源基因的目的。现阶段主要利用的离体保护方法是建立植物遗传资源种质基因库和利用组织培养方法等。建立植物遗传资源种质基因库是通过对植物遗传物质携带体的收集来避免基因的流失。组织培养方法则是对植物的器官、组织或细胞等进行人工无菌条件下的离体培养，并利用合适的环境控制，如超低温保存技术等达到对植物资源长期保存的目的。

2）药用植物资源的开发利用技术

药材的标准化种植，首先强调的就是种质资源的纯正和均一性。而利用组织培养的方法进行药用植物种苗的生产是获得遗传均一的种苗的非常好的途径。药用植物组织培养是现代生物技术在药用植物学领域中研究与应用的一个重要组成部分，是指在无菌和人为控制的营养及环境条件下对药用植物器官、组织或细胞进行培养，用来生产药用成分或进行药用植物无性快速繁殖的技术。

药用植物的组织培养方法是药用植物生物技术的基础，也是各种生物工程、细胞工程操作的基础，利用其作为基础可以进行药用植物的培养、扩繁、保存及育种等工作，为药用植物资源的保护和开发提供了技术基础。目前药用植物组织培养的应用主要有两个方面：一是利用试管微繁生产大量种苗以满足药用植物人工栽培的需要；二是通过愈伤组织或悬浮细胞的大量培养，从细胞或培养基直接提取药物，或通过生物转化、酶促反应生产药物。

3）药用植物资源的保护开发利用策略

中药材的利用特点导致药用植物体的死亡，并且对于野生资源的掠夺式采挖导致了整个药用植物资源的日渐枯竭，许多药用植物品种已经濒临灭绝而进入保护名录，这样又进一步限制了药用植物的贸易，从而阻碍了整个中医药产业的发展。如《国家重点保护野生药材物种名录》中有 168 种药用植物，其中一级保护 5 种，二级保护 51 种，三级保护 114 种。因此药用植物资源主要面临的问题是种质资源保护力度不足致使种质资源流失，并且对于野生资源的过度利用导致资源枯竭，而人工种植栽培的研究利用跟不上社会日益旺盛的需求。

6.2.2.2 药用植物开发利用的生物反应器技术

以上介绍了药用植物保护和开发利用的技术，其中开发利用技术的基础为植物组织培养技术。由此延伸出了对药用植物的开发利用的两个方面：一是利用其进行规模化的扩繁来得到大量的种苗，加以栽培来获得药用的植物体，进行配伍整体利用或是从中提取有用的成分来进行利用；二是利用大规模培养技术进行药用植物细胞及其组织、器官的培养，得到大量的药用植物材料，从中进行特定成分的提取。第二个方面涉及的药用植物的大规模培养技术即药用植物的生物反应器技术。下面就对药用植物开发利用的生物反应器技术进行介绍。

目前药用植物组织培养领域与传统的组织培养方式一致，主要是在培养瓶中以琼脂作为支持物的固体或半固体培养。这种培养方式需要耗费大量琼脂，且灌装及清洗时需处理大量容器，耗费大量劳动力，导致生产成本居高不下。液体培养方式虽然具有容易更新培养液、无须换容器、方便过滤灭菌、方便清洗、便于大型容器应用和减少转苗时间等优点，但液体培养的缺点也较多，如容易缺氧、长期浸没于液体中植物器官易玻璃化、植物器官对搅拌力敏感以及需要复杂的设备等。

1. 用于药用植物培养的生物反应器

最早是利用微生物发酵罐来进行植物组织培养,但由于成本以及植物细胞特点的限制而失败。针对植物组织培养的特点，经过 30 年的简化和完善，出现了多种专门用于植物组织培养的生物反应器，如气升式搅拌反应器、喷淋反应器、径向流反应器、筏式生物反应器、喷雾式生物反应器等，但至今尚无简单、实用性强、易工业化的培养反应器及相应的自动化装置。

关于植物组织培养反应器的研究主要有以下方面：①对传统搅拌罐、气升罐的改进，但由于仍然采用浸没式培养，因此培养过程中的玻璃化现象无法解决；②层向流反应器，如浅层式和转鼓式培养反应器，虽减少了玻璃化现象，但是培养效果并不理想；③喷淋、雾化型反应器，此类反应器培养效果较为理想，但此种培养方式在培养后期随着植物的生长，雾状培养液很难分布均匀，严重影响植物生长；④间歇浸没反应器，此类反应器主要利用培养液对植物组织的间歇浸没进行培养，浸没时供给植物营养，间歇时提供植物足够的氧气。其中间歇浸没培养方式较好地解决了玻璃化的问题，并且营养物质随着对植物组织的浸没可以得到很好的传递，因此间歇浸没培养可以很好地解决植物组织培养中的各种难题，得到了广泛应用。间歇浸没培养主要包括完全浸没间歇培养和半浸没间歇培养。下面主要论述间歇浸没培养方式所用的反应器。

2. 间歇浸没培养反应器及应用

间歇浸没培养反应器的种类很多，它们之间的主要不同之处在于容器的大小和形状以及控制的方式，如用计算机控制浸没频率或者简单的时控器来控制；动力系统不同，如使用蠕动泵、气泵或者通过容器的机械运动来实现液体培养基的流动从而实现对植物组织的间歇浸没；培养容器是否能循环利用，其中具有可以重复灭菌使用的容器，也有造价更加低廉的一次性培养容器；储液容器和反应容器是分离还是整合；等等。这些反应器要比传统的生物反应器更易操作，大多数都有更长时间的培养能力，从而能使植物在一个相对静态的培养条件下长期生长，得到更好的培养效果。间歇浸没培养系统可以通过程序化控制浸没频率，即控制外植体和培养基的接触与否、接触的时间，达到自动化培养的目的。

间歇浸没式生物反应器有多种类型，许多反应器是实际试验中实验者自己改进的培养系统。这些生物反应器中较成熟、具有代表性的主要有以下几种。

1）APCS 间歇完全浸没培养系统

最早的间歇浸没反应器是由 Tisserat 和 Vandercook 在 1985 年设计的一种植物自动培养系统（automated plant culture system，APCS）。整个植物自动培养系统由 4 个部分组成：营养液储存系统、营养液驱动系统、植物培养系统和营养液运输系统。整个系统在营养液驱动系统叶轮的驱动下使储存系统中的营养液通过输送系统进入植物培养系统，对植物组织进行浸没和排干，从而实现培养液的定期补充和排干，实现植物组织的浸没培养。

2）蠕动泵驱动间歇半浸没培养系统

通过对 APCS 系统进行改进，Simonton 等设计了一套利用计算机控制的蠕动泵进行液体供给，从而实现间歇供应液体进行培养的系统。该系统具有 4 个培养容器，每个培养容器都并联在供液系统上，因此一次可得到大量培养苗。而且在培养容器中利用带孔的聚丙烯代替了琼脂作为支撑物来支撑植物组织，因而能够控制培养液高度，使培养液植物组织器官不会由于长时间的浸没而产生玻璃化现象，而计算机控制液体的间歇浸没使系统又具有了自动化的优点。

3）气泵驱动 RITA®间歇浸没式生物反应器

气泵驱动的间歇培养系统由 Teisson 等设计，该系统培养效果较理想，现已商品化生产，其正式商品名称为 the Recipient for Automated Temporary Immersion System，简称为 RITA®。RITA®整体的材质为有机玻璃，整个系统由上下 2 个容器组成，下面是营养液储存容器，上面是培养容器。在培养容器中间有管道与营养液容器相连，并且在系统运行时需要外置充气泵进行气压供给，当气体进入营养液储存器时，需要经过滤孔孔径为 0.22μm 的空气过滤器进行除菌以防止污染。气体进入营养液储存器后，气压会使培养液从营养液储存容器流入植物组织培养容器中，与培养物完全接触，并在所有培养液进入培养容器后引起气体流动，实现培养容器空气的更新，而多余的气体会经过另一空气过滤器排出，当通气结束时培养液由于重力的作用回流至营养液储存器，实现一个间歇浸没循环。

4）BIT®间歇浸没式生物反应器

Escalona 等设计了一种 2 个容器分开的气体驱动间歇浸没生物反应器，这种反应器也已商品化，商品名为 BIT®。此种气体驱动间歇浸没培养系统中培养容器的大小可以根据培养物性质和培养的需要来改变，而且构造简单，价格便宜。这种系统主要有 2 个容器组成，每个容器上的密封塞均有 2 个孔，2 个容器通过玻璃管或者硅胶管来连接，且连接两个容器的硅胶管均需接触容器底部，容器上的另外一个孔要求高于培养液液面，并且连接空气过滤除菌器。这个系统需要使用 2 个充气泵来作为动力实现营养液的供给和排干。当一个充气泵开启时，经过滤除菌的气体进入一个容器，在气压的作用下将其中的培养液通过连通的硅胶管输入另一个容器中浸没植物组织进行培养。而当培养液完全输入后可停止通气。浸没一段时间后可将另一个通气泵打开，将液体再输回，进入原来的容器中进行植物的浸没。由此来实现大规模的培养。

上述几种间歇浸没式生物反应器代表了不同时期的成果。前两种由于污染和空间问题没有得到广泛应用，后两种采用了双瓶式，利用气压实现间歇浸没，液体和气体更换中通过过滤保证无菌，从而大大降低了污染率，也在一定程度上降低了成本，提高了效率，应用于商业化生产可以大大降低劳动成本，提高组培苗的竞争力。现已应用于多个具有高附加值的植物的研究。此外，还有许多的研究是文章作者根据间歇浸没的原理自己组装的间歇浸没反应器。我们也在不断研究的基础上进行了间歇浸没培养反应器的研发。如图 6-9A 中介绍的一种间歇浸没的植物组织器官培养反应器及图 6-9B 所示的一种间歇浸没的开合式植物生物反应器就是其中的代表。同时作者利用设计的间歇浸没培养反应器进行了多种高附加值中药材如三叶半夏、铁皮石斛和金线莲等的培养研究，对培养中涉及到的培养参数进行了优化，得到了良好的培养效果，如图 6-9C 即为利用间歇浸没的植物组织器官培养反应器培养三叶半夏的生长状态。通过与传统的固体培养方式比较发现利用间歇浸没培养反应器可以得到更多更好的药用植物组培苗。

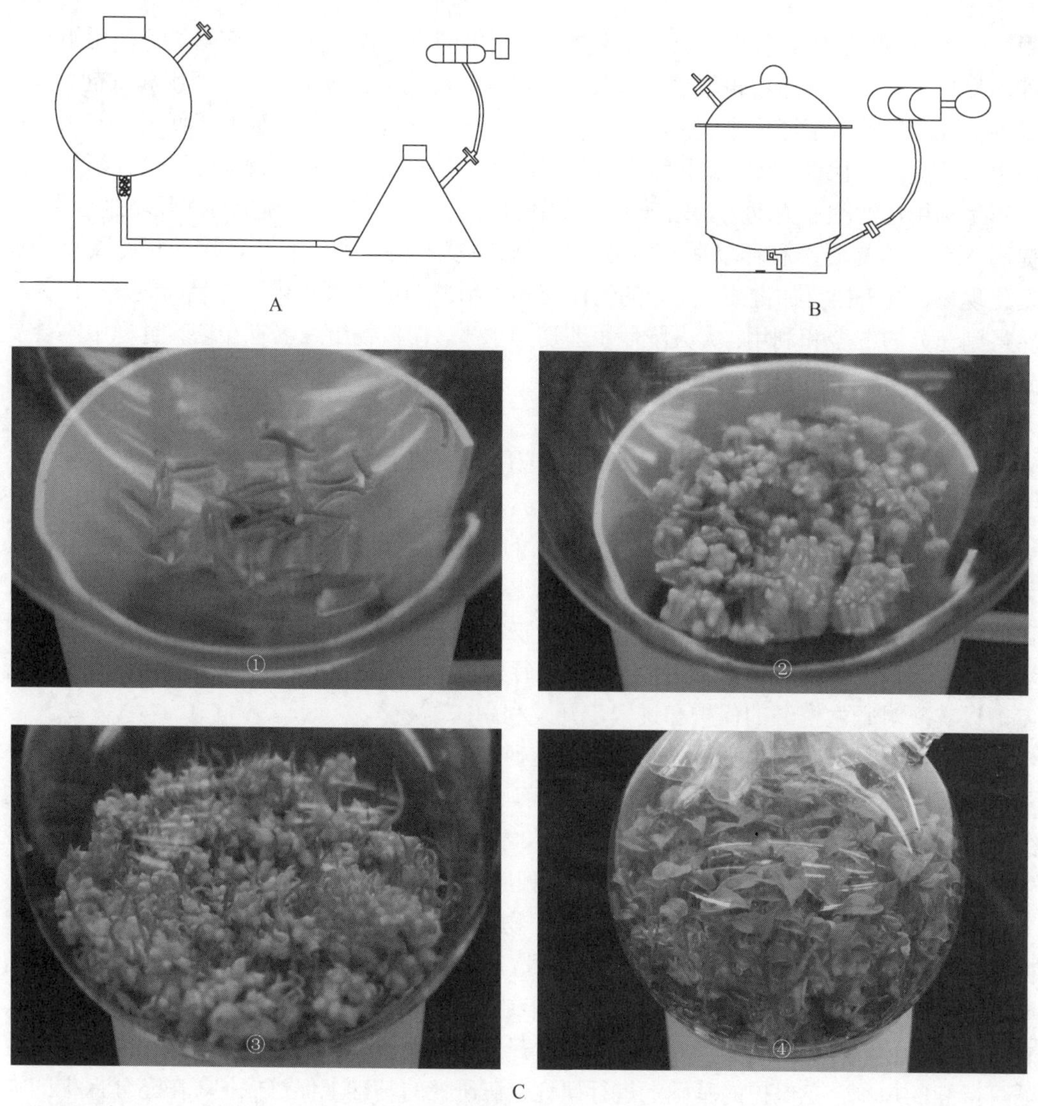

图 6-9　部分间歇浸没培养反应器及其应用

A. 间歇浸没的植物组织器官培养反应器构件图；B. 一种间歇浸没的开合式植物生物反应器罐体示意图；C. 间歇浸没的植物组织器官培养反应器培养三叶半夏应用（①叶柄培养 2 周生长状态；②叶柄培养 4 周生长状态；③叶柄培养 6 周生长状态；④叶柄培养 8 周生长状态）

3. 间歇浸没反应器的优点及其应用潜力

1）间歇浸没反应器的优点

根据实验，一般来说利用间歇浸没生物反应器进行药用植物组培苗的生产具有如下优势：①增殖率高。间歇浸没生物反应器培养方法是利用无菌空气产生的压力使液体培养基与植物组培苗间歇地接触，以达到进行生长繁殖的方法。它的最大的特点就是增殖率高，远远高出传统的组培瓶培养方法。②自动化程度高、劳动量小。利用间歇浸没式生物反应器进行铁皮石斛组织培养的过程是气泵提供气体动力，由时控开关来控制培养的间歇频率，整个培养过程只需要一次接种和一次更换新鲜培养基，大大地减少了劳动量，降低了生产成本。③降低培养代数，减少生产成本。利用间歇浸没式生物反应器进行药用组织培养的材料，一次接种后不再转接，降低了继代次数，减少了转接工作的费用和试剂、药品等的消耗，节省了生产成本。④组培苗质量好，适应性强。继代次数的降低为生产高质量的组培苗提供了保证，在一定程度上降低了变异率。间歇浸没式生物反应器进行药用组织培养是利用过滤空气为动力，培养的过程中加强了气体的交换，模拟自然环境进行生长，提高了组培苗的质量和环境适应能力。⑤间歇的浸没培养方式和液体培养相比减少了玻璃化现象，组培苗更加健康；充分的气体交换为组培苗的生长提供了充足的氧气；营养物质得到充分的混合和利用；大大降低了剪切力水平，使植物组织器官在培养过程中不会受到机械的损伤；可以方便地更换新鲜培养基，减少了污染。该培养方式更适合植物生长，方便操作，培养效果更佳。

2）间歇浸没反应器在药用植物研究及应用方面的潜力

进行药用植物的快繁：利用间歇浸没培养反应器节省劳动力、扩繁系数高且种苗健壮等优点对需求较大的大宗药用植物进行种苗的扩繁，得到高质量的、均一的脱毒种苗，进行人工大规模种植后以满足市场的需求。通过对药用植物种苗的大规模扩繁可以在提高种苗质量的同时降低种苗的成本，实现药用植物种苗的工业化生产。并且通过此方法可以对珍稀濒危的药用植物进行繁育工作，通过进行野外资源补种，短时间内提高种群数量和密度，以实现对野生资源的保护和进一步开发利用。

药用植物组织进行大规模培养提取所需药物分子：许多珍贵的植物类药物在细胞水平并不产生药用成分或者药用成分含量非常低，而只有在形成一定的组织结构后才会产生相应的药用成分，在自然生长条件下需要几年的生长才能作为提取材料。而利用间歇浸没培养反应器对药用植物的组织进行大规模培养后提取相应的药用成分的方法具有良好的应用前景。

高通量筛选抗逆植物品种：利用植物生物反应器可高通量培养植物组织器官的特性，模拟胁迫环境进行耐盐、抗病、抗逆等各种抗逆作物的筛选培育。可以在短时间内得到需要的抗逆作物株系，并进一步大规模扩繁得到抗逆的作物。

综上所述，对于药用植物资源的保护和开发利用同其他的生物资源一样，需要我们遵循可持续的原则，在保护的基础上进行研究，在研究的基础上促进保护，在充分保护的大前提下进行研究利用，实现药用植物资源的保护和开发利用的良性发展，利用药用植物资源为人类的健康保驾护航。

点评（点评人：陈集双）

传统的植物组织培养在近代药用植物资源挖掘中发挥了非常重要的作用。正是因为植物组织培养的应用，才实现了石斛等药用兰科植物的产业开发，带动了超百亿的产业。传统植物组培在脱毒复壮、种质资源纯化、种质资源筛选甚至快速繁殖等方面功不可没。但是，迄今为止，我国在药用植物种苗快繁中最普遍使用的还是组培瓶/琼脂培养基固体培养方案，后者是20世纪60年代的实验室技术，不符合高通量智能控制要求。植物生物反应器更好地弥补了上述不足。植物生物反应器应用于组织培养和药用植物资源挖掘的优点还应该包括：①植物种苗与内生菌等有益微生物的共培养，提前建成“道地”药材所需的种苗；②培养过程直接制备生物活性物质；等等。“工欲善其事，必先利其器”。目前生物资源产业开发过程中，从事方法学研究的比较多，从事设备平台开发的相对较少，后者往往是更有效率的方面。

6.2.3　分子技术在水稻遗传多样性研究中的应用[①]

6.2.3.1　水稻的遗传多样性及意义

水稻（*Oryza sativa*）是草本稻属的一种，也是稻属中作为粮食最主要、最悠久的一种，又称为亚洲型栽培稻。水稻有籼和粳两个亚种的分化，但也存在大量居于两者之间的原始群体，这些群体出现不同程度的分化，情况十分复杂，这也给水稻种质资源的进化及分类研究提出了难题。中国稻种资源数量多、类型复杂，中国国家种质资源库编目入库的稻种资源近 7 万份，其中地方稻种资源 50 526 份，中国是公认的水稻遗传多样性中心之一和稻作起源中心之一。遗传多样性对物种和群落多样性有决定性作用，而物种的进化需要靠遗传多样性来维持。水稻种质资源的多样性，说明了水稻有丰富的遗传多样性和遗传变异，这种多样性对于水稻适应环境变化及扩展其分布范围具有决定性的意义。长期以来，科学家致力于进行水稻的遗传多样性研究，以挖掘出不同进化背景下水稻种质资源中重要的生物学性状，如高产、抗病、抗虫等。

6.2.3.2　水稻遗传多样性的检测方法

科学地对水稻的遗传多样性进行分析，能为水稻种质资源的有效利用、优良品种的培育提供重要的理论基础。随着技术的发展，生物遗传多样性研究的方法也经历了 4 个阶段：①形态学标记，即根据特定的肉眼可见的外部特征进行物种的研究，包括株高、叶形、果实形状、百粒重、生育期等形态标记；②细胞学标记，也称为染色体标记，即对物种的细胞染色体的数目和形态进行分析，主要包括染色体核型、带型、缺失、重复、易位、倒位等；③同工酶标记，即利用蛋白质电泳技术对同工酶的多样性进行分析，以反映不同的基因型；④DNA 分子标记，即以个体间遗传物质内核苷酸序列变异为基础的遗传标记，是 DNA 水平遗传多态性的直接反映。

水稻的形态学标记开始发展于 20 世纪 20 年代，完善于 20 世纪 80 年代的“程氏指数法”，通过 6 个指标对水稻籼粳进行分类，目前仍被用于稻种资源的初步分类研究中。研究人员利用程氏指数法对 173 份水稻材料籼粳属性的鉴别，发现其中有籼稻 51 份、粳稻 16 份、偏籼 80 份、偏粳 26 份。虽然形态学标记法便于观察和统计，且不需要用到特殊的仪器，但由于“程氏指数法”是从稃毛，酚反应，第一、二穗节间长度，抽穗时壳色，叶毛和粒形这 6 项指标进行评价的，这些指标本身可能受到环境的影响，且标记数目偏少，在形态标记的使用中存在人为因素的影响，故而只能作为初步的辅助筛选鉴定。

细胞学标记的标记数目少，同时对同类生物区分能力有限。同工酶标记具有实验程序简单、易操作、成本较低等优点，但实验结果随动植物不同发育时期器官及环境而变化，

① 该部分作者为张邦跃。

可以利用的遗传位点数量比较少，对电泳分析的样品要求较高，这限制了其运用。而基于DNA 水平上多态性的分子标记，能稳定地反映 DNA 序列水平的差异，不受生长环境、发育的影响，并且标记数量多，因此自出现之日起便得到广泛运用和迅速发展。

6.2.3.3　分子标记在水稻遗传多样性分析中的应用

分子标记是以个体间遗传物质内 DNA 序列变异为基础的遗传标记，是 DNA 水平遗传多态性的直接反映。因此，分子标记技术是以检测生物个体在基因或基因型上所产生的变异来反映生物个体之间的差异。基于 DNA 指纹分析的分子标记技术为水稻的籼粳分化提供了重要的技术支持。随着分子生物学的发展，分子标记也经历不同的发展阶段，包括以 RFLP（restriction fragment length polymorphism，限制性内切酶片段长度多态性）和 RAPD（random amplified polymorphic DNA，随机扩增多态性 DNA 标记）分子标记为代表的第 1 代分子标记、以 SSR（simple sequence repeats，简单重复序列）为代表的第 2 代分子标记和以 SNP（single nucleotide polymorphism，单核苷酸多态性）为代表的第 3 代分子标记。

1. 第 1 代分子标记的应用

RFLP 是检测 DNA 在一组限制性内切酶酶切后形成的特定 DNA 图谱，通过 RFLP 图谱反映基因组 DNA 的多态性。研究表明，RFLP 能有效地进行水稻籼粳亚种间的区分，但不能有效地对不同生态型间的遗传差异进行区分，这是因为 RFLP 对 DNA 多态性检测的灵敏度还不够高。

RAPD 是利用一个随机引物（8～10 个碱基），通过 PCR 随机扩增 DNA 片段，并对DNA 多态性进行分析。研究表明，籼稻和粳稻间 RAPD 多态性丰富，根据 RAPD 多态性聚类可有效地将籼稻和粳稻分开。但 RAPD 结果容易受到多种实验因素的影响，实验的稳定性和重复性差，可靠性低。

AFLP（amplified fragment length polymorphism，扩增片段长度多态性）技术综合了RFLP 和 RAPD 技术的特点，利用 PCR 技术扩增在限制性内切酶处理后基因组 DNA 产生的限制性片段，AFLP 在此之前先将基因组 DNA 用限制性内切酶切割，然后将双链接头连接到 DNA 片段的末端，接头序列和相邻的限制性位点序列，作为引物结合位点。限制性片段用二种酶切割产生，一种是不常见的限制性切割酶，一种是常用切割酶。AFLP 结合了 RFLP 和 PCR 技术特点，具有 RFLP 技术的可靠性和 PCR 技术的高效性。因此，AFLP可在一次单个反应中检测到大量的片段。研究表明，只利用 20 对引物组合，就在一个加倍单倍体水稻材料中分离到 945 个条带，其中 208 个 AFLP 标记出现多态性。此外，应用AFLP 分子标记技术从分子水平研究野生稻不同种间的亲缘关系，结果与以往形态学和细胞遗传学的研究结果基本一致。因此，AFLP 是一种较好的分子标记技术，但也存在操作技术复杂、费用昂贵的缺点。

2. 第 2 代分子标记的运用

SSR 技术，也叫微卫星 DNA 标记技术。真核生物基因组中存在很多由 1～6 个核苷酸组成的基本单位重复多次构成的 DNA 片段，广泛分布于基因组的不同位置，即微卫星 DNA。根据微卫星重复序列两端的特定短序列设计引物，通过 PCR 反应扩增微卫星片段。研究表明，利用 70 个微卫星标记对 3 个籼稻测验种和 3 个粳稻品种的多态性进行分析，发现其中 36 个标记可以用于籼粳区分；利用 20 对 SSR 引物，对 4 个不育系和 55 份不同生态型的恢复系进行籼粳分类研究，从中筛选出 5 对特异性引物，用于籼粳区分，分辨率均在 90%以上；利用 SSR 标记分别对 692 个云南水稻地方品种和 3024 个国内水稻地方品种进行遗传进化分析，结果表明 SSR 标记能很好地进行水稻品种不同亚群及地理生长环境的区分。因此，SSR 标记可用于鉴定纯合子和杂合子，而且方法简单，结果呈现很好的稳定性和多态性。

3. 第 3 代分子标记的运用

SNP 技术是检测基因组单个核苷酸水平变异所引起的 DNA 多态性，其数量很多，多态性丰富。McNally 等利用测序芯片对 20 个水稻品种的 100Mb 特异序列进行重测序，并报道了接近 16 万个非冗余 SNPs 位点。这些 SNPs 位点揭示了不同品种的选育历史、进化过程及重要农艺性状形成的重要信息，为水稻遗传多样性的深入探索及未来品种的改良提供基础。对中国 517 个地方水稻品种材料进行深度测序分析，测序结果鉴定了 360 万个 SNPs 位点，并构建了高密度的水稻单倍体图谱。利用籼稻品种群体对 14 个农艺性状进行全基因组连锁分析研究：连锁分析鉴定的位点可解释约 36%的表型变异，其中有 6 个位点的峰值信号与之前鉴定的农艺性状基因紧密连锁。其他研究表明，通过对 40 个水稻栽培品种和 10 个野生种进行深度测序分析，鉴定出 650 万个高可靠度的 SNPs 位点，以及获得了一大批基因组结构变异数据。数据的深度分析结果支持亚洲栽培稻的粳稻和籼稻有独立的进化起源，其中粳稻很可能驯化于长江中下游的多年生野生稻。此外，研究人员利用包含有 44 100 个 SNPs 的芯片，对 314 个水稻品种的 34 个农艺性状进行表型连锁分析，结果表明：在水稻 4 个主要的亚群之间存在显著的遗传结构异质性及基因-环境效应。SNP 标记数量众多，可用于高分辨率遗传图谱的构建，或者用于全基因组的相关性研究，以挖掘物种不同进化过程中基因的多样性分化。目前 SNP 标记技术在迅速发展，特别是第二代测序技术的使用加快了 SNPs 的研究，但仍然需要新的测序技术及数据处理方法，来降低 SNP 标记开发成本并提高效率。

4. 分子标记的应用前景

研究表明，现代栽培作物狭窄的遗传基础是进行作物改良的一个主要障碍。具有相近遗传基础的稻种资源可能都具有良好的生产潜力和商业价值，但是它们同时可能都缺乏抵抗某种特定疾病或虫害的能力，这是影响一个品种区域适应性的重要原因。因此，需要通过远缘杂交的方法导入外源遗传物质，以扩大相应稻种的遗传变异，这就需要对稻种资源的亲缘性进行分析。利用分子标记的方法，研究人员能够对不同来源的稻种资源在遗传进化上的关系进行分析，如利用 SSR 标记可明确区分出不同生长环境及品系的稻种资源的分类；而利用多态性更好的 SNP 标记可以进行高分辨率的遗传图谱构建，并解析出不同品种中基因与环境之间的效应，这将有助于育种专家对品种进行更加科学、有目的性的遗传改良。

6.2.3.4 展望

水稻的遗传多样性是水稻在长期的生物进化过程中对环境的不断适应中形成的，外在体现为水稻的不同生长习性、形态特征等，内在表型为遗传物质（DNA）的多态性。为提高水稻的生产，科学家一直致力于进行水稻重要农艺性状形成相关机制的研究，其中一个重要的途径就是利用丰富的水稻种质资源进行研究，寻找与农艺性状相连锁的遗传机制。分子生物技术的发展为水稻遗传多样性及基因-环境效应的研究提供了重要的机遇。以 RFLP 和 RAPD 为代表的第 1 代分子标记可以很好地用于籼、粳稻亚种的区分研究，但多态性水平偏低；以 SSR 为代表的第 2 代分子标记具有高的遗传多态性，且操作容易，已经用于大规模的水稻品种遗传分析。随着生物技术的不断发展，分子标记进入第 3 代，步入单个核苷酸多态性（SNP）水平的阶段。SNP 标记不仅被用于物种不同进化途径的种群精确划分，也在全基因组连锁研究中发挥重要的作用，可实现在全基因组水平上评价复杂的生物学性状与基因之间的关系，这是其他标记形式所无法比拟的。可以预见，随着分子生物学技术的不断发展和完善，研究人员将能更精确地了解水稻的遗传调控机制，为未来优良品种的选育提供理论指导。

除了分子标记技术外，其他现代分子生物学研究技术在水稻资源的开发与利用中起着越来越明显的促进作用，特别是控制农艺性状的关键基因的功能研究、基因组学研究、蛋白质组学研究及转基因技术的应用等。从袁隆平发现了水稻雄性不育系到完成杂交水稻“三系”配套，以及后来的“两系”配套，开始了水稻杂交优势利用上的巨大突破。为了了解水稻雄性不育的内在机制，刘耀光课题组对细胞质雄性不育与恢复性分子机理进行了阐释，揭示野败型细胞质雄性不育基因 *WA352* 的调控机理，为进一步利用水稻的杂种优势提供了分子理论基础。优良的植株形态是水稻高产的骨架，自从 Donald 提出理想株形的概念以来，水稻育种家一直在寻找理想株形的水稻。李家洋课题组克隆到一个理想株形相关基因 *IPA*，该基因能够调控水稻分蘖、改变植株形态，从而促进高产。影响水稻生产的另一个重要因素是穗形，紧凑穗形的栽培稻相较于松散穗形的野生稻高产，孙传清课题组分离到一个调控穗型的转录因子 OsLG1，该因子通过控制水稻叶舌的发育，从而改变了栽培稻穗形的特点。以上这些重要农艺性状基因的发现都为水稻的生产与改良提供了重要的理论根据。近来，随着技术的发展，对水稻也开启了基因组学及蛋白质组学的研究，以实现从少数基因/蛋白质研究到重要农艺性状的功能基因组及蛋白质组学研究的跨越，进而阐释水稻育种中多个重大生物学问题，为水稻育种提供更加科学的指导。最近，转基因技术在水稻中的应用引起了激烈的讨论，转基因在抗虫、抗病、增产、提高品质、节水等方面都发挥作用，但也引起了人们对生物安全的担忧。总之，越来越多的现代研究方法应用到水稻资源的开发与利用中，将会极大地促进水稻的生产。

自评（自评人：张邦跃）

以 SSR、SNP 为代表的分子标记技术的发展，为水稻资源的粘粳分类、遗传进化表征提供了方便、高效的研究方法，促进了水稻优良品质选育和资源化利用。相信随着三代测序技术的发展，更多水稻抗病、增产关键基因和代谢组学通路将被揭示，结合基因编辑技术的应用，水稻培育与生产水平将会大大提升！

点评（点评人：陈集双）

水稻是最重要也是人类最熟悉的模式植物，也是最有可能实现创制育种的生物资源对象。基于对水稻遗传背景的了解，结合生物资源设计理论和基因编辑、合成生物学技术应用，有可能创制出全新的水稻性状，如表达动物蛋白的谷物、更适合工业化综合利用的秸秆等。

6.2.4 利用转基因技术丰富农作物品种资源①

6.2.4.1 转基因技术的内涵

理论上，如果将一种生物中的某个 DNA 遗传密码片段人为地连接并重组到另外一个生物的基因组中去，就有可能设计出新的遗传物质与新的生物类型，从而极大地丰富生物遗传资源。转基因技术是通过将人工分离和修饰过的基因导入生物体基因组中，借助导入基因的表达，引起生物体性状可遗传变化的一项技术。就农作物育种改良而言，转基因技术与传统育种技术是一脉相承的，其本质都是通过获得优良基因对物种进行遗传改良。但两者在基因转移的范围与效率上有着重要区别。从基因转移范围上看，传统育种技术一般只能实现物种内个体间的基因转移，而利用转基因技术可实现亲缘关系较远的物种之间的基因交流。从基因转移效率上看，传统的杂交育种方法一般只针对生物个体，即操作对象是生物个体的整个基因组，所转移的往往是染色体大片段，难以准确地对某个功能基因进行选择和操作，对后代的表型预见性较差；而转基因技术所操作和转移的一般是定义明确、功能清楚、可准确预测后代表型的基因。

6.2.4.2 转基因技术在作物育种中的发展现状

1. 转基因方法

目前，在植物中应用最为普遍的转基因方法主要有两种，即基因枪法和农杆菌介导转化法。基因枪法是利用火药爆炸或高压气体加速（这一加速设备被称为基因枪），将包裹带有目的 DNA 溶液的高速微弹（如金粉、钨粉颗粒）直接送入完整的植物组织或细胞中，然后通过细胞和组织培养技术筛选出转化细胞并再生出转基因植株。农杆菌介导转化法是利用根癌农杆菌（或发根农杆菌）能在自然条件下侵染植物伤口并引发冠瘿瘤（或发状根）这一特性，将自身携带的 Ti 质粒（或 Ri 质粒）中的一段 T-DNA 序列通过植物伤口转移至植物细胞，最终插入植物基因组中。因此，农杆菌是一种天然的植物遗传转化体系，人们可将目的基因插入经过改造的 T-DNA 区，借助农杆菌感染实现外源基因向植物细胞的转移与整合，然后通过细胞和组织培养技术，筛选出转化的受体细胞并再生出转基因植株。

① 该部分作者为李丁。

除这两种最为简易高效的转化方法之外，目前还有 PEG-原生质体介导法、显微注射法、激光穿透法及花粉管通道法等，但是这几种方法在操作上较烦琐，需借助特殊设备或花费大量劳力，效率不及前两者。其中，花粉管通道法由我国学者周光宇于 20 世纪 80 年代初期提出，其主要假设是：作物的雌蕊在授粉后，利用微型注射器向花粉管顶端注射含目的基因的 DNA 溶液，让外源 DNA 通过植物开花、受精过程中形成的花粉管通道进入子房的胚珠中，随着受精卵细胞的不断分裂，目的基因就有机会整合到受体细胞的基因组中，随着受精卵的发育而生长成为带转基因的新个体。由于该技术存在转化体系有待完善、转化效率有待提高以及转化机理仍需验证等问题，国内外一些学者对其可靠性提出了质疑。

2. 转基因农作物研发进展

自 1983 年世界上首例转基因烟草问世，转基因农作物的研究已有 30 多年历史。1986 年，美国率先开展了转基因植物（番茄）的田间试验，并于 1994 年批准延熟保鲜转基因番茄进入市场。1996 年，全球转基因作物种植面积达 160 万 hm^2。2006 年，全球转基因作物种植面积突破 1 亿 hm^2。2012 年，其种植面积达 1.7 亿 hm^2，相比 1996 年增加了 105 倍，在这 16 年里累计种植面积达 13 亿 hm^2。按种植面积计算，全球 75%的大豆、82%的棉花、32%的玉米以及 26%的油菜是转基因品种。截至 2014 年，全球已有约 30 个国家正式批准转基因农作物的种植生产。美国依然是种植转基因作物面积最大的国家，面积达 7310 万 hm^2，约占全球转基因种植总面积的 40%，其后依次为巴西、阿根廷、加拿大、印度和中国。转基因作物已在全球六大洲推广应用，在减少农药施用、降低病虫害损失、改善环境、减少劳动力投入上取得了巨大的经济效益。1996～2011 年期间，作物产值累计增加达到 982 亿美元，累计减少使用杀虫剂 4.73 亿 t。此外，种植转基因作物减少了农药生产和施用所需的能源，大幅度减少温室气体二氧化碳的排放。据统计，2011 年全球范围内转基因植物的种植减少 231 亿 t 二氧化碳的排放，带来了良好的环境效益。

迄今为止，转基因技术至少在 35 个科 120 多种植物上获得成功，涉及的改良性状主要有抗虫、抗病、抗除草剂、抗逆境、品种改良、生长发育、产量潜力等，为创新和丰富农作物品种资源提供了强有力的技术支撑。我国是世界上最早开展转基因技术研究和应用的国家之一，在水稻、棉花、玉米、小麦等主要农作物分子水平层面的基础应用研究形成了自己的特色与优势，虽与美国相比整体实力仍有差距，但大幅度领先其他发展中国家。在全基因测序分析方面，我国牵头或组织完成了水稻、黄瓜、白菜、马铃薯、谷子、番茄、二倍体棉花、西瓜、柑橘和小盐芥等重要农作物的全基因测序工作。并且，从一些重要农作物的突变材料中（特别是水稻）分离克隆了一大批控制高产、优质、抗逆和营养高效等重要农艺性状的基因。此外，在农作物基因调控元件的分离鉴定、高通量基因克隆鉴定技术、无标记系统等转基因技术研发上也做了大量工作。这些重要基因和调控元件具有自主知识产权，为分子设计育种、丰富作物品种资源奠定了坚实的基础。

不可否认，转基因作物自商业化以来，其安全性一直受到舆论与公众的质疑。最大的争议在于两个方面：第一，转基因作物和由此生产出的转基因食品是否对动物及人类的生理健康产生直接的危害？第二，转基因作物是否能够通过花粉的自然扩散与近缘物种发生天然杂交，从而产生对农业有害的超级杂草？对于这些质疑，这里有几个最为典型的实验予以说明。针对第一方面的争议，即转基因食品是否对动物产生毒害作用，康奈尔大学 Losey 用含有转基因抗虫玉米花粉的马利筋叶片（*Asclepias curassavica*）饲喂帝王蝶（*Danaus plexippus*）幼虫，发现幼虫生长缓慢，死亡率高达 44%，从而认为抗虫转基因作物可对非靶标昆虫产生威胁。但该结论立即遭到 Beringer 和 Crawley 等的质疑，他们认为该实验没有提供花粉量的数据，并且实验是在室内进行的，并不能反映田间情况。2012 年 9 月法国卡昂大学 Séralini 等发表了一篇在全球范围内引起广泛关注的有关转基因食品毒理学的论文，该项研究认为转基因玉米会引起实验室大鼠的乳腺肿瘤，并可能导致其过早死亡。为此，欧洲食品安全局（EFSA）成立了专门工作小组，对该论文的相关研究工作展开深入调查。调查结果表明，该研究中实验设计和数据分析等诸多重要细节被省略，仅凭文章给出的信息并不能得出相关结论，不能作为评估转基因玉米健康风险的有效依据。法国卫生安全管理局（ANSES）和德国联邦风险评估研究所（BFR）等也进行了详细的论证，认为该研究设计、结果描述和统计方法等存在不足，无法支持其结论。有关第二方面的争议，即转基因作物是否会通过花粉与近缘物种产生杂交，也有相关实验数据。研究发现，转基因油菜相比普通油菜在自然生态种群中没有任何生存优势。在墨西哥南部 Oaxaca 地区，研究人员在玉米样本中发现了一段椰菜花叶病毒 CaMV35S 启动子序列和一段 *Adh1* 外源基因序列，但后来被证实为假阳性。并且，墨西哥科学家在随后的两年内连续从该区域采集了 153 746 份玉米材料进行逐一检测，均未发现 CaMV35S 启动子序列。

针对转基因技术可能带来的“花粉扩散导致基因逃逸和污染”问题，从技术上说，现已有另一种安全性相对更高的转基因方法加以应对，即叶绿体转基因技术。与植物细胞核转化的随机整合方式不同，叶绿体转化技术通过同源重组的方式将外源基因定点插入至叶绿体基因组的某一特定位点。它不但为叶绿体基因组的基因功能以及基因表达调控提供了有效的研究手段，同时也为外源基因表达提供了新的生物技术平台。高等植物叶绿体转化技术的优点主要体现在 4 个方面：①环境安全性好。叶绿体具有母系遗传的特点，基因的遗传基本不会由于有性杂交而发生分离，可避免外源基因随花粉扩散而造成的转基因植物环境安全性问题。研究发现外源基因通过叶绿体母系遗传从母本传递给子代的概率仅为 1.58×10^{-5}。②同源重组的定点整合方式可有效避免外源基因的位置效应和基因沉默。③外源基因在叶绿体内的稳定性高，由于叶绿体具有原核系统性质，原核基因无须修饰就可直接在其体内表达。④叶绿体基因组的拷贝数较高，蛋白质可高效表达。因此，叶绿体转化由于其独特的优越性在农业育种领域或医药生产领域具有广阔的应用前景。现在叶绿体转化技术在双子叶植物纲的多个物种上获得成功，例如烟草、番茄、马铃薯、大豆、棉花、胡萝卜和紫花苜蓿等，并且叶绿体转基因技术在一些重要的单子叶农作物中（如水稻、玉米、小麦等）的应用也已获得阶段性成果。目前，该项技术应用到作物农艺性状改良方面的部分成果如表 6-1 所示。

表 6-1　通过叶绿体遗传转化技术改良农作物的性状

农艺性状	基因	整合位点	启动子	5′/3′调控元件	转化受体
抗虫	*Cry1A*（*c*）	*trn*V/*rps*12/7	Prrn	*rbc*L/T*rps*16	烟草
抗草甘膦	*EPSPS*	*rbc*L/*acc*D	Prrn	ggagg/T*psb*A	烟草
抗虫	*Cry2Aa2*	*rbc*L/*acc*D	Prrn	ggagg/T*psb*A	烟草

续表

农艺性状	基因	整合位点	启动子	5′/3′调控元件	转化受体
除草剂 Basta 抗性	*Bar*	*rbc*L/*acc*D	Prrn	*rbc*L/T*psb*A	烟草
抗虫	*Cry2Aa2*	*trn*I/*trn*A	Prrn	native 5′UTR/T*psb*A	烟草
抗病	*MSI-99*	*trn*I/*trn*A	Prrn	ggagg/T*psb*A	烟草
耐旱	*Tps1*	*trn*I/*trn*A	Prrn	ggagg/T*psb*A	烟草
耐盐	*badh*	*trn*I/*trn*A	Prrn	ggagg/rps16	胡萝卜

我国在《国家中长期科学和技术发展规划纲要（2006—2020 年）》中将“转基因生物新品种培育”列为重大专项，这说明加快转基因技术研发、提升我国在全球转基因领域的科技竞争力已成为国家科技发展战略中的重要一环。转基因技术本身对于提高农业生产力有积极的影响，但是我们也应当清醒地认识到，转基因生物新品种的技术研发和商业化是完全不同的两个概念。尽管目前在全球范围内已推向市场的诸多转基因品种中，均尚未出现重大的转基因安全事故，但对于一个新的转基因生物品种的商业化，各国政府仍然采取了谨慎的态度。现有的理论研究和试验表明，转基因生物新品种所带来的潜在环境和健康风险在科学上仍具有不确定性。因此，转基因技术从研发到商业化过程必须建立起有效的监管机制已是科学界的共识。作为全球转基因技术实力最为雄厚的两个地区，美国和欧盟均采取了相应的转基因农作物安全监管措施。美国转基因研发和试验的安全管理十分规范，对于转基因商业化品种采用“备案制”，较少采用行政手段干预已被评价为安全的转基因生物品种，对产品也未强制性要求标识。但是，美国司法体系十分成熟，诉讼文化发达，法律惩戒力度强，这让转基因相关企业形成了良好的严格自律性。相比美国，欧盟则显得更为保守，对转基因品种实施强制性标识制度，赋予消费者知情权和选择权，并认为在无法充分证明转基因生物安全的情况下，应对其商业化进行限制。而我国在 2011 年的中央一号文件中明确提出要在科学评估、依法管理基础上，推进转基因新品种产业化。在这样的背景下，我国的转基因安全监管措施是否完善显得尤为重要。尽管我国已颁布了相关转基因管理措施，如 2001 年的《农业转基因生物安全管理条例》和 2002 年的《农业转基因生物标识管理办法》，但仍缺乏对主要粮食作物（例如水稻、小麦和玉米等）转基因品种安全监管的经验，这些转基因产品还没有充分的市场化途径。例如，“转 *cry1Ab*/*cry1Ac* 基因抗虫水稻华恢 1 号”和“转 *cry1Ab*/*cry1Ac* 基因抗虫水稻 Bt 汕优 63”两个转基因水稻品系历经 11 年的安全评价，虽在 2009 年获得农业部颁发的安全生产证书，但是在接下来的 5 年时间内，相关研究团队未能取得品种审定证书、种子生产许可证和经营许可证等商业化证书，导致安全证书失效而未能实现转基因水稻的商业化种植。因此，转基因商业化的安全监管须立足于我国自身的国情，相关行政部门须建立完善的科学评估制度，行使监管主体职责。同时，有效的市场化机制及相应的公益诉讼和民事法律也亟待完善。

6.2.4.3 转基因作物展望

粮食一直是人类最重要的战略资源，其战略价值甚至比石油更为重要。粮食不仅仅能解决人类温饱问题，对于经济的影响也尤为重要。虽然目前转基因技术的发展伴随着各种争议，但是，我们应当看到，转基因技术在减少农药投入、增加产量和农民增收方面起了重要作用。我们应当采取更加积极的态度对待转基因技术的开发和应用，坦然面对应用过程中的是非问题，在对转基因充分重视的同时加快安全技术的研究。当今时代，网络信息量非常庞大，许多报道不经证实就迅速传播，而其中相当一部分信息缺乏科学依据。这需要政府部门及时发布权威性科学信息，让公众充分了解转基因技术的研究和应用，并认识到它的重要性和科学依据，以避免消费者对转基因食品安全性的过度担心。同时，科学家也有责任积极地向公众进行科普宣传，让公众理解转基因技术的原理、安全性管理和评价过程的严密性。目前，我国在 DNA 测序、基因组学研究，以及转基因技术和分子育种各个环节上均取得了重要进展。从克隆基因到获得转基因植物，最后育成可用于生产的农作物新品种是一个复杂的过程。如何将这些技术环节形成完整的技术链条和产业化链条，并最终实现转基因作物的产业化，这需要政府、高校与科研单位，以及企业的共同努力。近些年来，中央已高度重视种业问题，设立了“转基因生物新品种培育重大专项”重点扶持转基因研究的发展，并在 2015 年中央一号文件中，特别强调“加快农业科技创新，在生物育种等领域取得重要突破”。这些重大决策将有效地推动我国种业的发展。然而，真正建立起行之有效的转基因安全监管措施将是转基因技术从研发到应用和市场化的重中之重。

点评（点评人：陈集双）

转基因技术的发展是不可逆的。其实，这正是公众，包括暂时反对转基因的人士，必须面临的一个前提。同时，“利用转基因技术丰富农作物品种资源”本身就是一个好命题。个人认为：转基因的突出的贡献是减少了农药，尤其是杀虫剂的使用，有利于保护生态环境和人民健康；同时，经过安全评估和准许释放的转基因品种，是相对安全的；值得注意的是，转基因操作过程控制不好，是否会导致环境的生物污染，目前国际社会对这方面的关注都还不够。

6.2.5 杜仲翅果综合开发利用展望[①]

杜仲（*Eucommia ulmodies* Oliver）是我国特有的单种科植物，属国家二类珍稀保护植物，主要分布于甘肃、陕西、山西、河南、湖南、湖北、四川、云南、贵州、广西、江西、福建等省、自治区的平原到海拔 1690m 的丘陵和山地，自然中心在中国中部地区。由于引种，栽培分布区已逐步扩大至北纬 25°～38°和东经 100°～120°一带，在日本、俄罗斯、朝鲜、北欧、北美等国家和地区也有栽植。

杜仲是名贵古老的中药材，早在公元前 100 多年，我国第一部药书《神农本草经》中就记载了杜仲主治“腰膝痛、补中、益精气、坚筋骨、强志、久服轻身耐老”，并将其列为中药上品。

① 该部分作者为张永康。

为了探明杜仲的治病机理，确定其活性物质，各国学者对杜仲的化学成分进行了大量研究，主要成分有木脂素类、黄酮类、苯丙素类、环烯醚萜类、多糖、三萜、植物甾醇、醇、酚、氨基酸、不饱和脂肪酸和杜仲胶等有机化合物，以及钙、铁、锰、锌、硒等矿物元素。新的研究还表明：杜仲促进机体功能，抗衰老效果十分明显，尤其是对血压的“双向调节”作用是任何化学药物无法比拟的。

20 世纪 80 年代以来，在杜仲生产热潮的推动下，不少地区把杜仲开发作为调整林种树种结构的重要举措，杜仲栽培面积急剧扩大，至目前我国杜仲的栽培面积已发展到 35 万 hm^2，占世界杜仲总量的 99%以上。其中绝大部分杜仲林已经开花结果，杜仲翅果的产量远远超过了栽培育苗的需求，形成了一种新的资源。由于富胶多籽矮化杜仲林栽培面积的扩大，种子产量还将逐年增加。如何利用不断增加的杜仲种子资源，是目前一项新的、重要的迫切任务。

6.2.5.1 杜仲翅果的主要成分及作用

杜仲果实为具翅小坚果，扁平，长椭圆形，长 3～4cm，宽约 1cm，周围有翅，翅革质，顶端微凹，果实生长期为 4～10 月。风干的果实千粒重为 6.3411g，分为果壳和种仁两部分，果壳和种仁质量分别占果实的 64.72%和 35.28%。

1. 果壳的主要成分和用途

杜仲果壳由纤维素、木质素和 12%左右的杜仲胶组成。果壳中有重要应用价值的是杜仲胶，杜仲胶是一种存在于杜仲的树皮、果皮和叶中的银白色丝棉状天然高分子化合物，以果实中含量最高，为 10%～18%，干树皮中为 6%～10%，干树根皮中为 10%～12%，成熟的干树叶中为 2%～5%。

杜仲胶的化学组成与天然三叶橡胶一样，但杜仲胶是反式-聚异戊二烯，而三叶橡胶树所产天然橡胶是顺式-聚异戊二烯。这种结构上的差异表现在—C═C—双键两边的两个次甲基的位置不同，三叶胶是柔软的弹性体，而杜仲胶则是易结晶的硬质塑料。三叶胶凭借优异的弹性，在轮胎工业中充当着极重要的角色，100 多年来书写了一部光辉夺目的发展史。相比之下，杜仲胶由于一直只能做塑料代用品，用途有限，道路坎坷。导致二者性能差别的原因在 20 世纪 30 年代得以弄清，原来二者分子链的构型不同。反式结构易于规则堆集而结晶，而顺式线团则聚集成无定形胶团。

中国科学院化学研究所严瑞芳研究员采用硫化的方法，把杜仲胶制成高弹性体，使硫化杜仲胶具备了三叶橡胶和塑料的双重特性，除可像三叶橡胶使用外，还具有三叶橡胶所不具备的多种独特性能，为杜仲胶工业利用开辟了新的途径。近十多年来严氏父子和广大科技工作者对杜仲胶的性质和用途进行深入研究，不断完善杜仲胶的绿色生产工艺，掌握了杜仲胶能提高其他橡胶的质量、耐水性强、高绝缘性、高黏着性、耐酸耐碱性、耐摩擦、耐寒热性等特性，具有广泛的应用领域和开发前景，极大地增强了我国杜仲胶的开发利用能力，形成了独立的知识产权体系，是杜仲产业史上的一次新的飞跃。

2. 果仁的主要化学成分和功能作用

杜仲果仁含油25%～30%，杜仲油中不饱和脂肪酸高达91.18%，其中α-亚麻酸含量达60%以上，α-亚麻酸具有降低血脂、保护视力等作用。杜仲油中含维生素E 0.32mg/g，维生素E的存在既增加了油的营养，也使杜仲油具有一定的抗氧化作用。

提取完杜仲籽油的杜仲种粕含蛋白质28.62%，氨基酸种类丰富，含量高，是营养丰富的高质量植物蛋白，对人和动物生理以及促进循环、代谢有重要作用。杜仲粕含维生素B 0.1mg/g，并含有丰富的其他维生素。杜仲粕含总糖16.89%，可以为动物的生长提供能量物质。

杜仲种粕中还含有丰富的生物活性物质，如桃叶珊瑚苷、京尼平苷、京尼平苷酸以及黄酮类物质等，其中桃叶珊瑚苷是杜仲种粕中含量较高的活性物质，约占3%～5%，是清湿热、利小便的有效成分，并且桃叶珊瑚苷的苷元及其多聚体具有抗菌作用。桃叶珊瑚苷的抗炎、抗菌性能与当药苦苷相同。因此，对杜仲果实，尤其是果仁的研究和开发利用意义重大。

6.2.5.2　杜仲翅果代谢物的分离和应用进展

杜仲翅果由果仁和果壳组成，全身是宝：果壳密布胶丝，是杜仲全身含胶量最高的部位，是提取杜仲胶的最佳原料；杜仲果仁可提取亚麻酸油并开发相关产品，亚麻酸油为重要的保健食用油，广受推崇；提取完杜仲油的杜仲果粕还可用来提取桃叶珊瑚苷，以及做中成药、饲料添加剂、食用菌底料等。

杜仲果壳含胶丰富，脱壳难度很大，一定程度上影响了杜仲翅果的利用。关于机械脱壳目前主要有两种方式，一是杜仲籽剥壳机，采用的是转动锤击式分离，此方法须将杜仲籽进行湿法预处理，生产工艺较为复杂，且预处理可能对果壳有效成分有一定影响；二是杜仲翅果脱壳筛选分离装置，所采用的是转动撕裂式干法分离，此方法工艺简单，脱壳速度快、效率高，也没有脱壳进料的前期处理环节。

1. 果壳中代谢物的分离和应用研究进展

杜仲果壳含15%左右的杜仲胶丝，目前主要用来提胶，是杜仲全身含胶量最高的部分。自20世纪苏联开始规模化人工提取杜仲胶开始，不少国家进行了这方面研究工作，所用原料主要是杜仲叶或皮，关于杜仲果实的报道较少，可能是资源较少、脱壳复杂，未引起重视的缘故。研究表明，利用综合法从杜仲果实中进行提取杜仲胶，可实现得率达15.35%、胶纯度为83.58%；用复合酶酶解杜仲壳可制得40%的粗胶。目前，对杜仲胶的提取分离分为工业上大规模提取和实验室小规模提取两种途径。工业上对杜仲胶的提取方法有离心分离法、溶剂法、碱液浸洗法和综合法4种，这4种方法各有优缺点，从各方面考虑，综合提取法的应用潜力最大，更具有可行性。实验室对杜仲胶提取常用的方法有发酵法、甲苯浸提法、碱浸法、碱浸法+苯-醇法、苯-醇法，这些方法也都可应用到果壳杜仲胶提取上。关于杜仲种壳外翅碎渣，亦有部分学者将其用作食用菌培养基或动物饲料添加剂，但未见文献正式报道。

2. 果仁中代谢物的分离和应用研究现状与趋势

杜仲果仁中主要含有油脂、蛋白质、糖类、矿物质、维生素、粗纤维以及桃叶珊瑚苷等生物活性物质，是营养素的又一新资源。杜仲果仁主要用来提取杜仲油，提取完果仁油的渣是果粕。梁淑芳等研究了杜仲果实的主要化学成分，测得杜仲果仁含油脂 27.65%，果粕含蛋白质 28.62%、总糖 16.89%，并含有丰富的维生素和矿质元素。

1）杜仲果仁油的分离和应用研究进展

杜仲果仁含油 25%～30%，油中不饱和脂肪酸高达 91.18%，其中亚麻酸含量达 61% 以上（主要是 α-亚麻酸），还含有较高的亚油酸（12.6%）和油酸（17.6%）。α-亚麻酸具有很强的增长智力、保护视力、降低血压和胆固醇、延缓衰老、抗过敏等功效，然而，它在人体内不能合成，必须从体外摄取，人体一旦长期缺乏 α-亚麻酸将导致脑、视觉器官的功能衰退，以及阿尔茨海默病等的发生，并会引起高血脂、高血压、癌症等现代病发病率的上升。国外已将 α-亚麻酸作为药物和食品添加剂用来预防和治疗心血管疾病与癌症等症，国内也已有这方面的药品和功能性食品出售，如湘西和益公司生产的“金雪康”杜仲果软胶囊、略阳嘉木杜仲产业公司生产的“雪之溶”杜仲籽油软胶囊等。

杜仲果仁油的提取方法主要有压榨法、溶剂萃取法和超临界 CO_2 流体提取法，各有优缺点，所得产品油总量和组成都有一定差异。一般来说，传统压榨法提取率低，且油的颜色较深，杂质多，品质较低，但成本也较低；溶剂萃取法提取率较高，但存在溶剂残留问题；相对而言，以超临界 CO_2 流体提取法的提取率最高，α-亚麻酸含量最高，有效成分保存最好，但对设备要求较高。

杜仲果仁油的提取工艺经国内学者研究，所得结论与上述一致，并指出压榨法得到的杜仲果仁油中检出了具有保肝、促进胶原蛋白合成作用的桃叶珊瑚苷；此外，采用超临界 CO_2 萃取技术对杜仲果仁油提取的研究表明，超临界萃取得到的杜仲果仁油可作为高质量的保健油或者药品。国外对杜仲果仁油提取的研究少有报道，可能是资源缺乏的原因。

2）杜仲果粕的应用研究进展

杜仲果粕为杜仲果仁提取完杜仲油后的分离物，含有丰富的蛋白质、糖类、维生素、矿物质、粗纤维等营养成分和较高的桃叶珊瑚苷等生物活性物质。根据提取工艺的不同，杜仲果粕的成分有一定的差别。

溶剂法得到的杜仲果粕一般在实验室进行，由于存在溶剂残留问题且量较少，一般仅用于分析成分，实际用途不大。大量的杜仲果粕是通过压榨或超临界萃取得到的。压榨法处理得到的杜仲果粕残留有杜仲油，并且由于压榨过程中的温度及压力均较高，生物活性物质损失较多。超临界萃取处理得到的杜仲果粕油脂残留相当少，并且活性成分保存好，可用于提取桃叶珊瑚苷等生物碱。

桃叶珊瑚苷是杜仲果仁的主要苦味素物质之一，也是杜仲果仁中含量较高的生物活性物质，有清湿热、利小便的功效，并且桃叶珊瑚苷的苷元及其多聚体具有抗菌作用，是一种抗生素。桃叶珊瑚苷具有多种生理活性，它能够保护小鼠和大鼠的肝脏免受四氯化碳、蝇蕈素等化学物质的伤害，抑制小鼠体内 RNA 和蛋白质的合成，而且表现出较强的抗菌活性。研究表明，胶原蛋白合成能力的降低与衰老有直接的关系。通过动物实验发现，杜仲中的桃叶珊瑚苷能促进胶原蛋白的合成，减缓大鼠机体的衰退。因此杜仲中的桃叶珊瑚苷对开发保健产品和药品都具有重要意义。

桃叶珊瑚苷的提取方法目前主要是溶剂提取法，原料主要是叶和皮，杜仲中果仁桃叶珊瑚苷含量虽较高，但还未充分利用，前景较广阔。采用乙醇做溶剂对杜仲果仁中的桃叶珊瑚苷进行提取的研究表明，用 6 倍于杜仲种粕质量的 60%乙醇水溶液在 80℃浸提 3 次，每次 30min，其平均浸出率为 93.62%（$n = 3$）。由于桃叶珊瑚苷的热稳定性较差，易分解，且精制难度较大，因此难以实现产业化。而采用超临界 CO_2 流体萃取技术并选择合适的夹带剂从杜仲果粕中提取桃叶珊瑚苷，效果可比溶剂提取法，且工艺简便。

杜仲果粕主要用作饲料添加剂，其中含有丰富的蛋白质、糖类、矿质元素、维生素及生物活性物质，能全面促进动物的生长发育。杜仲果粕中含有的绿原酸、桃叶珊瑚苷、京尼平苷和京尼平苷酸以及黄酮类物质等不但能明显提高鸡的产蛋率和猪、牛等动物的瘦肉率，而且可以增强动物的抵抗力、降低蛋和肉中的胆固醇含量。用杜仲果粕粉做肉鸡饲料添加剂的研究表明，杜仲果粕粉使肉鸡具有很强的抗病能力和免疫作用及明显的增肥效果，并且具有促进肉鸡生长和改善肉质的功能，杜仲果粕粉做动物饲料添加剂应用前景广阔。

总的来说，国内外对于杜仲果实中代谢物的分离和应用已经有了一定的研究，但还远远不能满足综合开发利用杜仲翅果的要求，需要进一步做更深入、全面的研究，除了从果壳中提胶外，主要是做好亚麻酸、桃叶珊瑚苷、京尼平苷以及黄酮类物质等的纯化和药理、毒理研究，开发出更多的附加值高的药品、保健食品和化妆品。

6.2.5.3　湖南西部杜仲综合利用现状与展望

湖南是我国杜仲主产区之一，现有资源面积约 4 万 hm^2，大多分布在西部。湖南西部地处于北纬 27°～29°之间，属于亚热带季风湿润气候，雨水充足，日照适中，气候温和潮湿，一年里既水热同季、暖湿多雨，又冬暖夏凉、四季分明，降水总量适中，年平均降水 1290～1600mm，年平均气温为 16.5～17.5℃，年平均太阳辐射能为 3724～4091MJ/m^2，主要农耕区无霜期 271～294d，特别适宜杜仲的生长。因此，杜仲是湘西地区的特色植物资源，其中慈利县约 35 万亩，占全省面积的 58%左右；湘西自治州约 10 万亩，在“十二五”规划中还曾新增果园化栽培 10 万亩。

吉首大学团队发明了转动撕裂干式脱壳机，每小时脱壳 30kg 杜仲翅果，出仁率高达 95%以上，果仁的完好率达 60%以上。为了提高杜仲翅果的综合利用率，还分别对脱壳分离后的果壳和超临界萃取后的果粕进行了应用研究，已取得初步的重要进展。基于果壳富含杜仲胶，通过“果壳→酶解→洗成中性→干燥→粗胶→溶剂提取→蒸干→精胶”工艺流程实验，把制得的杜仲胶通过吉首橡胶厂、中橡集团株洲橡胶塑料工业研究设计院等组成产学研共同体进行应用性的研究，在杜仲胶提纯工艺路线和杜仲胶用于机车材料、军事材料、航空材料的耐磨性、抗震性、耐腐蚀性等新材料应用方面进行联合攻关。由于果粕富含蛋白质和桃叶珊瑚苷等多种聚环烯醚萜苷类生物活性成分（约 3%），将其添加到饲料中能有效预防鸡瘟和禽流感，并能增进饲养的家禽、海产的肉质口感鲜度。在湖南洪江的几个肉鸡饲养场进行了对比饲养实验，结果表明添加杜仲饲料添加剂的肉鸡无鸡瘟，成活率 100%，并提早 8 天出栏，且肉质口感有明显改善。国内各类饲料加工需求量极大，杜仲饲料添加剂市场前景十分乐观。

从国家针对杜仲产业发展战略需要，以提高杜仲胶为主的生物产量、保障杜仲产业发展过程中优质杜仲胶资源供应为目标，应大力推广和选优丰胶多籽杜仲新品系，强化对杜仲翅果精深加工的研究和应用，采取“梯级开发”综合利用模式，使杜仲胶的产能突破 525kg/hm^2（约占 50%），并实现亚麻酸和桃叶珊瑚苷 100%的利用。第一级开发：从杜仲翅果中提取有效成分（亚麻酸等不饱和脂肪酸和桃叶珊瑚苷、松脂醇二葡萄糖苷、京尼平苷等），开发杜仲原料药和药物中间体及进一步开发药品和保健食品。第二级开发：在第一级开发的基础上充分利用含胶量丰富的果壳开发杜仲胶，较从杜仲叶中提胶成本大为降低，可为市场提供粗胶和精胶。第三级开发：充分利用含蛋白质、生物碱丰富的果粕开发杜仲饲料添加剂、有机肥料等。通过三级综合开发利用，能生产 10 个以上的终端产品，增值 10～20 倍，产生良好的经济效益和社会效益。

2011 年重组后的湖南湘西老爹生物科技公司依托吉首大学植物资源保护与利用省高校重点实验室，共同组建南方杜仲产业化工程技术研究中心，投入 1.2 亿元加大杜仲资源综合利用的研发，其中新建万亩杜仲丰胶多籽矮化林规范化种植基地，盛果期可生产杜仲果仁油 160t、杜仲果软胶囊 3.2 亿粒、含胶超过 40%的粗胶 600t、杜仲饲料添加剂 600t，新增产值 4.0 亿元以上。有理由相信，全国尤其是湖南西部杜仲产业的明天会更加美好，也必将为我国材料和健康产业的发展做出大贡献。

点评（点评人：陈集双）

作为典型的生物质资源，杜仲翅果集中了杜仲的诸多有益成分，发掘潜力巨大，尤其是结合工业原料制备联产多元化大健康产品方面。我国大力发展杜仲的初衷是获得杜仲胶，以部分替代三叶橡胶。但是，野生杜仲生物质中含胶量低，即便是杜仲翅果中的含量也难以达到理想的商业制备水平，与三叶橡胶相比还有较大差距。但是，杜仲胶与产于三叶橡胶树的“天然橡胶”分子结构不同，材料性能也不一样，具有开发潜力。因此，工业化开发杜仲胶首先要通过种质资源改造显著提高杜仲胶的含量。在新的条件下，结合杜仲基因信息资源深度挖掘，创制新品种，有可能实现质的飞跃。同时，在生物质利用方面，通过发掘杜仲生物质（叶、树皮、翅果）的综合功能，实现产胶、大健康产品、饲料甚至生物质材料的联产，有可能在现有种质资源条件下实现工业化水平的经济效益。推荐的梯级利用模式，值得肯定，可通过实践不断完善。

6.2.6　杜仲资源利用现状及产业开发策略①

6.2.6.1　杜仲资源与分布

杜仲（*Eucommia ulmoides* Oliver），又名思仲，为杜仲科杜仲属多年生落叶乔木，树高可达 15～20m，直径约 50cm。杜仲皮呈淡棕灰色，外表粗糙，有不规则纵向槽纹及横裂的斜方皮孔；杜仲叶呈长椭圆或卵形，长 6～16cm，宽 3～4cm；杜仲花为雌雄异株，雄花簇生，花期为每年 4 月；杜仲果成熟期则为每年 10 月。杜仲是杜仲科全球仅存的孑遗植物，是研究被子植物系统演化以及中国植物区系起源的重要素材，其野生植株已被纳入国家二级保护植物范畴。杜仲不仅具有很高的科研价值，也拥有重要经济价值，对杜仲资源的深入开发利用极为必要。2015 年 12 月国家发改委批准在湖南湘西成立杜仲综合利用技术国家与地方联合工程实验室，在此前后行业与企业分别组建了多家杜仲资源产业联盟。数十年来，我国科技工作者选育了一系列杜仲品种（品系），以适应干旱和低温环境，或者在相对贫瘠的土壤中良好生长。但是，提高产胶量和增强药效成分才是现代杜仲主要的育种目标，只有通过不断培育新的种质资源，才能使杜仲快速进入现代工业应用，实现新型产业的升级。

杜仲适宜于温暖湿润、阳光充足的环境，可耐受–30℃的气温条件，在海拔 200～1500m 范围，甚至 2500m 都有分布，同时在多数土壤中都可正常生长，因而我国从新疆到云南的大部地区均有生长或人工栽培。中国从 20 世纪 80 年代开始重视杜仲资源的开发利用以及相关种植基地的建设，目前人工栽培杜仲范围多达 27 个省市，主要包括湖南、湖北、江西、安徽、河南、新疆、贵州等，但以长江中游和南部各省为主，种植面积在 40 万 hm^2 以上。随着国外对杜仲关注度的提高，杜仲被不少国家和地区成功引种，并成为当地特色经济植物品种。

欧洲 1896 年从中国引种杜仲资源，形成欧洲园艺的树种，至今英国和法国等欧洲国家都有成材的杜仲树；日本 1899 年将杜仲引入群马县，后来扩散到 24 个县，成为国外种植面积最大的国家，日本开发杜仲主要目标是医药保健和食材用途；俄国 1906 年也从我国引种，以解决硬橡胶资源，并培育出耐寒杜仲品种；美国 1952 年也成功引种杜仲，目前主要做庭院和行道树种；其他直接或间接引种中国杜仲的国家还有韩国、朝鲜、加拿大、印度等国家。境外积极引种杜仲资源，一方面为了一己之私，同时也推动了资源竞争和研究合作，更进一步显示了杜仲作为植物资源的价值和应用潜力。

6.2.6.2　杜仲生物质资源利用

杜仲是多年生阔叶树种，传统应用中仅以杜仲茎皮入药，综合利用率很低。从 20 世纪 50 年代开始，国内外研究者对杜仲展开了广泛研究，除了杜仲皮这一传统部位药材药

---

① 该部分作者为施伟。

理活性和成分研究，其他部位的功效及应用研究也相继开展，其中对可再生部位的研究关注较多，包括叶、雄花、果实、种子等，大大拓展了杜仲资源的利用范围。图 6-10 显示了杜仲各部位在医药、化工、食品等领域的用途，展示了杜仲资源产业应用潜力。但是，目前大多数应用规模都很小，且处于研究或产业初期阶段。

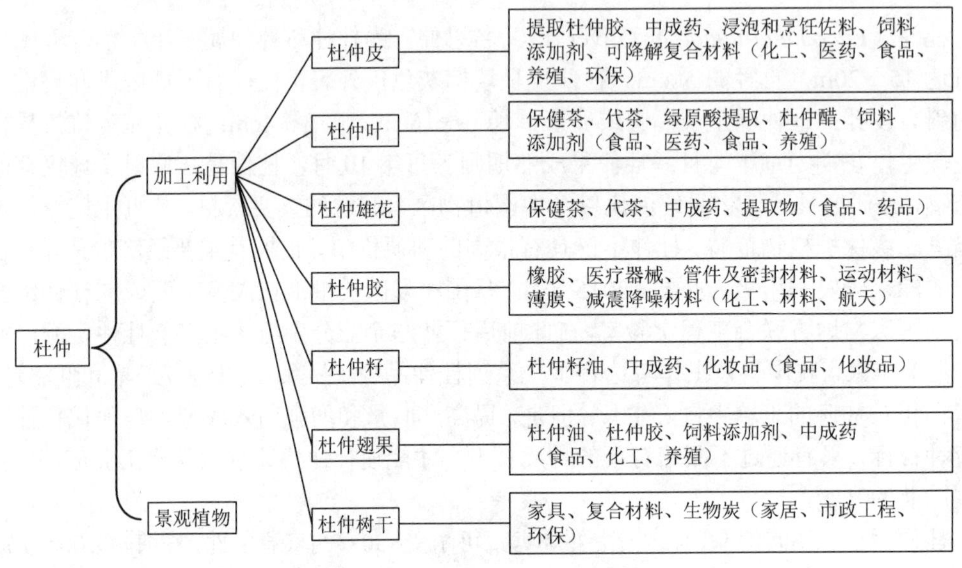

图 6-10　杜仲生物质各部位的用途

1. 杜仲皮及其药用

杜仲皮，又称扯丝皮，干燥加工后，即为中国名贵滋补药材“杜仲”。杜仲已有 2000 多年的用药历史，其味甘，性温，归肝、肾经，有补益肝肾、强筋壮骨、调理冲任、固经安胎的功效。对于肾阳虚引起的腰腿痛或酸软无力，肝气虚引起的胞胎不固，阴囊湿痒等症都有疗效。杜仲在《神农本草经》中被列为上品，谓其“久服轻身耐老。主腰膝痛，强志，坚筋骨，补中益精气，除阴下痒湿，小便余沥”。现代研究显示，杜仲具有降压、预防骨质疏松、抗炎、保护神经、保护肝脏等功效。

杜仲皮除了入药，民间还用作泡茶、泡酒和烹饪佐料等。作为饲料添加剂时，可提升畜禽的免疫力，提高畜禽的生产性能，改善畜禽肉品质，同时绿色无毒害，可以有效替代抗生素。在资源充足或培养高品质产品时，推荐采用。

2. 杜仲叶

许多研究表明，杜仲叶与杜仲皮有相似的有效成分和药理作用，可以叶代皮，且有望克服因杜仲皮生长周期长和剥皮后易造成死亡的缺陷。目前在杜仲叶中已确定了超过 70 种有机化合物，无机矿物元素不低于 15 种。多样的成分使杜仲叶具有降压、预防骨质疏松、降血糖、调节血脂、免疫调节、抗疲劳及抗氧化等作用。采收的杜仲叶，经加工可以实现生物质保存，并进一步形成多种产品，广泛应用到医药、食品及日用化工等诸多领域。以杜仲叶为原料，提取绿原酸、杜仲胶等有效成分，可大大提升杜仲的产业价值。与杜仲皮相似，杜仲叶也可开发为动物功能性饲料，同样具有改善动物饲养品质的效果。

3. 杜仲雄花

研究表明，杜仲雄花富含黄酮类化合物、绿原酸、桃叶珊瑚苷、京尼平苷酸等活性物质，矿质元素、粗蛋白、维生素的含量也很丰富，所含氨基酸涵盖了人体所需 8 种必需氨基酸，因而营养价值和医疗保健作用突出。杜仲雄花已经被证明有镇静催眠、抗氧化应激、抗炎、镇痛、抑菌、免疫调节等作用，民间也以杜仲雄花入药，改善男性功能。目前，除了用作传粉受精以外，杜仲雄花还被用于杜仲雄花茶的开发。以杜仲雄花的雄蕊和花芽为主要原料生产的杜仲雄花茶，口味接近普通茶叶，又具有杜仲雄花特有的香甜，口感好，适合用于高档保健茶的开发。此外，杜仲雄花粉也拥有极高的营养和药用价值，经过破壁处理，利于人体消化道对其有效成分的吸收利用，是一种有价值的保健用品。杜仲雄花产量大，采集容易，为其开发利用提供了资源保障。

4. 杜仲胶

杜仲胶是杜仲生物质利用中最为重要的部分。杜仲胶主要来源于杜仲的树皮、翅果。杜仲胶含量以翅果为最（8.03%～12.19%），树皮次之（5.85%～10.25%），树叶较少（1%～3%），呈现为丝状物形态。杜仲胶是一种天然高分子材料，与天然橡胶同为异戊二烯高聚物，具有不含杂质、熔点低、共混性好、加工性好等优点，可广泛地应用于各行业领域，属于十分重要的国家战略资源。杜仲胶经过加工后可以用于特殊功能轮胎的生产，其弹性好、生热低、耐穿刺；用于医疗器械生产，无毒无害、成本低，如牙科填充材料、骨科固定板夹、假肢、矫形器材；用于管件接头及密封材料生产，可塑性好、抗水解、防渗漏、抗腐蚀，还具有形状记忆，如海底电缆材料；用于运动材料生产，舒适度好、具有可逆形变能力，如运动护具、球拍；用于气密性薄膜生产，强度高、气密性强；用于减震降噪材料生产，耐寒、耐腐蚀，具有绝缘和高阻尼特性。图 6-11 为人工栽培 20 年左右的杜仲树以及叶组织和翅果中杜仲胶的存在。

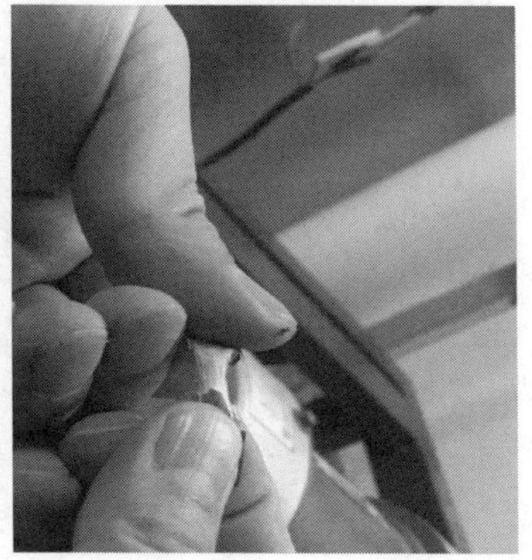

图 6-11　人工栽培的杜仲树和叶组织中的杜仲胶

谢友旺拍摄于湖南张家界；左：杜仲树干；中：杜仲叶断面；右：杜仲翅果

5. 其他部位及其利用

杜仲果仁含油率高达 25%～30%，并且含有丰富的不饱和脂肪酸，α-亚麻酸含量达 60%，是一种高油酸性油脂。杜仲籽油稳定性好，无毒无害，实验显示无遗传毒性，可用作高级保健食用油。杜仲翅果皮富含杜仲胶和纤维素，还可以用于提取桃叶珊瑚苷、绿原酸、多聚环烯醚萜苷等多种活性成分。杜仲皮或翅果入药，或与其他药材配伍，所开发出的系列中药颗粒剂和胶囊等产品，部分已经进入市场。在炼制利用方面，各地企业开发出杜仲籽油胶囊、杜仲叶牙膏、杜仲原萃肥皂和洗发液等，均已经形成一定市场或即将投放市场。

6.2.6.3　杜仲黑茶开发

杜仲黑茶一般是采摘杜仲初春芽与茶叶（4∶1 参照比例）混合，按照传统黑茶生产工艺制备的保健茶产品，被誉为茶疗珍品。研究显示杜仲茶可降“三高”，强筋骨；长期饮用有利于控制通便排毒。图 6-12 显示杜仲黑茶产品和高端黑茶的“金花”。

图 6-12　杜仲黑茶展示

谢友旺提供；左：传统杜仲黑茶生产车间；右：杜仲黑茶局部

通过对杜仲黑茶成分分析显示，按照传统工艺制作的杜仲黑茶在矿物元素和氨基酸、总黄酮和多糖含量方面具有很高的营养健康价值（表 6-2、表 6-3）。

进一步分析显示，杜仲黑茶 75%乙醇提取物具有较强的 DP-PH 自由基清除活性，IC_{50} 值为（17.0±2.0）μg/(mL)。其中，杜仲黑茶中的 9 种抗氧化活性成分分别为：①5 个酚酸类（没食子酸、新绿原酸、原儿茶酸、绿原酸和咖啡酸）；②4 个黄酮类（表没食子儿茶素没食子酸酯、槲皮素-3-*O*-桑布双糖苷、芦丁和异槲皮苷）化合物。其他研究显示，杜仲黑茶成分能够提高雄性动物生殖能力，其组合功效还需结合进一步动物实验模型进行表征。

表 6-2　杜仲黑茶中矿物元素分析结果

Sections 部门	Analytes(Units)分析物（单位）	Methods 方法	Rpt Lmt 报告限	Results 结果
Sample ID 样品编号：LR585282-001				
Q MT	P 磷（mg/kg）☆2	SS/TAO/SOP/4046-01	10	2392
Q MT	B 硼（mg/kg）	GB 5009.268-2016 1st Method 第一法	0.5	17.6
Q MT	Ca 钙（mg/kg）	GB 5009.268-2016 1st Method 第一法	10	7110
Q MT	Co 钴（mg/kg）	GB 5009.268-2016 1st Method 第一法	0.01	0.187
Q MT	Cr 铬（mg/kg）	GB 5009.268-2016 1st Method 第一法	0.05	1.16
Q MT	Cu 铜（mg/kg）	GB 5009.268-2016 1st Method 第一法	0.5	8.31
Q MT	Fe 铁（mg/kg）	GB 5009.268-2016 1st Method 第一法	1	1100
Q MT	K 钾（mg/kg）	GB 5009.268-2016 1st Method 第一法	10	14 400
Q MT	Mg 镁（mg/kg）	GB 5009.268-2016 1st Method 第一法	10	2060
Q MT	Mn 锰（mg/kg）	GB 5009.268-2016 1st Method 第一法	0.5	314
Q MT	Mo 钼（mg/kg）	GB 5009.268-2016 1st Method 第一法	0.01	0.149
Q MT	Na 钠（mg/kg）	GB 5009.268-2016 1st Method 第一法	10	152
Q MT	Ni 镍（mg/kg）	GB 5009.268-2016 1st Method 第一法	0.5	1.82
Q MT	Pb 铅（mg/kg）	GB 5009.268-2016 1st Method 第一法	0.01	0.690
Q MT	Se 硒（mg/kg）	GB 5009.268-2016 1st Method 第一法	0.05	0.223
Q MT	V 钒（mg/kg）	GB 5009.268-2016 1st Method 第一法	0.01	0.307
Q MT	Zn 锌（mg/kg）	GB 5009.268-2016 1st Method 第一法	1	27.1
Q MT	Iodine 碘（mg/kg）☆2	ICP/METH/002 V1.0	1	<1
Q PC	Fluorine 氟（mg/kg）☆2	GB 19965-2005 Annex A 附录 A	0.5	23

☆2-outside of CNAS accreditation，在 CNAS 认可范围外。

表 6-3　杜仲黑茶氨基酸、总黄酮和多糖含量

Sections 部门	Analytes(Units)分析物（单位）	Methods 方法	Rpt Lmt 报告限	Results 结果
Sample ID 样品编号：LR585282-001				
Q PC	Lysine 赖氨酸（g/100g）	GB 5009.124-2016	0.01	0.45
Q PC	Phenylalanine 苯丙氨酸（g/100g）	GB 5009.124-2016	0.01	0.97
Q PC	Methionine 蛋氨酸（甲硫氨酸）(g/100g)	GB 5009.124-2016	0.01	0.16
Q PC	Threonine 苏氨酸（g/100g）	GB 5009.124-2016	0.01	0.69
Q PC	lsoleucine 异亮氨酸（g/100g）	GB 5009.124-2016	0.01	0.78
Q PC	Leucine 亮氨酸（g/100g）	GB 5009.124-2016	0.01	1.37
Q PC	Valine 缬氨酸（g/100g）	GB 5009.124-2016	0.01	0.79
Q PC	Histidine 组氨酸（g/100g）	GB 5009.124-2016	0.01	0.29
Q PC	Serine 丝氨酸（g/100g）	GB 5009.124-2016	0.01	0.74
Q PC	Alanine 丙氨酸（g/100g）	GB 5009.124-2016	0.01	0.81
Q PC	Tyrosine 酪氨酸（g/100g）	GB 5009.124-2016	0.01	0.68
Q PC	Glycine 甘氨酸（g/100g）	GB 5009.124-2016	0.01	0.77
Q PC	Clutamate 谷氨酸（g/100g）	GB 5009.124-2016	0.01	1.58
Q PC	Aspartate 天冬氨酸（g/100g）	GB 5009.124-2016	0.01	1.34
Q PC	Arginine 精氨酸（g/100g）	GB 5009.124-2016	0.01	0.74
Q PC	Proline 脯氨酸（g/100g）	GB 5009.124-2016	0.01	0.83
Q PC	Total Amount of the above Amino Acids(16 items)以上氨基酸的总量（16 项）（g/100g）	GB 5009.124-2016	---	12.99
#	Flavonoids(rutin) 总黄酮(以芦丁计)（%）☆2	《中国药典》2015 年版四部通则 0401	0.01	5.25
#	Polysaccharides 多糖（%）☆2	《保健食品功效成分检测方法》P73	0.01	3.68

6.2.6.4　杜仲产业开发策略

杜仲是我国特有药用植物，是常用中药材，每年都有一定的需求量。药厂是杜仲市场上最大的销售对象，各地中药房次之。同时杜仲每年的出口量也较大。杜仲相关保健食品的开发，也占据了一部分杜仲消耗，且逐年增加。虽然目前我国在杜仲的定向育种、高效栽培、加工技术、综合利用等领域上，正在逐步形成自己的市场和知识产权，但是杜仲新的药用功效和保健功能都还未被大众熟知，结合开发程度较低的国内市场，杜仲资源供需失衡、产品价格难达理想状态，从而阻碍了产业发展。此外，由于我国杜仲的加工仍处于较为粗放阶段，产品技术含量不高，产品质量低下，大多只能以原料形态进行出口，这可能会使我国丧失原有的资源垄断优势。与此同时，国外市场上杜仲的关注度正在日益提高，如日本引进我国杜仲资源后，进行种植和研究，在杜仲市场开发方面已具相当经验，有多款杜仲产品，目标瞄准欧、美、东南亚市场。

我国气候条件适宜杜仲生长，目前可种植杜仲面积占全世界的96%，初级资源垄断性优势明显，将优势转化为价值是杜仲资源开发刻不容缓的任务。现阶段对于杜仲的开发利用并不充分，仍需从多角度入手全面挖掘杜仲的价值，促进杜仲资源利用率达到最大化。应继续推动杜仲不同部位的化学成分和药理作用研究，实现“代皮”药用，并拥有各自的特色用途。不断完善杜仲质量控制体系，建立多种物质含量和生物活性测定新方法，探索杜仲各部分加工处理方法，实现资源有效利用。研究和推行杜仲胶提取新工艺，解决传统的提取方法效率低、溶剂用量大和环境污染严重等问题。其他相关配套也需引导开发，以完善杜仲资源产业链，使初期、中期和末端衔接紧密。为便于统筹基地建设、产品加工和市场销售，可选择适合性区域重点发展，适地适树，形成示范效应。对于现有的杜仲基地建设，可采用良种种植，确保高产高效，使各方受益。企业与基地要进行配套建设，实现紧密结合。培育龙头企业和现代企业，加强杜仲产品、技术和装备的研发，对杜仲资源进行深度综合利用。在发展杜仲产业的过程中，应提倡和鼓励与精准扶贫、乡村振兴等国家战略相结合，融入建设美丽、健康中国理念，以杜仲产业园区、杜仲健康小镇、杜仲旅游康养基地等多样形式呈现，最终实现杜仲产业的可持续发展。

点评 1（点评人：陈集双）

杜仲全身是宝，被称为“黄金树种”。很少有一种树木资源像杜仲一样，叶、花、（翅）果、皮都有广泛用途。杜仲地域适应性广，病虫害发生少，是有潜力的绿色资源树种药材。

我国大规模发展杜仲产业的最初动力，是解决橡胶短缺危机。但是，杜仲胶的材料化工业利用目标，一直没有实现。其中，最根本的原因是含胶量达不到巴西橡胶树的水平，相对成本高。因此，导致杜仲生物质生产普遍过剩的事实。

已经具有相当规模的杜仲资源，配合杜仲入药的传统，加上研究人员在育种和分析方面的努力，形成的生物资源规模，为继续发展杜仲产业创造了好的基础条件。目前，我国已经形成杜仲的果园化栽培、雄花栽培、传统药用栽培、杜仲叶栽培的生产模式，都有一定经济效益。

充分发挥杜仲资源的价值，第一，需要加强育种和栽培管理体系建设，如育成含胶量高、适合矮化密植和机械化收获的新品种，配套自动化和智能化管理，并配套开发炼制工艺和适农设备，形成现代化生物资源产业模式。第二，加强基础研究，对杜仲黑茶等民间认可的产品，需要明确功效和使用规范，扩大市场，保障农民和生产企业积极性。第三，最重要的环节是加快进入药食同源食品进度。只有杜仲进入新资源食品目录，才能在法律保障下，让杜仲资源服务于大健康产业。

点评 2（点评人：陈功锡）

杜仲是我国特有的珍稀植物资源，杜仲产业是典型的复合型产业。杜仲独特的价值决定了种植杜仲不仅可以发挥重要生态功能，还能极大地促进山区农林产业的发展。多种多样的杜仲深加工产品在不断丰富人们生活、造福人类健康的同时，通过杜仲胶等新材料进一步拓展现代工业的应用和发展空间。

杜仲生物资源是杜仲产业的基础和前提。在杜仲种植业方面，要在保护种质资源基础上，培育出适合不同需要的新型优良品种，推行高效立体栽种和采收粗加工模式；在杜仲深加工方面，需要从杜仲胶、生物医药、功能食品和无抗饲料四方发力形成集群优势。杜仲产业顺应了大健康、新材料等产业趋势，结合长期的生态环境建设需要和当前的乡村振兴战略实施，杜仲产业必将大有可为。

发展杜仲产业是一项系统工程。在杜仲产业发展过程中全质化、高值化综合利用是目标，保护与培植资源是基础，系统的科学技术研究是支撑，适宜的发展模式是关键。

6.2.7　生物资源在连作障碍中的防治效应①

同一土地连续种植同一或近缘作物，常发生病虫害增加，长势、产量和品质变差的现象即为“连作障碍”，又称作“忌地现象”“再植病害”或“重茬问题”。连作障碍以豆类、瓜类、茄科等作物发生较普遍，其中药用植物往往发生更严重。连作障碍一方面造成减产降质，另一方面导致适宜耕地减少，进而引发山林破坏及农药滥用，如此恶性循环，严重制约着农业及中药产业的可持续发展。因此，揭示连作障碍成因、发展高效防治技术迫在眉睫。

6.2.7.1　连作障碍现状及成因

1. 连作障碍现状

连作障碍普遍发生于多种农作物。大豆连作常出现植株矮化、根系发育不良、叶黄病等病害频发，虫食率和病粒率增加，蛋白质含量下降而脂肪含量增加。烟草连续种植2年后，烟株瘦小，生长缓慢，烟叶产量和质量均下降；连续种植3年后植株大面积死亡。黄瓜和番茄连作后，维生素C和可溶性固形物含量及糖酸比降低，风味变差，品质变劣。

相比于农作物，药用植物的连作障碍更加严重。据估计，60%中药材面临严重的连作

---

① 该部分作者为胡秀芳。

障碍问题，其中根部是连作障碍最易发病部位，且难以预防，因此以根入药的地黄（*Rehmannia glutinosa*）、丹参（*Salvia miltiorrhiza*）、玄参（*Scrophularia ningpoensis*）、人参（*Panax ginseng*）、西洋参（*Panax quinquefolius*）和三七（*Panax notoginseng*）等中药材连作障碍问题尤为突出。如种植玄参的土壤需间隔3～4年才可再种；地黄的轮作间隔年限是10～15年；人参的轮作间隔年限需30年以上，否则病害严重。因此，连作障碍防治技术对中药材产业持续发展极其关键。

2. 连作障碍成因

关于连作障碍的形成原因，研究人员最早提出“毒素学说”，认为是生物“相生相克”的结果，日本则提出“五大因子学说”。近年来，关于连作障碍的成因已有大量研究，主要有化感自毒作用、土壤理化性质劣变及土壤微生态失衡。

1）化感自毒作用

化感作用是指植物根系通过向周围土壤环境释放化学物质，形成根围微环境，抑制其他植物生长。30%～40%的植物光合产物通过根系分泌到根际，主要包括七大类：糖类、氨基酸类、酚酸类、蛋白质类、有机酸类、甾醇类和生长因子。植物不同生长时期的根系分泌物的种类和数量不同，前期主要分泌糖类和氨基酸，后期主要分泌有机酸、酚酸等次生代谢产物。根系次生代谢产物是主要自毒物质，与连作障碍密切相关：抑制矿质离子的吸收，抑制根系生长、光合作用和植物酶活性，诱导病原微生物。

2）土壤理化性质劣变

土壤理化性质的改变也可引起连作障碍。种植土壤常发生酸化、板结、盐渍化、营养元素失调。作物对不同营养的需求和吸收率不同，同一作物长期连作，必然会造成土壤中某些元素的富集或亏缺，亏缺的元素得不到及时补充，便会出现“木桶效应”；某些元素的富集则可能产生毒害。营养元素的亏缺、有害元素的富集及土壤酸化均可抑制作物的生长，导致植物的抗逆能力、产量和品质下降。此外，酸化、盐渍化在连作土壤中非常突出，也是引起连作障碍的重要原因。

3）土壤微生态失衡

微生态失衡既是连作障碍的成因也是结果。根系分泌物自毒物质的积累、土壤营养和元素失衡及理化性质的改变必然抑制一些微生物的生长，同时刺激和诱导另外一些微生物的生长繁殖，导致根际微生态失衡。土壤微生物一般以细菌最多，真菌和放线菌数量次之。连作常导致土壤微生物由高肥力的“细菌型”向低肥力的“真菌型”转化，有益菌减少，致病菌增多，群落结构趋于简单。可见，连作导致根际微生物功能多样性和种群多样性均发生明显变化，进而影响吸收和抗性而抑制作物生长。

6.2.7.2　生物资源防治连作障碍

1. 植物资源用于轮作套种

轮作是解决连作障碍最常见、最简单的方法，科学间种、混种或套种也可有效避免自毒作用的发生。

用病原菌非寄主植物进行轮作可降低连作病害。选择轮作作物时，需考虑到前茬植物的化感作用，故一般选择亲缘关系较远的植物。研究表明，采用小麦和油菜与丹参进行轮作，发现随着轮作年限的增加，细菌和放线菌数量逐渐增加，真菌数量逐渐减少。采用小麦、水萝卜与连作花生实行模拟轮作，可减轻或解除花生的连作障碍；辣椒-茄子、黄瓜-翻青玉米、黄瓜-翻青黑豆、黄瓜-豇豆轮作可有效预防和克服连作障碍。许多葱蒜类十字花科作物可产生含硫化合物，对蔬菜的根系分泌物、多种细菌和真菌具有较强的抑制作用，因此常被用于间作或套种。此外，苜蓿类植物因良好的抗逆与固氮活性，常被用作轮作植物。

2. 微生物资源用于改善微生态

微生物是土壤生态系统的核心，据估算，1g 土壤中有数千至数十亿微生物。土壤微生物主要充当分解者的角色，对有机物的分解与转化、养分循环与利用、温室气体产生、污染环境净化等起重要作用。此外，微生物还有促进生长和生物防治功效，这对促进植物生长、减少环境污染、降低农药使用具有重要意义。

1）分解自毒物质

采用微生物分解自毒物质，从根本上消除连作障碍因子。利用微生物技术，将根系分泌物、作物残体腐解形成的有害物质进行降解、分解或解毒，可有效解除或缓解自毒物质的抑制作用。近年来从土壤中分离到的植物促生菌和病原菌抑制菌可降解根系分泌的自毒物质，从而减轻连作障碍。因此利用微生物降解自毒物质是从源头上缓解连作障碍的关键。

2）抑制病原菌

利用拮抗菌，通过“以菌治菌”的生态学方法控制土传病害是缓解连作问题的有效方法。植物连作后，在土壤中人为接种生防菌，使其成为优势菌属，从而抑制病原菌的生长，并促进植物生长。木霉是生物防治中应用比较多的一种微生物，对西洋参立枯病、北沙参菌核病、黄芩根腐病等具有较好的防治效果。目前世界上已有多个实现产业化的木霉菌剂，用于防治大面积作物及中药材病虫害的发生。此外，多种细菌被筛选到可抑制连作常见坏损柱孢（*C. destructans*）和双孢柱孢（*C. didynum*）等病原菌。因此，安全有效的微生物制剂将是防治病害的一个新的研究方向。

3）促进植物生长

植物根及根际存在许多益生菌，促进植物生长、增加作物产量、防治病害的有益微生物被认为是根际促生菌（plant growth-promoting rhizobacteria，PGPR）。它们通过多种途径促进植物生长。

（1）固氮解磷解钾。根际促生菌能将空气中的无机氮转化为有机氮，为植物的生长提供氮营养，如 *Bacillus*、*Azorhizobium*、*Rhizobium* 等。研究报道，小麦接种 *Azospirillum* sp. 后产量及蛋白质含量显著增加。根际促生菌可分泌磷酸酶或有机酸，降解有机磷或溶解无机磷，促进植物吸收磷、钾。常见解磷解钾 PGPR 有 *Pseudomonas*、*Nitrobacter*、*Enterobacter* 等属。

（2）产生活性物质。PGPR 可产生多种活性物质如细胞分裂素、赤霉素、吲哚乙酸、生长素等促进植物生长。吲哚乙酸（IAA）是植物生长调节的关键物质，通过促进根毛增殖和伸长而促进植物生长发育。一些 PGPR 产生 ACC 脱氨酶，分解乙烯合成前体 ACC，抑制乙烯合成，从而提高植物抗逆性和促进植物生长。

3. 有机质改善营养

有机质是植物营养的主要来源之一，多种有机质可用于制造有机肥。有机肥含有多种生理活性物质和养分，在分解过程中，促进细菌和放线菌增殖，抑制病原菌繁殖，增强植物抗病虫害能力，同时补充氮、磷、钾等营养，调节土壤酸碱度。施用有机肥可有效改善土壤的理化和生物性质，使其保水、保肥、调温、透气功能得以增强，进而促进养分吸收有关的酶活性与植物根系活力。

有机肥主要来源于农业废弃物、畜禽粪便和工业废弃物。农业废弃物以秸秆为主，秸秆含氮、磷、钾及各种微量元素，可直接施用于土壤，提高土壤肥力；畜禽粪便来源广，含较多有机质和矿质元素，肥效全面持久；工业废弃物如酒渣、果渣、木薯渣等有机质含量高，使用时应注意调节 pH、重金属。有机肥肥效持久而无污染，又可减少农药使用，是改善土壤营养、提高作物品质的优良选择。

有机肥的种类和数量均对土壤碳库有所影响，且考虑到资源节约，需根据作物需求进行科学施肥。多种有机肥或有机肥与无机肥混施往往显著提高施肥效果。有机与无机肥配施可显著改善土壤酶活性、解决棉花连作和过量化肥随水滴施造成的土壤 pH 和有机质含量下降等问题。蚯蚓粪有机肥和腐殖酸有机肥混施效果显著高于单施蚯蚓粪有机肥或腐殖酸有机肥，不同有机肥配施均能提高连作苹果果实的外观和品质，其中蚯蚓粪有机肥配施腐殖酸有机肥效果最好。另外，拮抗菌与有机肥复合，对连作西瓜土壤生态改良以及枯萎病的防治起重要作用。

6.2.7.3 问题与展望

1. 揭示发病机理

国内外对连作障碍的研究虽然较多，但多集中于探讨连作驱动的土壤微生物群落的变化，或单纯的定性、定量分析土壤中化感自毒物质的组成和含量，或分析连作后土壤理化性状的变化，很少综合分析各个因素的相互联系、相互作用和彼此的因果关系，更没有科学方法评价各种因素对连作障碍的贡献和权重。因此，继续深入研究和准确评价连作障碍的主要因子及其相互关系是首要工作。

2. 集成防控措施

连作障碍涉及作物、土壤、环境等生物和非生物因素，而且各因素之间相互作用和相互影响，任何单一的防治措施都无法根本解决连作障碍问题。因此，在当前连作障碍成因不清楚的条件下，综合采用多种防控措施，多管齐下，才有可能增强连作障碍防治效果。首先，环境恶化因子的消除是首先需要解决的问题，包括自毒物质的降解、酸碱平衡调节、盐渍化去除等；其次，调节土壤营养平衡，包括有机与无机营养的平衡、不同矿物营养的平衡，通过增加有机质、匮缺的矿物质等实现；最后，增加有益微生物，调节微生态平衡，保障营养、抗性和促进生长等多种功效的正常化。

3. 展望

纵观连作障碍的各种防治措施，微生物防治是核心，自毒物质的降解、病害的防治、营养和促生都与微生物密切相关。因此，应围绕这个核心，加强两方面工作：①筛选各种功能性微生物，增加土壤中各种功能微生物的来源和供应；②调节环境和营养，促进有益微生物的定植和繁殖，双管齐下，保障防治效果的最大化和持久性。另外，连作障碍成因既有普遍性的因素，也存在个性化的因素，因此在连作障碍防治中有必要兼顾普遍性和个性化的防治策略。

综上，连作障碍发生普遍，在实际生产中应遵循土壤可持续利用的理念，针对连作障碍的主要成因，开发研究不同的防治措施或采用综合防治措施。

点评（点评人：陈集双）

作者对连作障碍的成因进行了分析，并提出了以微生物修复为主的措施，显示其对行业产业的理解和正向把控。但是，中国出现连作障碍的情况与欧美、日本等其他国家或地区可能很不一样，除了上述原因外，连作障碍的主要成因是大量使用化学品，尤其是农药。比如，我国西北个别地区种植半夏，每亩要用数十千克 $CuSO_4$，化学品的使用导致土地资源迅速退化，其破坏甚至不可逆转；同时，大棚栽培中的连作障碍发生更快、程度更高，大多数地区种植大棚土壤中根结线虫的数量超乎想象，成为影响土壤性能的第一号有害生物。只有明确不同地区和不同栽培模式下连作障碍的成因，才能有的放矢，因势利导，才能对症下药。

利用微生物资源调控土壤，具备良好的经济效益和社会效益。但是，往往需要与休耕、轮作等其他措施配合使用，其中，生物育苗基质和生物有机肥是有益微生物的重要载体。

6.2.8　中药渣资源化利用的物质基础[①]

中药渣是医药加工企业生产中草药过程中产生的主要固体副产物，也是中国特有的植物纤维资源。中药产业作为我国的传统产业，规模庞大。随着中草药生产、加工水平的提高，以及生产规模不断扩大，其过程中产生的中药渣废弃物日益增多和集中。据统计，2012 年，全国中药渣的年排放量达 3000 万 t；江苏省中药渣的年排放量已达 100 万 t，仅南京六大中药制药厂年排放量就达 10 万 t 以上。如果简单地将这些药渣堆放在外，日久霉烂发酵后不仅污染环境，也给周边群众的生产和生活造成危害。而由于对这一工业废物的处置没有较好的办法，企业为此每年不仅要缴纳数百万元的固体废弃物处置费，原本可被再次利用的中药渣也被浪费了；同时，以填埋为主要出路的处置方式还造成宝贵土地资源的浪费。对中药渣进行分门别类处理和资源化利用，既可以防止药渣随意抛弃污染环境，

① 该部分作者为袁琳。

又可变废为宝，节约资源。药渣是经过原药的煎煮后剩余的部分，这可以和造纸生产中的蒸煮过程相类比，药材在煎煮提取过程中，部分成分被提取出来，而对于造纸有用的综纤维素和戊聚糖部分却并没有损失，从而导致在药渣中这两种成分的相对含量增加，这使药渣用于造纸更加经济。而且，制浆造纸工业目前威胁森林和原料紧缺的局面使得药渣造纸更具有现实意义。

6.2.8.1　香茶菜药渣资源化利用理论基础

香茶菜（*Rabdosia amethystoides*）是一种代表性中药材，以根茎入药。该药材在我国种植广泛，仅浙江省缙云县 2007 年全县的香茶菜种植面积就已达 1700 多亩。采集香茶菜的新鲜药渣（图 6-13），对其纤维形态、长宽度、纤维细胞形态特点、化学成分分析等方面进行测定，各类细胞图如图 6-14 所示。从茎秆的化学组成方面看，香茶菜药渣中的灰分、热水抽出物、1%NaOH 抽出物、苯-醇抽出物、克拉森木素、综纤维素和戊聚糖含量分别为 3.01%、3.70%、25.90%、1.33%、20.17%、72.60%和 18.57%。香茶菜药渣茎秆的灰分比麦草低得多，与芦苇相当；但木素和综纤维素含量较高、戊聚糖含量较低；苯-醇抽出物与杨树相当。因此可预测在用于制浆时，用碱量较麦草要高；灰分含量较低，黑液性能可能较好，黑液碱回收时比麦草容易些；戊聚糖含量较低，浆料纤维强度可能会与麦草、芦苇相当；抽出物较高可能使浆料颜色加深。从茎秆纤维形态方面看：药渣茎秆平均纤维长度 0.68mm，长宽比 44.5，壁腔比 0.38。其纤维的平均长度较短，接近于杨木，纤维宽度较大，大于麦草、芦苇、皇竹草等材料，但比杨木窄。其纤维长宽比较小，接近于杨木。可预测其成纸匀度较好，成纸较为细腻。其纤维壁薄，与皇竹草接近，其壁腔比较大，壁腔大于麦草、芦苇和皇竹草，与杨木相当，可预测香茶菜药渣的纤维较僵硬，成纸时纤维间的接触面积小，成纸强度可能较差。通过比较分析香茶菜原药和药渣之间的造纸性能差异，发现煎煮流程在一定程度上改变了原料用于造纸的质量，使得中药煎煮后的药渣更能符合造纸原料的要求，因此表明一些同香茶菜质地相似的植物在制药流程结束之后有望成为制浆造纸的潜在原料，从技术层面为植物纤维资源末端利用提供了一种新的尝试。因此，对中药香茶菜药渣的化学组成和纤维形态的研究表明，其是一种可利用的制浆造纸原料。

图 6-13　中药香茶菜药渣

左：新鲜药渣；右：清洗后的药渣

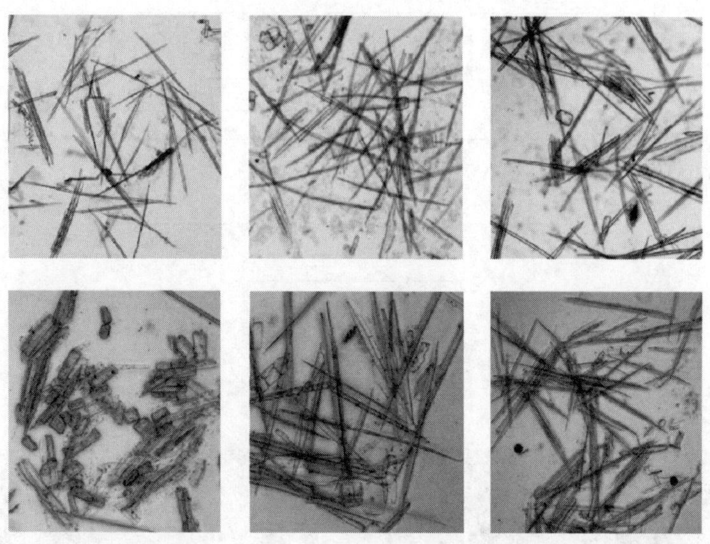

图 6-14 光学显微镜下香茶菜原药、药渣各类细胞全态图

上排：原药材；下排：药渣

根据图 6-14，原药材中纤维细胞相对紧绷，在水介质中显示强疏水性；而药渣中各类细胞都比较松弛，在水介质中显示一定亲水性。后者更适合制浆造纸工艺。显微观察得到类似结果，如图 6-15 所示。

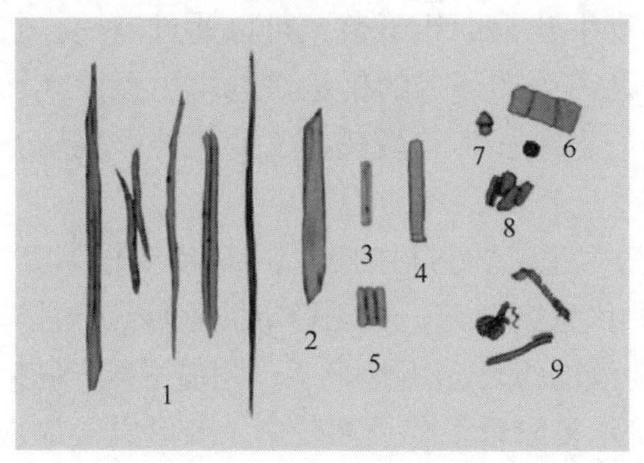

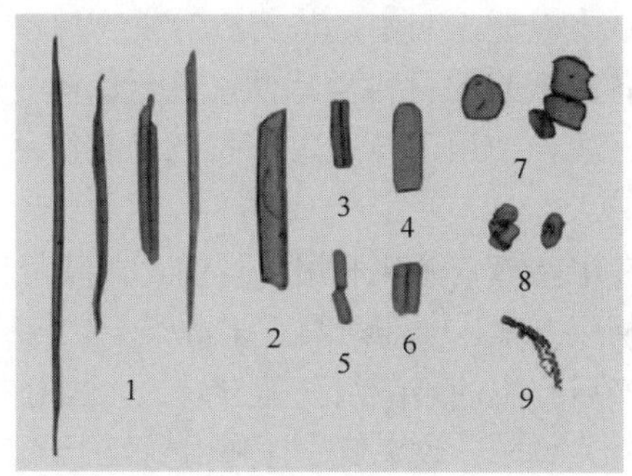

图 6-15 显微镜下香茶菜原药材和药渣各类细胞特征

左：原药材；右：药渣；1 为纤维细胞；2～6 为各类薄壁细胞；7、8 为石细胞；9 为螺旋状导管分子

6.2.8.2 药渣生物制浆和纸浆模塑工艺

纸浆模塑工艺产品主要是工业品和农产品内包装。纸浆模塑生产过程中涉及物料与能量平衡，纸浆模塑作为一种成熟的工业生产模式，其大生产状态下通常伴随着大量的人力、物力、财力，以及各种能源的输入，因此，估算出利用药渣纤维复配化学浆生产纸浆模塑产品过程中的相关物料与能源的平衡是一个重要内容，这对于工业化大生产中整体生产与部分生产部门的工作起到了宏观调控作用。图 6-16 显示了纸浆模塑工艺流程和生产要素；图 6-17 为药渣纤维经过漂白后纸浆制作的工艺品和包装产品。

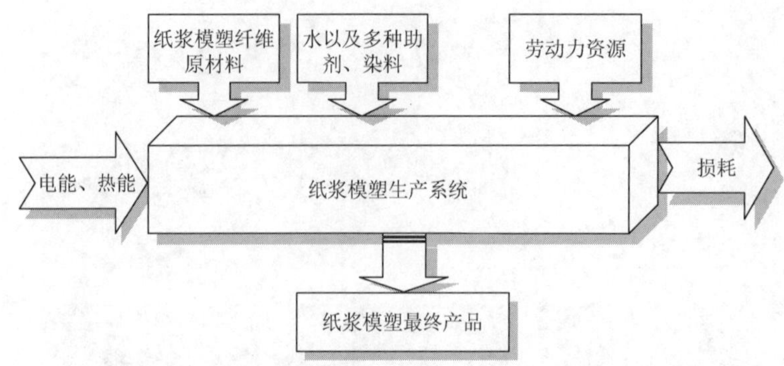

图 6-16　纸浆模塑工艺流程和生产要素

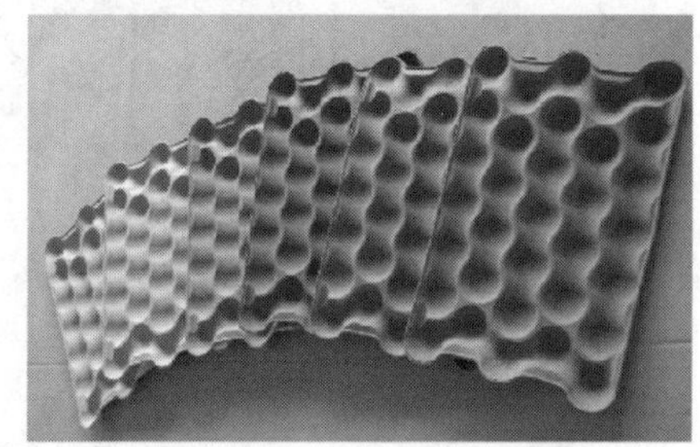

图 6-17　纸浆模塑工艺品和包装产品

纸浆模塑工艺中，从药渣等生物质废弃物中获得的粗纸浆，可以通过漂白、软化获得具备新纸浆的材料学特性，甚至色泽。但是，更加环保的用途是与再生纸浆（回收废纸浆）配合使用，开发生产系列包装产品，如水果托、鸡蛋托、工业包装、轻质物流托架等。

在中药渣资源化利用过程中，尤其是作为大宗工业材料的过程中，需要根据其特点，采用相应方案。中药渣具有来源不一、无标准化生产工艺、缺乏稳定性等特点，且每种中药生产后产生的药渣组分差异较大，这为中药渣的综合利用带来了一定的困难，包括综合利用方式单一、效率低，且利用多处于试验、示范阶段，普及面较小，未形成一定规模的循环产业链等。现有中药渣利用的主要途径包括用作栽培料培养食用菌，用作禽畜饲料添加剂，进行有效成分再提取，及用于废水处理等，但这些中药渣利用的研究还不够广泛和深入，很少有处理途径能够对其中大量的植物纤维资源进行有效利用，更没有达到高值化利用的有利局面。因此，基于中药渣自身的特点，对其中大量的植物纤维资源进行有效利用是未来的一个发展方向，例如，在中药渣制浆造纸的工艺中去掉漂白流程，制成粗纸浆作为包装材料及填充材料；将其与塑料结合生成复合材料，用以生产内包装、花盆等。总之，具有高植物纤维含量的中药渣是制浆造纸工业的潜在原料，将两者结合无论是对环境压力的缓解还是社会经济效益方面都有着重要的意义和广阔的前景。

点评 1（点评人：陈集双）

中药渣是典型的需要处置的生物质，也基本上是中国特有的一类生物质，而不仅是废弃物。首先，目前中国大多数中药提取企业和药厂多多少少都有利用中药渣的方案，只是程度不同的问题，比如作为养殖动物的饲料、沤肥、二次利用等；其次，利用中药渣与其他微生物实现固体发酵，有可能获得更高价值的产物，更广阔的医药原料与产品，甚至有可能形成新的产业。

中药渣的基本特征：首先，大多数中药渣就是去除了灰分和可溶性物的木质纤维素，是更纯的木质纤维素生物质；其次，中药渣的来源多样，也就决定了中药渣作为一类生物质，其物理状态和化学组成也千差万别；再次，中药在配伍和提取过程中，往往需要与其他药材和材料（包括矿物原料、动物源材料等）一起蒸煮处理，带来更多的复杂性。但是，工业化提取产生的中药渣作为资源利用时，更容易控制质量和纯度。

根据以上特点，中药渣利用过程中，优先考虑将其分类处理，加工成具备一定质量特征的工业级原料，获得质量控制；其中，包括水分的控制。比如，利用中药渣已经蒸煮和去除灰分，而且本身潮湿的特点，利用高浓磨浆机直接加工成长纤维“纸浆”；这种包含纤维素、半纤维素和木质素的长纤维，能够与普通纸浆和废纸浆一起生产大型工业包装产品，后者具备比普通纸浆和废纸浆所生产产品更好的强度和硬挺度；这一方案在用根茎部位作为提取原料的大型制药厂比较适合，也适合南方地区和纸浆模塑行业比较集中的地区。同时，我国北方干燥地区，或通过有机相提取的药渣资源，可以磨粉后替代木粉，或与塑料一同造粒后，作为木塑产业的基本原料。

目前，中药的改革使用，部分医院和制药厂开始采用先提取后配伍的使用模式，分开提取的模式，更便于中药渣的综合利用。

点评2（点评人：蒋继宏）

我国中药渣资源十分丰富，因此如何充分利用中药渣资源是热点，而弄清其物质基础尤为重要，如有典型案例分析就更好了！

6.2.9　纳米材料与过敏原检测潜力[①]

6.2.9.1　纳米材料

纳米材料，通常是指能产生物理化学性质显著变化且其尺度在100nm以下的细小材料。因其尺度已接近光的波长，加上其具有大表面的特殊效应，因此其所表现的特性，例如熔点、磁性、光学、导热、导电特性等，往往不同于该物质在整体状态时所表现的性质。我们知道当物质尺度小到一定程度时，则必须改用量子力学取代传统力学的观点来描述它的行为，当粒子尺度由10μm降至10nm时，其粒径虽改变为原来的1/1000，但其体积则变为原来的$1/10^9$，二者在行为上将产生明显的差异。一般常见的磁性物质均属多磁区的集合体，当粒子尺寸小至无法区分出其磁区时，即形成单磁区的磁性物质。因此磁性材料制作成超微粒子或薄膜时，将成为优异的纳米磁性材料，应用十分广阔，

① 该部分作者为高其康。

市场潜力巨大。前期发布的一项报告显示，全球聚合物纳米复合材料年营业收入达 2.23 亿美元，应用范围包括航空航天、汽车、食品、医药和电子产品包装、体育用品以及电子电气产品。未来市场的突破口应在信息、通信、环境和医药等领域。总之，纳米技术正成为各国科技界所关注的焦点，正如钱学森院士所预言的那样：纳米左右和纳米以下的结构将是下一阶段科技发展的特点，会是一次技术革命，从而将是 21 世纪的又一次产业革命。

6.2.9.2 生物纳米材料

生物纳米材料指来源于生物且其大小在 100nm 以下的纳米材料，如核酸、蛋白质、肽类、多聚糖、脂质等，特别是核酸与蛋白质的生化、生物物理、生物力学、热力学与电磁学特征及其智能复合材料已成为生命科学与材料科学的交叉前沿。生物纳米材料可以分为两类：一种是适合于生物体内应用的纳米材料，它本身既可以具有生物活性，也可以不具有生物活性，仅易于被生物体接受，且不引起不良反应；另一类是利用生物分子的特性而发展的新型纳米材料，它们可能不再被用于生物体，而被用于其他纳米技术或微制造。如科学家通过在 DNA 的表面覆盖金属原子的培植方法，合成了导电的 DNA 链。生物化学教授 Jeremy Lee 实验室的研究者发现 DNA 很容易把锌、镍、钴等离子并入它的双螺旋的中心，并找到了在高 pH 等基本条件下，稳定 DNA 含有金属离子的状态，获得了新的 DNA 导电体。生物传感器还能用于鉴别混合物，如：环境毒素、毒品或蛋白质等，当这类分子结合到金属 DNA 上，将把金属离子排斥出来，导致电流中断。由于信号强度的减小正比于污染物的浓度，所以能够很容易地确定环境毒素的量。

生物体内的各种反应多发生在纳米水平，细胞内存在着形式多样的纳米级生物资源。随着纳米技术的不断发展，这些崭新的生物资源有待我们不断地去探索、挖掘。

6.2.9.3 超顺磁纳米微球

超顺磁纳米微球是利用纳米技术制备出来的一种内含超顺磁特性纳米材料的微球。在外部磁场作用下，超顺磁纳米微球能迅速从所在的溶液介质中定向移至磁场作用区，撤去外部磁场后，超顺磁纳米微球又可重悬浮于溶液介质中。这一特性为高灵敏度、甚至超灵敏度的生物检测创造了条件。同时超顺磁纳米微球又具有高分子微球的特性，可通过聚合和表面修饰等，在磁球表面引入羧基、氨基、巯基等各种不同性质的官能基团，这些官能基团能和蛋白质、核酸等多种分子发生交联，从而使得它在多种生命科学领域中得到广泛应用。

超顺磁微球作为一种新型的功能材料，对它的研究始于 20 世纪 70 年代。超顺磁微球的粒径具有可控性，从几纳米到几微米不等，与常见的生物大分子的尺寸相近，如细胞（10～100μm）、蛋白质（5～50nm）以及核酸（宽 2nm，长 10～100nm）；同时，这种微球具有磁性和纳米微球的多种特性，其中铁氧化物的纳米粒子为核心组成的多种粒径的超顺磁微球最具有研究价值，因为当磁场被移除时，其不会存在任何剩磁现象。

超顺磁微球具有如下显著特点：①具有较好的磁性，能够通过外加磁场的控制，迅速地聚集和再分散，即磁响应性高；②具有丰富的表面活性基团，超顺磁微球表面可以通过化学反应形成多种具有生物活性的官能团，如—OH、—COOH、—CHO、—NH_2 等，从而可连接具有生物活性的物质，如蛋白质、核酸等生物载体；③具有表面积效应，这个效应可具体反映在微球直径变小时，比表面积激增，微球官能团密度及选择性吸收能力变大，达到吸附膨胀的时间缩短，粒子的稳定性大大提高。

磁性高分子微球的突出特点在于在外加磁场的作用下的定向移动，为了充分显示其迅速、简便的分离特点，微球本身应具有较高的磁响应性。其中，磁响应性与粒径的关系问题值得我们注意：提高磁响应性的最简单的方法就是制备大粒径的超顺磁微球，而随着微球粒径的增大，其比表面积将减小，蛋白质、核酸等物质在其表面的吸附量将减少；而小粒径的超顺磁微球虽然具有高的比表面积，但其表面势能高，容易发生团聚现象。纳米粒子的超顺磁性不仅决定于其粒径，还决定于它的空间稳定性，因此，在超顺磁微球表面进行修饰不仅是为了稳定磁性粒子，还可以最小化其表面的磁性。目前，已经逐渐认识到，粒径大小对靶标分子的分离具有重要意义。因此，应针对不同的实际应用要求，选择超顺磁微球粒径。

根据应用目的不同，超顺磁微球需要具有不同的物理性质。用于生物学研究的超顺磁微球，首先须有尽可能高的饱和磁化强度，以方便粒子的聚集与再分散。其次，纳米磁性粒子在近中性水溶液条件下必须具有足够的稳定性，即其粒径、表面电荷和空间位阻作用必须达到胶体学稳定性的要求。磁性高分子微球的制备方式在很大程度上决定了粒径的大小、形状和粒度分布、表面性质，是整个技术环节的基础，也是最具挑战性的部分。常见的制备磁性高分子微球的方法主要有高分子包埋法、原位法（化学转化法）、单体聚合法以及无机化学领域的水热合成法。

（1）高分子包埋法是早期的一种制备方法，通过把磁性粒子分散于高分子溶液中，采用雾化、絮凝、沉积等手段得到高分子微球。该法制备的超顺磁微球的磁性氧化物粒子与外壳层的结合主要通过范德瓦尔斯力（包括氢键）、磁性粒子表面官能基团与高分子壳层官能基团形成的共价键。该方法制备简单，但所得微球粒径分布宽，形状不规则，粒径不易控制，壳层中会混杂有一些乳化剂之类的杂质，应用于免疫测定和生物磁分离领域会受到很大的限制。

（2）原位法（化学转化法）是指将一定浓度的纳米磁性金属阳离子渗透或交换到聚合物高分子材料中，然后利用化学转化法使金属阳离子转化为磁性金属氧化物，使之均匀分布在聚合物的孔结构中。该方法可根据不同的需要使微球表面具有不同的官能基团。相比较而言，该方法的优势显而易见，表现在：①单分散聚合物微球的粒径和粒径分布不变，因此最终所得的磁性高分子微球具有良好的单分散性；②具有超顺磁性的粒子均匀地分散在整个聚合物微球中，从而保证了所有超顺磁微球磁响应性的一致性；③可以制备出的超顺磁微球的粒径分布范围较广，约 0.5～20μm，且磁含量可高达 30%。虽然该方法合成的微球性能良好，但工艺过于复杂，制备成本高。

（3）单体聚合法是在磁性粒子与单体存在下，加入引发剂、稳定剂、乳化剂等聚合而成核壳式磁性高分子微球的方法。主要包括悬浮聚合法、乳液聚合法、分散聚合法 3 种方法。悬浮聚合法是将可磁化的亲油性磁性粒子分散在可聚合的单体中，该方法所得高分子超顺磁微球磁含量不易提高，且粒径分布过宽；乳液聚合法制备的磁性高分子微球粒径均一性较好，但磁性颗粒在微球中的分散不均匀，多数在微球表面，表面官能团层太薄，包覆不严密；分散聚合法易于引入官能基团，且单分散性好。

（4）水热合成法属于无机化学领域的一种合成方法。是指在温度为 100～1000℃、压力为 1MPa～1GPa 条件下利用水溶液中物质化学反应所进行的合成。在亚临界和超临界水热条件下，由于反应处于分子水平，反应性提高，因而水热反应可以替代某些高温固相反应。又由于水热反应的均相成核及非均相成核机制与固相反应的扩散机制不同，因而可以创造出其他方法无法制备的新化合物和新材料。但该反应体系碱性弱，一般需要很长的时间才能完成反应，大多是用于制备小粒径的超顺铁磁性粒子。

目前，制备磁性高分子微球比较成熟的方法之一是系列商品化产品 Dynalbeads 采用的方法。即在 20 世纪 80 年代末，由挪威 Trondheim 大学应用化学研究所的 J. Ugelstad 教授等设计的一套独特的材料方法与设计理论，主要包括：①用有机单体的乳液聚合技术制备粒径在 0.5～1.0μm 范围的聚合物种子；②通过对膨胀剂和膨胀过程的控制，制备出所要求的单一尺度的多孔结构的聚合物颗粒；③将多孔聚合物颗粒置于高压密闭容器中，使二价和三价铁盐渗入多孔微球中，通过氧化，最终形成磁性铁氧体颗粒；④利用乳液聚合方法，使功能高分子单体在多孔微球表面进行封孔聚合，并在表面形成功能高分子基团层。该方法可以显著提高超顺磁微球的含铁量，同时可以根据不同需要在表面引进官能基团，但该方法步骤冗长且操作复杂、成本过高。

近年来，国内制备超顺磁微球的方法主要为单体聚合法，并在原方法的基础上发展了微乳液聚合法等一些改进方法。分散聚合是于 20 世纪 70 年代初由英国 ICI 公司首先提出，它是指聚合反应开始前体系为均相，单体、稳定剂、引发剂都溶解、分散在介质中，而反应生成的聚合物粒子不溶解在介质中。与悬浮聚合法相比，其优势在于产物易于控制粒径；与乳液聚合法相比，反应步骤更为简化，反应速率较快。聚合物粒子借助于稳定剂悬浮在介质中，是一种特殊类型的沉淀聚合。分散聚合法的突出特点即为聚合物颗粒成球性好，粒度分布窄，对于合成粒径在 1～10μm 微球的优势明显。

6.2.9.4　过敏性疾病及过敏原检测

过敏性疾病是现代社会中最常见的一种疾病，会引发许多其他疾病。据调查，西方大概有 20%～25%的人受过敏原的袭扰，我国大约有 5%～10%的人受过敏原的袭扰。上海、浙江、广东等沿海地区受过敏原袭扰的人群已超过 10%。随着工业的快速发展、生活水平的提高、饮食的改善，受过敏原袭扰的人群每年以 1.5%的速度增加，中国仅儿童哮喘患者就超过 1000 万。欧洲呼吸健康委员会报道，在欧洲，过敏性疾病正成为社会面临的重大健康和经济问题。过敏是六大慢性疾病之一，在美国每年用于治疗过敏的费用超过 180 亿美元，英国哮喘每年花费约为 88.9 亿英镑。

对于过敏原的检测，目前主要是利用免疫技术原理形成的检测技术，如组胺释放实验（histaminere leasing test，HRT）、放射过敏原吸附实验（radio allergo sorbent test，RAST）、酶标记过敏原吸附实验（enzyme linked allergosorbent assays，EAST）、荧光和化学发光标记的检测、酶联免疫吸附试验（ELISA）、免疫印记试验（Dot-ELISA）及 CAP 变应原检测系统、多过敏原激发实验（multiple antigen stimuhaneous test，MAST）等，这些检测多基于人血清中的I型变态反应的抗体 IgE 和 IgG4（以下只用 IgE 代表）的含量，由于正常情况下人类血清 IgE 含量低，仅在 ng/mL 水平。在过敏原检测时，一方面，由于血清中存在的如 IgG 等多种非 IgE 成分会干扰检测灵敏度和特异性；另一方面，有的过敏原（如螨虫），其引起过敏的并不是一种蛋白质，当血清中的 IgE 含量低时，其检测的灵敏度和特异性就受到影响。因此，在相关过敏原检测试剂的研发中，如何提高过敏原检测灵敏度和特异性一直是科学家和企业家的追求目标，上述方法仍无法解决血清中 IgE 含量低和非 IgE 干扰所导致的灵敏度和特异性低的问题。

国外目前生产过敏原试剂的企业约 8 家，如瑞典法玛西亚普强 CAP 系统——荧光酶标法；美国 MAST 公司——荧光酶标法；美国 Dexall 公司——金标法；德国 Mediwiss 公司——免疫印迹法；德国（默克集团）Allergopharma 制药公司——点刺法；英国 GENESIS——酶联免疫吸附法等。到目前为止，这些公司生产的检测试剂都是直接对人血清中的 IgE 进行检测，试剂价格昂贵，多适合于大医院使用，有很大的市场局限性。我国在这个领域尚缺乏基础理论的研究，许多研究尚待开展。提高基于多种特异性 IgE 的体外检测的灵敏度和特异性，是过敏原检测技术发展的一个重点，也是使其产品在市场立足的硬道理。当前如何在过敏原检测的现有技术基础上，引入交叉学科的技术，创造性地形成比目前的检测灵敏度高、特异性好的过敏原检测新方法是过敏原检测的一个发展趋势。

6.2.9.5　纳米材料在过敏原检测中的应用

纳米材料的出现，给生物检测领域提供了一种极具潜力的新资源，尤其是纳米材料在生物检测分析中的广泛应用取得了突破性的进展，在医学诊断、医药卫生、环境检测等领域极具应用前景，引起了世界各国学者的广泛重视，是近 20 年发展起来的前沿性、交叉性新兴科学领域。

免疫介导的过敏反应有两种类型：IgE 介导的过敏反应和非 IgE 介导的过敏反应。IgE 介导的 I 型反应是引起过敏的主要效应，在过去的十几年中，过敏原已经引起在诊断和治疗中的大量花费；过敏性疾病已经成为发达国家一种主要的、值得注意的身体健康问题。为诊断过敏原，已经发展了大量的体内和体外检测方法。目前，IgE 介导的过敏反应的过敏原的检测在临床上已有多种检测方法，可分为体内检测方法和体外检测方法。

体内检测包括双盲对照食物激发实验（DBPCFC）和皮肤点刺试验（SPT）。May 等最早报道了 DBPCFC，该方法被认为是食物过敏反应诊断的标准方法，但该方法中安慰剂的使用仍无国际统一标准，且结果受多因素影响，实践中不易操作。而 SPT 在过敏诊断中的应用极为普遍。该法虽然简单、快速，但对试验者造成创伤和极大痛苦，且受多因素影响。皮试结果与病人的病史也不完全一致，假阴性率和假阳性率都较高，因此 SPT 还要与血清学实验结合分析，以避免不必要的食物限制。

相对于体内实验，体外实验更加安全，体外检测方法主要包括对血清 IgE 的检测和组织胺释放试验等。过敏原与 IgE，尤其是特异性 IgE（sIgE）的结合是过敏原致敏的中心环节，而 IgE 在血清中的含量极低，低于 IgG 含量的 1/40 000，因此高灵敏度的检测方法成为准确诊断过敏原的先决条件。提高过敏原特异性 IgE 检测的准确性和灵敏度对过敏原的评价和临床过敏症的诊断具有重要意义。IgE 介导的过敏反应的致敏过敏原检测方法有多种，放射过敏原吸附试验（RAST）是最早使用的过敏原检测方法，它是通过放射性同位素作为标记的抗 IgE 二抗来检测血清中的特异性 IgE，该方法检测较为准确，但费用昂贵、耗时长，且放射性同位素危害健康、污染环境。体外检测最常用的是酶联免疫吸附法（ELISA），一般用夹心式 ELISA 方法间接测定，即在酶标板微孔中加入样品，使样品液中的过敏原特异性 IgE 抗体各自与相应的固相过敏原结合，洗去未结合的杂蛋白和其他物质，再利用酶标记的抗人 IgE 抗体孵育、底物显色法进行检测。针对酶免疫分析已经有多种检测产品，如测定帽（CAP）过敏原检测系统、德国 MEDIWISS 公司生产的 AllergyScreen 系统及美国 ASI 公司生产的过敏反应体外检测系统等，但这些方法的仪器试剂都很昂贵，不适于普及应用。免疫学检测法耗时长且要求有选择地结合大量的靶标蛋白。快速检测和量化生物液体中的低丰度蛋白质是一个非常有吸引力的但具有挑战性的研究课题。

2009 年，浙江大学农生环测试中心生物大分子研究室高其康研究员在浙江省科技厅重大科技专项重点社会发展项目的支持下，开展了基于纳米超顺磁材料的过敏原蛋白检测试剂研发及应用，目前已申请了 2 项发明专利，开发的过敏原蛋白检测试剂已进入临床试验。该检测试剂是将免疫技术、纳米技术充分有机结合，开发出具有自主知识产权的一种基于超顺磁微球过敏原蛋白检测技术，它能在人体的整个复杂的血清体系中有效地富集并分离与过敏原相关的血清中的 IgE，避免了 IgG 等的干扰，精确、特异地测定体内引起过敏反应的过敏原，灵敏度提高了近 10 倍。它具有准确、安全、高灵敏又经济等特点，具有较强的市场竞争力，市场前景广阔。

点评（点评人：蒋继宏）

生物纳米材料也是资源，是目前的研究热点，有很多重要的用途，特别对生物资源的发掘和应用值得期待。

6.2.10 食用红曲色素的制备技术①

食用色素是食品工业、制药工业和日化工业不可缺少的一类添加剂，按其来源可分为天然色素和合成色素两类。自发现 hzorubin 和 tartmzin 致敏以来，合成色素的应用已大大减少，天然色素引起了世界范围的广泛关注。随着毒理学和分析技术的不断发展，人们对绿色产品和天然产品的渴求急剧增长，食用天然色素的研制就显得尤为重要。因此，开发和利用无毒的天然色素，日益受到人们的重视。开发天然色素，改善食品加工

① 该部分作者为张凤琴。

品质，是我国食品添加剂工业的发展重点。天然色素的研究和开发具有广阔的前景和发展潜力。

我国正处于加速工业化进程中，面临着严峻的资源和环境压力，通过生物科技发展生物产业，对缓解经济发展瓶颈制约、全面建成小康社会具有重大战略意义。《生物产业发展“十一五”规划》和《生物产业发展规划》，明确提出“十一五期间，大幅度提高生物色素、生物香料等食品与饲料添加剂的规模化生产和应用水平”。近年来，世界上天然色素年交易额在 13 亿美元以上，年需求量约为 1.5 万 t 以上，并且以每年 11%的速度递增。当前，天然色素的大部分品种来自植物提取，但因原料综合利用率低、成本高、技术水平低、资源浪费严重等问题，其发展受限制。微生物发酵生产生物色素的工艺，具有原料简单易得、发酵周期短、设备利用率高、加工成本低、易于规模化、环保安全等特点。因此，采用微生物发酵生产生物色素的工艺是 21 世纪色素技术的主流。

目前，国际上已开发的天然色素多达 100 种以上。改革开放 20 多年来，我国开发出近七八十种不同原料来源的食用天然色素。至 1998 年，列入《中华人民共和国国家标准食品添加剂使用卫生标准》（GB 2760—1996）中允许使用的食用天然色素有 47 个品种。主要为：焦糖色、红曲米、红曲红、辣椒红、栀子黄、栀子蓝、高粱红、可可壳色、甜菜红、紫胶红、叶绿素铜钠盐、姜黄、姜黄素、紫草红、紫苏色素等。红曲米及红曲米粉，每年约产 4000 多 t；红曲红每年约产 200 多 t，辣椒油树脂及辣椒红，每年约产 250t。国内对天然色素的需求量逐年上升。国外对天然色素的研究开发与应用力度更大。据估计，未来全球食用天然色素市场规模将达到 25 亿美元以上，目前在日本市场，天然色素已成为色素的主流，占食用色素市场的 90%。

6.2.10.1　红曲色素的现状

红曲是具有我国特色的自然资源，已有 1000 多年历史，它是古代中国人民的伟大发明创造，是中华民族的科学文化遗产。李时珍《本草纲目》谷部第二十五卷记载：红曲甘、温、无毒，主治消食活血，健脾温胃等。现代医学研究表明：红曲具有降低血胆固醇、降血脂、降血压、降血糖和抗疲劳、增强免疫力等功能。红曲及其制品主要用于医药、食品、日用化工、酿造领域，在肉制品、饮料、食品、酱油、红醋、化妆品中也广泛使用，代替人工合成的红色素。红曲霉是目前世界上唯一生产食用色素的微生物，红曲色素是红曲霉生长代谢过程中产生的天然色素，以其安全性和良好的稳定性受到国际市场的青睐。

1. 红曲色素的组成

红曲色素是红曲菌代谢过程中产生的一系列聚酮化合物的混合物，组成较复杂。使用不同的红曲菌株、培养基、发酵条件所产生的红曲色素组成有较大差异，因而其生成途径也有不同。

1932 年，在紫色红曲霉（*Monascus purpureus*）等培养物中分离出黄色和红色色素晶体；随后许多学者将红曲色素用有机溶剂提取和两次胶柱层析分离，分别得到红色针状、黄色和紫色片状晶体，其结构性质不同。目前主要采用红外光谱、紫外光谱、液相色谱、质谱、核磁共振等方法分析研究红曲色素中的各种组分，已鉴定出来的红曲色素主要有 8 种，已确定结构式的有 6 种，具体情况总结见表 6-4，此外，日本羲部明彦、广井忠夫等认为还有 5～6 种色素成分存在于红曲色素之中有待证实。

表 6-4　不同种类红曲色素简况

色素种类	色素颜色	分子式	分子量
红曲玉红素（Monascorubin）	红色	$C_{23}H_{26}O_5$	382
红斑红曲素（Rubropunctatin）	红色	$C_{23}H_{22}O_5$	354
红曲玉红胺（Monascorubramine）	紫色	$C_{23}H_{27}NO_5$	381
红曲斑红胺（Rubropunctatmine）	紫色	$C_{21}H_{23}O_4$	353
安卡红曲黄素（Ankaflavin）	黄色	$C_{23}H_{30}O_5$	386
红曲素（Monascin）	黄色	$C_{21}H_{26}O_5$	358

2. 红曲色素的生成机制

红曲色素为红曲霉的次级代谢产物，从结构上看包括脂肪酸和多聚酮两个部分，其合成也主要包括两个部分：多聚酮合成途径，产生生色团；脂肪酸合成途径，产生中长链脂肪酸，经转酯化作用连接到生色团上。即 1 分子乙酰 CoA 和 3 分子丙二酰 CoA 在聚酮体合酶（polyketide synthases，PKSs）的作用下生成四酮化合物，四酮化合物再与 1 分子丙二酰 CoA 生成五酮化合物，如此循环使酮基化合物碳链加长产生聚酮发色团，脂肪酸与乙酰 CoA 作用生成聚酮酸，聚酮酸与发色团的羟基进行酯化反应，最后生成色素分子。

一般认为只有橙色素是通过生物合成途径产生的，其他两种色素是通过各种化学反应形成的，大都是橙色素的衍生物。两种橙色素分子结构中的色满（chroman）环中第 2 位的氧原子很容易被氨基取代，取代后成为红色素，因而红曲菌发酵时培养基氮源会影响色素纯度。关于红、黄色素的形成机制，人们提出了各种假设，至今还没有公认的理论。部分学者认为这几种色素都是由橙色素经氧化而得来的。通过研究各种碳源以及不同菌种对橙色素产量的影响，发现橙色素的产量与菌种和碳源的种类无关。其他研究表明，安卡红曲黄素和红曲素都有属于自身的生物合成途径的假设。

红曲色素合成过程中的关键酶是聚酮体合酶（PKSs），它在结构和功能上与脂肪酸合酶（FASs）有关，目前国内外正在通过基因工程技术，分离红曲菌 *PKSs* 基因，对其功能进行定性，以阐明红曲产物的合成机制，调控不同产物的生成，提高红曲产品中所需要的目标产物的含量。西班牙科学家正在进行这方面的工作，他们分离了红曲菌中的 *PKSs* 基因，发现不同的基因分别控制不同的产物生成。研究红曲菌 *PKSs* 基因的结构和功能将是今后调控红曲菌代谢产物生产的关键。

3. 红曲色素的生产方法

红曲色素的生产因红曲菌的培养方式不同主要分为固态发酵和液态发酵两种方法，发酵培养之后进行提取精制，产品主要是呈红色调的红曲混合色素。

1）固态发酵法

固态发酵是以大米、面包粉等为原料直接接种红曲菌的生产方法，产品主要包括红曲米和红曲红色素，红曲米即发酵后的米干燥后直接以粒状或粉碎成粉状形式出售，红曲红色素是原料发酵后提取得到的醇溶性红曲色素，或之后添加豆粉酶解液等含氮物质与之反应，生成水溶性的红曲红色素。红曲米中除了红曲色素以外还含有未被微生物利用的大量残余淀粉和粗蛋白，因而色素纯度不高，也因此限制了其在许多领域的应用。

长期以来，我国及东南亚一些国家和地区多采用传统的固态发酵法，且较多地停留在手工作坊形式。该方法生产红曲色素能耗低、设备要求简单、成本较低、废水废渣少、不易造成二次污染，但是操作烦琐，劳动强度大，生产周期长且产品质量稳定性不高，不适宜大规模机械化生产。20 世纪 80 年代，利用厚层机械通风制曲工艺以改进传统的固态发酵生产，该工艺是在纯种制曲工艺基础上，采用以池代窑，改人工翻曲为机械通风、自动控温的办法，使红曲的生产达到机械化、纯种化，生产周期从原来的 7 天缩短到 5 天。近年来，我国还创新性地采用了适合大型红曲厂的圆盘固体发酵法，采用圆盘固体发酵制曲设备与种子罐、蒸饭机、干燥机配套，提高了其机械化、自动化水平，实现了固态法生产红曲的机械化。

2）液态发酵法

20 世纪 90 年代以来，国内外在红曲色素的液态发酵生产方面做了大量工作，研究已取得突破性进展。液态发酵生产的红曲红色素，主要成分是水溶性的“复合色素”。这种生产方式具有周期短、产量高、杂质少、产品质量稳定等优点，有助于实现生产自动化，提高产品质量稳定性，扩大生产规模。

液态发酵法生产的红曲色素色价偏低，这是制约其工业化生产的重要原因之一，为此，国内外广泛开展了液态发酵菌种改良和工艺条件优化的研究。目前，提高红曲色素色价的途径主要有：提高红曲菌的生物量、添加促进色素形成的物质等。具体措施有：菌种诱变、固定化细胞技术、添加抗氧化剂和金属离子、添加植物油、添加青霉素以及使用超声波处理等。

4. 影响红曲色素生产和品质的条件

据报道，影响红曲色素产量和品质的主要因素很多，如培养基成分、pH、培养温度、供氧情况及其他物理因素等；另外，红曲色素提取是一道重要的工序，提取工艺是否合理、溶剂选择是否恰当，直接关系到红曲色素产品的产量和质量。天然色素一般稳定性较差，对光、热、霉菌等都很敏感，易分解、破坏，因此提取过程中，应尽量避免由这些因素而导致的分解、破坏。选择好适当的溶剂，控制好适当的萃取温度，是优化工艺的重要方面。

因此，影响红曲色素主要有以下两个方面：一是产红曲色素霉发酵条件，二是红曲色素提取工艺条件。

6.2.10.2　制备红曲色素研究与展望

农副产业是以粮食和农副品为主要原料的加工业。它主要包括味精、淀粉、白酒、淀粉糖、啤酒、葡萄酒等发酵行业以及面粉加工业和米胚油产业，在各产业部门中，农副产业产值已跃居第一位，成为国民经济的主要支柱产业之一。一般地讲，农副产业的主要废弃物来自原料处理后剩下的废渣，分离与提取主要产品后的废母液、废糟，以及生产过程中各种冲洗水、冷却水。随着该类产业的发展，其造成的环境问题也日趋严重，已成为环保部门所整治的污染大户。

多年来，限于技术、投资、管理等原因，全国几万家食品与发酵企业基本上尚未将废弃物加以很好的综合利用与治理（更谈不上实施清洁生产）。这样，一方面浪费大量粮食与农副产品资源，另一方面又严重污染环境。为了解决该行业废弃物污染问题，许多国家的环境决策者提出了排放污染物最小化的概念，即从污染源头进行减量，变末端治理为对全工艺过程进行控制。同时发展高效、低耗的处理技术，以保障排放最小化清洁技术的实施。它作为防治工业污染、保护环境、提高工业企业整体素质、实现可持续发展战略的重大措施，已成为当今世界的潮流。1992 年联合国环境与发展大会将排放最小化清洁生产列入《二十一世纪议程》，并制定计划在全球推行。此外，利用大米生产优质富营养米胚油，是近年调味品食用油新兴产业，但每 100kg 米胚经压榨出胚油 4kg 外，有高达 96kg 的米渣没有被高效利用，而是直接作为饲料使用。

目前我国有关此类废弃物的综合治理主要有 3 种途径：一是回收利用有用成分。由于生产废弃物中含有较多的可重新被利用的高浓度的氨氮成分，因此可依靠物理方法进行充分的浓缩转化利用来制造饲料蛋白，创造经济效益、降低废弃物处理成本，或利用酵母发酵生产饲料蛋白。但投资大，成本高，处理后仍达不到标准。二是末端处理法。由于中低浓度的废弃物和预处理后的部分废弃物的氨氮含量低，在经济上不值得转化利用，因此直接用化学混凝法，使废弃物中的有机物转化为其他成分，降低其他有害物质的浓度，接着用生物法对废弃物中大部分有机物进行彻底氧化分解使其转化为无害物质，降低化学需氧量（COD）和生物需氧量（BOD），达到排放标准。但其设备投资和处理成本同样非常高，企业不堪重负。三是利用浓缩-等电点提取工艺对废弃物进行蒸发浓缩处理，但其蒸发浓缩过程耗能大，不适合我国国情。因此，如何解决此类行业的清洁生产和废弃物资源的有效利用，是该行业企业所亟须解决的难题。

红曲色素发酵生产中使用的原料多以大米或饴糖、葡萄糖、淀粉、大豆蛋白粉等为主，导致粮食消耗量大或生产的综合成本较高，且当前国际粮食供给日趋紧张。选择来源广、成本低、可资源化利用的资源作为发酵原料，是红曲色素研究所需解决的问题之一。目前国内外学者正在进行相关研究。采用紫红红曲霉 3532 菌种，以价格低廉的马铃薯、造纸工业废弃物甘蔗渣和生产特级面粉的副产物普副粉为原料，添加适量的无机氮源代替大米，进行固态发酵生产红曲色素，色素产量可提高约 10%；以小米为原料，研究液态发酵生产红曲色素的发酵培养基组分及相关工艺参数，结果显示经制醪后液态发酵生产比固态发酵产率高、耗能低，产品使用方便；以葡萄皮籽为原料，研究确定了液态发酵生产红曲色素的工艺条件。由此可见，以食品发酵加工尾液和米胚油加工后的米胚渣为原料发酵生产红曲色素有很大的潜力，这是红曲色素生产的发展方向之一。

因此，随着人们食品安全意识的加强，效果好、价廉、安全无毒无害、功能多、用途广的天然食用色素得到了一定程度的发展。而以食品发酵加工尾液和米胚油加工后的米胚渣为主要原料发酵生产的红曲色素不仅符合天然色素的市场需求，提高了红曲色素的生产效率和经济效益，同时也为上述行业发酵后残留的废弃物找到了很好的处理方法，真正达到了废物高效、循环利用，有利于农业的可持续发展，对食品发酵加工企业来说，不仅彻底地治理了发酵废物污染的问题，同时也取得了显著的经济效益。

点评 1（点评人：蒋继宏）

食用天然色素受到广泛关注，天然色素也是重要的资源。食用红曲色素资源可来自不同的微生物菌株，利用微生物资源，通过工业工艺产生天然色素资源为人类服务，前景诱人。

点评 2（点评人：陈集双）

相对于传统液体发酵方法，液态–固体偶联发酵法在产物得率和稳定性方面，可能有较大优势。生物质生产中，设备是发挥生物资源优势的保障。

6.2.11　食品发酵工业废水资源化利用途径①

6.2.11.1　前言

食品发酵业废水是指以粮食包括粮食副产品为原料经微生物发酵生产产品过程中所产生的任何废水。近年来食品发酵业得到了迅猛发展，如味精业、酱油业、啤酒业、酸奶业等，与此同时，这些行业所排放的废水也倍增，消耗了大量的能源和水资源，反过来又制约了食品发酵业的发展。我国是世界最大的味精和啤酒生产国。每产 1t 啤酒平均排出约 15t 废水，目前每年生产啤酒产生的废水在 5 亿 t 以上，每年生产味精排出的废水达 4 亿 t 以上。食品发酵业废水种类繁多，但各种食品发酵废水主要污染因子却主要是化学需氧量（COD_{Cr}）、生化需氧量（BOD_5）和悬浮物（SS）。味精废水中 COD_{Cr} 含量高达（3～9）$\times 10^4$mg/L、BOD_5 为（2～3）$\times 10^4$mg/L、SS 为（1～2）$\times 10^4$mg/L（不同厂家浓度不同），pH 为 2～3。食品发酵的原料主要是谷物类淀粉、蛋白质、氨基酸等，其产生的废水中含有大量的淀粉、蛋白质、氨基酸等营养物质，味精废水中谷氨酸的浓度高达 2%以上，这些废水如果直接排放进入水体，将会导致水体富营养化，最终会导致水体中的水生生物缺氧而大量死亡，对生态环境造成严重污染。

① 该部分作者为李小龙。

因此，如何处理食品发酵工业废水达到废水的无污染排放，同时又将食品发酵液中的废水资源化再利用成为21世纪食品发酵工业废水处理的焦点。

6.2.11.2　食品发酵工业废水的主要特征

食品发酵产生的废水中含有高浓度的有机物质，如蛋白质、氨基酸、碳水化合物、脂类物质等，同时还具备较高的BOD、COD以及较高浓度的固体悬浮物。其特征主要参数包括COD、BOD、SS、NH_4^+-N、pH、色素，所有特征值变异较大，各参数值主要受发酵工业的种类以及发酵处理工艺流程等影响。对比食品发酵工业废水与其他工业废水，食品工业废水主要表现为较高的有机浓度和极端的物化特性，如较低的pH、较高的盐度等，以及高浓度的有机物（COD＞1000mg/L），如榄榔油和发酵饮料业废水COD浓度甚至超过200g/L，而城市废水一般含较低的有机物量（COD 250～800mg/L）。食品发酵废水pH变异较大，一般pH均非中性，味精废水pH范围在2～3，酱油废水pH范围在2～6。同时，由于食品行业的需要，其发酵废水中常含较高浓度的色素物质，如焦糖色素普遍存在于味精废水、酱油废水、啤酒废水中。另外大多数食品发酵工业废水中含较高的盐分，极端的pH和盐度导致许多食品发酵废水不利于采用生物法处理。当然食品工业废水一般不含有毒有害物质，废水中的有机物均为微生物可降解物。总而言之，食品发酵废水富含有机质，在排放入水体之前必须经过特殊处理以消除或减小其对环境的污染。

6.2.11.3　食品发酵工业废水处理现状

近年来，食品发酵工业废水处理技术不断涌现，主要包括生物处理法和物理化学法。生物处理法主要包括厌氧处理和好氧处理，但多数采用两者相结合的方法。食品发酵工业废水中COD与BOD比值在1.8～1.9时适合采用生物法进行处理。高浓度的食品发酵工业废水采用好氧法处理产生污泥量大，同时伴有较高的能耗，在清除COD和BOD方面效果并不十分理想。当BOD∶N∶P高于100∶2.4∶0.3时比较适合采用厌氧处理。厌氧处理目前已被广泛接受，大量厌氧处理装置被用于中试化和规模化处理食品发酵工业废水中。好氧处理作为厌氧处理的有效补充，大量好氧菌（红曲霉菌、木霉菌、酵母菌等）被广泛应用于食品发酵工业废水的好氧处理。其次物理化学法如物量吸附法、电凝聚和电浮选法、电芬顿法、电化学法、臭氧法、反渗透法、超声法等，以上方法单独或多种方法整合在一起，作为前期厌氧处理的有效补充，主要针对厌氧处理排出污水进行更进一步清除COD或物理化学法脱色。食品发酵废水的脱色主要通过将色素分子打断来实现。

1. 厌氧消化

厌氧消化食品发酵工业废水是一个复杂的生态过程，系统中包含大量菌群，菌群进行同化作用、异化作用、竞争作用等。在厌氧处理过程中主要产物为甲烷和二氧化碳。从环境保护角度来看，厌氧法产生的甲烷和二氧化碳为温室效应气体，即厌氧法处理食品发酵工业废水不可避免产生二次污染。然而就目前技术发展而言，厌氧法处理食品发酵工业废水仍然是一种十分有效的处理方法，因为厌氧处理有着比较明显的优势，如产生较少的淤泥、能耗低，特别是将污水处理与甲烷气装备联用能减少运行成本。不过厌氧处理系统对食品废水的浓度冲击敏感，pH 较低的食品发酵工业废水如味精废水（pH = 2～3）、酱菜废水（pH＜2）均不利于厌氧系统中菌群的生长。这些因素均会使厌氧处理效果受到极大影响。为了克服以上缺陷，各种改良厌氧工艺如高速离心装备的添置，将微生物污泥留在厌氧系统中能有效提高厌氧处理效率。传统搅拌厌氧池是一种最简单的密闭厌氧反应系统，它设有专门的气体收集系统，采用这种装备处理食品发酵工业废水，在 15 天的处理期限内能清除 80%～90%的 COD。由于处理周期较长，搅拌池不大适用于食品发酵工业废水处理。具备生物载体的膜反应器能有效克服传统装备的缺陷，同时具有安装简单、稳定性好、抗冲击性强、恢复快等特征，成为应用最广泛的一种厌氧处理装备。生物载体的特性对膜反应器的效果具有重要作用。多种材料如玻璃珠、砂、多种塑料以及多孔材料均在实验和中试范围应用于食品发酵污水处理。采用生物载体法在 3 天的处理期限下能清除 71.8%的 COD。

2. 好氧系统

目前在食品发酵工业废水处理中，好氧系统仍然作为厌氧处理系统的补充运用于对厌氧污水的进一步处理。食品发酵工业废水经厌氧处理之后，仍含较高的 BOD、COD 和固体悬浮物，不适于作为灌溉用水。食品发酵废水中的色素物质在厌氧处理过程中难以被消除，采用好氧处理能有效地去除色素物质。

真菌在好氧系统处理食品发酵工业废水中被广泛采用，其能够产生足量的胞外蛋白、有机酸和其他代谢产物从而提高其对外界恶劣环境的适应。特别在真菌应用于食品发酵废水的脱色方面引起了人们的普遍关注。在食品发酵工业废水好氧处理系统中应用最为广泛的真菌为 *Aspergillus* sps.。这一类菌能够有效清除色素（69%～75%）和 COD（70%～90%）。子囊菌中的青霉菌也能较好地处理食品发酵废水，色素和 COD 的清除率可达 50%以上。白腐霉是另一类应用于食品发酵废水处理的微生物，其能够产生大量胞外氧化酶以有效降解木质素，也能直接降解食品发酵废水中的有机色素。近年来红曲霉由于其能适应于较低的 pH，同时又能利用废水中的有机物做原料，生成具有一定生理作用的活性物质如洛伐他汀和γ-氨基丁酸等，在处理食品发酵废水的同时，还能得到一些有用的生物产品，在食品发酵废水处理中广泛应用。

近年来，许多能够生物修复废水和对废水脱色的细菌被筛选出来。这些菌株多数从处理食品发酵工业废水污泥中筛选获得，针对性较强，能专一去除食品发酵废水中的某一种或某一类物质。采用好氧细菌处理食品发酵工业废水 4～5 天能够清除废水中 80%的 COD，脱色率可达 31%。在抗污水冲击方面，细菌明显弱于真菌，研究发现采用固定化细胞技术，能够更有效地提升好氧细菌食品废水处理效率，采用纤维素包埋细菌脱色率达 50%。将固定化细胞与固定化酶技术相结合应用于食品发酵废水处理，其处理效果显著高于固定化细菌技术。

6.2.11.4　食品发酵工业废水资源化利用途径

1. 人工湿地

采用厌氧法与好氧法结合处理食品发酵工业废水，成本仍然较高，并且伴有大量能耗，如搅拌机能耗、增氧机能耗等。水生植物能够较好地清除废水中的重金属、BOD、COD以及其他环境污染物。重建人工湿地，利用湿地环境中的微生物与植物共同治理食品发酵工业废水，研究发现人工湿地 7 天能够清除 98%～99%的 DOD、BOD 和色素残留。人工湿地开发结合了污水治理与湿地保护等多个领域，既综合利用了废水中的污染物，同时也美化了人工环境。

2. 专性生物膜处理

生物膜法处理食品发酵废水也已广泛应用，采用生物载体为微生物群落提供相对稳定的微环境，有利于提高微生物对污水冲击的抗性。由于传统生物载体法，载体承载微生物菌群繁杂，优势菌种在不同处理批次中菌群结构各异，很难利用食品发酵工业废水得到有用的生物活性物质。专性生物膜是指在载体上优势生产某一种菌群，其他菌种难以在载体上生长，均为次生菌群，比如目前广泛应用于味精废水处理的酵母菌专性处理。利用味精废水中富含氨基酸培养单细胞酵母，处理味精废水的同时提取单细胞蛋白作为蛋白饲料。目前已有较多研究关注于专性生物膜处理食品发酵工业废水，如利用红曲霉专性膜处理酱油废水产红曲色素，利用产氢菌专性膜处理啤酒废水产 H_2，以及利用酵母发酵废水产酒精等。专性生物膜法在食品发酵工业废水处理上业已展现了巨大潜力，筛选开发适用于废水处理的专性菌种，以及建立相应的配套发酵技术成为食品发酵废水专性生物膜处理与应用的研究热点。

3. 食品发酵废水的合并处理

食品发酵废水种类繁多，不同食品发酵废水特征各异，单一食品发酵废水中某种营养元素过高对微生物生长造成严重影响，或者某些元素相对较缺乏限制了微生物的生长。而将不同食品发酵废水按一定配方进行配比，能够冲淡浓度过高的营养元素并补充较缺乏的营养元素，实现资源互补，提高微生物对每种污水的利用率。与此同时，不同食品发酵工业废水中自身固有菌群之间能够相互协同作用，因此更有利于提高食品发酵废水的利用率。将食品发酵工业废水合并处理已有初步尝试，可使提供给微生物菌种的营养元素种类相对增加，有利于菌种的生长繁殖。多种食品发酵废水合并能在原有发酵效率基础上提高 15%。

4. 开发淤泥资源化利用新方法

目前物理化学法处理食品发酵工业废水，在废水脱色与 COD 的清除方面效果显著，然而缺陷是处理污水过程中产生大量淤泥。如电浮选和电凝聚法现广泛应用于食品废水、医疗废水等处理。电凝聚等方法产生大量絮凝体，如何处理污水处理过程中产生的絮凝体是物理化学法处理食品发酵工业废水所必须解决的关键问题。物理化学法产生的淤泥其成分相当于污水中成分的浓缩，大量碳源与氮源均被凝聚在絮凝体中，利用絮凝体开发生物肥料显示了巨大潜力。同时研究利用絮凝体的新方法与新思路，如将絮凝体作为动物利用的蛋白或矿物原料、作为化学化工原料等，将为物理化学处理食品发酵工业废水提供更广阔的应用前景。

6.2.11.5　问题与展望

对食品发酵工业废水资源化利用研究已有较长的历史，关于如何提高污水系统的稳定性、减少资金成本和提高处理弹性等方面提出了许多可取的方案。食品发酵废水处理中色素物质必须要利用真菌或细菌等微生物消化作用来清除，为了提高处理效率和促进某一菌种的优势生长，采用生物法处理食品发酵工业废水需要添加额外的碳源或氮源。因此筛选出能更有效利用废水的菌种，以至能满足无须添加额外营养直接处理废水，仍然是食品发酵工业废水资源化利用研究的核心。化学法虽然能比较高效地清除 COD 和色素物质，但缺点在于消耗了大量的化学物质和产生较多淤泥。针对不同食品发酵工业废水设计综合性处理工艺，既能适应废水的理化特性，又能合理发挥不同处理方法的优势，成为食品发酵工业废水处理的焦点。包含生物处理与物理化学处理的具有理想的处理效率和经济运行机制的综合处理模式，能够更高效地处理食品发酵工业废水，保护环境，节约能源并产生更高价值的生物活性产物。

点评 1（点评人：陈集双）

西方哲学指导的化学生物学思想悖论之一就是水体中的包括生物体在内的有机体势必带来污染，但是水生生物的多样性又是水体生态稳定的指标。这种哲学往往导致自相矛盾，而有机质的降解处理就变成必然。食品发酵工业废水富含微生物生长所需的营养，正是酵母、单细胞藻类和有益细菌的“培养基”。因此，最佳处理策略是以物生物，并对有益生物质进行收集利用。

点评 2（点评人：蒋继宏）

食品发酵废水资源如果转化成副产品，废水的再发酵利用可能是很好的一个途径，废水也就变废为宝了。

6.2.12 沿海滩涂大米草治理及其机械①

大海的滩涂看起来没有什么用处，但却有很重要的功能，就好像人的肾脏一样，它是海水自净的重要构成部分之一。治理大米草（*Spartina* spp.）的目的，就是设法保护滩涂湿地，恢复滩涂湿地生态功能。

6.2.12.1 大米草在国内生长及危害状况

大米草是外来生物，繁殖能力强，根系发达，可不断蚕食生长空间，导致贝类、蟹类、鱼类、藻类等多种生物窒息死亡，已经成为我国滩涂生物资源的主要威胁之一，是典型的“恶草”。大米草繁殖能力极强，扩散速度奇快，其治理已刻不容缓！

实际上，大米草的泛滥已经是全国沿海地区全局性的问题，尤其是福建宁德、蕉城、霞浦等闽东沿海地区，浙江和江苏沿海地区，山东胶州湾沿海地区等发生面积较大，东北地区也有不少滩涂被大米草占据。据不完全统计，2013 年全国发生大米草泛滥面积就已经达到 99.96 万 hm^2。

浙江象山县大米草生长及危害状况也十分严重，政府每年都要求组织治理大米草。据初步调查，目前象山县大米草面积约 $2000hm^2$，墙头镇西沪港、泗洲头镇马岙塘、定塘镇外塘都有较大面积的大米草，尤其是黄避岙乡、大徐镇、墙头镇、西周镇 4 个沿西沪港的乡镇。墙头镇是沿港村落分布和人口最多的一个乡镇，该镇下沙村至舫前村前的海涂是大米草最先“扎根落户”的区域。与水稻相仿的大米草在滩涂上连片生长，黝黑的滩涂早已变成草地，呈现出明显的“草进涂消”趋势。根据有关研究资料，如果条件适宜，大米草可以每年以几何级速度增长，而由于目前港内海域主要受无机氮、磷酸盐的污染，已呈严重富营养化状态，如果港内海域大米草仍得不到任何有效地开发利用和大规模治理，大米草将占用渔民赖以生存的滩涂资源，破坏原有海域生态环境，致使其中鱼类、蟹类、贝类、藻类等大量生物丧失生长繁殖场所，导致沿海水产资源锐减、海洋生物多样性剧降。同时，一年一度大量根系生理性枯烂，加之大量种子枯死海中，还会污染滩泥，使海水水质变劣，易引发赤潮。以目前西沪港海域大米草分布区域面来看，今后几年内大米草不仅将占领整个西沪港海域滩涂，还将可能迅速占领整个象山港海域滩涂，对象山港生态环境保护和滩涂养殖业造成极为不利的影响。

6.2.12.2 大米草机械化治理方法探讨

目前国内治理大米草的技术方法主要有人工开挖法、生物法、化学除草法和海水浸泡除草法。分析认为化学除草治理法成本低、方法简单，但对环境易造成二次污染，影响生物多样性发展，同时，也不能起到根除的效果；生物治理法对环境不会造成污染，但目前还没有找到对大米草来说是天敌的生物；物理治理法，主要是人工收集，效果好，但成本高，人

① 该部分作者为仇伟传。

力物力消耗大；浸泡除草法，成本低、方法简单，但由于条件限制往往难以取得理想效果。

用机械化治理方案效果比较理想，成本低、速度快、效果好、污染少。机械化治理最佳时间是在每年3～4月份大米草发芽生长期和7～8月份快速生长期进行，此阶段治理可以有效遏制大米草蔓延。2009年开始，经科学论证和详细研究后，推荐西沪港大米草治理采取人工机械开挖大米草治理方案。人工机械开挖治理大米草是目前为止最有效的办法，有可能做到彻底根除。该方案与化学除草法、物理浸泡法相比，对港区水动力条件的恢复、生态环境恢复、滩涂养殖业的恢复以及水环境的影响优势明显；但从资金投入上看，人工开挖由于涉及大量泥土的处理，投入资金较大，治理成本太昂贵。

也有人设想用旋耕机将大米草的根打碎，经海水冲到外海自行腐烂。但大米草以无性繁殖为主，打碎的大米草根随着海水流动，冲到别处海涂上也能生长，反而起到人为的传播作用。还有人提议用海水淹法，但海水有涨有落，此方法势必要筑塘坝拦住海水，成本非常高，同样也行不通。理想的治理方法应该成本低且效果好，因此采用机械化阻断大米草生长过程中的光合作用的新思路应运而生。具体办法是在每年的3～4月，在大米草幼苗生长期进行碾压，把地上植株直接压入涂泥中，阻断其光合作用。

6.2.12.3　大米草处理机械研制及试验

大米草处理机械研制首先要解决的是通过性的问题。因为海涂泥不同于大田泥，其黏性远大于大田泥，为此，试验采用大田中作业良好的机械，观察其在海涂中的行走效果。2011年6月10日，象山县农业机械化管理局从武汉一家农机生产企业引进一台田间使用的船型旋耕机，同年12月11日进行海涂试验，不到20min，船型旋耕机就陷入涂泥中（图6-18）。试验证明，海涂上机械的通过性是一个技术性难题，是机械设计难点所在，也是治理机械核心技术。通过认真分析并搜索大量相关文献，同时外出考察这类机械的相关厂家，我们提出阻断大米草生长的光合作用思路，研制的机械必须要有良好的通过性、折断性、碾压性。

图6-18　1～4代试验样机展示效果图

6.2.12.4　结论和分析

历时 4 年多，象山县农机管理局研制了第四代机械，在港湾海涂上确定一块面积 $2hm^2$ 的大米草生长良好的海涂作为试验基地。通过阻断大米草光合作用的原理，来抑制大米草生长。每星期碾压一次，共 3 次，32 天后观察，没有发现新的大米草长出，试验效果十分理想。如图 6-19 所示。

图 6-19　海涂机械化作业情况

通过定点试验，象山县农业机械化管理局自行研制的机械系统取得较好的成果。大米草碾压机研制成功对我国沿海滩涂大米草的治理将会产生积极影响。

点评（点评人：陈集双）

我国沿海地区发生和蔓延的“大米草”，其实是米草属植物总称。至少有大米草（*Spartina anglica*）和互花米草（*S. alterniflora*）两种，最早是用于促淤、消浪、保滩、护堤等而引进的外来物种，也是已经在我国沿海滩涂地区定植的外来入侵物种。我国入侵的米草属植物，其实是以互花米草为主，习惯上统称大米草。我国沿海滩涂生长的大米草耐淹、耐盐、耐淤、耐贫瘠，自然发展快。大米草生物质生产量巨大，也曾经发挥过重要作用，如除促淤外还作为养殖动物饲料原料。我国黑龙江地区，每年还有大量的大米草收获后出口日本，作为动物饲料。近年来，以互花米草遗传资源利用培养“海水稻”已有突破性进展，很值得期待。

对于外来入侵植物，无论通过什么手段，要斩尽杀绝是不可能的，仅仅为了杀灭之而采用的手段，往往是枉费人力物力。控制大米草的机械方法，在特定地区有推广价值，也是特定需要保护和生产用滩涂行之有效的措施，为该入侵有害生物控制提供了新思路，值得肯定。但是，对生物量如此巨大的入侵生物，若能化敌为友，变害为利，如利用大米草生物质制备碳基材料等，则可能更为科学和可持续。因此，特别期待将本文介绍的机械改装成大米草秸秆收获设备，扩大其使用的经济价值和使用周期。

6.2.13　城市污泥资源及其处理①

6.2.13.1　我国城市污泥产生现状

随着污水处理设施的普及、处理量的提高及处理程度的深化，城市污水处理过程中污泥的产生量也大幅度增加。我国城市污水及污泥的产量见表 6-5，可以看出污水处理量和污泥的产量逐年增加，截至 2012 年 6 月，我国累计建成城镇污水处理厂 3272 座，污水处理能力达到 1.40 亿 m^3/d，相应城市污泥产生量（干重）已达 $7.15\times10^6 t/a$，还将逐年增加。剩余污泥是由有机物的残片、细菌菌体、无机颗粒、有机无机胶粒等组分组成的非均质体，含有大量的有机物质，同时又能吸附污水中 85%以上的有毒有害物质，主要包括病原菌、寄生虫卵、重金属和有机污染物。对江苏全省污泥的调查中发现城市污泥中 As 和多环芳烃的平均含量分别为 5.86mg/kg、31.3mg/kg，特别是苏南与苏中地区 2011 年的 As 和多环芳烃含量较 2006 年分别增加了 8～11 倍。浙江部分污水处理厂的污泥中多环芳烃的含量平均值达到 13.74mg/kg，其中芘的含量最高。因此，污泥中既含有丰富的资源和能源，同时又含有大量的有毒有害物质，其不合理的处理方式必将给环境带来极大的污染。过去我国一直“重水轻泥”，导致污泥处理设施正常运行的较少，大部分污泥未经任何处理外运、随意弃置及简单填埋或农用，给生态环境带来了巨大的隐患。城市污泥减量化、无害化与资源化是亟待解决的污泥处理处置领域的难题。

表 6-5　不同年份全国污水处理情况

年份	污水处理厂数量	污水处理能力/(万 m^3/d)	污泥产量(干重)/(t/a)
1949	4	4	0.002×10^6
1999	402	1707	0.87×10^6
2003	516	3284	1.68×10^6
2008	1529	8106	4.14×10^6
2011	3080	12 867	6.57×10^6
2012	3272	14 000	7.15×10^6

6.2.13.2　我国城市污泥处理处置现状分析

国内外污泥处理处置的方式主要包括土地利用、填埋、焚烧、建材、海洋处理等。我国 2010 年污泥的处置方式见图 6-20。可以看出土地利用和陆地填埋是目前我国污泥处置的最主要方式。污泥土地利用是脱水后的污泥与一定的调理剂混合后高温堆肥，制作成有机肥料，该方法较为成熟，但是高含水率及有毒有害物质的存在一定程度上影响了该处置

① 该部分作者为周俊。

方式的应用。填埋是污泥传统处置方式，我国对城镇污泥进入垃圾填埋场混合填埋做了明确要求，要求污泥预处理后其含水率应在60%以下，横向剪切强度应大于25kN/m^2。污泥焚烧是利用污泥中的有机物的热值进行焚烧处理，该方式是最为彻底的污泥处置方式，在我国南方部分发达城市已有应用，为了提高污泥的热值就需要污泥含水量较低，且焚烧的过程中还容易产生二噁英等有毒气体，需要进行必要的控制。污泥建材使用是污泥资源化利用的方向之一，在我国一些地方已有小部分应用，该方法也要对污泥进行干化和半干化处理。海洋处理是将污泥倒入大海，这种处理方法污染海洋，危害海洋生态系统，造成海洋环境的恶化，目前已经得到了限制。这些处置方式在不同时期内取得了一定的效果，但是随着经济的发展及环境标准要求的提高，每种处置方式都有一定的限制。随着可填埋土地的逐渐减少，污泥土地利用和焚烧技术将成为主要的发展方向。但是污泥的高重金属含量、高有机污染物含量、高含水率将成为限制其土地利用和焚烧的主要因素，因此如何实现在污泥的高干脱水的同时去除污泥中的有毒有害物质，对污泥的资源化利用有重要的意义。

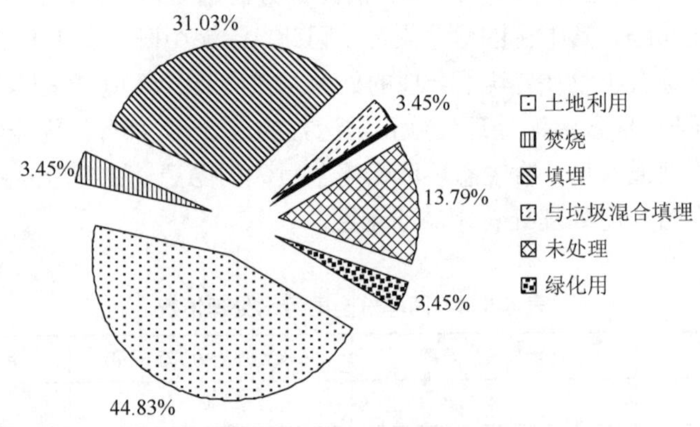

图 6-20　2010 年我国污泥不同的处置方式所占的比例

前已述及，污泥的各种处置方式中都需要对污泥的水分及有毒有害物质进行控制，这就要求在污泥资源化利用前对其进行调理。国内外常用的污泥调理方法有物理调理、化学调理和生物调理。物理调理是运用物理方法来改变污泥的性质，主要有热处理、冻融调理、超声波调理、微波调理等，这些方法成本较高，目前在工程上应用相对较少。化学调理主要是在污泥中添加一种或多种无机、有机化学药剂和表面活性剂来提高污泥的脱水性能。常用的污泥调理化学药剂包括铝盐、铁盐、聚丙烯酰胺、石灰、粉煤灰、臭氧、酸碱物质等。以上这些方法对污泥的调理可一定程度上改变污泥的性质，提高污泥的脱水性能，便于污泥后期的资源化利用，但同时也存在着一些缺点，如污泥的水分经过调理后含量仍然较高、不能全面地实现污泥的资源化利用、没有从根本上减少污泥的产生量等。

目前在生物调理中厌氧消化技术使用得较多，该技术目前在欧盟、美国等国家或地区应用非常广泛。厌氧消化过程可以实现污泥的减量化，改善污泥的脱水性能，使污泥更加稳定化。另外，厌氧消化过程可以将污泥中的有机物质转化为沼气，实现污泥的能源化利用。通过该技术可实现污泥的减量、减排、节能、环保和资源化的统一，关于厌氧消化技术在污泥中的应用下文将进行详细的分析。

6.2.13.3　厌氧消化技术处理污泥的效果分析

1. 污泥厌氧消化的原理

污泥厌氧消化是指在厌氧的条件下，由兼性菌和厌氧细菌将污泥中可生物降解的有机物分解成二氧化碳、甲烷和水等。厌氧生物处理是一个复杂的生物化学过程，通常把参与沼气发酵过程的微生物分为 3 类，即水解产酸细菌（也称发酵细菌）、产氢产乙酸细菌和产甲烷细菌，沼气发酵的过程相应划分为水解酸化阶段、产氢产乙酸阶段和产甲烷阶段，具体过程如图 6-21 所示。该技术是污泥稳定化、减量化和无害化的常用手段之一，目前在美国、欧盟等国家和地区得到广泛的使用。在我国“十一五”期间，污泥厌氧消化技术已经作为重要推荐的技术工艺，如白龙港污泥处理工程、乌鲁木齐河东污水处理厂、郑州污水处理厂等都对污泥采取厌氧消化工艺处理，从本质上做到了污泥的低碳处理和资源化利用。另外，利用污泥厌氧消化生产乙酸等短链脂肪酸也受到越来越多的关注。随着对 CO_2 减排、环境保护和能源节约要求的不断提高，我国也更加迫切地呼吁和倡导污泥处置前进行厌氧消化处理。

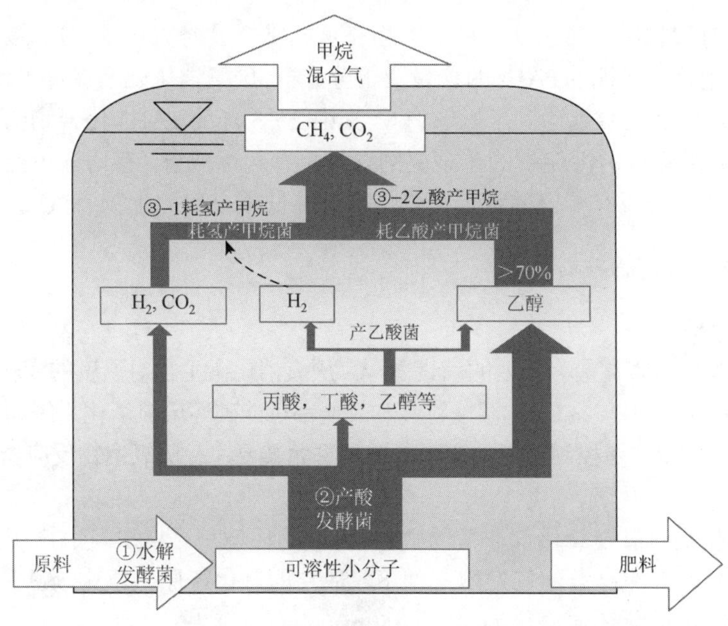

图 6-21　厌氧消化的三个阶段示意图

2. 污泥厌氧消化处理的效果

1）生产清洁的沼气

污泥中有机质的含量一般在 50%～70%，是制作沼气的良好原料。2008 年清华大学牵头对全国 400 余座污水处理厂进行了调研，按平均污泥产率计算（$35.9m^3$ 污泥/10^4m^3 污水），污水处理厂的沼气产率为 4～$14m^3/m^3$ 污泥，发现已运行的 25 座污水处理厂处理污水量（513～543）$\times10^4m^3/d$ 大约可产沼气 $14\times10^4m^3/d$。住房和城乡建设部报道我国 2012 年 6 月底污水处理厂的污水处理能力为 14 000 万 m^3/d，产生的污泥如果全部用于沼气回收大约可生产 14 亿 m^3/a 的沼气，折算成标准煤为 100 万 t 标准煤/a，对缓解我国能源危机具有重要的战略意义。

2）提高污泥的脱水性能

污泥的脱水性能的好坏是制约污泥后期处置的最为关键的因素。污泥经过厌氧消化，有机物质被部分转化为沼气，污泥的胞外多聚物的含量和组成发生了较大的改变，污泥中的细小颗粒和比表面积减小，从而改变其与水的结合程度，使污泥的脱水性能得到极大的提高，沉降性能也得到了明显的改善，降低了后续污泥的处置成本。

3）去除病原菌及臭味

污泥中含有粪大肠杆菌、蛔虫卵及其他肠道病原菌，若处理不当病原菌会通过污染地下水和地表水、形成气溶胶等多种途径扩散到环境中，污泥恶臭大部分是由含硫（硫化氢、硫醇、硫醚、甲基硫）和含氮（如氨）等物质引起的，因此污泥不合理的处理会对人体的健康构成较大的威胁。污泥厌氧消化处理，能够在厌氧的条件下对污泥中的病原菌进行杀灭，同时对污泥中的臭味物质进行消除，为后续的安全处置消除了隐患。

4）消除有毒物质

污泥中的有毒物质主要包括有机污染物和重金属。根据 2006 年对无锡某污水处理厂厌氧消化和未消化的污泥的 PAHs 的含量及组分分析，厌氧消化处理促进了污泥中的 PAHs 的降解，总 PAHs 的去除率达到了 62.99%，其中 2～3 环的 PAHs 化合物的含量下降最为明显。部分污水处理厂的污泥中的重金属的含量也有超标现象，有研究表明污泥厌氧消化过程对污泥中的重金属有一定的稳定化作用，可降低重金属的生物有效性。

3. 污泥厌氧消化的影响因素

1）温度

温度是影响厌氧消化最为重要的因素之一。厌氧消化微生物对温度的变化非常敏感，一般温度变化幅度不超过 2～3℃/h，温度过高和过低都可能破坏厌氧消化系统的稳定性。因此，在厌氧消化过程中要严格控制温度的变化，在冬季尤其要注意厌氧生物反应器的保温。

2）厌氧环境

产甲烷微生物对氧及氧化剂非常的敏感，无氧的环境是严格厌氧的产甲烷菌繁殖的最基本条件之一。一般在高温沼气发酵条件下，适宜的氧化还原电位为 560～600mV，中温发酵条件下适宜的氧化还原电位为 300～350mV。

3）发酵原料性质

一般认为沼气发酵的碳氮比以（20～30）∶1 为宜，碳氮比为 35∶1 时产气量就会明显下降。另外，为了提高污泥的产气效率，一些研究者常通过辐射、加热、加碱、超声、微波臭氧氧化等技术手段对污泥进行预处理，破坏污泥的细胞结构，提高污泥的产气效率。如有研究发现 180℃热处理污泥，甲烷的产量成倍增加；采用 3kHz 高强度超声波对污泥进行预处理，处理后污泥上清液的 COD（化学需氧量）增加，固体颗粒粒径变小，经超声波处理后污泥的产气量提高了 2.2 倍。碱处理、超声波处理和这两种方式联合处理污泥的厌氧消化后发现，联合处理污泥的厌氧消化效率较单一处理大幅度提高。

4）接种物

为了使污泥沼气发酵快速启动，需要接种活性较高的接种物质，如选取运行状况良好的厌氧消化系统内的厌氧颗粒污泥，或者外源添加具有较高活性的厌氧甲烷菌群提高厌氧消化系统的产气速率。

5）添加剂或抑制剂

有研究发现一些酶类、无机盐类、有机物和稀土等对厌氧消化具有促进作用，某些重金属、有机污染物等对厌氧消化具有一定的毒害作用。前已述及城市污泥中可能含有重金属及持久性有机污染物，这些物质在厌氧消化过程中可能会对产甲烷菌具有毒害作用，在进行厌氧消化系统前需要采取一定的措施来降低这种毒害作用。

6）搅拌

搅拌的目的是使发酵原料分布均匀，增加微生物与原料的接触，打破分层现象，加快发酵速度，提高产气量。同时，搅拌还有防止沉渣沉淀、防止或破坏浮渣层、保证池温均匀、促进气液分离等功能。在城市污泥厌氧消化过程中，需要采取搅拌措施，提高厌氧反应器的传质和传热，进而提高产气速率和效率。

6.2.13.4　城市污泥厌氧消化存在的主要问题

据调查表明，我国仅有少数的污水处理厂建立了污泥厌氧消化系统，而且在这小部分的污水处理厂中还有 37.5%的建成未运行或停运，另外，据前期调研发现江苏省的城市污水处理厂的厌氧消化设施基本都处于停运状态。可见，污泥厌氧消化技术在我国污水处理厂的推广面临着巨大的问题，限制污泥厌氧消化技术在我国推广的主要原因如下。

（1）投资成本高。一般城市污泥厌氧发酵系统的总投资约占城市污水处理厂总投资的 30%～50%，投资主要包括土地、厌氧生物反应器、沼气净化及存贮装置、沼气利用装置等，且部分设备依赖进口，如发电设备等，投资收益期较长，给污泥厌氧消化技术的推广带来了一定的困难。

（2）运行系统复杂且能耗高。城市污泥厌氧消化工艺操作比较复杂，涉及多个子系统，多环节、多工种之间的技术水平和配合协调能力要求较高，运行难度较大。污泥厌氧消化系统的启动周期较长，一般需要数月甚至更长，运行过程中产气不稳定，且沼气热量利用效率低。一般的污水处理厂缺乏专业的运营管理队伍，常常出现调试结束厌氧系统的稳定运行就结束的情况。另外，厌氧消化系统运行的能耗较高，尤其是在冬季，需要对反应器进行保温，沼气的分离纯化成本也比较高，常常造成生产的沼气的热量还不够系统自身的消耗。

（3）产品附加值低。我国传统生产的沼气直接用于燃烧或者供热，价值较低，沼气分离提纯作为车载及民用天然气等高附加值利用在我国才刚刚起步。另外，污泥厌氧发酵后的脱水污泥在我国也缺乏高附加值利用途径。

（4）规模小。规模较小的污水处理厂的沼气产量少，且往往小厂的污泥沼气的产率也远远低于大型和超大型的污水处理厂，这就导致中小厂污泥厌氧发酵沼气利用时，效率较低。吴静等在对全国污水处理厂的调查中发现小厂（处理污水量＜5 万 m^3/d）污泥厌氧消化工艺建成但未运行率高达 62.5%，超大型的污水处理厂的运行效率较高。

6.2.13.5 城市污泥厌氧消化推广的策略

（1）加大科技投入，研究高效的污泥厌氧消化的工艺。尽管近年来我国沼气产业的发展受到不断重视，但是我国目前的厌氧发酵产沼气的容积产气率仍然较低，平均水平仅为 $0.5\sim0.6m^3/(m^3\cdot d)$，远远低于欧盟 $1.5m^3/(m^3\cdot d)$的水平。亟须加大科技投入，结合厌氧发酵系统的特点，引入化学工程领域的前沿技术，开发具有针对性的原料预处理技术、厌氧消化系统的微生物调控技术、新型高效的厌氧生物反应器、沼气的净化提纯技术等系统集成技术，提高污泥厌氧消化的产气效率和速率。

（2）降低污泥厌氧消化的能耗。目前厌氧消化系统的能耗较高，可以通过开发热交换技术、耦合太阳能等新能源技术、低能耗的沼气净化提纯技术等集成技术降低污泥厌氧消化系统的能耗，进而提高污泥厌氧消化工艺的经济性。

（3）研究污泥与其他有机物的共发酵技术，提高产气效率。开发污泥的共发酵技术，充分利用污水处理厂周围的餐厨垃圾、农作物秸秆、畜禽粪便等有机废弃物与污泥共发酵，提高污泥厌氧发酵的产气效率和速率，如油脂废弃物在加入活性污泥后，沼气产量增加 137%左右。

（4）加大装备国产化，降低投资成本。研发具有独立知识产权的厌氧消化设备、沼气净化及输送设备、沼气利用成套设备、自动化控制设备等，提高污泥厌氧消化设备自动化程度，降低污泥厌氧消化处理的投资成本。如我国自主生产的沼气发电机的费用目前不到进口设备的 1/10。

（5）提高产品的附加值。污泥厌氧发酵的产品主要为沼气和沼气发酵残余物。可通过开发低成本的沼气净化提纯技术，将沼气转化为车载燃料及民用天然气，另外，可开发沼气生产相关化学品的技术，提高沼气的附加值。污泥厌氧消化后经过脱水可开发成高附加值的有机肥料。

（6）优化污水处理厂布局，提高污泥厌氧消化处理规模。在瑞典进行调研时发现，瑞典建有专门的沼气厂，收集周围的畜禽粪便、农作物秸秆、城市污泥、有机垃圾等废弃物进行集中处理。扩大沼气厂的规模，有利于形成专业的沼气生产、利用及设备维护的队伍，提高沼气生产的效率。我国也可以考虑将一定地区可收集半径以内的城市污泥、有机垃圾、畜禽粪便等进行集中处理，提高沼气的产量，便于沼气的集中利用。

（7）加大专业人才队伍培养。通过近十来年的研发，我国污泥厌氧消化的技术有较大的提升。然而，污泥厌氧发酵运行管理的专业队伍相对薄弱，亟须培养专业的人才队伍，提高污泥厌氧消化处理厂的运营管理水平。

6.2.13.6 结论与展望

我国人口多，城市和工业用水量大，污泥的产量居世界首位。城市污泥厌氧消化处理被认为是最为经济环保的处理工艺，然而目前我国采用污泥厌氧消化工艺的城市污水处理厂还不到 10%。在当今能源危机及环境保护的双重压力下，城市污泥厌氧消化产沼气具有较大的市场空间。尽管污泥厌氧消化处理具有回收能源、减少污泥体积、稳定污泥的性质、减少污泥恶臭、提高污泥的卫生质量、降低污泥中污染物含量等优点，实际的应用中仍然存在着一次性投资成本高、技术复杂、产气效率低、能耗高等问题。未来通过生物、化工与环境等领域的最新研究成果交叉融合，开发出适合中国城市污泥特点的成套的技术及装备，实现污泥厌氧消化处理的经济平衡甚至盈利，才能促进厌氧消化技术在我国城市污泥处理中的大面积推广。

点评 1（点评人：蒋继宏）

活性污泥也是资源，因为其中含有大量的微生物资源，因此充分挖掘活性污泥中的微生物资源非常重要，且具有十分重要的理论意义和应用价值。而正是由于活性污泥中很多资源没有弄清楚，所以活性污泥的处理和应用还有待加强。

点评 2（点评人：陈集双）

生物质具有反资源特征，即大量的生物质或含有机质的副产物和废弃物若不及时的处理，就会破坏环境，影响其他生物资源。生物质处理的理论和处置工程技术，是生物资源学和生物资源工程必不可少的内容。污泥中的有机质含量可超过 50%，用生物资源观看待，就会发现污泥作为生物质的载体，既是负担也是开发的机会。根据推荐，污泥的厌氧消化和产沼气是目前最具环境效益和同时具有经济效益的方案。

科学对待污泥及其所含的生物质，应该考量以下因素：第一，大多数污泥处理后还需要进入填埋，但是必须减量化再进行填埋处理，如焚烧减量；第二，污泥的脱水是其减量化和资源化利用的关键步骤，但是，脱水技术需要颠覆性创新，传统方法中有关微生物细胞碎片锁水等理论，都不一定正确，也不是所有脱水技术必须面对的门槛；第三，原理和设备是有效处理污泥的关键所在，例如，增加其他生物质元素，可以显著缩短干燥时间，显著降低污泥干燥成本；第四，污泥脱水后焚烧，不仅能够除臭和杀灭病原菌（以及其他有害生物），还能获得能源效益，尤其重要的是能够显著减少填埋量，保护有限的土地资源。部分富含金属的污泥还可以在焚烧后二次炼制金属，作为贵重金属炼制的贫矿。当然，不同的污泥优化处理模式不一样，所需要的成本和能够产生的效益也不一样。

上图所示为利用化工污泥延伸处理设备制作的高热值燃烧棒，其干燥处理时间只需20min以下，控制含水量为9%以下，热值3000千卡左右，通过锅炉实现燃烧产热，而不需要补充其他辅料，可能将成为10年后国内外污泥处理的主流模式。

6.2.14　茶与养生①

6.2.14.1　茶资源与茶产业

茶，学名为 *Camellia sinensis*（Linn.）O. Kuntze，属于山茶科（Theaceae）常绿灌木或小乔木，其芽、叶经过加工，可制成茶叶。同科的重要植物资源还有油茶（*Camellia oleifera* Abel.）和山茶（*Camellia* sp.）等。中国是茶的原产地，是最早发现、食用、栽培、加工、销售茶的国家。我国饮茶历史经历了漫长的发展和变化。不同阶段饮茶的方法、特点均有差异，大致可分为唐前茶饮、唐代茶饮、宋代茶饮、明代茶饮和清代茶饮。唐朝时期，茶叶多加工成饼茶，饮用时加调味配料烹煮成茶汤。明代以后，饼茶被散茶代替，品饮方式也改为泡饮。到清代时，茶叶、茶具和冲泡方法已与现代相似。

国际上饮茶习惯是在18世纪形成风尚，其中英国人起到最积极的作用。立顿作为全球最大的茶叶品牌，不仅占据了全球茶叶销售和利润之最，也改变了茶资源的生态分布和饮茶习惯。目前，英国、土耳其和印度是饮茶最多的国家。中国、英国和日本更将茶作为国饮。中国、印度、斯里兰卡和肯尼亚是全球产茶最多的国家。但是，其他国家种植茶的最初资源都来自中国。其中，以浙江、安徽、福建、云南等地茶种质资源流出为主。

6.2.14.2　茶的基本类型

中国古代泡饮或煮饮的植物可能比较多，其中不乏桑叶、枸杞、薄荷、菊花、兰花、蒲公英、甘草、人参、石斛等中药材原料。但是，只有茶叶一以贯之。茶成为主要饮品之后，随着历史进程也衍生出多种产品形态。

1. 基本茶类

茶作为加工品和商品，有其不同的形态，以满足不同消费者和消费场所的需求。茶叶加工从无到有、从简到繁、从粗到精，茶类也随之从无到有、从少到多。茶类的形成经历了从晒干收藏到采茶制饼、从蒸青塑形到龙凤团茶、从团饼茶到散形茶、从蒸青茶到炒青茶、从单一绿茶到六大茶类、从素茶到花茶和从传统茶叶到现代茶饮料等过程。基本茶类包括由鲜叶经过各种工艺方法初加工或精加工而成的茶叶，按加工工艺和加工过程中茶多酚类物质的氧化聚合程度，可分为绿茶、红茶、乌龙茶（青茶）、黑茶、黄茶与白茶等六大茶类。

① 该部分作者为黄娟娥。

1）绿茶

绿茶的基本加工工序有杀青、揉捻和干燥。鲜叶经过高温杀青，破坏了内源酶活性，抑制了茶多酚的氧化和叶绿素的破坏，使茶叶在饮用过程中，呈现出特有的绿叶绿汤、清香爽口的特点。绿茶是不经过发酵的品种，一直是我国最主要的茶产品，其典型代表有西湖龙井、洞庭碧螺春、峨眉竹叶青、开化龙顶、黄山毛峰、湄潭翠芽、太平猴魁、信阳毛尖、庐山云雾、六安瓜片、南京雨花茶等。全国各地通过茶叶品种选育和种植管理，培育开发了一系列地方茶品种。

2）红茶

红茶的基本加工工序有萎凋、揉捻、发酵和干燥等。在萎凋、揉捻、发酵过程中，多酚氧化酶的催化作用促进茶多酚的氧化聚合，产生了黄色、红色或褐色物质，形成红茶特有的红叶红汤的品质特征。不同发酵程度，带来红茶的不同品质和口味。红茶是目前国际市场上消耗量最大的品种，约占总产量的 80%。祁门红茶、福建闽红、云南滇红、广东英德红茶是我国经典的四大红茶；英国的立顿红茶是典型的红茶。随着茶叶产量增加，贵州遵义等地也开发了新的红茶品牌。

3）乌龙茶

乌龙茶属青茶类，是我国特有的茶类。基本加工工序有鲜叶处理、萎凋、做青、炒青、揉捻做形和焙干等，综合了红茶和绿茶的制法。乌龙茶是半发酵茶，其萎凋和做青都属于发酵工艺。乌龙茶的汤色橙黄明亮，介于红茶与绿茶之间，其最突出的品质特征是具有天然的、沁人心脾的花果香。铁观音、大红袍、肉桂等均属乌龙茶的代表品种。

4）黑茶

黑茶的制作工艺是在绿茶工艺中加了渥堆工序，即鲜叶经杀青、揉捻、渥堆发酵、干燥加工而成。渥堆时，茶叶的多酚类物质在湿热和微生物作用下充分氧化，形成了黑茶特有的品质特征。干茶色泽油黑，汤色深橙黄带红，叶底暗褐，香气陈醇，滋味浓厚醇和。黑茶是后发酵茶，其渥堆和保存过程中都有多种微生物的参与。普洱茶和安化黑茶是黑茶的代表，湖北黑茶、四川边茶、广西六堡茶也是传统黑茶。

5）黄茶

黄茶的加工方法与绿茶相近，在绿茶加工过程中多了一道堆积焖黄工序。有的是杀青后揉捻前进行“焖黄”，有的是在揉捻后进行，还有的是在初烘后进行，也有的是在再烘时进行。焖黄时，在湿热作用下，叶绿素被破坏，茶叶失去绿色，形成黄茶“黄汤黄叶”的品质特点。闷堆过程是黄茶形成与绿茶不同特点的关键环节。代表性黄茶有蒙顶黄芽、霍山黄芽等。

6）白茶

白茶加工工序有萎凋、烘干或晒干等，即先将鲜叶萎凋至八九成干，再用文火慢烘或日光曝晒至干。在萎凋和慢烘过程中，多酚类化合物氧化聚合，淀粉、蛋白质分别水解为单糖、氨基酸，各种化合物相互作用，形成了白茶特有品质。白茶是非发酵茶，主要是因为其芽头和叶片背面都有丰富的白毫而得名，其香味和口感也与绿茶有明显差别。代表性白茶有品品香、福鼎大白、白毫银针、白牡丹和寿眉等。

2. 再加工茶类

再加工茶类是将基本茶类经过各种方法再加工，改变了茶的形态、品性及功效而形成的茶产品。主要有花茶、紧压茶、萃取茶、果味茶、保健茶和抹茶等。

1）花茶

将干燥茶叶与新鲜香花按一定比例拼和窨制而成的一种茶类，又称窨花茶、香花茶，是我国特有的一种再加工茶类。花茶主要以绿茶、红茶或者乌龙茶作为茶坯，最典型的有茉莉花茶、桂花花茶、玉兰花茶和玫瑰花茶等。

2）紧压茶

将各种成品散茶用蒸汽软化后放在模盒或竹篓中，压塑成各种固定形状的再加工茶，又称压制茶。将茶压制成饼状和团状的工艺古代就有。市场上最流行的如云南的普洱茶、湖南的千两茶、湖北的米砖和福建的水仙饼茶等。

3）萃取茶

用热水浸提的茶汁加工而成的茶制品，包括速溶茶、浓缩茶和罐装茶饮料等。

4）果味茶

果味茶分为两种，一种是将食用果味香精喷洒到茶叶上使茶叶带有果香而制成；另一种是在成品或半成品茶中加入果汁，烘干后制成。

5）保健茶

将茶叶与某些药食同源的中草药配伍加工而成的复合茶，兼具保健和一定的防病治病功效。最典型的如杜仲叶与茶叶混合发酵形成的杜仲黑茶，是湖南慈利地区性品种，具有多种保健功能。

6）抹茶（也称末茶）

在隋唐时期就有，将茶的嫩叶经过蒸青、碾茶、烘烤、低温干燥、研磨成粉等一系列过程，杀青后做成饼茶（团茶）保存，食用前碾磨成粉末。利用现代工艺将嫩茶加工成绿茶粉，也是现代抹茶的主要原料。抹茶因具有色泽健康、便于调配出多种饮品和食品、更适合现代生活节奏等特点，近年来发展迅速，市场占有率快速提高。预计其应用比例还会提高，也为茶的生物质利用创造了更多机遇。目前风行市场的抹茶产品主要有抹茶奶茶、抹茶酸奶、抹茶蛋糕、抹茶曲奇以及各种号称具有美白、瘦身等功能的抹茶产品。

6.2.14.3 茶文化

茶文化是一种中介文化，是人们在发现、种植和利用茶作为食品、饮品、贡品、礼品和祭品过程中，以茶作为载体，表达人与人、人与自然之间的各种理念、信仰、思想情感、意识形态等文化形态的统称。茶文化以物质为载体，反映出鲜明的精神内容，是物质文明与精神文明高度和谐统一的产物。茶文化有社会性、广泛性、民族性和区域性特征。中国茶文化是饮食文化的分支。茶被发现并利用以来，逐渐融入人们的日常生活中，并与社会、经济、文化等紧密联系。茶是一种健康的、滋味丰富的饮料，也为人们感悟生命、修身养性创造了一种绝好的方式。同时，饮茶本身的康养价值也不容忽视。一方面在日常生活中，能够通过饮茶来愉悦身心，释缓压力，达到自娱自乐和自我保护的功能；另一方面，茶文化作为一种精神载体，不仅在人际交往和自我陶醉中发挥作用，还能延伸到身心健康与社会和谐的层面。

茶具有重要的社会和谐功能，有很强的亲和力和凝聚力。饮茶是人们精神的需要，是美好的物质享受与精神陶冶。通过饮茶，“尽茶之真，发茶之善，明茶之美”，松弛神经，调适心灵，升华精神，陶冶情操。饮茶已经成为中国社会最主要的风范。其价值已经远远超越生理需要，而成为交友、接待、思考、修身、研讨学问的重要体现形式。在饮茶风气形成之前，饮酒可能是祭祀、接待的主要内容。以茶代酒，在一定意义上促进了社会进步和文化清廉。人们以茶会友，以茶问道，切磋茶叶色、香、味和饮茶方法，不仅使人感到亲切温暖，还可以改善人际关系，增进团结，加深感情，营造良好氛围。

随着科学技术的发展，茶的生产技术不断提高，茶文化的内涵不断扩展、丰富，茶文化研究队伍迅速壮大，哲学界、文学界、艺术界以及宗教界不同学科间的研究人员加强合作和不断交流，大大加速了茶文化产业的发展。茶文化也营造出了和谐协调的氛围，增进了民族与民族、国家与国家间的交流和友谊，促进了社会的安定。

6.2.14.4　茶疗养生

1. 茶疗的含义

中国自古就有以茶治病的说法，主要是针对慢性疾病，如用黑茶控制消渴症（糖尿病）。茶疗是以茶作为单方或配伍其他中药组成复方，用来内服或外用来养生保健、防病疗疾。茶与茶疗是中医药学的重要组成部分，茶疗是中医治疗体系中中医食疗（近代称药膳）的单独分支，也是中医与茶文化的结合产物。茶疗的优点是安全、价廉和便利。古代人饮茶主要是调节身心状态，间接实现防病治病。

2. 茶疗的分类

茶疗可以分为单味茶、复合茶和代茶3类。

单味茶属于中医药的“单行”，一味成方，又称“茶疗单方”。单味茶是最基本的一类，各茶类均有针对性的茶疗功效。

复合茶是将茶叶与其他具有保健功能的物质配伍而成的“复方”冲泡成饮，又称“茶疗复方”，既能生津止渴，又能增加功能，达到养生祛病目的。古方有川芎茶调散、菊花茶调散、川芎茶等。验方有姜茶、乳香茶、海金沙茶、冷白矾茶等。现代复合茶多与泽泻、荷叶、山楂、何首乌、菊花、桑寄生、决明子、夏枯草、石斛、枸杞等同用。民间将茶与食品或调味品配合，如糖茶、蜜茶、盐茶、醋茶、奶茶、酥油茶等。这些作为复合茶的原料有的是药食同源材料，有的是单纯的草药。

代茶即以药代茶，是采用饮茶形式将具有医疗或保健功能的药物用开水泡饮，或略煎饮用，以达到养生、治病目的。代茶也称“非茶之茶”，复合茶中的药物均可用作代茶。临床上常用的传统中药，如菊花、金银花、胖大海、番泻叶、薄荷、党参、太子参、西洋参、人参、枸杞子、陈皮、蒲公英、玫瑰花、石斛、红花、杜仲、罗布麻、竹叶、薏仁、荷叶、莲子心、绞股蓝、红枣等均可用作代茶。代茶以药材为主，谨遵医嘱是比较安全的方式。

3. 茶疗的物质基础

在茶进入西方社会之前，中国人对茶的功能分析往往是从中药的角度进行阐述。欧洲人从怀疑和研究中国茶开始，就对茶的组分、功效和动物学试验开展了更多涉及化学和药理学方面的研究。近代，国内有越来越多的研究涉及绿茶、红茶、黑茶及其相关微生物的功效价值。应该说茶及其制品是目前国际上研究较为深入的植物资源之一。

1）维生素

茶叶中维生素的含量非常丰富。每 100g 绿茶中含有 100～500mg 维生素 C、1300～1700μg 维生素 B_2 和 50～70mg 维生素 E。维生素 P 类的含量为 10%～20%。茶叶中还含有较高的维生素 A、D、K 等。

2）矿质元素

茶叶中含有 4%～7%的金属元素，这些通过植物富集和转化的金属元素大多能溶于热水而被人体利用。含量最多的是钾，其次是磷，此外还有钙、铁、锰、铝、锌、钠、硼、硫、氟等，这些无机盐对维持人的体内平衡有重要意义。为了增加功效，人们开始在富硒（或富含其他金属元素）的地区种植茶叶，从而获得富硒（或富其他金属元素）茶。

3）多酚类和黄酮类

茶多酚是茶叶中各种酚类及其衍生物的总称，主要由儿茶素类、黄酮类、花青素和酚酸类化合物组成。儿茶素类含量为 12%～24%，约为茶多酚总量的 70%。黄酮类和花青素类是形成绿茶汤色的主要物质，黄酮类的含量为 1%～2%。酚酸类含量较低。目前市场上已出现许多茶多酚类产品。

4）生物碱类

茶叶的生物碱主要有咖啡碱（又名咖啡因）、茶碱和可可碱，为甲基嘌呤类化合物，有重要的生理活性。咖啡碱的含量为 2%～5%，起主要活性作用；茶碱的含量较低，可可碱在水中的溶解度不高。

5）其他生物活性物质

包括蛋白质、多肽和氨基酸。茶叶中能溶于水而被利用的蛋白质约为 1%～2%，水溶性蛋白质是形成茶汤滋味的成分。茶叶中的氨基酸有 25 种，约占 2%～4%，细嫩的高级绿茶可达 5%，茶叶所特有的茶氨酸可占氨基酸总量的 50%以上。茶叶中碳水化合物的含量约为 20%～25%，类脂含量约 2%～3%，脂多糖含量约为 3%。

6）制茶过程中的微生物组分

一方面，茶多酚类和黄酮类可能是其生长过程中内生真菌和根际微生物等参与合成的产物，造成了同一茶品种在不同栽培地区的风味差异。另一方面，相关微生物在黑茶和红茶等发酵茶制茶和储藏过程中起到重要和积极作用。发酵微生物有真菌、细菌和放线菌等，转化利用生物质，形成微生物源生物活性物质。由于微生物种类多样，其产生新化合物的潜力甚至比茶本身更大。

7）参与复合茶与代茶中的功能性成分

主要是药物中含有的各类化学成分，在泡茶过程中得到制备、浓缩，甚至发生合成或降解反应。

6.2.14.5　茶、复合茶和代茶的功能

1. 单味茶的功能

1）降低血糖和血压作用

茶叶中的咖啡碱和儿茶素能使血管壁松弛，增加血管有效直径，降低血压。茶汤中的复合多糖、绿茶中含有的 2%左右的二苯胺均对降血糖有良好效果。

2）降血脂和防治动脉粥样硬化作用

儿茶素有明显的抑制血浆和肝脏中胆固醇含量上升的作用，有促进脂类化合物从粪便中排出的效果。饮茶能改善冠状动脉收缩，避免血栓形成，抗动脉粥样硬化。

3）抗氧化作用

人体内脂质过氧化是衰老的机制之一，绿茶中的儿茶素和维生素 C 抗氧化活性非常强，有益于增强抗脂质过氧化作用。

4）消炎抑菌作用

茶多酚对伤寒杆菌、副伤寒杆菌、黄色溶血性葡萄球菌、金黄色链球菌、痢疾杆菌等有明显的抑制作用。茶多酚能促进肾上腺素垂体活动，降低毛细血管透性，减少血液渗出。茶多酚还对发炎因子组胺有良好的拮抗作用。

5）防龋齿作用

茶中含有一定量的氟，可预防龋齿。茶多酚能抑制葡萄糖聚合酶活性，对于由龋齿连锁球菌引起的蛀牙有明显的防治效果。

6）助消化作用

茶中的咖啡碱和儿茶素可使消化道松弛，有助于消化，预防消化器官疾病的发生。茶还有吸收有害物的能力，“净化”消化器官中的微生物，对胃、肾等五脏有独特的净化作用。

7）兴奋和愉悦作用

茶中的咖啡碱和黄烷醇类可以提神解乏、兴奋大脑，其机理是促进肾上腺素垂体活动，阻止血液中儿茶酚胺降解，并诱导儿茶酚胺生物合成。

8）利尿作用

饮茶有明显的利尿作用，是茶褐素、咖啡碱和芳香油的综合作用。可将茶叶用于调节体液盐类平衡，治疗呕吐、腹泻、风湿性心脏病等引起的水肿。

除上述功效外，研究表明茶还可能预防胆结石、肾结石和膀胱结石，防治甲状腺功能亢进。有的人群咀嚼干茶可减轻晕车、晕船引起的恶心等不良反应。但是，茶不是灵丹妙药，不能具备防病、治病的广泛药效价值，更不能替代药品。

2. 复合茶的功能

复合茶的功能因配方而异。古方的川芎茶调散有散风邪、止头疼功效。验方的姜茶能治疗痢疾，乳香茶可治心痛，海金沙茶可治小便不通，冷白矾浓茶急救食物中毒。现代复合茶多与泽泻、荷叶、山楂、何首乌、菊花、桑寄生、决明子、夏枯草等同用，用于减肥、降血脂、抗动脉硬化、降血压、防治心脑血管疾病等。民间将茶与食品或调味品配合，如糖茶补中益气、和胃暖脾；蜜茶补中益气、和胃暖脾、益肾润肠；盐茶化痰降火，明目泻下；姜茶发汗解表，温肺止咳；醋茶止痛、止痢；奶茶滋润五脏，补气生血；酥油茶温补、祛寒；油茶扶正祛邪，预防感冒。但不可夸大其功能，用来替代药品。

3. 代茶的功能

代茶是将服药的方法结合到饮茶习惯中，提升慢性病人的生活品质，达到防病、治病的效果。代茶疗法针对性强，疗效显著。代茶的保健功能因药物而异，如菊花茶具有散风清热、平肝明目、清热解毒等功效；金银花茶具有清热解毒、疏散风寒的功效；枸杞子茶具有滋补肝肾、益精明目的功效；绞股蓝减肥茶由绞股蓝与生山楂配伍而成，具有益气安神、化痰导滞、活血降脂功能；决明双花茶是由决明子与金银花和玫瑰花配伍而成，具有清肝明目、清心去火功能；灵芝洋参补气茶是由灵芝、西洋参和蜂蜜配伍而成，具有补气养血功能。

值得注意的是，尽管饮茶对多数人是健康的，但并非人人适宜。由于人的体质、生理、疾病等差异，有些人群不宜饮茶，或者不宜饮某种类型的茶。如失眠、贫血、缺钙、胃溃疡、痛风、心脏病、肝肾病患者不宜过量饮茶；神经衰弱人群不宜饮绿茶；患消化道疾病、心脏病和肾功能不全者不宜饮刚炒制的新茶；儿童不宜饮浓茶；孕妇不宜饮茶多酚和咖啡碱含量高的绿茶，也不宜饮用大叶种茶，以免引起孕期缺铁性贫血；哺乳期妇女不宜饮用浓茶，因咖啡碱进入乳汁会导致婴儿兴奋；晚间睡前避免饮用浓茶引起神经兴奋、排尿量增加，影响睡眠。每个人或者每个体质状态，对茶的反应也不一样，有关饮茶的禁忌也因人因时而异。

点评（点评人：陈集双）

茶，已经成为生活必需品，也是大健康产品，茶不仅能够养身，还能养廉。茶产业发展也是人民生活水平不断提高的象征。其规模发展到今天，一方面有市场需求和市场竞争的动力，尤其是目前种茶的经济效益还明显高于种植普通农作物；另一方面也体现了地方特色经济发展模式的迷失，在有关方面推动下盲目发展，无规划或缺少科学规划的“支持”，势必会导致产能严重过剩，产业经济效益在一定时期持续下降，甚至危害整个产业。这是茶资源利用和茶产业在21世纪20年代必须面对的挑战。茶生物质在更广泛意义上的综合利用成为挑战，也是产业发展的新机遇。

目前茶资源利用还主要是传统过程，没有切实结合现代化生产水平和质量控制。第一，采茶和茶苗扦插机器人等现代技术的应用缺失。第二，为什么有的茶越“陈”越好，越存越值钱，其科学依据是什么？这其中就是一个茶产品相关的微生物资源利用问题。第三，目前茶界（包括科研）还基本上只注意茶叶这个生物质，而缺少对参与发酵的微生物的系统研究。如何把红茶和黑茶加工过程的微生物也作为茶产品过程中的必要资源考量，甚至像制酒过程一样有一个酒曲生产过程，茶产品的加工就进一步向现代工艺迈进了。第四，不同地区所用的茶树资源品种尽管千差万别，但是，茶叶品牌并不因此而有根有据或者有规律，其中一个环节可能是忽视了茶的“道地性”，尤其是与茶生产相关的微生物资源的作用。譬如，是否存在茶内生真菌促进茶氨酸的积累，从而导致茶品质变化?

宋朝王安石说：“夫茶之为民用，等于米盐。”一方面反映自古以来中国老百姓就有饮茶的消费需求，另一方面也暗示了茶的多重功效。茶资源的利用本来就是从药用和食用开始的，具备典型的药食同源特征。在流感和不明疫情发生时，或者西医无从下手的情形，也有很多人选择饮茶，尤其是与清热解毒功效的食材和药材配伍，促进喝水排淤，是值得肯定的。同时，饮复合茶还有利于改善体质，对预防疾病有不能直接估量的效果。西方科技对茶的研究和组分分析，还是拘泥于“一把钥匙开一把锁”的模式来描述茶的生理生化功效。事实上，这些研究忽略了茶同时作为一种文化产品，对于环境健康、社会健康、行为健康、心灵健康、心理健康等方面的大健康功能。尽管目前还没有证据说明饮茶造就了中国人喝开水的好习惯，但是，茶和水一直是相辅相成的。饮茶让中国人习惯喝热水、多喝水、喝没有病菌的水，应该是更加文明和更加科学的习性。有一种说法，“喝开水救了中国人”，而不是像欧洲那样，“文明大厦常常溃于小小病菌的侵蚀”。应该说，中华文明几千年香火不断，跟煮茶和喝开水的习惯有直接或间接关系。《孟子》中就记载：“冬日则饮汤”，“汤”就是指热水或烧开的水。在另一个层面上，热茶的芳香、化湿、开窍等养生养性功效也不能从生理生化指标中直接表征出来。因此，茶既是物质价值的商品，也是文化产品。茶文化是中国文化，更是健康文化。

推荐阅读文献

操利超，陈凤珍，严志祥. 2015. 生物数据标准化研究进展[J]. 生物信息学，13（1）：31-34.

曹同玉，刘庆普，胡金生. 2007. 聚合物乳液合成原理性能及应用[M]. 北京：化学工业出版社，472.

常建民. 2010. 林木生物质资源与能源化利用技术[M]. 北京：科学出版社.

车建美，郑雪芳，刘波，等. 2011. 短短芽胞杆菌 FJAT-0809-GLX 菌剂的制备及其对枇杷保鲜效果的研究[J]. 保鲜与加工，11（5）：6-9.

陈岑曦，王伯初. 2007. 生物反应器与药用植物毛状根的大规模培养[J]. 生物技术通报，4：38-41.

陈冠益，马文超，颜蓓蓓. 2014. 生物质废物资源综合利用技术[M]. 北京：化学工业出版社.

陈国强，陈学思，徐军，等. 2010. 发展环境友好型生物基材料[J]. 新材料产业，（3）：54-62.

陈集双，刘亦良. 2015. 秸秆生物质的工业化利用与秸塑新材料[J]. 江苏师范大学学报（自然科学版），33（3）：31-35.

陈今朝，方平，韩宗先. 2008. 急支糖浆药渣栽培平菇试验[J]. 食用菌，（5）：25-26.

陈铭. 2015. 生物信息学. 2 版[M]. 北京：科学出版社.

陈强，陈武. 2013. 含白芨、冰片的中药牙膏对牙菌斑和牙龈炎症的影响[J]. 口腔医学，33（11）：761-764.

陈士林，魏建和，黄林芳，等. 2004. 中药材野生抚育的理论与实践探讨[J]. 中国中药杂志，29（12）：1123-1126.

陈小兵，杨劲松，姚荣江，等. 2010. 基于大农业框架下的江苏海岸滩涂资源持续利用研究[J].土壤通报，41（4）：860-866.

陈晓青，贺前锋，曹慧，等. 2005. 杜仲皮中桃叶珊瑚甙的提取及纯化[J]. 中南大学学报，36（1）：60-64.

陈运中，陈春艳，张声华. 2005. 红曲有效成分洛伐他汀对高脂小鼠血脂代谢及脂蛋白脂酶 mRNA 表达的作用[J]. 中草药，36（5）：713-717.

程怡. 2012. 美国农业部公布的法规没有考虑到大多数的木材产品[J]. 国际木业，（4）：44.

储成才. 2013. 转基因生物技术育种：机遇还是挑战？[J] 植物学报，48（1）：10-22.

褚晓玲，杨波，高丽，等. 2010. 蕙兰根内可培养细菌的物种多样性[J]. 武汉植物学研究，28（2）：199-205.

崔明，赵立欣，田宜水，等. 2008. 中国主要农作物秸秆资源能源化利用分析评价[J]. 农业工程学报，24（12）：291-296.

崔宗均. 2011. 生物质能源与废弃物资源利用[M]. 北京：中国农业大学出版社.

邓子新，喻子牛. 2014. 微生物基因组学及合成生物学进展[M]. 北京：科学出版社.

董必慧，张银飞，王慧. 2010. 江苏海岸带耐盐植物资源及其开发利用[J]. 江苏农业科学，（1）：318-321.

董娟娥，马柏林，张康健，等. 2002. 杜仲籽油中 α-亚麻酸的含量及其生理功能[J]. 西北林学院学报，17（2）：73-75.

杜红岩，李芳东，杜兰英，等. 2006. 不同产地杜仲果实形态特征及含胶量的差异性研究[J]. 林业科学，42（3）：35-39.

杜红岩，孙向阳，杜兰英，等. 2005. 不同产地杜仲叶含胶特异性的变异规律[J]. 北京林业大学学报，27（5）：103-106.

方向晨. 2011. 生物质在能源资源替代中的途径及前景展望[J]. 化工进展，（11）：2333-2339.

冯彦洪，张叶青，李向丽，等. 2012. 几种中药渣/PP 复合材料的制备与性能[J]. 高分子材料科学与工程，28（5）：121-124.

付桂明，许杨，李燕萍，等. 2008. 产毒红曲菌中生物合成桔霉素基因 pksCT 基因的保守性分析[J]. 食品科学，23（3）：359-363.
葛秋伟，肖竹钱，张金建，等. 2015. 生物质热解气化制备生物质基合成气研究进展[J]. 浙江造纸，39（3）：36-40.
葛秀允. 2007. 浅析中药现代化的内涵[J]. 中国药业，16（18）：5-6.
龚新怀，赵升云，陈良璧，等. 2016. 茶生物质/聚丙烯复合材料的制备与性能研究[J]. 材料导报，30（24）：48-53.
郭良栋. 2012. 中国微生物物种多样性研究进展[J]. 生物多样性，20（5）：572-580.
何扬，姜彪. 2011. 我国沿海滩涂可持续利用对策[J]. 东北水利水电，29（6）：66-68.
洪森荣，李明军. 2006. 玻璃化法超低温保存怀山药种质的技术研究[J]. 中草药，37（11）：1715-1718.
胡芳弟，封士兰，苟于强. 2004. 中药质量控制方法研究进展[J]. 兰州大学学报：医学版，30（3）：90-92.
胡江宇，张永康，欧阳辉，等. 2006. 杜仲种粕粉在肉鸡饲料中的应用[J]. 吉首大学学报（自然科学版），27（1）：90-92.
环境保护部，中国科学院. 2013.《中国生物多样性红色名录——高等植物卷》评估报告[R].
环境保护部，中国科学院. 2015.《中国生物多样性红色名录——脊椎动物卷》评估报告[R].
黄宏文，张征. 2012. 中国植物引种栽培及迁地保护的现状与展望[J]. 生物多样性，20（5）：559-571.
黄进，夏涛，郑化. 2009. 生物质化工与生物质材料[M]. 北京：化学工业出版社.
黄宜华. 2014. 深入理解大数据大数据处理与编程实践[M]. 北京：机械工业出版社.
简纯平，李开绵，欧文军. 2012. 花粉管通道法转基因育种研究进展[J]. 热带作物学报，33（5）：956-961.
建荣，娄志平. 2011. 生物资源与生物多样性战略研究报告[M]. 北京：科学出版社.
江惠琼，李文昌. 2004. 宿生蓖麻的栽培技术措施[J]. 西南农业学报，17（z1）：88-91.
江源. 2008. 西部开发建设中生物多样性及植被资源保护与管理[M]. 北京：中国环境科学出版社.
姜海天，唐皞，范磊，等. 2013. 农作物秸秆在复合材料中的应用研究进展[J]. 高分子通报，11（11）：54-61.
姜勇，李仕贵. 2005. 利用程氏指数法对 173 份水稻材料籼粳属性的鉴别[J]. 中国农学通报，21（8）：180-183，187.
蒋挺大. 2008. 木质素[M]. 北京：化学工业出版社.
蒋志刚，等. 2014. 中国动物园：使命与实践[M]. 北京：中国环境出版社.
科学技术部中国生物技术发展中心. 2014. 2014 中国生物技术与产业发展报告[M]. 北京：科学出版社.
李逢振，张雯亭. 2015. 蛋壳综合利用研究进展[J]. 农产品加工，（20）：51-52，55.
李含，曹云峰. 2014. 中国农业政策性保险制度的发展取向[J]. 首都经济贸易大学学报，（3）：30-34.
李华. 2015. 对“第六产业”与中国农业现代化的思考[J]. 中国农村科技，（3）：71-73.
李军德，黄璐琦，唐仕欢，等. 2010.《中国药典》2010 年版一部部分动物药材来源探讨[J]. 中国中药杂志，35（16）：2052-2056.
李霞，雷健波. 2015. 生物信息学. 2 版[M]. 北京：人民卫生出版社.
李学龙，龚海刚. 2015. 大数据系统综述[J]. 中国科学：信息科学，45（1）：1-44.
李艳，张现涛，秦民坚. 2010. HPLC 法测定功能红曲中红曲可林 K、红曲可林 L 和脱水红曲可林 K[J]. 中草药，41（8）：1286-1288.
李元广，谭天伟，黄英明. 2009. 微藻生物柴油产业化技术中的若干科学问题及其分析[J]. 中国基础科学，11（5）：64-70.
李洲. 2013. 白河县木瓜生产与利用现状[J]. 新农村（黑龙江），（16）：75.
李自超，张洪亮，曹永生，等. 2003. 中国地方稻种资源初级核心种质取样策略研究[J]. 作物学报，29（1）：20-24.

林标扬. 2012. 生物系统学[M]. 杭州：浙江大学出版社.
林岩，陆建飞，周桂生. 2011. 基于产业链视角的中国蓖麻产业发展的分析[J]. 中国农学通报，27（29）：124-127.
凌琪. 2009. 空气微生物学研究现状与展望[J]. 安徽建筑工业学院学报（自然科学版），17（1）：75-79.
刘斌，陈大明，游文娟，等. 2008. 微藻生物柴油研发态势分析[J]. 生命科学，20（6）：991-996.
刘波，蓝江林，车建美，等. 2009. 青枯雷尔氏菌脂肪酸型与致病性的关系[J]. 中国农业科学，42（2）：511-522.
刘夺，杜瑾，赵广荣，等. 2011. 合成生物学在医药及能源领域的应用[J]. 化工学报，62（9）：2391-2397.
刘浩，齐锐，吕忠海. 2013. 我国野生动物资源的现状及保护措施[J]. 养殖技术顾问，（3）：244.
刘莉，刘大会，金航，等. 2011. 三七连作障碍的研究进展[J]. 山地农业生物学报，30（1）：70-75.
刘明华. 2012. 生物质的开发与利用[M]. 北京：化学工业出版社.
刘瑶，金永平，周安国. 2006. 浙江省滩涂围垦生态环境可持续性发展的评价指标及策略初探[J]. 海洋学研究，24（1）：73-82.
刘正初. 2009. 麻类纤维生物提取与工程研究进展[J]. 中国麻业科学，31（增刊）：93-97.
刘忠松，罗赫荣. 2010. 现代植物育种学[M]. 北京：科学出版社.
陆峻波，刘亚辉，杨永红，等. 2011. 从文献分析看我国白芨研究进展[J]. 云南农业大学学报：自然科学版，26（2）：288-292.
陆志科，谢碧霞，杜红岩. 2004. 杜仲胶提取方法的研究[J]. 福建林学院学报，24（4）：353-356.
吕冬梅，袁媛，詹志来. 2014. 药用植物大规模组织培养的相关问题探讨[J]. 中国中药杂志，39（17）：3413-3415.
马柏林，梁淑芳，董娟娥，等. 2004. 超临界 CO_2 萃取杜仲油的研究[J]. 西北林学院学报，19（4）：126-128.
马费成. 2014. 信息资源开发与管理. 2 版[M]. 北京：电子工业出版社.
孟宇辰，周峰. 2014. 种子系统生物学研究进展[J]. 种子，33（10）：51-54.
闵九康，贺焕亮. 2013. 生物质在现代农业中的重要作用[M]. 北京：化学工业出版社.
缪晓玲，吴庆余. 2003. 微藻生物质可再生能源的开发利用[J]. 可再生能源，（3）：13-16.
宁康，陈挺. 2015. 生物医学大数据的现状与展望[J]. 科学通报，60（5-6）：534-546.
牛哲莉. 2009. 欧盟转基因食品法律制度及立法原因分析[J]. 华北电力大学学报：社会科学版，（2）：45-50.
欧阳洪生，肖竹钱，蒋成君，等. 2014. 生物质基平台化合物糠醛的研究进展[J]. 应用化工，43（10）：1903-1907.
欧阳平凯. 2012. 生物基高分子材料[M]. 北京：化学工业出版社.
潘慧，黄美庆. 2015. 华大基因：领跑世界基因测序和大数据发展[J]. 广东科技，（11）：44-47.
彭建，王仰麟，景娟，等. 2003. 中国东部沿海滩涂资源不同空间尺度下的生态开发模式[J]. 地理科学进展，22（5）：515-523.
彭密军，周春山，董朝清，等. 2004. 树脂吸附法分离纯化杜仲松脂醇二葡糖苷[J]. 中国生化药物杂志，25（3）：147-150.
彭永刚，张磊，朱祯. 2013. 国内外转基因农作物研发进展[J]. 植物生理学报，49（7）：611-614.
彭源德，郑科，杨喜爱，等. 2007. 苎麻纤维质酶降解生产生物燃料乙醇的工艺[J]. 农业工程学报，23（4）：6-10.
齐永文. 2004. 中国水稻选育品种的遗传多样性分析及核心种质构建[D]. 北京：中国农业大学.
曲音波. 2011. 木质纤维素降解酶与生物炼制[M]. 北京：化学工业出版社.
沈士秀. 2001. 红曲的研究、生产及应用[J]. 食品工业科技，22（1）：85-87.
施密特 M. 2014.合成生物学及应用[M]. 周延，吴巧雯，译.北京：化学工业出版社.
宋超杰，谭启明，陈贤亮，等. 2009. 广州市夏季微生物气溶胶细菌谱和粒径分布特征[J]. 中国热带医学，

9（10）：1974-1977.
孙东平，杨加志. 2010. 细菌纤维素功能材料及其工业应用[M]. 北京：科学出版社.
孙平勇，刘雄伦，刘金灵，等. 2010. 空气微生物的研究进展[J]. 中国农学通报，26（11）：336-340.
孙威江，张翠香. 2004. 茶资源利用及茶产品开发现状与趋势[J]. 福建茶叶，(1)：35-37.
孙卫邦等. 2013. 云南省极小种群野生植物保护实践与探索[M]. 昆明：云南科技出版社.
谭龙涛，喻春明，陈平，等. 2012. 麻类作物多用途研究现状与发展趋势[J]. 中国麻业科学，34（2）：94-99.
谭天伟，苏海佳，杨晶. 2012. 生物基材料产业化进展[J]. 中国材料进展，31（2）：1-6.
檀国印，杨志玲，袁志林，等. 2012. 药用植物连作障碍及其防治途径研究进展[J]. 西北农林科技大学学报：自然科学版，40（4）：197-204.
滕虎，牟英，杨天奎，等. 2010. 生物柴油研究进展[J]. 生物工程学报，26（7）：892-902.
田优，谭钟扬，赵相艳，等. 2013. 人腺病毒 B、D 亚种基因组中简单重复序列分析[J]. 生物信息学，11（1）：39-43.
王兵，王向东，秦岭，等. 2007. 中药渣固态发酵生产蛋白饲料[J]. 食品与生物技术学报，26（4）：77-82.
王久臣，戴林，田宜水，等. 2007. 中国生物质能产业发展现状及趋势分析[J]. 农业工程学报，23（9）：276-282.
王明远. 2010. 转基因生物安全法研究[M]. 北京：北京大学出版社，68-70.
王树荣，骆仲泱. 2013. 生物质组分热裂解[M]. 北京：科学出版社.
王素娟，孙肖青. 2013. 农作物秸秆资源化利用研究进展[J]. 安徽农业科学，41（9）：4034-4035.
王为，潘宗瑾，潘群斌. 2009. 作物耐盐性状研究进展[J]. 江西农业学报，21（2）：30-33.
王莹莹，刘玉，姬妍茹，等. 2014. 紫苏 DGAT1 基因克隆及四尾栅藻表达载体构建[J]. 生物技术通报，(5)：137-141.
王长永. 1998. 中国物种资源的现状及其保护和利用的重要举措[J]. 世界环境，(4)：22-23.
翁京才，李建龙. 2005. 完善我国动植物检疫制度与预防外来生物物种入侵[J]. 行政与法：吉林省行政学院学报，(3)：112-114.
吴静，姜洁，周红明. 2009. 我国城市污水处理厂污泥产沼气的前景分析[J]. 给水排水，35（z1）：101-104.
吴蔚，胡海洋，宋伟. 2012. 转基因水稻商业化过程的安全监管[J]. 科技与法律，98（4）：12-15.
吴昱. 2014. 大数据精准挖掘[M]. 北京：化学工业出版社.
武建勇，薛达元，赵富伟，等. 2013. 从植物遗传资源透视《名古屋议定书》对中国的影响[J]. 生物多样性，21（6）：758-764.
武建勇，薛达元，赵富伟. 2015.《生物多样性公约》获取与惠益分享议题国际谈判动态研究[J]. 植物遗传资源学报，16（4）：677-683.
夏金兰，万民熙，王润民，等. 2009. 微藻生物柴油的现状与进展[J]. 中国生物工程杂志，(7)：118-126.
肖景华，吴昌银，袁猛等. 2015. 中国水稻功能基因组研究进展与展望[J]. 科学通报，60（18）：1711-1722.
肖荣凤，刘波，史怀，等. 2011. 生防菌哈茨木霉 FJAT-9040 的 GFP 标记及土壤定殖示踪[J]. 植物保护学报，38（6）：506-512.
肖体琼，何春霞，凌秀军，等. 2010. 中国农作物秸秆资源综合利用现状及对策研究[J]. 世界农业，(12)：31-33.
谢海伟，文冰. 2012. 木瓜药理成分及产品开发研究进展[J]. 生命科学研究，16（1）：79-84.
邢方红，翟满仁. 2005. 发展生物有机肥的意义[J]. 磷肥与复肥，20（4）：78.
许忠能. 2008. 生物信息学[M]. 北京：清华大学出版社.
薛达元，秦天宝. 2015. 遗传资源获取与惠益分享的国外立法及其启示[J]. 环境保护，43（5）：009.
严铸云，王海，何彪，等. 2012. 中药连作障碍防治的微生态研究模式探讨[J]. 中药与临床，3（2）：5-9.
杨华，黄可龙，刘素琴. 2003. 水热法制备的 Fe_3O_4 磁流体[J]. 磁性材料和器件，34（2）：4-15.

杨晶，胡刚，王奎，等. 2010. 生物计算：生物序列的分析方法与应用[M]. 北京：科学出版社.
杨松杰. 2012. 陕西省安康市木瓜属植物种质资源调查[J]. 江苏农业科学，40（6）：331-332.
杨涛，林亲录，马美湖. 2005. 高色价低桔霉素红曲色素的提取研究[J]. 食品科技，11（3）：51-52.
杨学军，喻方圆，张欢喜. 2008. 种子贮藏蛋白质表达调控及应用研究进展[J]. 武汉植物学研究，26（2）：203-212.
杨扬. 2014. 农作物秸秆资源化利用途径的探讨[J]. 资源节约与环保，（8）：41.
杨志明. 2002. 组织工程[M]. 北京：化学工业出版社.
叶勤. 2008. 生物科学与工程[M]. 北京：科学出版社.
游佩进. 2009. 连作三七土壤中自毒物质的研究[D]. 北京：北京中医药大学.
余超，肖荣凤，刘波，等. 2010. 生防菌 FJAT-346-PA 的内生定殖特性及对香蕉枯萎病的防治效果[J]. 植物保护学报，37（6）：493-498.
郁青，何春霞. 2010. 淀粉/秸秆纤维缓冲包装材料的制备及其性能[J]. 材料科学与工程学报，（1）：136-139.
袁琳. 2010. 废弃植物纤维资源中药香茶菜药渣制浆造纸性能研究[D]. 杭州：浙江理工大学.
袁隆平.2001. 我在杂交水稻方面所做的工作[J]. 中国科技奖励，9（1）：14-19.
袁振宏. 2012. 能源微生物学[M]. 北京：化学工业出版.
云南省农业科学院. 2011. 蓖麻栽培与加工[M]. 昆明：云南科技出版社.
张百良. 2012. 生物质成型燃料技术与工程化[M]. 北京：科学出版社.
张必桦，雍成树. 2003. 茶叶综合利用及其产品开发途径[J]. 福建茶叶，（1）：28-29.
张冬玲. 2004. 中国地方稻种初级核心种质的 SSR 遗传多样性分析及核心种质的构建[D]. 乌鲁木齐：新疆农业大学.
张今. 2012. 合成生物学与合成酶学[M]. 北京：科学出版社.
张俐娜. 2011. 基于生物质的环境友好材料[M]. 北京：化学工业出版社.
张鹏，田原宇，乔英云，等. 2010. 利用微藻热化学液化制备生物油的研究进展[J]. 中外能源，15（12）：29-36.
张齐生. 2015. 农林生物质气化多联产技术的集成与应用[J]. 林业与生态，（5）：14-15.
张齐生，马中青，周建斌. 2013. 生物质气化技术的再认识[J]. 南京林业大学学报：自然科学版，37（1）：1-10.
张启发. 2010. 大力发展转基因作物[J]. 华中农业大学学报（社会科学版），（1）：1-6.
张锡顺，杨建国，杨若菡，等. 2006. 蓖麻数量性状遗传距离与杂种优势关系的研究[J]. 中国农业科学，39（3）：633-640.
张晓丽，王医鹏，刘雯，等. 2013. 铁棍山药试管苗快繁培养基的优化[J]. 河南师范大学学报：自然科学版，41（2）：123-126.
张晓玲，潘振刚，周晓锋，等. 2007. 自毒作用与连作障碍[J]. 土壤通报，38（4）：781-784.
张旭. 2016. 大数据：生物学变革新契机[M]. 北京：科学出版社.
张学俊，周礼红，张国发，等. 2001. 杜仲叶和皮中杜仲胶提取的研究[J]. 贵州工业大学学报（自然科学版），30（6）：11-14.
张研，乔金友. 2009. 浅析中国蓖麻产业化发展前景[J]. 中国农学通报，25（16）：316-319.
张一昕，赵兵涛，熊锴彬，等. 2011. 微藻固定燃烧烟气中 CO_2 的研究进展[J]. 生物工程学报，27（2）：164-171.
张永康，胡江宇，李辉，等. 2006. 超临界二氧化碳萃取杜仲果实中桃叶珊瑚苷工艺研究[J]. 林产化学与工业，26（4）：113-116.
张永为，蒋福升，王寅，等. 2012. 白及产业现状及可持续发展的探讨[J]. 中华中医药学刊，30（10）：2264-2267.

张勇，严志祥，魏晓锋，等. 2014. 生物信息数据库建设、使用与管理指南[M]. 北京：科学出版社.
张重义，陈慧，杨艳会，等. 2010. 连作对地黄根际土壤细菌群落多样性的影响[J]. 应用生态学报，21（11）：2843-2848.
赵建成，吴跃峰. 2008. 生物资源学[M]. 北京：科学出版社.
赵哲，谭钟扬，李世访，等. 2013. 柑橘衰退病毒基因组的简单重复序列分布分析[J]. 生物信息学，11（3）：237-242.
赵竹，宋云，许瑾，等. 2015. 出入境口岸生物遗传资源查验点建设初探[J]. 植物检疫，（5）：22-24.
郑科勤. 2018. 茶多酚的药理作用探讨[J]. 福建茶叶，（1）：33-34.
中国科学院. 2012. 中国学科发展战略·生物学[M]. 北京：科学出版社.
周达彪，唐懋华. 2007. 中药渣农业循环利用模式产业化探讨[J]. 上海蔬菜，（6）：112-114.
周峰. 2015. 植物种子的进化[J]. 种子，34（10）：44-46.
周立祥. 2007. 固体废物处理处置与资源化[M]. 北京：中国农业出版社.
周琳，孔雷，赵方庆. 2015. 生物大数据可视化的现状及挑战[J]. 科学通报，60（5-6）：547-557.
周涛，江维克，李玲，等. 2010. 贵州野生白及资源调查和市场利用评价[J]. 贵阳中医学院学报，32（6）：28-30.
庄云，孙长宝. 2010. 生物技术在药用植物开发与保护中的应用[J]. 吉林农业科技学院学报，19（1）：23-25.
左书华，李九发. 2007. 上海潮滩滩涂资源的合理开发与利用及可持续发展[J]. 海洋地质动态，23（1）：22-26.
Bartlett J R . 2010. 全球纳米复合材料年营业收入 2.23 亿美元[J]. 纳米科技，（5）：2.
Clive James. 2012. 2011 年全球生物技术/转基因作物商业化发展态势[J]. 中国生物工程杂志，32（1）：1-10.
Abdulhameed S，Pradeep N S，Sugathan S. 2017. Bioresources and Bioprocess in Biotechnology Volume 1：Status and Strategies for Exploration[M]. Singapore：Springer Nature Singapore Pte Ltd.
Abdullah M F F，Ali M T B，Yusof F Z M. 2018. Bioresources Technology in Sustainable Agriculture Biological and Biochemical Research[M]. Apple Academic Press，Inc.
Alessandro M，Erb M，Ton J，et al. 2014. Volatiles produced by soil-borne endophytic bacteria increase plant pathogen resistance and affect tritrophic interactions[J]. Plant cell & environment，37（4）：813-826.
Arimi M M，Knodel J，Kiprop A，et al. 2015. Strategies for improvement of biohydrogen production from organic-rich wastewater：A review[J]. Biomass & Bioenergy，75：101-118.
Armioun S，Panthapulakkal S，Scheel J，et al. 2016. Biopolyamide hybrid composites for high performance applications[J]. Journal of Applied Polymer Science，133（27）：43595-43604.
Arora S，Rani R，Ghosh S. 2018. Bioreactors in solid state fermentation technology：Design，applications and engineering aspects[J]. Journal of Biotechnology，269：16-34.
Badri D V，Vivanco J M，Ballaré C L，et al. 2010. Regulation and function of root exudates[J]. Plant Cell & Environment，32（6）：666-681.
Bekele L D，Zhang W，Liu Y，et al. 2017. Impact of cotton stalk biomass weathering on the mechanical and thermal properties of cotton stalk flour/Linear Low Density Polyethylene（LLDPE）composites[J]. Journal of Biobased Materials & Bioenergy，11（1）：27-33.
Bekele L D，Zhang W，Liu Y，et al. 2017. Preparation and characterization of lemongrass fiber（*Cymbopogon* species）for reinforcing application in thermoplastic composites[J]. BioResouces，12（3）：5664-5681.
Blackman B R K，Steininger H，Williams J G，et al. 2016. The fatigue behaviour of ZnOnano-particle modified thermoplastics[J]. Composites Science and Technology，122：10-17.

Cantrell K B，Ducey T，Ro K S，et al. 2008. Livestock waste-to-bioenergy generation opportunities[J]. Bioresource Technology，99（17）：7941-7953.

Caporaso J G，Kuczynski J，Stombaugh J，et al. 2010. QIIME allows analysis of high-throughput community sequencing data[J]. Nature Methods，7（5）：335-336.

Carlson W H. 2009. Biomass power as a firm utility resource：Bigger not necessarily better or cheaper[J]. 2009 IEEE Power & Energy Society General Meeting，1-6.

Carvunis A R，Rolland T，Wapinski I，et al. 2012. Proto-genes and de novo gene birth[J]. Nature，487：370-374.

Casas C，Torretta J P，Exeler N，et al. 2016. What happens next？Legacy effects induced by grazing and grass-endophyte symbiosis on thistle plants and their floral visitors[J]. Plant & Soil，405（1-2）：211-229.

Chen C Y，Zhao X Q，Yen H W，et al. 2013. Microalgae-based carbohydrates for biofuel production[J]. Biochemical Engineering Journal，78（5）：1-10.

Chen G G，Qi X M，Guan Y，et al. 2016. High strength hemicellulose-based nanocomposite film for food packaging applications[J]. ACS Sustainable Chemistry & Engineering，4（4）：1985-1993.

Chen G，Yuan Q，Saeeduddin M，et al. 2016. Recent advances in tea polysaccharides：Extraction，purification，physicochemical characterization and bioactivities[J]. Carbohydrate Polymers，153：663-678.

Chisti Y. 2007. Biodiesel from microalgae[J]. Biotechnology Advances，25（3）：294-306.

Clemente J C，Pehrsson E C，Blaser M J，et al. 2015. The microbiome of uncontacted Amerindians[J]. Science Advances，1（3）：e1500183.

Contreras M A，Greiner R S，Chang M C，et al. 2000. Nutritional deprivation of alpha-linolenic acid decreases but does not abolish turnover and availability of unacylateddocosahexaenoic acid and docosahexaenoyl-CoA in rat brain[J]. J Neurochem，75（6）：392-400.

Dan L，Yan Z，Lu L，et al. 2014. Pleiotropy of the de novo-originated gene MDF1[J]. Scientific Reports，4：7280.

Domb A J，Kumar N，Ezra A. 2011. Biodegradable Polymers in Clinical Use and Clinical Development[M]. Hoboken：John Wiley & Sons，Inc.

Dorsett Y，Tuschl T. 2004. siRNAs：applications in functional genomics and potential as therapeutics[J]. Nature Reviews Drug Discovery，3（4）：318-329.

Dos S I P，Da L S C N，Da S M V，et al. 2015. Antibacterial activity of endophytic fungi from leaves of Indigoferasuffruticosa Miller（Fabaceae）[J]. Frontiers in Microbiology，6：A350.

Dufourmantel N，Pelissier B，Garçon F，et al. 2004. Generation of fertile transplastomicsoybean[J]. Plant Molecular Biology，55（4）：479-489.

Ehrlich S D，MetaHIT consortium. 2010. Metagenomics of the intestinal microbiota：potential applications[J]. Gastroentérologie Clinique EtBiologique，34（4S1）：S23-S28.

Eriksen N. 2008. Production of phycocyanin—a pigment with applications in biology，biotechnology，foods and medicine[J]. Applied Microbiology and Biotechnology，80（1）：1-14.

Eriksen N.2008. The technology of microalgal culturing[J]. Biotechnology Letters，30（9）：1525-1536.

Forslund K，Sunagawa S，Kultima J R，et al. 2013. Country-specific antibiotic use practices impact the human gut resistome[J]. Genome Research，23（7）：1163-1169.

Friedman M. 2010. Overview of antibacterial，antitoxin，antiviral，and antifungal activities of tea flavonoids and teas[J]. Molecular Nutrition & Food Research，51（1）：116-134.

Fung T C，Olson C A，Hsiao E Y. 2017. Interactions between the microbiota，immune and nervous systems in health and disease[J]. Natuer neuroscience，20（2）：145-155.

Gamon G，Evon P，Rigal L. 2013. Twin-screw extrusion impact on natural fibre morphology and material properties in poly（lactic acid）based biocomposites[J]. Industrial Crops & Products，46（4）：173-185.

Ge Z H，Si D G，Lan Y L，et al. 2016. The effect of modifying agents on the mechanical properties of straw flour/waste plastic composite materials[J]. Key Engineering Materials，723：56-61.

Gibson D G，Glass J I，Carole L，et al. 2010. Creation of a bacterial cell controlled by a chemically synthesized genome[J]. Science，329（5987）：52-56.

Green R A，Kao H L，Audhya A，et al. 2011. A high-resolution *C. elegans* essential gene network based on phenotypic profiling of a complex tissue[J]. Cell，145（3）：470-482.

Gul S，Whalen J K，Thomas B W，et al. 2015. Physico-chemical properties and microbial responses in biochar-amended soils：Mechanisms and future directions[J]. Agriculture Ecosystems & Environment，206：46-59.

Gupta A K，Naregalkar R R，Vaidya V D，et al. 2007. Recent advances on surface engineering of magnetic iron oxide nanoparticles and their biomedical applications[J]. Nanomedicine，2（1）：23-39.

Gupta V K，Sharma G D，Tuohy M G，et al.2016. The Handbook of Microbial Bioresources[M]. CAB International.

Gurib-Fakim A. 2014. Novel Plant Bioresources Applications in Food，Medicine and Cosmetics[M]. Hoboken：John Wiley & Sons，Ltd.

Guru P S，Dash S. 2013. Amino acid modified eggshell p（AA-ESP）—a novel bio-solid scaffold for adsorption of some styrylpyridinium dyes[J]. Journal of Dispersion Science and Technology，34（8）：1099-1112.

Gurunathan T，Mohanty S，Nayak S K. 2015. A review of the recent developments in biocomposites based on natural fibres and their application perspectives[J]. Composites Part A，77：1-25.

He G，Ramachandran A，Dahl T，et al. 2016. Phosphorylation of phosphophoryn is crucial for its function as a mediator of biomineralization[J]. Journal of Biological Chemistry，280（39）：33109.

Heck V，Gerten D，Lucht W，et al. 2018. Biomass-based negative emissions difficult to reconcile with planetary boundaries[J]. Nature Climate Change，8（2）：151-155.

Ho J N，Lee Y H，Park J S，et al. 2005. Protective effects of aucubin isolated from Eucommiaulmoides against UVB-induced oxidative stress in human skin fibroblasts[J]. Biol Pharm Bull，28：1244.

Honda K，Littman D R. 2016. The microbiota in adaptive immune homeostasis and disease[J]. Nature，535（7610）：75-84.

Hong J，Ren L，Hong J，et al. 2016. Environmental impact assessment of corn straw utilization in China[J]. Journal of Cleaner Production，112（12）：1700-1708.

Hu X，Rousseau R. 2015. From a word to a world：the current situation in the interdisciplinary field of synthetic biology[J]. Peerj，3.

Huang M，Du L，Feng J X. 2016. Photochemical synthesis of silver nanoparticles/eggshell membrane composite，its characterization and antibacterial activity[J]. Science of Advanced Materials，8（8）：1641-1647.

Huang X，Wei X，Sang T，et al. 2010. Genome-wide association studies of 14 agronomic traits in rice landraces[J]. Nature Genetics，42（11）：961-967.

Huda M S，And L T D，Misra M，et al. 2015. A study on biocomposites from recycled newspaper fiber and poly（lactic acid）[J]. Industrial & Engineering Chemistry Research，44（15）：5593-5601.

Islam M R，Parveen M，Islam M R，et al. 2009. Technology development for bio-crude oil from pyrolysis of renewable biomass resource[C]//2009 1st International Conference on the Developments in Renewable Energy Technology（ICDRET），1-4.

Jia Q，Yu C，Jin J，et al. 2018. Mechanical properties of polyethylene composites filled with willow（*Salix babylonica* L.）bark-boring insect dust[J]. Journal of Biobased Materials and Bioenergy，12（6）：540-544.

Jia S，Zhuang H，Han H，et al. 2016. Application of industrial ecology in water utilization of coal chemical industry：A case study in Erdos，China[J]. Journal of Cleaner Production，135：20-29.

Jiao Y，Wang Y，Xue D，et al. 2010. Regulation of OsSPL14 by OsmiR156 defines ideal plant architecture in rice[J]. Nature Genetics，42（6）：541-544.

Jin Q, Yang L, Poe N, et al. 2018. Integrated processing of plant-derived waste to produce value-added products based on the biorefinery concept[J]. Trends in Food Science & Technology，（74）：119-131.

Johnson F H，Campbell D H. 1945. The retardation of protein denaturation by hydrostatic pressure[J]. Journal of Cellular and Comparative Physiology，26（1）：43-46.

Kim H K，Choi H.2001. Dietary alpha-linolenic acid lowers postprandial lipid levels with increase of eicosapentaenoic and docosahexaenoic acid contents in rat hepatic membrane[J]. Lipids，36（12）：1331-1336.

Kim T，An J，Jang J K，et al. 2015. Coupling of anaerobic digester and microbial fuel cell for COD removal and ammonia recovery[J]. Bioresource Technology，195：217-222.

Kinner A，Wu W，Staudt C，et al. 2015. Effects of wood fiber surface chemistry on strength of wood-plastic composites[J]. Applied Surface Science，343（17）：11-18.

Knothe G. 2013. “Designer” biodiesel：Optimizing fatty ester composition to improve fuel properties[J]. Energy & Fuels，22（2）：1358-1364.

Knudson L. 1922. Nonsymbiotic germination of orchid seeds[J]. Bot. Gaz.，73（1）：1-25.

Kumar R. 2014. Polymer-matrix Composites：Types，Applications，and Performance[M]. New York：Nova Science Publishers.

Kumar S，Dhingra A，Daniell H. 2004. Plastid-expressed betaine aldehyde dehydrogenase gene in carrot cultured cells，roots，and leaves confers enhanced salt tolerance[J]. Plant Physiology，136（1）：2843-2854.

Kumar S，Dhingra A，Daniell H. 2004. Stable transformation of the cotton plastid genome and maternal inheritance of trangenes[J]. Plant Molecular Biology，56（2）：203-216.

Kuske C R，Hesse C N，Challacombe J F，et al. 2015. Prospects and challenges for fungal metatranscriptomics of complex communities[J]. Fungal Ecology，14：133-137.

Laitinen R K，Hellström K O，Wäli P R. 2016. Context-dependent outcomes of subarctic grass-endophyte symbiosis[J]. Fungal Ecology，23：66-74.

Lehnert M，Krug M，Kessler M. 2017. A review of symbiotic fungal endophytes in lycophytes and ferns-a global phylogenetic and ecological perspective[J]. Symbiosis，71（2）：77-89.

Li Y，Xin S，Bian Y，et al. 2016. The physical properties of poly（l-lactide）and functionalized eggshell powder composites[J]. International Journal of Biological Macromolecules，85（39）：63-73.

Liguori R，Ventorino V，Pepe O，et al. 2016. Bioreactors for lignocellulose conversion into fermentable sugars for production of high added value products[J]. Applied Microbiology and Biotechnology，100（2）：597-611.

Liu X Q，Jiang H F，Gu Z L，et al. 2013. High-resolution view of bacteriophage lambda gene expression by ribosome profiling[J]. Proceedings of the National Academy of Sciences，110（29）：11928-11933.

Liu Y，Bekele L D，Lu X，et al. 2017. The effect of lignocellulose filler on mechanical properties of filled-high density polyethylene composites loaded with biomass of an invasive plant *Solidago canadensis*[J]. Journal of Biobased Materials & Bioenergy，11（1）：34-39.

Lu J J，Xue A Q，Cao Z Y，et al. 2014. Diversity of plant growth-promoting Paenibacillusmucilaginosus isolated from vegetable fields in Zhejiang，China [J]. Ann Microbiol，64（4）：1745-1756.

Lu X，Liu Y，Ni Y，et al. 2017. Study on the folding of imitation rattan with wheat straw fibers[J]. Journal of

Biobased Materials and Bioenergy，11（4）：303-307.

Luo D，Xu H，Liu Z，et al. 2013. A detrimental mitochondrial-nuclear interaction causes cytoplasmic male sterility in rice[J]. Nature Genetics，45（5）：573-577.

Luo S，Song S，Zheng C，et al. 2015. Biocompatibility of Bletilla striata Microspheres as a Novel Embolic Agent[J]. Evid Based Complement Alternat Med，840896（10）：9.

Luo X，Yang H，Niu L，et al. 2016. Translation of a solution-based biomineralization concept into a carrier-based delivery system via the use of expanded-pore mesoporoussilica[J]. ActaBiomaterialia，31（10）：378-387.

Maio E D，Iannace S. 2012. Biodegradable Composites[M]. Hoboken：John Wiley & Sons，Inc.

Maliga P，Bock R. 2011. Plastid biotechnology：food，fuel，and medicine for the 21st century[J]. Plant Physiology，155（4）：1501-1510.

Mallick B，Ghosh Z. 2012. Regulatory RNAs Basics，Methods and Applications [M]. Berlin Heidelberg：Springer.

Massimo N C，Devan M M N，Arendt K R，et al. 2015. Fungal endophytes in aboveground tissues of desert plants：Infrequent in culture，but highly diverse and distinctive symbionts[J]. Microbial Ecology，70（1）：61-76.

Mata T，Martins A，Caetano N. 2010. Microalgae for biodiesel production and other applications：A review[J]. Renewable and Sustainable Energy Reviews，14（1）：217-232.

McNally K L，Childs K L，Bohnert R，et al. 2009. Genomewide SNP variation reveals relationships among landraces and modern varieties of rice[J]. Proceedings of the NationalAcademy of Sciences of the United States of America，106（30）：12273-12278.

Miao X，Wu Q. 2006. Biodiesel production from heterotrophic microalgal oil[J]. Bioresource Technology，97（6）：841-846.

Molina G，Gupta V K，Brahma N S，et al. 2020. Bioprocessing for Biomolecules Production[M]. Hoboken：John Wiley & Sons，Ltd.

Moreira A，Figueira E，Soares A M V M，et al. 2016. The effects of arsenic and seawater acidification on antioxidant and biomineralization responses in two closely related Crassostreaspecies[J]. Science of the Total Environment，545-546：569-581.

Morris K V，Mattick J S. 2014. The rise of regulatory RNA [J]. Nature Reviews Genetics，15（6）：423-437.

Mou X，Sun S，Edwards R A，et al. 2008. Bacterial carbon processing by generalist species in the coastal ocean[J]. Nature，451（7179）：708-711.

Muliwa A M，Leswifi T Y，Onyango M S. 2018. Performance evaluation of eggshell waste material for remediation of acid mine drainage from coal dump leachate[J]. Minerals Engineering，122：241-250.

Murthy H N，Lee E J，Paek K Y. 2014. Production of secondary metabolites from cell and organ cultures：strategies and approaches for biomass improvement and metabolite accumulation[J]. Plant Cell Tiss Organ Cult，118（1）：737-743.

Mushtaq F，Maqbool W，Mat R，et al. 2013. Fossil fuel energy scenario in Malaysia-prospect of indigenous renewable biomass and coal resources[C]//Clean Energy and Technology IEEE，232-237.

Nanda S，Dalai A K，Berruti F，et al. 2016. Biochar as an exceptional bioresource for energy，agronomy，carbon sequestration，activated carbon and specialty materials[J]. Waste & Biomass Valorization，7（2）：201-235.

Nash V，Ranadheera C S，Georgousopoulou E N，et al. 2018. The effects of grape and red wine polyphenols on gut microbiota-A systematic review[J]. Food research international，113（11）：277-287.

Neoh C H，Noor Z Z，Mutamim N S A，et al. 2016. Green technology in wastewater treatment technologies：

Integration of membrane bioreactor with various wastewater treatment systems[J]. Chemical Engineering Journal，283：582-594.

Noam S G，Ben W，Annette M，et al. 2012. Decoding human cytomegalovirus[J]. Science，338（6110）：1088-1093.

Oldham P，Hall S. 2012. Synthetic biology：Mapping the scientific landscape[J]. PLoS ONE，7（4）：e34368.

Oleson K，Niu G，Yang Z，et al. 2015. Improvements to the Community Land Model and their impact on the hydrological cycle[J]. Journal of Geophysical Research Biogeosciences，113（1）：G01021：1-G01021：26.

Ortiz-García S，Ezcurra E，Schoel B，et al. 2005. Absence of detectable transgenes in local landraces of maize in Oaxaca，Mexico（2003-2004）[J]. Proceedings of the NationalAcademy of Sciences of the United States of America，102（35）：12338-12343.

Padmanaban V C，Nandagopal M S G，Priyadharshini G M，et al. 2016. Advanced approach for degradation of recalcitrant by nanophotocatalysis using nanocomposites and their future perspectives[J]. International Journal of Environmental Science & Technology，13（6）：1591-1606.

Petkowicz C L O，Vriesmann L C，Williams P A. 2016. Pectins from food waste：Extraction，characterization and properties of watermelon rind pectin[J]. Food Hydrocolloids，65.

Qaryouti M，Bani-Hani N，Abu-Sharar T M，et al. 2015. Effect of using raw waste water from food industry on soil fertility，cucumber and tomato growth，yield and fruit quality[J]. ScientiaHorticulturae，193：99-104.

Qian X，Shen G，Wang Z，et al.2014. Co-composting of livestock manure with rice straw：characterization and establishment of maturity evaluation system[J]. Waste Manag，34（2）：530-535.

Ramamoorthy S K，Skrifvars M，Persson A. 2015. A review of natural fibers used in biocomposites：Plant，animal and regenerated cellulose fibers[J]. Polymer Reviews，55（1）：107-162.

Rawat I，Kumar R R，Mutanda T，et al. 2013. Biodiesel from microalgae：A critical evaluation from laboratory to large scale production[J]. Applied Energy，103（1）：444-467.

Reddy B V，Srinivas T. 2013. Biomass based energy systems to meet the growing energy demand with reduced global warming：Role of energy and exergy analyses[C]//International Conference on Energy Efficient Technologies for Sustainability，IEEE，18-23.

Rodolfi L，Zittelli G C，Bassi N，et al. 2008. Microalgae for oil：strain selection，induction of lipid synthesis and outdoor mass cultivation in a low-cost photobioreactor[J]. Biotechnology and Bioengineering，102（1）：100-112.

Rothschild D，Weissbrod O，Barkan E，et al. 2018. Environment dominates over host genetics in shaping human gut microbiota[J]. Nature，555（7695）：210-215.

Ruf S，Hermann M，Berger I J，et al. 2001. Stable genetic transformation of tomato plastids and expression of a foreign protein in fruit[J]. Nature Biotechnology，19（9）：870-875.

Ruf S，Karcher D，Bock R. 2007. Determining the transgene containment level provided by chloroplast transformation[J]. Proceedings of the NationalAcademy of Sciences of the United States of America，104（17）：6998-7002.

Saubidet M I，Fatta N，Barneix A J. 2002. The effect of inoculation with *Azospirillum brasilense* on growth and nitrogen utilization by wheat plants[J]. Plant and Soil，245（2）：215-222.

Schorr D，Diouf P N，Stevanovic T. 2014. Evaluation of industrial lignins for biocomposites production[J]. Industrial Crops & Products，52（1）：65-73.

Séralini G E，Clair E，Mesnage R，et al. 2012. Long term toxicity of a roundup herbicide and a roundup-tolerant genetically modified maize[J]. Food Chemical Toxicology，50（11）：4221-4231.

Sidi C，Zhang Y E，Manyuan L. 2010. New genes in Drosophila quickly become essential[J]. Science，

330（6011）：1682-1685.

Sikorski J，Kraft M. 2017. Blockchain technology in the chemical industry：Machine-to-machine electricity market[J]. Applied Energy，195：234-246.

Silveira S T，Daroit D J，Brandelli A. 2008. Pigment production by *Monascus purpureus* in grape waste using factorial design[J]. LWT-Food Science and Technology，41（1）：170-174.

Singh A. 2018. Efficient micropropagation protocol for *Jatropha* curcas using liquid culture medium[J]. Journal of Crop Science and Biotechnology，21（1）：89-94.

Slaughter L C，Carlisle A E，Nelson J A，et al. 2016. Fungal endophyte symbiosis alters nitrogen source of tall fescue host，but not nitrogen fixation in co-occurring red clover[J]. Plant & Soil，405（1-2）：243-256.

Solar P，González G，Vilos C，et al. 2015. Multifunctional polymeric nanoparticles doubly loaded with SPION and ceftiofur retain their physical and biological properties[J]. Journal of Nanobiotechnology，13（1）：14.

Sommerhuber P F，Wang T，Krause A. 2016. Wood-plastic composites as potential applications of recycled plastics of electronic waste and recycled particleboard[J]. Journal of Cleaner Production，121：176-185.

Soroudi A，Jakubowicz I. 2013. Recycling of bioplastics，their blends and biocomposites：A review[J]. European Polymer Journal，49（10）：2839-2858.

Stierle A，Strobel G，Stierle D. 1993. Taxol and taxane production by Taxomyces andreanae，an endophytic fungus of Pacific yew[J]. Science，260（5105）：214-216.

Stokke D D，Wu Q，Han G. 2014. Introduction to wood and natural fiber composites[M]. Hoboken：John Wiley & Sons，Ltd.

Strawn L K，Schneider K R，Danyluk M D. 2011. Microbial safety of tropical fruits[J]. Critical Reviews in Food Science and Nutrition，51（2）：132-145.

Sun J，Ding S，Doran-Peterson J. 2014. Biological Conversion of Biomass For Fuels and Chemicals Explorations from Natural Utilization Systems[M]. The Royal Society of Chemistry.

Talebiankiakalaieh A，Amin N A S，Mazaheri H. 2013. A review on novel processes of biodiesel production from waste cooking oil[J]. Applied Energy，104（2）：683-710.

Taylor E L，Taylor T N. 2009. Seed Ferns from the Late Paleozoic and Mesozoic：Any Angiosperm Ancestors Lurking there？[J]. American Journal of Botany，96（1）：237-251.

Thakur V K，Singha A S，Thakur M K. 2013. Ecofriendly biocomposites from natural fibers：Mechanical and weathering study[J]. International Journal of Polymer Analysis & Characterization，18（1）：9.

Thangadurai D，Sangeetha J. 2017. Industrial Biotechnology：Sustainable Production and Bioresource Utilization[M]. Apple Academic Press，Inc.

Triantafyllidis K，Lappas A，Stöcker M. 2013. The role of catalysis for the sustainable production of bio-fuels and bio-chemicals[J]. Focus on Catalysts，2013（11）：8.

Tsukahara K，Sawayama S. 2005. Liquid fuel production using microalgae[J]. Journal of the Japan Petroleum Institute，48（5）：251-259.

Ugwu C U，Aoyagi H，Uchiyama H. 2008. Photobioreactors for mass cultivation of algae[J]. Bioresource Technology，99（10）：4021-4028.

Ullmann C V，Frei R，Korte C，et al. 2017. Element/Ca，C and O isotope ratios in modern brachiopods：Species-specific signals of biomineralization[J]. Chemical Geology，460（5）：15-24.

Valbuena A，Mateu M G. 2017. Kinetics of surface-driven self-assembly and fatigue-induced disassembly of a virus-based nanocoating[J]. Biophysical Journal，112（4）：663-673.

van der Pol E C，Bakker R R，Baets P，et al. 2014. By-products resulting from lignocellulose pretreatment and their inhibitory effect on fermentations for（bio）chemicals and fuels[J]. Applied Microbiology and

Biotechnology，98（23）：9579-9593.

Vergnol G，Ginsac N，Rivory P，et al. 2016. In vitro and in vivo evaluation of a polylactic acid-bioactive glass composite for bone fixation devices[J]. Journal of Biomedical Materials Research Part B：Applied Biomaterials，104（1）：180-191.

Wainaina S，Horváth I S，Taherzadeh M J. 2018. Biochemicals from food waste and recalcitrant biomass via syngas fermentation：A review[J]. Bioresource Technology，248（Pt A）：113.

Wang D，Gang M，Song X，et al. 2017. Energy price slump and policy response in the coal-chemical industry district：A case study of Ordos with a system dynamics model[J]. Energy Policy，104：325-339.

Wang H，Wang F，Sun R，et al. 2016. Policies and regulations of crop straw utilization of foreign countries and its experience and inspiration for China[J]. Transactions of the Chinese Society of Agricultural Engineering，32（16）：216-222.

Wang Y H，Wei K Y，Smolke C D.2013. Synthetic biology：advancing the design of diverse genetic systems[J]. Annual Review of Chemical &Biomolecular Engineering，4（3）：69-102.

Wang Z，Ma Z，Wang L，et al. 2015. Active anti-acetylcholinesterase component of secondary metabolites produced by the endophytic fungi of Huperzia serrata[J]. Electronic Journal of Biotechnology，18（6）：399-405.

Wang Z，Roberts A，Buffa J，et al. 2015. Non-lethal Inhibition of Gut Microbial Trimethylamine Production for the Treatment of Atherosclerosis[J]. Cell，163（7）：1585-1595.

Wani Z A，Ashraf N，Mohiuddin T，et al.2015. Plant-endophyte symbiosis，an ecological perspective[J]. Applied Microbiology and Biotechnology，99（7）：2955-2965.

Wilson S A，Roberts S C. 2012. Recent advances towards development and commercialization of plant cell culture processes for the synthesis of biomolecules[J]. Plant Biotechnology Journal，10（3）：249-268.

Xia M L，Lan W，Yang Z X，et al. 2016. High-throughput screening of high Monascus pigment-producing strain based on digital image processing[J]. Journal of Industrial Microbiology & Biotechnology，43（4）：451-461.

Xie F，Pollet E，Halley P J，et al. 2013. Starch-based nano-biocomposites[J]. Progress in Polymer Science，38（10-11）：1590-1628.

Xu F，Sun J，Konda N V S N M，et al. 2016. Transforming biomass conversion with ionic liquids：process intensification and the development of a high-gravity，one-pot process for the production of cellulosic ethanol[J]. Energy & Environmental Science，9（3）：1042-1049.

Xu X，Liu X，Ge S，et al. 2011. Resequencing 50 accessions of cultivated and wild rice yields markers for identifying agronomically important genes[J]. Nature Biotechnology，30（1）：105-111.

Xue C，Zhao J，Chen L，et al. 2017. Recent advances and state-of-the-art strategies in strain and process engineering for biobutanol production by Clostridium acetobutylicum[J]. Biotechnology Advances，35（2）：310-322.

Xue C，Zhao J，Chen L，et al. 2017. Recent advances and state-of-the-art strategies in strain and process engineering for biobutanol production by Clostridium acetobutylicum[J]. Biotechnology Advances，35（2）：310-322.

Yaakob Z，Mohammad M，Alherbawi M，et al. 2013. Overview of the production of biodiesel from Waste cooking oil[J]. Renewable & Sustainable Energy Reviews，18（2）：184-193.

Yang C S，Zhang J，Le Z，et al. 2016. Mechanisms of Body Weight Reduction and Metabolic Syndrome Alleviation by Tea[J]. Molecular Nutrition & Food Research，60（1）：160-174.

Yang L，Xin S，Zhou H，et al. 2016. Chemical modification of chitosan film via surface grafting of citric acid molecular to promote the biomineralization[J]. Applied Surface Science，370：270-278.

Yang S J，Zhang X，Cao Z Y，et al. 2014. Growth-promoting S phingomonaspaucimobilis ZJSH1 associated with D endrobiumofficinale，through phytohormone production and nitrogen fixation[J]. Microbial Biotechnology，7（6）：611-620.

Yu C，Simmons B A，Singer S W，et al. 2016. Ionic liquid-tolerant microorganisms and microbial communities for lignocellulose conversion to bioproducts[J]. Applied Microbiology and Biotechnology，100（24）：10237-10249.

Zeng X，Shao R，Wang F，et al. 2016. Industrial demonstration plant for the gasification of herb residue by fluidized bed two-stage process[J]. Bioresource Technology，206（APR）：93-98.

Zeth K，Hoiczyk E，Okuda M. 2015. Ferroxidase-Mediated Iron Oxide Biomineralization：Novel Pathways to Multifunctional Nanoparticles[J]. Trends in Biochemical Sciences，41（2）：190-203.

Zhang D，Zhang H，Wang M，et al. 2009. Genetic structure and differentiation of Oryza sativa L in China revealed by microsatellites[J]. Theoretical and Applied Genetics，119（6）：1105-1117.

Zhang H，Sun J，Wang M，et al. 2007. Genetic structure and phylogeography of rice landraces in Yunnan，China，revealed by SSR[J]. Genome，50（1）：72-83.

Zhang W，Chen J，Bekele L D，et al. 2016. Physical and Mechanical Properties of Modified Wheat Straw-Filled Polyethylene Composites[J]. BioResouces，11（2）：4472-4484.

Zhang X Y，Tian H L，Gu L L，et al. 2018. Long-term follow-up of the effects of fecal microbiota transplantation in combination with soluble dietary fiber as a therapeutic regimen in slow transit constipation[J]. Science China Life Sciences，61（7）：779-786.

Zhao K Y，Tung C W，Eizenga G C，et al. 2011. Genome-wide association mapping reveals a rich genetic architecture of complex traits in Oryzasativa[J]. Nature Communications，2（1）：467.

Zhou Q，Zhang G，Zhang Y，et al. 2008. On the origin of new genes in Drosophila[J]. Genome Research，18（9）：1446-1455.

Zhu W，Gregory J C，Org E，et al. 2016. Gut Microbial Metabolite TMAO Enhances Platelet Hyperreactivity and Thrombosis Risk.[J]. Cell，165（1）：111-124.

Zhu Y，Luo Y，Wang P，et al. 2016. Simultaneous determination of free amino acids in Pu-erh tea and their changes during fermentation[J]. Food Chemistry，194：643-649.

Zhu Z F，Tan L B，Fu Y C，et al. 2013. Genetic control of inflorescence architecture during rice domestication[J]. Nature Communications，4（3）：1345-1346.

后　记

新型冠状病毒（COVID-19）的全球大流行，全面地改变了社会规范，也深刻地影响了人类的认知方向。首先，新冠疫情让人们重新认识到健康和安全是人身的基本保障，而信息与物质和能量一样，保障了人类社会的有效运行和良性发展。同时，随着大数据处理能力与应用的深化，其价值越来越突出；国家安全、社会管理和个人生活都离不开信息和信息资源；信息资源也已经成为生产力要素。在此背景下，作为科学出版社组织的“生物资源系列丛书”第二部的《生物资源汇论》终于要付印了。

生物资源（bioresources）包括生物遗传资源、生物质资源和生物信息资源，它既是自然资源，也是社会资源。前者指的是生物圈中对人类具有特定经济价值的动物、植物、微生物及由它们所组成的丰富多彩的生物群落，这一部分资源却日渐消减，痛心于保护不力。后者包括人类在生产实践中选育的品种资源，尤其是通过劳动收集和生产出来的生物质资源，还包括通过人类主动解读、编辑和存储的生物信息，这一部分资源正日渐积累，有待于费心梳理。虽然，5 年前我们在编写《生物资源学导论》时，将生物信息资源作为生物资源的基本属性时曾广受质疑，如今此种争议仍在，却已渐少。

“民以食为天”，人类对于生物资源的认识和利用是从食材开始的。漫长的社会发展史，一直就是在努力解决困扰人类的饥饿史。时下，“大而专”的种养模式已在粮食主产区和农产品专业供应基地成为稳定的基本盘；“小而美”的乡村振兴计划也在中华大地逐步推进，作为有效补充。然而，基于物联网技术和智控管理的食材工厂，将在城市中及周边乡镇中不断出现，并快速成为主流；也就是说，未来食材的获得可以越来越不依赖传统的土地、气候和劳动力资源，而电力供应、物流配送和信息资源调控将成为中枢保障。

数千年来，人类的“衣食住行”是生物资源最大的消耗者，它贯穿于社会各阶段的生产生活要素中，特别是人类社会发展的早期对于生物资源的依赖是全方位的，但经过数千年的发展，尤其是工业生产技术的应用，越来越多的新材料和化学品早已渗入到日常生活中。不仅一碳、多碳化合物甚至更多的原光合作用产物被全人工合成出来；各色“人造肉”也已悄然进入到普通民众的餐盘，而情感机器人也开始陪伴一部分人群，或待不时之需，或至成为寻常。无论我们是否愿意，在越来越多的用途中生物质被其他物质代替或与其复合逐渐成为常态；传统的农作物和畜禽种养模式，也必然在更大程度上让位于微生物生产模式。

随着科学技术的发展与进步，人类对于生物资源的利用也已经显现出更多样化和更高层次的需求。生物资源从主要的食物、衣料和药物功能，到丰富多彩的生产工具帮手、园林花卉、宠物伙伴、嗜好饮品及其他精神愉悦用途，再到大宗工业原料、太空生存品，甚至健康安全保障，其需求愈加不可替代。新病毒变异株序列信息的及时解读和针对性疫苗甚至弱病毒株的开发，都离不开生物资源的多方位支持；而今，热爱环保的人们所倡导的几乎所有可再生材料，均来自于生物资源；因此，人类不会也不能罢手对生物资源的执着需求。

对于生物资源的认识能力和利用技术已经发生根本变化，或正处于转变的节点。其中，合成生物学技术的出现使得如今对生物资源的探究，从传统的解剖和机理分析的认知模式，切换到实证和主动设计的功用模式，“可行才为合理”。以遗传资源为例，从最早的选种和引种办法，到杂交和转基因育种等改造育种技术，再到基因编辑和全合成等创制利用手段，“上帝之手”已悄然移位。人们已经可以依据发展阶段的特定需求，主动设计和制造基因、细胞和功能生物反应器。

我们的社会正处于一个相对富余的发展阶段，一个面对各种挑战的时代，过剩与失控触目皆是。不仅是层出不穷的生物安全威胁和过剩的生产品，浩繁的信息时刻都在扰乱我们的生活安宁和正确决策。就像人类不得不将一些生物划分为有害生物一样，我们不得不将未能成为资源的生物质划分到废弃物的范畴；也不得不小心分享生物信息以免被别有用心的势力掌握。于是，在生物资源保护、探索和“创制”的过程中，甄别、管控和约束须形影相随。这就产生了需要对探索、创新、实证甚至传播行为进行有效约束这一时代责任。

固然，有害生物的危害对于有益生物而言往往是灾难性的甚至毁灭性的，是预防控制的首选对象。但是，各色各样的敌害威胁也使得包括我们人类在内的宿主得以不断进化，持续检验其群体的自我调整和进化能力。反之，过度强化某些有用资源，也同样造成危害性后果。一时间，某个农作物品种过多就会让种植者无所适从，也让消费者难以选择。曾几何时，为适应新生产方式而大量引进畜禽洋种，造成了本土传统种质资源濒临灭绝。因此，生物资源保护的对象远不止野生稀有物种，而首先应该是民族地区千百年生产实践所获得的品种资源及相关的生物信息。科学处理特定生物种群保护与控制的矛盾，更是生物资源科学的重要任务。

这就对生物资源利用的理论发展和技术创新提出了更多要求，生物资源科学就在这个背景下诞生了！

很高兴地看到，近年来，全国 20 多所高校已经开设了生物资源学导论或相关课程，国内外已经发行了 10 多种关联生物资源名称的学术期刊，国际上每年都要举办多次生物资源学术会议。其中，中国在该领域的影响力日增。见证和参与这一进程，正是我辈之幸。与此同时，中华文明中永续利用生物资源的朴素思想得以传播和弘扬，生生不息的生物资源观、生物信息资源、新型生物反应器和生物态矿物质等若干科学理论和创新技术应用得以在这个时代形成和发展，并惠泽社会。

值得强调的是，虽然科学和技术紧密关联，却有着本质区别。这也是作为汇聚原创思想和实践体会的本书，不能称为“生物资源学”或“生物资源技术”的原由，更为合理和完整的生物资源学科体系，还需要在理论探索和产业实践中不断积淀和优化。或许，在数年甚至数十年后，同行们看这本由中国生物资源科学的早期研究者们首倡的著作时，能够理解国家快速发展进程中学者们推出这一门学科时的热忱和局促，发现其中的甚多不足与疏漏，并产生补遗和修正的动力，便正是作者们所期待的。

陈集双

2021 年 8 月，于南京